中国石化“十四五”重点图书规划项目

石化工程知识体系

王基铭　袁晴棠　胡文瑞　孙丽丽　主编

中国石化出版社
HTTP://WWW.SINOPEC-PRESS.COM

内 容 提 要

本书从概念、结构、原理和作用等多个视角对常用的石化工程知识进行了全面梳理，对石化工程知识的基本概念进行了哲学探讨，对石化工程管理、工艺与装备、规划、设计、采购、施工、监理、生产准备与试运行、工程竣工与后评价等全生命周期各环节的知识进行了系统阐述，同时对当前社会普遍关注的石化工程节能环保、经济、数字化等方面的知识进行了概括和提炼。

本书对石化工程建设活动具有普遍的指导作用和较强的实用价值，对其他流程行业工程建设活动也具有一定的参考价值；可供工程管理、咨询、设计、建设、运维等工程建设从业人员参考借鉴，也可供高等院校石油炼制、化学工程与工艺、工程管理等相关专业师生研究学习。

图书在版编目（CIP）数据

石化工程知识体系 / 王基铭，袁晴棠，胡文瑞，孙丽丽主编. — 北京：中国石化出版社，2021.6

ISBN 978-7-5114-6349-4

Ⅰ. ①石… Ⅱ. ①王…②袁…③胡… Ⅲ. ①石油化工—化学工程 Ⅳ. ①TE65

中国版本图书馆 CIP 数据核字（2021）第 114620 号

中国石化出版社出版发行

地址：北京市东城区安定门外大街58号

邮编：100011　电话：（010）57512500

发行部电话：（010）57512575

http://www.sinopec-press.com

E-mail：press@sinopec.com

北京富泰印刷有限责任公司印刷

全国各地新华书店经销

*

787×1092 毫米　16 开本　38.75 印张　774 千字

2021 年 8 月第 1 版　2021 年 8 月第 1 次印刷

定价：450.00 元

PREFACE 前言

石油是现代社会的基础能源和化工原料，被称为现代工业的血液，在国民经济中占有重要地位。新中国成立以来，广大石化工程建设者怀揣知识报国和产业报国的梦想，从引进国外先进技术到自主创新，从手工计算到计算机模拟，从组建临时指挥部到采用一体化项目管理模式，建成了一座又一座石化工厂，创建了一个又一个伟大工程，树立了一座又一座丰碑，为石化工业发展作出了杰出贡献，同时积淀和丰富了石化工程知识宝库。这其中既有外来知识，又有自主发现与创造的知识；既有工程技术知识，又有工程管理知识；既有科学理论知识，又有实践经验知识；既有传统石化工程知识，又有新技术新领域知识。石化工程是一个复杂的巨系统，这就决定了石化工程知识具有学科多元、结构复杂、关联性和实践性强等特点。

近年来，随着石化工程向着大型化、一体化、基地化、绿色化演进，特别是新一代信息技术与石化工程融合应用，我们愈发感受到石化工业的生产方式、石化工程的建设模式以及石化工程知识的内涵与外延等均在发生深刻变化。随之带来一些新问题，如不同单位、不同个人对同一知识的理解存在偏差，不同程度地存在概念不清、层次不明、关系不顺、标准不一等现象，不仅影响了石化工程建设者的交流，也制约了工程质量和效率的提高。

2018年以来，我和袁晴棠院士、胡文瑞院士、孙丽丽院士以及团队在参加中国工程院《工程知识论》课题研究过程中，对石化工程知识进行了哲学探讨和系统研究，取得了一些成果和启示。我们一致认为，非常有必要对石化工程的知识进行系统的总结和提炼，编制一本能够完整阐述石化工程知识体系的工具书，在石化工程领域构建统一的有权威性的学术话语体系。

本书是一部内容全面、层次清晰、可读性强的工具书。全书共分15章，分别为绪论、石化工程知识的基本概念、石化工程管理、石化工艺与装备、石化工程规划与决策、石化工程设计、石化工程采购、石化工程施工、石化工程监理、生产准备与试运行、工程验收与后评价、石化工程节能与环保、石化工程经济、石化工程数字化，以及石化工程知识的思考与展望。全书内容具有以下三个显著特点：

一是系统全面。本书对石化工程管理、工艺与装备、规划、设计、采购、施工、监理、生产准备与试运行等全生命周期各要素、各环节的知识进行了系统阐述。同时适应石化产业发展趋势，将石化工程的节能、环保、数字化等相关知识纳入其中，基本覆盖了当代石化工程的方方面面。

二是知识性强。本书详细阐述了石化工程知识的发展历程、主要特点和基本概念，运用工程哲学方法对知识进行科学分类，使知识的层次脉络更加清晰。通过对各个知识点分别进行抽丝剥茧式的解析，重点讲解了知识的基本概念、内容特性、主要功能和逻辑关系等，能够帮助读者快速建立立体化的知识结构。

三是实用性强。本书对近年来石化工程建设过程中常见的知识性、概念性问题进行了重点关注，作出了清晰的界定，力求达到正本清源的效果。此外，本书在论述过程中引入了大量的图表和案例，做到图文并茂，有助于帮助读者加深理解。

本书由王基铭、袁晴棠、胡文瑞、孙丽丽主编，李国清、张秀东、张宝杰、张兆文、曹森、张冰峻、沙永复、刘洁、朱明、霍东海、孔令泉、刘洪伟、秦文戈、戴典、饶隽、刘进龙、蒋炜、王秀云、孙守彬、张华、彭颖、刘佩成、门宽亮、彭飞、徐健松、陈熹璆、齐青、田瑶、孙成龙、兰天路、郭迪、陈曦、杨炯、常毅、黄孟旗、王亚彪、江盛阳、徐松、张方方、刘罡、赵鉴楚、李晓霞、高静、姜晓花、廖斯达、宋婷、李昕、周晓辉、马思瑶、沈斌、王春慧、任玉兰、孙秀环、肖然、李雪梅、李士彬、吕振亮、王孟抚、王余来、张波、许灯凯、王娟、董晓星、汪维众、宋健健、王倩、毕铁成、佘兰兰、张莉、章剑波、庞修海、于玲菊、张晓红、潘子彤、鲍敬伟、陆浩、王澈等承担了相关章节的编写，陈艳民、蒋荣兴、蹇江海、范传宏、隋军、江洋、计立明、孙中原、程伟华、赵文忠、李咏芳、吴佳晨、王楠、李真等参与了书稿的校审和统稿。这些参编人员主要来自中国石化集团工程部、物资装备部、中国石化工程建设有限公司和中石化第四建设有限公司等，都是长期奋战在石化工程建设领域的工程技术和管理专家，具有扎实的理论功底和丰富的工程经验。本书在编写过程中，得到了中国石化出版社的大力支持，谨在此表示由衷的感谢。本书参阅了许多国内外专家学者的著作，引用了一些同行的研究成果，在此一并致谢。

本书对石化工程建设活动具有普遍的指导作用和较强的实用价值，对其他流程行业工程建设活动也具有一定的参考价值；可供工程管理、咨询、设计、建设、运维等工程建设从业人员参考借鉴，也可供高等院校石油炼制、化学工程与工艺、工程管理等相关专业师生研究学习。

本书的专业涉及面广、内容全面，有些知识还在持续更新，囿于水平有限，书中可能存在一些不足和疏漏，敬请广大读者批评指正。

王基铭

CONTENTS 目录

第1章 绪论 1

1.1 人类进入石油时代 …… 1
1.2 石化工业概述 …… 2
1.3 石化工程概述 …… 5
1.4 构建石化工程知识体系的意义 …… 9

第2章 石化工程知识的基本概念 12

2.1 石化工程知识的定义 …… 12
2.2 石化工程知识的演变 …… 13
2.3 石化工程知识的分类 …… 14
2.4 石化工程知识的基本性质 …… 16
2.5 石化工程知识的特征 …… 17

第3章 石化工程管理 21

3.1 石化工程的阶段划分 …… 21
3.2 石化工程建设程序 …… 23
3.3 石化工程管理模式 …… 23
3.4 石化工程实施方式 …… 28
3.5 石化工程项目策划 …… 32
3.6 石化工程项目技术管理 …… 37
3.7 石化工程项目质量管理 …… 46
3.8 石化工程项目健康、安全和环境（HSE）管理 …… 53
3.9 石化工程项目进度管理 …… 65
3.10 石化工程项目费用管理 …… 79

3.11 石化工程项目合同管理 …… 85
3.12 石化工程项目风险管理 …… 96
3.13 石化工程项目管理集成化 …… 100

第4章 石化工艺与装备 105

4.1 石化工艺技术概况 …… 105
4.2 石油炼制工艺与装备 …… 109
4.3 石油化工工艺与装备 …… 140
4.4 芳烃生产工艺与装备 …… 174

第5章 石化工程规划与决策 182

5.1 石化工程项目规划 …… 182
5.2 项目建议书 …… 187
5.3 项目可行性研究 …… 188
5.4 环境影响评价 …… 190
5.5 安全评价 …… 195
5.6 职业病危害评价 …… 198
5.7 社会稳定风险分析 …… 204
5.8 节能评估 …… 211
5.9 项目申请报告 …… 213

第6章 石化工程设计 216

6.1 设计阶段划分 …… 216
6.2 总体设计 …… 216
6.3 工艺设计包 …… 228
6.4 基础工程设计 …… 235
6.5 详细工程设计 …… 254
6.6 标准化设计与模块化设计 …… 260
6.7 工程设计变更及竣工图 …… 267

第7章 石化工程采购 272

7.1 采购概述 …… 272

7.2 招标采购机制 …… 277
7.3 石化工程及服务采购 …… 283
7.4 石化工程物资采购 …… 294

第8章 石化工程施工 307

8.1 石化工程施工工序与方法 …… 307
8.2 施工总平面 …… 308
8.3 地基处理 …… 311
8.4 土建 …… 319
8.5 安装 …… 330
8.6 工程质量监督 …… 420
8.7 工程安全监督 …… 424
8.8 单机试运 …… 426
8.9 “三查四定”与工程中间交接 …… 429

第9章 石化工程监理 432

9.1 概述 …… 432
9.2 监理大纲 …… 438
9.3 监理规划 …… 440
9.4 监理实施细则 …… 442
9.5 石化工程建设监理的工程建设程序和工作内容 …… 445
9.6 石化工程监理行业转型发展方向 …… 450

第10章 生产准备与试运行 452

10.1 生产准备 …… 452
10.2 联动试车 …… 457
10.3 试生产方案安全报备 …… 459
10.4 特种设备注册登记 …… 460
10.5 环境保护验收 …… 461
10.6 安全、职业病防护、消防设施验收 …… 463
10.7 投料试车 …… 465
10.8 生产考核 …… 466

第11章 工程验收与后评价 468

11.1 工程竣工验收 ······ 468
11.2 后评价 ······ 478

第12章 石化工程节能与环保 485

12.1 石化工程节能 ······ 485
12.2 石油化工工程环保 ······ 499

第13章 石化工程经济 525

13.1 技术经济评估 ······ 525
13.2 工程估算 ······ 536
13.3 工程项目结算 ······ 552
13.4 竣工决算 ······ 554

第14章 石化工程数字化 558

14.1 概述 ······ 558
14.2 工程设计数字化 ······ 559
14.3 工程采购数字化 ······ 564
14.4 工程施工数字化 ······ 568
14.5 工程完工数字化 ······ 571
14.6 石化工程集成化 ······ 573
14.7 新建石化工厂的数字化交付与数字化工厂建设 ······ 588
14.8 现役石化工厂的数字化重建与转型 ······ 596
14.9 石化工厂智能化 ······ 601

第15章 石化工程知识的思考与展望 608

15.1 石化工程知识创新引领石化产业进化与发展 ······ 608
15.2 石化工程知识创新带动相关产业进步 ······ 609
15.3 石化工程知识创新促进经济社会和谐发展 ······ 610
15.4 石化工程知识创新推动社会文明进步 ······ 611
15.5 石化工程知识展望 ······ 611

CHAPTER 第1章

绪论

能源是人类社会赖以生存发展的重要物质基础和推动力量，人类文明的每一次重大进步都伴随着能源的变革与更替，能源的开发利用极大地促进了生产力的发展和社会的进步。远古时代的钻木取火使人类从蒙昧走向了文明，18世纪蒸汽机的发明使人类进入工业大生产时代，19世纪电力的发明和使用将人类带入了电气时代。在漫长的历史长河中，人类用辛勤汗水和聪明才智去发现能源、认识能源、利用能源、改造能源，以更好地满足生产生活需求。同时，随着人类认识能力和知识水平的提高，能源的开采水平、转换效率、存储形态和消费模式也在不断发展进步，因此能源的变迁史是同人类社会文明发展史紧紧联系在一起的。

1.1 人类进入石油时代

石油作为一种能源被人类发现利用有着悠久的历史。早在公元前10世纪之前，古埃及、古巴比伦和印度等文明古国就已经采集天然沥青，用于建筑、防腐、黏合、装饰、制药等。古波斯遗迹中也有关于波斯上层社会将石油用于药物和照明的记录。

中国也是世界上最早发现和利用石油的国家之一。东汉的班固所著《汉书》中记载了“高奴有洧水可燃”。北魏的郦道元所著《水经注》中记载“水上有肥，可接取用之”，这里的“肥”就是指石油。宋朝的沈括在《梦溪笔谈》中，首次把这种天然可燃矿物称为“石油”，从此“石油”一词沿用至今。

20世纪50年代以来，石油随着大规模开采利用，成为世界的主要能源，标志着人类开始进入石油时代。石油由于具有能量密度大、转换效率高、分布范围广、运输方便等特点，且能够提供化学工业生产所需的原料，被广泛应用于国民经济和社会生活的各个领域，推动世界经济取得突飞猛进的发展。今天，石油在世界能源消费中占比约40%，是许多国家重要的能源支柱，由此石油也被称为“工业的血液”。2019年全球石油产量突破45.8×10^8t，其中我国原油产量1.91×10^8t，同期我国石油表观消费量达到6.6×10^8t，石油成为我国经济社会发展的主要能源支撑。

1.2 石化工业概述

产业是社会生产力发展到相当水平后，建立在各类专业技术、各类工程系统基础上的各种行业性的专业生产、社会服务系统，不同的产业都有其专门的知识体系。而"科学－技术－工程－产业"是一种紧密关联的知识链，特别是对于石化行业，它是一种极其复杂的知识链，是多层次的知识网络，不同环节和层次之间存在着丰富多彩、复杂多变的关系[1]。其中，石化工程知识和石化工业知识的联系最为直接、最为紧密，因此，在研究石化工程知识之前有必要对石化工业的发展历程、基本概念、主要特点做一个简要的梳理。

1.2.1 石化工业的兴起

尽管人类发现和利用石油有着悠久的历史，但在相当长的历史时期内，受当时的自然条件和人们的认识水平、技术水平所限，石油开采手段原始，利用形式粗放，用途也是非常单一。早期的石油开采主要是直接采集自然界中的天然石油，后来出现了手工挖成的石油井。开采获得的原油往往直接利用，或者经过简单的提炼后再利用，应用的工具主要是木器、石材、铁器等。由于石油本身的可燃特质，古人主要把石油当作燃料使用，如照明、做饭、取暖等。在当时缺乏科学知识和工程技术的条件下，石油开采利用方式显得非常原始、简陋、盲目，相关技术知识主要停留在感性层面，没有形成系统完整的产业体系，导致石油的价值不能得到充分挖掘，因此也没有形成现代意义上的石化工业。

现代石化工业起步于19世纪初，发展于20世纪初，成熟于20世纪中后叶。根据生产工艺和产品的不同，石化工业通常分为石油炼制和石油化工两部分：石油炼制是将原油经过分馏和二次加工，生产燃料油（汽油、煤油、柴油等）、润滑油、化工原料及其他石油产品的过程；石油化工是以石油炼制过程中产生的馏分、炼厂气等为原料，生产乙烯、丙烯、丁二烯、苯、甲苯、二甲苯等基本有机化工原料，以及合成纤维、合成橡胶、合成树脂等石化产品的过程。由于乙烯是石油化工工业的核心，所以人们常把乙烯的产量作为衡量一个国家石油化工发展水平的重要标志。

在石油炼制方面，1823年俄国杜比宁三兄弟建立了世界上第一座釜式蒸馏装置，1861年俄国人在巴库建立了世界上第一座炼油厂。20世纪初，由于汽车工业的迅猛发展以及第一次世界大战的爆发，汽油需求量激增，仅从原油蒸馏中得到的汽油远不能满足需要，石油的二次加工便应运而生。这一时期人们运用现代科学技术知识，相继开发了催化裂化、催化重整、加氢处理等生产技术，石油综合开发利用水平进一步提升，标志着炼油工业体系基本形成。

在石油化工方面，1920 年美国实现用丙烯生产异丙醇，1941 年建成了世界第一套以炼厂气为原料、用管式炉裂解制乙烯的生产装置。这一时期，以聚氯乙烯、高压聚乙烯、聚苯乙烯、丁苯橡胶为代表的高分子合成材料相继开发成功，进一步丰富了人们的生产和生活的材料选择。第二次世界大战后，各国经济迅速恢复，化工产品需求猛增，为石油化学工业发展创造了机遇。与此同时，化工生产技术持续进步，生产规模不断扩大，高性能材料接连涌现，促进了石油化工工业体系的形成和完善。

我国石化工业起步较晚，基础薄弱，但经过加快追赶，实现了跨越式发展，总体来看经历了从无到有、从有到优、从优到精的发展历程。建国初期，我国炼油工业的生产能力仅有 17×10^4t/a，1958 年在兰州建成了第一座百万吨级炼油厂，1964 年全国炼油能力达到了 1000×10^4t/a，1983 年达到了 1×10^8t/a，1996 年达到了 2×10^8t/a。21 世纪以来，我国炼油工业的发展不断加快，炼油能力已从 2005 年的 3.8×10^8t/a 提高至 2019 年的 8.7×10^8t/a，成为仅次于美国的全球第二大炼油国，也是同期全球炼油能力增长最快的国家。乙烯工业从 1962 年建成投产的兰州石化 5000t/a 乙烯装置起步，经过几十年的快速发展，2002 年乙烯生产能力突破 500×10^4t/a，2009 年突破 1000×10^4t/a，2019 年突破 2800×10^4t/a，我国乙烯、丙烯的产能产量位居世界第二，对二甲苯、合成纤维、合成橡胶、合成树脂的产能产量已位居世界第一。

1.2.2 石化工业的特点

石化工业是一种高风险的行业，其投资大、技术复杂，原料和产品大多易燃易爆，技术、经济和安全风险都比较高。综合分析，现代石化工业具有以下几个特点。

（1）装置大型化、基地化

21 世纪以来，世界石化工业发展迅速，产业结构调整力度不断加大，发展重心已转向亚洲和中东地区，产业集中度进一步提高，装置规模趋于大型化。2000 年至 2009 年世界炼油厂数量从 742 座降至 661 座，炼油能力从 40.65×10^8t/a 增至 43.60×10^8t/a，炼油厂平均规模从 547×10^4t/a 增至 660×10^4t/a。截至“十三五”末，我国已建成 1000×10^4t/a 以上的炼油基地 32 个，80×10^4t/a 以上乙烯基地 19 个。单系列装置规模不断扩大，常减压装置规模达到 1500×10^4t/a，乙烯装置规模达到 150×10^4t/a，工厂的技术经济指标明显提升，装置大型化的优势充分显现。

为了进一步优化资源配置，充分发挥炼油的规模优势，我国按照“宜油则油、宜烯则烯、宜芳则芳”的理念，建成了一批大型炼化一体化基地。“十三五”期间，我国继续优化产业布局，推进产业集聚发展，提升产业集约化、规模化、一体化水平，开工建设广东惠州、江苏连云港、浙江宁波、福建漳州古雷、大连长兴岛、上海漕泾、河北曹妃甸等石化产业基地。

（2）技术密集，产业关联度高

作为流程工业，石化工业综合应用了一系列工艺技术、工程技术和建造技术。技术来源广泛，技术选择难，集成难度大。相关技术水平的高低，决定了石化产业的发展水平。比如，为了实现清洁汽油生产，使油品质量达到国Ⅴ、国Ⅵ标准，中国石化开发应用了催化汽油吸附脱硫（S Zorb）技术和烷基化技术。石化装置中的重大装备（如工业炉、反应器、压缩机、大型储罐等）的设计与制造技术，也对石化产业的发展产生重要影响。在石化装置的建设过程中，还要应用许多先进的施工安装技术，对提升施工安装水平，保证工程质量，起到了重要作用。

石化工业是一个关联度非常广的产业，通过重大工程项目的建设，既能实现本产业的快速发展，又能带动汽车、电子、建材、机械制造等相关产业发展。同时，石化工业所生产的合成树脂、合成橡胶、合成纤维、精细化学品以及化工新材料等产品，可广泛应用于国民经济各个领域，对其产生较强的支撑、辐射、带动和提升作用。

（3）安全风险大，管理要求高

石化装置的物料、介质和产品大多易燃、易爆，石化企业在产品生产、储存、运输过程中存在的危险因素有火灾、爆炸、中毒、辐射、高处坠落、机械伤害、噪声、腐蚀等，且有的生产过程伴有高温高压，安全风险比较大，生产管理要求非常高。主要表现在：一是物料危险性高，生产过程中从原料到产品，包括工艺过程中的半成品、中间体、各种溶剂、催化剂等，绝大多数属于可燃易燃性物质，有些物料则是高毒和剧毒物质。二是工艺条件苛刻，生产过程需要经历很多物理、化学过程和传质、传热单元操作，一些过程控制条件异常苛刻，如高温、高压，低温、真空等。三是有的工艺介质腐蚀性强，同时在生产过程中还会使用或生成一些强腐蚀性物质，会导致设备、管道加速减薄、变脆，大大降低设备、管道的使用寿命。

为了应对腐蚀问题，对设备、管道、阀门等提出了严格的防腐要求，包括材质防腐、工艺防腐和涂料防腐等。在装置设计和运行过程中，要进行腐蚀风险分析和腐蚀适应性评估，并将评估结果应用于腐蚀风险管理控制的全过程，包括装置的设计选材、腐蚀监测技术的优化及检维修策略优化、操作过程中的腐蚀介质含量及操作参数的控制、防腐检查与失效分析等。

（4）环保要求高，绿色化和低碳化趋势明显

近年来，各国石化企业排污呈下降态势，但由于产品产量增加，污染物排放总量并没有明显下降。我国已经承诺到2030年二氧化碳排放要达到峰值，为兑现这一承诺，石化行业要全面落实二氧化碳减排措施。2017年全国汽柴油开始执行国Ⅴ标准，2019年起在全国实施更为严格的国Ⅵ标准，我国已成为世界上油品标准最严的国家之一。

为了实现石化工业的绿色低碳发展，一是要不断推进生产过程的绿色化和低碳化，包括积极采用绿色工艺和先进的三废（废水、废渣、废气）处理技术减少生产过程的 SO_2、NO_x、VOC（挥发性有机物）、COD（化学需氧量）和固体废弃物等的排放；积极采用节能技术，减少能源消耗。二是要推动油品质量升级。近年来，中国石化开发应用了S Zorb技术、烷基化技术、逆流连续重整技术等，其中S Zorb技术，实现了催化裂化汽油超深度脱硫，能耗仅为5～7kgEO/t进料，是我国生产符合国Ⅵ标准清洁车用汽油的主力技术。

（5）现代信息技术正在深刻影响石化工业

近年来，石化工业信息化取得了显著成绩，现代信息技术对石化工业的规划、建设、运营全过程都产生了巨大影响。在自动化控制层面，各生产企业普遍采用了以过程控制系统为核心，包括可燃气体和有毒气体检测报警系统、安全仪表系统等在内的控制系统网络，主要生产过程基本实现了自动化控制。在生产执行层面，通过生产执行系统、生产优化技术、生产调度系统的建设与应用，提升了生产管控水平和工作效率。在经营管理层面，大中型石化企业普遍采用了企业资源计划系统（ERP），支撑了采购、销售、财务、资金等业务的高效运作，提高了企业经营管理效率。

当前，互联网、物联网、大数据、云计算、人工智能等现代信息技术正在推动着商业模式、经济业态的重大变化，也在深刻影响着石化工业。目前我国石化企业正在应用现代信息技术，全面推进炼油及石化过程物质流、能量流、信息流、资金流的集成优化，实现原油采购、配置、运输的智能化和优化，生产过程水、电、蒸汽、燃料使用配置的智能化和优化，油品调和产品配送的智能化和优化，差异化石化产品定制化生产的智能化与优化，生产设备运转状况检测控制的智能化与优化。中国石化镇海炼化、九江石化、元坝天然气等企业正在开展智能工厂建设，初步实现了贯穿生产运营管理全过程的自动化、数字化、可视化、模型化和集成化。

1.3 石化工程概述

石化工业的连续正常运行必须以满足特定要求的生产装置及配套设施为载体，而这些装置和设施的构建又必须通过石化工程活动来规划、设计、制造、建设。可以说，从人类开始开发利用石油资源以来，就一直伴随着石化工程活动，并且不断地发展、演化，为石化工业发展进步提供物质保障和技术支持。

1.3.1 石化工程的演变

《工程哲学》（第二版）指出，工程是人类为了改善自身的生存、生活条件，并根据当时对自然的认识水平而进行的各类造物活动，是直接的生产力。从这个角度讲，石化工程也是随着人类需求、认识水平、技术手段、资源条件、自然环境、政策法规等要素的变化而发生着变化，同时这些变化的要素之间又会发生新的建构与协同，推动石化工程的不断演变。由于不同时期石化工程演化的机制与动力不同，导致石化工程的内涵、形态、模式也是不尽相同的。

在古代，人们最初主要把石油当作燃料，用来照明、煮饭、取暖等，另外有的人通过焚烧石油来蒸发盐卤制取食盐，还有的将其用于建材、制药、制墨等，这些工程活动主要是为了满足生存、生活的需要，其知识含量极其原始简单而且发展缓慢。后来随着手工业的技术进步和工程活动扩大，出现了一些原始的工具，积累了一些浅显的经验，造就了一批石油工匠。这一时期还出现了少量的以脑力劳动为主的石油工程学者，他们在记述石油工匠在技艺、技巧和技术创新方面的认识和经验中发挥了重要作用。我国明朝科学家宋应星在《天工开物》中把长期流传下来的石油知识做了全面的总结，对石油的开采工艺和技术环节做了系统的叙述。然而这一时期石化工程知识主要是经验性和分散性的，其局限性还是很明显的。

在近代，随着石油化工工业的建立和发展，以及第二次工业革命的兴起，石化工程得以从经验性向科学性转变。这一时期，自然科学取得新突破，石化工程从主要依靠工匠个人经验和手工技艺，发展到主要依靠工程科学知识的揭示、开发和应用的水平上，从而催生了一大批职业化的石化工程师。随着机械工业的发展，标准化、专业化的零部件生产与石化工艺流程相结合，使得石化工程的组织形式发生了深刻变革，大大提高了工程建设效率。19世纪20年代，人们开始建造釜式蒸馏设备进行原油提炼。到了19世纪80年代，随着原油加工量的增大，人们将4～10个蒸馏釜串联起来，组成连续釜式蒸馏装置。1912年，美国人将管式加热炉与蒸馏塔等组合起来加工原油，形成了近代原油连续蒸馏装置的雏形。1941年美国新泽西标准石油公司建成了世界第一套管式裂解炉蒸汽裂解装置，开创了以乙烯为龙头的石油化工新纪元。从那时起，随着石油化工生产规模越来越大，石化工程活动从分散性、经验性逐渐向具有一定程度的规模性和产业集中度方向发展。

石化工程的发展与工程科学的发展相辅相成。20世纪中叶以来，以现代基础科学和现代技术科学为知识基础，石化工程的目标和理念跃升到新层次，其实践领域、范围以及工艺技术、建造技术和管理方法等方面都取得空前的发展。60年代出现了含分子筛的催化裂化用催化剂以及采用极短反应接触时间的提升管裂化技术，大大提高了油品收率和质量。同期，一些工程公司围绕各种类型的裂解制乙烯的方法开展研究工作，开发了多种管式裂解炉和多种裂解气分离工艺流程，使乙烯收率大大提高，能耗明显下降。与此同时，我国突破国外技术封锁，自主开发形成了流化催化裂化、催化重整、延迟焦化、尿素脱蜡和炼油催化剂等5个方面重大科技成果，被誉为炼油领域的“五朵金花”。20世纪90年代以来，乙烯、聚乙烯、聚丙烯等一批骨干技术基本实现国产化，各种催化剂基本满足国内需求。

进入21世纪，随着分子炼油技术、清洁生产技术、新材料技术、高效设备技术、现代信息技术以及现代项目管理理论的创新与应用，石化工程进入新一轮快速发展时期。这一时期我国石化工程设计建设水平实现跨越式发展，工艺技术日益科学化、精细化、绿色化，工程装备更加高端化、大型化、模块化，工程管理更加规范化、专业化、集成化。目前我国已经拥有具有自主知识产权的石油化工主体技术，总体达到世界先进水平，部分达到世界领先水平，能够高质量地设计、建设具有世界先进水平的千万吨级炼油工程、百万吨级乙烯工程和百万吨级芳烃工程。2006年，采用自主技术设计建设的海南800×10^4t/a炼油工程成功投产，该项目系我国首座一次性新建的单系列千万吨级现代化炼油厂，属于环保型示范炼油厂，主要指标达到国际先进水平。2013年武汉80×10^4t/a乙烯工程建成投产，该工程不仅从工艺技术上首次实现了完全自主研发的大型乙烯成套技术的工业应用，还从装备制造上首次实现了百万吨级乙烯冷箱、裂解气压缩机、丙烯制冷压缩机、乙烯制冷压缩机等设计、制造、安装的全面国产化。

1.3.2　现代石化工程的特点[2]

与古代、近代石化工程相比，现代石化工程已经不是经验、技艺的产物，而是现代科学、现代技术等知识物化的结晶。现代石化工程属于资源、资金、技术高度密集型项目，具有技术复杂、专业领域多、关联范围广、工程投资大、建造周期长和质量安全环保要求高等特点，其技术难度、制造难度、施工难度、管理难度都是前所未有的。

（1）技术复杂

石化工业的技术复杂性决定了石化工程项目的复杂性。石化工程项目是科学成果转化为现实生产力的载体，综合应用了众多的工艺技术、工程技术、建造技术、安全环保技术、信息技术等，技术来源广泛，集成难度大。项目技术的合理性和先进性决定了工程项目的建设质量和水平，也决定了所建成的石化装置的内在运行基因。因此，工程技术管理是贯穿于项目管理活动全过程的一项重要工作，它在项目的前期策划、过程控制、结果评判、最终记录等各运行环节充分发挥管理效能，是实现工程项目目标的重要保证。特别是在项目前期和项目实施过程中，要不断优化设计、建造和施工技术方案，开展技术方案评审，确保方案的先进性和适宜性。

（2）专业领域多

在石化工程项目的前期咨询、设计、采购、施工、开车过程中，涉及数十个专业。比如，在咨询设计阶段，涉及工厂设计、工艺、化学工程、热工、储运、给排水、总图运输、管道、材料、应力、建筑、结构、设备、机械、加热炉、电气、电信、自控、安全与健康、分析化验、暖通空调、环境工程、估算、技术经济、信息技术等二十多个专业。在施工阶段，涉及土建、吊装、设备安装、焊接、无损检测（NDT）、电气、仪表、给排水、防腐与绝热等十几个专业。在项目实施过程中，各专业之间的协同配合水平将直接影响项目能否顺利开展，影响项目执行效率和水平。工程建设单位要综合应用各专业的知识、技能和方法，强化专业协作，注重项目方案的整体优化，实现工程项目的目标。

（3）系统性强

现代石化工程具有多界面、多要素、多系统、多目标、多约束等特征，为了实现目标最大化，在工程建设过程中必须将各类资源要素按照一定的协同关系、逻辑关系进行系统集成和优化组合，因此石化工程是一个复杂的巨系统。石化工程从不同维度、不同层次还可以划分为若干子系统，比如规划系统、设计系统、建设系统、管理系统等。子系统还可以继续划分为小系统，如设计系统包括工艺系统、管道系统、自动化控制系统、信息系统等；小系统还能继续划分为更小的系统。各级系统内部自成体系，系统与系统之间既有横向作用，又有纵向联系，它们互为条件、互为制约、互为补充，任何一个系统的缺位都可能导致整个工程系统发生紊乱，甚至造成严重损失。

（4）关联范围广

石化工程项目的关联范围广，利益相关方众多，主要包括建设单位（业主）、行政主管单位、政府机构（包括政府建设行政主管部门、环保部门、消防部门、招标投标管理部门、质量技术监督部门、安全监督部门、海关、工程质量监督站等）、监理公司、业主委托的第三方（如项目管理、检验）、设备或材料供应商、承包商、合作方、社会公众等。所以，在项目实施过程中，应科学分析利益相关方的需求和期望，加强项目界面管理和沟通协调，确保项目的顺利进行。

（5）工程投资大

现代石化工业正在朝着大型化方向发展，炼油规模一般在1000×10^4t/a以上，乙烯规模一般在100×10^4t/a以上，这就决定了项目投资规模也越来越大。千万吨级炼油工程及配套的投资额一般在150亿元以上，百万吨级乙烯工程及配套的投资额一般在200亿元以上。一套百万吨级乙烯装置的动静设备有860多台套（约合1.6×10^4t），钢结构约2×10^4t，混凝土浇筑量约5×10^4m^3，工艺管线约300km，DCS及仪表总量6000多台/件，仪表电缆总长约800km，电气设备及器材总量4000多台/件，电缆总长约600km，工程投资额超过30亿元。另外，由于石化装置技术复杂且操作条件苛刻，有时还需要引进一些专利、专有设备以及高性能材料等，价格昂贵，进一步增加了工程投资。

（6）建造周期长

石化工程项目的建设周期一般都比较长。从工程设计到建成投产，通常1000×10^4t/a炼油工程的建设周期在32个月左右，100×10^4t/a乙烯工程的建设周期在38

个月左右。在如此长时间的建设过程中，存在各种难以预测的风险，比如项目资源风险、进度风险、安全风险、设备材料价格风险等，因而必须强化过程管理，严格管控风险，才能保证项目按计划完成。

（7）质量安全环保要求高

石化工程项目是一个复杂的巨系统，任何一个小的失误，其影响都会放大。石化装置的物料、介质和产品大多是易燃、易爆的危险化学品，有些装置的操作条件为高温高压，质量、安全、环境风险都比较大，一旦发生事故会造成生命财产的重大损失，甚至对周边地区自然生态和居住环境构成严重威胁。为了保证石化装置“安稳长满优”运行，必须在工程建设阶段确保工程质量，保证本质安全和本质环保，打造石化装置的优质基因。此外，在工程建设过程中，有时会有数万人在工程现场同时施工，高空、立体交叉作业多，有毒有害、易燃易爆、高温高压介质多，工程设计、设备制造、安装施工的任何一个环节均存在很多质量安全环保隐患，稍有不慎就有可能引发质量安全环保事故，因此必须加强过程管控，消除风险隐患，防止事故发生。

1.4　构建石化工程知识体系的意义

随着新一轮科技革命与产业变革的持续深入，以及石化工程建设模式的不断演进，不同学科、不同领域、不同行业之间的知识相互渗透、相互融合、相互促进，催生了一大批新的工程知识，石化工程知识更是呈现爆发式增长。为了将这些知识传承下去，充分发挥知识的价值，有必要构建一套系统完整、层次清晰、简明易懂的石化工程知识体系，这无论对夯实发展基础，统一知识标准，还是对提高工程质量、培养工程人才都具有重要意义。

1.4.1　石化工程知识体系是石化工程发展进步的基础

石油化工工业与国民经济发展和人民生活水平提高密切相关，是国民经济的支柱产业。石化工程是一个复杂的系统工程，其全生命周期所涉及的知识范围广、层次深、难度大，既有决策、报批、组织、控制等管理知识，又有设计、采购、施工、开车等业务知识，同时还涉及科技开发、装备制造、物流运输、信息技术等相关领域知识。这些知识之间相互联系、相互支持、相互渗透，构成了庞大的石化工程知识群。知识就是力量，是创新驱动中最核心的因素，石化工程知识是推动石化工程以及石油化工工业高质量发展的重要动力源泉。因此构建一套系统完整的石化工程知识体系，能够为石化工程的技术进步、管理创新、转型发展，乃至石化工业的“安稳长满优”运行提供知识支撑，是石化工程发展进步的基础，也是石化工业持续发展的客观需要。

1.4.2 构建石化工程知识体系有利于统一知识标准

当前，国内石化工程知识不同程度地存在着标准不统一、概念模糊、相互矛盾、体系不完整等问题。尽管前人已经对石化工程知识进行过一些研究，但大多局限于某一领域或某一阶段，尚未形成系统完整、脉络清晰的知识体系，依然不能完全满足现代大型复杂石化工程建设的需求。同时，随着科学技术的飞速发展，一些新知识、新概念、新技术不断渗透到石化工程知识当中，由于每个人的知识背景、工作经历不同，对相关知识的理解也不尽相同，造成了工程建设人员之间可能存在交流障碍。此外，随着国际工程交流的日益频繁，国外石化工程知识大量进入国内石化工程领域，经常发生对同一知识存在不同理解的现象。因此进一步梳理完善石化工程知识体系，对于规范石化工程知识内涵，明确界面范围，理清相互作用，在行业内建立起统一的沟通交流基础，增强对知识理解的准确性和一致性具有重要意义。

1.4.3 构建石化工程知识体系有利于提高工程质量效益

近年来，随着一大批大型石化工程陆续建成投产，我国已经跻身全球第二大炼油国、第二大乙烯生产国、第一大芳烃生产国，并继续保持较快的发展速度，每年都有大量资金投入石化工程建设。从技术角度讲，建立统一规范的石化工程知识体系有利于不同专业、不同业务之间的技术交流，推动工艺技术、工程技术和建造技术的深度融合，实现技术整体最优，为工程质量效益提供根本保证。从经济角度讲，建立科学完整的石化工程知识体系有利于增强工程估算的准确性和决策的科学性，提升资金管理的集约化水平，更好地发挥资金的使用价值。从管理角度讲，石化工程知识体系有利于增进管理与技术、设计与建设、进度与质量的协调融合，推进精益管理，提高工程质量，为我国石化工业可持续发展奠定基础。

1.4.4 构建石化工程知识体系有利于培养高素质的工程人才

正如前述，石化工程具有技术复杂、专业领域多、关联范围广等特点，而现代工程建设离不开专业技术人员和工程管理人员有意识的工程实践活动，因此石化工程建设需要一批技术精湛、知识全面、善于管理的高素质人才队伍。目前国内的工程人才大多长期从事某一专业或某一领域，对相关专业的知识不甚了解，这与现代石化工程各专业之间高度关联、深度耦合的特征是不协调的，也是不利于高端工程人才的培养与成长的。为了适应现代石化工程发展新趋势，石化工程建设相关单位有必要帮助各类人员拓展知识宽度，完善知识结构，丰富知识储备，培养更多的高素质工程人才队伍，而实现这一切需要一套完整的石化工程知识体系作为基础和前提。

本书以工程、技术、科学三元论、工程本体论、工程方法论、工程知识论、工程演化论为指导，从概念、结构和功能等多个视角对分散的石化工程知识进行全面总结。本书重点研究石化工程知识的本性、特征、内涵、形态、结构、功能、演进和发展规律，以及工程知识与科学、技术、经济、社会、文化等的相互关系、相互作用和相互影响。通过系统的概括和提炼，努力为广大读者奉献一本方便阅读、通俗易懂，能够准确掌握石化工程知识内涵，构建完整知识体系的工具书，为从事石化工程建设相关工作提供参考和借鉴。

参考文献

[1] 殷瑞钰，汪应洛，李伯聪，等. 工程哲学[M]. 2 版. 北京：高等教育出版社，2013.

[2] 孙丽丽，等. 石化工程整体化管理与实践[M]. 北京：化学工业出版社，2019.

CHAPTER 第2章

石化工程知识的基本概念

通过对石化工程的特点分析发现，石化工程知识涉及面广、专业性强、结构复杂，而且知识点与知识点之间的关系呈现网络化特点，因此在构建石化工程知识体系之前有必要对知识的基本概念进行梳理，从而发现规律，明确方向。

2.1 石化工程知识的定义

石油是赋存于地下岩石孔隙中的一种液态可燃有机矿产，天然气是蕴藏于地层中的烃类和非烃类气体的混合物，石油和天然气是世界上最重要的动力燃料与化工原料。石化工业是以石油或天然气为原料，生产成品油（汽油、煤油、柴油等）、润滑油、液化石油气、石油焦、石蜡、沥青、燃料油等石油产品，以及合成树脂、合成纤维、合成橡胶、基本有机原料及其衍生物等化工产品的能源和原材料产业，是典型的流程工业。

关于工程，《辞海》的解释为“将自然科学的原理应用到工农业生产部门中去而形成的各学科的总和。”《工程哲学》指出，“工程是人类为了改善自身的生存、生活条件，并根据当时对自然的认识水平，而进行的各类造物活动，即物化劳动过程。[1]”结合石油化工工业的有关概念，我们认为石化工程是人类为了从石油和天然气资源中获取所需的石油产品和化工产品，并依据资源环境和生产力水平，而进行的建造石油化工生产装置及设施的活动。

《工程知识论》指出，“知识是人类在劳动、实践过程中对客观世界、客观事物、人工物、人类社会以及对人自身等认识的结晶，包括了理念、概念、定义、范畴划分、状态认知、规律、原则、规则、模型、方法等内涵，是对真理和人类活动的规律的认知，是理念、概念的确立，是对规律的探索和揭示，是对原则、规则的建立，是对方法、模型、器物的建构、改进、演化的研究，知识包含着广泛的内涵，以及对这些内涵认识的结晶。”“工程知识是人类生存、社会发展需求引导的结果，是关于人工物创造、生产力发展和解决现实生活世界现实性问题的实践性知识和创造并实现价值的知识。[2]”基于上述理论我们认为，石化工程知识是工程知识在石化工程建设领域的具体体现，是人们在长期地从事石化工程项目管理、咨询规划、勘察、设计、采购、施工，以及试运行、后评价、经济技术评估等过程中，运用科学理论和技术手段，对自然资源、社会需求、政策规范、组织形态、转化规律等认识的结晶。工程知识源于工程实践，随着实践深入、技术创新、社会进步，石化工程知识也在不断地发展演变。

2.2　石化工程知识的演变

石化工程是伴随着石油化工工业的发展而成长起来的，在长期的发展过程中其工程技术、工程理念、组织形态、工程方法、建设模式等均经历了广泛而深刻的变革。在此过程中，石化工程知识也得到丰富和发展，本节从知识的内涵和来源两个角度来认识石化工程知识的演变过程。

2.2.1　知识内涵角度

从知识内涵角度讲，石化工程知识经历了从简单到复杂、从模糊到精确、从孤立到融合、从粗放到集约的演变过程，逐步形成了较为完整的石化工程知识体系。在古代社会，由于当时的认识水平和生产力水平所限，人们对石油物性知识的掌握主要停留在形态、颜色和重量等感性层面上，用途知识主要表现在能够直接作为燃料、粘结剂、天然药物等，工程知识主要表现在有意识地制造一些简单的木器、石器、铁器等为石油的开发利用提供便利。总之，当时的石化工程知识是非常简单粗放的。

近代以来，在几次工业革命的推动下，人们不再满足于对石油浅显的认识和粗放的使用，开始研究石油的成分组成，试图通过将各种组分进行分离的方式来提高石油的使用效益。1846年，加拿大人发明了从石油中提炼出煤油的方法，丰富了石油化工工艺知识，推动石化工程知识发展进入快车道。与此同时，石化工程装备知识也得到迅速发展，19世纪20年代世界上第一座釜式蒸馏装置建成投产。20世纪中后期，石化工程知识呈现爆炸式发展态势，随着对石油化工反应机理认识的深化，石油炼制二次加工技术不断涌现，高性能石油化工材料生产工艺相继开发成功。工程管理知识也实现了从盲目到规范、从粗放到精细的转变。进入21世纪以来石化工程更是踏上了大型化、绿色化、智能化的发展轨道，集约高效、绿色环保、智能工厂等现代工程理念不断融入石化工程知识当中，使其成为一个庞大的知识体系。

2.2.2　知识来源角度

从知识来源角度讲，石化工程知识经历了从以经验为核心，到以技术为核心，再到工程系统集成，以及目前与信息技术的深度融合、更加突出工程知识的整体化这几个阶段，始终保持知识体系的持续更新和不断完善。在古代，人们对石油利用的知识主要来自对前人实践经验的记录上，如前文所述明代《天工开物》有关石化工程知识的记载就属于经验性的。由于缺少现代科学和工程技术的指导，人们对石化工程知识长期停留在经验层面，无法从技术层面对石油化工的原理、设计、建造等进行更深入的认识，使得石化工程知识在相当长的时期内保持基本稳定，没有出现大的变革。

石化工程知识从以经验为核心向以技术为核心的转变发生在近代社会。20世纪初随着数学、物理学、化学以及冶金技术、机械技术、电力技术等科学技术的快速发展，石化工程的原理被逐步揭示出来，对工程规律的把握更加准确，人们开始应用这些知识去规划、设计、建设石化工程。第二次世界大战后，由于人们对石化产品的需求迅速增长，石化工程向具有一定程度的规模化和提高产业集中度方向发展，这就要求储运系统、蒸汽系统、给排水系统、环保系统、电力系统等工程系统高度集成，从而丰富了以工程系统集成为特征的石化工程知识。20世纪80年代，随着计算机应用的逐渐普及，石化工程设计从低效率的手工计算进入信息化时代，并从设计逐步向设备制造、施工组织、项目控制等领域延伸，到21世纪进一步形成了以数字化为核心的整体化工程建设模式，深刻改变了石化工程知识的内涵和形态。经过长期的积累，石化工程知识与相关科学领域知识相互交流、兼收并蓄、深度融合，如今已经形成具有高度系统性、综合性、整体性的知识体系。

2.3 石化工程知识的分类

石化工程知识多种多样、纷繁复杂、涉及面广，为了对这一知识体系进行系统、全面、深入的梳理，我们必须依照一定的标准对它进行分类，以掌握它的基本内涵和特征。

从工程全生命周期的角度看，石化工程知识可分为工程规划知识、工程决策知识、工程设计知识、工程采购知识、工程施工知识、工程试运行知识、工程后评价知识、工程管理知识和工程评估知识、工程改造知识等。每一大类知识还能够继续划分为中类知识，如工程规划知识按照不同的目的和功能还可以划分为立项知识、可行性研究知识、规划知识、环境影响评价知识、安全评价知识、职业病危害评价知识、社会稳定风险评价知识、节能评估知识、项目申请知识等。中类知识还可以继续划分为小类，甚至更加细微的知识，如上述规划知识还可进一步分为行业规划知识、园区规划知识、企业规划知识和专项规划知识。

从知识属性的角度看，石化工程知识包括工艺技术知识、工程转化知识、工程经济知识、安全文化知识、环境影响知识、产业政策知识，等等。同样，每一大类知识都可以继续划分为中类、小类，甚至更小，划分标准也是各种各样的。以工艺技术知识为例，按照处理方式和目的产品的不同，它可以分为石化炼制工艺知识和石油化工工艺知识。石化炼制工艺知识包括常减压蒸馏、连续重整、加氢、催化裂化、延迟焦化、烷基化等工艺知识。石油化工工艺知识包括乙烯、聚乙烯、聚丙烯、丁二烯、环氧乙烷/乙二醇、裂解汽油加氢等工艺知识。乙烯工艺知识按照工艺流程还可以分为裂解知识、压缩知识、分离知识，等等。每一项工艺知识往往都与设备知识、管道知识、仪表知识、安全知识等密切相关，因此每一个项知识都不能孤立地看待，需要与相关知识结合起来方能全面理解。

从部分与整体的角度看，石化工程知识包括单元性知识和集成性知识。单元性知识主要是指着眼于解决某一方面具体工程技术问题的知识，如招投标知识、质量控制知识、安全管理知识、风险防控知识、节能降耗知识、工程后评价知识，等等。集成性知识是指以石化工程为主体，将各类技术知识、管理知识以及各个单元知识融会贯通，选择、集成、建构成知识系统而形成的知识，如千万吨级炼油工程知识、百万吨级乙烯工程知识、高效环保芳烃工程知识、炼油企业节能改造工程知识、数字化工厂建设知识等。

对石化工程知识进行分类的角度是多种多样的，除上述三种外还可以从个体性知识和群体性知识、显性知识与隐性知识、结构性知识与非结构性知识等角度进行分类。由于石化工程知识的复杂性和多样性，同一知识经常会具有多重性质特征，因此同一知识出现在不同分类中的现象时有发生。

基于多年的石化工程经验，本书首先从普遍性与特殊性的角度出发，将石化工程知识分为通用知识和专业知识。然后，将通用知识按照知识属性分为三类，分别是工程管理知识、工程经济知识和工程人文知识。将专业知识从工程全生命周期角度分为七类，分别是石化工程规划知识、石化工艺技术与装备知识、石化工程设计知识、石化工程建造知识、石化工程试运行知识、石化工程竣工验收与后评价知识、石化工程节能环保知识。石化工程知识体系框架如图 2–1 所示。

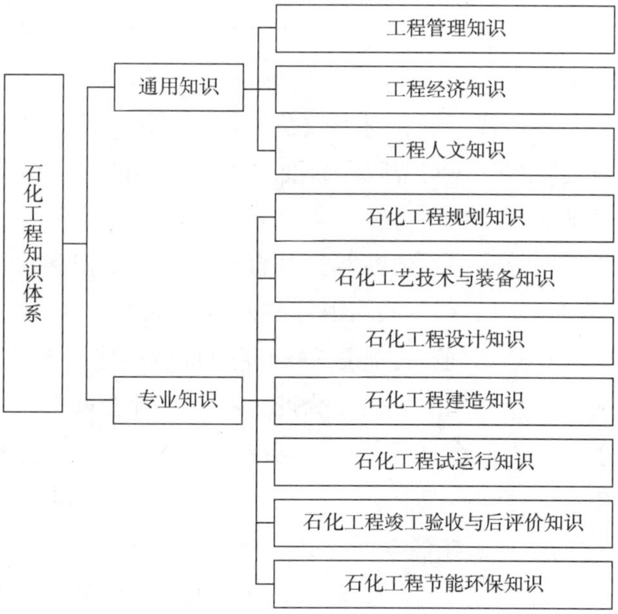

图 2–1　石化工程知识体系

2.4 石化工程知识的基本性质

石化工程知识作为工程知识的一个行业子类，既有工程知识的一般性质，又有其特殊性，主要表现在以下几个方面：

（1）生产力属性

马克思指出："自然界没有制造出任何机器，没有制造出机车、铁路、电报、走锭精纺车，等等。它们是人类劳动的产物……是物化的知识力量。"这一点在石化工程领域显得格外明显。石化工程的目的是安全、有序、优质、高效地建造能够将油气资源转化为目的产品的生产制造系统（即石化装置与设施），并且确保生产装置（设施）的"安全、稳定、长周期、满负荷、优化"运行，这一复杂过程如果离开了人类劳动是不可能实现的。

在工程建设过程中，人们充分运用物化了的石化工程知识，依靠自然，改造自然，将零散的工程材料加工成各种设备、构件，再按照一定顺序进行优化组合，最终建成能够满足社会需求且有竞争力的装置。此外，由于石油化工的产业链长，石化工程对经济的拉动作用非常显著。根据测算，乙烯对下游产业的带动效应大约是1∶6，也就是说一项投资200亿元的乙烯工程能够带动下游产业1200多亿元的产值，给10万人提供就业机会。因此，石化工程知识具有鲜明的生产力属性。

（2）设计性和社会性

《工程知识论》指出，工程知识在本质上就是设计出目前世界上"尚不存在的虚实在"并使其通过工程活动转化成"现实实在"的知识。石化工程的设计与建造都是以石油、水源、地形、风向等自然资源和条件为基础，依照人们的规划和设想而进行的人工造物活动。在前期策划阶段，要运用石化工程知识，围绕工艺技术路线和产品方案、原料及市场、财务效益指标，经济评价及风险等进行深度研究和论证，形成工程方案。在工程实施阶段，要对工程方案进行详细设计，确保满足制造、安装以及操作、运维的要求。

工程知识不但涉及人与自然关系的知识和关于人工物的知识，而且广泛深刻涉及"人与社会关系"的知识和"人与人关系"的知识。石化工程建设活动以及后续的生产活动还会不同程度地影响到周边自然环境，改变居民的生活状态，进而影响人与人、人与社会之间的关系。为此，石化工程在前期阶段通常要开展社会稳定性评价，充分了解各方面意见及其采纳情况，科学地预测、分析和评估，努力使石化工程与社会形成良性互动。综上所述，石化工程知识具有较强的设计性和社会性。

（3）主观能动性和创造性

近代以来，石油化工工业的迅速发展离不开石化工程技术水平、建造水平和管理水平的整体提升，这其中人们对石化工程知识的能动性运用和创造性发展发挥了不可替代的作用。这期间，人们主动将最新科技知识引入到石化工程领域，改造落后的生产工艺，替代粗放的建造方式，改变了石化工业的面貌。在石化工程设计和实施过程中，为了实现工程技术方案的最优化和价值最大化，需要工程师们反复思考，进行深入分析和研究，创造性地提出多个解决方案，并进行综合评估、验证和决策。综上所述，石化工程知识具有明显的主观能动性和创造性。

（4）价值导向性和功效利益性

石化工程活动是利用各种资源与要素构建一个新的人工存在物的过程，其结果是建成满足要求的生产装置和设施。这些装置和设施应以油气资源利用价值的最大化为导向，最终满足社会大众对石化产品的需求以及对安全、环保的要求，实现经济效益和社会效益。

比如，近年来国内一些石化企业为了实现提质增效，推动转型升级，纷纷应用先进技术知识对传统石化产业进行升级改造，增产优质、高附加值的产品，创造了丰厚的经济效益。又比如，为了适应国家生态环保的政策导向，工程师们将绿色设计知识引入石化工程建设活动中，优化环境要素和资源配置，采用绿色技术，不断提高石化工程的绿色环保水平。由此可见，石化工程知识具有鲜明的价值导向性和功效利益性。

（5）关联性和整体性

石化工程是一个复杂的系统工程，各系统密切关联，互为输入和输出，一个输出的微小变化都可能会在后续系统中逐渐放大，引起一系列联动变化，造成不可估量的损失。通常石化工程设计、建构和运行过程中需要规划与设计、设计与建造、内部资源与外部资源等子系统之间的深度协调配合，进行系统化考虑。为此，人们通过分析研究各个模块相关知识的性质、功能、特点等，发现契合点，找到突破点，打破各模块之间的壁垒，使各项工程要素形成一个有机整体。

同时，石化工程知识可以促使各要素的属性互相增强、向积极方向发展，并不断强化这种正向、积极的相关性。比如，在工艺流程优化时，需要综合运用投资、运维、制造、施工以及业主偏好等知识，对工艺技术的应用场合、上下游匹配要求、配套设施等方面的因素进行整体权衡，以此实现物料的高效互供、能源的优化利用、运维的方便快捷，发挥工艺总流程的整体效益。因此，石化工程知识具有高度的关联性和整体性。

2.5　石化工程知识的特征

石化工程属于资源、资金、技术高度密集型工程，是以技术多学科、管理多维度、协调多界面、运行多子系统为基本特征的开放复杂系统，因此石化工程知识具有以下特征：

（1）实践性

石化工程是伴随着石油化学工业的发展而不断成长起来的，经历了从简单到复杂、从低级到高级、从小规模粗放型到大规模集约型的过程。每一次规划设计都是以现实条件为基础，每一次进步都是以现实问题为导向，每一次创新都是以实践为最终检验标准。正是由于千百年来人类锲而不舍地开发和利用石油，并不断探索石油化工更科学、更精细、更智能的生产方式，才促进了石化工程知识的不断丰富与发展。这些知识来源于实践，同时又推动着实践的发展。因此实践性是石化工程知识丰富与发展的重要源泉和显著特征。

（2）专业性

石化工程属于技术密集型工程，一般要涉及工艺、设备、仪表、管道、结构、给排水等20多个专业学科，每个专业都有相对独立的知识体系、工作流程和表达方式。在设计过程中，要求工程设计人员必须具有丰富的专业知识和较强的职业技能，才能设计出符合制造、施工、生产、操作以及安全、环保等要求的工程方案，而非专业人员是很难做到这些的。另外，石化工程具有技术复杂的特征，一方面特殊设备繁多，有的设备长期处于高温、高压等极端工况下工作，制造安装要求十分严格；另一方面，石化工程建设各项工序在时间和空间上深度交叉，并且经常使用专业工程机械，采用的方法也需要经过充分的专业性评估。因此工程采购、施工、管理等均具有较强的专业性特征。

（3）集成性

20世纪80年代以来，随着石化工程项目大型化、复杂化、综合化的特征日益显著，工程建设者开始从全局观点出发，对项目时间、成本、质量、范围、采购等专项工作进行协调与整合，将各类工程资源和要素进行优化集成，以此不断追求工程整体利益的最大化。例如，在工程设计过程中，通过对工艺过程的组合集成，可减少或简化工艺过程，以降低投资、节能降耗；通过对多专业设计软件的集成，可以实现多专业之间的信息共享，保证上下游专业数据与信息的一致性和可追溯性。在工程管理过程中，人们以现代项目管理理论和集成管理理论为基础，对资源、要素、方法、信息等进行高效聚集和优化组合，有效地调动石化工程各参与方的力量，对工程实施全过程、全方位、全要素的管理，从而提高工程管理系统的整体协调程度和运行效率，有效解决了石化工程大型化、复杂化所带来的一系列问题，在这一过程中形成的知识具有显著的集成性特征。

（4）转化性

石化工程是从工程知识到工程实体转化的过程，包含多个转化子过程。首先以科学技术研究成果为基础，通过工艺流程开发和优化、流程模拟、能量优化、热态模拟、工程放大等工程化开发，将科学技术研究成果转化为成套的工艺和工程技术。然后通过工艺设计、工厂设计、设备设计、管道设计、电气设计、自控设计、土建设计等，将工艺和工程技术转化为既满足生产需要又可供设备制造及施工安装的“蓝图”。最后，通过设备制造、物资采购、物流运输和施工安装等将“蓝图”转化为满足“安稳长满优”要求的生产装置及配套设施。此外，石油化工生产和工程建设过程中产生的需求和发现的问题，往往也会转化成为推动石油化工科技发展的强大力量，推动石化工程知识持续丰富和发展。

（5）安全性

石油化工属于高危行业，在生产过程中需要面对高温高压、易燃易爆、强腐蚀性等极端工况，因此安全生产是石化工业永恒的主题，而石化工程是奠定工厂安全基因的关键路径。此外，在工程建设过程中安全风险也是无处不在，包括高处坠落、物体打击、触电、起重吊装、火灾烧伤、机械伤害、坍塌倒塌、中毒窒息等多种类型。因此，既要建造安全的工程，又要安全地建造工程，这就要求工程管理者从一开始就要策划建立贯穿工程全生命周期的HSE管理体系，其间还要开展各种专项安全分析活动。例如，在工艺路线选择时，要对技术路线和技术方案进行综合评估，尽可能选择本质安全的工艺和技术。对于新开发的技术，工程设计单位一般需要进行HAZOP（危险与可操作性分析）、LOPA（保护层分析）及SIL（安全完整性等级分析）等相关安全评估。在工程施工过程中，严格执行安全法规制度，加强作业人员的安全培训，强化作业许可管理，针对施工作业活动开展JSA（作业安全分析），管控作业过程的HSE风险。通过一系列手段措施，安全理念必然会大量且深刻地渗透到石化工程知识中。

（6）环保性

近年来，国家对环境保护和生态建设的重视程度越来越高，环保标准日趋严格，督察力度持续加大，同时也引起了社会大众的普遍关注。石油化工生产过程中涉及的物料多为有毒有害介质，为了推动可持续发展，实现企业与社会的和谐共生，必须大力推行清洁生产，保护生态环境，而工程建设是从源头上提升石化企业环保水平的重要环节。在设计建设过程中，人们通过环境影响评价、采用绿色环保的工艺和设备、落实环境保护设施与主体工程“三同时”等，使得石化工程及未来的生产活动与生态环境更加友好、更加和谐。在努力减少排放的同时，石化工程必须完善污染物的末端治理设施，将废气、废水和固废进行科学分析、整体设计、分类处理、集约化回收，提高资源综合利用率，做到污染物全面稳定达标排放，实现本质环保。开展上述工程活动，必须以专业的环境保护知识为基础，在实施过程中人们又会逐渐积累起保护生态环境的理念、方法和经验，使得石化工程知识更具环保性特征。

参考文献

[1] 殷瑞钰，汪应洛，李伯聪，等. 工程哲学[M]. 2版. 北京：高等教育出版社，2013.

[2] 殷瑞钰，李伯聪，栾恩杰，等. 工程知识论[M]. 北京：高等教育出版社，2020.

CHAPTER 第3章

石化工程管理

工程管理属于管理科学与工程的组成部分，具有管理科学的共性，更具有工程管理自身的特点和规律，不同于工商管理和企业管理，也不同于行政管理。在石化工程建设中，工程管理工作直接影响工程的质量、工期和成本效益。如何做好石化工程建设项目的工程管理，以保证工程建设的顺利实施，需要有一套完善的管理理念、思路、制度和较强的执行力度。

本章重点介绍石化工程管理相关核心知识理论，包括石化工程的阶段划分，石化工程建设程序，工程管理模式，石化工程实施方式，石化工程项目策划，石化工程项目技术管理，石化工程项目质量管理，石化工程项目健康、安全和环境（HSE）管理，石化工程项目进度，合同、费用与风险管理，以及石化工程项目管理集成化的要点。

3.1 石化工程的阶段划分

石化工程建设过程非常复杂，从前期策划、项目实施到竣工投产，要根据项目建设的需要与国家法律法规等要求，开展大量的工作。按照项目实施的进程，石化工程建设项目的建设过程通常可分为五个阶段：一是前期工作阶段，二是项目定义阶段，三是项目实施阶段，四是试运行与竣工验收阶段，五是后评价阶段。

3.1.1 项目前期工作阶段

项目前期工作阶段主要是项目的立项报批，通过市场调研、投资机会研究、可行性研究、专项审批和项目批准立项等过程，确立符合国民经济和社会发展长远规划，符合国家产业政策，符合行业、地区、企业发展规划的建设项目。

前期工作阶段一般包括确定前期项目管理组织机构，区域/行业规划，投资机会研究，厂址选择，市场研究（原料、产品），方案研究/预可行性研究，资金筹措，可行性研究及审查，规划选址预审及用地预审，环评报告评估及审批，项目申请报告评估及核准/备案，安全预评价、审查及批准，职业病危害预评价、审查及批准等13个子过程。

3.1.2 项目定义阶段

项目定义阶段主要是项目实施的准备阶段，按照批准的可行性研究报告，确定项目管理模式和项目管理实施组织机构，组织开展技术路线选择、基础工程设计，办理项目开工的相关手续，落实建设资金，确定工程承包商和监理单位，完成“四通一平（施工现场通水、通电、通路、通信和现场平整）”工作，为项目全面实施做好准备。

项目定义阶段一般包括确定工程建设管理模式和实施方式以及建立项目管理实施组织机构，用地规划正式许可，工艺技术选择确定、工艺包设计及审查，编制项目统一规定以及确定设计原则、技术标准、设计基础，编制、审查和批准总体设计，地质勘探，基础工程设计、审查和批准，确定采购策略及项目采购规划，关键长周期设备订货，可施工性研究，办理征地手续，办理建设工程规划许可证，“四通一平”，建筑工程施工许可证和项目开工报告编审，建设资金落实，确定监理承包商和工程承包商等16个子过程。

3.1.3 项目实施阶段

项目实施阶段的主要工作是制定项目建设总体统筹控制计划，开展详细工程设计、工程设备材料采购，开展土建及安装工程施工，进行工程监理和质量监督，直至工程建成完工，同时进行生产准备工作。

项目实施阶段一般包括确定生产管理模式并建立生产准备及试生产组织机构，编审《总体统筹控制计划》，工程监理，质量监督，详细工程设计，工程采购，工程施工（包括地基处理、土建工程、安装工程），生产准备，单机试运，吹扫气密，“三查四定”，工程中间交接等12个子过程。

3.1.4 试运行及竣工验收阶段

试运行及竣工验收阶段主要是完成试生产相关政府部门备案手续，进行试运行、考核标定和交工验收，做好竣工决算、审计和竣工验收。

试运行及竣工验收阶段一般包括联动试车，试生产方案安全报备，特种设备注册登记，消防验收及环保预验收，投料试车，职业卫生、劳动安全、环保专项验收，生产考核与标定，交工验收，竣工决算，项目审计，项目档案验收，竣工验收等12个子过程[1]。

3.1.5 后评价阶段

后评价阶段主要是对已经完成项目的执行过程、效益、作用和影响等进行系统、客观、全面的分析，总结经验教训，为今后项目的决策和提高投资决策管理水平提出建议，包括自评价和独立评价2个子过程。

3.2 石化工程建设程序

石化工程项目建设是一个复杂的系统工程，必须遵循必要的建设程序。按照我国现行规定，一般大中型及限额以上石化工程项目建设的基本程序是：

1）根据行业和地区发展规划，结合企业发展需要，提出项目建议书。

2）在调查研究的基础上，进行详细技术经济论证，编制可行性研究报告/项目申请报告。

3）根据咨询评估情况，对工程项目进行决策。

4）根据可行性研究报告/项目申请报告，确定工艺技术，编制总体设计、基础工程设计（初步设计）文件。

5）基础工程设计（初步设计）经审查、批准后，开展详细工程设计（施工图设计），开始进行设备材料采购，并做好施工前的各项准备工作。

6）组织施工，并根据施工进度，做好投运前的准备工作。

7）按工程设计的各项内容完成工程施工，经投料试车验收合格后正式投产交付使用。

8）安全、稳定、满负荷运营一段时间（一般为1年）后，正式办理竣工验收，并进行项目后评价。

3.3 石化工程管理模式

工程建设项目管理模式是工程建设项目实施质量、HSE、进度、费用和合同等方面有效管理的重要基础。在工程项目建设的实践中应用的工程项目管理模式有多种类型，每种类型模式都有其优势和相应的局限性，适用于不同类型工程项目。业主可根据工程项目的特点和自身的实际情况选择合适的管理模式。近年来，石化工程建设项目业主通常采用的项目管理模式主要有以下三种：业主自营管理模式、管理承包商管理模式（PMC）和一体化项目管理模式（IPMT）。

3.3.1 业主自营管理模式

该模式由业主（或建设单位）组建基建办、筹建处或指挥部进行管理。在这种模式下，项目业主直接与设计方、设备材料供应方和施工方等机构签订合同，自己组织相应的项目管理队伍对项目实施过程进行管理。这种管理形式从20世纪50年代开始至今仍在沿用，是国内主要的工程建设项目管理模式之一。

（1）业主自营管理模式的组织结构

业主自营管理模式目前有两种组织架构。一种是在项目建设指挥部或基建管理部门领导下，按照工程职能划分建立的职能式组织架构；另一种是在项目建设指挥部或基建管理部门领导下，按照工程项目划分建立的项目式组织架构。这两种组织架构便于较好地利用业主现有的资源和条件，组织内部行政协调、管理比较顺畅。

（2）业主自营管理模式的主要特征

1）业主直接委托设计单位、施工企业和监理单位开展工程设计、施工建设和工程监理，并直接采购设备材料，或直接委托工程总承包单位对项目进行总承包。业主组织机构直接行使对项目的管理。业主既是投资主体，又是项目管理主体。业主几乎承担了项目的所有风险。

2）工程建设项目各个阶段、各个子过程之间的界面管理工作量大且复杂，业主组织机构需要较多的管理人员。

业主自营管理模式的优点是：可以较好利用业主现有的人力资源和物质资源，建立相应的项目管理机构，有利于行政协调与管理，政令比较畅通。同时，可节省大量的项目管理费用。其不足是：工程建设各阶段、各单元界面多，管理复杂，需要大量高素质的专业管理人员；因项目管理机构是为项目建设而临时成立的组织，人员流动频繁，不利于积累经验，难以实现稳定的专业化管理，导致项目管理长期低水平循环，影响项目建设的效率与效益；工程建设任务完成后，富余的管理人员往往难以安置[2]。

3.3.2 管理承包商模式

近年来，国际上大型石化项目在工程建设项目管理模式方面有了较大的变化，即在项目可行性研究完成后，业主不是直接委托工程公司对各个建设项目进行总承包，而是委托一家有相当实力的工程公司作为项目管理承包商（Project Management Contractor，简称PMC），对项目进行全面的管理承包，由该管理承包商及时向业主报告工作，业主只需派少量人员对PMC的工作进行监督和检查。

石化工程项目PMC工作执行通常分成两个阶段来进行。第一阶段为项目定义阶段，PMC的任务是代表业主对项目的前期阶段进行管理，具体包括：优化项目建设方案；提出项目统一遵循的标准、规范；完成基础工程设计（初步设计）文件，确定所有技术方案和专业设计主要方案；进行投资估算；编制招标文件并完成招标、评标；完成长周期设备和大宗材料的询价和预采购工作；按需要提供融资方案，并协助业主完成融资工作。第二阶段为项目执行阶段，PMC代表业主对承包商的详细工程设计、采购和施工进行协调管理和监督；配合业主进行生产准备、组织试车、组织装置考核验收。

（1）PMC的组织结构

对规模大、技术含量高的工程项目，一般选择矩阵式组织架构。在PMC项目主任的领导之下设项目职能部门和项目组；职能部门的主要任务是给各项目组提供专业技术支持，各个项目组的工作均在各自项目经理的领导下按计划有序进行。这种架构既兼顾到组织机构内纵向管理的通畅，又可得到横向各职能部门的支持，适合大型项目的运作。

一是建立具有三层管理的组织架构（见图3-1）。

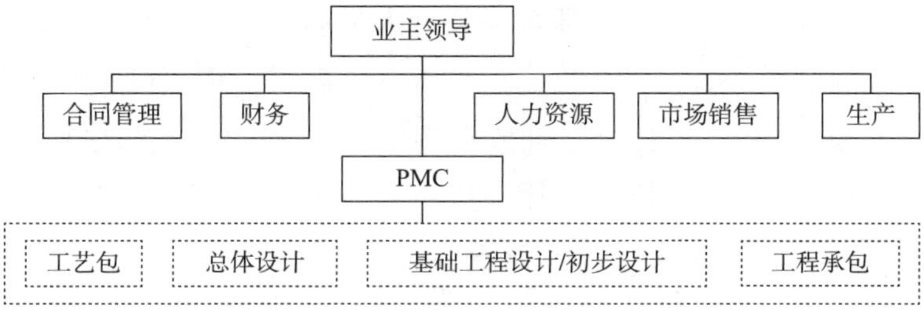

图3-1 PMC管理模式组织构架图

三层架构的第一层是业主决策层，由业主领导和职能部门组成，授权决策项目建设的重大及关键问题；第二层是PMC管理层，是由以矩阵方式构成的PMC项目管理部成员组成，主要承担除EPC（工程设计、采购、施工）承包商内部管理、工程监理内部管理以外的其他项目管理工作；第三层是执行层，是项目专利商、设计承包商和工程承包商，执行具体的工程管理与建设的任务。

二是以矩阵式管理的结构，组织项目管理专业人员和专业技术人员组成PMC项目管理部（见图3-2）。

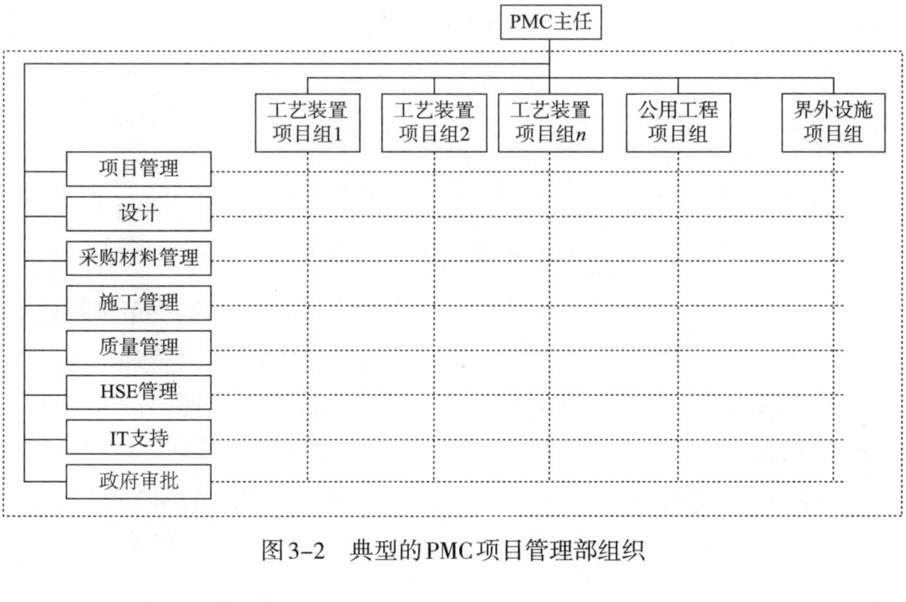

图3-2 典型的PMC项目管理部组织

（2）PMC管理模式的主要特征[3]

1）业主聘请工程公司进行专业化管理，能保证有足够数量的具有丰富项目管理经验的专业化队伍，实现专业化项目管理；

2）PMC合同把业主与PMC承包商的利益紧密结合，形成PMC与业主共同承担风险的机制；

3）基础工程设计估算经过项目询价、业主批准等环节，最后确定的项目投资估算比较合理；

4）高度依赖履约信用，确保各方严格履约合同是保证PMC顺利实施的关键；

5）适合于业主缺乏足够的高素质项目管理人员的工程项目；

6）适合于项目规模大、复杂程度高、技术含量高、采用项目融资的工程项目。

PMC模式存在的不足主要是：管理成本费用高；业主的自主性差，对PMC依赖性高，易出现“以包代管”的风险；采用“成本+酬金”的合同方式，PMC承包公司及其执行人员存在着借故“拖延进度的可能性”。

3.3.3 一体化项目管理模式

一体化项目管理（Integrated Project Management Team，简称IPMT）是由业主方组织并授权的项目管理机构，代表业主对工程的整体规划、项目定义、工程招标、工程施工、投料试车、考核验收进行全面管理；负责选择项目前期咨询商、EPC承包商和监理承包商，并对他们的工作进行管理与协调。项目管理一体化组由IPMT主任组和IPMT项目管理部组成[4]。

（1）IPMT管理模式的组织架构

一是建立具有三层管理的组织架构（见图3-3）。

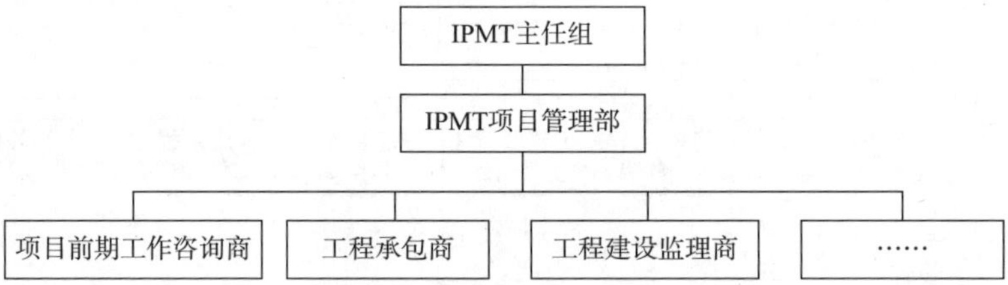

图3-3 IPMT管理模式组织架构图

三层架构的第一层是决策层，由IPMT主任组成员组成，授权决策项目建设的重大及关键问题；第二层是管理层，是由以矩阵方式构成的IPMT项目管理部成员组成，主要承担除EPC内部管理、工程监理内部管理以外的其他项目管理工作；第三层是执行层，是工程承包商、监理商和项目前期咨询商，执行具体的工程管理与建设的任务。

二是以矩阵式管理的结构，组织项目管理专业人员组成IPMT项目管理部（见图3-4）。

图 3–4　IPMT 项目管理部组织机构图

这个组织架构首先汲取了 PMC 管理模式的专业化优点；其次，有利于降低项目管理成本；第三，实施合同约束加行政协调的管理机制，防止出现“以包代管”的过程失控；第四，IPMT 项目管理部业主方人员精干，不会出现富余人员难以安排的问题。

三是 EPC 工程承包商和监理承包商的组织架构，被要求与 IPMT 项目管理部的项目分部架构（见图 3–5）相配套相适应。实现项目管理层和项目执行层的专业技术及管理紧密接口，明晰顺畅。

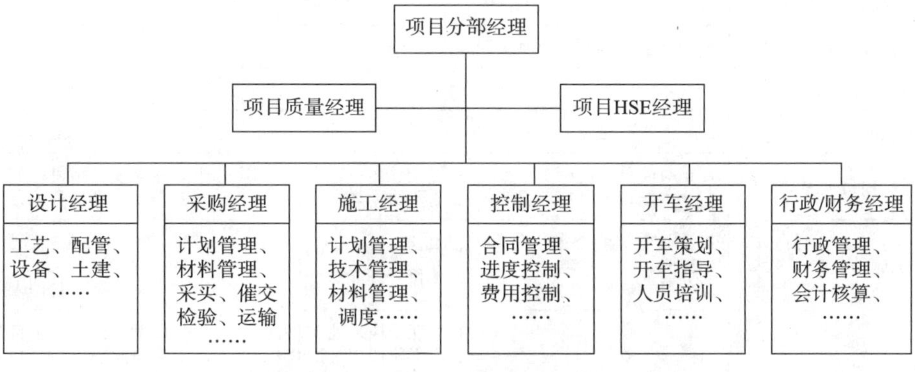

图 3–5　项目分部组织架构图

（2）IPMT 模式的主要特征

IPMT 项目管理模式具有四个方面的特征[1]：

1）业主与专业化管理相结合，能发挥两方面的优势。业主的项目管理人员与专业化的项目管理咨询公司组成联合项目管理组，既能发挥专业化人员的项目管理经验和管理技术，又能充分发挥业主在项目执行过程中的主导作用。

2）石化工程建设经验与先进管理技术相结合。业主管理人员在石化工程建设方面具有丰富的实践经验，而项目管理咨询公司有先进、科学的项目管理技术和方法，两者的结合有助于提高工程建设管理水平。

3）业主的控制力较强，有利于发挥业主的主导作用。在IPMT组织机构中，咨询公司主要提供技术、方法和建议，业主人员承担重要的决策作用。

4）适用于业主管理能力较强的大型石化工程建设项目的管理。

目前在石化工程建设项目中，上述三种管理模式各有特点，由于多数企业尤其是历史较长的企业，工程管理资源和管理力量较强，对于不太复杂的一般项目，大多采用业主自营管理。新企业或工程管理力量较薄弱的企业，往往采用委托PMC管理。业主管理能力较强的大型石化工程建设项目，目前大多采用一体化项目管理模式（IPMT）。

随着经济发展和技术进步，现代石化工程建设项目规模越来越大，工程内容、功能越来越复杂，技术要求越来越高，项目管理正朝着专业化方向发展。工程项目管理模式与实施方式作用也越来越重要，能体现资源优化配置、各方优势互补的一体化项目管理（IPMT）模式，越来越成为石化工程建设项目管理首选的一种先进管理模式，在大型工程建设中得到了广泛使用。

以上三种管理模式的特点及适用范围见表3-1。

表3-1　三种管理模式的特点及适用范围

对比项	自营管理	PMC	IPMT
业主需投入的项目管理人员	多	少	较多
项目管理水平	取决于业主项目管理能力	高	高
项目管理专业化程度	低	高	高
业主的控制力	强	弱	较强
适应项目范围	1. 相对简单项目； 2. 业主能自主融资项目	1. 复杂项目； 2. 需要协助融资项目	1. 相对复杂项目； 2. 需要协助融资项目
适应的业主	1. 项目管理能力强，有工程经验； 2. 项目管理人员足够	1. 项目管理能力弱； 2. 项目管理人员少	1. 项目管理能力较强，有工程经验； 2. 有骨干项目管理人员
适应阶段	全过程	1. 前期阶段以业主自营管理； 2. 定义阶段以后用PMC	1. 前期阶段以业主自营管理； 2. 定义阶段以后用IPMT

3.4　石化工程实施方式

工程建设项目的实施，涉及工程设计、设备材料采购和工程施工，按照业主参与工程管理的深度，石化工程建设项目实施方式一般分为“设计-采购-施工”（EPC）、

“总承包、交钥匙总承包”（LSTK）、“设计－采购＋施工”（EP+C）、“设计＋采购－施工”（E+PC）、“设计、采购、施工管理承包”（EPCm+C）、“设计、采购、施工监理承包”（EPCs+C）、“设计、采购承包和施工咨询”（EPCa+C）、“设计＋采购＋施工”（E+P+C）等不同实施方式。

3.4.1　设计采购施工总承包

设计采购施工总承包（Engineering，Procurement，Construction，简称EPC）是指业主委托总承包商负责工程项目的设计、采购、施工安装全过程的总承包，并负责试运行服务（由业主进行试运行）。EPC总承包又可分为两种类型：EPC（max s/c）和EPC（self-perform construction）[5]。

EPC（max s/c）是EPC总承包商最大限度地选择分承包商来协助完成工程项目，通常采用分包的形式将施工分包给分承包商，其合同结构形式如图3-6所示。

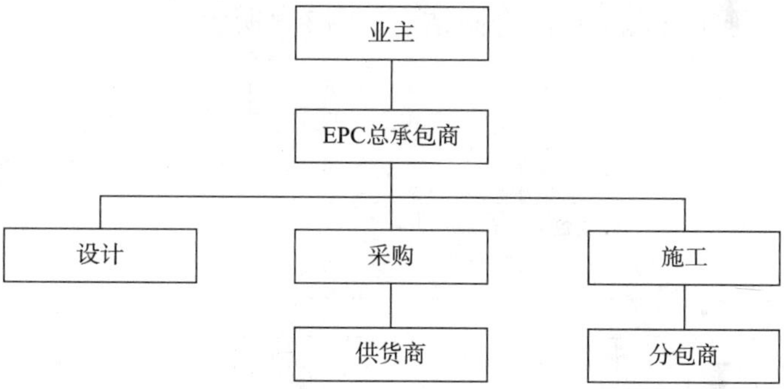

图3-6　EPC（max s/c）方式的合同结构

EPC（self-perform construction）是指EPC总承包商除选择分承包商承担完成少量工作外，自己要承担工程的设计、采购和施工任务。其合同结构形式如图3-7所示。

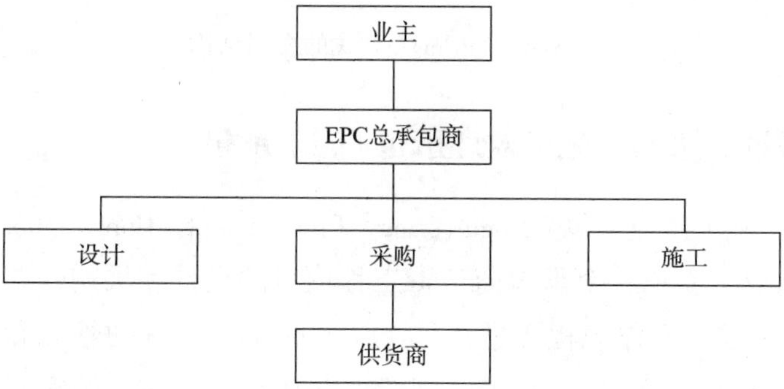

图3-7　EPC（self-perform construction）方式的合同结构

3.4.2　交钥匙总承包

交钥匙总承包（Lump Sum Turn Key，简称LSTK）是指业主委托承包商负责工程项目的设计、采购、施工安装和试运行服务全过程，向业主交付具备使用条件的工程。交钥匙总承包也可分为两种类型：其一是总承包商选择分承包商分包施工等工作；其二是总承包商自行承担全部工作，除少数必须分包的内容外，一般不进行分包。交钥匙总承包的合同结构与EPC工程总承包的合同结构是相类同的，只是承担了试运行全过程的工作。对于石化工程，一般也将此类合同称为EPCC（Engineering，Procurement，Construction，Commissioning）。

3.4.3　设计、采购、施工管理承包+施工承包

设计、采购、施工管理承包（Engineering，Procurement，Construction management，简称EPCm）是指业主委托一个承包商负责工程项目的设计和采购，并负责施工管理，但委托另一个承包商负责施工，施工承包商与业主签订承包合同，但接受EPCm承包商的管理。EPCm承包商对工程管理全面负责。

设计、采购、施工管理承包的合同结构如图3-8所示。

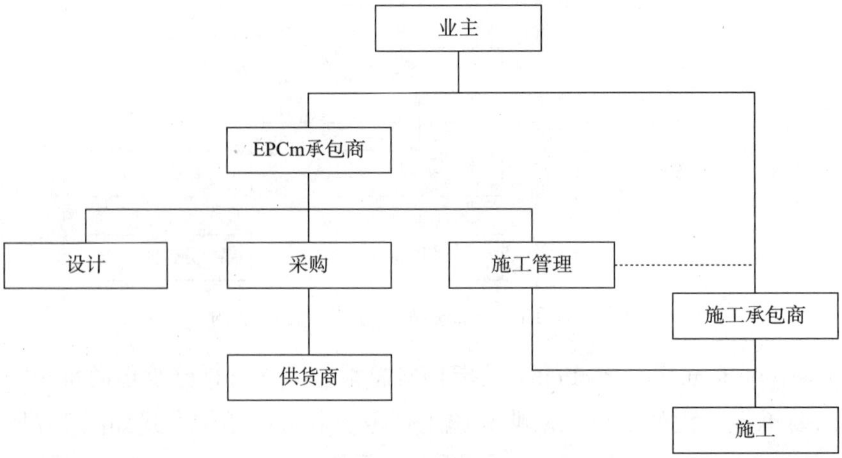

图3-8　EPCm+C方式的合同结构

3.4.4　设计、采购、施工监理承包+施工承包

设计、采购、施工监理承包（Engineering，Procurement，Construction superintendence，简称EPCs）是指业主委托一个承包商负责工程项目的设计和采购，并监督施工承包商按照设计要求的标准、操作规程等进行施工，同时负责物资的管理和试车服务；但业主委托另一个承包商负责施工，施工监理费不含在承包价中，按实际工时计取。业主与施工承包商签订承包合同，并进行施工管理。设计、采购、施工监理承包的合同结构如图3-9所示。

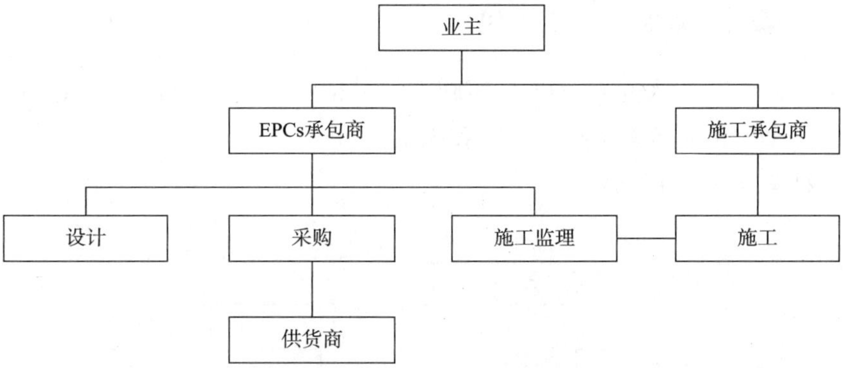

图 3-9　EPCs+C 方式的合同结构

3.4.5　设计、采购承包和施工咨询+施工承包

设计、采购承包和施工咨询（Engineering，Procurement，Construction advisory，简称EPCa）是指业主委托一个承包商负责工程项目的设计和采购，并在施工阶段向业主提供咨询服务；但业主委托另一个承包商负责施工，施工咨询费不含在承包价中，按实际工时计取。业主与施工承包商签订承包合同，并进行施工管理。设计、采购、施工咨询承包的合同结构如图3-10所示。

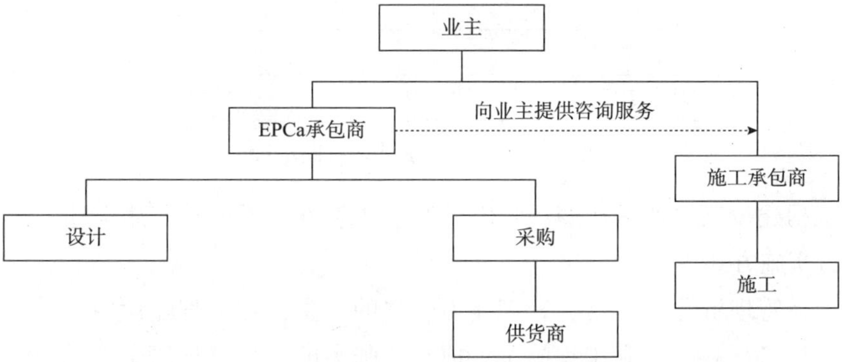

图 3-10　EPCa+C 方式的合同结构

3.4.6　设计、采购+施工承包

设计、采购+施工承包（EP+C）实施方式是指业主委托一个承包商负责工程的设计和采购；但委托另一个承包商负责施工。其合同结构如图3-11所示。

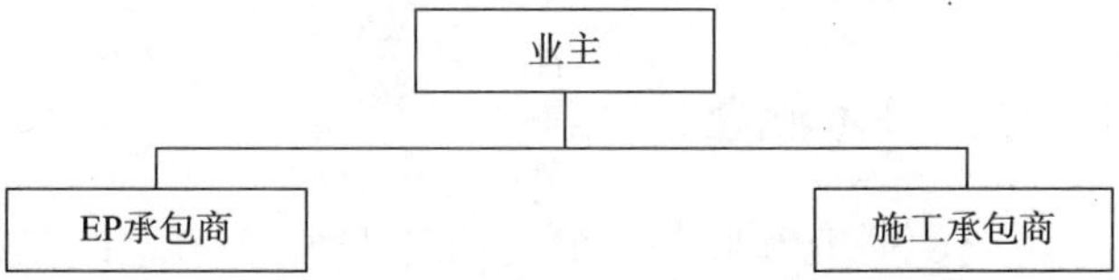

图 3-11　EP+C 方式的合同结构

3.4.7 设计+采购、施工承包

设计+采购、施工承包（E+PC）实施方式是指业主委托一个承包商负责工程的设计，委托另一个承包商负责工程的采购和施工。

其合同结构如图3–12所示。

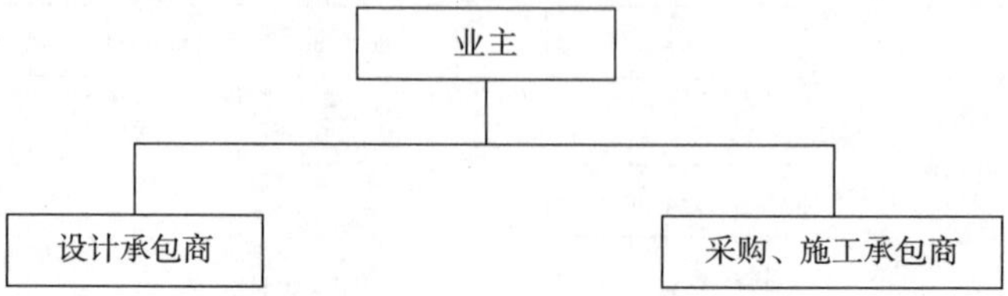

图3–12 E+PC方式的合同结构

3.4.8 设计+采购+施工

“设计+采购+施工”（E+P+C）是指业主委托不同的承包商、制造商（供应商）分别负责设计、物资供应和施工。

其合同结构如图3–13所示。

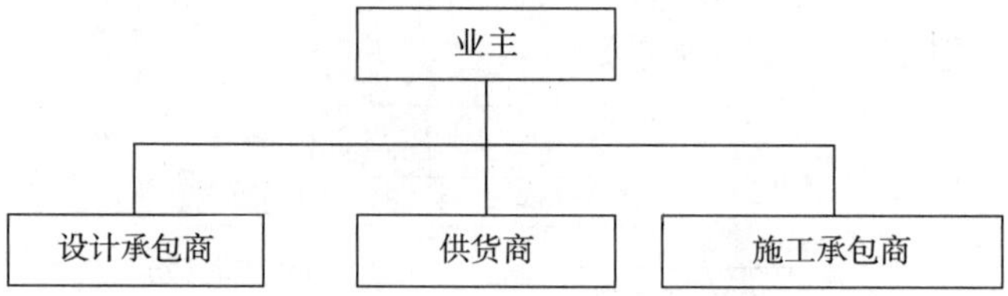

图3–13 E+P+C方式的合同结构

石化工程建设项目通常按照项目特性和业主特性的不同，采用上述一种或几种工程建设项目实施方式。

对于项目管理资源较丰富、管理能力较强的业主，在工程建设中多采用分别委托工程设计、设备材料采购和工程施工，成立较强大的项目管理班子，承担建设管理和其间的协调工作，这样不仅能减少项目管理费用的开支，同时能较好地贯彻业主意图。这样的项目实施一般采用E+P+C、EP+C或E+PC方式。

对于项目管理资源一般或欠缺、管理能力较弱的业主，通常采用EPC总承包方式。

3.5 石化工程项目策划

3.5.1 项目策划的基本概念

项目策划是通过调查、研究和收集资料，在充分掌握信息的基础上，围绕项目的总体目标和分项目标进行的组织和管理，通过经济和技术等方面的科学分析与论证，

找出实现项目目标的最优途径，为项目决策和实施提供保证。

石化工程项目具有资金、技术高度密集，涉及专业多、关联范围广、集成程度高、建造周期长等特点，工程管理水平的高低直接决定投资效益及建设项目的成败[6]。石化工程项目策划是项目管理的第一步，是项目成功的关键，“凡事预则立，不预则废”，项目策划对项目后期执行起着举足轻重的作用。

3.5.2 项目策划的主要内容

石化工程项目策划的主要工作是在熟悉掌握工程项目信息的基础上，结合石化工程的建设特点开展项目管理目标、组织与职责分工、风险分析及关键路径识别等几方面重点管理内容的策划。

（1）项目管理目标策划

工程项目的管理目标一般包括项目的总体目标和分项目标。石化工程项目的总目标一般为：项目管理和工程建设满足业主的要求，实现项目高安全可靠性、可操作性，实现项目全生命周期低成本，争取国家优质工程奖。

项目管理的分项目标主要包括项目的HSE、质量、进度、成本目标。

（2）项目的组织与职责分工策划

确定项目的组织与职责分工前，首先要确定工程管理模式和实施方式。根据确定的管理模式，健全项目管理组织机构，成立以项目经理为第一负责人的项目管理团队，对项目实施整体化管理。同时，要明确项目相关方之间的界面关系，建立相应的沟通渠道。

（3）项目风险分析及关键路径策划

本着设计主导、采购先行、施工驱动的项目执行方针，设计、采购、施工各专业统一考虑，通过对项目目标进行风险分析，根据项目特点，结合以往项目执行经验，以及对设计、采购和施工周期的研究，制定项目执行的关键线路。通过对关键线路上的关键工作进行梳理，再分别设定一定数量的重要里程碑[7]。

（4）项目设计、采购、施工与管理控制措施策划

设计工作在整个项目实施过程中起着龙头作用，直接影响工程项目的质量、安全、进度和成本。制定设计策略、设计方案将是保证项目整体顺利实施的关键。项目设计管理的策划主要包括设计管理目标、设计组织机构和职责、设计执行策略、设计的质量控制和设计文件管理等几方面策划。

采购工作在项目的执行过程中承担着承上启下的作用。根据项目执行的基本原则，采购工作必须先行，否则将会对设计和施工造成较大的影响。项目采购管理的策划主要围绕采购工作的目标和原则、采购阶段划分、产品质量控制和现场物资管理等几方面开展。

施工管理不只是项目现场施工开始后的一项工作内容，而是从项目初期即应着手研究和规划的管理工作。施工管理工作一般可分为四个阶段：项目初始阶段、施工准备阶段、现场施工阶段、装置试车和投产阶段。施工管理的主要工作包括施工进度控制、质量控制、HSE管理、施工协调与调度、施工技术保证和支持、施工分包管理、现场设备/材料管理、施工信息管理等。

设计、采购和施工三大板块相互联系、互为前提，组成工程项目的管理主体。贯穿于三大板块始终的还有项目进度、风险、费用、合同、材料、文档等控制和财务、信息技术、行政后勤等管理。项目的良好执行有赖于这些管理措施的策划。

3.5.3 各阶段项目策划的主要工作

石化项目策划主要分为三个阶段进行：项目建设定义阶段策划、现场开工之前策划、试生产之前策划。

3.5.3.1 项目建设定义阶段策划

在项目可行性研究报告批准前后，组织项目管理专家和项目管理部关键岗位人员编写项目执行策略（或称项目管理方案），组织召开项目建设启动会。启动会对项目执行策略进行讨论，研究和部署项目建设各项准备工作，同时检查建设项目各项行政许可办理及建设条件情况，编制初版90天工作计划。

项目执行策略的主要内容包括：项目建设目标、项目管理模式和组织机构，各专业管理和专项管理工作内容和方法。

（1）项目建设目标

策划项目建设总目标、进度目标、HSE目标、质量目标、投资控制目标等。项目建设总目标主要概括性描述项目建成开车的总目标节点以及项目建设的意义和所要达到的水平；进度目标主要描述项目一级里程碑进度计划；HSE目标主要描述健康、安全、环境等方面的控制指标；质量目标主要描述设计、入场物资、施工方面的质量控制指标；投资控制目标主要描述项目建设成本的控制指标。

（2）项目管理模式

建设单位视自身管理经验和能力，可采取自营管理、项目管理承包商（PMC）或IPMT管理模式组建项目管理团队。对于项目具体的实施方式，建设单位可根据实际情况，采用EPC、EP+C或E+P+C等模式。石化工程建设过程中采用监理制，可视情况聘请安全监理，对于地方环保部门有要求的应聘请环保监理，根据要求进行质量监督注册申报并接受专业质量监督。对于重大建设项目可组建项目管理委员会或一体化联合管理组（简称IPMT），对项目进行指导、监督和协调。

（3）项目组织机构

成立项目管理机构（项目管理部），具体负责项目的组织实施，实行项目经理负责制。项目管理部一般下设控制部、HSE管理部、质量管理部、设计管理部、施工管理部、采购管理部、生产准备部、项目财务部、综合管理部等部门，根据项目规模和管理幅度成立区域项目组。各部门人员构成及主要关键岗位负责人员的资质要求应符合项目建设管理要求。

（4）界面管理

界面管理包括管理界面和技术界面两方面内容，应充分分析与项目有关管理界面，包括项目内外部界面、企业内外部界面等，重点策划外部界面的协调关系，建立相关的协调机制；技术界面一般由业主的技术管理团队或借助项目技术拿总单位进行管理。

（5）专业管理

策划HSE、质量、进度、投资、合同五大控制的主要措施，以及设计、采购、施工、生产准备等各专业的管理内容和要求。

（6）专项管理

对项目招标投标、标准定额、资质资格、行政许可、竣工验收、信息集成、绩效考核等专项管理进行策划，尤其加强对行政许可办理情况进行策划，编制行政许可办理时间计划表，落实责任人和办理时间，尽快完成项目批复需要完成的行政许可，为完成项目批复创造条件。

（7）项目管理手册

对大型石化项目，应对执行策略内容进一步深化，编制发布项目管理手册及配套的程序文件，发布项目授权指引。项目管理部一般应在总体设计或基础工程设计批复后完成项目管理手册等项目管理文件的编制及发布。

3.5.3.2　现场开工前策划

在项目基础工程设计批复后、主要长周期设备完成订货的前提下，编写项目总体统筹控制计划，一般由建设单位组织编制。总体统筹控制计划主要是科学统筹全项目进度安排，侧重于对项目实施阶段的各类资源进行策划。现场开工前策划主要包括以下内容：

（1）项目关键路线

按照生产开车的逻辑顺序确定项目中交和投料（投用）时间节点，并根据各装置和单元的开工时间和建设周期找出全项目关键线路，确定相关装置和公用工程的里程碑控制点。根据全项目关键线路，分解装置和水、电、汽（气）、风等公用工程的各自区域或系统的关键线路。

（2）分阶段部署

石化工程项目现场实施分为施工阶段和生产准备及投料试车两个阶段。施工阶段一般分为四个分阶段：施工准备分阶段、土建施工分阶段、安装施工分阶段、工程收尾中间交接分阶段。根据各个阶段的时间节点安排，组织落实设计、采购、施工资源。

施工准备分阶段：本阶段主要为现场的全面施工创造条件，包括场地平整、“四通一平”（含拆除）、地基处理、现场临时办公设施等。

土建施工分阶段：本阶段以土建基础、地下管线、建筑物、构筑物等土建施工为重点。

安装施工分阶段：本阶段以安装工程为重点，土建施工收尾，钢结构、设备、工艺管道、电气仪表安装全面展开，基本完成全部安装工作。工艺管道施工组织管理对项目整体工期和质量尤为重要，要加强对工艺管道施工的策划，包括工艺管道预制的起始时间、预制的深度，焊工的人力安排，试压吹扫的安排等。

工程收尾中间交接分阶段：本阶段的主要工作包括单机试车、管道吹扫、电仪调试、三查四定及整改、施工尾项整改、收尾和办理中间交接。

生产准备及投料试车阶段：本阶段的主要工作包括装置大机组、加热炉等关键设备负荷试车、煮炉、烘炉（器），系统的气密、干燥、置换、三剂装填、水运、气运、油运以及采用设计原料打通全流程等联动试车和投料试车过程。

（3）设计工作安排

设计阶段一般包括总体设计阶段、基础工程设计阶段、详细工程设计阶段，应根据总体进度目标和分阶段部署，安排各阶段设计计划，落实设计人力资源。

（4）采购工作安排

做好工程服务采购的招标投标计划，实现工程服务资源实时有效配置；做好超长周期设备、长周期设备、次长周期设备、关键设备和材料采购策划，做好设备材料监造和催交催运策划，保证物资的质量和进度；根据总体进度目标和分阶段部署，做好设备材料的入场计划，满足现场连续施工的要求。

（5）工程施工安排

根据总体进度目标和分阶段部署，策划施工力量分年度安排、施工机具分年度安排、施工总平面布置、大件吊装实施安排，尤其做好施工力量的安排和平衡。

（6）风险管理

针对项目的特点，分析影响实现项目总体建设目标的风险，并提前策划风险管控措施，定期分析项目风险。

3.5.3.3 试车前策划

石油化工装置建设的目的是为了开车和投用，为实现一次性开车成功、产出合格产品的最终目标，要按照“生产准备前移”的思路，提前开展各项生产准备工作。基于项目依法合规建设和开车的要求，项目在试生产前要完成各项手续的办理，在试生产期间要完成各种专项验收工作，杜绝久试未验。试车前策划主要包括以下内容：

（1）试生产

对于大型项目、一体化项目要编制公用工程试车方案，公用工程试车方案一般在公用工程中交前3个月编制完成，总体试车方案一般在投料试车前6个月编制完成；要建立各级试车领导小组和大机组试车小组，根据总体试车网络计划安排，组织联动试车和投料试车工作，投入试生产；按照国家相关要求，做好试生产前的各项准备工作，包括试生产方案的审查、特种设备注册登记等工作。

（2）竣工验收

按照国家法律法规的要求，按时完成各专项验收和项目整体验收。专项验收一般包括：交工验收、消防验收、防雷验收、环保验收、安全设施验收、职业病防护设施验收、档案验收、竣工决算审计、生产考核等。由于石化装置易燃易爆的特性，在装置试生产前应完成消防验收和防雷验收，为安全试生产创造条件。在完成所有专项验收的基础上，进行项目整体竣工验收。项目各专项验收一般都要求在试生产后一年内完成，因此项目整体验收也要求在试生产后一年内完成，杜绝久试未验的法律风险。

3.6　石化工程项目技术管理

3.6.1　基本内涵

石化工程需要应用先进的工艺技术、工程技术和建造技术。技术水平的高低不仅关系项目的成败，还将决定石化生产装置的运行基因，对建成后的生产运营产生深远影响。技术管理是石化工程项目管理的重要组成部分，贯穿于工程建设的全过程。

3.6.1.1　工艺技术

石油化工产品的加工制造方法称为石油化工工艺技术。石油化工工艺技术覆盖了从加工原料投入到产品包装的全过程，主要涉及石油化工产品加工制造的原料配方、工艺路线、工艺流程及流程图、工艺指标、工艺步骤、工艺控制、操作要点等。石油化工工艺技术不包含相应的设备与安装技术。不同的石油化工产品有不同的工艺技术，同一产品也可能有多种工艺技术，产品开发者和工艺设计者可根据当地资源、能源、环境条件、产业政策以及原料特点等具体情况，选择最合适的产品加工方案和工艺技术。

3.6.1.2　工程技术

工程技术，又称为生产技术。石油化工工程技术是将科学知识或技术成果应用或利用于石油化工工程设计及建设过程，并以此为手段，实现石油化工工程项目的预定目标。石油化工工程技术是在石化工程中实际应用的技术。

工程技术的基本特点有实用性、可行性、经济性、综合性。

（1）工程技术实用性

为满足人类生存和社会发展的各种需求，人们以工程技术为手段和方法，通过选择、强化、维持、改变客观物质的运动，达成有利的目标，并规避可能产生的不利后果，不断改造客观世界。

油气资源深藏于地下，化学反应在自然界中也一直存在，石化工程技术利用安全可靠的工程手段获得丰富的油气资源，并通过可控的化学反应使之以多种多样的形式为人们所用，提高人民的生活水平，促进社会发展，体现了其实用性。一旦工程技术脱离了其用途，所有的生产工具、装置、管线和机器都将沦为无用的废铁，石化工程技术也就失去了其生命力。

（2）工程技术可行性

任何工程技术在设计构思阶段，在宏观上都必须考虑其是否符合国家的中长期规划、行业和地区的发展规划、相关产业政策、生产力布局、周边环境发展的需求等，即是否契合国家经济和社会发展的需要和可能，并基于此，确定一种或多种合理的技术方案。石油化工工程技术项目目标的实现，也会受到微观上的诸多限制，例如受到该项目的选择、规模、发展速度、资金、能源、材料、设备、人力、工艺、环境等多方面条件的约束。因此，考察工程技术的可行性对于该技术最终是否适合以及能够实施至关重要。

随着科学技术的不断提升以及国家的规划和政策持续完善，或是通过采取各项措施主动创造积极条件，工程技术的可行性也会发生变化。某项工程在一个时期是不可行的，到了另一个时期可能变为可行。因此，工程技术的可行性是一个动态概念，一定要根据实际情况，尽量优化确定适合经济、社会的适用技术。

（3）工程技术经济性

工程技术应力争达到技术先进和经济效益的统一，其实施的首要前提是有利于促进经济发展和社会进步。在经济性方面，工程技术项目应具备较好的财务盈利能力、偿债能力及财务生存能力，应能实现社会资源的有效配置，其对社会经济所作出的贡献应当大于其所耗费的社会资源，或具备较好的投资效果及财务可持续性。

设计石化工程项目时，要运用科学的方法进行周密的、细致的技术经济方案对比分析，以保障新建项目具备优良的经济性。在改进方案中，调整装置的功能结构，消除冗余功能，补充不足功能，使其更加合理。在保证实现装置功能的条件下，采取最大限度降低成本或提高收益的措施，实现石油化工工程技术建成的装置质量经久耐用、产品物美价廉的目标。

（4）工程技术综合性

石油化工工程技术的综合性体现在其是许多学科知识综合运用的结果，不仅涉及基础科学以及应用科学等知识，而且需要运用社会科学的相关理论成果，还需要考虑其在整个上下游系统中的协调性，并进行综合的考虑和评价。伴随着相关科学的不断进步，石油化工工程技术水平日益提升，其综合性体现得愈加显著。现代石油化工工程技术综合应用了众多工艺技术、工程技术、安全环保技术、信息化技术等，技术来源广泛，集成难度大。以一项石油化工工程技术的前期咨询、设计过程为例，其中涉及工厂设计、工艺、化学工程、热工、储运、给排水、总图运输、配管、材料、应力、建筑、结构、静设备、机械、机泵、加热炉、电气、电信、仪表自控、安全与健康、分析化验、暖通空调、环境工程、估算、技术经济、信息技术等20多个专业[3]。

3.6.1.3 建造技术

建造技术，是在石化工程建造中实际应用的技术。相比工程技术，建造技术侧重于将科学知识或技术研究成果应用于工程建设、装备制造的过程，以达到石化工程项目预定目的。石化工程中用到的建造技术主要体现在土木工程建造技术、石化设备制造技术、金属材料生产加工技术、焊接技术等诸多方面，并配合多种检验检测技术确保其建造质量，是多种学科技术的综合体现。

3.6.1.4 技术管理

石化工程项目技术管理贯穿于工程建设的全过程，是石化工程项目管理的重要组成部分。通过对工艺技术、工程技术、建造技术进行系统管理，将实验室形成的最新成果成功进行工程转化；确保应用于实际工程项目的技术达到实用性、可行性、经济性等要求；实现建造并投产，成功开车并产出合格产品。技术管理在时间节点上领先或同步于石化工程项目管理，并贯穿于工程建设的全过程。

3.6.1.5 工程转化

工程转化是将研究成果转化为工艺和工程技术的过程，其贯穿于工艺包开发、工程设计、工业示范装置和工业推广各个阶段。工程转化以工艺包开发为重点，包括工艺技术方案、关键设备及特殊流程控制的开发等，其中工艺技术方案重点关注工艺方案的合理性、可靠性和经济性[8]。

工程转化以科学技术研究成果为基础，通过工艺流程开发和优化、流程模拟、能量优化、热态模拟、工程放大等工程化开发，将科学技术研究成果转化为成套的工艺和工程技术。通常，科学技术研究主要由研究机构完成，其研究成果是工程转化的基础。工程转化通常由工程设计单位主导，并通过与研究机构和关键设备制造商等之间的共同协作，形成成套工业化技术，少数的研究机构也具备一定的工程转化能力。

工程转化过程中，经常会涉及相关研究内容的优化和调整，且随着工艺方案与流程、关键设备及核心流程控制等开发工作的不断深入，可能还会涉及研究机构的研究路线和方案的调整及修改。为缩短工程转化周期，确保工程转化的成功，工程设计单位内部各专业之间以及与研究机构及相关方之间的协同工作极为重要。

3.6.1.6 工艺包

建设石油化工装置，首先要有工艺包，工艺包是化工装置建设基础性的资料。工艺包确定了所建装置采用的工艺技术，包含设计基础（项目概况、原材料及产品规格、催化剂规格、公用工程规格、性能指标等)、工艺说明(工艺原理、工艺流程、工艺数据、流程图、物流等)、物料平衡(原料、公用工程的需求量以及产品的产量)、消耗量(原材料、催化剂、公用工程的消耗)、界区条件表、分析检验项目等内容。

石化工程所用的工艺包，是经过了工程转化的工艺技术，其工艺方案的合理性、可靠性和经济性能够符合石化工程的要求。

3.6.2 技术的识别、选择与实施管理

技术的识别、选择与实施管理是项目技术管理的重要内容。技术识别主要是辨识拟用技术的先进性、来源的合法性和工业应用的成熟度。技术选择通常要从技术参数指标、经济指标、环保指标、安全性、技术成熟度、知识产权、服务保障等方面对技术的先进性、适用性、经济性、可靠性、安全性和合法性等做出明确性评价，选择最适宜的技术。技术的实施管理主要是技术方案和技术措施的过程控制及其变更的控制。

技术识别案例：

催化裂化是我国最主要的汽油生产装置，所产汽油占成品汽油总量近70%，其硫含量占汽油池总硫含量的95%以上。如何节能高效地实现催化裂化汽油超深度脱硫，成为汽油质量升级的关键难题。常规的脱硫技术在超深度脱硫时，存在辛烷值损失大、能量消耗高、加工成本高等问题。

为解决这一难题，中国石化做了许多调研和尝试，经评估发现康菲公司的S Zorb技术理念先进，在选择性深度吸附脱硫的同时，辛烷值损失少，吸附剂可再生循环使用，具有发展潜力。因此，中国石化于2007年收购了该技术的知识产权。

但从康菲引进的原技术在工业应用中存在诸多严重问题：所建装置连续运行不足6个月，远不能满足工业生产要求；剂耗大、能耗高、辛烷值损失偏大；而且吸附剂只能依赖进口。为此，中国石化组织了专项重大科技攻关，成功开发了节能高效汽油吸附脱硫成套技术。

与原技术相比，新的节能高效汽油吸附脱硫成套技术剂耗降低约50%、能耗降低约40%、研究法辛烷值损失从0.5 ~ 1.8降至0.28 ~ 1.0，产品汽油硫含量长期稳定控制在10μg/g以下；较其他先进技术，能耗降低约60%、辛烷值损失减少约50%；且装置实现了长周期运行，并创造了连续运行45个月的记录。

中国石化的节能高效汽油吸附脱硫成套技术就是一个典型的技术先进性识别的成功案例，看准了康菲S Zorb技术原理的先进性及潜力，收购后取其精华为我所用，开发出领先世界的新技术。这项新技术也创造了突出的经济效益和社会效益，在国内已先后建成33套装置，加工了全国近60%、每年约4500×10^4t的催化裂化汽油，尚有十余套装置正在建设中，技术出口美国，得到广泛应用。

3.6.3 标准规范的选择与应用

标准规范的选择与应用是项目技术管理的又一重要内容。项目执行标准可以归纳为业主标准、项目标准和外部标准三大类。标准规范的选择是要确定标准规范采用原则，以及从庞杂的标准规范中辨识采用的具体标准，进而形成项目采用的标准规范目录，并建立项目标准规范库。

3.6.3.1 业主标准

业主标准是石化工程项目业主对其工程建设提出的通用技术要求。

3.6.3.2 项目标准

项目标准是业主或其授权的机构针对具体建设项目编制、发布的技术要求。

3.6.3.3 外部标准

外部标准是相对于项目标准、业主标准外的其他标准，包括国家标准、行业标准、地方标准、团体标准、国际标准和国外先进标准等。

（1）国家标准

国家标准分为强制性标准、推荐性标准[9]。

对保障人身健康和生命财产安全、国家安全、生态环境安全以及满足经济社会管理基本需要的技术要求，应当制定强制性国家标准。强制性国家标准由国务院有关行政主管部门依据职责负责项目提出、组织起草、征求意见和技术审查，由国务院标准化行政主管部门负责立项、编号和对外通报。强制性国家标准由国务院批准发布或者授权批准发布[9]。

对满足基础通用、与强制性国家标准配套、对各有关行业起引领作用等需要的技术要求，可以制定推荐性国家标准。推荐性国家标准由国务院标准化行政主管部门制定[9]。

（2）行业标准

行业标准是对没有推荐性国家标准而又需要在全国某个行业范围内统一的技术要求所制定的标准。行业标准不得与有关国家标准相抵触。行业标准由国务院有关行政主管部门制定，报国务院标准化行政主管部门备案[9]。行业标准由行业标准归口部门统一管理。

（3）地方标准

地方标准是为满足地方自然条件、风俗习惯等特殊技术要求而制定的标准。地方标准由省、自治区、直辖市人民政府标准化行政主管部门制定，报国务院标准化行政主管部门备案，并由其通报[9]。

（4）团体标准

团体标准是由团体按照团体确立的标准制定程序自主制定发布，由本团体成员约定采用或按照本团体的规定供社会自愿采用的标准。团体是指具有法人资格，且具备相应专业技术能力、标准化工作能力和组织管理能力的学会、协会、商会、联合会和产业技术联盟等社会团体[11]。团体标准具有满足市场和创新需要，对市场反应快速的特点。

（5）国际标准

国际标准是指国际标准化组织（ISO）、国际电工委员会（IEC）和国际电信联盟（ITU）制定的标准，以及国际标准化组织确认并公布的其他国际组织制定的标准。国际标准在世界范围内统一使用。

（6）国外标准

国外标准是国际上有权威的区域性标准、世界主要经济发达国家的国家标准和通行的团体标准以及其他国际上的标准。有权威的区域性标准是指如欧洲标准化委员会（CEN）、欧洲电工标准化委员会（CENELEC）、经互会标准化常设委员会（ЛКС СЭВ）等区域性标准化组织制定的标准。国际上通行的团体标准较多，常用的有：美国材料与试验协会标准（ASTM）、美国石油协会标准（API）、英国石油协会标准（IP）等。常用的技术先进的国家标准有英国标准（BS）、德国标准（DIN）、日本工业标准（JIS）等。结合国情采用国际标准和国外标准，对于推进中国标准与国外标准之间的转化具有重要作用。

3.6.3.4 标准规范采用原则

标准规范采用原则指的是为确保石化工程项目的设计、制造、采购、施工、检验、交付全过程的工作遵循统一、有效的标准规范而确定的采用标准规范的原则。

石化工程项目所采用的技术标准，应符合国家法律法规和部门规章的要求，充分利用国际和国外标准规范资源。在此基础上针对项目所在地域的实际情况选用适合的地域性标准。

3.6.4 技术评审

技术评审是石化工程项目实施技术过程管控的关键方法和重要措施。技术评审是一种技术论证过程，目的是通过专家集体的工程知识和经验，进一步把控技术方案的正确性。为使技术评审规范化、制度化和标准化，通常需要建立技术评审体系，明确技术评审的内容、程序等。

技术评审是一种高效的内部协同形式，贯穿于工程转化全过程，是确保新技术开发成功的重要保障。技术评审是组织各专业相关专家对主要工艺方案、工艺流程、核心设备、控制联锁等关键技术方案进行评审，以确保其可靠、合理、可行。

技术评审可以会议的形式进行，也可以书面的形式进行。一般对以下内容进行技术评审：

针对设计过程中的重大技术方案进行评审；采用新技术形成的工艺包在第一次发布前对方案的合理性、技术的先进性、工艺的HSE风险等方面进行评审；对有违规风险的技术在对外协调前进行评审；重大专业技术难点处置方案实施前对新技术、新材料、新产品的采用及其合理性与合规性进行评审；向外部购买技术复杂、价格高的专利、专有技术时就技术对项目的适宜性、技术的可靠性、风险性、知识产权限制要求等方面进行评审；重大技术开发项目申报立项时，就所依据的技术方案的合理性、开发的技术前瞻经济效益、技术创新水平、技术的安全环保性及项目实施的能力等方面进行评审。

3.6.5　知识产权

3.6.5.1　知识产权的分类及载体

知识产权是指人类智力劳动产生的智力劳动成果所有权，它是依照各国法律赋予符合条件的著作者、发明者或成果拥有者在一定期限内享有的独占权利，一般认为它包括著作权（版权）和工业产权。

石化工程项目主要涉及的知识产权有专利权、商业秘密、著作权、软件著作权、商标及依照国家法律、法规或合同约定由企业享有的其他知识产权。

（1）专利权

专利权是指专利权人在法律规定的范围内独占使用、收益、处分其发明创造，并排除他人干涉的权利。中华人民共和国专利法规定可以获得专利保护的发明创造有发明、实用新型和外观设计三种。

1）发明专利。发明专利是三种专利形式中最主要的一种。中国专利法所称的发明是指对产品、方法或者其改进所提出的新的技术方案，分为产品发明（如机器、仪器、设备和用具等）和方法发明（制造方法）两大类。

①产品发明。产品发明是指人工制造的各种有形物品的发明，如新的机器、设备、材料、工具、用具等的发明[12]。此处的产品，既可以为完整的独立产品，也可以是零部件。

②方法发明。方法发明是指关于把一个物品或物质改变成另一个物品或物质所采用的手段的发明，如新的制造方法、化学方法、生物方法的发明等[12]。在石油化工工程技术中，方法发明可以是一种工艺流程、一种制造方法或是一种操作方法等。石油化工工程技术的综合性决定了其技术开发及新产品研制所形成的创新成果往往具有较高技术水平，因此更加符合申请发明专利的条件。申请发明专利的技术并未被要求必须为开拓型或开创型发明，也可以是一种改进型的发明。

2）实用新型专利。实用新型是指对产品的形状、构造或者其结合所提出的适于实用的新的技术方案[13]。实用新型专利在创造性和技术水平方面的要求较发明专利低，但实用价值大。

实用新型专利具有以下特点：一是实用新型专利只保护产品，该产品应当是经过工业方法制造的、占据一定空间的实体；二是对实用新型的创造性要求不太高，而实用性较强、实用价值大；三是在专利权审批方面，实用新型专利简化了审批程序，因此较发明专利授权更快，此外保护期限缩短、收费标准低。

3）外观设计专利。外观设计，是指对产品的形状、图案或其结合以及色彩与形状、图案的结合所做出的富有美感并适于工业应用的新设计[13]。在石化工程技术中很少出现，在此不做进一步解释。

4）专利权的主要内容。专利权具有以下三方面性质：时间性、地域性及排他性。中华人民共和国专利法中的专利权主体为专利权人，是指依法享有专利权并承担相应义务的人，可以是发明人、单位、受让人；专利权的客体为依法应授予专利权的发明创造。

专利权具有以下四方面法律特征：①专利权既有人身权，又有财产权；②取得专利权的前提是向外界公开该项发明成果；③须经专利局授予后方可取得该权利；④为使专利得到充分利用，有关部门有权对专利权人既不主动实施也不许可他人实施的专利实施强制许可。

专利权主要体现为独占实施权、实施许可权、转让权、标识权四种情况。独占实施权是指发明和实用新型专利权被授予后，除专利法另有规定以外，任何单位或者个人未经专利权人许可，都不得实施其专利。实施许可权是指专利权人有权将其拥有的专利技术许可给他人实施，并通过签订书面合同的方式，向被许可人收取相应的专利使用费。专利申请权和专利权可以转让。当事人应当订立书面合同，并向国务院专利行政部门登记，由国务院专利行政部门予以公告。中国单位或者个人向外国人、外国企业或者外国其他组织转让专利申请权或者专利权的，应当依照有关法律、行政法规的规定办理手续[13]。发明人或者设计人有权在专利文件中写明自己是发明人或者设计人。专利权人有权在其专利产品或者该产品的包装上标明专利标识[13]。

（2）商业秘密

公司商业秘密分为核心商业秘密和普通商业秘密。核心商业秘密是特别重要的商业秘密，泄露会使企业的安全和利益遭受特别严重损害。普通商业秘密是一般性商业秘密，泄露会使企业安全和利益遭受损害。

核心商业秘密和普通商业秘密中，分别包含科技类核心商业秘密和科技类普通商业秘密，其中，科技类核心商业秘密分为A级、B级，科技类普通商业秘密为C级。

（3）著作权

著作权主要包括项目活动中形成的，以各种载体所表现的文字作品、图形作品、模型作品、建筑作品和勘察设计咨询作品的著作权，主要包含五个方面：技术咨询或工程设计投标方案、建筑工程设计投标方案；技术咨询或工程设计阶段的原始资料、计算书、工程设计图及说明书、技术文件和工程总结报告等；项目建议书、可行性研究报告、专业性评价报告、工程评估书、监理大纲等；技术开发的原始数据、专题计划、开题报告及合同、技术查新报告、经过各级鉴定的科技成果、工艺流程、物性数据、热力学数据、相平衡数据和其他技术数据设计图及说明书、技术总结和科研报告等；自行编制的计算机软件、企业标准、导则、手册、标准设计等。

（4）软件著作权

软件著作权又指计算机软件著作权，计算机软件著作权是指软件的开发者或者其他权利人依据有关著作权法律的规定，对于软件作品所享有的各项专有权利。

（5）商标

商标是商品的生产者、经营者在其生产、制造、加工或经销的商品上或者服务的提供者在其提供的服务上采用的，用于区别商品或服务来源的，由文字、图形、字母、数字、三维标志、颜色组合和声音等，以及上述要素的组合，具有显著特征的标志，是现代经济的产物。经商标局核准注册的商标为注册商标，包括商品商标、服务商标和集体商标、证明商标；商标注册人享有商标专用权，受法律保护[14]。

3.6.5.2　知识产权的保护

知识产权保护是一个复杂的系统工程，涉及专利、商标、著作权、商业秘密等领域，其保护的权利内容、权利边界等有各自的特点。石化工程项目知识产权保护的主要内容是对所有项目参与人员、相关人员产生的与本项目相关的知识产权、自由运作权分析、项目涉及的专利与专有技术、保密协议和项目资料与文档的管理。保护手段涉及注册登记、审查授权、行政执法、司法裁判、仲裁调解等多个方面，客观上需要构建知识产权大保护的工作格局。

专利布局是指企业综合产业、市场和法律等因素，对专利进行有机结合，涵盖了企业利害相关的时间、地域、技术和产品等维度，构建严密高效的专利保护网，最终形成对企业有利的专利组合。最常见的专利布局有四种模式：路障式、城墙式、地毯式和丛林式。

知识产权保护与管理是贯穿于石化工程全过程的。在项目的策划阶段，应针对技术开发、工程设计、工程建设、工程管理的诸多过程，加强知识产权调查、分析及相应的对策研究，使知识产权保护工作能在项目的立项、过程、管理、成果的法律保护及成果商品化、产业化和国际化全过程中起到实际效用。

3.7 石化工程项目质量管理

3.7.1 工程项目质量管理的基本概念

质量是指可感知或想象到的任何事物的一组固有特性满足要求的程度。

工程质量的固有特性通常包括其使用功能、寿命以及可靠性、安全性、经济性、工程环境等特性，这些特性的满足程度决定了工程质量的优质程度。

工程项目质量管理是项目管理的一部分，致力于确保项目满足所承诺的要求。工程项目的质量管理是广义的质量概念，包括过程管理质量（质量行为）、产品和服务质量（实体质量），不满足这两个方面的任何一个都会对项目的产品和服务、项目的顾客和其他相关方及项目组织产生重大影响。

工程项目质量是在整个工程项目的决策、设计、实施和建造过程中实现的，是通过项目建设周期全过程的管理来保证的。因此，工程项目质量管理是包括质量策划、质量控制、质量保证和质量改进直至实现工程项目整体目标的系统过程。

3.7.2 质量管理的发展阶段

纵观整个质量管理的发展，已经有百年历程，在这一历程中质量管理产生、发展和不断完善大体经历了三个阶段：

20世纪30年代之前的“质量检验阶段”。这个阶段主要是以质量检验把关为主，从半成品或者产品中间挑出废品和次品，是一种事后把关式的管理，它依靠的是检查人员的经验和责任心。

20世纪40～50年代的“统计质量控制阶段”。这一阶段是为适应生产力大发展的要求，利用数理统计的原理对生产过程进行分析，及时发现异常情况，从而采取处理措施，把质量检验发展到由“事后把关”变成“事前控制”。

20世纪60年代至今的“全面质量管理阶段”。这一阶段倡导以最经济的手段在充分满足顾客要求的条件下进行生产和提供服务，并把企业各部门在研究质量、维持质量和提高质量方面的活动融为一体[15]。

3.7.3 工程项目质量管理知识要点

工程项目质量管理体系是在项目质量方面指挥和控制项目的管理体系，包括项目确定其目标以及为获取期望的结果确定其过程和所需资源的活动。项目质量管理体系是项目质量管理的核心，是为实施项目质量管理而建立和运行的，是组织机构、职责权限、程序之类的管理能力和资源能力的综合体。

3.7.3.1　质量管理体系的理论基础

质量管理体系能够帮助组织增进顾客对产品和服务的满意程度。组织确定产品和服务具有满足顾客需求和期望的特征，并将这些需求和期望在产品和服务规范中表述。顾客的需求和期望是不断变化的，加之竞争的压力和技术的发展，这些都促使组织持续地改进产品、服务和过程。在持续的改进产品、服务和过程中，质量管理体系能提供持续改进的框架，质量管理体系方法鼓励组织分析顾客需求，规定相关的过程，并使其持续受控，以实现顾客能接受的产品和服务。

3.7.3.2　PDCA 循环

PDCA 循环是美国质量管理专家休哈特博士首先提出的，由戴明采纳、宣传，获得普及，所以又称戴明环。PDCA 循环能够应用于所有过程以及整个质量管理体系。PDCA 循环的含义是将质量管理分为四个阶段，即策划（Plan）、实施（Do）、检查（Check）、处置（Act），如图 3-14 所示。在质量管理活动中，首先要根据顾客的要求和组织的方针，建立体系的目标及其过程，确定实现结果所需的资源，并识别和应对风险和机遇。然后，执行所做的策划。再根据方针、目标、要求和所策划的活动，对过程以及形成的产品和服务进行监视和测量。必要时采取措施提高绩效，即把各项工作按照做出策划、策划的实施、检查实施效果，然后将成功的纳入标准、不成功的留待下一循环去解决的方法进行。这一工作方法是质量管理的基本方法。

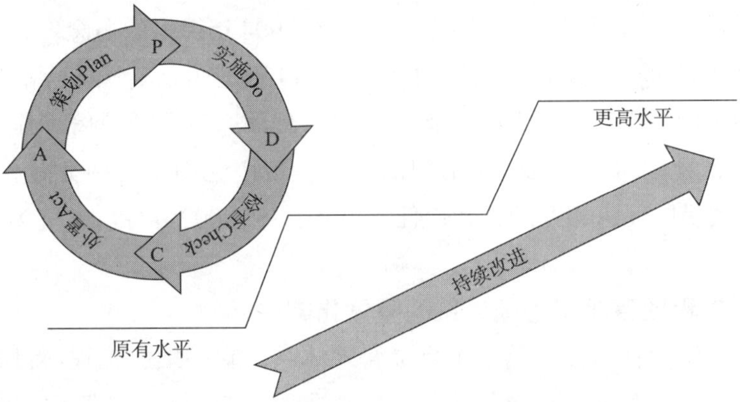

图 3-14　PDCA 循环

3.7.3.3　领导作用

领导作用是质量管理基本原则之一。领导应将本组织的宗旨、方向和内部环境统一起来，并创造使员工能够充分参与实现组织目标的环境。

领导处于一个组织的最高层，对组织实施指挥和控制。领导的首要任务是为组织确立统一的宗旨和方向，为全体员工提供努力方向，让员工能够理解组织的目标并动员起来去实现这些目标。领导作用还表现在调动全体员工积极性，创造一个能充分参与以实现组织目标的内部氛围和环境，达到实现组织目标的结果。

3.7.3.4 过程方法

通过利用资源和实施管理，将输入转化为输出的一组活动，可视为一个过程，如图3–15所示。将相关的资源和活动作为过程进行管理，可以更高效地得到期望的结果。

过程方法是系统地策划质量管理体系所需的诸多过程，识别和确定这些过程的顺序和相互作用，规定过程的运行方法和要求，控制过程运行，实现预期结果，并持续改进过程。

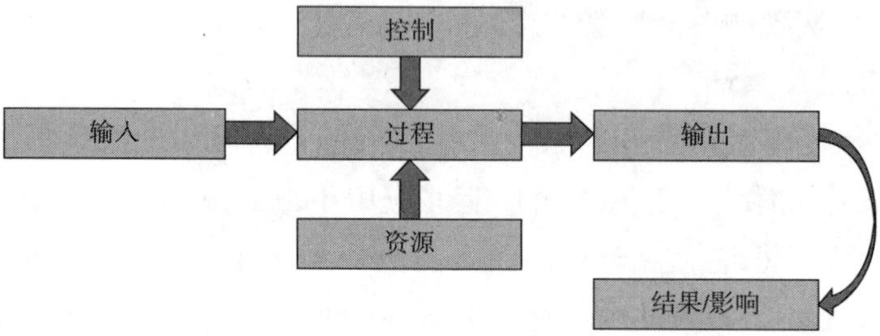

图3–15 过程模式

过程是质量管理体系的基本要素，研究过程之间的相互关联或相互作用，可以将复杂的过程不断地简化，为系统管理质量活动提供明确思路，使过程得到连续的控制，使其获得持续改进，使组织的总体业绩得到显著的提高，令顾客满意。

3.7.3.5 ISO9000 族标准

ISO9000族标准是国际标准化组织（ISO）在1994年提出的概念，是指“由国际标准化组织质量管理和质量保证委员会（ISO/TC176）制定的所有国际标准”。ISO9000族标准可以帮助组织建立、实施并有效运行质量管理体系，是质量管理体系通用的要求或指南。它不受具体的行业或经济部门的限制，可广泛用于各种类型和规模的组织，在国内和国际贸易中促进相互理解和信任。因此，ISO9000族标准也称为质量管理体系标准。

3.7.3.6 工程项目质量管理体系的整体化架构

工程项目的质量管理体系是一个目标管理体系，它必须以工程项目为对象，根据工程管理的实际需要而建立。这个体系与工程项目的其他体系如费用管理、进度管理、环境管理、职业健康安全管理体系等形成整体化项目管理体系架构。

质量管理体系的建立应贯彻执行国家、行业有关工程质量的法律法规和各项方针政策。质量管理体系一般按照多层次规划，对应工程项目建设过程的职责垂直分解，明确项目相关方的质量管理职责和工作程序，制定项目质量规划、质量控制措施和管理方法，规范质量管理行为，确保达到项目预期的质量目标。

通过识别项目管理及实现项目产品和服务所必需的过程，分析关键过程和次要过程，确定每一过程的输入和输出并充分考虑各过程间的界面和制约关系，进而实现项目过程与项目目标相结合，建立工程项目各过程的分解结构，将工程标准和项目质量目标逐层分解，制定相应的质量管理计划，确定具体的管理措施、方式和过程要求，形成有效的运行机制。管理体系将在受控条件下按照策划的结果实施，全过程监督检查并适时进行评估和调整，以达到持续改进。

3.7.4　工程项目质量管理基本内容

工程项目质量是在整个工程项目的决策、设计、实施和建造过程中实现的，需要通过对项目建设全过程的管理来保证。工程项目质量管理是通过质量策划、质量控制、质量保证和质量改进直至实现工程项目整体目标的系统过程。

3.7.4.1　质量策划

质量策划是指识别项目质量要求并确定项目实现这些要求采取的管理措施或控制方法。质量管理策划包括制定项目质量方针和目标、编制项目管理文件。项目质量策划应与项目其他策划同时进行，形成项目的质量管理体系。项目质量计划是质量策划的结果之一，是项目管理计划的一部分。质量计划应当识别实现项目质量目标所必需的活动和资源。

3.7.4.2　质量控制

质量控制的目的是确保产品和服务、体系或过程的固有特性满足规定的质量要求。质量控制的方法是确定监测并记录执行质量活动的结果，将其与发布的项目质量标准进行比较，确认质量误差与问题，分析原因并采取纠正措施。工程项目的设计、采购和施工质量分别通过设计审核验证、过程监造监督、实体质量检查检验等方式达到质量控制的目的。

3.7.4.3　质量保证

质量保证是指使项目相关方确信项目产品和服务的质量能够满足所规定质量要求的有计划、有系统的全部活动。通过审核质量要求和质量控制测量的结果，确保采用合理的质量标准和过程要求，确保这些标准和要求被相关人员始终严格地遵守，确保项目质量管理体系有效运行。

3.7.4.4　质量改进

质量改进是通过改进质量管理的有效性增强满足质量要求的能力。质量改进的对象包括工程实施过程的质量改进、管理过程的质量改进和工程产品和服务的质量改进。工程项目的质量改进是追求更高质量目标的持续活动。

3.7.5　工程项目质量管理过程要点

在项目质量管理过程中，运用过程管理方法，通过采用PDCA循环以及始终基于风险的思维对过程和整个项目质量管理体系进行管理是工程项目质量管理过程的基本要点。

3.7.5.1 工程项目质量管理策划

项目质量管理策划阶段应进行项目整体管理策划、建立质量管理体系，包括制定项目质量方针和目标；明确全部质量体系要求的执行方式和各执行层的实施责任；明确对各项目参与方的质量管理要求；制定行为规范及建立文件化的项目质量管理体系。

（1）工程项目质量管理体系的建立原则

整体策划：识别所有过程和相互关系，统筹考虑整体化原则，建立覆盖全过程全方位的项目质量管理体系。设置组织机构，明确质量管理职责、权限和责任目标；按过程制定项目程序制度，规范所有质量管理活动。

全员参与：人员素质是影响工程质量的一个重要因素。要发挥项目管理层特别是项目经理的领导作用，同时提升全员质量意识，自觉履行质量管理职责，以人的工作质量保证工程质量。

风险管理：全过程贯彻风险管理的理念，识别分析质量风险，积极主动对影响质量因素进行管理，做好事前和事中控制，减少质量损失。

合法合规：依据法律法规和合同规定选择确定工程项目适用和有效的技术标准和质量规范，建设、评定产品和服务质量，实现验评分离、强化验收、规范行为、过程控制、本质安全。

持续改进：工程项目的改进工作包括工程本体的改进和技术优化、工程建设实施过程的改进和管理过程的改进。在项目实施期间运用质量管理的过程方法进行整体化管理，实现策划–实施–检查–处置的循环，达到持续改进的目的。

（2）项目质量管理方针和目标

项目的质量方针由项目最高管理层制定，是项目质量管理体系的最高纲领和宗旨，它指导并始终贯彻于项目所有活动。项目质量方针的建立，应考虑提供安全、高质量的产品与服务，满足顾客要求，同时应满足相关法律法规要求。项目质量方针为项目的质量目标提供框架。

工程项目的质量目标是按照项目工程意图、决策要点、法律法规和强制性标准的要求，将工程的质量方针具体化。质量目标应该在项目组织体系中层层分解并制定实施措施。

除了项目的总体质量目标，项目的各个阶段和各参建方应设立具体的质量目标，这些目标将包含在各个阶段或各参建方的执行计划中。

（3）项目质量管理组织机构与职责

项目质量管理组织机构包括负责管理和控制本工程质量的人员的上下级关系，并应标明各参建方之间的界面。

项目质量管理组织机构一般可分为四个层次：决策层、管理层、执行层、实施层。

决策层由项目高层管理人员组成，负责批准项目质量方针、质量目标，组织建立项目质量管理体系和质量管理制度，负责项目质量管理过程中重大事项的决策；管理层由项目管理的各个职能部门组成，根据职能分工承担各自的项目质量管理职责；执行层由各职能部门人员组成，负责具体执行项目质量管理的各项制度，分解细化并全面完成项目各项质量管理目标；实施层由各作业级单位组成，是工程质量的责任主体。在项目经理部的统一管理下，建立完善的质量保证体系并确保体系的有效运行。

为保证项目人员完成其工作内容，项目决策层应组织制定项目组织机构，选派具备能力和经验的人员，明确各部门、各岗位人员的管理职责和权限。发布正式的组织机构和岗位职责说明书，并应对人员履责情况进行监督。

岗位职责说明应清楚地详述对工程实施中所涉及管理过程和活动负主要责任的人员的职责和权限。

（4）项目质量风险管理

在项目策划过程中，运用基于风险的思维策划质量管理体系有助于提升项目质量策划的有效性。

项目质量风险管理是一个系统化的过程，是对项目全过程中的风险的识别、衡量、控制以及评价的过程。

项目质量风险管理是项目为识别、量化和降低会影响质量的项目全过程活动的风险而创建的合作解决途径，其集合了领导力、业务流程、文化和技术能力。项目质量风险管理是项目管理方针、标准和实施的系统应用，用来分析、评价和控制在整个产品生命周期的风险。项目质量风险管理主要过程包括风险识别、风险等级衡量、风险控制措施和风险评价。

在完成风险识别、衡量并采取相应控制手段以后，项目需要对整个质量风险管理的执行情况和改进计划在项目内部进行协商与沟通。协商与沟通主要应该包括以下几个方面：

一是将识别的结果以文件的形式固定下来。

二是对包括一线施工人员在内的全体项目人员进行培训和考核，使其掌握项目执行过程中需要控制的关键环节。质量监督人员与风险管理人员对项目执行过程中的质量风险的控制情况进行监督，发现偏差进行及时的记录和处理[16]。

三是在确保识别出的风险因素全部得到控制的情况下，对项目实施过程中发生的偏差以及偏差的处理等信息进行分析，确认是否出现新的或原来没有识别出的偏差。如果有，则重新执行风险识别的过程。

（5）项目质量管理体系文件化

文件化的质量管理体系由如下几个级别文件构成：纲领性文件，包括项目质量方针和质量目标；规划性文件，包括项目质量管理计划；管理文件，包括各过程的管理程序和制度；指导性文件，包括规范和标准以及各级作业指导书；追溯性文件，包括质量记录和报告等。如图3–16所示。

工程项目管理过程应建立包括以上要求的质量管理体系文件，并制定所有文件/记录的控制要求。

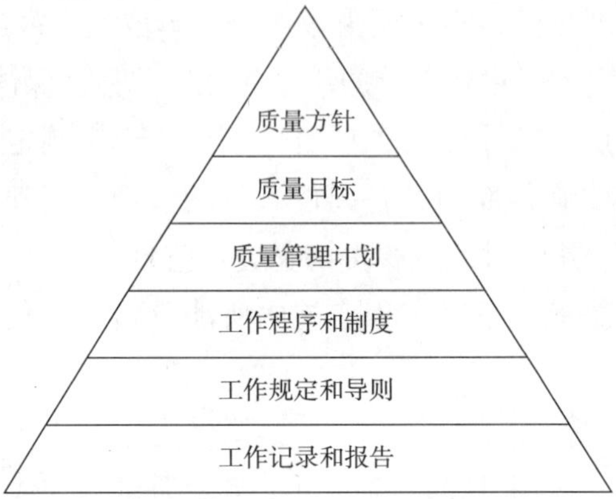

图3–16　典型石化工程项目质量管理体系文件结构

3.7.5.2　工程项目质量管理实施

项目管理团队依据质量策划对项目实施过程进行监督管理，使项目质量管理行为满足策划的要求，从而使工程质量在实现过程中即得到有效的控制。

（1）设计过程的质量管理要点

对工程设计进行全过程协调、监督、管理和控制，制定设计质量管理要求并监督实施。明确设计管理工作界面、职责和工作流程，指导设计管理工作有序开展[8]。

设计工作是一项连续的工作过程，由许多工作程序组成，为了保证设计成品满足最终的质量要求，需对设计过程进行控制。

设计质量的主要控制点包括：设计输入控制、编制设计（统一）规定、设计标准规范控制、设计的组织接口和技术接口控制、设计文件输出验证、采购技术支持、设计变更控制。

（2）采购过程质量管理要点

设备、材料的采购是项目工作中极为重要的质量环节，做好设备、材料采购，对节约项目投资、保证项目的进度和质量，起着至关重要的作用。

采购物资的质量控制通过确定采购策略、制定采购执行方案、选择合格供应商、采购合同的控制和物资监造、验收来实现。

采购过程质量主要控制点包括：采购文件质量控制、报价评价过程质量控制、采购合同质量控制、设备制造过程质量管理、催交过程质量控制、运输过程质量控制、仓储管理过程质量控制、不合格品控制。

（3）施工过程质量管理要点

施工过程质量管理主要是通过对施工全过程的各个阶段、各个环节进行组织、管理、监督、检查和验证，使整个施工过程始终处于受控状态，保证工程实体质量满足质量要求。

施工过程质量控制依据主要包括：有关施工的标准规范、国家和地方的相关法规、项目质量体系文件、施工管理规划、施工过程质量管控程序、施工组织计划及施工方案、设计文件中有关施工的技术要求、合同文件。

施工过程的质量控制要点主要包括以下内容：技术准备与设计交底、质量控制点设置、开工条件确认、设备和材料进场检验、施工质量验收控制、施工过程的标识控制、分项/单位工程验收质量控制、工程中间交接验收质量控制、交工资料验收控制、项目交工验收。

3.7.5.3 工程项目质量管理绩效评估

工程项目的绩效评估通过过程质量检查、检验和定期的项目审核来实现，项目组应通过对项目实施过程的质量检查、质量审核和管理评审活动，验证质量管理体系的运行状态，利用各种测量的结果和相关信息分析结果，采取纠正措施促进质量管理体系在项目上的自律运行和持续改进，增强项目满足质量要求的能力。

3.7.5.4 工程项目质量管理改进

工程项目质量改进是通过改进项目质量管理的有效性增强满足质量要求的能力。质量改进的对象包括工程实施过程的质量改进、管理过程的质量改进和工程产品与服务的质量改进。工程项目的质量改进是追求更高质量目标的持续活动。

项目质量过程管理的改进是有计划、系统性、持续的改进过程。改进的过程包括识别改进机会、制定改进措施、实施并监控改进措施和改进效果评价。

通过监视和测量项目运行各过程得到反馈的信息以及对质量改进过程或结果进行信息分析和信息处理，使用这些信息整理分析结果、制定改进措施并组织实施，不断提高质量管理体系与标准要求的适宜性、充分性和有效性，满足项目目标。改进措施的实施效果应有验证评估结论，以评价改进措施的有效性。

3.8 石化工程项目健康、安全和环境（HSE）管理

3.8.1 工程项目HSE管理的基本概念

工程项目健康、安全和环境（HSE）管理是指通过建立、实施HSE管理体系，对健康、安全和环境风险进行全方位的管理，使工程项目建设过程中对健康、安全和环境的危害降到最低。HSE管理的目的是减少由项目建设引起的人员伤害、财产损失和环境污染，降低项目的HSE风险，促进项目的可持续发展。

石化工程项目大多涉及高温、高压、有毒工艺过程，工艺技术复杂，一旦发生事故

会严重威胁人员的生命安全、造成重大的财产损失，如英国弗利克斯伯勒（Flixborough）事故、印度博帕尔（Bhopal）毒气泄漏事故及国内一些事故案例足以说明事故的严重性。石化工程项目一般具有建设周期长、工程量大、界面关系复杂、项目参与方多等特点，在工程实施的任何一个环节，稍有不慎和疏忽就可能为日后埋下安全隐患[17]。因此，实施HSE管理对于石化工程具有十分重要的意义。

基于风险的项目HSE管理应贯穿于项目全生命周期。国内外管理实践表明，卓越而有效的HSE管理要充分依赖全方位、全覆盖、全天候及全过程的系统化风险过程管控方法。系统化风险过程管控方法通过建立项目化的HSE管理体系而实现。HSE管理体系主要依据国际标准化组织（ISO）发布的职业健康安全、环境和质量管理体系标准（ISO45001，ISO140001，ISO9001）以及过程安全法规和标准建立。过程安全法规和标准体系从20世纪80年代开始建立，目前已经形成了较为成熟的标准体系。1982年欧洲首次颁布了《工业活动的重大事故危害》的指令（被称为“赛维索指令Ⅰ”），1996年颁布了《设计危险物料的重大事故危害控制》（被称为“赛维索指令Ⅱ”），取代了“赛维索指令Ⅰ”。美国职业安全和健康管理署1992年发布了联邦法律《高危险化学品工艺过程安全管理》。围绕该法律，美国石油学会颁布了一系列设计标准和推荐做法。1993年前后，美国化学工程师学会（AIChE）下设的美国化学过程安全中心（CCPS）发布了三十余本与过程安全有关的技术指南。国外很多知名企业以美国和英国的过程安全管理体系为依托建立了企业的过程安全管理程序，形成一套较完整的基于风险的安全标准体系，使基于风险的理念和管控方案贯穿于设计、采购、施工、预试车及试车、运行、维护的各个环节[18]。

建立项目HSE管理体系要结合项目合同要求及相关方的要求。项目HSE管理体系建立后，在项目执行过程中得以有效运行才能实现HSE风险的有效管控，继而实现项目HSE目标。按照体系管理的PDCA循环模式，本节主要介绍工程项目HSE管理体系的策划、实施、监视和测量及持续改进这四个主要过程。

3.8.2 工程项目HSE管理的策划

工程项目HSE管理的策划即项目化的HSE管理体系的策划，是指根据各种输入信息对项目HSE风险管理的执行策略、实施方案等进行提前规划，形成覆盖HSE管理全要素的管理体系，为顺利进行HSE过程管控提供框架和基础。HSE管理体系应确定项目执行过程中关于HSE管理的策略、要求、思路、方案、活动、模式等，HSE管理体系策划是HSE管理过程中的一个重要环节。HSE管理体系的策划应在项目开始阶段进行，在项目的后续阶段要对管理体系不断进行完善和更新。通过对HSE管理绩效的监视和测量，发现管理体系运行的偏差，制定消除偏差和预防偏差再次出现的措施，不断推动管理体系持续改进。体系策划主要包括以下几方面的工作：

3.8.2.1　确定管理体系范围

策划人员首先应明确HSE管理的范围，如工作范围具体包含哪几个阶段、哪几个装置，工作场所的边界划分等重要信息。工作范围决定了管理体系覆盖的范围，也决定了管理体系的方针目标、资源需求及风险等。

3.8.2.2　制定 HSE 方针目标及实现方案

建立HSE管理体系首先应制定项目HSE管理方针和目标。HSE管理体系的方针规定了管理体系的方向、追求和希望达到的绩效，这是项目HSE管理的总体原则。

在制定项目HSE管理方针的过程中，要充分考虑各相关方的HSE管理方针。

根据已经制定的HSE方针、危险源的辨识和风险评价结果、法规辨识结果等，确定项目的HSE管理目标。与HSE方针类似，项目HSE管理目标必须满足各相关方的要求。项目HSE管理目标应该具体、可测量、能实现、有时效性。HSE管理目标应尽可能开展横向与纵向分解。

3.8.2.3　管理组织机构策划

一个工程项目HSE管理组织机构应明确各岗位的HSE管理职责，项目组要结合相关要求、公司安全生产责任制和相关HSE程序、规定，明确项目各岗位的管理职责。明确责任后，项目组应建立HSE管理组织机构。建立管理组织机构后应明确项目各岗位的人员资质、经验和能力要求并形成书面文件。

3.8.2.4　策划风险管理和应对措施

基于风险的管理体系应贯穿建设项目的全生命周期并分层次展开各项风险识别和管控活动。在工程项目实施过程中，通过一系列危险评估技术方法和管理活动，对各类危险进行辨识并评估，经分析研究后，形成风险和后果登记表、关键活动清单和整改行动计划表等一系列文件。通过对所有辨识的风险和控制措施进行跟踪和梳理，最终形成操作运维安全、环保风险数据库，方便在生产运维期间对风险进行动态管理。

这里所讲的风险主要指HSE风险，其中职业健康和安全风险通过识别安全和职业健康危险源进行管理，环境风险通过识别环境因素进行管理。危险源辨识、环境因素识别和风险管理是HSE管理的一项基础工作，是HSE管理的起点和落脚点。在项目开始的前期阶段一般由项目经理负责组织危险源辨识和风险评价工作。为了能对项目HSE管理体系的建立提供有效输入，应尽早开展危险源辨识、环境因素识别和风险评价工作。

HSE风险的管理是分级管控、逐步细化的过程。在策划阶段主要识别重大风险并提出应对策略，在执行阶段要运用各种风险管理工具分析具体过程和作业场所的风险。

在策划阶段，风险管理主要有两方面的工作：

1）识别在项目执行过程中重大HSE危险源和风险，提出应对策略、方案及开展一系列风险管理活动。识别重大HSE风险主要基于类似项目的经验。重大HSE风险往往很难用一条或几条具体的措施应对，在这个阶段确定的往往是比较大的应对策略或方案。而每一项应对策略在后续的过程中都可以细化成很多具体的措施、方案或形成工作规定、程序。对于重大风险的应对策略往往涉及项目的各个部门或专业。在策划阶段要尽量把应对策略根据部门或专业分工分解到相关部门或专业，由这些部门或专业制定相应的风险管控方案，并在实施阶段进行严格落实。

2）根据要开展的各项风险管理活动制定各种危险源辨识、环境因素辨识及风险管理等各项HSE审查和分析标准，主要有本质HSE审查（IHSER）、危险源识别（HAZID）、环境影响辨识（ENVID）、健康风险评估（HRA）、危险与可操作性分析（HAZOP）、安全完整性等级分析（SIL）、保护层分析（LOPA）、火灾安全评估（FSA）、关键设备等级划分（ECA）、作业安全分析（JSA）、开车前安全审查（PSSR）等分析程序，对风险管理活动进行管控。

HSE分析和风险评价是一项团队活动，通过开会以头脑风暴方式进行，经过讨论形成分析报告。项目各部门经理如设计经理、施工经理、行政经理、采购经理、控制经理、HSE经理等负责具体落实风险控制措施。各种HSE分析报告经项目经理批准后发布。HSE分析报告是设计、采购、施工、行政等部门进行HSE管理策划的重要输入。在项目执行过程中，应根据项目的特点及进展情况，及时修改完善风险评价报告，实行动态管理。

风险管控的原则是在合理范围内尽可能降低风险，主要遵循最低合理可行（ALARP）原则。ALARP原则是当前国外风险可接受水平普遍采用的一种项目风险判据原则。任何工业系统都是存在风险的，不可能通过预防措施来彻底消除；而且，当系统的风险水平越低时，要进一步降低就越困难，其成本往往呈指数曲线上升（如图3-17所示，可看到相关方风险和费用曲线的趋势）[19]。因此，在法律要求允许的范围内，必须在工业系统的风险水平和成本之间作出一个折中。为此，实际工作人员常把“ALARP原则”称为“二拉平原则”。

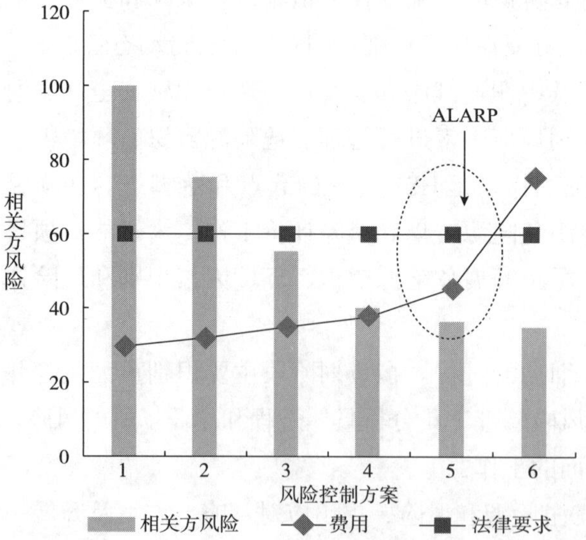

图3-17　ALARP原则

3.8.2.5　策划法规识别、执行和合规性评价

遵纪守法是国家对任何一个公司生产运营的最低要求，也是必须满足的要求。因此在项目的初始阶段，组织人员对适用于项目的法规、标准进行辨识是石化工程项目HSE管理策

划的另一项基础工作。一般公司应有公司层面的HSE法规识别程序，项目组应据此制定项目层面的法规和相关要求的管理程序，进行辨识并保留相关记录。这些HSE法规和相关要求主要包括：法规（特别是当地法规）、国家标准、行业标准、相关方标准及公司标准等。

3.8.2.6　编制项目HSE管理体系文件

为了实现HSE管理目标，项目组应制定HSE管理方案或管理计划。管理方案或管理计划的最重要组成部分是HSE管理体系文件。要在HSE管理方案里描述如何运用已经建立的规定、程序和标准来管控项目的主要工作过程和活动。因此编制体系文件是一项非常重要的策划工作。由于项目主要工作过程包括设计过程、采购过程、施工过程和行政管理过程，因此编制项目HSE管理体系文件要与这几个过程呼应。

项目策划阶段，应结合合同要求、HSE目标及分解相关内容，确定项目HSE体系文件的编制清单、编制重点及要求，讨论并确定项目HSE体系文件的最终清单。当项目组接收到上级有关单位的新要求时，应结合项目实际情况，对现有HSE体系文件进行更新，从而保证项目HSE体系文件与相关要求的动态一致性。

在策划HSE管理方案时，还应主要考虑六个方面的内容：①编制HSE管理标准；②编制设计HSE管理方案；③编制施工HSE管理方案；④编制采购HSE管理方案；⑤编制行政HSE管理方案；⑥制定承包商管理方案。

3.8.2.7　编制HSE管理计划

在策划阶段要总结各项HSE管理策划工作并形成HSE管理计划。HSE管理计划涵盖上述几节所描述的主要管理内容，是HSE纲领性的文件。HSE管理计划一般包含以下内容：①工程概况；②HSE方针、目标、承诺；③组织机构和责任；④危险源辨识和风险评价；⑤HSE法规、标准辨识和项目程序；⑥培训、沟通、协商、交流和文件控制；⑦运行控制；⑧项目主要过程的HSE管理；⑨应急准备和响应；⑩绩效测量和监视；⑪合规性评价；⑫事件调查、不符合项及纠正措施；⑬内部审核；⑭管理评审。

3.8.3　工程项目HSE管理的实施

体系实施主要是针对已策划的管理体系展开运行。从项目各阶段（总体设计、工艺包、基础工程设计、详细工程设计、开车）展开，横向覆盖设计、采购、施工（特别是直接作业环节的监管）、行政管理等各阶段和各方面。在实施阶段主要管理活动表述如下：

3.8.3.1　危险源、环境因素辨识和风险管理

在实施阶段要对策划阶段确定的重大风险应对措施和风险管理活动进行落实或执行。HSE分析活动如：本质HSE审查、HAZOP分析、SIL分析和验证、LOPA分析、JSA分析和环境因素辨识与评价。

本质HSE审查是在设计早期阶段开展初步的风险识别和风险分析以帮助进行工艺技术路线选择，工艺过程的危险有害因素分析。通过削减、替代、缓解、简化等方法，优化工艺过程，尽可能降低工艺过程本身的HSE风险。

HAZOP分析是对工艺过程的危险和可操作性问题进行系统的分析，采用引导词法或经验法确定HAZOP分析偏差；分析偏差产生的外部事件、设备故障和人员行为失误等原因；分析偏差可能对人员、财产和环境造成的不良后果；分析现有的保护措施，评估风险等级，提出建议措施，从而降低装置风险，使装置更加安全可靠。石油化工厂的安全防护策略基本上是按“洋葱模型”进行的，如图3-18所示。在进行具体的HAZOP分析时，基本按图3-19所示步骤进行。

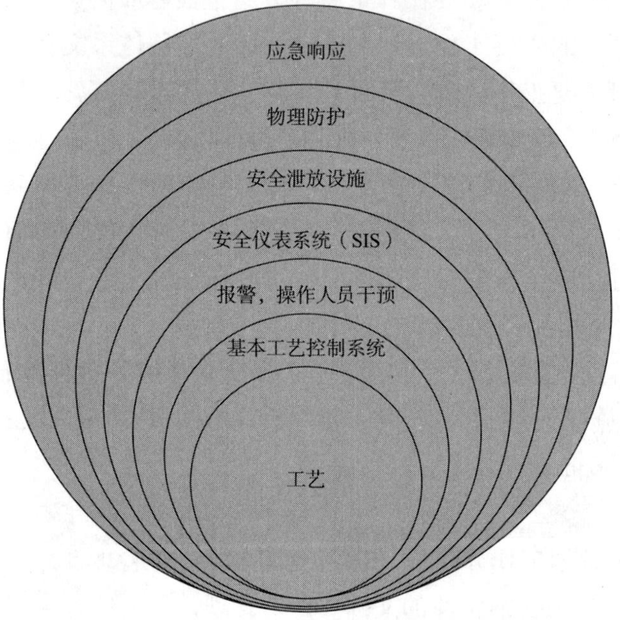

图3-18　风险防控“洋葱模型”

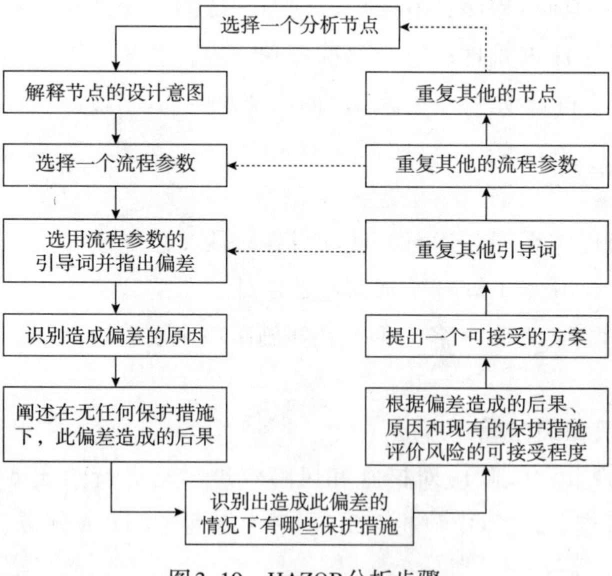

图3-19　HAZOP分析步骤

SIL分析是通过对安全仪表功能回路失效时可能产生的危险进行分级，以确定安全仪表系统回路的可靠性。通过过程危险分析，充分辨识危险与危险事件，确定必要的安全仪表功能，对安全风险进行评估，进而确定必要的风险降低要求。SIL分析主要包括SIL分级和SIL 验证两方面内容。按照安全仪表系统失效概率的方法为安全仪表功能的仪表回路确定相应的安全完整性等级。通过SIL 验证，确定SIL回路是否能够达到预先设定的SIL 等级。

LOPA分析是一种半定量的风险评估技术，在定性危害分析的基础上，进一步评估保护层的有效性，并进行风险决策。通过分析识别已有的独立保护层，判定该场景发生时系统所处的风险水平是否达到容许风险标准的要求，并根据需要增加一个或多个独立保护层，如采用本质安全设计、基本过程控制系统（BPCS）、关键报警和人员干预、安全仪表系统（SIS）、安全泄放设施、物理保护（防火堤、隔堤）、工厂和周围社区的应急响应等措施，将风险降低到可容许风险标准所要求的水平。

JSA分析主要针对施工作业，用于直接作业环节前的工作安全分析。人员结合作业环境、作业内容等相关信息，按步骤分析作业风险，并制定应采取的安全措施。

环境因素辨识和评价是指组织对自身能够控制的和能够对其施加影响的环境因素进行识别，从中判定对环境具有重大影响或可能具有重大影响的因素，并据此制定环境保护制度和控制措施。环境因素辨识和评价的主要过程为：确定环境因素识别范围及对象、选择识别方法、识别环境因素、评价环境影响、确定重要环境因素、制定环境管理指标和管理方案或措施、实施环境管理方案或措施。

3.8.3.2　HSE 法规和标准的执行

在项目的实施阶段，各部门和专业应该根据策划阶段的初步工作和法规识别管理程序形成本部门或专业的HSE法规和标准清单。这个清单有可能独立存在，也可能存在于执行计划或专业设计统一规定中。在部门或专业开展工作过程中应执行这些法规和标准。

3.8.3.3　资源管理

在策划阶段根据合同要求及风险应对策略基本上明确了需要的各项资源，主要包括人力资源、设备设施、工作场所等。对于需要业务部门落实的资源及相关要求已自然融合到它们的各项工作或活动中。

3.8.3.4　培训和意识

在项目执行过程中要对项目全员进行培训，不断提升其安全意识、安全知识和能力对于项目HSE管理成功与否至关重要。

（1）培训分类

根据培训对象不同，培训一般分为以下几种类型：全员HSE基本知识培训、进入现场人员的入场培训、专业管理人员的HSE培训、HSE管理人员培训、复工及转岗人员培训、特种作业人员培训和工长培训。

（2）培训内容

主要包括有关HSE方面的法律、法规、标准、规程和相关方的HSE管理规章制度和要求、项目HSE管理程序及规章制度与要求、HSE管理与HSE专业技术知识、岗位HSE职责、安全防护知识及典型事故案例与事故预防、卫生保健、自救、急救和互救基本常识、职业病与地方病及常见病预防常识和环境保护常识。

（3）培训记录

项目HSE管理部门对参与项目的所有员工的各类培训均应建立培训记录档案。

3.8.3.5 沟通和协商管理

有效的沟通对于实现项目HSE计划至关重要。沟通的手段和方式可以多种多样，但最终的目的都是加深对HSE工作和要求的理解和认识，提高执行力和管理效果。一般来讲，项目组会制定HSE沟通和协商管理程序，确定项目组各级人员以及与各相关方的主要沟通手段，如可以通过HSE公告栏、电话、信函、电子邮件、会议纪要、合同等方式进行沟通。项目组应适当组织员工参与HSE事务的管理，发挥好协商机制。

3.8.3.6 文件控制

项目HSE相关文件的编制格式及审批应按项目的要求进行。项目组确定HSE文件的发放程序，明确所有HSE文件发放途径、接收对象及签收和保存要求。

3.8.3.7 变更管理

变更可能导致风险或机遇。对变更进行管理的目的是管理变更对人身安全、财产、环境和公司声誉可能造成的负面影响。变更管理的基本原则是按照谁主管谁负责、谁变更谁负责、谁审批谁负责的原则，各变更管理部门应对变更从严控制，杜绝不必要的变更。对于影响HSE绩效的临时或永久性的变更，要制定相应的程序进行管控。

3.8.3.8 设计过程HSE管理

在设计过程各阶段的HSE管理工作主要是做好各项HSE审查和计算工作。

（1）总体设计阶段

确定HSE标准、HSE管理总体方案（火炬排放、安全泄压系统、消防系统、火灾报警系统）及总平面布置的抗爆分析。

（2）工艺包阶段

主要开展本质HSE审查工作。

（3）基础工程设计阶段

主要针对主工艺流程开展HAZOP分析、SIL分析和LOPA分析等工作。进行初步的建筑物抗爆计算，确定人员集中建筑物和机柜间的位置，满足法规标准和风险管理要求，避免以后产生重大的变更。由于项目还未进入详细工程设计，很多工艺的本质安全手段应在此阶段利用HAZOP审查分析完成。

（4）详细工程设计阶段

主要是开展成套设备的HAZOP分析、SIL分析和LOPA分析等工作。在这个阶段一般要进行详细的建筑物抗爆分析，计算出关键建筑物的爆炸冲击力值，供下游专业开展建筑物和结构设计。

除HSE审查和计算工作外，HSE设计专篇的编制也是设计过程HSE管理的重要环节，其工作流程见国家相关规定。

3.8.3.9　采购过程HSE管理

（1）供应商管理

在采购合同文件里要把相关HSE要求或设计HSE指标（如噪声控制数值）提供给供应商，让供应商提供的设备设施满足法规和项目确定的HSE要求。供应商一般会安排相关人员到施工现场进行技术支持和指导，他们可能面临各种各样的风险，因此要在合同中明确对这些人员的HSE培训、HSE管理等各项要求。

（2）服务商管理

在项目执行过程中可能会使用外部服务商对采购活动进行一些服务，如库房设备材料的码放和装卸等。要对服务商的资质进行把关，并与之签署正式的合同，合同中要明确双方的安全管理责任。

3.8.3.10　施工过程HSE管理

在策划阶段确定的绝大多数管理规定、程序和标准、HSE活动都是针对施工过程的，如作业管理规定、JSA分析程序、会议制度、绩效考核规定等。在实施阶段，要确保HSE策划结果得以严格执行。

作为施工过程HSE管理中最重要的环节之一，作业许可管理有着极其重要的意义。通过严格的作业许可管理，可以有效识别出直接作业环节的各类风险；通过层层审批控制，亦可确保安全措施的落实，从而避免日常工作中安全措施落实不到位的情况。一个完整的作业许可管理流程，通常包括作业条件准备、JSA分析、作业申请及审批、安全措施落实及交底、现场监护、验收、归档等步骤。

对有施工承包商的情况，还应做好对承包商的管理。承包商管理的主要活动有资格预审、合同签订、过程管控和后评价。在实施阶段主要做好以下过程管控工作：在承包商进入现场作业前要对人员、设备设施和管理文件（管理计划、管理方案、管理程序等）进行严格审查，确保满足合同要求。要对所有入场人员进行入场培训。承包商进入现场作业的过程中，要对其遵守HSE规定情况进行频繁的检查和督促，发现问题后要及时督促承包商进行整改。在整改过程中，分析产生问题的原因并予以消除，能极大促进HSE管理效果。进行HSE月度绩效考核并与进度款挂钩，能提升承包商HSE管理要求的遵从度。通过班前会、周例会、月例会、HSE表彰等促进过程管控。

3.8.3.11　行政HSE管理

在项目执行过程中，行政HSE管理往往是薄弱环节，其HSE事故屡见不鲜。在策划阶段已经制定了行政HSE管理方案或计划及相关规定和程序。在实施阶段要对方案或计划进行落实。行政HSE管理主要包含以下内容：

（1）安全管理

主要包含现场办公室及生活驻地安全管理制度的执行、现场办公室及生活驻地消防安全管理制度的执行、应急预案及演练（如食堂、驻地和现场办公室）、入场HSE培训（包括司机、食堂工作人员等）、食堂工作间防火安全管理和工作及生活场所安全保卫。

（2）健康和食品卫生管理

主要包含食品安全与卫生管理制度的执行、食堂工作人员资质、食品安全管理、医疗应急管理和劳保用品的管理。

（3）交通安全管理

主要包含项目现场交通安全管理制度的执行、专职驾驶员交通安全培训和责任制、租赁车辆管理、驾驶车辆人员资质管理和车辆维护与保养管理。

3.8.3.12 应急准备和响应

在实施过程中要执行应急管理程序并组织经常性的演练。主要管理活动如下：

1）持续完善应急预案；

2）按计划组织应急演练并进行总结；

3）应急事件的处理。一旦发生应急事件要按既定的程序进行上报和处理。

3.8.3.13 疲劳管理

为保证工程建设项目现场作业人员的健康和安全，防止因疲劳发生安全事故和职业健康事故，项目应建立并执行疲劳管理程序，确保项目疲劳管理达到预期目标。疲劳管理程序的建立，应以危险源辨识和风险评价工作成果为基础，同时考虑在健康风险评估（HRA）和工作安全分析（JSA）中识别出来的各项疲劳风险因素。

3.8.3.14 外审活动管理

在项目执行过程中，项目组可能会接受外部审核。通过对项目实施过程的审核，验证项目管理体系在本项目合同履行期间的运行状态，判断项目管理体系在项目上运行的适宜性、充分性和有效性，确认项目组提供的产品和服务是否满足顾客期望和法律法规要求等。

3.8.3.15 外部检查管理

在项目执行过程中，项目组接受来自外部的各种检查后应根据接收到的外部检查报告采取相关纠正措施，对不符合项组织整改，并做好总结、归档工作。

3.8.3.16 HSE 观察

为强化HSE意识，营造HSE文化氛围，预防和减少事故事件的发生，项目可采取全员参与的方法，推进相关工作的进行，例如开展HSE观察活动。HSE观察是指项目组成员在日常工作中有意识地关注人员行为、作业环境及设施，对安全的行为进行鼓励，发现可能导致事故的不安全状态和人的不安全行为，进行阻止或处理。HSE观察是项目组成员主动关注团队安全的表现，项目组可通过统计分析观察结果，改进HSE管理。

3.8.3.17　境外公共安全培训

对于境外项目来说，良好、规范的境外公共安全培训可以增强全员境外公共安全意识和防卫自救能力，还可以有效防范、控制和消除境外公共安全事件带来的危害，保障境外人员和财产安全，维护公司声誉，确保工程项目的顺利进行。

3.8.3.18　境外员工健康风险管理

在境外项目执行的过程中，规范和加强对境外员工的健康风险评估可以降低因未能提前识别境外员工潜在健康问题而造成的紧急医疗风险。通过健康数据管理和专业分析，掌握境外员工总体健康情况和风险，做好境外员工的医疗保险和紧急医疗突发事件应急预案，可以保障境外员工生命健康安全，从而实现项目的HSE目标。

3.8.3.19　驻外机构、项目境外公共安全管理

由于境外项目的地区局势和历史原因等因素，驻外机构和境外公共安全问题已成为项目执行过程中的一项重大风险。所以，做好驻外机构、项目境外公共安全的管理工作可以有效防范、控制和消除境外突发公共安全事件的危害，保护境外机构、项目和人员生命、财产安全。

3.8.4　工程项目HSE管理的绩效监视和测量

开展绩效监视和测量的主要目的是通过一系列的活动统计数据并进行分析，及时发现偏差并采取控制措施，确保HSE管理体系得以正常运行。常见的绩效监视和测量的方法有合规性评价、内部审核、管理评审。

3.8.4.1　合规性评价

合规性评价是各项目组评价HSE管理是否符合现行相关HSE法律法规、标准规范和来自其他方面的相关要求。通过对管理工作或设计产品进行分析评价，发现与法律法规和相关要求是否存在偏差。如果发现存在问题应及时纠正和改进，如果发现重大问题应制定整改措施并组织实施，以实现遵守法律法规和其他要求的承诺。法规识别是合规性评价的基础。

3.8.4.2　内部审核

项目组对项目HSE管理体系进行的内部审核，包括对承包商进行的体系审核。项目组应制定项目HSE管理的审核计划。项目各部门对本部门的HSE业绩进行自评，检查本部门执行HSE程序的符合性。应详细策划对承包商的HSE体系审核：即由项目组对分承包商进行HSE审核，侧重于项目组HSE管理体系的完整性、运行有效性方面。

3.8.4.3　管理评审

开展管理评审活动的目的是确定管理体系的适宜性、充分性和有效性，达到管理体系的持续改进。项目管理层定期对管理体系的适宜性和有效性进行审查并采取改进措施。一般来讲，每年至少开展一次管理评审。项目管理层通过开会的方式评估HSE

管理体系及其要素的效率、有效性和可靠性。管理评审应该作为制定项目HSE目标、计划、方案和指标的输入。

3.8.5 工程项目HSE管理的持续改进

3.8.5.1 HSE指标的监视和测量

一般采用的主要管理方法如下：

1）HSE月报制度；

2）安全领导小组或HSE委员会监督；

3）制定程序对承包商进行月度HSE业绩考核；

4）安排专人负责HSE整改措施的落实。

3.8.5.2 绩效考核

绩效考核主要是针对各种内外指标采取各种监视和测量手段评估变化趋势，驱动在HSE管理方面持续改进。

3.8.5.3 HSE激励

进行HSE激励的主要目的是提升全员的HSE意识，强化对项目HSE管理要求的遵守和执行，改进HSE管理绩效。为进行有效的HSE激励，要制定相应的激励方案。激励方案主要是基于承包商的HSE绩效，根据每月上报的HSE关键绩效指标，可采取竞赛或颁奖的方式进行。主要通过比较领先指标（如HSE培训人工时，HSE检查，HSE观察，危险源识别）、落后指标（如LTIF，TRCF）和安全人工时进行考评激励。

3.8.5.4 事故、事件和不符合管理

在项目执行过程中一旦发生HSE事故或事件，要进行及时上报和彻底调查。在项目策划阶段要制定事故事件管理程序，明确各类事故的上报流程和事故事件的调查程序。在制定事故事件相关的管理规定程序中一定要结合当地相关法规的要求和相关方的要求。根据事故事件调查结果要制定纠正措施以避免类似的事故事件再次发生。纠正措施是指为消除导致不符合或不期望情况的原因所采取的措施。

项目对未遂事件进行规范化管理，有利于增强员工HSE管理意识，鼓励员工及时发现、报告和处理HSE未遂事件，及时发现事故隐患，有效预防事故的发生。

在项目执行过程中，项目管理人员、业主或其他相关方会对项目进行检查或审核，在这些审核或检查过程中会发现一些问题，这些问题往往是未满足相关要求，一般称之为不符合。不符合的管理过程和事故事件的流程非常类似，这里不再赘述。

3.8.5.5 项目持续改进

项目组应确定并寻求持续改进机会，在基于风险的过程管理中，确定项目的风险与机遇，通过持续改进，满足顾客要求，增强顾客满意度，通过对不合格的应对、控制或采取纠正措施，提升管理绩效。

项目组通过监视和测量项目运行各过程得到的反馈信息，进行信息分析和信息处理。项目组定期汇总并分析问题信息，进行分类分析，发现共性问题，制定改进措施计划，不断改进，从而提高HSE管理体系与标准要求的适宜性、充分性和有效性，完成项目持续改进工作。

3.9 石化工程项目进度管理

3.9.1 进度管理的概念及特点原则

3.9.1.1 基本概念

项目进度管理是指采用科学的方法确定进度目标，结合资源情况编制进度计划，在计划执行过程中开展进度控制，在与质量、费用目标协调的基础上，实现项目工期目标[20]。项目进度管理主要包括进度计划的编制和进度计划的控制两部分工作[21]。

进度计划是项目进度管理的基础，进度计划规划了项目未来努力的方向和奋斗目标，是项目团队经过仔细分析后对项目执行形成的综合构思。进度计划的编制要充分考虑客观条件和风险因素，进度计划目标要与费用、质量、安全等目标相协调。

项目进度计划的控制是以计划为基准，构建一套科学合理的进度数据采集和测量系统，在实施过程中对执行情况不断跟踪检查，比对分析偏差，找出原因并制定措施办法以保证项目目标的实现是进度管理的关键。

3.9.1.2 工作特点与原则

工程项目进度管理是一项系统性的工作，既有总的进度计划安排，又有按工程各个阶段制订的详细分项进度计划，如设计、采购、施工进度计划等，它们之间既相互联系又相互影响。另外，进度管理既要沿用前人的理论知识，借鉴同类工程项目的经验和技术成果，又要结合项目的具体情况进行创造性的工作[22]。

石化工程项目进度管理工作具有阶段性和不平衡性的特点。工程项目发展的各个阶段，如工程前期的招投标、方案设计和工程实施过程中的详细工程设计、采购、施工、竣工验收及试生产等阶段都有明确的开始与完成时间要求，它们的工作内容也各不相同，因此各个阶段相应的进度计划和实施管理的方式也有不同。另外，项目建设始终处在不断变化的环境中，面临诸多的不确定性和各种风险，这就使得进度计划的执行存在很大的不确定性。进度管理要动态监控实际状态和计划之间的差异，分析原因并采取措施追赶计划，或对计划做出必要的调整使项目向着有利的方向发展[18]。

石化工程项目具有投资规模大、技术复杂、参与方多、工期长、界面协调难度大等特点，在开展进度管理工作时，应遵循以下指导原则：

1）采用分层计划体系开展进度管控，做到计划层次清楚，职责分工明确，全面促进各级计划的落实和更新管理；

2）采用统筹网络技术，全面优化设计、采购、施工和开车进度，实现工期最优化；

3）采用工作结构分解（WBS）与组织结构分解（OBS）相结合的原则，做到计划中的每一项工作落实到人；

4）采用实物进度测量方法，实现项目执行过程中对项目进度的动态控制；

5）采用以节约人工时使用为目标的劳动生产率分析和监测方法，全面提高劳动生产率；

6）将项目计划作为推动项目全面进展的工具，强调全员性计划管理与控制，确保项目计划与进度控制的全面实施。

3.9.2 进度管理过程及理论方法

3.9.2.1 进度管控过程

（1）动态控制和封闭循环原理

进度管控基本流程是在项目目标进度计划编制完成后，定期收集项目实际完成情况的数据，将实际完成情况与目标计划进行比较，如果实际情况偏离计划，找出产生偏差的原因和解决办法，使项目按原计划继续进行，或利用变更控制系统调整原来的计划。

项目进度管控过程是一个不断进行的动态控制过程，进度管控的过程是“PDCA”的不断循环，从编制项目进度计划开始，经过实施过程的跟踪检查，收集有关实际进度的信息，比较和分析实际进度与计划进度之间的偏差，找出偏差产生的原因，实施纠偏措施，纠正偏差，使项目按原计划进行，或调整计划使项目按新的计划运行，以上步骤形成一个封闭的循环系统。但是在新的干扰因素作用下，又会产生新的偏差，需要继续按上述方法进行控制。进度管控就是基于这种原理的动态循环过程。

（2）弹性原理

影响项目进度计划的因素很多，这就要求计划人员能够根据统计经验估算出各种因素的影响程度和出现的可能性，在确定进度目标时，进行进度计划的风险分析。进度计划的安排应留有余地、具备弹性，在开展项目进度管理时，可以利用这些弹性缩短有关工作的时间，或者改变它们之间的搭接关系，以使项目最终能实现预期的计划目标[22]。

（3）目标控制原理

开展进度管理的最终目的是确保项目工期目标的实现。工期目标包括：总工期目标、各分项（采购、设计、施工等）或子项的工期目标、各阶段里程碑目标。通过计划进度目标值与实际进度完成值的比较，找出偏差及其原因，采取措施调整纠正，从而实现对项目进度的全面管控。

3.9.2.2　理论方法

（1）网络计划技术

工程进度常用网络图来描述。网络计划技术自20世纪50年代产生以来，在研究深度、广度和实践应用的普及程度方面都得到了很大发展。网络计划技术是一种计划方法，它的基本技术原理是：用网络图形来表示项目中各项工作的实施顺序及其相互之间的关系，计算各项活动（任务）的有关时间参数，使管理者对工程全局有一个比较完整清晰的了解。

网络计划技术有以下主要特点：能够明确表达各项工作之间的逻辑关系；能展现工作的六个时间参数信息（最早开始、最早完成、最晚开始、最晚完成、自由浮时、总浮时），通过计算可找出网络计划的关键线路和非关键线路，并可以利用计算机对进度计划进行调整和优化。

目前网络计划技术主要包括：确定型网络计划、非确定型网络计划技术和随机型网络计划技术。确定型网络计划主要指关键路线法（Critical Path Method，简称CPM），其特点是：每项工作具有肯定的持续时间，即要求确切地估计出完成各项工作所需的历时；各项工作之间相互联系的逻辑关系也是明确的、肯定的。

非确定型网络计划技术主要指计划评审技术（Program Evaluation and Review Technique，简称PERT）其特点是：各项工作之间相互联系的逻辑关系也是明确的、肯定的，但是，计划中的工作持续时间具有不确定性，对于某项具体工作，可将某项工作的持续时间简化为乐观估计持续时间、正常估计持续时间和悲观持续完成时间，再利用数学工具计算出项目工期实现的概率，可以算出工程预计可能在什么时候完成，在指定工期内完成整个工程的概率等数据。

以上两种网络计划技术的基本原理是一致的，即用网络图来表达项目中各项活动的进度和它们之间的相互关系，并在此基础上，进行网络分析，计算网络中各项时间参数，确定关键活动与关键路线，利用时差不断地调整与优化网络，以求得最短周期。然后，还可将成本与资源问题考虑进去，以求得综合优化的项目计划方案[21]。

（2）赢得值管理法

进度计划的管理主要采用基于赢得值原理的赢得值管理法（Earned Value Management，简称EVM，又称挣值管理）。赢得值管理法是项目进度管控的主导方法之一，它通过对项目进度与成本管理的集成，对项目计划实施过程中出现的偏差进行有效的绩效分析，并进一步对工程后续的发展情况进行预测。

赢得值管理法是一种全面反映工程监控成果的系统思想和整体方法，运用赢得值、计划完成值、实际完成值三值分列指标体系，构造了关于时间的3个基本曲线，导出4个重要的指标，即成本偏差、进度偏差、费用绩效指数、进度绩效指数，用以评价工程项目进度、成本的实际情况，从而达到对工程进度、成本的综合管理。赢得值管理法中各指标参数详见图3-20。

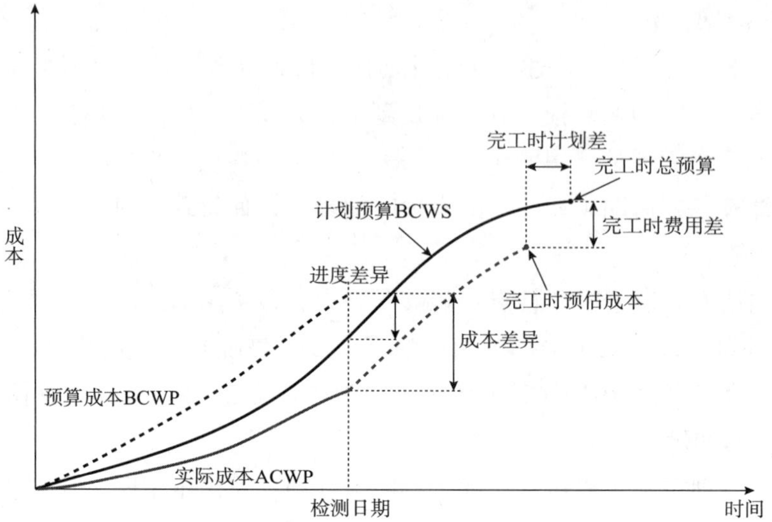

图3-20　赢得值管理法各指标参数示意图

赢得值管理法的参数与指标体系具体如下：

1）基本参数：

①计划工作预算成本BCWS（Budgeted Cost for Work Scheduled），也称计划值PV（Plan Value）：指在项目进行的某一时点，按照计划应完成工作量的预算费用，计算公式为：

$$BCWS=计划完成工作量\times 预算单价$$

这个值对衡量项目进度和项目费用都是一个标尺和基准。一般来说，BCWS在工作实施过程中应保持不变，除非合同有变更。

如果合同变更影响了工作的进度和费用，经过批准认可，BCWS基准也应作相应的更改。按国内的习惯，一般将其称为“计划投资额”或“计划完成产值”。

②已完工作实际成本ACWP（Actual Cost for Work Performed），也称实际值AV（Actual Value）：指在项目进行的某一时点，已实际完成工作量所实际花费的费用。

③已完工作预算成本BCWP（Budgeted Cost for Work Performed），也称挣值EV（Earn Value）：指在项目进行的某一时点，已实际完成工作量按预算价格计算出的费用，计算公式为：

$$BCWP=实际完成工作量\times 预算单价$$

2）评价指标：

①成本偏差指标CV（Cost Variance）：表示在某时点上赢得值BCWP与实际值ACWP之间的差值，计算公式为：

$$CV = BCWP - ACWP$$

其中，CV＞0表示项目成本有结余，实际花费比计划值少；CV＜0表示项目超支，应尽快找到超支的症结，制定节支方案，使项目成本处于受控范围内。

②进度偏差指标SV（Schedule Variance）：指某时点上赢得值BCWP与计划值BCWS之间的差值。计算公式为：

$$SV = BCWP - BCWS$$

当SV＞0时，表示实际完成的工作量大于计划值，进度超前；当SV＜0时，表示报告期完成的工程量没有达到计划要求，进度延后。

③进度指数SI（Schedule Index）：指检测期间进度累计差SV与BCWP的累计值之比。计算公式为：

$$SI = SV/BCWP$$

④费用指数CI（Cost Index）：指检测期间费用累计差CV与BCWP的累计值之比。计算公式为：

$$CI = CV/BCWP$$

⑤进度执行效果指数SPI（Schedule Performed Index）：是已完工作预算成本与计划工作预算成本的比值，即BCWP与BCWS的值之比。计算公式为：

$$SPI = BCWP/BCWS$$

当SPI＞1时，表示进度提前，即实际进度比计划进度快；当SPI＜1时，表示进度延误，即实际进度比计划进度拖后。

⑥费用执行效果指数CPI（Cost Performed Index）：是挣值与实际值的比值，即BCWP与ACWP的值之比。计算公式为：

$$CPI = BCWP/ACWP$$

当CPI＞1时，表示节余，即实际费用低于预算费用；当CPI＜1时，表示超支，即实际费用高于预算费用。

3）预测指标：

完工成本EAC预测：

按照检查时点的发展趋势预测，项目预测完工成本由已发生的成本和按照现在工程的发展趋势预计发生的成本两部分组成。公式中BAC表示项目的预算总成本。公式为：

$$EAC = ACWP + (BAC - BCWP)/CPI$$

按照项目计划的发展趋势预测，项目完工成本由已经发生的成本和接下来仍按照项目计划的发展趋势发生的预计成本两部分组成：

$$EAC = ACWP + (BAC - BCWP)$$

3.9.3 进度计划的编制

进度计划编制的主要依据是：项目合同工作范围、工期要求、项目特点、项目的内、外部条件、项目工作分解结构、项目对各项工作的时间估计、项目的资源供应状况等。进度计划编制要与费用、质量、安全等目标相协调，充分考虑客观条件和风险预计，确保项目目标的实现。进度计划编制主要工具是网络计划图和横道图，通过绘制网络计划图，确定关键路线和关键工作。

3.9.3.1 工作分解结构

工作分解结构（Work Breakdown Structure，简称WBS）是指将全部合同工作范围按照一定的原则逐层分解为若干个便于管理、相对独立但又相互联系的项目单元，形成系统化、层次化的标准项目分解结构。WBS归纳和定义了项目的整个工作范围，每下降一层代表对项目工作的更详细定义。WBS是制定进度计划、资源需求、成本预算、风险管理计划和采购计划等工作的重要基础。石化工程项目典型WBS编码结构如图3–21和图3–22所示。

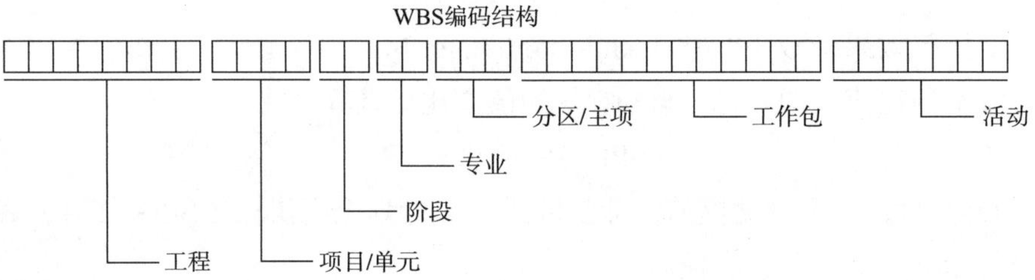

图3–21 石化工程项目典型工作分解结构

第一层 工程	第二层 项目/单元	第三层 阶段	第四层 专业	第五层 分区/主项	第六层 工作包	第七层 活动
青岛大炼油 中科一体化项目 中天煤化工项目 惠州炼油乙烯项目 ……	常减压 乙烯 MTO 聚丙烯 ……	基础工程设计 详细工程设计 采购 施工 ……	工艺 静设备 结构 电气 ……	裂解炉区 急冷区 压缩区 冷区 ……	工程设计： P&ID 数据表 …… 采购： 塔 反应器 …… 施工： 桩 基础 ……	P&ID 1版 P&ID 2版 …… 泵询价书 技术谈判 …… 基础施工 钢结构安装 ……

图3–22 石化工程项目工作分解结构示例

3.9.3.2 分级计划体系

石化项目的计划体系与项目工作结构分解的层级设置互相匹配，它是以基准控制、分级管理、逐级分解细化、下一级计划控制目标不得突破上一级计划为原则。总体统筹进度计划（一级计划）处于整个体系的最高层次，是全项目进度控制的基准计划，全项目各类计划均不得突破其控制目标。分级计划体系一般由四个层次构成，如图3–23所示。

分级计划体系的四个层次，是根据项目进展的不同阶段，结合所掌握项目信息由浅入深的变化规律，并考虑到不同层次人员所关注计划内容的不同侧重点而确定的。

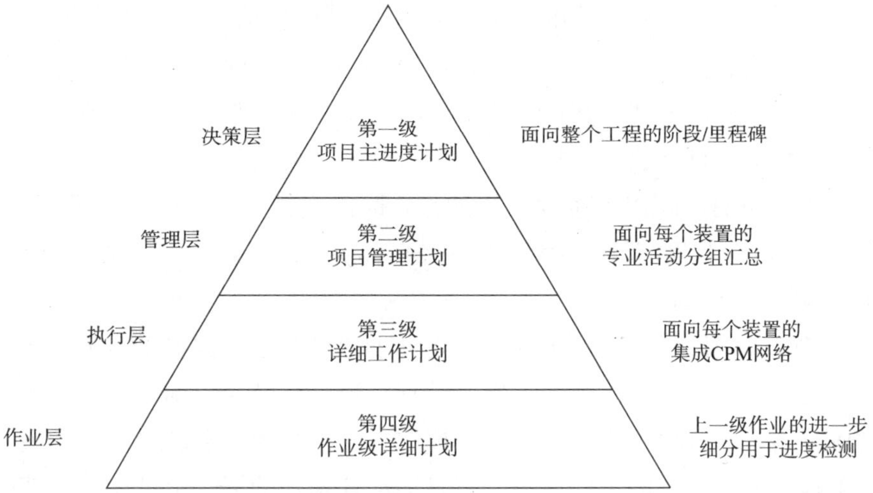

图3–23　分级计划体系的层次构成

（1）工程项目计划类型

1）项目一级计划。项目一级计划（项目主进度计划）是面向工程的阶段性活动及关键里程碑的计划，主要目的是使决策层制订的项目战略目标，即项目进度目标能够在项目执行过程中得以细化和分解，最终实现项目的总体进度目标。

项目一级计划应粗线条反映项目总体计划安排和关键进度控制点（里程碑），为设计、采购、施工安排提供大的时间框架，包含关键项目里程碑、项目重要活动、各设计专业关键活动、关键及长周期设备订货及到货时间（其他设备、材料可按大类汇总）、现场施工汇总级活动等内容。

2）项目二级计划。项目二级计划（项目管理计划）是供管理层使用的计划，一方面它是对项目一级计划的细化补充，另一方面它又对项目三级计划的编制具有指导作用。项目二级计划一般使用P6软件编制，编制深度至WBS编码的第四级即专业码，即以工作范围内的各个专业作为活动进行编制。

3）项目三级计划。项目三级计划（详细工作计划）是以项目一、二级计划为基础，考虑为四级计划的编制提供指导，该计划是带有逻辑关系的网络计划，可满足确定工期框架、关键路径分析以及进度检测的需要，能反映出各分区下的工作包中主要活动的进展情况，可识别各类设计文件的交付日期、设备/材料订货及到达现场日期及现场各分区各专业的具体施工安排。项目三级计划一般采用P6软件编制，内容应涵盖合同规定的主要工作范围，对应到WBS第七级——活动项级，应完整地反映装置下各主项（分区）、各专业的主要工作包内容，即合同要求的交付物所必须完成的工作。

4）项目四级计划。项目四级计划（作业级详细计划）应在项目三级计划的基础上编制，它是作业层使用的计划，涉及活动、工序级别的内容，它是详细进度控制的工具。

项目四级计划需满足对象分解和工序分解两个维度的要求。一般根据合同约定的要求按期进行编制、更新。项目四级计划中设计部分应反映出要开展的工作任务、厂商资料返回情况、出图、请购文件提交等；采购部分应反映出每份询价文件各采购工序，如询价、评标、订单签订、检验、出厂、运输、到场等的具体时间安排；施工部分应要求施工分包商反映出各主要工序的作业时间安排，并用于施工进展情况检测。一般典型石化工程项目网络计划示例见图3–24。

（2）其他类型计划

1）三月滚动计划。三月滚动计划包括数据日期之后三个月内的计划工作内容，其中第一个月为执行计划，第二个月为准备计划，第三个月为目标计划。三月滚动计划编制深度应达到分部分项工程，月计划完成工程量也是固定资产投资统计报表、进度考核以及工程进度款支付的重要依据。三月滚动计划中的第一个月应与同期的月度计划目标统一，第二、三个月应与相重叠时间区间内的季度计划目标统一。

2）三周滚动计划。三周滚动计划是以项目进度计划为基础生成的周详细作业计划，是对三级进度计划的更加细化和具体化，深度达到分项工程的日作业部位和工序。

3）专项进度计划。承包商对有特殊要求的单位工程项目或重点设备等活动编制的专项详细进度计划，详细监测专项活动的进展情况，以便控制点的执行处于受控状态，如特殊工艺设备的组装、大件运输、大件吊装计划等。

4）年度工程计划。年度工程计划是指导下年度时间区间内的工作计划。主要内容包括：上年度投资计划完成情况（投资计划执行情况、实物工程量、资本支出及构成情况）及本年度工程计划编制依据、计划投资、主要工程项目安排、主要控制点、存在的问题及措施等。

5）季度工程计划。季度工程计划是指导下季度时间区间内的工作计划，是对年度计划的分解、细化和优化，服务于年度计划控制目标。

6）月度工程计划。月度工程计划是指导下月度时间区间内的工作计划，是对季度计划的分解、细化和优化，服务于季度计划控制目标。

3.9.3.3 计划编制原则

编制计划时，应遵守如下原则：

（1）工作结构化分解原则

工作结构化分解是计划编制的基础。为了保证计划的完整性和协调性，要按照工作结构分解原则去组织计划的制订工作。

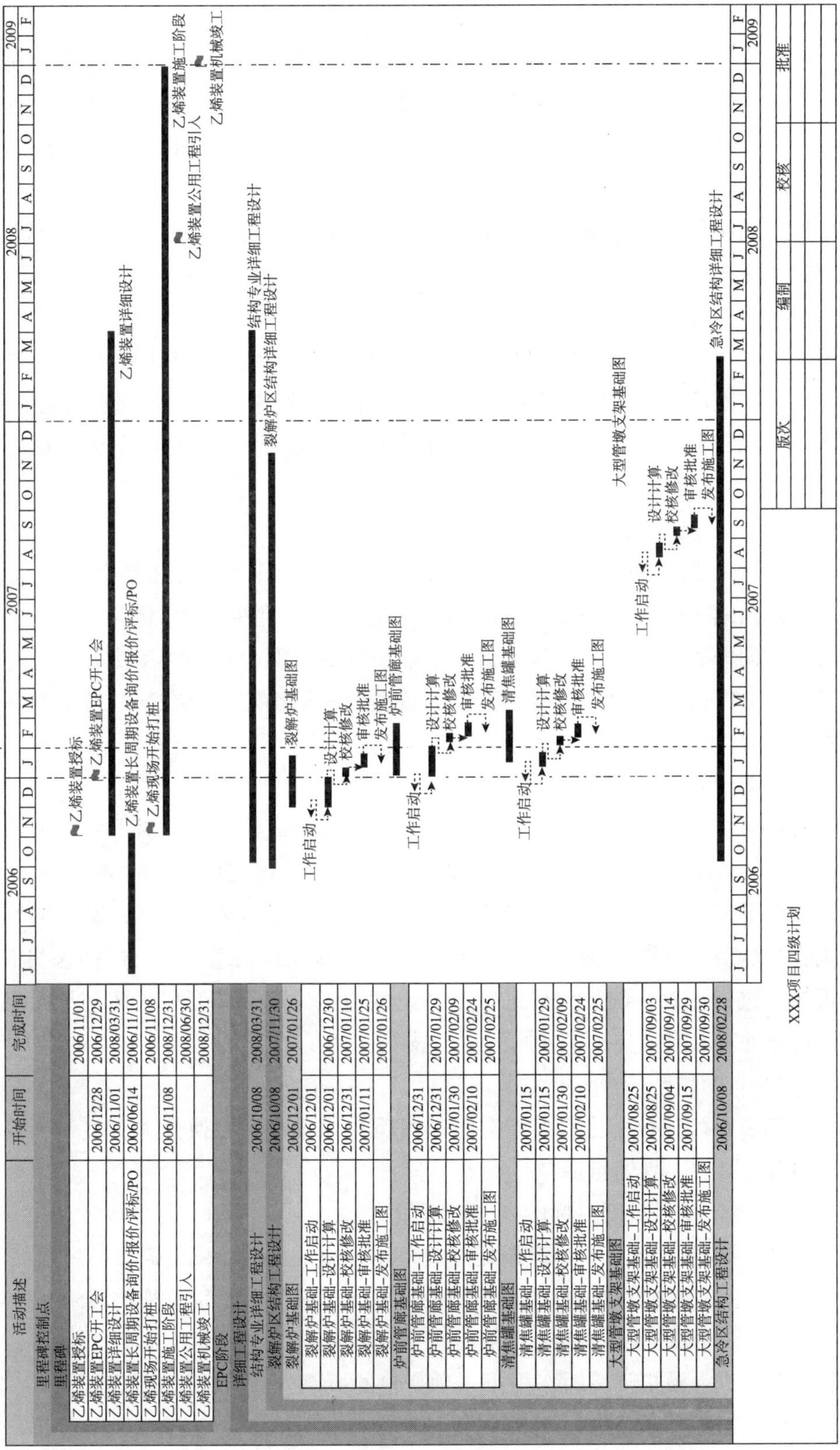

图 3-24　石化工程项目网络计划示例

（2）系统协调原则

系统协调原则必须贯穿于计划编制、计划更新和维护的全过程，即首先要确保设计、采购、施工和开车计划分解和内容的一致性，其次要确保分级计划体系中四个层次计划的上下一致性。随着项目的推进，项目进度计划要由粗到细、不断完善。

（3）标准化原则

项目计划的制订要体现标准化原则，尽可能地使用各类典型计划模板，不要随意制订各种应急性计划。

（4）计划、资源与费用集成原则

计划的制订要尽可能与费用管控的要求协调一致，为资源、费用的动态控制提供有利的条件。在项目开始初期，要确定工作结构化分解原则，统一区域或系统的划分，统一专业工作的划分，统一各项工作（活动）的具体范围，在各项活动的基础上开展计划与费用的统筹控制。

（5）网络计划技术原则

在进度管理中要广泛应用网络计划技术。安排设计、采购及施工活动的合理交叉，确立项目关键路线（CPM）。通过工期优化、资源优化、时间-成本优化技术，向关键线路要时间、向非关键线路要资源，使整个建设期的资源、费用均衡优化。通过计划评审技术（PERT），分析项目进度中存在的持续时间不确定以及在某一特定时间内完成项目的可能性，考虑计划的弹性，评价项目计划风险。

3.9.3.4 计划的风险分析

风险分析是计划工作中一个不可缺少的环节，通过风险分析，对那些可能影响项目进度的潜在风险因素进行评估，并提前制定应对策略，以实现项目的进度管控目标。

计划的定量风险分析是以项目的网络计划为基础，经过风险识别，确定网络计划中存在风险的活动（工作），然后分析这些活动的定量风险信息，最后再将这些信息用网络分析技术进行汇总，确定项目进度不确定性的变化范围和变化规律，从而定量地评价项目总体进度风险。分析中采用的主要技术有：

（1）蒙特卡罗模拟分析技术

采用蒙特卡罗模拟技术进行定量分析，可将各项不确定性换算为对整个项目进度目标产生的潜在影响，具体包括：

1）对实现既定项目进度目标的概率进行量化；

2）考虑项目风险情况下，计算既定承受度水平下的工期，确定需要的风险储备；

3）通过量化各项风险对项目总体风险的影响，确定需要特别重视的风险和区域；

4）在某些条件或结果不确定时，确定最佳的管理决策。

在利用软件进行模拟计算时，根据每项变量的概率分布函数（如三角分布），任意选取随机数，经过上千次叠加，计算完工日期的概率分布。对于进度风险分析，需采用具有前后逻辑关系的网络进度计划作为基础进行分析。

（2）敏感性分析

敏感性分析有助于确定哪些风险、进度活动对项目具有最大的潜在影响。敏感性分析通过把其他所有不确定因素保持在基准值条件下，考察项目的每项要素的不确定性对目标产生多大程度的影响[23]。

敏感度可以用费用和进度来衡量，反映某一项专业活动进度对总进度的影响程度，有助于寻找到最可能影响进度延迟的风险事件、专业和活动，项目管理和风险应对需重点关注这些排序靠前的风险、专业和活动。

一方面，定量风险分析能够排除浮时对项目总工期的影响，筛选出影响项目最终目标的关键风险，从而确保对关键风险的重点管理；另一方面，定量风险分析能够结合风险和被影响的活动，并考虑其关键性，对影响项目进度目标的活动进行筛选、排序，确保对关键活动的重点管理[24]。

3.9.4　进度计划的控制

在项目进度过程管控中，制定出科学、合理的项目计划，只是为项目进度的科学管理提供了可靠的前提和依据，但并不等于管理工作就不再存在问题。在项目执行过程中，由于外部环境等变化，项目实际进度与计划目标间往往会出现偏差，如不能及时发现这些偏差并加以纠正，项目进度管理目标的实现就会受到影响。因此，必须对计划的实施过程进行严格的控制[20]。

项目计划执行的控制方法是以进度计划为基准，在实施过程中对执行情况不断进行跟踪检查，比较与分析实际进度与计划目标的偏差，找出偏差原因和解决办法，确定调整措施，通过措施的实施，使项目的运行回到进度目标的轨道上来。随后继续检查、分析、修正；再检查、再分析、再修正……，如此循环往复，直至项目最终完成[20]。

因此，收集实际的进度信息是开展进度控制的一项重要工作，为达到这一目的，必须构建一套科学合理的进度数据采集和测量系统。通常，在项目合同生效后，承包商要编写进度检测相关程序，构建进度检测系统，提交业主批准后作为项目进度检测的依据。项目进度检测系统通过对项目进度的量化计算，为项目提供客观准确的实际进度数据，同时也为项目进度管理、费用管理和进度款支付提供支持。

3.9.4.1　进度检测

进度检测是指依据一定的标准，确定工具软件和计算方法，通过建立系统、日常跟踪、定期分析，对建设工程项目进度进行量化计量，为项目建设提供客观准确的实际进度数据，进而为项目进度控制、成本控制和进度款支付提供决策支持。

（1）确定检测对象清单

按照工作分解结构确定的分解原则，可将整个项目的合同工作范围，按照项目阶段、专业、区域等属性逐级向下分解，分解为更小、更易管理的单元。工作分解结构的底层单元一般被称为工作包，可把工作包作为进度测量系统的检测对象，在此基础上开展项目进度检测工作。工程项目的检测对象（工作包）一般为工程实物、图纸文件等，将所有检测对象以表格的形式组织在一起，即可得到检测对象清单。

（2）取定权重

权重是某项工作占所检测范围的工作量比重，可以按费用或工时为基础进行计算，是对进度进行定量跟踪和控制的基础。

（3）计划基准曲线

计划基准曲线即计划工作量的预算值曲线，是通过综合进度计划和预算费用后得出的。它的含义是将项目的计划消耗资源预算，包括全部费用要素（人工时、设备、材料和其他费用等），在计划的周期内按月进行分配，然后逐月累加，即生成了整个项目的曲线。这条曲线是项目控制的基准曲线，是在项目开始后用批准的控制估算值建立的。

（4）实际进度曲线

实际进度曲线即已完工作量的预算值曲线，亦称赢得值曲线。它的含义是，按月统计已完工作量，并将此已完工作量的值乘以预算单价，逐月累加，即生成赢得值曲线。赢得值与实际消耗的人工时或实际消耗的费用无关，它是以预算值或单价来计算已完工作量所取得的实物进展的值，是测量项目实际进展所取得的绩效的尺度。

另外，根据检测实际进度的当期在手项目信息，可对项目剩余未完工作活动项进行进度计划的客观合理预测，即可生成项目预测进度曲线。图3–25是项目一般典型的总体进度曲线示意图。

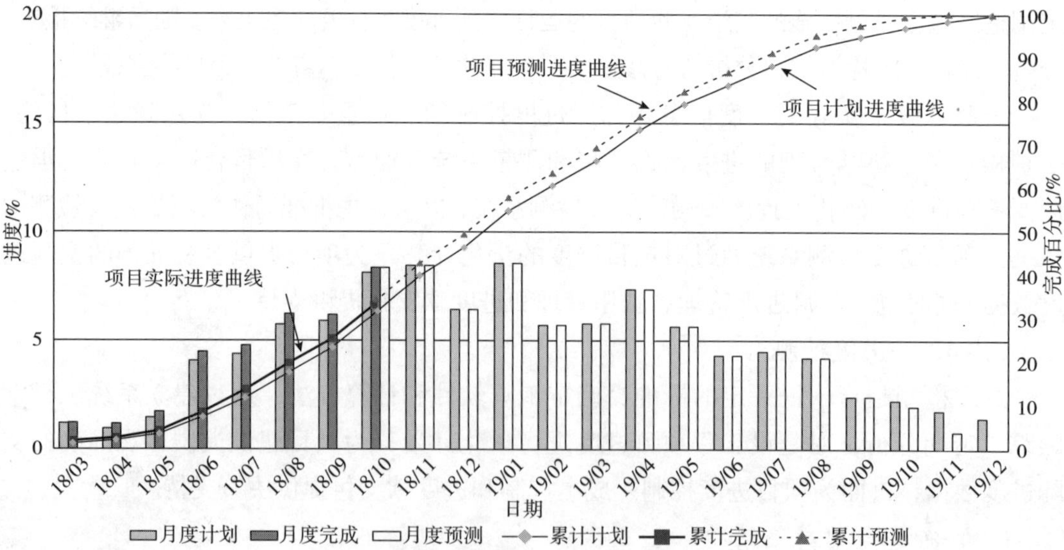

图3–25　项目总体进度曲线

3.9.4.2　分析与预测

定期完成项目检测工作后，应比较实际进展与计划进度，进行偏差分析，预测下一步工作安排。

（1）差额分析

在项目实施过程中，将检查期间的实际进展数据与计划数据、实耗数据进行差额比较，可以确定进度完成情况的差异和人工时及费用的使用情况，对项目的宏观情况做出判断。差额分析方法一般是针对汇总数据而言，在WBS较低层次一般不建议进行差额分析[25]。

差额分析如图3-26所示。

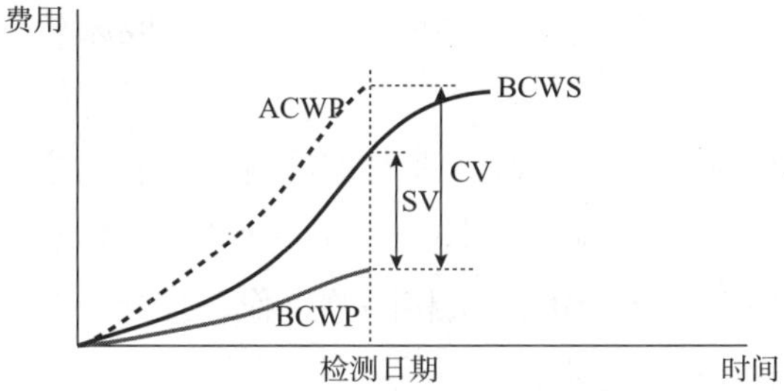

图3-26　差额分析示图

（2）生产率分析

生产率指数（PI）=当期（或累计）挣值（BCWP）/当期（或累计）实际值（ACWP），它能反映出项目的生产效率高低。通常，项目开始初期生产率指数偏低，而后期生产率指数逐渐增高。当PI＜0.6时，可能表示项目组织工作不理想或有窝工现象；当PI在0.6～1.5之间波动时，表示项目进展比较顺利；当PI＞1.5时，可能是专业负荷过高或项目的人工时估算出现问题，必要时可对人工时估算进行修正。

（3）香蕉分析

香蕉分析实际上是由两条最早、最迟时间的“S”曲线组合而成，形如香蕉（如图3-27所示）。当编制CPM网络计划时，一条“S”曲线按最早开始时间绘制（ES曲线），另一条则按最迟开始时间绘制（LS曲线）。当实际进展曲线在香蕉范围之内时表示进展比较顺利，落在ES曲线左边表示进度超前，落在LS右边表示进度滞后。

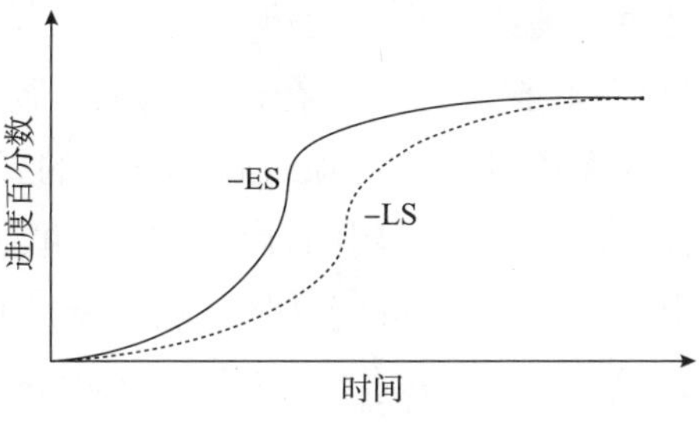

图3-27　香蕉分析示意图

3.9.4.3 进度控制措施

为了实施进度控制，必须根据石化工程项目的具体情况，认真制定进度控制的具体措施，以确保工程项目进度控制目标的实现。进度控制的措施应包括合同措施、组织措施、经济措施、技术措施及保障措施。

（1）合同措施

1）做好项目分包计划，选择恰当的合同方式对施工进行分包，应选择合理的合同分包模式，以避免因合同模式问题而影响工程的进展。另外还需对工程物资的采购模式进行比较分析。

2）严格控制合同变更，对各方提出的工程变更和设计变更应严格控制。

3）重点分析影响工程进度的风险，并在此基础上采取风险管理措施。

（2）组织措施

1）建立进度目标控制体系，项目经理对进度管理工作负总责，在项目组织机构中设立专人负责进度管理工作，明确各个岗位在进度管理中的职责和分工。

2）进度管理工作包含了大量的组织和协调工作，应建立进度协调会议制度，包括协调会议的时间、地点、参加人员等。

3）建立工程进度报告制度及进度信息沟通制度。充分利用信息技术有利于提高进度信息处理的效率、提高进度信息的透明度、促进进度信息的交流和项目各参与方的协同工作[26]。

4）建立进度计划审核制度和进度计划实施中的检查分析制度。

（3）经济措施

1）及时办理工程预付款及工程进度款支付手续。在合同中设定延误工期违约金条款。

2）对工期提前给予奖励。在编制工程成本计划时，应考虑加快工程进度所需要的资金投入。

（4）技术措施

1）审查承包商的进度计划，使承包商在合理的状态下施工。

2）在工程进度受阻时，应分析是否存在设计技术的影响因素，为实现进度目标有没有必要进行设计变更或是否可能进行设计变更。

3）施工方案对工程进度有直接的影响，在选用施工方案时，不仅要分析施工技术的先进性和经济合理性，还应考虑其对工程项目施工进度的影响。

4）采用网络计划技术及其他科学适用的计划方法，并结合P6等先进计划管理软件，对工程建设实施动态控制。为实现进度计划的科学化，应采用工程网络计划的方法编制进度计划，通过工程网络及时识别关键工作和关键路线，掌握非关键工作可使用的时差。

（5）保障措施

1）严格质量管理，确保一次合格，避免返工，提高工作效率。

2）严格进行计划管理，合理安排施工流程和施工顺序，经审批的项目总体进度计划作为项目各阶段进度控制的依据，严格按计划实施；计划部门根据项目工程量和总工期要求，编制周、月、年计划，做到以月保季、以季保年、以年度计划确保总工期。

3）为实现工程进度目标，应编制与进度计划相适应的资源需求计划，包括资金需求计划以及其他资源需求计划。

3.9.5　工期定额

工期定额是指在一定的生产技术和自然条件下，完成工艺装置建设平均需要的标准时间。工期定额是对石化装置工程建设经验的定期总结和提炼，体现项目管理的“平均先进”，为项目建设工期提供参考。随着装置新工艺的应用、施工技术的进步、施工劳动力市场的变化，以及国家相关制度的更新、管理的不断创新和信息化系统的推广应用，应定期修订工期定额，持续完善，不断提高石化工程建设项目进度管控水平。

3.10　石化工程项目费用管理

3.10.1　项目费用管理的基本概念

项目费用管理是指在满足工程质量、工期等合同要求的前提下，通过计划、组织、控制、核算、调整、预测等手段，对项目实施过程中所发生的费用进行控制，以实现预定的成本目标，并尽可能地降低成本的管理活动。

费用是项目实施过程中各种耗费的总和，费用管控的内容也很广泛，贯穿于项目管理活动的全过程和各个方面。从项目前期开始到设计、采购、施工直至竣工验收，每个环节都离不开费用管控。费用管控的目标是正确把握好项目进度、费用和质量的三大控制之间的对立统一关系，在项目实施的全过程中，对所有影响项目费用的活动进行恰当而连续的有效管控，在保证项目按合理工期建成投产和保证项目工程质量的前提下，将项目的费用管理在既定的范围之内，为项目建成投产后能够取得良好的经济效益奠定基础[27]。

石化工程项目具有投资大，建设期长，设计规范标准多，质量高，施工复杂，工程量计量耗时较多，项目执行过程中各类物资市场价格波动大，建设工期紧等特点。同时，工程设计、采购与施工深度交叉进行，进度、质量和费用的矛盾比较突出。

石化工程费用是指进行工程建设所花费的全部费用，由设备费、材料费、建筑安装工程费和工程建设其他费用组成。石化工程项目的建设主要分为5个阶段：可行性研究阶段、项目建设方式决策阶段、设计阶段、设备材料的采购阶段和施工阶段，不同的阶段对费用控制的影响是不同的，因此不同阶段费用管理的重点和难点也不尽相同。费用管理贯穿于工程建设的全过程，费用管控的核心在于针对项目不同情况，采取不同的费用管理控制措施。

当然，各项目间也存在相同的管理方法，例如：编制合理的投资估算、实施全员成本目标管理、选择恰当的招标模式、鼓励优化设计等，从而达到费用管理的目的。

3.10.2 费用管理的工作内容

3.10.2.1 工作原则

项目费用管理的主要工作原则：

1）全过程管控原则：费用管理要采用全过程的动态管理方式，不能局限于某个阶段，要注意对项目全过程、全部费用的管理，在项目成本预算范围内推行限额设计、限额采购和限额施工。根据各阶段费用管理的基准，采用跟踪、监督、对比、分析、预测等手段，以业主变更或项目变更的方式，对可能发生和已经发生的费用变化进行修正或调整，使项目在严格控制下实施。

2）集约化原则：项目的成本、进度和技术三者密不可分，因此项目的成本管理不可能脱离技术管理和进度管理而独立存在，而是要在成本、技术、进度三者之间进行综合平衡，追求三者的系统最优化。

3）动态控制原则：动态控制就是在项目管理的过程中，收集成本发生的实际值，并将其与目标值相比较，分析趋势，检查有无偏差。若无偏差，则按原计划进行，否则就要找出具体原因，采取相应措施。动态控制是一个不停地检查、分析、修正的循环过程。

4）风险导向原则：在项目管理过程中，可能会出现决策风险、方案变动风险、信用风险、政策风险、法律风险等各种类型的风险。所有的这些风险，如要发生最终都会体现在费用方面。因此，费用管控要以风险控制为导向，做到及时识别风险，合理的规避、分散及转移风险。

3.10.2.2 工作内容

费用管理的工作内容，主要包括费用管理基准的制定及不同阶段的费用管理工作。费用管理基准的制定，即根据工程项目实际情况，编制项目成本预算。这也是开展项目费用管理的基础。同时，在设计、采购和施工阶段分别开展限额设计、限额采购和限额施工，以使项目的费用在各个阶段均处于受控状态。各阶段费用管理的主要内容如下：

设计阶段：根据批复的估算开展限额设计，对设计方案、设计标准、设计余量、设备材料引进范围等影响项目费用的因素进行管控。通过技术和经济相结合的方法，保证项目费用处于受控范围。

采购阶段：在项目开始实施时，根据标准的工作分解结构进行采购工作包的划分，同时参照市场价格和价格数据库，确定每一工作包的限额价格，对每一请购单进行划价，将采购费用控制在核定的限额之内。

施工阶段：在施工招标阶段编制合理的标底，选用合适的招标方式，根据技术和经济相结合的原则确定合适的中标单位。在施工过程中，按照施工分包合同开展变更费用控制。在工程结束后，及时进行施工分包结算，计算项目最终的施工费用，同时按照合同规定对分包合同价款进行调整。

3.10.3　费用管理的方法

3.10.3.1　项目费用管理策划

在项目执行初期，对费用管理工作做全面策划，包括费用管控工作程序及控制原则的制定，选择工作软件平台，对进度款支付、各类变更等表格进行策划，确定费用报告的内容和报告格式等。

3.10.3.2　费用管理的实施步骤

（1）制定控制基准

项目合同总价是项目成本与利润之和。在项目实施前必须编制项目成本预算，形成项目费用管理的控制基准，其目的就是使项目的费用发生严格控制在成本预算范围以内。项目成本预算应按工作分解结构（WBS）进行分解，执行结果应当可以得到检测。

（2）跟踪和监测

在项目实施过程中，应定期将已完工作的预算费用和实际发生的费用进行对比，分析二者之间的差异。如果实际费用超出预算费用，要按照规定的管理程序进行审批。

（3）变更和调整

1）针对项目实施过程中发现的问题采取有效措施，对成本预算费用进行适当调整，达到既满足合同又满足成本预算的总体要求。

2）由于业主或其他原因发生变更时，项目组应及时发起变更并获得批准。因业主原因发生的变更费用应由业主承担，不影响项目的成本预算；因内部原因发生的变更费用，应包含在项目实际成本中。

3.10.3.3　限额设计

限额设计，就是要按照预设的成本预算，将上阶段确定的投资额和工程量先行分解到各设计专业，由各设计人员在保证使用功能的前提下，根据限定的额度进行方案选择并开展设计工作，以保证限定投资不被突破。

项目的投资约80%是在设计阶段确定的，所以推行限额设计具有十分重要的意义。

从限额设计进行费用管理可以从两个方面入手，一种是从设计流程或上下游设计关系方面入手，对于设计裕量等进行考核；另一种是从人员入手，将限额设计工作落实到人，针对采取限额设计措施的力度实行奖惩。应该说，限额设计是促进各设计单位优化管理、提高设计水平的有效手段，同时也是促进全员成本意识落实的一个重要措施。限额不仅仅是一个经济问题，更确切地说是一个技术与经济相结合的产物，能够对整个项目的工程投资进行有效管理。

当然，限额设计不以压缩投资为唯一目的，而是为了科学保障，在实事求是的原则下，在保证质量和安全的前提下，使项目的技术和经济组合达到最优。

确定合理的限额设计目标。确定合理的限额设计目标是非常重要的，目标过高难以实现，目标过低会失去限额设计的意义。初步设计的限额设计目标是在初步设计开始前，根据批准的可行性研究报告及其投资估算确定的；同样，施工图设计的限额设计目标是在施工图设计开始前，根据批准的初步设计文件及其投资概算确定的。

一般来说，各阶段的限额设计侧重方面有所不同。总体设计的重点在方案优化方面，基础工程设计的重点在设计优化方面，详细工程设计的重点在变更控制方面。

（1）总体设计阶段

总体设计阶段开展限额设计的控制基准是可研估算。设计人员应针对限额目标，根据总体设计的统一要求，对工艺流程、关键设备、主要建筑物等提出技术比选方案，并与费用管理人员就方案及工程量进行对接，与可研估算进行比较。如果费用超出了可研估算，应通过技术和经济结合的方式，尽量将投资压回到可研估算范围以内。

（2）基础工程设计阶段

基础工程设计阶段开展限额设计的控制基准是总体设计概算。在该阶段应将总体设计概算按WBS进行分解，并下达给各设计专业。各设计专业针对限额目标，重点从以下方面做好控制：

1）将技术标准的合理性和经济性相结合。技术标准是项目成本目标确定的基础，也是优化设计、提高设计质量的有效方法和途径。设计人员需充分理解和掌握规范要求，在设计标准、设计裕量等方面防止过度设计，达到限额设计的目的。

2）结合项目具体情况，开展有针对性的模块化设计，减少现场安装工作量、降低现场施工安全风险、缩短现场作业周期、减少施工人力需求。

3）对技术来源、规模相同或者接近及方案类似的项目，推行标准化设计，不同装置不同类型可以进行组合设计，减少人工时投入，提高工作效率。制定标准化文件模板，提高文件的准确性和规范性。

4）在保证正常生产的前提下，对装置的占地面积、建筑物的建筑面积、建筑装修标准、建筑物与构筑物的断面尺寸等进行严格控制。

5）合理划分设备材料的引进范围。对关键的设备选型进行确定和评审，确定材料使用的标准和执行规范。

6）对管道材料，要明确使用的原则及管道等级的规定，确定保温材料使用的品种和技术要求，对管道布置的方案进行评审。

7）在自动化控制方面，要结合国情制定相应的控制标准，规定主要设备的技术要求、质量等级及使用原则，不盲目追求高标准和高水平[28]。

8）在制定电气标准和危险区域划分时，要重点考虑安全性和经济性，不随意提高标准或扩大范围等。

（3）详细工程设计阶段

详细工程设计阶段开展限额设计的控制基准是批准的项目成本预算。在达到项目使用功能的前提下做好变更控制，保证项目的成本预算不被突破。

1）精准设计，减少变更。针对项目量身定做设计，即使相同或类似装置也不简单复用。要依据上下游条件合理选择设备材料材质、设计裕量，在标准化设计的基础上做到差异化对待。

2）严格按照合同和标准规范进行设计，避免超出基础工程设计范围和标准的过度设计。

3）研究设计选型的合理性、多专业优化的可能性，得出结论后再实施采买程序。

4）加强设计变更管理。对确实需要发生的变更，应尽量提前实现，以使损失降到最低。同时加强设计变更的管理，尽可能把设计变更控制在设计阶段。

3.10.3.4　限额采购

采购费用占项目投资比例较大，是投资控制的重点。在满足合同要求及使用功能的前提下，应通过限额采购达到项目成本控制要求。限额采购工作流程如下：

（1）确定限额采购工作包

项目组基于设备和材料清单，确定限额采购工作包，作为采购费用核算的最小单元，同时也是采购费用跟踪和审批工作的基础。

（2）确定限额采购价格

在采购工作包确定后，根据批准的成本预算、市场价格，并参考价格库信息，确定采购工作包限额，作为项目采购费用跟踪检测的基础。在项目实施过程中，此限额对采买行为具有约束力。

（3）限额采购的跟踪和检测

采购合同签订后，根据合同相关资料，包括订货价格、供货方式、制造周期、运输方式、实际发生的运杂费等，对工作包费用进行对比分析，检测是否突破采购限额。

（4）限额价格的调整

当采购报价超出工作包限额时，费用管理人员应与设计人员、采买人员协同，对超限情况进行分析。在满足合同要求和使用功能的前提下，尽量通过优化设计等手段满足限额要求。如由于市场价格、供需关系、供货周期等影响，确需突破限额时，由采购组提交限额变更报告，经公司批准后执行。

3.10.3.5 限额施工

在施工阶段，费用管理的主要工作包括施工分包策划、现场变更和签证的控制、进度款支付等。

施工阶段费用管理流程包括：

（1）制定控制目标

根据项目成本预算、项目所在地材料价格、劳动力市场情况及施工分包资源，制定施工阶段的费用管控目标。在此基础上，根据项目总体网络计划，编制项目工程款支付计划，纳入施工限额管理体系；根据项目设计深度，确定变更的控制目标。

（2）确定施工分包方案

施工分包方案的制定，受项目施工工序、施工场地、分包资质等多种因素影响。在施工分包方案确定前，组织对施工实施总方案进行评审，结合施工总平面、施工总体计划、重点专业施工方案等，制定合理的分包方案。

在不同的设计深度、进度计划条件下，需要根据实际情况选择不同的分包合同模式（固定总价、工程量清单、施工图预算结算等）。在签订合同时，条款、责任要明确，避免以后产生合同纠纷，同时要注意价格的合理性。

3.10.3.6 工程变更的管理

工程变更是指承包人根据设计文件及变更指令进行的各种类型的变更，包括合同工作内容的增减，合同工程量的变化，因地质原因引起的设计更改，根据实际情况引起的结构物尺寸、标高的更改，合同外的任何工作等。

1）设计文件是现场开展施工的主要依据。设计文件不得任意变更。只有当设计变更按相应的流程得到批准后，才可组织现场施工；

2）工程变更必须严格控制，因为涉及施工现场的费用管理及施工管理。必须在确保工程质量标准的前提下，对于降低工程造价、节约用地、加快施工进度等方面有显著效益时，方才考虑工程变更；

3）工程变更的图纸设计要求和深度等同原设计文件。

引起工程变更的原因有很多，主要有以下几个方面：

1）业主原因：工程规模、使用功能、工艺流程、质量标准的变化，以及工期改变等合同内容的调整。

2）设计原因：设计错漏、设计调整，或因自然因素及其他因素而进行的设计改变等。

3）施工原因：因施工组织或安全需要变更施工方法、作业顺序和施工工艺等。

4）合同原因：原订合同部分条款因客观条件变化，需要结合实际修正和补充。

3.10.3.7　工程进度款

工程进度款是指在施工过程中，按照合同约定的周期，在合同约定计量原则的基础上，完成的工程数量计算的各项费用总和，一般按当月实际完成工程量进行结算。

工程进度款的计算，主要取决于两个方面：一是工程量的计量，通常是按照合同约定对工程量计量的方法进行实际工程量计量。二是单价的确定，通常确定方法如下：

单价的计算方法主要是由承发包合同中双方事先约定的工程价格的计价方法决定，工程价格的计价方法可以分为工料单价和综合单价两种方法。二者在选择时，既可采取可调价格的方式，即工程价格在实施期间可随价格变化而调整，也可采取固定价格的方式，即工程价格在实施期间不因价格变化而调整，在工程价格中已考虑价格风险因素并在合同中明确了固定价格所包括的内容和范围。

3.11　石化工程项目合同管理

石化工程项目合同管理是指在工程建设实施过程中，以石化工程建设项目为对象，以实现项目合同目标为目的，对石化工程项目合同进行计划、组织、指导和控制的系统管理方法。

3.11.1　概述

3.11.1.1　石化工程项目合同类型

石化工程作为建设工程的一类，其项目合同属于建设工程合同，是由承包人进行工程建设、发包人支付价款的合同，在传统民法上，属于承揽合同的一种。其类型与建设工程合同类型一样，种类非常多，按照不同的划分标准，合同类型也有所不同。

1）以承包方式为标准划分，通常分为工程总承包合同、承包合同、专业分包合同和劳务分包合同。

①工程总承包合同，通常指发包人将建设工程的勘察、设计、采购和施工等工程建设任务中的几部分或全部一并发包给一个具有相应总承包资质条件的承包人，由发包人支付合同价款，总承包人对所承揽的勘察、设计、采购和施工等工程建设内容负责。常见的工程总承包合同有：设计采购施工总承包合同（EPC 合同）和交钥匙总承包合同（LSTK 合同）。

②承包合同是发包人将建设工程的勘察、设计、采购和施工等工程建设任务分别发包给具有勘察、设计、设备材料供应或施工资质的承包人，由发包人支付合同价款，各承包人分别对所承揽的勘察、设计、设备材料供应和施工等工程建设内容负责。作

为工程建设的总承包人也可以将其承揽的部分工程发包给其他承包人完成，但承包人只对总承包人负责，不改变总承包人和发包人的合同关系。常见的承包合同有建设工程勘察合同、建设工程总体设计合同、基础工程设计合同、详细工程设计合同、设备材料采购合同和施工承包合同。

③专业分包合同通常是指总承包人/承包人将其所承揽的建设工程中的专业工程发包给具有相应资质的其他分承包人完成，分承包人对总承包人/承包人负责，总承包人/承包人支付其合同价款。常见的专业分包有单位工程中的地基处理工程、装饰工程和幕墙工程等。

④劳务分包合同通常是指施工总承包人、施工承包人或施工分承包人将其承揽的建设工程中的劳务作业发包给劳务分包单位（劳务分包人）来完成，劳务分包人仅提供劳务，施工总承包人、施工承包人或施工分承包人作为发包人负责提供工程建设所需的材料和施工管理，并对其发包人负责。

2）以建设工程的阶段和职能为标准划分，通常分为建设工程勘察合同、设计合同、施工合同、招投标代理合同、监理合同、工程咨询合同、物资采购合同、工程保险合同和工程担保合同等。

建设工程勘察合同是勘察人进行工程勘察、提交勘察成果资料，发包人支付合同价款的合同；建设工程设计合同是设计人进行工程设计、提交设计图纸和方案等设计成果，发包人支付合同价款的合同；建设工程施工合同是施工人进行工程建设施工，向发包人交付验收合格的建筑安装工程，发包人支付合同价款的合同。

3）以建设工程计价方式为标准划分，通常分为总价合同、单价合同和成本加酬金合同。总价合同又分为固定总价合同和变动总价合同，一般的，除合同约定的特殊情况外，合同总价包含了合同履约的所有风险，其合同风险由承包人承担；单价合同也称为工程量清单合同，其单价固定，合同总价按实际完成工程量结算；成本加酬金合同是发包人向承包人支付所承揽工程的实际成本，并按事先约定的方式支付相应的酬金，即工程最终合同价格按承包人的实际成本加一定比例的酬金计算，其中酬金由管理费、利润和奖金组成。

在石化工程建设实践中，常见的项目合同类型包括工程总承包合同、设计承包合同、设备材料采购合同、施工承包合同、工程监理合同和劳务合同等。此外，还有技术开发合同、技术服务合同、前期咨询服务合同、勘察设计合同、招标代理合同、工程造价服务合同、租赁合同和贷款合同等。

3.11.1.2 项目合同管理的特点

建设工程项目的特点决定了石化工程项目合同管理具有以下特点：

（1）覆盖项目建设的全生命周期，合同生命期长

由于石化工程的建设周期长，导致项目合同管理必然经历渐进的项目合同形成阶

段和持续的项目合同履约阶段，使项目合同管理覆盖石化工程建设项目的全生命周期，在项目建设的全生命周期内长时间连续地、不间断地进行。项目合同管理不仅覆盖项目现场的施工期，而且还包括项目招标投标、合同谈判以及建设完工后的质量保修期，一般少则1～2年，长的可达5年或更长的时间。

（2）对工程经济效益影响巨大，事关项目成败

由于石化工程项目规模大，合同价格高，使得项目合同管理对经济效益的影响不容忽视。对承包人而言，积极做好项目合同管理，不仅可以避免入不敷出，而且还可以帮助承包人通过有效的索赔与反索赔管理获得尽可能多的合理利润。反之，则会使承包人蒙受较大的经济损失。特别是现代石化工程建设，竞争异常激烈，合同价格中包含的利润越来越少，稍有不慎就可能导致工程亏损。

（3）与工程建设实际紧密相关，应加强变更管理

合同的形成与履行都是合同当事人逐步磨合的过程，特别是在合同履约过程中，随着时间的推移和环境的变化，设备材料市场资源、价格、利益相关方的需求也会发生各种变化，同时专利商技术、设计图纸、设备材料到场时间、施工技术方案等众多因素也会对工程建设过程产生影响，项目建设始终处在不断变化的环境中，这就要求合同当事人必须加强变更管理，以适应工程建设的实际，进而努力减少合同履约风险。

（4）项目合同管理的复杂化导致信息管理至关重要

石化工程规模大，工艺复杂，技术要求和QHSE标准高，项目干系人多，这就要求石化工程的项目合同管理必须面对和处理大量的合同管理和控制信息，不仅要有较高的专业技术知识，以应对多种资金来源渠道、融资方式和承包模式，以及多元的经济法律关系，而且合同条件越来越复杂，涉及的合同文件也越来越多，加强合同信息管理为项目合同管理提出了更高的要求。

3.11.1.3　项目合同管理的目标

为了确保在项目合同签订之后的履约过程中，项目能够正常运行并达到合同约定的目的，合同当事人应借助法律、组织和管理手段，对签订合同之前的招投标工作，以及从合同签订、合同履行，直至合同关闭的整个合同生命周期中的所有活动进行有效的管理。以通过对项目合同履约活动的规划和监控，确保项目合同约定的各项责任和义务顺利履行，保障合同当事人在合同约定中的权益，维护当事人的正当利益和声誉，最终达到监控项目风险、提高项目运行效率、创造经济效益、提升组织形象、完善队伍建设及提高项目综合管理水平的目的[29]。

3.11.2　项目合同管理的原则

结合建设工程合同本身的特性和石化工程项目的特点，石化工程项目合同管理应

遵循以下原则：

（1）以适用法律和共同签署的合同为依据

项目合同应以适用法律为依据，只有以合法为前提进行合同管理，才能切实保障合同当事人的根本利益。合同是当事人遵循平等、自愿、公平和诚实信用等原则订立的，不仅是当事人履行权利和义务的依据，也是进行合同管理的依据。

（2）以工程建设实际为出发点

项目合同以建设工程项目为合同对象，与项目的工程建设息息相关。进行项目合同管理应紧密联系工程建设的实际情况，对合同履约进行监控和分析，及时识别合同履约风险，制定合同履约纠偏措施，发起索赔与反索赔，及时处理合同争议，才能确保项目合同的全面与正确履约，从而保障项目合同当事人与所涉及的社会公众利益。

（3）注重过程管理，积极做好事前控制

项目合同的全生命周期中，履约阶段持续的时间相对较长，项目合同管理的重心也是对合同签订后的履约过程进行监控、分析和预警。但是对于全生命周期的项目合同管理，越是后期的变更管理越需要投入更多的成本，积极进行项目合同的事前控制，加强合同签订前的合同风险分析和控制，是项目合同管理的必然趋势。

（4）兼顾多方合法权益，努力维护自身的根本利益

当事人协商一致签订合同是双方进行工程建设的执行依据，目的就是为了维护合同当事人的合法权益。合同当事人进行项目合同管理是在兼顾多方合法权益的同时，努力维护自身根本利益的根本要求。

3.11.3 项目合同管理的内容

3.11.3.1 项目招投标阶段的合同管理

项目招投标阶段是项目合同的形成阶段，项目合同管理积极向项目招投标阶段延伸，有利于降低项目合同履约风险，体现合同管理的事前控制。在招投标阶段，项目合同管理工作主要包括：熟悉项目环境，进行招标策划/研读招标文件，进行报价策略的研究，以及合同文件的对接和签署等。

无论是项目发包人还是项目投标人，都应该对项目环境进行细致的调研和踏勘，了解项目位置、周边设施和现场条件等硬环境，以及项目适用的法律法规、上级组织关系、适用的标准规范和项目资金来源等项目软环境。

项目发包人需要根据项目建设目标和自身管理条件，合理划分项目标段，进行各标段的询价和采购。作为投标人则需要仔细研读招标文件，分析合同条款，研究报价策略，编制报价文件，进行投标报价。

中标后，发包人和中标人应做好合同文件的对接和沟通，就相关事项达成一致意见并签署合同。需要注意的是，项目招投标过程中的澄清文件，以及授标后的合同谈

判纪要应通过合同文件对接使其成为合同文件的有效组成部分。

3.11.3.2　项目合同管理策划

如果项目招投标之后，合同当事人另行组建项目执行团队，其应在项目合同签订后做好项目招投标团队与项目执行团队的合同文件交接，交接的内容包括已签订的合同文件和招投标过程中的有效文件。项目执行团队应根据交接内容、项目合同管理体系要求和项目合同目标进行项目合同总体分析和结构分解，研究制定项目合同控制基准，项目合同管理拟采用的方法和项目合同管理目标。

（1）合同总体分析与结构分解

合同总体分析是通过分析项目合同体系的复杂关系、合同时间与工程活动的相关逻辑、合同适用的法律基础、合同双方的责任义务与权利、合同工期、违约责任、工程验收、移交和缺陷责任期、索赔和争议解决的程序，以及合同存在的问题与合同条款风险的合同措施等，使项目团队通晓项目的合同体系、合同的基本内容、规定和管理程序，了解合同责任和工作范围以及行为的法律后果，树立全局的观念，避免违约，使项目行为协调一致。同时明确工程质量、技术、消耗标准、工期、成本和安全等方面的要求，合同事件之间的关系，内部责任划分以及完不成合同义务的影响。此外，项目团队也应熟悉由对方承担的合同责任，以确保双方全面正确履约。

合同结构分解是对项目全局的具体问题所涉及的合同条款及规定进行层次结构形式的归纳、整理和细化，通常采用的结构形式如图3-28所示。

制定的项目合同的管理目标应确保职责明确、可交付、可量化和可评估，且与上级组织的目标一致。其应以项目合同及其附件为依据，在合同总体分析和结构分解的基础上经必要的管理程序确定。项目合同当事人围绕项目合同管理目标制定合同执行策略和实施计划，以形成《项目合同管理与控制计划》。

（2）编制《项目合同管理与控制计划》

《项目合同管理与控制计划》是项目团队进行合同管理的依据，是项目控制基准文件，应包含的内容包括：项目合同总体概述、项目合同目标、项目合同管理与控制的原则与方法、项目合同分包计划、合同风险与应对措施以及项目合同后评价体系。

《项目合同管理与控制计划》应经过项目团队的评审和授权委托人的审批，对于重点项目的《项目合同控制与控制计划》应经过上级组织的评审与审批。另外，由于合同履约的多变性，项目团队应根据项目实际情况，及时进行控制基准的调整和《项目合同管理与控制计划》的修订和完善。

（3）合同交底

项目合同交底通常包括签约交底和履约交底两个环节。签约交底由项目招投标团队或项目合同签约部门介绍合同签约背景和合同谈判情况，并从签约角度提出合同履约应注意的问题；履约交底由项目团队的合同管理岗位在进行合同管理与控制策划后

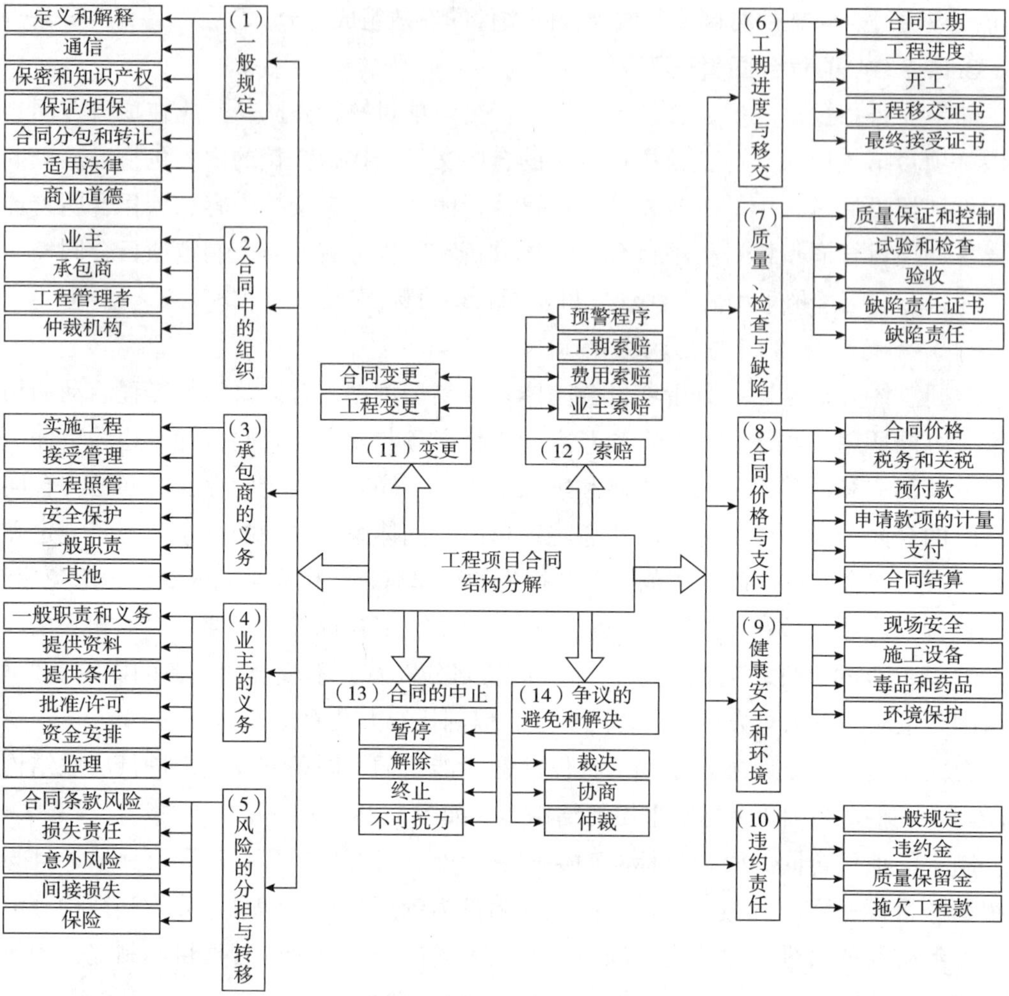

图3-28　典型工程项目合同结构分解

进行，主要介绍和解读项目合同控制目标，合同主要条款，合同履约策略，以及项目合同风险及其应对措施。

项目合同交底既可以采用书面交底，也可以采取会议讨论的形式。其过程记录，包括会议纪要、会议签到表或书面交底的分发记录应作为项目合同管理的过程文件进行归档管理。

3.11.3.3　项目合同履约与监控

项目进入执行阶段，项目合同管理也进入履约与监控阶段。作为项目合同当事人，在项目合同履约和监控阶段的合同管理工作内容包括：合同款项的申请与支付，整体变更控制、索赔与反索赔管理、合同风险管理、争议与纠纷管理以及分包规划与管理等。

（1）合同款项的申请与支付

合同款项的申请与支付是项目合同双方进行合同履约的重要内容，项目合同管理需要跟踪合同履约情况，及时按合同约定发起合同请款或应对分/承包合同的付款申请。合同当事人应建立项目合同请款与支付台账，对项目现金流进行监控。根据确定的项目现金流控制基准，及时对项目现金流情况进行预警并就合同款项的申请与支付提供履约建议，以协助项目合同的授权代表采取合同应对措施。

（2）变更控制

变更控制是对项目合同变更进行识别、评价和管理，其主要目标是对影响变更的因素进行分析、引导和控制，使其向有利于项目的方向发展，确定变更是否真的已经发生或不久就会发生，当变更发生时可进行有效的控制和管理。通常输入的是项目合同履约计划、履约的绩效报告和变更请求，输出的是更新的履约计划，采取的措施，以及可供分享的经验与教训。

项目团队应制定项目变更管理的岗位职责、评估流程和变更控制体系并使之有效运行，确保变更能够被及时识别、合理评估和有效控制。其中，变更识别是项目团队全员的项目合同管理职责，相关职能岗位应根据自身岗位职责和相关合同约定对所识别的潜在变更及其影响进行合理评估，项目合同的授权代表应根据以上评估意见决定变更的管理策略，特别是通过整体变更控制对项目合同履约进行有效管理。

（3）索赔与反索赔管理

索赔是指在项目合同履行过程中，由于合同相对方不履行或未能正确履行合同或者由于其他非自身因素而受到经济损失或权利损害，通过合同规定的程序向合同相对方提出经济补偿和（或）工期补偿要求的行为[30]。

反索赔是指防止和减少合同相对方对己方提出索赔的过程。针对合同相对方的索赔要求，进行反驳与对抗，全部或部分否决其索赔要求，不让对方部分索赔成功或者全部索赔成功。针对一方的索赔要求，反索赔的一方应以事实为依据，以合同为准绳，反驳和拒绝对方的不合理要求或索赔要求中的不合理部分。此外，由于索赔是双向的，反索赔也常用来指发包人向承包商提出的索赔要求。

项目团队应熟悉项目合同关于索赔与反索赔的约定，及时根据合同约定发起索赔和进行反索赔应对。项目合同管理岗位应建立项目索赔与反索赔登记表，对项目索赔与反索赔工作进行跟踪、监控、分析和催办，并协助项目合同授权代表进行索赔与反索赔的决策和实施。

（4）项目合同风险管理

项目合同当事人应按照项目风险管理的专业理论，进行项目合同风险管理的策划。在项目合同履约过程中，按照项目合同风险管理计划及时进行项目合同风险因素的识别和分析，研究拟采用的风险对策，并根据项目实际情况及时调整风险对策，以采取有效措施进行项目合同风险控制，同时更新项目合同风险登记表。项目合同风险管理常用的风险化解方法包括工程保险和工程发包。

1）工程保险。石化工程建设项目常见的工程保险包括：建设工程一切险或安装工程一切险、建设工程第三方责任险、意外伤害险，职业责任险和信用保险。合同当事人应根据项目合同约定投保相关工程保险，或根据风险发生概率和影响评估投保相关工程保险，以预防风险和补偿发生风险时造成的损失。

2）工程分包。把工程项目全部或部分发包给承揽能力更强或专业水平更高的承包人进行工程建设，例如项目业主将项目管理工作发包给项目管理公司，签署项目管理服务合同；总承包人将承揽的桩基工程分包给具有地基处理资质的专业施工单位；施工总承包人将承揽的电仪安装工程分包给有经验的电仪施工单位等都是将自身履行相关合同工作具有的风险通过工程分包转移给其他分承包人。

（5）分包规划与管理

进行工程分包或服务外购，是工程建设项目实施和风险转移常见的措施和手段。通常，在项目策划或项目合同管理策划阶段，就需要对项目分包进行策划，策划的内容包括：分包范围、打包计划、拟采取的询价方式、拟采取的合同形式、分包时间安排及分包的短名单等。

石化工程项目的分包通常通过招标或询比价两种方式实现。对此，项目团队需要策划：招标/询比价的组织机构、资格审查条件、招标日程安排、招标文件内容、澄清与补遗，以及开标、评标、授标和合同签署的相关内容。

在实际实施中，应按照批准的执行文件，进行分包的实施，分包过程的所有文件应合法合规并有效。

分包管理收尾阶段，应进行分包管理的总结和评价，项目团队应注重过程经验的积累总结，并对项目分包管理的实施进行评价。

（6）合同争议与纠纷管理

项目合同当事人应熟悉项目合同中约定的争议与纠纷的解决方式。石化工程项目合同约定的争议与纠纷的解决方式通常是调解、诉讼或仲裁。在项目合同管理中，调解往往包括两个层级，首先是项目级，通过双方项目授权代表的充分沟通与协调，在项目层面解决争议和纠纷；如果项目层级不能解决，再由双方的高层进行面对面的沟通和协调，尽量在合同当事人范围内解决争议和纠纷。通常情况下，应尽量避免动用合同约定的法律程序，毕竟无论诉讼还是仲裁，合同双方当事人均要做额外的投入，而且未必能获得所期望的结果。

项目合同当事人应建立争议与纠纷登记表，及时记录争议发生的时间和内容，跟踪记录争议和纠纷的过程和影响，及时进行项目预警，积极协调解决争议和纠纷或使其处于可控状态，以确保合同履约的正常进行。

和变更与索赔管理一样，石化工程项目应建立重大争议与纠纷的报告制度，项目团队应对争议和纠纷有完整的过程记录，应通过过程评估，记录其影响并及时调整对策，以协助项目授权代表进行争议与纠纷的解决。对于重大争议和纠纷，应通过报告制度，向上级组织寻求高层支持和法律援助。

3.11.3.4　项目合同收尾与关闭

项目合同收尾与关闭阶段的管理工作内容包括：项目合同的收尾和关闭。

（1）项目合同暂停和中止

项目合同暂停和中止是项目合同履约的异常情形。当合同暂停和中止发生时，项目合同当事人首先应确定合同暂停和中止发生的原因，并收集相关支持文件；其次一定要仔细研究合同中相关的条款，合同是怎么约定的，什么情况下合同暂停和中止履行，双方的权利和义务是什么，可能的法律后果是什么，只有对以上全面了解，才能采取正确的措施进行合理应对。为了避免在合同暂停与中止发生时，项目合同当事人处于被动境地，通常将此项内容纳入项目合同风险管理，及时评估风险等级，制定相应的应对措施。

（2）项目合同履约收尾

石化工程项目合同收尾通常是在设计项目交付最终设计交付物时启动，EPC 项目进入中间交接阶段时启动，LSTK（EPCC）项目进入投料试车阶段时启动。项目合同当事人应全面梳理合同履约情况，落实合同剩余款项的收付情况、合同保函的状态以及项目剩余尾项的清单，并通过专题会议落实各项内容的收尾工作计划，并跟踪落实情况。

（3）项目合同关闭

通常情况下，承包人交付工程实体和工程资料，发包人颁发竣工证书或最终接收证书，双方当事人结清合同价款，项目合同进入关闭环节。

项目合同关闭的原则包括合法、合约、合规、及时和书面。项目合同当事人应就项目合同关闭达成一致意见，及时关闭合同，以避免后续不必要的麻烦。

项目合同关闭时，合同当事人应建立项目合同关闭检查清单，逐项进行落实关闭，通常合同关闭检查清单的内容包括：合同义务的履行情况、合同权利的行使情况，以及法律责任的解除情况等。

项目合同关闭检查清单逐项检查关闭后，项目合同当事人应及时签署合同关闭协议，项目团队应按照上级组织和项目要求进行项目关闭的后续工作。

3.11.4　项目合同管理的总结与后评价

3.11.4.1　总结与后评价的分级管理

工程建设项目合同管理的总结与后评价应分级进行，项目合同当事人应对特定项目合同的管理进行总结和后评价，项目团队应对所在项目的合同管理进行总结和评价，项目团队的上级组织应对组织所管理的项目群定期进行项目群合同管理的总结和后评价。

3.11.4.2 总结与后评价的内容

项目合同管理规划阶段所编制的《项目合同管理与控制计划》对项目团队进行项目合同管理的总结和后评价进行了策划，特别是对项目合同管理总结和后评价的内容指标、应遵循的评价流程和评价模型进行了定义和说明。项目合同管理进入收尾阶段后，项目团队即可着手进行项目合同管理的总结与后评价。

项目合同管理总结和后评价的通常步骤包括：提出问题并进行项目合同管理总结和后评价的策划，深入调查并收集总结和后评价所需资料，进行分析研究，编制项目合同管理总结和后评价报告。

结合《项目合同管理与控制计划》对项目合同管理总结和后评价的策划与项目合同管理的实际情况，对项目合同管理目标的完成情况、项目合同管理的执行过程、管理效益、项目合同管理的作用和影响进行系统的、客观的分析和总结。进而评价项目合同管理的策划是否合理有效，项目合同管理的目标是否达到，项目合同管理的主要效益指标是否实现，通过分析评价找到项目合同管理成败的原因，总结经验教训，并通过及时有效的信息反馈为未来项目合同管理的策划和实施提出建议，同时也为项目合同管理过程中出现的问题提出改进建议，从而达到提高项目合同管理和项目决策水平的目的。

3.11.5 项目合同信息管理

石化工程项目合同的信息管理覆盖项目合同管理的全过程，项目合同管理和控制信息从项目招投标开始直到项目合同关闭的合同全生命周期中流动、传递和变化，从某种意义上说，项目合同管理的过程就是记录、比较、分析、汇总、整合、保存和归档这些信息的过程。为了更有效地管理项目合同信息，项目团队应构建项目合同管理信息系统，对项目合同管理和控制信息进行系统化管理。

3.11.5.1 建立项目合同管理信息系统的目的

1）确保项目合同管理和控制信息连续、共享和高效。以目标管理，即项目合同“标的”的管理为基准，进行跟踪、比较、分析、调整并评价创造前提条件。

2）建立合同管理和控制信息的沟通渠道，把石化工程建设项目中不同文化、不同组织背景、不同技能水平的项目参建方通过项目合同联系起来，使之在一个有效的系统中有序协同。

3）形成项目和组织的过程资产，全面支持项目合同当事人处理相关的各项合同事务。

3.11.5.2 项目合同管理信息系统

项目合同管理信息系统是项目管理信息系统的一个组成部分，作为子系统与其他子系统相互关联，尤其与进度、费用和质量管理子系统联系紧密，该系统既是项目沟通管理的需要，也是更好地实现项目目标管理（即以合同可交付成果为目标的管理）的最强有力的工具之一。其主要作用是收集、整理、分发、交换、查询、利用、存储和更新项目合同管理和控制各类信息，为项目合同的顺利履约提供有力支持。

（1）项目合同管理信息系统构成

通常，项目合同管理信息系统包含项目合同管理系统、项目合同条款检索系统、项目合同管理系统和项目合同管理知识库系统四个子系统，基本构架如图3-29所示。

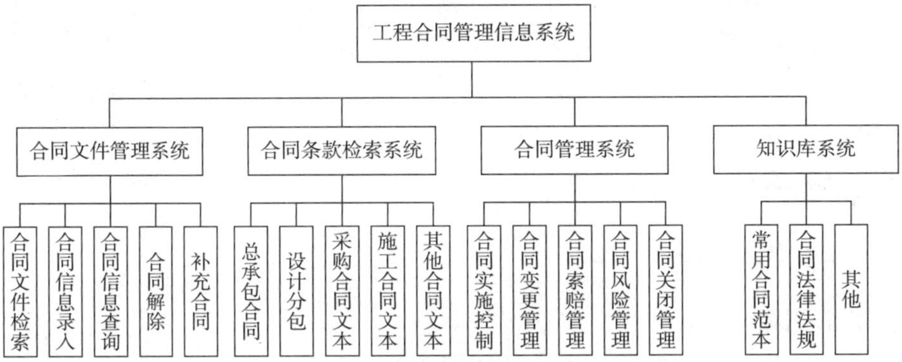

图3-29 合同信息系统的模块结构

工程项目合同的参与方多，合同类型丰富，突显信息整合的必要性和重要性，这就要求项目合同管理信息系统具有高度的时效性、准确性和可靠性，同时，多合同同步管理、有效知识管理、协同平台和系统集成以及实时的网络系统也是其基本要求。

（2）项目合同信息管理的内容

项目合同信息管理主要是对项目履约过程中的各类信息和文件的生成、接收、发布、跟踪以及进行分类、编码、归档管理和控制的过程。

为了对项目合同管理文件进行有效管理，需要对项目合同管理文档进行合适的分类和编码。项目启动阶段，根据项目合同及内外部的信息管理需求，项目团队应参照上级组织或项目文档管理的相关规定，制订适合于本项目的合同管理文档的分类及编码规则，并使之体现在《项目合同管理与控制计划》中。

（3）项目合同信息管理过程

项目合同信息管理过程包括项目合同信息的收集、整理、加工、传输和输出，其核心任务是建立高效的项目合同文档控制流程，通过项目合同文件管理规定和项目合同文档分发矩阵明确项目合同文档的编制责任，审阅及审批权限，保密、保管期限和分发范围等，确保项目合同管理和控制信息能够及时并恰当地生成、收集、发布、存储、调用并最终处置。

3.12 石化工程项目风险管理

3.12.1 概述

工程项目风险是一种不确定事件或状况，一旦发生，会对至少一个项目目标产生积极（机会风险）或者消极（威胁风险）影响。

项目风险管理包括风险识别、分析、应对和监控[24]：

1）风险识别主要判断哪些风险会影响项目目标；

2）风险分析对风险发生的概率和风险对项目目标的影响进行评估，进而对风险进行排序，以便进一步行动；

3）风险应对规划是针对项目目标制定的提高机会、降低威胁的方案和计划；

4）风险监控是在项目生命周期中，跟踪已识别风险、监测残余风险、识别新风险和实施风险应对计划，并对其有效性进行评估。

风险管理四大流程是在项目生命周期中不间断、闭环运行的过程。

3.12.2 风险识别方法

3.12.2.1 风险分解结构

风险分解结构一般按照风险发生的原因分类，考虑项目特点，根据以往项目所积累的知识制定。

有效的风险分解结构能够确保系统、持续、详细、一致地进行风险识别，并为保证风险识别的效力和高质量的风险管理工作提供框架。

在项目风险管理规划过程中，应首先对工作指导书所附的标准风险分解结构进行审查，调整或扩展标准风险分解结构以适应当前项目。风险识别过程中需对风险分解结构和风险分类重新审核、持续改进。

3.12.2.2 核对表分析

风险识别所使用的核对表是根据历史资料、以往类似项目所积累的知识，以及其他项目信息来源制定，作为风险分解结构的最底层，用于风险辨识。

使用核对表能够使风险识别过程更加迅速简便，但由于核对表不可能包罗万象，在风险管理过程中需要注意识别、登记核对表中未列出的事项，在项目收尾过程，应对风险核对表进行审查、改进，以供其他项目使用。

3.12.2.3 德尔菲技术

由于风险管理是对未来不确定事件作出的分析和判断，为尽量减少个人主观判断带来的决策偏差，德尔菲技术（专家调查法）被广泛应用于风险管理领域。德尔菲技术本质上是一种反馈匿名函询法，是专家就某一专题达成一致意见的一种方法。其大致流程是：在对所要预测的问题征得专家的意见之后，进行整理、归纳、统计，再匿名反馈给各专家，再次征求意见，再集中，再反馈，直至得到稳定的意见。

3.12.3　定性分析方法

3.12.3.1　概率－影响评估

概率和影响是风险的两个量纲，概率即风险发生的可能性，影响是风险一旦发生对项目目标产生的后果。风险概率与风险影响可以用极高、高、中、低、极低等定性术语加以描述，亦可使用概率相对比例和影响标度。

风险的概率标度的取值范围在0（无可能性）至1（确定无疑）之间。风险概率评估可以用普通标度（如0.1、0.3、0.5、0.7、0.9），也可以采用代表从可能性极低到几乎确定无疑的相对概率值的序数标度（如1、3、5、7、9）。

风险的影响标度反映对项目目标所产生影响的严重程度。影响可以采用相对标度，也可以采用数字比例标度，取决于进行风险分析的组织文化。相对标度如很低、低、中、高和很高，逐级显示组织定义的影响程度。数字比例标度为这些影响赋值，所赋值可以是线性的（如0.1、0.3、0.5、0.7、0.9；1、3、5、7、9），也可以是非线性的（如0.05、0.1、0.2、0.4、0.8；1、2、4、8、16），非线性赋值反映组织回避高影响风险、发掘高影响机会的愿望。

风险的影响标度可以参考下述定义方法，具体应针对潜在影响目标、项目规模和类型、组织策略和财务状况以及项目风险管理委员会对某种影响的敏感度和承受度水平进行定义。评估风险影响表见表3–2。

表3–2　评估风险影响表

评估风险对主要项目目标产生的影响					
项目目标	很低/0.05	低/0.10	中等/0.20	高/0.40	很高/0.80
成本	成本增加不显著	成本增加＜1%	成本增加1%～2%	成本增加2%～5%	成本增加＞5%
进度	进度拖延不显著	进度拖延＜1%	进度拖延1%～2%	进度拖延2%～5%	进度拖延＞5%

3.12.3.2　概率－影响矩阵

风险概率（P）–影响（I）矩阵将概率与影响两个因素结合起来，以此为依据建立对具体风险事件进行评定的等级（低、中、高）标准，评估每项风险的重要性。风险等级评定为风险应对提供指导，定性评估为高等级的风险需要做进一步分析，包括量化以及积极的风险应对；对于低风险，一般放入待观察风险清单，监控其状态[24]。

概率–影响矩阵可以参考下述线性或非线性方法定义，每一风险按其发生概率及一旦发生所造成的影响评定等级。矩阵中所示组织规定的低风险（得分≤12）、中等风险（12＜得分≤32）与高风险（得分＞32）的临界值确定了风险的得分。概率–影响矩阵的具体定义由项目风险管理委员会根据概率与影响结果组合后确定。风险评估量化评分表见表3–3。

表3–3 风险评估量化评分表

具体风险的风险得分					
概率	风险得分 = $P\times I$				
5.00	5.00	10.00	20.00	40.00	80.00
4.00	4.00	8.00	16.00	32.00	64.00
3.00	3.00	6.00	12.00	24.00	48.00
2.00	2.00	4.00	8.00	16.00	32.00
1.00	1.00	2.00	4.00	8.00	16.00
	1.00	2.00	4.00	8.00	16.00
	对目标的影响（例如成本、时间，非线性）				

注：P表示风险概率，I表示影响。

3.12.4 定量分析方法

3.12.4.1 蒙特卡罗模拟分析技术

采用蒙特卡罗模拟技术进行定量分析，可将各项不确定性换算为对整个项目进度和费用目标产生的潜在影响，具体包括：

1）对实现既定项目进度和费用目标的概率进行量化；

2）考虑项目风险情况下，计算既定承受度水平下的费用和工期，确定所需要的风险储备；

3）通过量化各项风险对项目总体风险的影响，确定需要特别重视的风险和区域；

4）在某些条件或结果不确定时，确定最佳的管理决策。

模拟时，根据每项变量的概率分布函数（如三角分布），任意选取随机数，经过上千次叠加，计算总费用和完工日期的概率分布。

对于费用风险分析，以费用分解结构作为模型，加载风险；对于进度风险分析，需用具有前后序逻辑关系的进度计划作为基础。

3.12.4.2 敏感性分析

敏感性分析有助于确定风险事件、进度活动、专业费用对项目具有潜在影响的排序。敏感性分析通过把其他所有不确定因素保持在基准值条件下，考察项目的每项要素的不确定性对项目目标产生的影响程度。

敏感度可以用费用或进度来衡量，反映某一项专业费用或进度活动对项目整体费用或进度的影响程度，有助于寻找最可能影响项目费用增加、进度延迟的风险事件、专业费用和进度活动，项目管理和风险应对需重点关注这些排序靠前的风险事件、专业费用和进度活动。

3.12.5 风险应对策略

3.12.5.1 消极风险（威胁）的应对策略

1）风险回避——改变项目计划，以排除风险或条件，或者保护项目目标，使其不受影响[31]；

2）风险转移——将风险的后果连同应对的责任转移给第三方，包括利用保险、履约保函、担保书和保证书等；

3）风险减轻——把不利的风险事件的概率与/或后果降低至一个可接受的临界值。减轻风险的成本应与风险发生的可能概率及其后果相称，如果不可降低风险的概率，则应设法减轻风险的影响。

3.12.5.2 积极风险（机会）的应对策略

1）风险开拓——直接开拓措施包括为项目分配更多的有能力的资源，以便缩短完成时间或实现超过最初预期的高质量，该策略的目标在于通过确保机会得以实现，消除与特定积极风险相关的不确定性。

2）风险分享——将风险的责任分配给最能为项目获取机会的第三方，包括建立机会分享合作关系，或专门为机会管理目的形成团队或项目公司。

3）风险提高——通过提高积极风险的概率或其积极影响，识别并最大程度发挥积极风险的驱动因素，致力于改变机会的“大小”。通过促进或增强机会的成因，积极强化机会风险的触发条件，提高机会发生的概率，或着重针对影响驱动因素，以提高项目机会。

3.12.5.3 威胁和机会的应对策略

风险接受：表明项目已经决定不打算为处置某项风险而改变项目计划，或者表明无法找到任何其他应对良策。任何一个项目，都不可能回避或转移所有风险，无论是出于对已知风险的应对成本、效果考虑，还是由于很多风险的发生不能被有效的识别和管理，因此，必须为未知风险和打算接受的已知风险留出应急储备，包括时间、资金或者资源方面的储备。

3.12.6 风险监控方法

3.12.6.1 风险再评估

使用上文所述的识别、评估、分析、应对策划过程，定期进行项目风险再评估。再评估的内容、频率和详细程度取决于项目相对于目标的绩效情况，如果出现以下情况，则应进行系统的风险再评估，进行额外的风险应对规划，估算剩余风险量，从而对风险进行控制：

1）出现了风险清单中未能预期的风险；

2）对项目目标的影响与预期的影响不同；

3）规划的应对措施可能无效。

3.12.6.2 风险应对监控

检查并记录风险应对策略和计划处理已识别风险及其根源的效力，以及风险管理过程的效力。

3.12.6.3 储备金分析

将项目剩余的储备金金额与剩余风险量进行比较，以确定剩余的储备金是否仍旧充足。

3.13 石化工程项目管理集成化

3.13.1 项目管理集成化的基本概念及特征

集成化是指将两个或两个以上的要素（单元、子系统）集合成为一个有机的整体，这种集合不是要素之间的简单叠加，而是要素之间的有机组合，即按照某种集成化规则对这些要素进行重新组合和构造，其目的在于提高系统的整体功能[8]。

工程的本质和基本特点在于系统性、复杂性、集成性和组织性。优秀的工程追求的是在对所采用的各类技术的选择和集成过程中、对各类资源的组织协调过程中追求集成性优化，构成优化的工程系统[32]。为了科学性、最大化实现工程项目建设的增值，集成化已成为现代建设工程项目管理的趋势。工程项目管理集成化是在集成化思想的指导下，以现代项目管理理论和集成管理理论为基础，以现代信息技术为支撑，综合运用各种方法、手段、工具，由工程项目参与方组织集成、过程集成、目标集成和管理要素集成所组成的完整的集成管理体系。

工程项目管理集成化具有以下几个方面的主要特征：

（1）目标全局性

项目集成化要求管理者从项目全局的战略角度出发，全面协调和控制项目活动、要求、目标。为了实现项目的最终目标项目管理者就必须按照一定的集成方式、方法从全局的角度出发，协调项目的各方参与方，管理好项目中的各种要素，控制好项目的各个子项目工作，保证项目目标最终实现[33]。

（2）主体行为性

集成实质上是集成活动的主体一方为实现某一特有目的所进行的有意识、有选择的行为。

（3）功能倍增性

通过集成化管理可达到功能倍增或形成新功能的目的，因此，集成化管理不是简单加和集成要素各功能，而是实现功能改变或增加新功能。

（4）整体优化性

通过对集成要素进行有目的、有意识的对比甄选，充分发挥各集成要素的优势，从而最终实现整体效益和整体优化目标。

（5）要素协调性

项目集成化还要求各种集成管理要素必须按照一定的集成方式、方法来协调控制，集成管理系统的有序度越大，整体的功能就越强；同时，由于项目的协调和控制并不是对项目内部因素的管理，还需要对来自项目外部的影响因素进行控制，加之集成管理的综合性、全局性、复杂性，这就要求在项目管理集成化中必须做好各个集成要素的协同工作。

（6）范围综合性

集成管理的最大特点是管理的综合性。从管理资源角度来看，它将项目中的人、财、物、技术、信息等各方面要素综合起来开展项目管理，拓宽了项目管理的范围，同时更加强调创造性。从管理的技术方法、角度来看，项目管理集成化不单是管理技术自身的集成，而且包含管理技术与生产领域、信息领域等的相关技术的互相融合与集成。

（7）过程复杂性

首先，项目集成化中的要素包含组织内部的各种要素、组织外部可供选择和集成的其他资源，致使集成管理要素之间的联系更加广泛、紧密且复杂；其次，集成化系统结构具有多层次、多功能的特点，每一层次都为构筑上一层次提供基础：再次，集成化突出强调人的主体行为，管理者的创造性思维方式和创新性的管理方法会产生集成前所无法预料的效果；最后，管理集成化系统又随着环境的变化而不断演化，其形成与发展过程中又会对其层次、功能结构不断地进行重组和完善，从而构建出更为复杂的管理集成化系统。

因此，项目集成化本质上强调主体方的主体行为性和集成体形成后的功能倍增性，目的是使集成体的整体功能显著提高，适应内外部环境不断变换的要求，从而使集成体（系统）的目标更为高效地实现。

3.13.2　项目管理集成化

工程项目管理集成化是在集成化思想的指导下，以现代项目管理理论和集成管理理论为基础，以现代信息技术为支撑，综合运用各种方法、手段、工具，由工程项目参与方组织集成、过程集成、目标集成和管理要素集成所组成的完整的集成管理体系。

项目管理集成化的目的就是要有效地调动项目参与各方的力量，对工程项目实施全过程、全方位、全要素的管理，从而提高项目管理系统的整体协调程度和运行效率。

（1）项目目标集成化

一般来说，项目目标主要包括项目的工期目标（时间、进度）、成本目标（投资、费用）和质量目标，这三个方面被称为项目管理的三大目标。项目的工期、成本和质量目标间存在着相互联系、相互影响的关系，某一目标的变化必然引起另外两个目标的变化。项目管理则是在项目的全生命期内一直追求项目目标间的优化和平衡，以使项目总体达到最优。

项目目标集成的核心是突出一体化的整合思想，它追求的不是项目单个目标的最优，而是要在项目多个目标同时优化的基础上，寻求项目目标之间的协调和平衡，从而最终实现项目管理活动的总体效率和效果的提高[34]。

（2）项目组织集成化

工程组织既是工程建设的基石，又是工程管理的指挥者和发动机。合理的组织结构是项目管理集成化运作的有效保障。不同的组织结构会直接影响工程项目的资源整合能力、信息处理能力和对复杂工程的驾驭能力。因此，建立一个协调高效的集成管理组织对于实现项目管理集成化至关重要。

工程项目的组织集成主要是以先进的信息技术为基础，以“合作共赢”的理念为前提，以项目目标为管理主线，项目各参与方通过工程项目协同管理平台协同合作，形成虚拟化、柔性化、异质化的“项目管理集成化组织”来进行建设项目的管理与决策，从而达到降低成本、加快进度、保证质量、控制风险、多方共赢为目的的协同化管理效果。

（3）项目过程集成化

项目过程集成是指对工程项目生命周期的各个阶段进行有机整合与统筹管理，即通过建设项目实施全过程的各个阶段——从前期、设计、建造直到运营之间各参与方的充分交流沟通与协同合作，进而消除过程中存在的各项冗余和非增值的子过程（活动），并排除影响过程效率的人为因素或资源问题等障碍，从而使过程实现总体最优。

石化工程项目是一个复杂的系统工程，项目实施一般包括设计、采购、施工、开车/调试等过程。设计勾画了细致而形象的项目产品，采购提供了项目产品形成所必需的各种物资条件，施工则按照设计的勾画，利用采购提供的各种物资条件实施产品的建造。其中，设计是项目实施的主导，设计、采购和施工合理交叉，有利于保障项目的工程质量、缩短建设周期以及降低工程造价。

（4）项目管理要素集成化

工程项目同时具有进度、质量、费用、合同、文档等众多相互影响和制约的管理要素。工程项目管理全过程中的各个管理要素都是相互关联的。工程项目集成化管理在项目实施过程中对这些要素进行全盘的规划和整体考虑，以达到对项目的全局优化以提高建设项目的整体绩效。

（5）集成化管理信息平台

项目管理集成化实施过程中的组织协调、资源整合和过程管控都需充分、综合性的项目信息作为支撑，这也是项目实施集成化管理的前提。因此项目管理集成化的重点在于提高信息沟通效率、增强项目信息沟通质量、减少项目信息沟通成本。

集成化管理信息平台能够及时、完整、准确无误地反映项目的实施情况，实现畅通信息交流、数据实时共享，有助于项目决策者在全面掌握关键信息的基础上，做出科学合理的决策。信息集成化是项目管理集成化必须首先考虑和解决的关键问题，也是项目管理集成化顺利推行的基础[35]。

参考文献

[1] 徐兴. 石化企业工程项目实施阶段PMC管理模式的应用研究[D]. 北京化工大学，2017.

[2] 王江波，张旭升. 高原地区大型煤化工项目管理、建设和运营模式探讨[J]. 煤化工，2018，46（06）：26–29.

[3] 宋铎. 大型石化工程项目管理模式分析探讨[J]. 当代石油石化，2018，26（10）：48–52.

[4] 王基铭，袁晴棠. 石油化工工程建设项目管理机理研究[M]. 中国石化出版社，2011.

[5] 唐元文. 施工总承包商投标报价决策机制的研究[D]. 天津大学，2004.

[6] 王基铭. 中国石化石油化工重大工程项目管理模式的创新[J]. 中国石化，2007（07）：45–49.

[7] 彭振河. 如何做好大型石化工程项目EPC总承包的前期策划[J]. 石油化工建设，2011，33（04）：44–46，84.

[8] 孙丽丽. 石化工程整体化管理与实践[M]. 北京：化学工业出版社，2019

[9] 中华人民共和国标准化法，2017.

[10] 中华人民共和国标准法实施条例，2020.

[11] 全国信息与文献标准化技术委员会. GB/T 20004.1—2016团体标准化：第1部分　良好行为指南[S]. 北京：中国标准出版社，2016.

[12] 中华人民共和国专利法注释本，2009.

[13] 中华人民共和国专利法，2020.

[14] 中华人民共和国商标法，1983.

[15] 徐照光. 知识驱动的产品质量问题解决理论与方法研究[D]. 大连理工大学，2019.

[16] 杨国忠. 企业产品质量风险管理研究[C]//《两型社会建设与湖南管理创新》论坛论文集. 湖南省管理科学学会：湖南省社会科学界联合会学会工作处，2008：4.

[17] 孙成龙. 总承包项目的HSE管理策划[J]. 石油化工安全环保技术，2012，28（06）：1–5.

[18] 孙丽丽. 石化项目本质安全环保设计与管理[J]. 当代石油石化，2018，26（10）：1–8.

[19] 周德红. 化学工业园区安全规划与风险管理研究[D]. 中国地质大学，2010.

[20] 陈立诚. 项目进度管理在M公司4G基站建设项目中的应用[D]. 南京邮电大学，2014.

[21] 卢俊文 . 进度计划编制和进度控制方法在水电工程项目的应用研究[D]. 国防科学技术大学，2011.
[22] 赵青松 . 南海石化汽电联产项目进度计划与控制研究[D]. 华中科技大学，2006.
[23] 漆国良 . 项目风险管理中的财务控制[J]. 中国高新技术企业，2008（23）：52，56.
[24] 王秀云 . 国际总承包项目进度风险量化分析与管理[J]. 国际经济合作，2011（04）：51-55.
[25] 彭飞 . 从南海石化项目看大型项目的进度控制[J]. 化工设计，2003（04）：42-47.
[26] 姜毅，曹敏 . 建设工程的进度控制措施[J]. 企业导报，2011（15）：65-66.
[27] 王晓伟，丁晓京，侯智愚 . 工程总承包项目的费用控制管理[J]. 化工管理，2014（10）：82-86.
[28] 王勇 . 化工项目工程费用控制研究[D]. 重庆大学，2007.
[29]〔美〕项目管理协会 . 项目管理知识体系（PMBOK）指南[M]6 版 . 北京：电子工业出版社，2018.
[30] 黄莉，陈兴旺 . 浅谈工程项目管理中的索赔与反索赔[J]. 经营管理者，2011，（13）. 183.
[31] 张莉 . 国际总承包项目风险对策[J]. 合作经济与科技，2014（20）：106-108.
[32] 殷瑞钰 . 关于工程与工程创新的认识[J]. 岩土工程界，2006（08）：21-24.
[33] 黄姝妍 . 进度优先的 EPC 总承包项目集成管理研究[D]. 重庆大学，2013.
[34] 陈勇强 . 基于现代信息技术的超大型工程建设项目集成管理研究[D]. 天津大学，2004.
[35] 陈建 . EPC 工程总承包项目过程集成管理研究[D]. 中南大学，2012.

CHAPTER 第4章

石化工艺与装备

4.1 石化工艺技术概况

4.1.1 石化工艺概述

石化工艺是以石油和天然气为原料，经过一系列的物理和/或化学方法，生产石油产品及化工原料和产品的过程。石化工艺包括石油炼制、石油化工及芳烃三大工艺过程，石油炼制主要生产石油产品，如汽油、柴油等燃料油品及润滑油、沥青、液化石油气、焦炭等，同时生产石油化工原料如石脑油、轻烃等；石油化工主要以石脑油、轻烃等为原料，生产烯烃（乙烯、丙烯、丁二烯）等化工原料；芳烃技术主要生产对二甲苯和邻二甲苯，是石油化学工业重要的基础原料。如今，石化工艺范畴已扩大到高分子化工和精细化工的大部分领域，随着技术的持续进步及相关行业的不断发展，高性能材料将是石化工艺发展的重要方向。

石化工艺过程分为原料预处理、反应及产品分离三个主要步骤。原料预处理主要是对原料进行脱杂质、提浓等，以满足后续反应及产品的要求；反应通常为工艺技术的核心，直接决定该工艺过程的主要技术指标和竞争力等；产品分离是将反应得到的混合物进行分离，除去副产物和杂质，以获得满足要求的产品。有些工艺过程如原油蒸馏、气体分离等，不涉及反应，主要以物理分离过程为主。

4.1.2 石油炼制工艺技术简介

根据产品方案的不同，原油加工方案可分为燃料型、燃料－润滑油型和燃料－化工型。燃料型主要生产汽油、煤油、柴油等各种燃料油品，同时副产少量液化气、丙烯等产品。燃料－润滑油型除了生产燃料油品外，部分蜡油馏分用于生产润滑油产品。燃料－化工型同时兼顾燃料油品和化工原料的生产，可充分利用石油资源，实现炼油－化工之间原料、公用工程及辅助物料的互供，且由于产品方案的多样化，抗市场波动能力强，可提高石油加工的经济效益，是未来石油炼制发展的重点方向。

典型石油炼制流程示意图见图4-1。

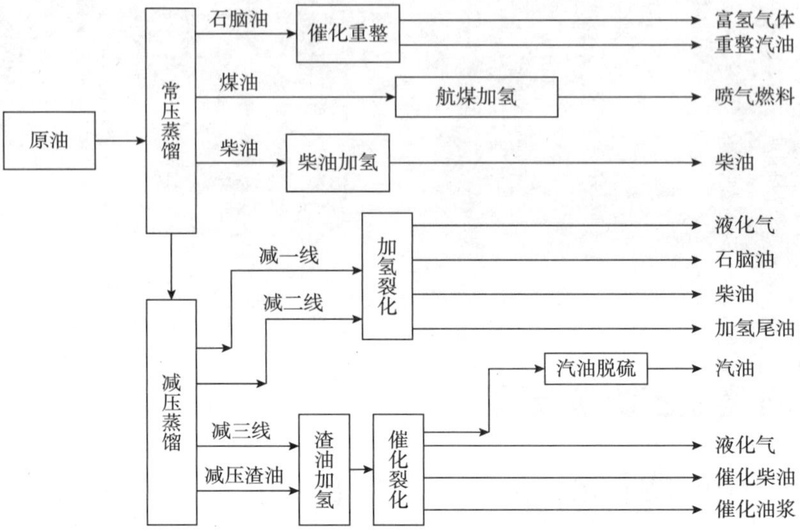

图4-1　典型石油炼制流程示意图

从图4-1可知，石油炼制主要包括原油蒸馏、重油轻质化、油品改质、油品精制等工艺过程。原油蒸馏即常压蒸馏和减压蒸馏，是石油炼制的龙头工艺，将原油切割为不同馏程的馏分，为一次加工工艺；对各馏分进行二次加工以生产满足要求的燃料油品及化工原料的工艺过程，统称为二次加工工艺，如连续重整、加氢精制、加氢裂化、催化裂化、延迟焦化、烷基化等。重油轻质化主要包括催化裂化、加氢裂化和延迟焦化等，将重质油转化为汽油、柴油及液化气等高附加值产品。油品改质工艺采用加氢等措施脱除其中杂质，提高油品品质，满足下游工艺和/或产品质量要求。油品精制是对中间产品或产品进行加氢或脱硫等加工。

原油经过常压蒸馏得到的石脑油馏分，其辛烷值低，经连续重整生产高辛烷值汽油调合组分或芳烃产品；煤油馏分经加氢精制后生产喷气燃料产品；柴油馏分含有硫、氮等杂质，经加氢精制后可作为柴油产品；常压渣油进入减压蒸馏继续拔出蜡油等重质馏分。减压蒸馏通常有减一线、减二线和减三线等多个侧线，减一线和减二线为轻蜡油馏分，可送至加氢裂化或催化裂化处理。减三线为重蜡油馏分，硫、氮、金属等杂质含量略高，可与减压渣油一起送至渣油加氢处理，经加氢处理后，催化裂化原料杂质及残炭相应降低，汽柴油收率升高，产品分布得到改善，烟气中SO_x/NO_x等污染物也大幅降低。

渣油加工技术路线的选择直接决定石油炼制的产品结构、轻油收率和经济效益，主要有加氢方案和焦化方案两种。加氢方案多采用固定床渣油加氢和催化裂化工艺的组合，其轻质油品收率高、油品质量好、环保水平高，是目前渣油加工的主要工艺方案；焦化方案多采用延迟焦化和催化裂化工艺的组合，其轻质油品收率略低、环保水平不如加氢方案，且副产石油焦的附加值低。

目前，汽柴油产品质量标准已经进入到第六阶段，相关工艺技术也随之快速发展。汽油质量升级主要包括汽油的脱硫、降烯烃及高辛烷值汽油调和组分的生产等方面，主要技术有汽油吸附脱硫、选择性加氢脱硫、C_4烷基化等，其中烷基化油的辛烷值高、无烯烃、蒸气压低，是国六汽油质量升级的主要调和组分之一。柴油产品质量升级主要通过对柴油馏分的加氢精制及加氢裂化等来生产满足要求的柴油产品，包括脱硫、降多环芳烃和十六烷值提升等。近年来，由于柴油需求的下降，炼油厂相应调整产品结构，不断降低柴汽比，可将柴油馏分通过加氢裂化等工艺来生产石脑油组分作为重整原料，以扩大重整原料来源，优化产品结构。

4.1.3　石油化工工艺技术简介

乙烯工艺是石油化工最具代表性的工艺过程，也是基础石油化工原料的生产源头，其主导工艺是石油烃蒸汽裂解工艺。除此之外，还有催化裂解（DCC）、催化热裂解（CPP）工艺以重油为原料生产乙烯和丙烯，可拓宽原料来源，并促进石油化工一体化的发展。甲醇制烯烃（MTO）工艺也可进一步拓宽原料来源。随着页岩气技术的突破，乙烷、丙烷等轻烃产量持续增长，既扩大了乙烯原料来源，同时也催生了新的工艺技术，如丙烷脱氢等。乙烯和丙烯的生产今后将呈现出原料来源多样化、多种生产技术并存的局面。

典型石油化工流程示意图见图4–2。

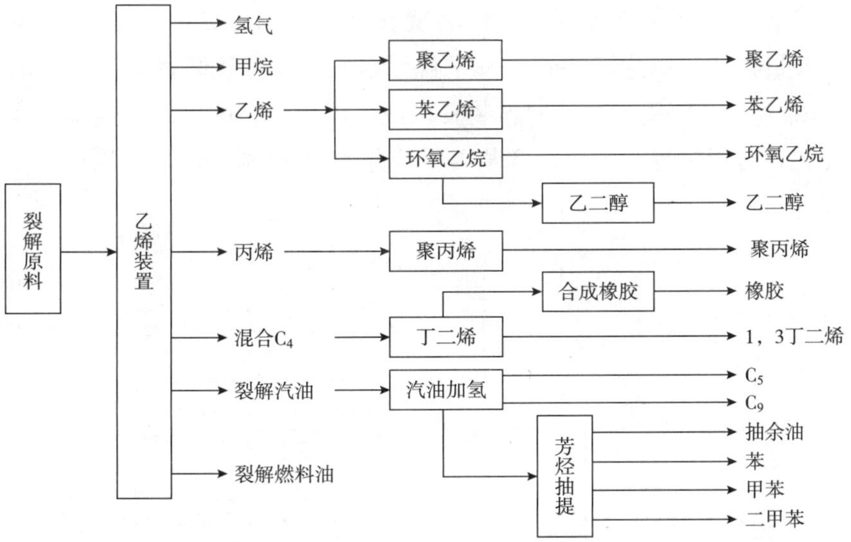

图4–2　典型石油化工流程示意图

从图4-2可知，乙烯工艺以轻烃、石脑油及轻柴油或加氢裂化尾油为主要原料，通过蒸汽裂解制取乙烯、丙烯、丁二烯等烯烃和苯、甲苯、二甲苯等芳烃，同时获得混合C_4、裂解汽油和裂解重油，并副产氢气、燃料气等。工艺过程中生成的乙烷和丙烷经分离后返回裂解炉，以尽可能提高乙烯和丙烯的收率。混合C_4经抽提制取丁二烯，可进一步生产合成橡胶。裂解汽油富含$C_6 \sim C_8$芳烃，经加氢脱除二烯烃、烯烃及微量杂质后，送至芳烃抽提，制取苯、甲苯及二甲苯。裂解重油用作燃料油。

聚合工艺是以乙烯、丙烯、丁二烯和芳烃等单体为原料，生产聚烯烃和聚酯的工艺过程，如聚乙烯、聚丙烯、顺丁橡胶、聚酯（PET）等的生产。乙烯、丙烯和丁二烯主要用于聚合，由于聚合工艺、分子量和链结构的不同，聚合产品的性能和用途差异也很大。如聚乙烯可分为高密度聚乙烯、低密度聚乙烯及线性低密度聚乙烯，每种产品聚合生产工艺都不尽相同。乙烯和丙烯的第二大用户是生产环氧乙烷和环氧丙烷，并相应生产乙二醇和丙二醇。乙二醇和精对苯二甲酸（PTA）生产聚酯纤维，是当前合成纤维的第一大品种，可有效解决粮棉争地的问题。乙烯也可生产苯乙烯，用于合成树脂、离子交换树脂及合成橡胶。丙烯也可生产丙烯腈，用于合成纤维及合成橡胶。

4.1.4 芳烃工艺技术简介

芳烃是石油化学工业重要的基础原料，是含苯环结构的碳氢化合物的总称。其中最重要的是苯、甲苯、混合C_8芳烃。混合C_8芳烃中对二甲苯是用量最大的产品，其主要用于生产PTA,PTA主要用于生产聚酯。邻二甲苯主要用途是用于生产邻苯二甲酸酐，邻苯二甲酸酐是重要的有机原料，广泛应用于染料、增塑剂、医药、农药等行业[1]。

芳烃生产流程如图4-3所示。芳烃装置通常是指以对二甲苯（PX）和邻二甲苯（OX）为主要目标产品的生产装置，其常规原料主要是重整装置生产的甲苯、混合C_8芳烃、$C_9 \sim C_{10}$芳烃，使用不同的原料装置构成不同，典型的以重整生成油为原料的芳烃装置主要包括芳烃抽提、歧化（含苯–甲苯分馏）、吸附分离、异构化、二甲苯分馏等五套装置。

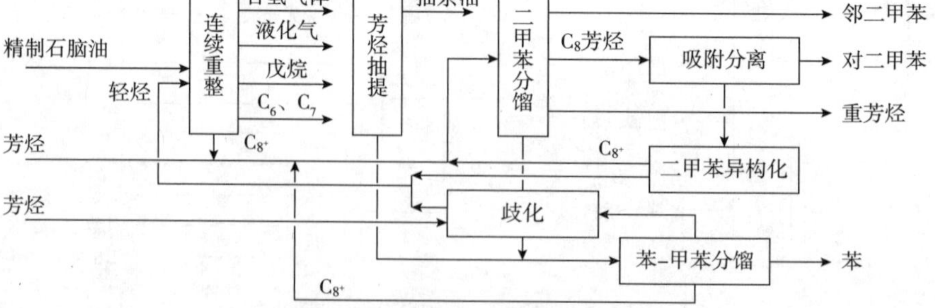

图4-3 典型芳烃生产流程示意图

4.2　石油炼制工艺与装备

4.2.1　常减压蒸馏

4.2.1.1　工艺技术简介

常减压蒸馏是原油加工的第一道工序，原油经过常减压蒸馏生产石脑油、煤油、柴油、蜡油及渣油等中间产品，并送往下游装置继续加工。常减压蒸馏工艺技术简要介绍如下：

（1）原油预处理

原油中除了碳和氢两种主要元素外，还含有硫、氮、氧等非金属元素和铁、镍、钒、铜、钠、钙等金属元素以及少量砷、硅等，这些元素对原油后续加工极为不利，有的会形成化合物腐蚀工艺设备、管道，有的会使二次加工工艺的催化剂活性降低，甚至永久失活。

原油预处理主要是原油电脱盐和脱水，处理后的原油含水量很低，一般不超过0.2%，Na^+、Mg^{2+} 及相应的 Cl^-、CO_3^{2-} 等阴离子也被脱除，同时原油中含有的油泥、泥沙等机械杂质也得到去除。

（2）原油预闪蒸

原油预闪蒸出来的气/汽体不经过常压炉直接引入常压塔中上部，可以有效降低原油的加工能耗。

（3）常压蒸馏

常压蒸馏可以加工多种原油，生产方案也会根据市场情况和全厂的加工要求进行必要的调整。原油常压蒸馏技术的发展和进步主要体现在以下两个方面：

1）流程优化。流程优化的目的有两个，一是减少燃料、水、电、蒸汽等公用工程消耗，降低能耗；二是操作更为方便、平稳。

2）提高分离精度。采用高传质性能塔盘，对塔内件结构进行优化。塔盘类型从最初的筛板塔、泡帽塔、固舌塔、浮阀塔、“V”形浮阀塔，一直到目前广泛应用的各类高性能塔盘。

（4）减压蒸馏

减压蒸馏的目的是把原油中的蜡油馏分分离出来，作为下游二次加工装置的原料。减压蒸馏的基本原理是根据馏分的沸点随压力降低而降低，使原油中在常压下不能汽化的蜡油组分得以汽化并在减压蒸馏塔内进行分离。减压蒸馏技术生产操作模式主要有以下两种：

1）“湿式”减压蒸馏。“湿式”减压蒸馏是减压炉管注入一定量的水蒸气，减压塔底采用水蒸气汽提。减压炉管注入水蒸气的目的是提高炉管内的流速、改善流动状态，使在较高的炉出口温度下不发生结焦。

2）“干式”减压蒸馏。“干式”减压蒸馏的特点是在减压蒸馏过程中不注入任何水蒸气，减压塔顶高真空操作，通常塔顶残压不超过2666.45Pa（20mmHg）。“干式”减压蒸馏由于加热炉管不注入水蒸气，且减压塔底不采用蒸汽汽提，其加工能耗较低。

4.2.1.2 主要工艺特点

常减压蒸馏工艺主要有典型的原油蒸馏工艺、燃料型原油蒸馏工艺、润滑油型原油蒸馏工艺。

典型的原油蒸馏工艺一般包括电脱盐、初馏塔、常压炉、常压塔、减压炉、减压塔、减压塔顶抽真空、换热网络等系统，加工轻质原油时需要设轻烃回收系统流程。典型的原油蒸馏工艺流程见图4–4。

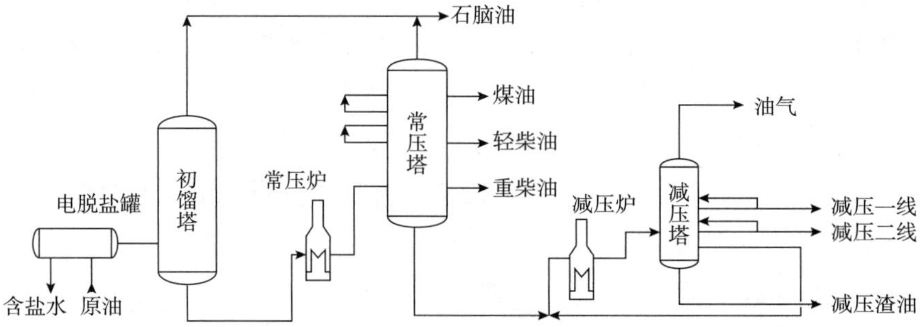

图4–4 典型原油蒸馏工艺流程简图

燃料型原油蒸馏流程应用最为广泛，常压塔顶生产石脑油组分，侧线生产煤油、柴油馏分，且各侧线均设汽提塔，保证产品闪点合格。一般来说，减压塔设有2～3个侧线，生产蜡油馏分，若分馏精度要求不高则不设汽提塔。塔底渣油可作为延迟焦化、渣油加氢和溶剂脱沥青装置的原料，或经脱硫后作为低硫船用燃料油。

润滑油型原油蒸馏流程主要差别在减压系统的配置上。减压塔一般设4～5个侧线，各侧线设有汽提塔以保证馏分油的闪点和初馏点满足要求，并改善各馏分的馏程；各侧线均作为一种润滑油基础油原料，对其黏度、馏程、颜色及残炭都有严格的指标要求。

4.2.1.3 主要装备

（1）电脱盐罐

电脱盐设备主要是电脱盐罐，并配套专用电源、高压电场（罐内电极板）、高压电引入棒及保护装置、低液位开关和油水界面控制仪、混合设备、进料分配器、出油收集器、水冲洗系统设备和现场防爆控制柜等，典型电脱盐罐的结构如图4–5所示。

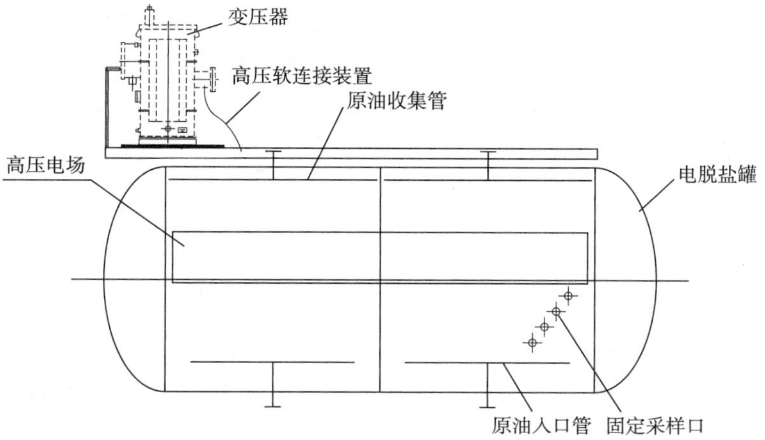

图 4-5　典型的电脱盐罐简图

（2）减压塔

减压塔技术的发展集中在高通量、高效率和低压力降的设备元件和内部结构的开发与应用上。随着大型化的发展，在关注填料传质传热效率的基础上，人们进一步认识了填料床层整体传质传热效率的重要性，开始关注填料床层内部的气液分布和传质传热能力的发挥。原油蒸馏装置大型减压蒸馏填料塔示意图如图 4-6 所示。

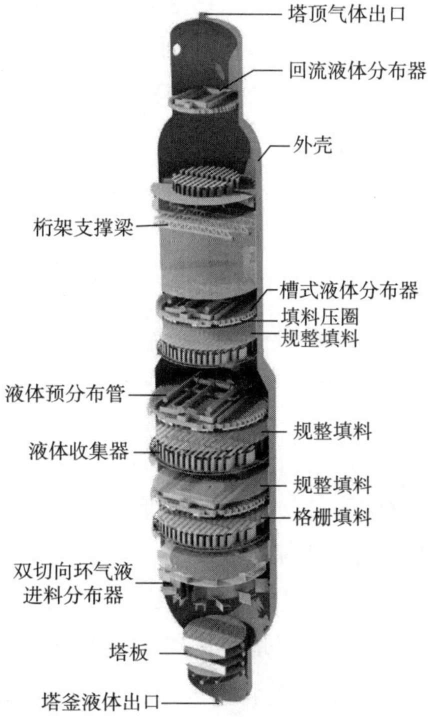

图 4-6　减压蒸馏填料塔简图

4.2.2　催化重整

4.2.2.1　工艺技术简介

催化重整是石油炼制工艺中重要技术之一，通常以直馏石脑油、加氢裂化重石脑油等为原料，生产高辛烷值汽油调和组分或苯、甲苯、二甲苯等芳烃产品，同时副产氢气。

催化重整工艺通常包括三部分，分别是原料预处理、重整反应及产物分离、催化剂再生。原料预处理包括预分馏、预加氢、汽提三部分。预加氢是在催化剂和氢气作用下，将原料油中的硫、氮、氧等分别转化为硫化氢、氨和水等无机杂质，同时将金属化合物分解沉积在催化剂上，以避免下游重整催化剂中毒。如果原料油中砷含量和氯含量超高，则需设置专门的脱砷和脱氯设施。

按照催化剂再生方式不同，可将催化重整分为两种类型：半再生（固定床）和连续再生（移动床）。目前，新建装置基本上都采用连续再生型式。

连续重整工艺采用移动床反应器和催化剂连续再生系统，使得催化剂在反应和再生系统间循环流动，将失活催化剂从反应区连续输送至再生系统，再生后的催化剂再循环回反应区，从而保持催化剂活性。反应系统可在低压、低氢油比的苛刻条件下操作，催化剂的活性及选择性能被充分发挥，有助于提高重整产物的C_5^+液体收率及氢气产率，并增加产品辛烷值。

连续重整主要是顺流式[3]，该技术主要有法国石油研究院（IFP/Axens）和美国环球油品公司（UOP）及国内开发的技术。在反应器布置上，IFP/Axens采用并列式，UOP采用重叠式；在再生回路流程上，IFP/Axens采用冷循环，UOP采用热循环。

针对现有连续重整工艺中反应器中催化剂的活性状态与其进行反应的难易程度不匹配的问题，中国石化开发了逆流连续重整技术。该技术主要特点是催化剂的流动方向与反应物料相反，再生催化剂先从最后一台反应器依次输送至上游的反应器直至第一反应器；待生催化剂则从第一反应器直接提升至再生器，再生后返回最后一台反应器，完成催化剂在反应和再生之间的循环。

4.2.2.2 反应原理

催化重整主要包括环烷脱氢、环烷烃和烷烃异构化以及烷烃脱氢环化反应。重整催化剂既具有金属催化加氢、脱氢功能，又具有异构化、裂解等酸性功能，为双功能催化剂，可使重整反应朝有利的方向进行。

（1）环烷脱氢

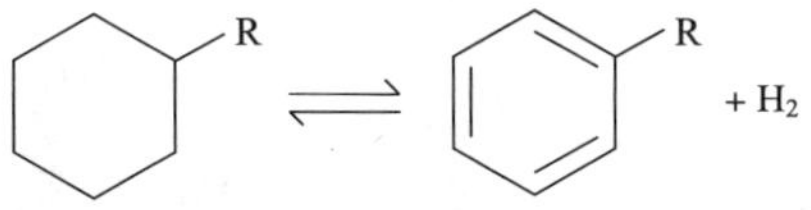

该反应容易发生，生成重整反应的理想组分——氢及芳烃。该反应强吸热，基本在第一反应器内进行。

（2）环烷烃和烷烃的异构化

异构化反应是分子结构的重排，即分子简式不变，但分子形状改变，是弱放热反应。异构化产物将进一步发生反应，生成芳烃或较小的烷烃。

（3）烷烃的脱氢环化

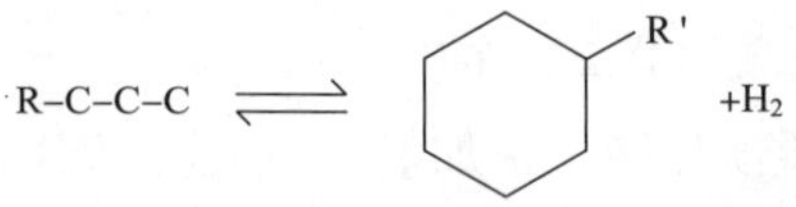

烷烃脱氢环化成环烷烃是重整中最难进行的反应，是吸热反应，在低压和高温下有利，基本在第三、第四反应器中进行。

4.2.2.3　主要工艺特点

（1）原料预处理

根据预分馏塔在预处理系统中位置不同，可分为先分馏后加氢工艺[1]和先加氢后分馏工艺[2]。

先分馏后加氢工艺是全馏分石脑油先经预分馏塔切除轻组分，塔底物料进入预加氢反应部分处理，该工艺适用于对于拔头油中硫、氮等杂质含量要求不高的装置，其原则流程见图4–7。

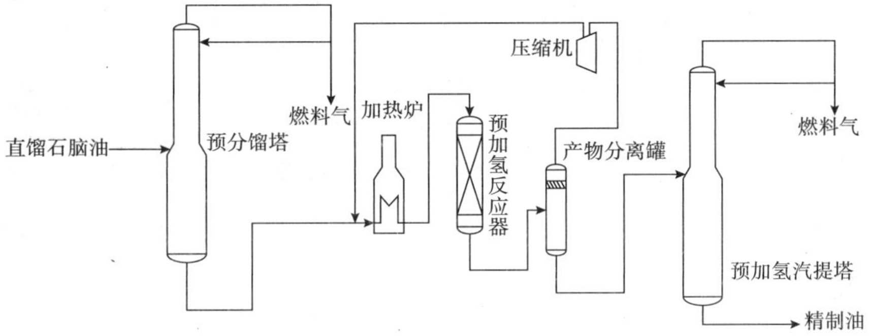

图4–7　典型先分馏后加氢工艺流程简图

先加氢后分馏工艺是全分馏石脑油先加氢再进入预分馏塔，其预加氢反应部分的规模较大，但可得到清洁的拔头油，目前新建重整装置基本都采用先加氢后分馏的原料预处理工艺。

（2）催化重整工艺

1）反应部分[1]。重整反应是强吸热反应，反应过程中，温度不断降低，为了使反应得以充分进行，设置多台加热炉，以便进行“接力”加热，提供重整反应所需的热量。反应产物经冷却后进入重整产物分离罐，进行气液相分离，其原则流程见图4–8。

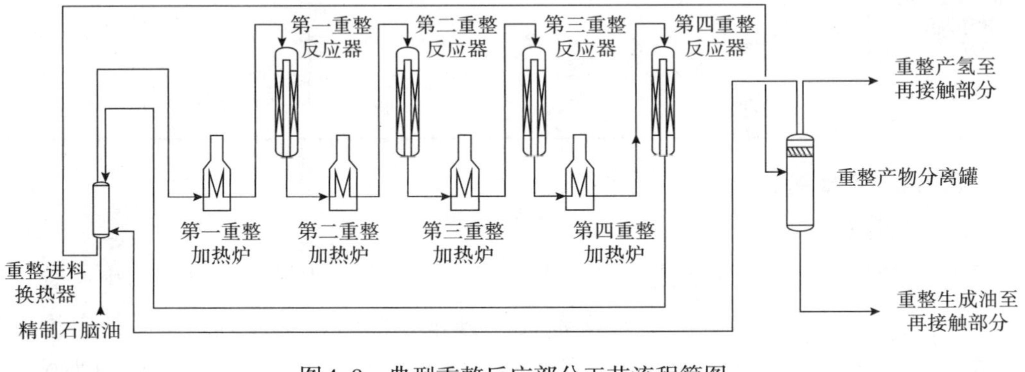

图4–8　典型重整反应部分工艺流程简图

2）产品分离[1]。产品分离主要包括氢汽提纯及重整产物分离，以生产较高纯度的氢气和重整汽油。

3）催化剂再生[1]。中国石化的逆流连续重整工艺反应、催化剂循环和再生流程见图4–9，其中再生部分包含四个单元，分别是催化剂提升、催化剂再生、催化剂粉尘淘析和催化剂还原。

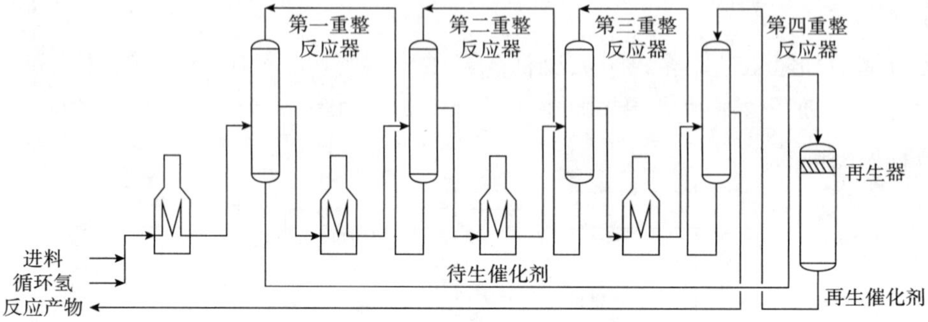

图4–9　逆流连续重整工艺流程简图

重整装置典型的反应条件和典型的塔操作条件见表4–1和表4–2，典型能耗为70～100 kgEO/t原料。

表4–1　典型的反应条件

项目	原料预处理	连续重整
反应压力/MPa（表）	2.6～3.0	0.35
反应温度/℃	280～340	500～540
体积空速/h^{-1}	6～8	1.2～2.5
氢油比	90～100（体积比）	1～3（物质的量比）

表4–2　典型的塔操作条件

项目	石脑油汽提分馏塔	拔头油汽提塔	稳定塔	脱戊烷塔	脱丁烷塔
操作温度（顶/底）/℃	152/249	114/162	72/238	92/234	69/136
塔顶操作压力/MPa（表）	1.26	1.55	1.45	1.15	1.24

4.2.2.4　主要装备

（1）反应器

重整反应器[2]是核心装备之一，大多是径向反应器，内设有分气管、中心管（集气管）等内构件，反应物料进入反应器后先分布到四周分气管内，然后径向流过催化剂床层，从中心集气管流出。反应器的设计温度为540～549℃，设计压力为0.65～0.9MPa（表），多采用2.25Cr–1Mo低合金钢材料。图4–10是典型的重整反应器简图。

（2）再生器

再生器的上段是烧焦区，主要是烧去催化剂上的积炭；下段分别为氧氯化区和干燥区，其中氧氯化区的作用是调整催化剂氯含量，使金属铂氧化和分散，干燥区的作用是脱除催化剂上的多余水分。催化剂从再生器出来以后送至还原罐进行还原，从而完成整个再生过程。再应器的设计温度为565～580℃，设计压力为0.45～0.65MPa（表），材质多采用不锈钢。图4-11为典型的再生器简图。

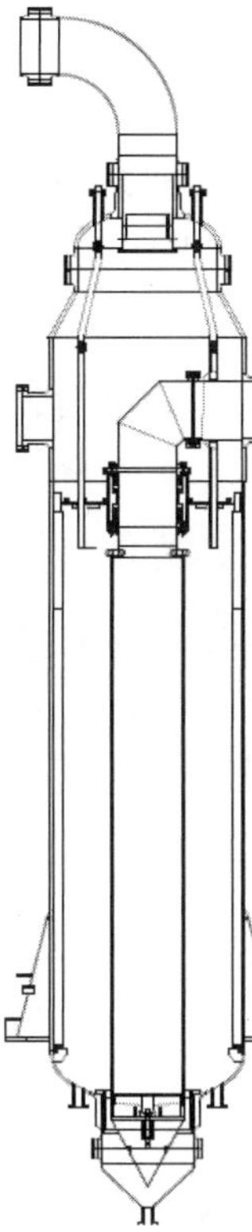

图4-10　典型的重整反应器简图

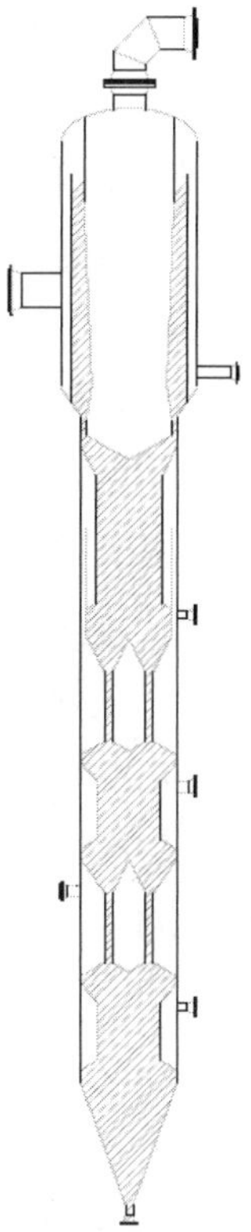

图4-11　典型的再生器简图

4.2.3　加氢

4.2.3.1　加氢技术概况

加氢技术自20世纪50年代开始应用，如今已经成为炼油工业的重要组成部分。加氢技术不仅可以生产清洁产品，还可以扩大下游装置原料来源，改善产品质量，提高轻质油收率，调整产品结构，提高全厂综合效益。

加氢装置的种类繁多，按照加工原料不同，可分为汽油加氢、航煤加氢、柴油加氢、蜡油加氢和渣油加氢；按照反应压力不同，分为高压加氢［氢分压大于12MPa（表）］、中压加氢［氢分压6～12MPa（表）］和低压加氢［氢分压低于6MPa（表）］；按反应器区分，有固定床、沸腾床、移动床和悬浮床四类；按照转化率的不同，可分为加氢精制、加氢处理和加氢裂化三大类。

加氢精制主要是脱除油品中的硫、氮、氧、金属等杂质，同时饱和烯烃，以改善油品的安定性、颜色、气味等，提高产品质量。加氢精制操作条件缓和，工艺流程简单，操作方便，原料适应性强，几乎没有裂化，其氢气耗量低，液体产品收率高。

加氢处理主要是降低进料中杂质含量，包括硫、氮、金属（如镍、钒）和残炭，通常加工直馏蜡油、焦化蜡油、常压/减压渣油等，为下游装置提供高质量的原料。加氢处理装置中，苛刻度最高的是渣油加氢处理装置。1967年，第一套常压渣油加氢处理装置在日本建成，用于生产低硫燃料油。随着技术的不断发展，渣油加氢技术从浅度脱硫到深度脱硫，从低转化率到高转化率，从加工常压渣油到减压渣油，不断发展进步。目前，渣油加氢主要为催化裂化装置提供高质量的原料油，以改善催化裂化装置产品分布和质量，提高全厂轻油的总收率和经济效益。

加氢裂化通常以重质馏分油如直馏蜡油、焦化蜡油等为原料，在高压、高温及氢气、催化剂等条件下，原料中的大分子烃类转化为小分子烃类，实现油品轻质化。加氢裂化催化剂可归纳为三种类型：以无定形SiO_2–Al_2O_3（或SiO_2–MgO）为载体的贵金属和非贵金属催化剂；以沸石分子筛为载体的贵金属和非贵金属催化剂；以无定形SiO_2–Al_2O_3（或SiO_2–MgO）加少部分沸石分子筛为载体的催化剂。

加氢裂化技术产品方案灵活，需要根据原料油性质、产品分布和氢耗、催化剂的类型和性能等综合考虑，有选择地生产液化气、石脑油、喷气燃料以及柴油等多种优质产品，产生的尾油可作为优质润滑油原料和乙烯裂解原料。此外，加氢裂化原料范围和操作方案的弹性大，炼油厂可组合出不同的加工流程，以增加全厂操作灵活性，提高经济效益。

4.2.3.2 反应原理

加氢工艺中发生的化学反应如下，

（1）加氢脱硫（HDS）

加氢脱硫是加氢过程最重要的化学反应之一，是强放热反应，反应热大约为550kcal/Nm^3耗氢。脱硫反应是各种加氢反应中转化程度最高的，对总反应热的贡献率最大。

馏分油中含硫化合物主要包括脂肪族类硫化物和非脂肪族类硫化物两种，其中非脂肪族类硫化物主要有噻吩、苯并噻吩、二苯并噻吩类等硫化物。各类硫化物的分布在馏分油中是不同的，原料油馏分越重，脱硫难度越大。以大分子硫醚为例，加氢脱硫反应式为：

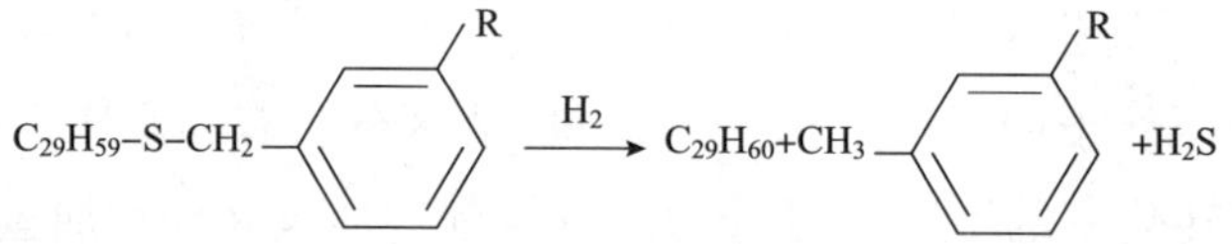

（2）加氢脱氮（HDN）

加氢脱氮是加氢过程重要的化学反应，氮化物在催化加氢条件下转化为NH_3和烃类化合物，从而使氮脱除。加氢脱氮反应也是强放热反应，反应热大约为650 kcal/Nm^3耗氢，但由于原料油中氮含量较低，脱除率也仅为50%～60%，其对总反应热的贡献率不大。

直馏馏分油中的氮化物一般以五元或六元的氮杂环化合物形式存在，最常见的有吡啶、吡咯、吲哚、咔唑、喹啉等氮杂环化合物及其衍生物。

与HDS相同，HDN反应速度与氮化物的分子结构和分子大小有关。在同样的反应条件下，随着原料油馏程变重，总氮脱除率和碱性氮脱除率随之下降，且碱性氮脱除率下降幅度更大，为了达到同样的脱氮率则需要更苛刻的操作条件。

与加氢脱硫不同的是，热力学平衡影响脱氮反应的工艺操作条件及催化剂的选择性。如吡啶的加氢脱氮反应：

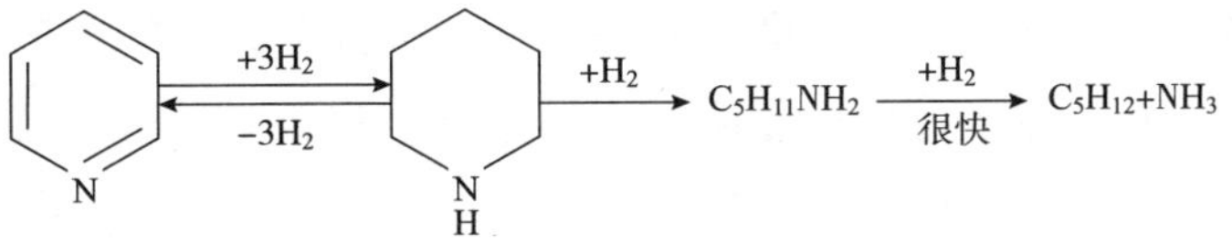

（3）烯烃和芳烃加氢饱和

烯烃加氢饱和反应速度较快，仅次于加氢脱金属反应，在加氢脱硫反应温度下，烯烃加氢反应基本达到完全饱和。

烯烃加氢饱和是强放热反应，反应如下：

$$R-CH=CH-R'+H_2 \longrightarrow R-CH_2-CH_2-R'$$

芳香环的加氢饱和是强放热反应，是所有加氢反应中最难进行的一类反应，受热力学控制。在较高的氢分压和较低的反应温度下，有利于芳烃加氢饱和反应。

（4）烷烃加氢裂化

加氢裂化是在氢气和催化剂存在下，使进料中较大的烃类分子变成小分子的反应。加氢裂化反应程度由转化率衡量。

烷烃在加氢裂化条件下可生成分子量更小的烷烃，其通式为：

$$C_nH_{2n+2}+H_2 \longrightarrow C_mH_{2m+2}+C_{n-m}H_{2(n-m)+2}$$

因此，加氢裂化反应中，加氢裂化催化剂的加氢活性与酸性活性要很好地配合。如果加氢活性过强，就会使二次裂化反应过于受抑制；而当酸性活性过强时，则会使二次裂化反应过于强烈，反应产物中较小分子及不饱和烃增多，严重时还会造成生焦。

（5）环烷烃加氢裂化

单环环烷烃在加氢裂化条件下发生异构化、断环、脱烷基侧链的反应，也会发生不显著的脱氢反应，例如：

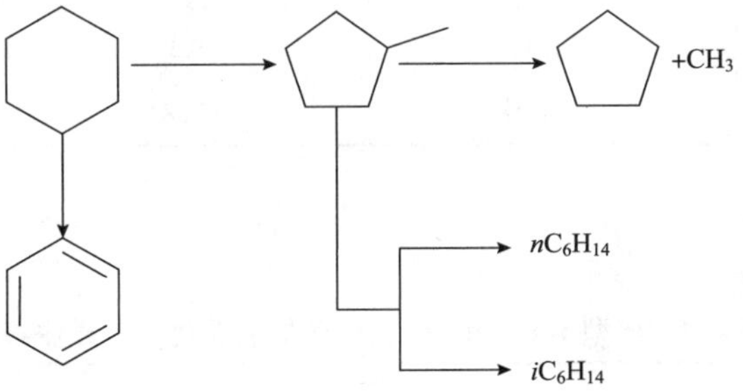

带长链的单环六元环烷烃在高活性催化剂上进行加氢裂化反应时，主要是发生断侧链反应。

4.2.3.3　主要工艺特点

加氢工艺主要包括反应和分馏，反应部分的高压换热系统通常有两种流程，一是原料单相换热，二是原料两相换热。反应部分的分离系统有热高分与冷高分两种流程，全部反应产物经过空冷器后进行气液分离叫作冷高分流程，其流程较简单，氢气损失相对少；将全部反应产物在较高温度下先进行一次气液分离，闪蒸出的油气再经换热空冷后进行二次分离，称之为热高分流程。热高分流程相对复杂，氢气损失较多，但其能耗较低。

分馏部分有两种方案：一是单塔流程方案，即分馏塔+酸性气体压缩机方案；二是双塔流程方案，即脱硫化氢塔+分馏塔方案。双塔流程中反应产物首先在脱硫化氢塔中除去轻烃和硫化氢，塔顶气、液相产品送入吸收稳定单元；脱硫化氢塔底油进分馏塔，分馏塔顶分离出混合石脑油，侧线出喷气燃料和柴油产品，塔底产品为加氢尾油。

典型加氢裂化装置物料平衡见表4–3，典型操作条件见表4–4，典型工艺流程图见图4–12。

表4–3　典型140×10^4t/a全循环加氢裂化装置物料平衡

项目	物料	质量分数/%	物料量/（10^4t/a）
入方	原料油	100	140
	化学耗氢	2.87	4.018
	入方合计	102.87	144.018
出方	H_2S	0.2	0.28
	NH_3	0.22	0.308
	干气	0.41	0.574
	液化气	4.97	6.958
	轻石脑油	10.25	14.35
	重石脑油	47.02	65.828
	柴油	39.3	55.02
	尾油	0.5	0.7
	出方合计	102.87	144.018

注：1. 化学耗氢以纯氢计算。
2. H_2S，NH_3分布在气体和污水中。

表4–4　典型140×10^4t/a全循环加氢裂化装置操作条件

运转阶段	反应初期	反应末期
原料油	混合进料	混合进料
操作模式	尾油循环	尾油循环
新鲜原料进料量/（t/h）	166.7	166.7
循环油量/（t/h）	71.4	71.4
一反入口总进料量/（10^4t/a）	200.0	200.0

续表

运转阶段	反应初期	反应末期
单程转化率 /%	70	70
一反入口氢分压①/MPa	15.0	15.0
精制剂	1.0	1.0
裂化剂	1.3	1.3
后精制剂	10.0	10.0
一反入口氢油体积比②/（Nm^3/m^3）	≮ 800	≮ 800
精制平均反应温度 /℃	373	398
精制总温升 /℃	47	45
裂化平均反应温度 /℃	378	400
裂化总温升 /℃	44	44
催化剂连续运行周期 /a	≮ 3	
主催化剂总寿命 /a	≮ 6	

①氢分压定义：反应器入口总压 × 循环氢纯度；
②氢油比定义：（反应器入口循环气流量 × 循环氢纯度 + 新氢流量 × 新氢纯度）/ 新鲜进料油体积流量。

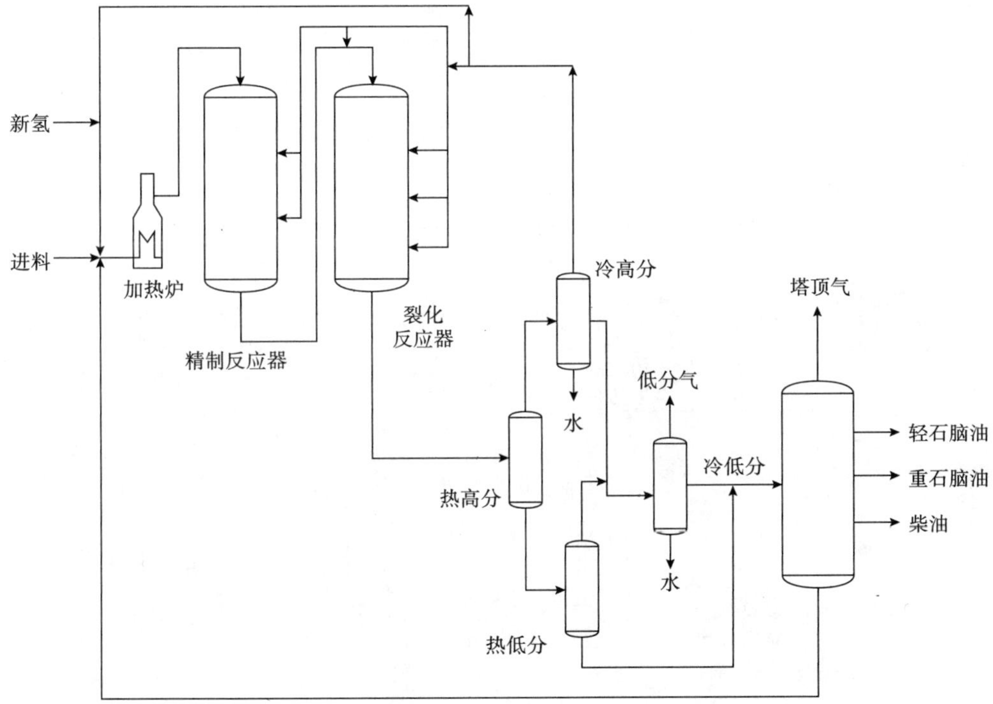

图 4–12　典型主循环加氢裂化工艺简图

4.2.3.4　主要装备

加氢装置关键设备主要包括反应器、双壳程换热器等，典型设备图如图 4–13 和图 4–14 所示。

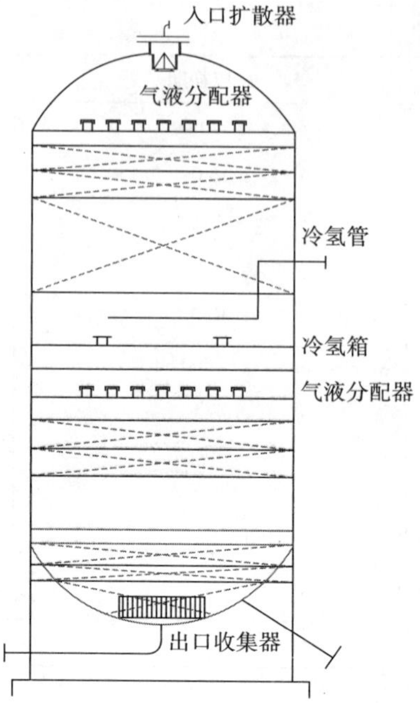

图4-13　典型加氢反应器简图

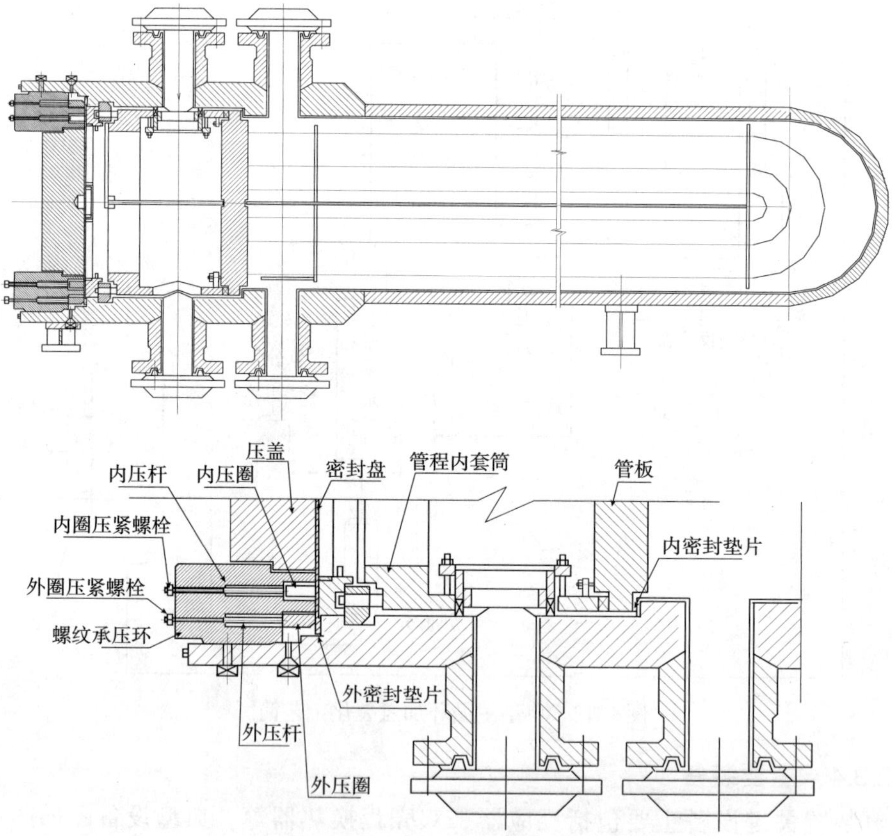

图4-14　典型加氢双壳程换热器简图

4.2.4　催化裂化

4.2.4.1　工艺技术简介

自1936年催化裂化工艺诞生以来，催化裂化工艺一直是石油炼制工业中重要的二次加工工艺，主要以减压蜡油、常压渣油、减压渣油、焦化蜡油和脱沥青油等重质原料，在催化剂作用下，转化为液化气、汽油、柴油等轻质燃料和乙烯、丙烯等化工原料。

生产低烯烃汽油的催化裂化工艺，主要是中国石化开发的MIP工艺，采用新型串联提升管反应器，设有两个反应区：第一反应区以一次裂化反应为主，采用较高的反应强度，经较短的停留时间后进入扩径的第二反应区下部；第二反应区通过降低油气和催化剂的流速、降低该区的反应温度和重时空速，增加氢转移和异构化反应，并控制二次裂化反应。

多产丙烯的催化裂化工艺包括中国石化开发的DCC-I工艺、KBR公司开发的MAXOFIN工艺和SUPERFLEX工艺、UOP公司开发的LOCC工艺、Lummus公司开发的SCC工艺。DCC-I工艺以减压馏分油或掺炼渣油为原料，采用具有高基质活性、高择形二次裂化能力和低氢转移活性的专用催化剂，通常在较高反应温度（545～560℃）、较低空速（$4h^{-1}$）、大剂油比（10～12）和较低压力下，采用提升管+密相流化床反应器进行深度催化转化，以最大量生产丙烯。

中国石化开发了多产乙烯和丙烯的催化热裂解（CPP）工艺，以重油或蜡油为原料，采用酸性沸石催化剂，在反应系统中通过催化裂化、高温热裂解、择形催化、烯烃共聚、歧化和芳构化的综合反应途径，最大量生产乙烯和丙烯。

4.2.4.2　反应原理

催化裂化工艺过程中，原料油与高温固体催化剂接触并汽化形成高温油气，在固体催化剂上发生反应，主要反应类型如图4-15所示。

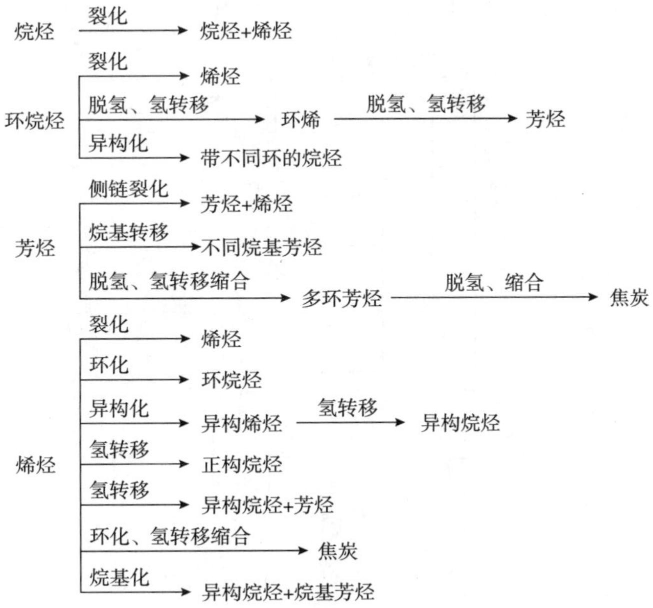

图4-15　催化裂化工艺主要反应

4.2.4.3　主要工艺特点

典型催化裂化工艺流程如图4-16所示，主要包括反应-再生、分馏吸收稳定和能量回收三个部分。装置新鲜原料至

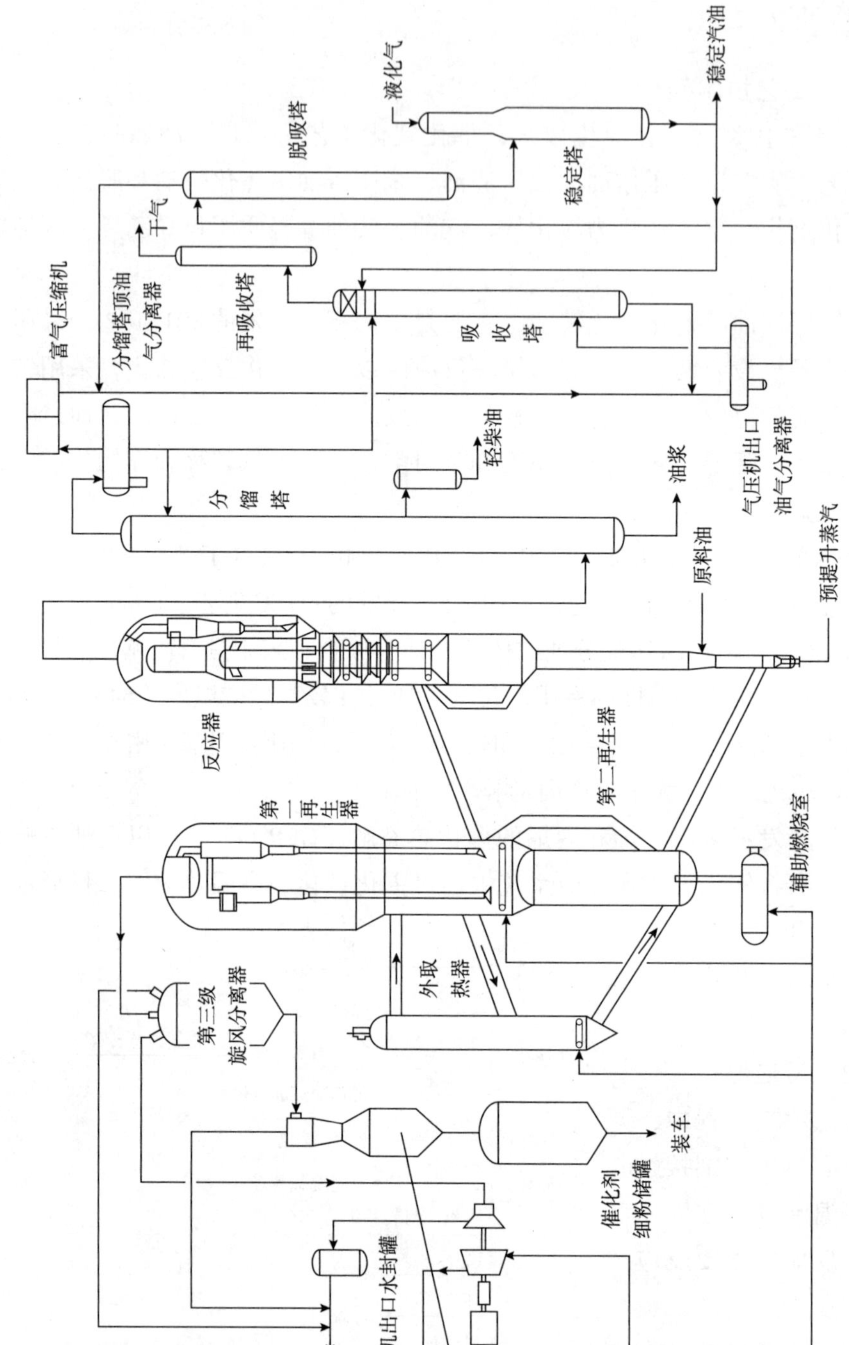

图4-16　典型催化裂化工艺流程简图

原料油缓冲罐，用提升管进料泵抽出，通过与油浆换热升温后，进入到提升管下部新鲜原料喷嘴。原料油被蒸汽雾化后与再生器来的高温再生催化剂在提升管中接触并快速汽化，在较高的反应温度和较大剂油比条件下，裂解成轻质产品。反应产生油气携带催化剂通过提升管向上流动至第二反应区，在较低反应温度和较长反应时间的条件下，主要是增加氢转移反应和异构化反应。

待生催化剂在汽提段经水蒸气汽提后，通过待生斜管进入再生器进行烧焦。再生后的催化剂通过再生斜管进入提升管底部，实现催化剂的连续循环。为维持两器热平衡，增加操作灵活性，再生器设置可调热量的外取热器。

催化剂再生产生的高温烟气进入第三级旋风分离器，分出催化剂细粉后进入烟气轮机膨胀做功，回收烟气中的压力能，做功后的烟气进入焚烧式CO余热锅炉，回收烟气显热和潜热，烟气温度降至低于160℃后进入烟气脱硫除尘系统。

由反应器出来的油气进入分馏塔，与循环油浆逆流接触被冷却洗涤。塔顶分出的不凝气进入富气压缩机，冷粗汽油送往吸收稳定部分；侧线分出的轻柴油作为产品送出装置；塔底分出的油浆经换热冷却后外甩送出。

分馏塔顶的富气被富气压缩机压缩至1.5MPa（表），进入吸收稳定系统。吸收稳定系统通常采用四塔流程，分别为吸收塔、再吸收塔、脱吸塔和稳定塔。富气和粗汽油进入吸收稳定后，通过吸收和精馏相结合，得到干气、液化气和汽油产品并送往下游装置处理。

典型催化裂化装置能耗为40～45 kgEO/ t原料，典型物料平衡见表4–5。

表 4–5　典型催化裂化物料平衡

序号	名称	质量分数/%
一	进料	
1	原料	100.00
二	出料	
1	干气	3.20
2	液化气	20.00
3	汽油	42.60
4	轻柴油	19.80
5	油浆	5.50
6	焦炭	8.90
	合计	100.00

4.2.4.4　主要装备

催化裂化装置关键设备主要包括提升管、反应沉降器、再生器等，均采用流化床反应器，操作温度500～700℃，设备壳体采用冷壁设计，内件选用CrMo钢和耐高温的不锈钢材料，设备壳体衬有隔热耐磨单层或双层衬里，内件衬有高耐磨单层衬里，典型催化裂化提升管及二反如图4-17所示，反应沉降器如图4-18所示，再生器如图4-19所示。

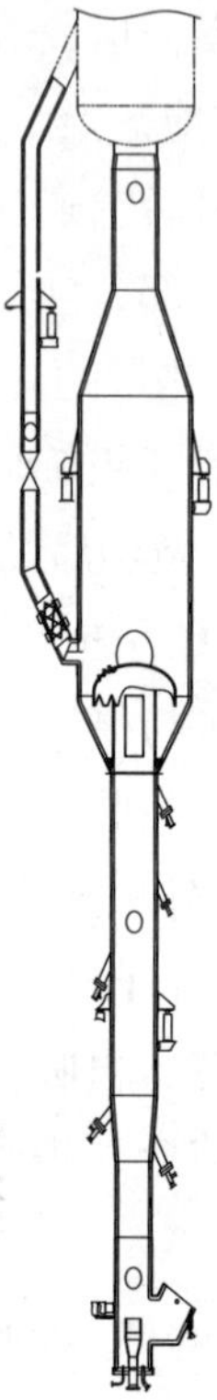

图4-17　典型催化裂化提升管及二反简图

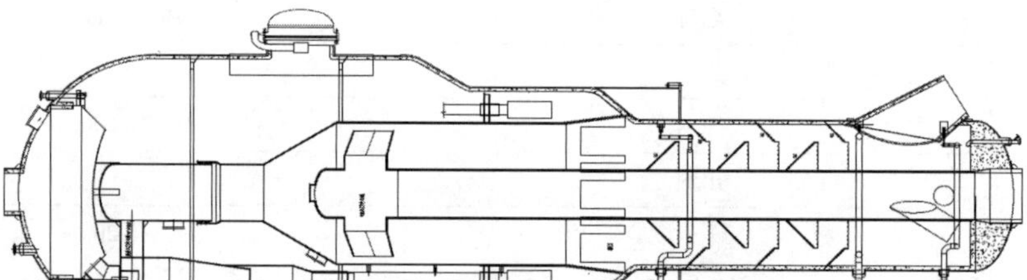

图4-18　典型催化裂化反应沉降器简图

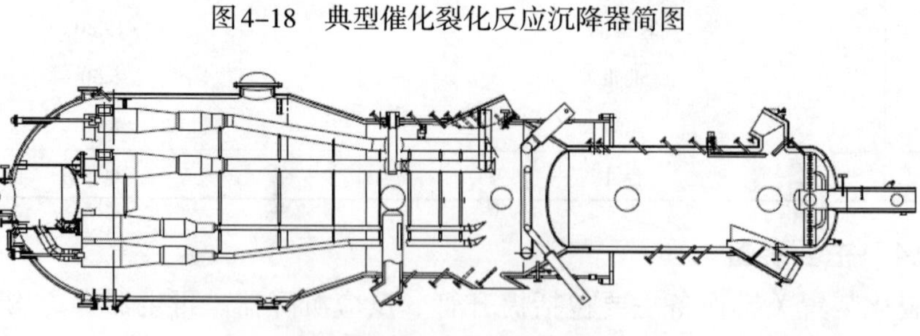

图4-19　典型催化裂化再生器简图

4.2.5　催化汽油吸附脱硫（S Zorb）

4.2.5.1　工艺技术简介

随着我国的环保要求日益严格，对油品的质量要求愈来愈高，而汽油中的硫是造成汽车尾气污染的主要原因，因此降低硫含量是汽油质量升级的关键。由于我国汽油总量中催化汽油约占70%，其硫含量高、烯烃含量高，因此催化汽油脱硫是生产国Ⅴ及国Ⅵ车用汽油的关键。

根据技术原理的不同，催化汽油脱硫分为吸附脱硫（S Zorb）和选择性加氢两大类脱硫技术，S Zorb技术是中国石化拥有的先进的全馏分催化汽油吸附脱硫技术，采用中国石化专利吸附剂，通过吸附剂选择性地吸附含硫化合物中的硫，同时最大限度地保持了汽油产品的辛烷值，具有氢耗低、操作费用低等优点。

原料汽油中的硫经过反应和再生部分后，被转化成二氧化硫并从再生烟气排出，反应器内发生流化床吸附脱硫反应，再生器发生流化床氧化反应，反应部分为中压临氢环境，再生部分为低压含氧环境，由闭锁料斗步序控制实现氢氧环境的隔离和吸附剂的输送。

4.2.5.2　主要反应原理

（1）汽油吸附脱硫化学反应

该技术工艺过程相对复杂，涉及的化学反应较多，其中反应器内主要发生吸附脱硫反应、烯烃加氢饱和反应、烯烃加氢异构化反应、吸附剂还原反应等；再生器内则主要发生待生吸附剂所含的硫和碳等与再生空气的氧化反应。

脱硫反应主要机理如下：

$$RS+Ni+H_2 \longrightarrow RH_2+NiS$$

$$NiS+ZnO+H_2 \longrightarrow Ni+ZnS+H_2O$$

催化剂再生主要反应如下：

$$ZnS+1.5O_2 \longrightarrow ZnO+SO_2$$

$$C+O_2 \longrightarrow CO_2$$

（2）催化剂特点

中国石化开发出了新一代吸附剂（FCAS-Ⅱ），其脱硫反应活性及稳定性高、辛烷值损失小，并且具有良好的流化性能及耐磨性能，能够满足工业装置长周期运行的需要。FCAS-Ⅱ主要指标见表4-6。

表 4-6　FCAS-Ⅱ主要指标

项目	性质
吸附剂名称	S Zorb SRT sorbent

续表

项目	性质
载体	硅石和氧化铝混合物
组分	锌、镍/硅、铝
颜色	灰绿色粉末
粒度	65 μm
密度	~1.001g/cm^3

4.2.5.3 主要工艺特点

S Zorb工艺主要包括脱硫反应、吸附剂再生、吸附剂循环和产品稳定四个部分，典型工艺流程见图4-20。以某120×10^4t/a装置为例，其典型反应操作条件见表4-7，设备操作条件见表4-8，单位能耗约8.22kgEO/t原料。

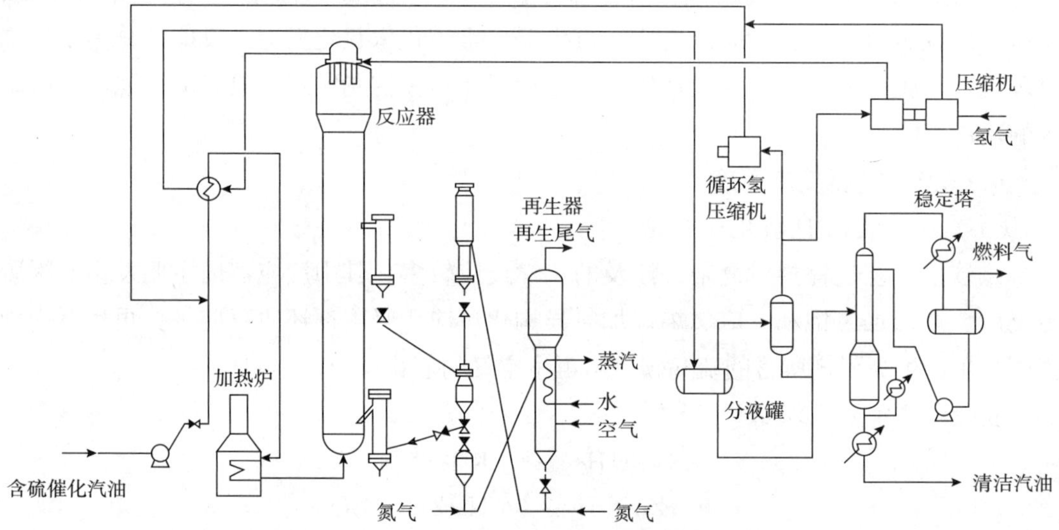

图4-20 典型催化汽油吸附脱硫工艺流程简图

表4-7 典型反应操作条件

项目	指标
反应器入口压力/MPa（表）	3.10
反应器入口温度/℃	421
反应器总温升/℃	20
反应空速（WHSV）/h^{-1}	3~6
氢油比（物质的量比）	0.29~0.31
实际氢耗（对原料）/%（质）	0.20~0.23
吸附剂持硫率/%（质）	≤7.5

注：吸附剂循环部分主要操作条件：循环量为1200 kg/h，循环时间为20min/次。

表4-8　吸附剂循环部分设备主要操作条件

设备名称	操作介质	操作温度/℃	操作压力/MPa	吸附剂
反应器接收器	含氢气体+吸附剂	441	2.96	流化床
还原器	含氢气体+吸附剂	260~300	3.07	流化床
闭锁料斗	含氢气体+氮气+氧气+吸附剂	260~441	0.15~3.15	流化床
再生进料罐	氮气+吸附剂	369	0.146	移动床
再生器接收器	氮气+再生烟气+吸附剂	260~300	0.145	流化床

4.2.5.4　主要装备

（1）反应器

反应器是汽油吸附脱硫工艺过程的核心，包括两部分，其中脱硫反应主要发生在床层下部的吸附剂流化床里，反应器上部扩径段使反应产物气体流速降低以便被夹带的吸附剂掉落，返回床层下部。

混氢原料自反应器底部进入，通过气体分布器进入吸附剂床层。设置气体分布器的目的是在气体通过限流孔时产生一定的压降，从而使气体有良好的分布。同时每个出气孔上都设有固定的泡帽，可以起到减少吸附剂的磨损和防止吸附剂漏到分布器下方的作用。

混氢原料以适宜的速度通过床层，使吸附剂流化并确保良好的气固接触。需要注意的是，气速太高可能使得过多的吸附剂被夹带到反应器顶部，造成反应器顶部过滤器负荷大幅增加，从而影响该设备乃至装置的长周期平稳运行。

（2）闭锁料斗

闭锁料斗简图见图4-21，其作用是将待生吸附剂从高压烃/氢环境的反应系统输送至低压的氧/氮环境再生系统，并将再生后的吸附剂由低压氧/氮环境的再生器系统输送至高压烃/氢环境的反应系统。闭锁料斗顶部设有过滤器以防止吸附剂被排出的气体携带出去，闭锁料斗交替输送待生和再生吸附剂。

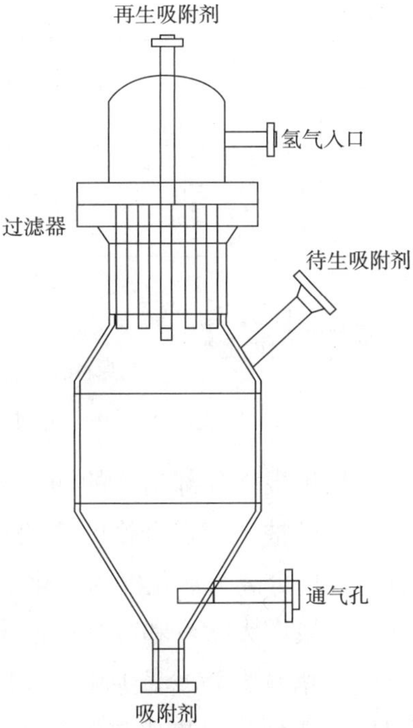

图4-21　闭锁料斗简图

4.2.6　延迟焦化

4.2.6.1　工艺技术简介

延迟焦化是重要的重油加工工艺，通过热加工将低价值重质油转化为高价值轻质油品。延迟焦化装置原料来源广，可加工渣油、稠油、煤焦油等，其主要产品为焦化干气、液化气、石脑油、柴油、蜡油和石油焦。

延迟焦化是把热裂化和缩合反应由加热炉延迟到下游的焦炭塔，原料经加热炉加热，吸收热量并开始气化、裂化和结焦，最终反应在焦炭塔内完成，并生成产品。焦炭塔采用两台间断操作，一台在进料生焦，另一台在冷焦除焦，两台塔每18～24h切换一次。延迟焦化主要包括焦化、分馏、轻烃回收、焦炭处理、吹汽放空和冷却、切焦水处理等多个单元[5]。

4.2.6.2 主要工艺特点

延迟焦化典型的工艺流程见图4-22。新鲜原料先与循环油混合，再经加热炉被迅速加热到500～505℃，进入焦炭塔底，在塔中发生热裂化和缩合反应，转化为轻烃和焦炭。塔顶热油气进入分馏塔，焦炭沉积在焦炭塔内壁。至少需要两个以上的焦炭塔交替切换进行生焦、除焦等操作。

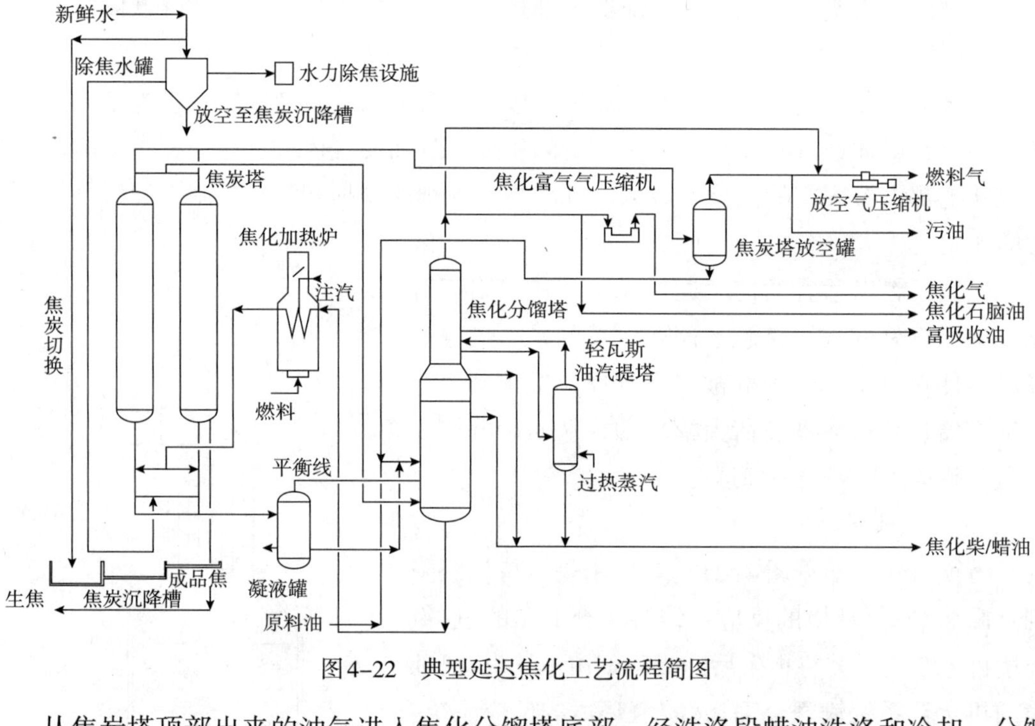

图4-22 典型延迟焦化工艺流程简图

从焦炭塔顶部出来的油气进入焦化分馏塔底部，经洗涤段蜡油洗涤和冷却。分馏塔中上部抽出闪点合格的柴油送出装置，塔顶焦化石脑油作为产品送出装置。塔顶富气升压后分离为液化气和焦化干气，经脱硫处理后作装置燃料或外送。

焦炭塔大吹汽和冷焦阶段产生大量含烃蒸汽进入放空塔，塔顶轻烃经升压后作燃料气，塔顶蒸汽冷凝后作冷切焦水回用或去酸性水汽提系统；塔底重油送出装置或回炼。典型延迟焦化装置各产品收率及去处见图4-23，装置能耗为20.94kgEO/t焦化原料。

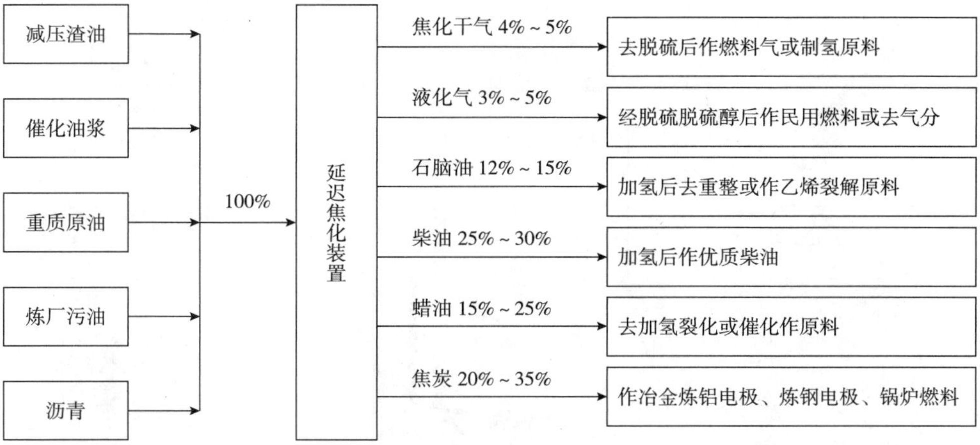

图4–23　典型延迟焦化装置各产品收率及去向

4.2.6.3　主要装备

延迟焦化装置主要设备有加热炉、焦炭塔和水力除焦系统。

加热炉把焦化原料快速加热到反应所需温度，而炉管内基本不结焦。加热炉通过设置空气预热器提高加热炉热效率；采用多点注气可明显减少注汽量及管线压降；在线清焦技术可在焦化炉不停炉情况下对炉管内结焦进行清除，延长操作周期。

焦炭塔是焦化装置的反应器，顶部是球形或椭圆形封头，下部是锥体。焦炭塔的底部有卸焦口，法兰上有渣油入口管或安装自动底盖机。在焦炭塔塔体外表面安装有3 ~ 4个中子料位计或伽玛射线料位计，用于测量料位。焦炭塔设备简图如图4–24所示。

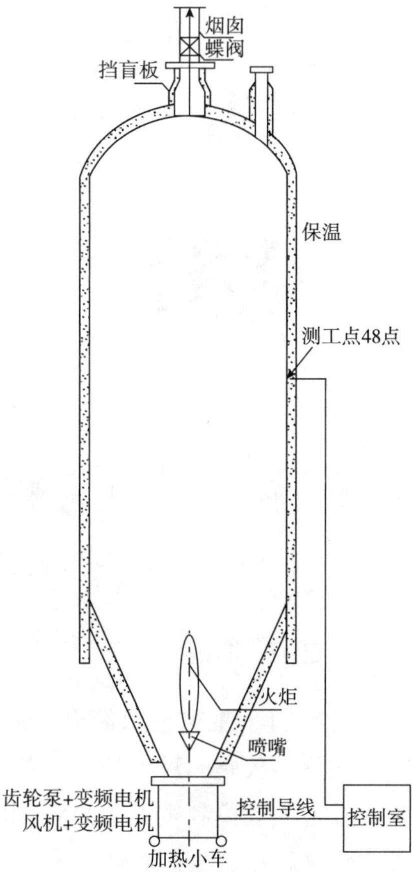

图4–24　焦炭塔设备简图

水力除焦就是将高压水的压力通过喷嘴转化为高速射流，压力能转变为动能，将焦炭切碎。国内典型的水力除焦系统主要包括：高压水泵、高压水管道、高压隔断阀、除焦控制阀、高压胶管、钻杆、风动水龙头/水力马达、自动切焦器、钻机轿车、滑轮组、除焦井架和除焦控制系统、焦炭塔顶盖机以及焦炭塔底盖机等（见图4–25）。

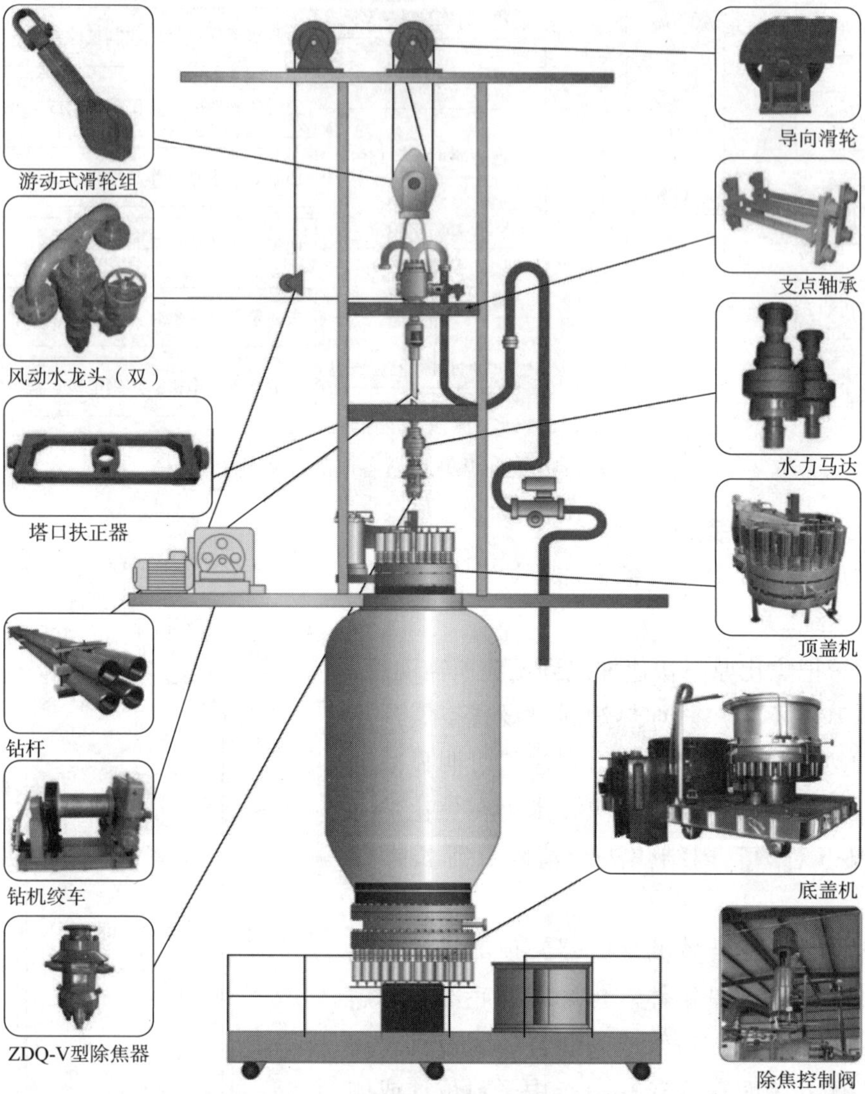

图4-25　水力除焦相关设备简图

4.2.7　制氢

4.2.7.1　工艺技术简介

氢气不仅是一种“洁净”的能源，也是一种十分重要的工业原料。目前，石油化工工业上大规模制氢（5000Nm³/h以上）的方法一般为天然气转化制氢、轻油转化制氢或水煤气转化制氢技术等。下面介绍几种常用制氢工艺技术。

（1）烃类蒸汽转化

轻烃水蒸气转化法是目前常用的制氢方法，流程简单、投资低廉、占主导地位。但该方法原料成本高，产品氢气含量低，需要提纯。

（2）煤制氢

煤制氢的技术主要包括：煤气化、耐硫变换、低温甲醇洗、变压吸附提纯。煤制氢技术中最主要的是煤气化技术，目前比较通用的分类方法是按煤与气化剂在气化炉内的运动状态分为固定床（移动床）、流化床和气流床三类。

固定床加压气化技术的代表Lurgi炉，采用原料粒度5～50mm的碎煤。气化剂采用水蒸气与纯氧，气化强度随气化压力的提高而提高。碎煤加压气化技术原料适应范围广，可用褐煤、次烟煤、贫煤等；气化压力高，气流速度低，但气化炉温度和出口煤气温度低，气化强度低，粗煤气中含焦油和酚较多；在目前采用纯氧为气化剂的气化工艺中氧耗最低；粗合成气中甲烷含量高，煤气热值高，适合做燃料气。

水煤浆加压气流床气化技术主要有以下特点：适用于加压下［最高压力8.5MPa（表）］气化；在较高的气化压力下，降低合成气压缩功；气化炉进料稳定，由于气化炉的进料由可以调速的高压煤浆泵输送，所以煤浆的流量和压力较易得到保证；采用激冷流程，工艺流程短，设备结构简单；气化温度高，有机物分解彻底，污染物少，对于特别难处理的废水、废渣可加入煤浆中入炉气化处理，可以满足越来越高的环保要求。

（3）电解水制氢

电解水法制氢工艺成熟，主要产品为H_2和O_2，需纯化处理，该工艺生产清洁，但能耗高，投资大。

（4）氢汽提纯分离

目前氢汽提纯分离法主要有三种：变压吸附、膜分离和深冷分离。变压吸附法是目前应用最多的方法，优点是流程简单、操作方便、运行费用低，缺点是会有一部分氢气损失到尾气中。

膜分离技术是近年来新发展的气体分离方法。该工艺是利用不同组分渗透率的差异，达到分离混合气体的目的。膜分离具有工艺简单、操作弹性大、投资少、能耗低等优点。

4.2.7.2　主要工艺特点

目前大型炼油厂中使用最多的就是烃类蒸汽转化法制氢，原料多为天然气。烃类蒸汽转化制氢装置主要由如下部分组成：

原料预处理部分包括加氢和脱杂质；根据原料的不同，在进入转化工段时，原料中杂质要求如下：硫含量（体积分数）$<0.2\times10^{-6}$，氯含量（体积分数）$<0.2\times10^{-6}$，砷含量（质量分数）$<0.5\mu g/kg$，铅含量（质量分数）$<0.5\mu g/kg$，烯烃含量$<1\%$。采用预转化工艺时，原料中杂质要求更为严格，其中硫含量（质量分数）$<50\mu g/kg$，氯含量（质量分数）$<50\mu g/kg$。

反应部分包括预转化、转化和变换。转化反应是制氢的核心反应，轻烃与水蒸气在催化剂作用下发生强吸热反应，生成一氧化碳和氢气；增加水蒸气比例可以提高转化率，同时还可以防止或减少催化剂上积炭。合适的反应温度为800～900℃，反应压力为1.5～4.0MPa，水碳比为2.5～4。

变换反应是将转化气中的一氧化碳与水蒸气在催化剂的条件下进一步反应生成二氧化碳和氢气。由于变换反应是放热反应，所以温度低有利于反应向平衡方向发展。出变换反应器的氢气含量在70%～80%之间。

典型制氢装置能耗为1278 kgEO/t纯氢，主要消耗为燃料气，主要节能手段为发生蒸汽。

4.2.7.3 主要装备

制氢转化炉（见图4-26）作为转化反应的反应器，属于装置的核心设备。炉内设置外热式的转化炉管，催化剂装在转化炉管内，以满足转化反应所需要的强吸热及高温等要求，反应介质通过炉管内的催化剂床层进行反应。

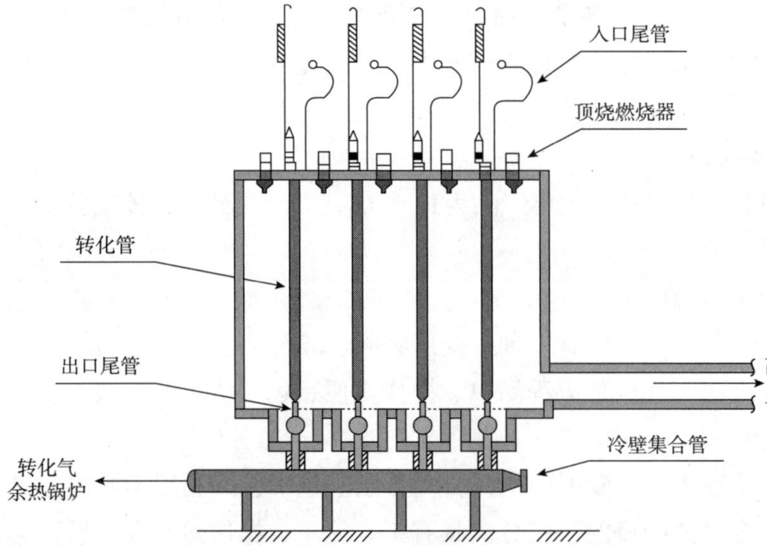

图4-26 制氢转化炉简图

4.2.8 烷基化

4.2.8.1 工艺技术简介

烷基化油是一种多支链烷烃混合物，具有辛烷值高、蒸气压低、不含烯烃和芳烃以及燃烧清洁等诸多优点，是一种优良的航空汽油及无铅车用汽油的理想高辛烷值调和组分[1]。

烷基化技术主要有氢氟酸法和硫酸法技术。氢氟酸法非常成熟，但由于氢氟酸具有挥发性、腐蚀性和毒性，近年来采用该工艺的新建装置较少。硫酸法烷基化工艺是当前技术的主流。

4.2.8.2　主要工艺特点

（1）反应机理

烷基化反应一般用正碳离子学说来解释，最终结果表现为在酸催化剂作用下的加成反应。烷烃分子的活泼氢原子位置被烯烃取代。由于异构烷烃叔碳原子上的氢原子比正构烷烃伯碳原子上的氢原子活泼，因而烷基化必须以异构烷烃（如异丁烷）为原料[6, 7]。

丙烯、丁烯和戊烯与异丁烷的烷基化主要反应分别表示如下：

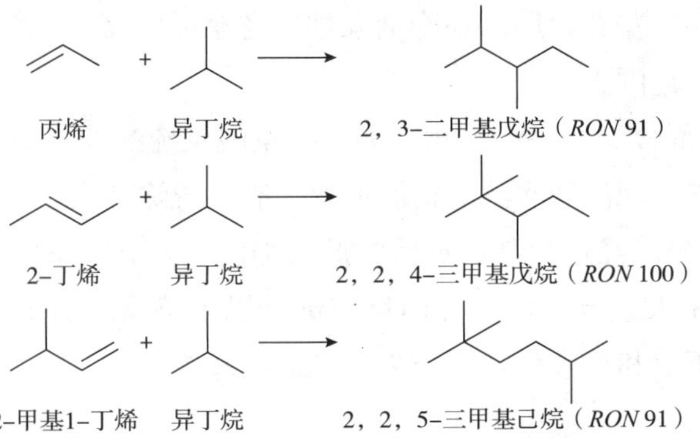

采用浓硫酸作为催化剂，随着反应的进行，连续排出质量分数为88%～90%的废酸，同时补充质量分数为98%以上的新鲜酸。因此，硫酸法烷基化装置往往需要配套建设废酸再生装置。根据废酸再生装置所选的工艺不同，烷基化装置补充新酸可分为湿法酸再生工艺和干法酸再生工艺。

（2）工艺流程简介

如图4–27所示，工艺流程主要由原料预处理、反应、制冷压缩、流出物精制、产品分馏及化学处理等几部分组成。

1）原料预处理部分。聚结脱水后的原料经过选择性加氢脱除丁二烯，随后送入脱轻烃塔将多余氢气、C_3及C_3以下的轻组分除去。

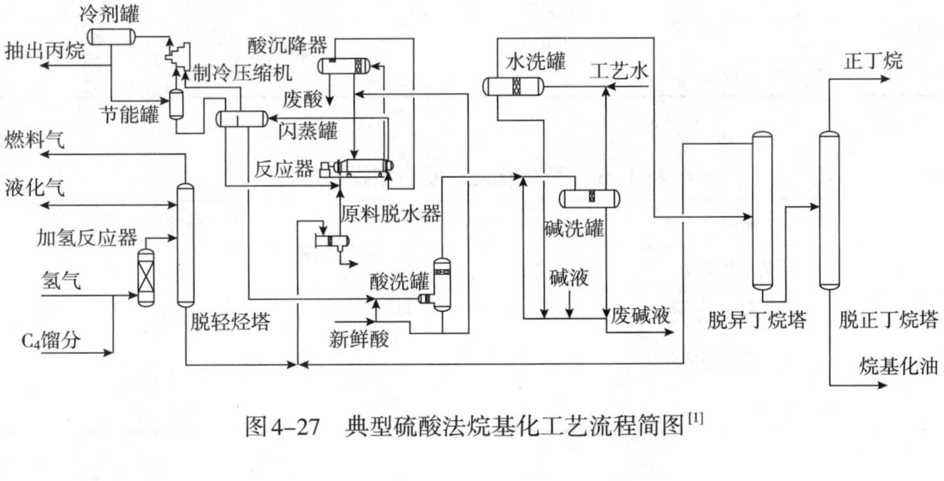

图4–27　典型硫酸法烷基化工艺流程简图[1]

2）反应部分。加氢精制后的C_4馏分和循环异丁烷、循环冷剂充分混合，进入反应器进行反应生成烷基化油。反应流出物是一种酸烃乳液，在酸沉降器中进行酸烃分离。分离出的酸循环使用，同时补充少量新酸排出少量废酸，以维持反应酸浓度。分离后的烃相经节流膨胀后进入反应器的管程，取走反应热后进入闪蒸罐进行气液分离。

3）制冷压缩部分。设丙烷缩机制冷系统。压缩后再经冷剂冷凝器冷凝，冷凝的烃类液体进入冷剂罐。该液体的绝大部分冷却后进入节能罐，并在节能罐的压力下闪蒸，富含丙烷的气体返回压缩机二级入口，节能罐流出的液体去闪蒸罐，再降压闪蒸，使冷剂温度降低至-4.6℃左右，用循环冷剂泵抽出送至反应器，进料与原料C_4直接混合，使反应温度在合适的范围内。

4）流出物精制部分。反应流出物中夹带少量酸及硫酸酯，引起下游系统腐蚀和结垢，因此采用浓酸洗、碱洗和水洗的精制流程，有效脱除杂质。

5）产品分馏部分。经过精制处理后的烃类物流送入分馏系统，分出异丁烷、正丁烷及烷基化油。其中大量异丁烷循环回反应部分以维持反应器中的烷烯比，尽量抑制副反应的发生。正丁烷和烷基化油则作为产品送出装置。

（3）操作条件

流出物制冷烷基化工艺的加氢反应器和烷基化反应器典型操作条件[1]见表4-9和表4-10。

表4-9　加氢反应器典型操作条件

项目	操作条件
反应温度/℃	60（初期）~80（末期）
反应压力/MPa	2.0
反应空速/h^{-1}	≤5
H_2/丁二烯（物质的量比）	2.0~4.0
加氢产物中残余丁二烯/（μg/g）	≤100
总单烯烃收率/%	≥100
1-丁烯异构化率/%	≥40

表4-10　烷基化反应器典型操作条件

项目	操作条件
反应温度/℃	7~11
反应压力/MPa（表）	0.41
反应器进料烷烯体积比	（8~11）：1
反应空速/h^{-1}	0.3~0.5

（4）能耗及催化剂消耗

烷基化装置是一个能耗较高的装置。30×10^4t/a烷基化装置的设计能耗（含原料预处理部分，制冷压缩机采用电驱），见表4–11，其催化剂和化学药剂消耗量见表4–12。从表4–11可以看出，装置主要的能耗是1.0MPa蒸汽，占总能耗的76.3%。其中，1.0MPa蒸汽主要用于分馏塔的重沸器，包括脱轻烃塔、脱异丁烷塔和脱正丁烷塔。因此降低蒸汽消耗是烷基化装置工艺优化节能的关键。

表4–11 30×10^4t/a烷基化装置能耗指标（kgEO/t产品）

名称	能耗
循环水	3.2
除盐水	0.8
电	26.6
1.0MPa蒸汽	110.2
凝结水	–11.1
净化风	0.3
合计能耗	130

表4–12 30×10^4t/a烷基化装置催化剂及化学药剂消耗

名称	型号或规格	年用量/t
硫酸	99.2%（质）	$1.93\times10^4\sim3.0\times10^4$
NaOH	100%（质）	100
加氢催化剂	LST–02	3.6
保护剂	LBT–02	0.6

（5）物料平衡

烷基化反应所需的有效组分是异丁烷和$C_3\sim C_5$的烯烃（国内主要是C_4烯烃）。此外，原料中往往还含有正丁烷、丙烷等不参与反应的组分。原料组成不同，得到的物料平衡也不同。30×10^4t/a烷基化装置以MTBE装置未反应C_4馏分为原料，其物料平衡见表4–13。

表4–13 30×10^4t/a烷基化装置物料平衡

项目	物料名称	数量/（10^4t/a）
进料	混合C_4	35.64
	重整氢气	0.01

续表

项目	物料名称	数量/（$10^4t/a$）
出料	烷基化油	30.00
	正丁烷	2.98
	液化气（丙烷异丁烷）	2.29
	燃料气	0.26
	损失	0.12

4.2.8.3 主要装备

烷基化工艺最核心的设备是反应器和酸沉降器。反应器是一台卧式压力容器，内有混合叶轮、内循环套筒以及用以带走反应热的换热管束。如图4-28所示，该容器为卧式压力容器，内部设有聚结元件。反应流出物在酸沉降器中酸烃分离。分离后的烃相经节流膨胀使物流温度降低，随后进入反应器的管程，取走反应热以维持反应系统在合适的温度。

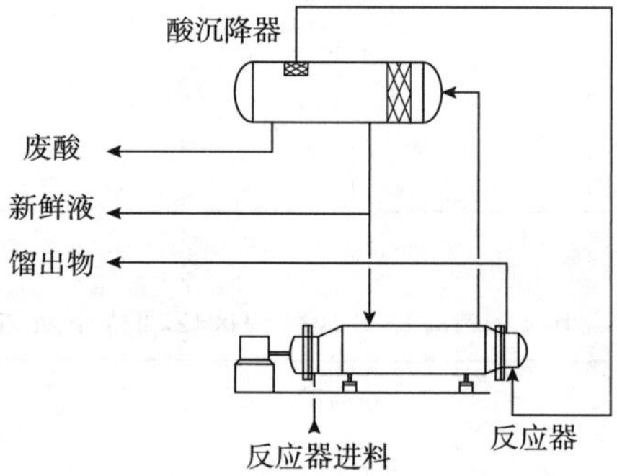

图4-28　反应器及酸沉降器示意图[6]

4.2.9 脱硫及溶剂再生

4.2.9.1 工艺技术简介

（1）气体和液化气脱硫

气体和液化气脱硫装置目前通常采用醇胺法脱硫工艺脱除硫化氢。醇胺法脱硫工艺成熟可靠，通过胺液和气体及液化气逆流接触，脱除H_2S等酸性物质。与单乙醇胺和二乙醇胺法相比甲基二乙醇胺（MDEA）具有更好的选择性，因此更适用于气体和液化气脱硫装置。MDEA与H_2S、CO_2的反应如下：

$$R_2NCH_3+H_2S \rightleftharpoons R_2NCH_3H^++HS^-$$

$$R_2NCH_3+CO_2+H_2O \rightleftharpoons R_2NCH_3H^++HCO_3^-$$

注：上式中R表示$-CH_2-CH_2-OH$基团。

主要工艺流程见图4-29。

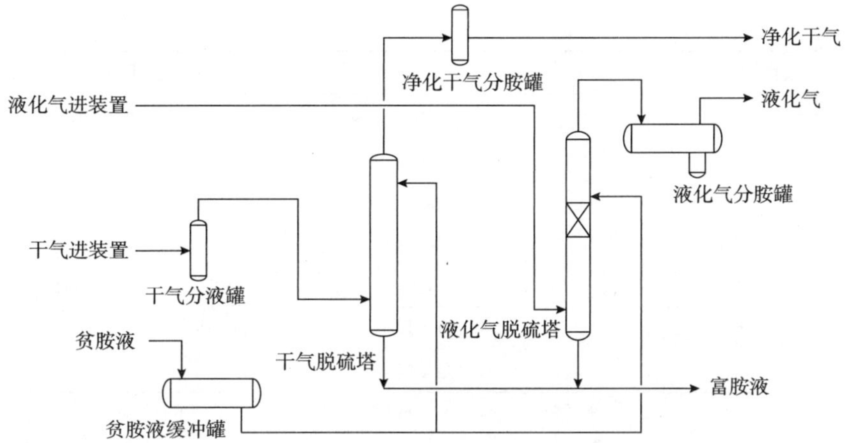

图 4–29　典型气体和液化气脱硫工艺流程图

（2）溶剂再生

MDEA 溶剂再生的工艺流程采用常规汽提再生工艺，典型工艺流程见图 4–30。再生塔底重沸器热源采用 0.35MPa（表）蒸汽，其技术成熟，投资少，能耗低，操作简单，设备及溶剂可全部国产化。

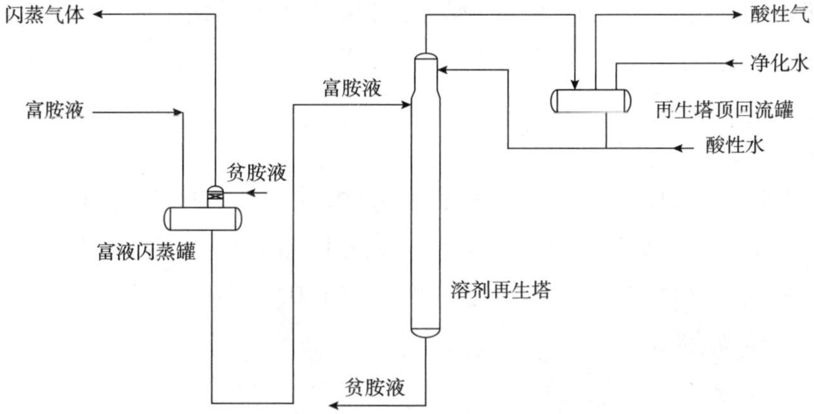

图 4–30　典型溶剂再生工艺流程图

4.2.9.2　主要工艺特点

脱硫和溶剂再生装置主要操作条件见表 4–14。

表 4–14　脱硫和溶剂再生装置主要操作条件

项目	温度 /℃	压力 /MPa（表）
干气脱硫塔	42	1
液化气脱硫塔	40	1.65
液化气一级脱硫醇罐	40	1.6
液化气二级脱硫醇罐	40	1.56

续表

项目	温度/℃	压力/MPa（表）
液化气水洗罐	40	1.53
碱液氧化塔	40	0.5
二硫化物沉降罐	40	0.4
二硫化物抽提罐	40	0.3
富液闪蒸罐	70	0.15
溶剂再生塔	111（顶）	0.09
	122（底）	0.11

4.2.10 硫黄回收

硫黄回收以炼油厂生产过程产生的含H_2S酸性气体为原料，生产固体硫黄产品，并将处理合格的尾气排入大气。随着环保要求的日益严格及加工原油硫含量的提高，硫黄回收装置在炼油厂的地位越来越重要。

4.2.10.1 制硫工艺技术简介

硫黄回收是以空气为氧源，将H_2S转化成为硫黄的克劳斯工艺。根据酸性气进料中H_2S浓度的不同形成了几种不同的克劳斯工艺流程，主要分为直流工艺、分流工艺及直接氧化工艺。

（1）直流工艺

直流工艺适用于H_2S含量（体积分数）为50%以上的酸性气处理，特点是全部酸性气进入燃烧炉，按照化学计量配给空气，保证生成的过程气中H_2S与SO_2的物质的量比为2：1。酸性气燃烧炉内H_2S的转化率可以达到60%～70%，可大幅降低催化反应段的反应负荷，提高硫收率。

（2）分流工艺

当原料酸性气中H_2S含量（体积分数）在15%～50%之间时，可以采用分流工艺。将原料气分为两股，一股（1/3）与空气混合进入燃烧炉，H_2S燃烧生成SO_2，然后与另一股（2/3）原料气混合进入催化转化段，单质硫在催化反应段全部生成。

（3）直接氧化工艺

当原料酸性气中H_2S含量（体积分数）低于15%时可考虑采用直接氧化工艺。直接氧化工艺分为两种：一种是H_2S选择性催化氧化为硫单质；另一种是先将H_2S催化氧化为硫单质及SO_2，然后进入常规克劳斯催化反应。

4.2.10.2 尾气处理技术简介

常用的克劳斯尾气处理工艺按工艺原理可分为三大类：低温克劳斯工艺、还原吸收工艺和氧化工艺。

（1）低温克劳斯工艺

低温克劳斯工艺是指在低于硫露点温度下尾气中的H_2S和SO_2继续进行克劳斯反应生成单质硫，设置2～3个低温转化器，反应温度控制在130℃左右。由于反应温度低，反应平衡向生成硫的方向移动，因而可提高硫的转化率。该工艺总硫回收率较低（98.5%～99.5%），排放气净化度低，SO_2排放浓度＞4000mg/m^3；装置投资低，操作费用低。

（2）还原吸收工艺

还原吸收工艺主要是指先将克劳斯尾气中各种形态的硫转化为H_2S，然后再对H_2S进行处理。其中，加氢还原吸收工艺是应用最广泛的一种，即通过加氢反应将尾气中的SO_2、S_x等硫化物还原为H_2S，COS和CS_2水解为H_2S，然后选择性脱除尾气中H_2S，并将含有H_2S的酸性气返回克劳斯装置。该工艺的特点为：总硫回收率高（≥99.8%），排放气净化度高，SO_2排放浓度可满足相关标准要求。

（3）氧化工艺

氧化工艺主要是H_2S直接选择氧化工艺，即将尾气中的H_2S直接氧化生成单质硫的工艺方法。H_2S直接选择氧化工艺在克劳斯尾气处理领域应用较多，其工艺特点与低温克劳斯工艺基本相同。

4.2.10.3　主要工艺特点

典型硫黄回收工艺流程图见图4–31。自上游各装置来的原料酸性气体进装置后进入反应炉燃烧器，与由“克劳斯”风机供给的空气发生反应，反应炉中H_2S与SO_2物质的量比等于2，以满足H_2S燃烧要求。离开反应炉的高温过程气通过在余热锅炉产生高压蒸汽来回收余热。离开余热锅炉的过程气依次进入多级串联的硫冷凝器和反应器，反应生成的硫被冷凝后通过硫封罐进入液硫池，过程气离开尾气捕集器后进入尾气处理部分。

从加氢反应器出来的高温尾气进入急冷塔，尾气离开急冷塔顶后进入吸收塔脱除H_2S，然后进入尾气焚烧炉。尾气中剩余的H_2S和硫化物燃烧转化为SO_2，其他可燃物也被完全氧化。离开炉膛的高温烟气回收热量后排入大气或进入烟气脱硫部分。10×10^4t/a以上规模典型硫黄回收装置能耗为–30kgEO/t硫黄。

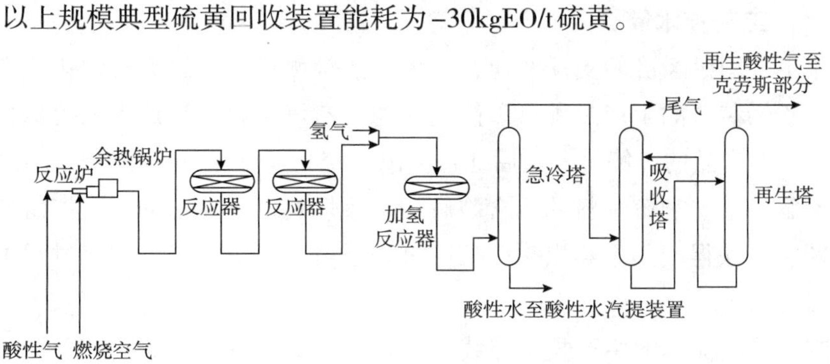

图4–31　典型硫黄回收工艺流程图

4.2.10.4 主要装备

反应炉燃烧器是硫黄回收装置的核心设备，采用卧式圆筒形结构，筒体下部采用鞍式支座支撑。反应炉壳体材质为正火碳钢（Q245R），强度设计温度为350℃。燃烧器一般与炉体法兰连接或焊接，后端与余热锅炉焊接。

反应炉炉内温度高，操作状态经常波动，对设备造成热冲击。炉内温度基本上在1000℃以上，烧氨及富氧燃烧温度更高，甚至达1600℃。并且由于装置负荷及酸性气浓度变化，造成温度不稳定。反应炉炉内砌耐火衬里分三层：第一层迎火层（耐火层），采用特制锆刚玉莫来石大砖；第二层隔热耐火层，采用耐温较好的中轻质隔热耐火浇注料（或轻质耐火砖）；第三层隔热层，采用导热系数低的轻质隔热浇注料。反应炉及反应炉燃烧器设备简图如图4-32所示。

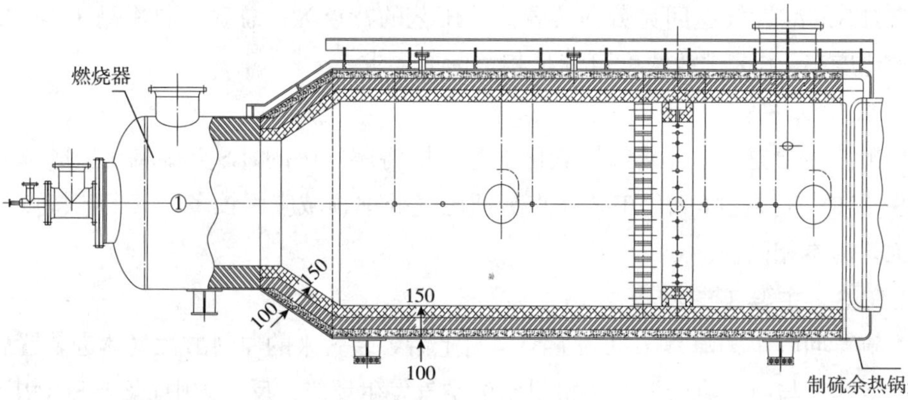

图4-32 反应炉及反应炉燃烧器设备简图

4.3 石油化工工艺与装备

4.3.1 乙烯

4.3.1.1 工艺技术简介

石油化工是国民经济的支柱产业，乙烯产能是衡量一个国家石油化工产业发展水平的标志。乙烯装置的生产过程可以简述为通过蒸汽裂解石油烃来获得富含乙烯及其他高附加值烃类产品的裂解气，然后通过分离系统将包括氢气、燃料气、乙烯、丙烯、混合C_4、裂解汽油、裂解燃料油（含裂解轻、重燃料油）在内的高附加值产品经过除杂、提浓精制，获得产品。蒸汽裂解反应过程通过管式炉实现，分离过程主流工艺通过深冷分离实现。

乙烯装置分离流程的主要技术路线有：顺序分离流程、前脱乙烷前加氢流程和前脱丙烷前加氢流程。其中，对于裂解原料为液体烃类为主的液体原料裂解装置，适合选择顺序分离流程和前脱丙烷前加氢流程。对于气体原料裂解装置，多使用前脱乙烷前加氢分离流程。

在乙烯技术领域，国际上共有五大技术提供商，分别是Lummus、Technip、KBR、Linde和中国石化。各公司技术特点简述如下：

Lummus公司的特点是采用SRT-Ⅵ、Ⅶ型炉，热效率高，对原料适应性强；急冷区设有盘油循环和减黏系统；采用顺序分离流程，低压脱甲烷工艺；采用CH_4、C_2H_4二元混合制冷；丙炔/丙二烯加氢采用催化精馏新技术；低压丙烯精馏塔，并和丙烯机形成热泵。

Technip公司以渐进分离为代表性技术，其开发的超选择性裂解炉（USC）具有裂解深度高、停留时间短、烯烃收率高、炉管寿命长和烃分压低的特点，既适用于轻质原料，又适用于重质原料。SLE线性急冷换热器停留时间短，可以在线清焦。用乙烷炉裂解气汽提调节急冷油黏度，解决了急冷油黏度控制的难题。HRS热集成精馏系统采用热泵技术降低能耗，采用双塔前脱丙烷前加氢和双塔高压脱甲烷流程。

KBR裂解炉的炉管构型有 SC-1（单程）、SC-2（两程）和SC-4（四程）三种。SC型裂解炉的特点是乙烯收率高，烯烃选择性高；采用单程的辐射段炉管，简单耐用；急冷换热器不需要机械清焦；在同一台炉子内可以裂解多种进料，可以在线清焦，延长运转在线率，与传统设计相比有竞争性；采用低NO_x烧嘴，只设底烧嘴。对气体原料（乙烷）推荐采用前脱乙烷前加氢分离流程，对液体原料采用前脱丙烷前加氢流程，其特点是急冷油系统有黏度控制措施，脱乙烷塔可以生产30%产量的乙烯，乙烯塔和乙烯机组成热泵系统，丙烯塔和丙烯机组成热泵。

Linde公司采用的是前脱乙烷前加氢流程，原料经裂解、急冷、压缩后，先分离C_2和更重组分，然后再分离得甲烷、乙烯和丙烯等；C_2加氢采用的是前加氢流程。裂解技术的特点是适用以柴油、加氢尾油为原料的重质裂解料，二次注汽技术，辐射段可以是单炉膛或双炉膛。分离技术采用前脱乙烷流程，特点是C_2采用前加氢、等温反应器；乙烯精馏塔采用热泵系统；可用溶剂吸收法回收乙炔。

中国石化乙烯技术分为裂解技术和分离技术两部分。中国石化裂解技术又称为CBL裂解技术，现已形成CBL-Ⅰ到CBL-Ⅶ型系列液体原料裂解炉和CBL-R型气体原料裂解炉，最大规模达到20×10^4t/a（液体原料）和30×10^4t/a（气体原料）。CBL裂解技术对原料适应性强，既适用于轻质原料，也适用于重质原料，乙烯收率和选择性高；运转周期长；热效率高94%～96%；操作弹性大；操作安全、稳定、可靠；低投资、低操作费用。中国石化乙烯分离技术现已实现系列化，形成了包括前脱丙烷、前脱乙烷及顺序分离的系列分离技术，除了对于各种复杂原料具有良好的适应性外，其主要技术特征还包括具有先进高效的急冷技术，显著提高乙烯回收率的分凝分馏塔技术及大幅降低深冷系统能耗的分配分离技术。

4.3.1.2　主要工艺特点

中国石化乙烯技术的典型装置工艺流程见图4–33。

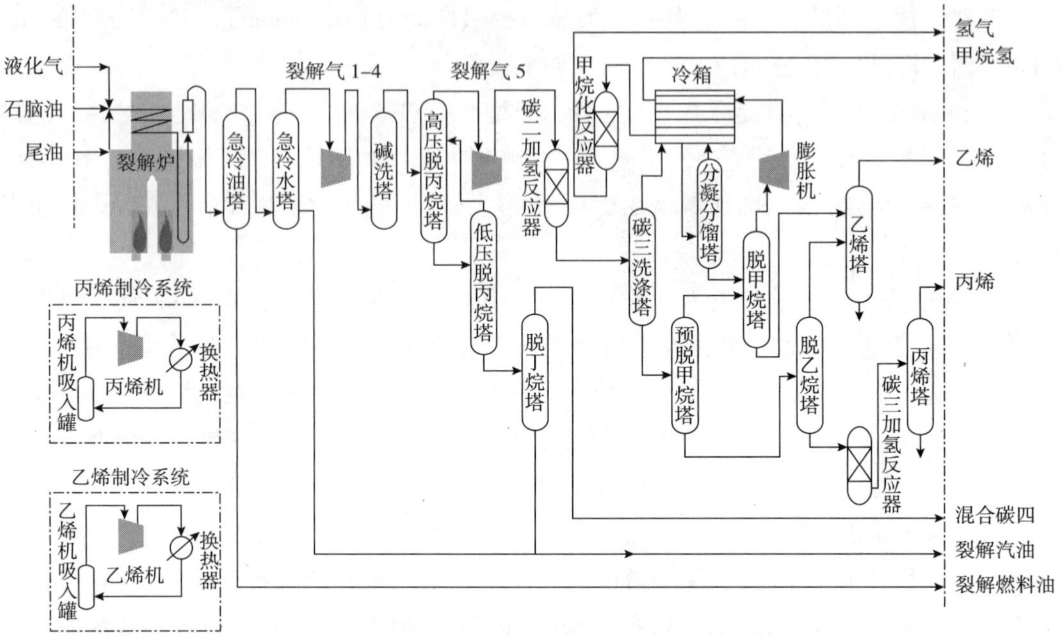

图4–33　典型乙烯工艺流程简图

（1）进料系统和进料预热

石脑油经急冷水预热后进入裂解炉。来自界区外原料储罐的各种液化石油气经过汽化并过热后送入裂解炉，来自界区外的加氢尾油经降温后进入裂解炉。循环乙烷及汽化过热的外购丙烷、循环丙烷合并送入裂解炉。

（2）裂解炉部分

裂解原料分别经换热后进入裂解炉对流段上部的上原料预热器（UFPH）进行预热和下原料预热器（LFPH）进行预热，并通过蒸汽过热器完全汽化。

炉管出口的高温裂解气冷至210℃后送往急冷油塔。气体炉裂解气通常用于下游减黏，根据减黏要求，裂解气温度由急冷油注入量控制。

根据不同原料及炉型方案，裂解炉可采用全底部供热或底部+侧壁燃烧器供热。燃料气经压力调节后去底部燃烧器。燃料燃烧后产生的烟气经对流段换热后，由引风机排至大气。

（3）分离部分

1）急冷区：

急冷油塔冷却来自轻油炉和重油炉的裂解气到约103℃，同时回收高位热能和冷凝燃料油组分。急冷油塔顶部的裂解气在急冷水塔内被冷却到40℃，裂解气中的稀释蒸汽和汽油馏分被冷凝。裂解气中循环使用的蒸汽来自塔中的稀释蒸汽冷凝液和裂解气压缩系统产生的凝液。稀释蒸汽发生器中的蒸汽送到裂解炉区作为稀释蒸汽、清焦、热备或吹扫。

2）裂解气压缩、碱洗、干燥及前脱丙烷前加氢：

自急冷水塔顶出来的裂解气进入裂解气压缩系统，经逐级升压，加热到约45℃后进入碱洗塔。碱洗塔用来除去在裂解过程中生成的二氧化碳、硫化氢。碱洗后的裂解气通过冷却后分成三相，即烃气体、烃液体和水，烃气体被送到裂解气干燥器，烃液体用泵送到液体干燥器，再进入高压脱丙烷塔。

前加氢系统是将乙炔加氢生成乙烯和乙烷，同时将一些甲基乙炔（MA）和丙二烯（PD）加氢生成丙烯或丙烷。

3）裂解气的深冷及脱甲烷塔系统：

来自高压脱丙烷塔的气态裂解气逐步冷却到-37℃，自底部进入C_3洗涤塔。从C_3洗涤塔顶部出来的气相经冷箱冷却后，进入C_2洗涤塔，塔顶气陆续分离出氢气产品及高、低压甲烷气。塔釜液进入脱甲烷塔，分离C_1和C_2。

4）C_2系统：

包括脱乙烷塔和乙烯精馏塔、乙烯热泵/制冷压缩机。主要分离乙烯和乙烷。

5）C_3、C_4系统：

来自脱乙烷塔塔底的物料经C_3加氢将物料中的甲基乙炔和丙二烯加氢为丙烯和丙烷，然后进入丙烯精馏塔分离出合格的丙烯产品。

6）丙烯制冷系统：

丙烯制冷系统是一个密闭的循环回路，以乙烯装置中生产的聚合级丙烯为制冷剂，利用蒸汽透平驱动的四段离心式压缩机在环路中循环制冷。用液态丙烯在不同压力下节流汽化来为工艺用户提供-40℃、-21℃、-1℃和10℃四个等级的丙烯冷剂，各个级别的丙烯气体返回丙烯压缩机循环使用。

典型液体裂解乙烯装置能耗为550kgEO/t，气体裂解乙烯装置能耗为350kgEO/t乙烯。典型乙烯装置物料平衡见图4-34。

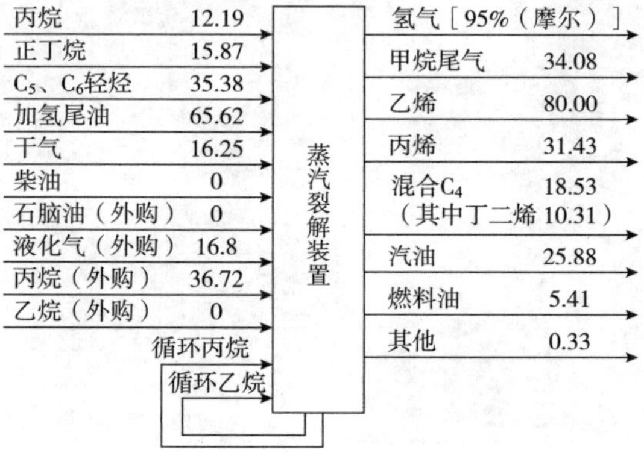

图4-34　典型乙烯装置物料平衡（单位：10^4t/a）

4.3.1.3 主要装备

乙烯装置关键设备主要包括裂解炉、“三机”（裂解气压缩机、丙烯制冷压缩机、乙烯/二元制冷压缩机）和冷箱。

（1）裂解炉

典型裂解炉如图4–35所示。

图4–35 典型裂解炉

（2）“三机”

典型裂解气压缩机如图4–36所示。

图4–36 典型裂解气压缩机

（3）冷箱

典型乙烯装置冷箱如图4-37所示。

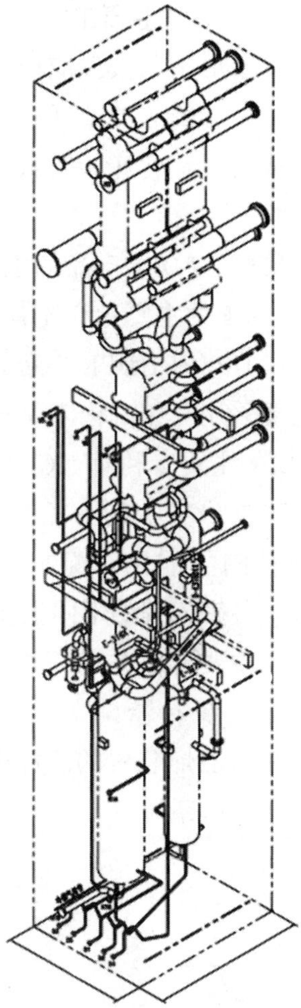

图4-37　典型乙烯装置冷箱简图

4.3.2　聚乙烯

4.3.2.1　工艺技术简介

（1）理化特性

聚乙烯产品分为低密度聚乙烯（HP-LDPE）、线型低密度聚乙烯（LLDPE）和高密度聚乙烯（HDPE）三大类。

LDPE密度为0.916～0.930g/cm^3，性质较柔软，具有良好的延伸性、电绝缘性、化学稳定性、加工性能和耐低温性（可耐-70℃），但机械强度、隔湿性、隔气性和耐溶剂性较差。分子结构不够规整，结晶度低（55%～65%），熔点也较低（108～126℃）。

LLDPE密度为0.918～0.939g/cm^3。与LDPE相比具有强度高、韧性好、刚性强、耐热、耐寒等优点，还具有良好的耐环境应力开裂、耐撕裂强度等性能，并可耐酸、碱、有机溶剂等。

HDPE密度0.941～0.965g/cm^3，熔点约为130℃，具有良好的耐热性和耐寒性；化学稳定性好，具有较高的刚性和韧性，机械强度好，介电性能、耐环境应力开裂性能亦较好，分子为线型结构，支链少，是较典型的结晶高聚物；机械性能均优于低密度聚乙烯。

图4-38表示LDPE、LLDPE和HDPE分子结构的差别。

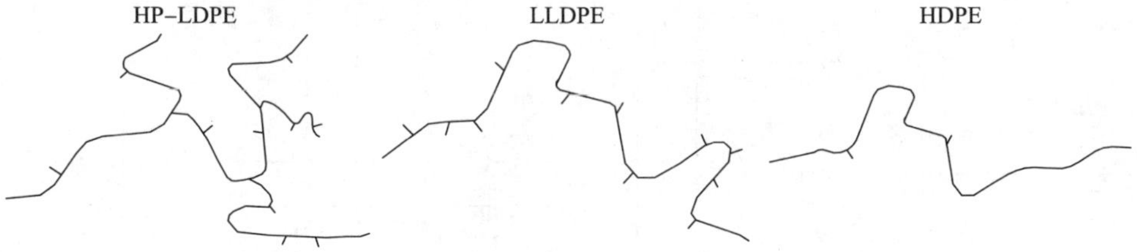

图4-38　LDPE、LLDPE和HDPE分子结构

（2）主要用途

LDPE主要用作薄膜产品，适宜于制通用膜、高透明、收缩膜、重包装膜、电缆绝缘层材料及发泡制品。LLDPE的主要应用领域是农膜、包装膜、电线电缆、管材、涂层制品等。HDPE的主要应用领域是膜、注塑、吹塑、拉丝、管材等。

4.3.2.2 主要工艺特点

聚乙烯工艺按反应压力可分为采用引发剂的高压法和采用配位聚合催化剂的低压法；按反应器的类型可分为带夹套的管式反应器路线、带有搅拌器的釜式反应器路线、立式或卧式流化床（带或不带搅拌器）路线、采用轴流泵循环的带有夹套的环管反应器路线。

其中，LDPE产品的主要生产工艺为采用引发剂的高压法，包括高压管式和高压釜式。LDPE的主要专利商有ExxonMobil、LyondellBassel、SABTEC等。

LLDPE和HDPE产品的主要生产工艺为采用配位聚合催化剂的低压法，LLDPE产品主要采用气相流化床聚合工艺，主要专利商有Univation、INEOS、LYONDEBASELL。HDPE的主要专利商有CP Chem PHLIPS、INEOS和LYONDEBASELL。

目前世界上的聚乙烯工艺技术很多，流程各具特色，但主体流程基本上可分为原料精制、催化剂配制、反应、脱气及回收、挤压造粒和产品的输送及包装几个工段。各家流程的不同主要集中在反应和脱气及回收工段，本书以淤浆环管HDPE技术为例对主要流程进行简要介绍，流程简图见图4-39。

（1）原料精制

来自乙烯装置的乙烯由管道送至界区，进入乙烯处理器，除去乙烯中的微量毒物后进入反应系统。

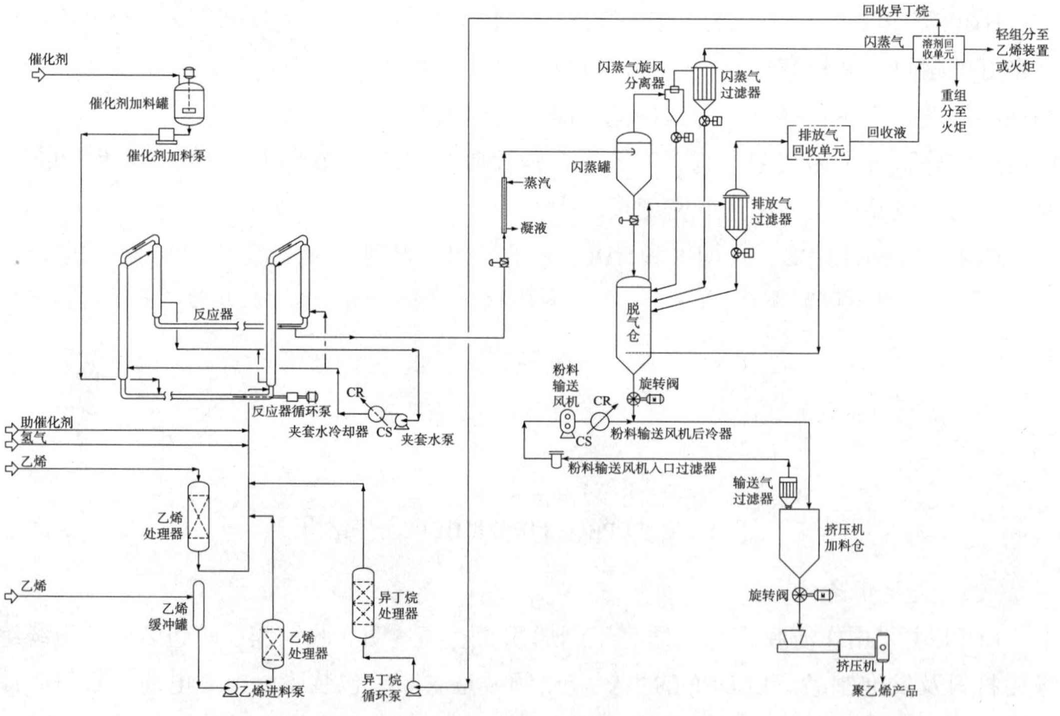

图4-39　典型环管法HDPE装置流程简图

（2）催化剂活化与注入

在进入反应器之前，铬系催化剂需经催化剂活化炉活化，将Cr^{3+}用空气氧化为Cr^{6+}。催化剂活化过程是间歇操作，活化炉为流化床反应器。活化后的催化剂储存于氮封的移动罐中。

钛系催化剂和活化后的铬系催化剂用催化剂移动罐送到反应区，用氮气压送至催化剂加料罐进一步稀释后，经催化剂进料泵送入环管反应器。

（3）聚合

聚合反应在异丁烷稀释的浆液中进行，反应器操作温度约为80～110℃，操作压力约为4.0～5.0MPa（表）。单体及氢气溶解于稀释剂中。在反应器内，乙烯与共聚单体在催化剂的作用下发生共聚反应生成聚乙烯。反应器为立式环管反应器，反应器夹套水循环泵使浆液在反应器内循环，反应热由环管夹套内逆流通过的夹套水带走。夹套水是一个密闭循环系统，通过夹套水冷却器由循环冷却水冷却后返回反应器夹套。

（4）树脂脱气和溶剂回收

自反应器的淤浆经淤浆加热器加热后进入闪蒸罐，脱除大部分的稀释剂。底部粉料进入脱气仓进一步脱除微量的稀释剂，脱气后的粉料经风送系统送往造粒单元。

闪蒸罐顶部气相稀释剂经过滤、冷凝、分离提纯后返回反应器。脱气仓顶部排放气经排放气回收单元对异丁烷和氮气进行回收，液体泵送回溶剂回收系统，气体部分至脱气仓用作树脂吹扫气，其余部分排火炬。

（5）挤压造粒和掺混

低压闪蒸罐底部出来的粉料由闭路氮气风送系统送入粉料进料罐，根据不同产品的配方，按重量比例加入添加剂，通过螺杆输送机进入挤压机熔融造粒。从挤压机出来的粒料经脱水、干燥、筛分后，风送至掺混料仓掺混后再风送到包装料仓进行成品包装。

30×10^4t/a淤浆环管HDPE装置典型物料平衡见图4-40。聚乙烯装置的主要物耗是反应单体乙烯和共聚单体（1-丁烯或1-己烯），总单体的典型消耗值为1005～1020kg/t PE。

聚乙烯装置工艺技术不同，公用工程消耗差别较大；同种工艺技术在生产不同牌

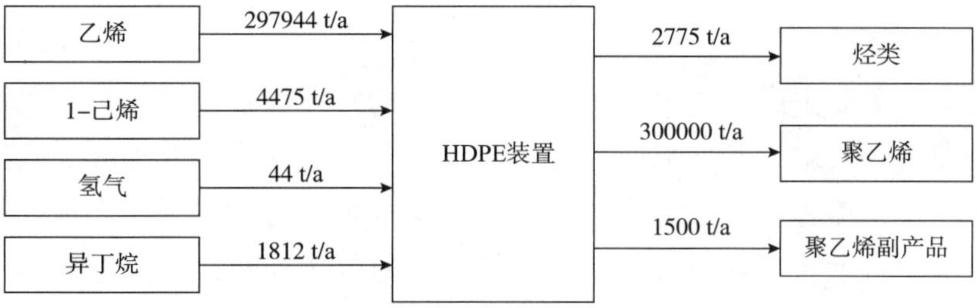

图4-40　30×10^4t/a淤浆环管HDPE装置典型物料平衡

号时公用工程的消耗也有较大差别，例如生产低熔融指数产品时电耗比高熔融指数产品高。常见的，气相法工艺综合能耗为110～140kgEO/t PE，淤浆环管工艺综合能耗为120～140kgEO/t PE，淤浆釜式工艺综合能耗为150～170kgEO/t PE。

4.3.2.3 主要装备

环管反应器采用独特的环管结构型式（见图4–41），两腿间在顶、底部通过180°弯头（或两个90°弯头）连接，使反应器联为一体。在底部弯管处设一轴流泵。环管外设套管作为夹套撤热。反应器采用独立自支撑结构。

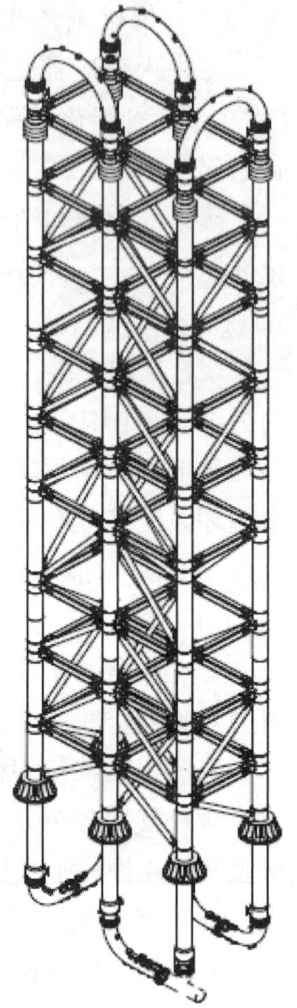

图4–41 环管反应器简图

4.3.3 环氧乙烷/乙二醇

4.3.3.1 工艺技术简介

（1）理化特性

环氧乙烷（简称EO）分子式为C_2H_4O，常温常压下为无色气体，沸点10.6℃，闪点–57℃，在空气中爆炸极限为3%～100%。环氧乙烷有毒，美国职业防护与保健局（OSHA）规定，在工作环境的空气中，环氧乙烷8h平均允许浓度为1μg/g，短时间（15min）允许接触浓度为5μg/g，《压力容器中化学介质毒性危害和爆炸危险程度分类标准》（GBZ 2.1—2019）将环氧乙烷列为极度危害介质。

乙二醇（简称EG）分子式为$C_2H_6O_2$，常温常压下为无色透明、有甜味的液体，闪点116℃，在空气中爆炸极限为3.2%～15.3%，轻度危害程度，8h平均允许浓度为20μg/g。

（2）主要用途

环氧乙烷化学性质活泼，极易发生开环反应，生成一系列衍生物，常见的衍生物有乙二醇、乙二醇醚、乙醇胺、减水剂单体等。其中环氧乙烷水合生产乙二醇是环氧乙烷最主要的应用，目前全世界约70%的环氧乙烷用于生产乙二醇。乙二醇主要被应用于生产聚酯纤维、聚酯树脂、防冻剂等。

（3）技术路线

环氧乙烷的工业生产方法有两种，即氯乙醇法和乙烯直接氧化法。氯乙醇法以乙烯和氯气为原料，乙烯先和次氯酸反应生成氯乙醇，再由氯乙醇和碱反应生成环氧乙烷。氯乙醇法工艺流程简单，但由于其严重污染环境、对设备腐蚀严重、产品纯度仅为99%，已经被淘汰。乙烯直接氧化法以乙烯和氧气为原料，在银催化剂的作用下直接反应生成环氧乙烷，直接氧化法技术先进，适宜大规模生产，质量好，产品纯度高达99.99%，目前大型工业装置几乎都采用乙烯直接氧化法[6]。

乙二醇的工业生产方法主要有环氧乙烷直接水合法制乙二醇、环氧乙烷催化水合法制乙二醇和煤制乙二醇，其中环氧乙烷直接水合法是乙二醇工业生产主要采用的工艺路线，该工艺是将水和环氧乙烷按比例混合，在绝热长管式反应器中及高温高压的条件下环氧乙烷和水发生水合反应直接生成乙二醇，同时产生二乙二醇（DEG）、三乙二醇（TEG）等副产物。其工艺流程简单，在分离过程中只需将水与乙二醇、二乙二醇、三乙二醇产品依次分离。环氧乙烷催化水合法路线较多，比较有代表性的是碳酸乙烯酯法，该技术是将EO与CO_2作为原料，在溶有催化剂的反应器中进行反应，生成碳酸乙烯酯（EC），碳酸乙烯酯再经醇解或水解生成乙二醇。相比环氧乙烷直接水合法，碳酸乙烯酯法具有工艺流程短、产品选择性高、水比低等优势。水解工艺中EC与水在催化剂的作用下进行水解反应生成EG和CO_2，催化剂循环使用同时定期进行补充。该工艺可降低水比（H_2O/EO）至化学计量比左右，并且乙二醇选择性达到99%，环氧乙烷的转化率趋于100%。

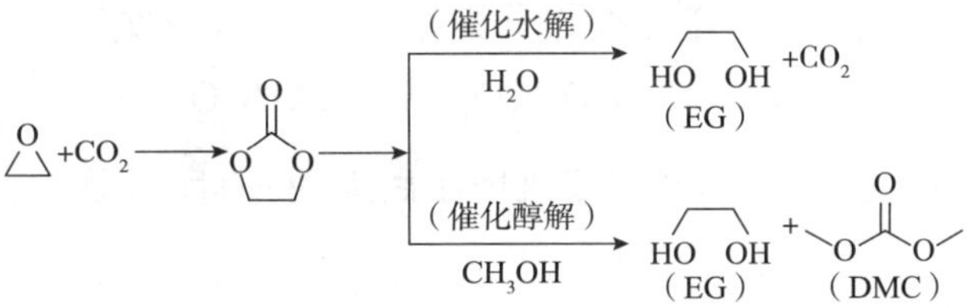

虽然国内合成气制乙二醇技术发展迅速，但是其核心技术仍需要长周期工业运行来验证，另外煤制乙二醇还存在煤耗高、水耗高、碳排放量大等问题[7]。

4.3.3.2 主要工艺特点

（1）流程说明

目前世界上的环氧乙烷/乙二醇装置普遍采用乙烯直接氧化法生成环氧乙烷、环氧乙烷再经水合生成乙二醇的工艺路线。本书以EO再吸收工艺为例对流程进行简要介绍，乙二醇（EOEG）装置流程简图见图4-42。

1）EO反应和环氧乙烷吸收。环氧乙烷（EO）反应器为列管式固定床反应器，管内装有银催化剂，在银催化剂的作用下，乙烯被氧化生成环氧乙烷，同时小部分被氧化成二氧化碳、水及其他微量副产物，如醛等。反应温度约为190～230℃，反应压力约为1.7～2.0MPa（表），反应方程式如下：

$$C_2H_4+1/2O_2 \longrightarrow C_2H_4O\ (+104.6kJ/mol\ C_2H_2)$$

$$C_2H_4+3O_2 \longrightarrow 2CO_2+2H_2O\ (+1323kJ/mol\ C_2H_2)$$

乙烯氧化反应为强放热反应，反应热由反应器壳程中的锅炉给水移除，同时发生蒸汽送至装置内蒸汽管网。

2）二氧化碳脱除。贫EO循环气送至CO_2吸收塔，与活性碳酸盐溶液直接接触，

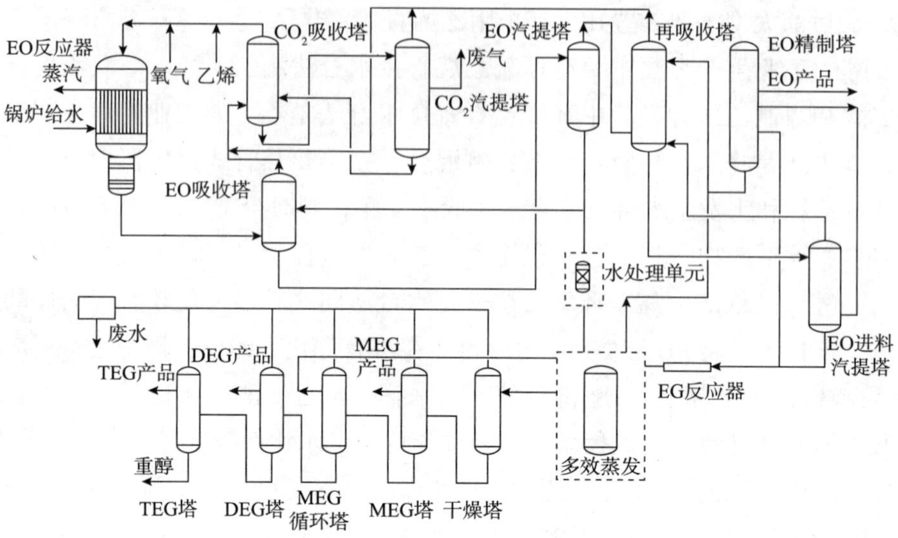

图4–42　典型EOEG工艺流程简图

脱除副产物CO_2。活性碳酸盐溶液主要组分为K_2CO_3，CO_2吸收反应方程式如下：

$$K_2CO_3+H_2O+CO_2 \longrightarrow 2KHCO_3$$

脱除CO_2的循环气通过循环气压缩机增压后返回EO反应系统，在进入EO反应器前，原料乙烯、氧气补充到循环气中。

3）乙二醇水合反应和多效蒸发。乙二醇进料汽提塔釜的EO水溶液送往乙二醇反应器，乙二醇反应器为绝热的管式反应器，设计进料中水/环氧乙烷物质的量比为（25~29）：1，90%以上的环氧乙烷转化为乙二醇，剩余的环氧乙烷继续与乙二醇发生反应生产二乙二醇、三乙二醇等副产物，反应方程式如下：

$$C_2H_4O+H_2O \longrightarrow C_2H_6O_2\ (MEG)$$

$$C_2H_4O+C_2H_6O_2 \longrightarrow C_4H_{10}O_3\ (DEG)$$

$$C_2H_4O+C_4H_4O_3 \longrightarrow C_6H_{14}O_4\ (TEG)$$

反应产物中水的质量分数约为90%，首先送至多效蒸发系统，在多效蒸发系统中脱除绝大部分水。

（2）物料平衡及物耗、能耗指标

80×10^4t/a乙二醇装置典型物料平衡图见图4–43。

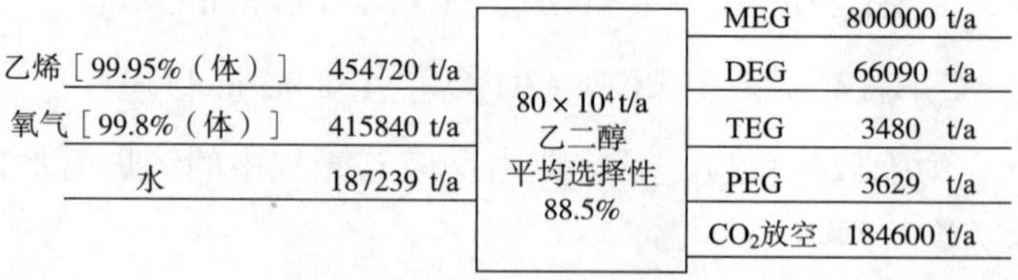

图4–43　90×10^4t/a乙二醇装置物料平衡图

EOEG装置通常用每吨当量环氧乙烷（EOE）的消耗值来衡量装置的物耗和能耗。EOEG装置典型的能耗为：215～245kgoe/tEOE。EOEG装置典型的物耗为：99.95%乙烯0.705t/tEOE（SOR）、0.741t/tEOE（EOR）、0.720/tEOE（AVR），91.4%甲烷0.007t/tEOE（SOR）、0.0086t/tEOE（EOR）、0.0078t/tEOE（AVR），99.8%氧气0.578t/tEOE（SOR）、0.704t/tEOE（EOR）、0.631t/tEOE（AVR）。

4.3.3.3 主要装备

（1）EO反应器

EO反应器是特大型列管式固定床反应器，管程操作温度为190～230℃，操作压力为1.7～2.0MPa（表），壳程操作温度230～275℃，操作压力为2.5～5.5MPa（表）。该设备不仅直径大，而且由于介质易燃、易爆、具有高度毒性，因此对设备的安全可靠性要求很高。EO反应器简图见图4-44。

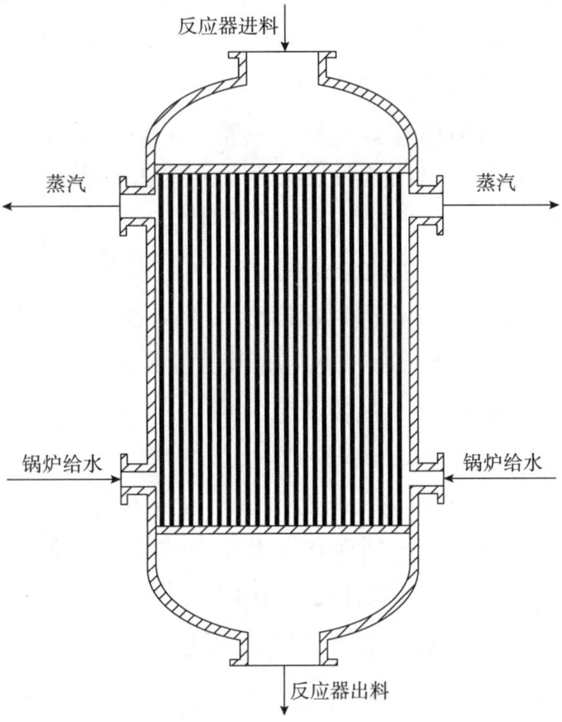

图4-44 EO反应器简图

（2）氧气混合器

氧气混合器是EOEG装置中安全度要求最高的设备之一，纯氧通过氧气混合器内的分布管进入到循环气中，操作压力为1.8～2.1MPa（表），用高速气体的喷射和卷吸作用，使两种不同气流快速混合，迅速穿过爆炸极限，以达到安全混合的目的。此设备采用特殊合金钢，并对喷射管的加工精度要求极高。指形氧混合器外形图见图4-45。

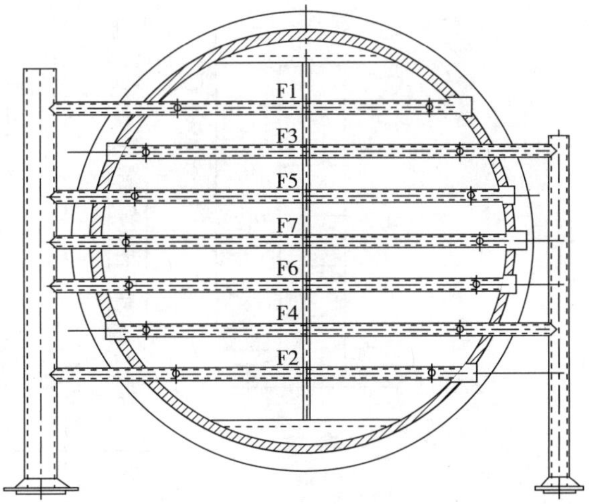

图4-45 指形氧混合器外形图

4.3.4 苯乙烯

4.3.4.1 工艺技术简介

（1）理化特性

苯乙烯（简称SM）分子式为C_8H_8，常温常压下为无色，有特殊香味的透明油状液体，其难溶于水，且与甲醇、乙醇以及乙醚等有机溶剂互溶，暴露于空气中可逐渐发生聚合及氧化，易与其他含双键的不饱和化合物共聚。苯乙烯沸点145℃，闪点31℃，其蒸气与空气会形成爆炸性混合物，爆炸极限为1.1%～6.1%。

（2）主要用途

苯乙烯作为重要的基本有机化工原料之一，广泛应用于化工行业。主要用来生产聚苯乙烯（PS）树脂、苯乙烯－丙烯腈共聚物（SAN）树脂、丙烯腈－丁二烯－苯乙烯（ABS）树脂、丁苯橡胶（SBR）、离子交换树脂、不饱和聚酯等。苯乙烯是位于聚乙烯（PE）、聚氯乙烯（PVC）、环氧乙烷（EO）之后的第四大乙烯衍生品[8]。

（3）技术路线

目前世界上生产苯乙烯的主要方法有乙苯脱氢法、乙苯共氧化法以及苯乙烯抽提法。其中以乙苯脱氢法为主，约占世界苯乙烯总生产能力的90%，此方法又包括乙苯催化脱氢和乙苯氧化脱氢两种生产工艺[8]。

乙苯共氧化法采用过氧化乙苯作为中间产物，乙苯首先与空气或氧气直接氧化生成过氧化乙苯，生成的乙苯过氧化物与丙烯发生环氧化反应生成甲基苯基醇及环氧丙烷，甲基苯基醇脱水生成苯乙烯，环氧化反应产物经过精制得到环氧丙烷[8]。

4.3.4.2 主要工艺特点

（1）流程说明

1）乙苯单元。乙苯单元可以采用纯乙烯液相法工艺或稀乙烯气（也称干气）气相法工艺，考虑到现有技术应用情况，本文以液相法为例对乙苯单元的工艺流程作简要介绍，工艺流程简图见图4–46。

乙苯单元主要包括烷基化、烷基转移反应系统和乙苯分离系统两部分。在烷基

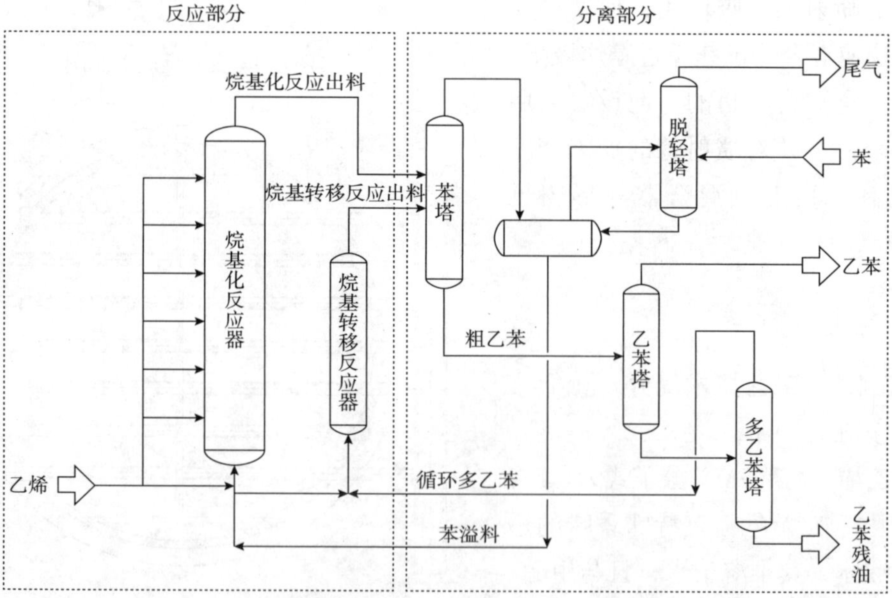

图4–46　典型液相法乙苯单元工艺流程简图

化阶段乙烯按一定的比例分成若干份，分别进入烷基化反应器的各段催化剂床层中，原料苯自下而上通过烷基化反应器，在酸性催化剂的作用下，乙烯和苯发生烷基化反应生成乙苯。反应温度为200～240℃，压力约为3.8～4.0MPa（表），反应方程式如下：

$$C_2H_4+C_6H_6 \longrightarrow C_2H_5C_6H_5$$

$$C_2H_4+C_2H_5C_6H_5 \longrightarrow (C_2H_5)_2C_6H_4$$

$$C_2H_4+(C_2H_5)_2C_6H_4 \longrightarrow (C_2H_5)_3C_6H_3$$

烷基化与烷基转移反应都在液相状态下进行。烷基化反应释放的热能被用来预热烷基化与烷基转移反应的原料，同时用来发生中压蒸汽，供苯乙烯单元使用。烷基转移反应是可逆的二级反应，反应热很小，反应器催化剂床层中几乎无温升[9]。

乙苯分离多采用四塔精馏系统回收未反应的苯和精制乙苯，以及通过烷基转移反应转化成的多乙苯。

2）苯乙烯单元。苯乙烯单元的工艺流程简图见图4–47。乙苯与低压蒸汽混合后进入脱氢反应器生产苯乙烯。反应温度为500～650℃，压力为–0.2kg/cm^2，汽/烃（质）比为（1～3）：1[10]。主要反应方程式如下：

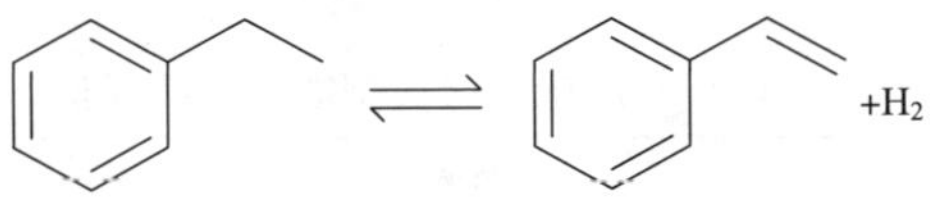

苯乙烯精馏系统用来回收苯/甲苯副产品，分离出未转化的乙苯送回脱氢反应系统，并产出高纯度的苯乙烯。

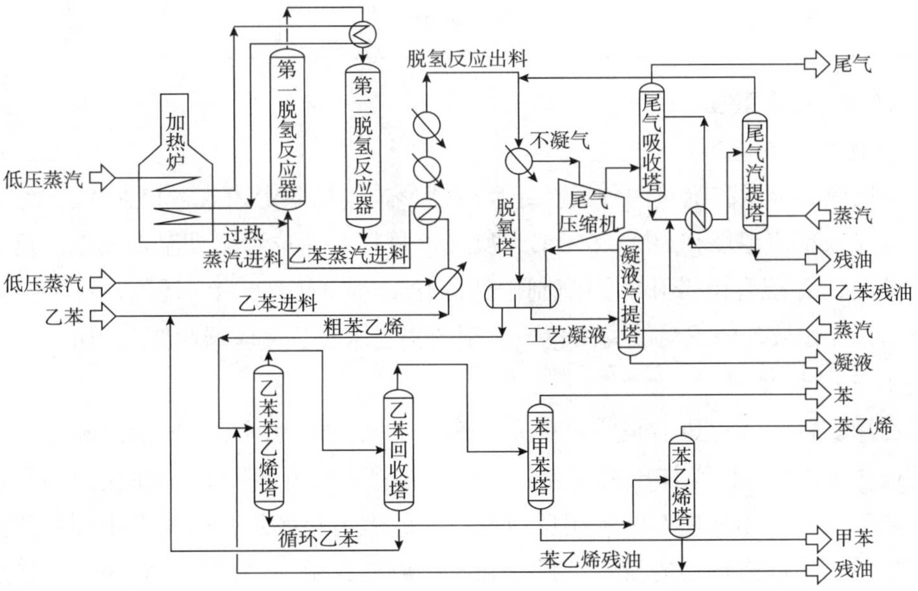

图4–47　典型苯乙烯单元工艺流程简图[12]

（2）物料平衡及物耗、能耗指标

典型苯乙烯装置物料平衡见表4–15，苯乙烯装置典型的能耗、物耗情况见表4–16。

表4–15 苯乙烯装置典型物料平衡

序号	名称	质量分数/%
一	原料	
1	乙烯	26.62[11]
2	苯	73.38[11]
	合计	100.00
二	产品	
1	苯乙烯	92.66[11]
2	甲苯	1.21[11]
3	脱氢尾气	4.06[11]
4	苯乙烯焦油	2.07[11]
	合计	100.00

表4–16 苯乙烯装置典型能耗、物耗值

项目	单位	能耗、物耗值
乙烯［99.95%（体）］	t/t SM	0.284[11]
苯［99.8%（质）］	t/t SM	0.783[11]
能耗	kgEO/t SM	≤285（准入值） ≤264（先进值）

4.3.4.3 主要装备

（1）脱氢反应器

脱氢反应有等温和绝热两种类型，反应器形式包括固定床式、辐射式、管式等[10]。由于乙苯脱氢反应温度在500～650℃，反应器材料必须选用耐高温不锈钢。反应器内部设导流筒，并配有由带孔的圆筒制作的催化剂固定篮筐，上面覆盖一层约翰逊网，结构坚固，操作波动的承受能力出色。典型的固定床脱氢反应器简图见图4–48[13]。

（2）三联换热器

苯乙烯装置三联化热器是脱氢单元关键设备之一，为固定管板换热器，管壳侧流体温差超过100℃，且操作压力相差较大，高温高压差长期操作存在应力问题。三联换热器能实现高的热利用率，利用反应器自身的进出料换热，同时发生高压蒸汽，降低外部能耗，降低换热器的投资、操作和维护成本，用一台换热器实现三台换热器的功能。

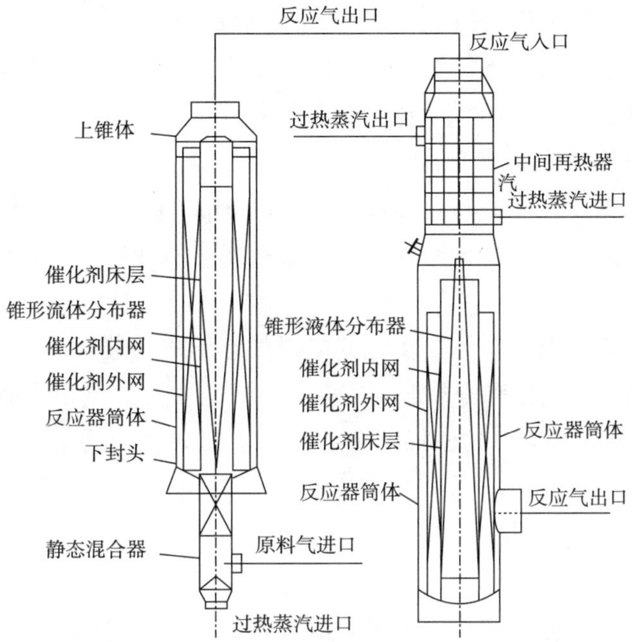

图4-48　脱氢反应器简图

4.3.5　聚丙烯

4.3.5.1　工艺技术简介

（1）理化特性

聚丙烯（polypropylene，缩写为PP）是以丙烯为单体聚合而成的聚合物，是一种无色、无毒、无臭、半透明固体物质。其具有耐热性、耐化学性、电绝缘性、高强度机械性能以及良好的高耐磨加工性能，是通用塑料中的一个重要品种，结构式如下：

$$\left[CH_2-\underset{\displaystyle CH_3}{\underset{|}{CH}} \right]_n$$

（2）主要用途

聚丙烯是一种通用的热塑性树脂，从组成上可以分为均聚物、无规共聚物、抗冲共聚物三大类[14]；从结构上可分为等规聚丙烯、间规聚丙烯和无规聚丙烯三种。

聚丙烯的耐热性优于聚乙烯，可在100～120℃下长期使用，具有良好的耐热性、耐腐蚀性、电绝缘性，其拉伸强度、压缩强度和硬度都比高密度聚乙烯高。聚丙烯易于加工成型，被广泛应用于工农业生产及人民生活的各个领域，如食品包装、家用电器、玩具及小型家具、纤维和纺织品、医疗器械、汽车制造、各类管材料和板材的生产等。

（3）技术路线

丙烯聚合反应的机理相当复杂，一般来说，多为人们接受的是阴离子配位聚合机理，可以分为四个基本反应步骤：活化反应形成活性中心、链引发、链增长及链终止[15]。

聚丙烯工艺技术主要为本体法、气相法以及本体和气相组合工艺。本体法聚合工艺以液态丙烯为聚合介质，丙烯单体直接和催化剂反应生成聚丙烯，反应速率远高于溶剂聚合，同时由于减少了溶剂回收工序，其流程变短、能耗降低、便于操作。目前应用最广泛的本体法工艺是LyondellBasell的Spheripol液相环管法聚丙烯技术。另外，中国石化开发出了具有自主知识产权的环管法技术（ST PP），在国内聚丙烯市场占有重要一席。

气相法聚合工艺中丙烯单体在反应器中以气态形式与催化剂进行反应，产生的反应热通过部分液相丙烯汽化和冷却循环气撤出。目前主要的气相法聚丙烯技术有Grace的Unipol技术、LyondellBasell的Spherizone技术、INEOS公司的Innovene技术和CB&I的Novolen技术。

4.3.5.2 主要工艺特点

（1）流程说明

目前世界上的聚丙烯工艺技术很多，流程各具特色。目前应用最广泛的是环管法聚丙烯技术，主要流程见图4-49。

1）原料精制。聚丙烯的主要原料为丙烯、乙烯，原料中含有的有害杂质如一氧化碳、二氧化碳、水、硫化氢、羰基硫等会降低催化剂活性，如浓度高到一定程度会导致催化剂失活。

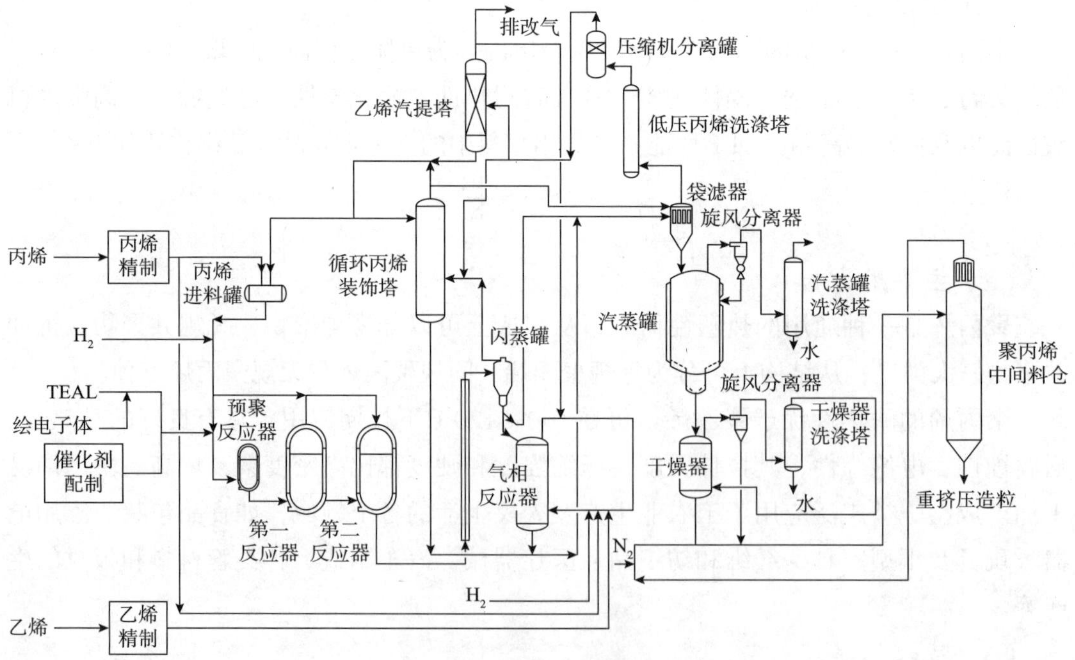

图4-49 典型环管法聚丙烯装置工艺流程简图

2）助催化剂和固体催化剂的配制和进料。聚丙烯的催化剂主要组成：主催化剂，助催化剂-1（给电子体）、助催化剂-2、烷基铝。

桶装的固体催化剂通过吊车倒入催化剂分散罐，与烃油和脂配制成混合均匀的催化剂膏，然后用液压操作的催化剂注入器加入到催化剂预接触罐中与两种助催化剂混合。桶装的液态给电子体通过泵送至给电子体进料罐，经给电子体计量泵送到催化剂预接触罐中。

3）预聚和本体聚合单元本体聚合。催化剂浆液和两种助催化剂在预接触罐中混合均匀后进入预聚反应器。预聚反应器是一个小的环管反应器，催化剂与新鲜丙烯在低温下预聚生成的少量聚丙烯包裹在催化剂表面形成一层保护膜，提高催化剂颗粒的机械强度，以避免在主反应阶段因快速聚合使催化剂颗粒破碎，有利于控制聚合物的形态。

从小环管出来的带活性的聚丙烯浆液与新鲜丙烯以及用于分子量控制的氢气一起进入第一环管反应器，其中一部分丙烯聚合，另一部分液态丙烯作为固体聚合物的悬浮剂，环管底部的轴流泵使聚合物浆液高速循环并混合均匀。从第一反应器出来的聚合物浆液直接进入第二反应器进一步聚合，第二环管反应器中也加入液态丙烯和氢气。生产无规共聚物时，乙烯同时加入第一和第二环管反应器。

4）聚合物脱气及丙烯洗涤和储存。聚合物浆液连续从第二环管反应器中排出，通过一个蒸汽夹套管道使未反应单体完全汽化，然后进入闪蒸罐。

生产均聚物、无规共聚物时，闪蒸罐底部的聚合物直接送至袋滤器。袋滤器的压力维持在0.05MPa（表）以分离残余的未反应单体。

从闪蒸罐顶部分离出来的未反应丙烯和丙烷进入循环丙烯洗涤塔，在此将气体中可能夹带的微量粉末除去，再与补充的新鲜丙烯混合，用泵循环送至聚合反应单元。

5）抗冲共聚物的聚合和乙烯汽提。生产抗冲共聚物时，聚合反应在两个不同相态中进行。这种情况下，闪蒸罐中排出的均聚物进入气相共聚反应器。乙烯、丙烯和氢气以一定比例加入共聚反应器，并在均聚物母体（来自环管反应器中完成的本体聚合反应）上进一步聚合形成乙烯-丙烯橡胶相，得到的最终产品为抗冲共聚物。气相通过乙烯汽提塔分离出丙烯/丙烷循环回反应器参与聚合。

6）聚合物汽蒸、干燥。从袋滤器出来的聚合物粉料靠重力进入汽蒸罐，在此与低压蒸汽直接接触以去除粉料中残余的未反应单体，并使催化剂彻底失活，以保证产品质量。干燥的聚合物由闭路氮气输送系统送至聚丙烯粉料料仓，然后进入产品后处理单元。

7）添加剂进料、挤压造粒和均化。添加剂用来改善聚丙烯产品的稳定性、抗氧化性、加工性等物理特性。添加剂可采用纯的添加剂也可以采用复配添加剂，不同种类的添加剂依据不同产品牌号的配方通过计量称按比例加入输送混合器，与聚丙烯粉末混合后进入挤压造粒机。

在挤压机中，聚合物粉料和添加剂经均化、熔融、挤压后进行水下切粒。切粒后的聚丙烯颗粒通过颗粒干燥器与水分离后，进入颗粒振动筛，经筛分除去粗细粒子后的聚丙烯粒料，用颗粒气流输送单元送入聚丙烯掺混料仓。掺混后的产品送入包装料仓，经包装码垛后送入成品仓库储存。

（2）物料平衡及物耗、能耗指标

聚丙烯的物料平衡随产品牌号不同而不同，图4-50为典型均聚物的物料平衡。生产能力为37500kg/h；丙烯进料纯度为99.6%。聚丙烯装置的主要物耗是反应单体（丙烯、乙烯）和催化剂，不同工艺技术的物耗相差不大，反应单体的典型消耗为1005～1010kg/t PP，催化剂的典型消耗为0.025～0.05kg/t PP。

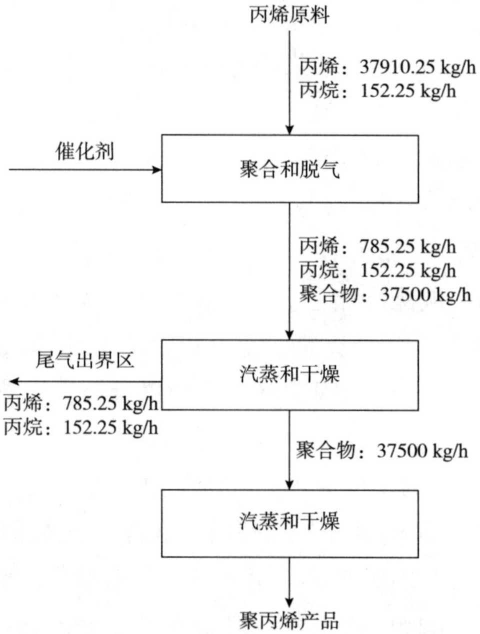

图4-50　聚丙烯装置物料平衡方框图

4.3.5.3　主要装备

（1）环管反应器

环管反应器采用独特的环管结构（见图4-51），在底部弯管处设一轴流泵，通过轴流泵强制物料在环管内循环进行反应，环管外设套管作为夹套撤热。设计压力为内筒5.28MPa（表）/夹套0.51MPa（表），设计温度为-45℃/150℃，材质为低温碳钢。

（2）气相共聚反应器

气相共聚反应器为立式釜式反应器（见图4-52），流化床结构，底部设有锥形分布板，并在分布板上开不同方向的孔，以控制反应的物料流向及物料的反应时间。设计压力为1.8MPa（表），设计温度为120℃，材质为不锈钢。

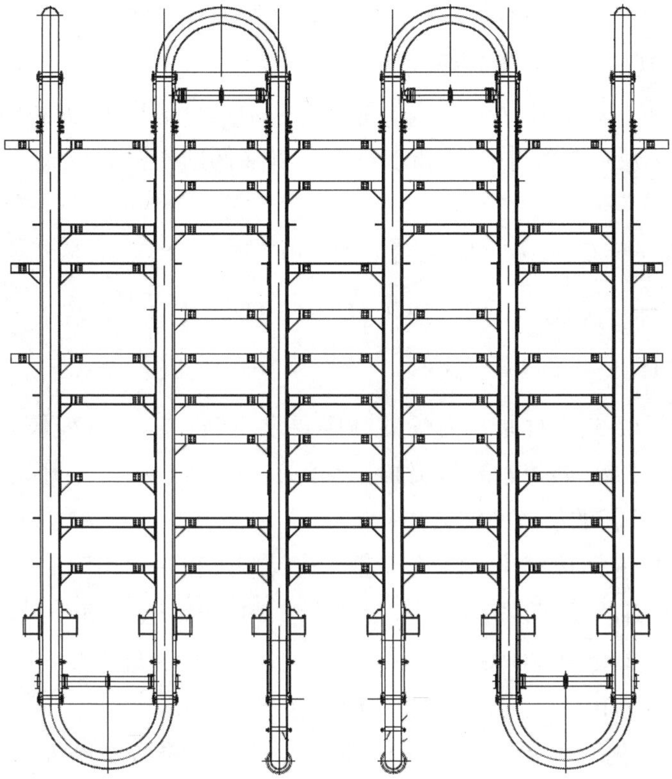

图4-51 环管反应器简图

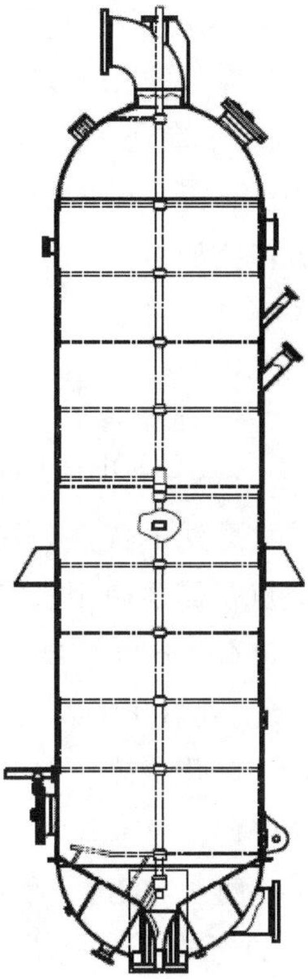

图4-52 气相共聚反应器

4.3.6 环氧丙烷

4.3.6.1 工艺技术简介

（1）理化特性

环氧丙烷（简称PO），分子式为C_3H_6O，常温常压下为无色液体，有乙醚气味，沸点34.3℃，闪点-37℃，在空气中爆炸极限为2.8%～37%。与水作用生成丙二醇，溶于水以及乙醇、乙醚等有机溶剂。极易燃，与空气可形成爆炸性混合物，遇明火、高温和氧化剂有燃烧爆炸的危险。

（2）主要用途

环氧丙烷（PO）是一种重要的有机化工产品，是除聚丙烯以外的第二大丙烯衍生物，同时也是一种重要的基本有机化工原料，主要用于生产聚醚多元醇、丙二醇、丙二醇醚、非离子表面活性剂、油田破乳剂、农药乳化剂、碳酸丙烯酯、异丙醇胺等。其下游产品近百种，广泛应用于汽车、建筑、食品、烟草、医药及日用化学品等行业。

（3）技术路线

PO工业化生产始于1931年美国UCC公司的以氯气为原料的氯醇法[16]。1969年美国Arco公司的以异丁烷为原料的PO/TBA共氧化法工业化，1977年以乙苯为原料的PO/

SM共氧化法工业化[17]，2003年以异丙苯为原料的CHP共氧化法工业化，2008年以双氧水作为原料的HPPO法工业化。现对其主要生产路线简介如下：

1）氯醇法。丙烯、氯气和水按一定比例进入次氯酸化反应器，反应压力为常压或微正压，反应温度为40～90℃。反应过程中丙烯和水过量，以降低副产物的生成。反应方程式如下：

$$Cl_2 + H_2O \longrightarrow HCl + HClO$$

$$2C_3H_6 + 2HClO \longrightarrow CH_3CHOHCH_2Cl + CH_3CHClCH_2OH$$

$$CH_3CHOHCH_2Cl + CH_3CHClCH_2OH + Ca(OH)_2 \longrightarrow 2PO + CaCl + H_2O$$

氯醇法的优点是流程短，投资少，对原料丙烯的纯度要求不高，工艺流程较短。其缺点是需要使用氯气，生成的次氯酸对设备的腐蚀性比较大。国内于2011年开始对该法进行了产能控制，且不再批准新的氯醇法装置[18]。

2）共氧化法。共氧化法也称为间接氧化法或哈康法，在反应过程中使用第三种物料作为氧化载体。根据第三种物料的不同，分为乙苯共氧化法（PO/SM法），联产苯乙烯（SM）、异丁烷共氧化法（PO/TBA或PO/MTBE法），联产叔丁基醇（TBA）或甲基叔丁基醚（MTBE）和异丙苯法（CHP法），异丙苯法不产生联产产品。

①乙苯共氧化法。乙苯共氧化法环氧丙烷（PO/SM）生产技术的简要流程见图4-53。过量的乙苯和空气在过氧化反应器中反应，反应产物为乙苯过氧化氢/乙苯溶液，反应不需要催化剂，乙苯的转化率低于15%，乙苯氢过氧化物（EBHP）的选择性在75%～85%之间。反应副产物为甲基苯基醇和甲基苯基酮。乙苯过氧化氢/乙苯溶液经过浓缩后，用碱洗除去反应生成的有机酸，再用水洗除去钠离子，然后进入环氧化反应单元。

在环氧化单元，丙烯和乙苯过氧化氢反应，生成粗环氧丙烷、甲基苯基醇和甲基苯基酮。环氧化反应的催化剂有Mo系和Ti/SiO_2两种，环氧化反应器也分为均相卧式和固定床立式两种。在环氧化反应中，EBHP的转化率超过99%，PO的选择性在86%～93%之间。粗环氧丙烷精制后得到环氧丙烷成品。未反应的丙烯脱除杂质后循

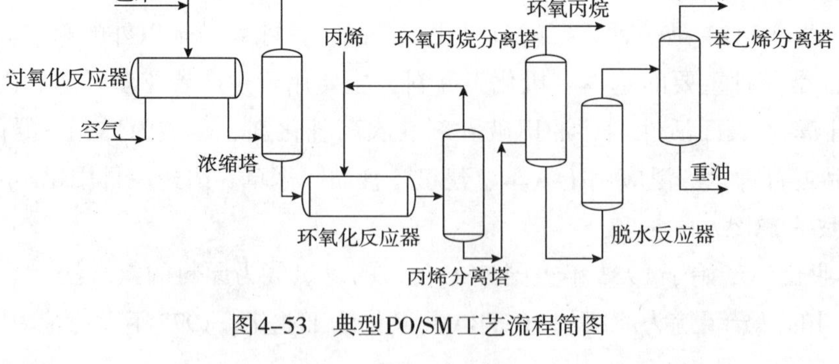

图4-53　典型PO/SM工艺流程简图

环回过氧化反应器继续反应。

甲基苯基酮在加氢单元催化加氢，生成甲基苯基醇。甲基苯基醇在脱水单元催化脱水生成粗苯乙烯，脱水反应器也分为均相和固定床两种。粗苯乙烯精制后得到苯乙烯成品，反应方程式如下：

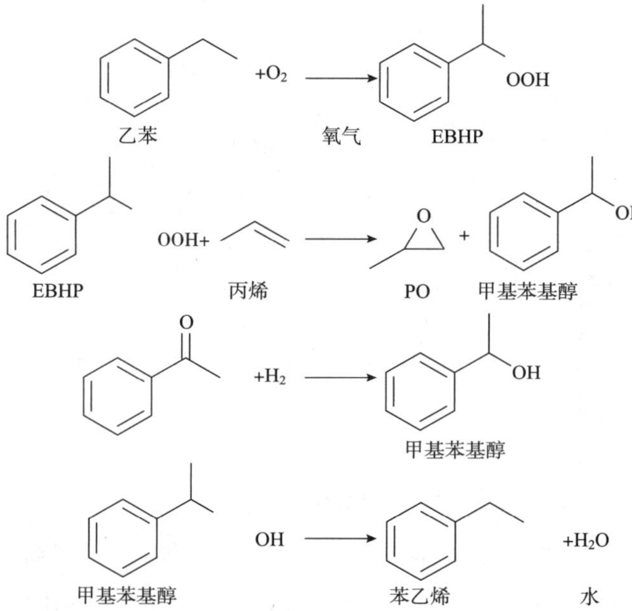

②异丁烷共氧化法。异丁烷共氧化法环氧丙烷（PO/TBA）生产技术的简要流程见图4–54。异丁烷和纯氧在过氧化反应器中反应，生成叔丁基过氧化氢（TBHP）和叔丁基醇（TBA），反应产物经浓缩后进入环氧化单元。未反应的异丁烷增压后返回过氧化反应器循环使用。过氧化反应不需要催化剂，异丁烷单程转化率在35%～50%，TBHP的选择性在45%～55%之间[17]。

反应方程式如下：

$$C_4H_{10} + O_2 \longrightarrow C_4H_{10}O_2 + C_4H_{10}O$$

$$C_3H_6 + C_4H_{10}O_2 \longrightarrow PO + C_4H_{10}O$$

$$C_4H_{10} + CH_3OH \longrightarrow C_3H_9COCH_3 + H_2O$$

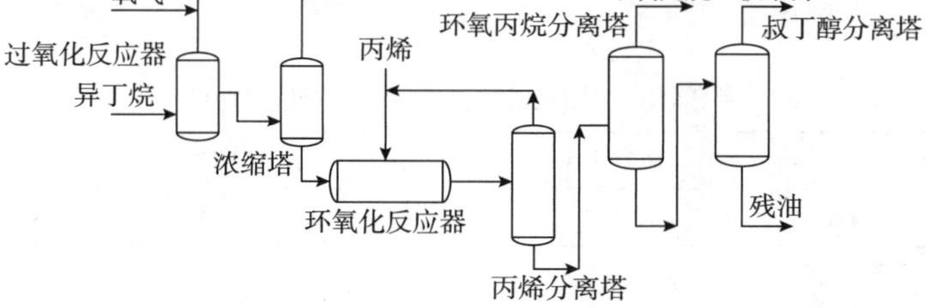

图4–54　典型PO/TBA工艺流程简图

3）双氧水法（HPPO）。双氧水法环氧丙烷（HPPO）生产技术的简要流程见图4–55。过氧化氢（HP，双氧水）和过量的丙烯在甲醇溶液中，以钛硅分子筛为催化剂，在固定床反应器中进行反应，生成粗环氧丙烷、水和少量的副产物。反应温度为50～150℃，反应压力为0.5～1.5MPa，双氧水转化率为95%，PO选择性超过90%。反应方程式如下：

$$H_2O_2 + C_3H_6 \longrightarrow PO + H_2O$$

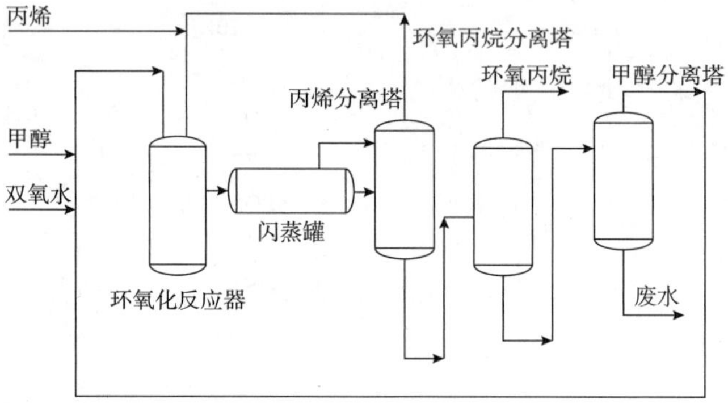

图4–55　典型HPPO工艺流程简图

HPPO生产技术的工艺流程相对简单，产品收率较高，装置投资相对较少，具有独特的竞争优势。在生产过程中，也存在双氧水分解产生氧气的风险，需要采取足够的安全措施。

（4）物耗、能耗指标

根据国家标准《环氧丙烷单位产品能源消耗限额》，现有环氧丙烷生产装置单位产品能耗限定值应符合表4–17的规定。几种环氧丙烷生产方法的物耗见表4–18[19]。

表4–17　环氧丙烷单位产品能耗限定值

工艺路线		单位产品综合能耗/（kgEO/t）
氯醇法		≤287
共氧化法	乙苯共氧化法	≤322
	异丁烷共氧化法	≤273
双氧水法		≤385

表4–18　几种环氧丙烷生产方法的物耗

工艺路线		PO/TBA	PO/SM	CHP	HPPO	氯醇法
原材料/（t/tPO产品）	丙烯	0.770	0.798	0.780～0.830	0.780～0.830	0.820～0.900
	异丁烷	2.77				
	乙苯		2.73～3.20			

续表

工艺路线		PO/TBA	PO/SM	CHP	HPPO	氯醇法
原材料/（t/tPO产品）	异丙苯			补充量		
	双氧水				0.72	
	氧气	0.85				
	氯气					1.30～1.85
	氢气	少量	0.01	0.05	少量	
	生石灰					1.0～2.1
联产品/（t/tPO产品）	苯乙烯		2.2～2.4			
	TBA	2.36～3.0				
	二氯丙烷					0.05～0.15
	废渣					1.0～2.1
公用工程/（t/tPO产品）	蒸汽	4.0	13.0	16.0	20.0	2.5～6.0
	冷却水	500	855	350	91	250～320
	电（kW·h/tPO产品）	385	365～442	300	209	200～4210

4.3.6.2　主要装备

（1）过氧化反应器

PO/SM的过氧化反应器为卧式多隔室反应器，隔室之间有隔板，隔板下方有通道，使物料可以由前一隔室流动到后一隔室。每个反应器可以有多个隔室。

空气和循环气从顶部进入，反应器内带有分布管，保证空气和循环气分布均匀。底部设有急冷物料进口，在反应飞温时可以通入急冷物料进行冷却。两个隔室反应器的示意图见图4–56。

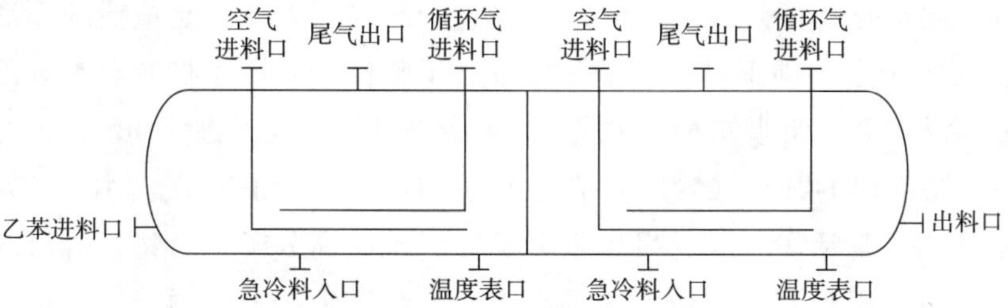

图4–56　过氧化反应器简图

（2）脱水反应器

PO/SM工艺的脱水反应器为卧式反应器，底部在封头处插入2台或4台U形管换热器，顶部直接焊接洗涤塔。甲基苯基醇从反应器底部进入，底部加热器提供脱水反应所需要的反应热和苯乙烯汽化所需的热量。反应器负压操作，生成的苯乙烯和水汽化后进入反应器顶部的洗涤塔洗涤。脱水反应器示意图见图4–57。

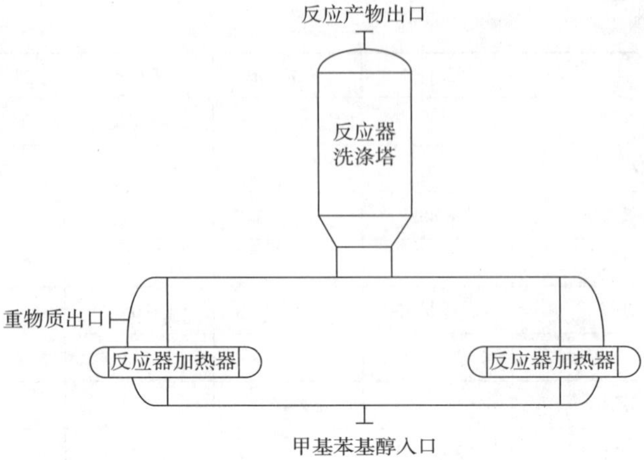

图4-57　脱水反应器简图

4.3.7　丁二烯

4.3.7.1　工艺技术简介

（1）理化特性

丁二烯有1，2-丁二烯和1，3-丁二烯两种同分异构体，1，2-丁二烯工业用途极少，通常所说的丁二烯均指1，3-丁二烯。

1，3-丁二烯在常温、常压下为无色的气体，具有一种适度甜感的芳香味道。分子量54.09，沸点-4.41℃，闪点-78℃，空气中爆炸极限2.0%～11.5%，属于易燃易爆物质。《工作场所有害因素职业接触限值》（GBZ 2.1—2019）中将1，3-丁二烯列为可能人类致癌物，8h平均允许浓度为5 μg/g。

（2）主要用途

丁二烯在石油化工烯烃原料中的地位仅次于乙烯和丙烯，是重要的石油化工基础原料[20]，主要用于生产顺丁橡胶、丁苯橡胶、丁腈橡胶、氯丁橡胶。与苯乙烯共聚生产各种用途广泛的合成树脂如ABS树脂、K树脂等及热塑性弹性体SBS。

丁二烯是最简单的共轭二烯烃，结构式为：CH_2=CH-CH=CH_2。由于特殊的结构形式，其化学性质非常活泼，容易发生聚合反应，生成高分子化合物，既可与其他化合物发生共聚，也可以自聚。工业上正是利用这一性质生产合成树脂、合成橡胶及合成纤维等。

（3）技术路线

丁二烯最主要生产路线[21]是利用乙烯装置副产C_4作为原料，借助抽提工艺生产丁二烯。乙烯装置副产C_4除含有丁二烯外，还含有丁烷、丁烯、炔烃等C_4组分，其沸点极为接近，用普通精馏很难得到高纯度的丁二烯产品。通常需要引入一种极性溶剂，利用各组分之间的相对挥发度不同达到分离的目的。在极性溶剂作用下，相对挥发度顺序为：丁烷＞丁烯＞丁二烯＞炔烃，丁二烯抽提工艺均为采用二级萃取精馏和二级普通精馏相结合的分离方法。其中，乙腈、二甲基甲酰胺、*N*–甲基吡咯烷酮是使用最广泛的三种抽提溶剂[22]。

1）乙腈法。乙腈法以乙腈为溶剂（含水5%～10%），应用萃取精馏方式分离丁二烯。该技术由美国SHELL公司开发，于1965年工业化。该工艺汽提塔操作压力低，设置压缩机。中国石化和日本的JSR也相继开发了自己的乙腈法抽提技术，与SHELL主要区别在于提高了汽提塔的操作压力，取消了压缩机。2000年以后国内新建的丁二烯抽提装置以乙腈法为主，其中最大能力为20×10^4t/a。

2）二甲基甲酰胺法。二甲基甲酰胺法由日本ZEON公司开发，1965年在日本首次工业应用。二甲基甲酰胺是一种优良的溶剂，无水时对设备无腐蚀性，设备可采用碳钢。由于二甲基甲酰胺常压沸点较高，第一汽提塔和第二汽提塔均为常压操作，因而从第一汽提塔塔顶的气体需经压缩机加压进入第二萃取塔。

3）*N*–甲基吡咯烷酮法。*N*–甲基吡咯烷酮法是德国BASF公司研究开发的一种丁二烯抽提技术，于1968年工业化。*N*–甲基吡咯烷酮法溶剂中含有5%～10%的水，沸点相应降低，且选择性较好，有利于防止丁二烯聚合。溶剂化学稳定性好，对C_4馏分有很好的溶解能力，选择性好。溶剂无腐蚀性，设备可以采用碳钢。

4.3.7.2 主要工艺特点

目前，世界上丁二烯抽提装置95%以上都是采用乙腈法、二甲基甲酰胺法、*N*–甲基吡咯烷酮法。三种工艺流程基本相似，不设压缩机的乙腈法丁二烯抽提工艺流程分为萃取精馏单元、丁二烯精制单元、溶剂回收单元、辅助单元，见图4–58。

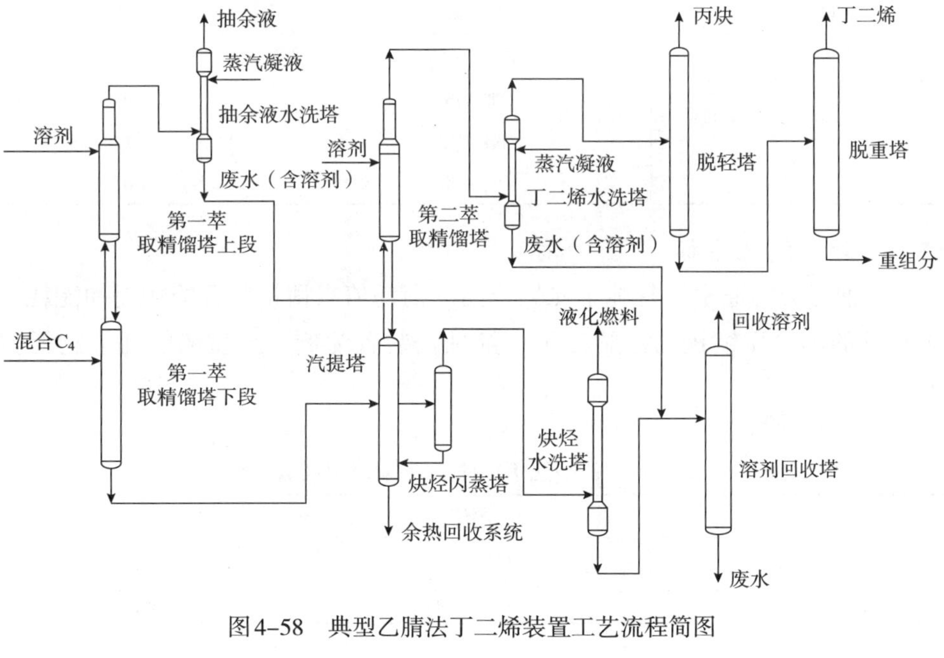

图4–58 典型乙腈法丁二烯装置工艺流程简图

（1）操作条件

丁二烯抽提工艺为物理分离过程，没有化学反应，操作条件温和，没有高温、高压工况，乙腈工艺主要塔器的操作条件见表4-19。由于丁二烯容易发生聚合，操作尽可能低温，从表中可以看出，装置内最高温度仅为140℃，为汽提塔塔釜。塔顶温度40℃左右，因而塔顶冷凝采用循环水作为冷却介质。

表4-19 乙腈工艺主要塔器操作条件

名称	操作温度/℃	操作压力/kPa（表）
第一萃取精馏塔	42～120	420～570
汽提塔	55～140	420～480
第二萃取精馏塔	40～55	350～420
炔烃闪蒸塔	70～90	70～100
脱轻塔	40～50	420～470
脱重塔	40～60	370～450
溶剂回收塔	80～110	10～50

（2）物料平衡

典型的10×10^4t/a乙腈法丁二烯抽提装置物料平衡见表4-20，其中原料混合C_4中1，3-丁二烯的质量分数为51.5%。

表4-20 10×10^4t/a丁二烯抽提装置物料平衡表 10^4t/a

项目	物料	数量
进料	混合C_4	19.8
出料	丁二烯产品	10
	抽余液	8.6
	液化燃料	1.05
	C_3炔烃	0.15

（3）物耗、能耗指标

丁二烯抽提装置通常用每吨丁二烯产品的消耗值来衡量装置的物耗和能耗。以中国石化开发的不含压缩机的乙腈法丁二烯抽提装置为例，典型的能耗、物耗情况见表4-21。

表4-21 乙腈法丁二烯装置典型能耗物耗值

项目	单位	消耗值
原料混合C_4	t/t丁二烯	1.95～2.2
溶剂乙腈	t/t丁二烯	0.8～1.1

续表

项目	单位	消耗值
亚硝酸钠	t/t 丁二烯	0.04 ~ 0.06
能耗	kgEO/t 丁二烯	240 ~ 260

4.3.7.3　主要装备

丁二烯抽提装置主要设备有塔、容器、换热器、压缩机、泵等，材质均为碳钢，除压缩机外，其余设备均为国内制造。

丁二烯压缩机为螺杆式压缩机，由于物料性质，该压缩机为干式压缩机，不能通过注水控制出口温度，因而当压力比较高时只能采用两段压缩。目前国内的丁二烯装置均为进口压缩机。

4.3.8　裂解汽油加氢

4.3.8.1　工艺技术简介

裂解汽油加氢装置在整个石油化工加工流程中起着承上启下的作用，上游衔接乙烯装置或DCC裂解装置，其副产物粗裂解汽油送裂解汽油加氢装置进行加氢和分离，为下游芳烃抽提装置提供优质原料。

粗裂解汽油主要是C_5 ~ C_{9+}馏分，馏程45 ~ 205℃，除含有苯、甲苯、二甲苯外，还含有单烯烃、双烯烃、饱和烃（直链烷烃、环烷烃）及杂质等。其主要特点是稳定性差，存储过程中易聚合生成胶质，需要通过两段加氢反应进行烯烃饱和及脱除杂质。通常第一段加氢是在较缓和条件下进行液相反应；第二段加氢是在较高温度下进行气相反应。

其主要产品为加氢汽油，是下游芳烃抽提装置的原料，可继续生产苯、甲苯、二甲苯等。副产品未加氢C_5馏分可去C_5分离装置生产异戊二烯、间戊二烯等产品；加氢C_5可作燃料或返回乙烯装置作裂解料增产乙烯丙烯。副产品未加氢C_{9+}馏分用作燃料或树脂加工；加氢C_{9+}可作溶剂油等。

（1）一段加氢反应部分

一段加氢为液相反应，直接使用新鲜氢气，选用温度低、活性高的钯系或镍系催化剂，在相对温和的条件下将原料中的双烯烃和苯乙烯加氢转化成单烯烃和乙苯，使一段加氢油的双烯值≤ 2.5，同时有一部分单烯烃加氢成为饱和烃，该反应为放热反应。反应初始温度低，反应温和均匀，操作稳定且运行周期长。一段选择性加氢的目的是把二烯烃（链状、环状二烯烃和烯基芳香族如苯乙烯）加氢，饱和为单烯烃则很容易因在二段加氢条件下改变生成烷烃和环烷烃。几种选择性加氢发生的化学反应如下。

1）加氢反应。双烯烃和单烯烃都是不饱和组分，易聚合生成胶质，进料和反应产物双烯值之差反映了化学反应的剧烈程度。

$$双烯 + H_2 \longrightarrow 单烯$$

$$烯基芳烃 + H_2 \longrightarrow 烷基芳烃$$

$$烯烃 + H_2 \longrightarrow 烷烃$$

双烯先于单烯进行加氢反应，一段反应器中要完全避免单烯的加氢反应是很困难的，主要原因是如果原料中包含1–烯烃，那么它的反应活性高于2，3–烯烃，很容易在一段反应器中被加氢。

2）异构化反应。烯烃的异构化主要是指双键的转移。

3）聚合反应。这类反应产生的胶质会缩短催化剂的寿命、降低催化剂的活性。同样，在保证选择性加氢反应的基础上，温度越低对反应越有利。

（2）二段加氢反应部分

二段加氢是在较高温度下进行的气相反应，选用活性高的钴–钼–镍（Co–Mo–Ni）系催化剂，将剩余的单烯烃进行加氢饱和，同时分解除去进料中的氧、氮、硫、金属等化合物，两段催化剂床层间采用循环氢急冷来控制反应温度，延长操作周期。二段加氢的目的是把烯烃加氢和脱硫，发生于二段反应器的几个重要反应如下：

1）单烯烃饱和。

$$直链烯烃 + H_2 \longrightarrow 烷烃$$

$$环烯烃 + H_2 \longrightarrow 环烷烃$$

这两个反应都是强放热反应，进料和产品溴价之差反映了加氢的程度，1mol烯烃消耗1mol H_2。

2）脱硫。在裂解汽油中，硫主要是以有机硫的状态出现（如噻吩、甲基噻吩等），硫化物较难脱除，其反应条件比较苛刻，首先需要破坏有机硫的结构，再生成烃和H_2S。如：

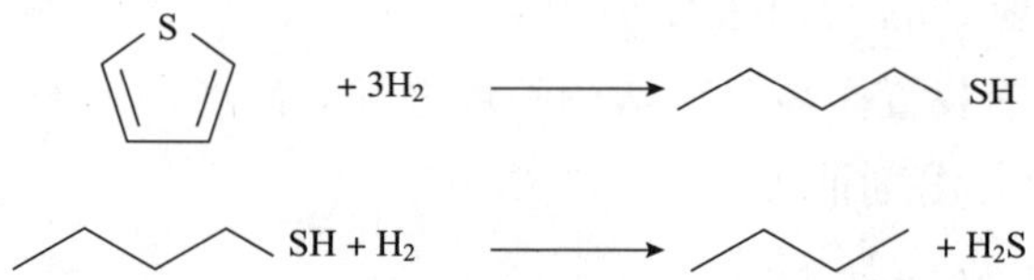

加氢脱硫是放热反应，氢的消耗量由硫化物含量决定。

4.3.8.2 主要工艺特点

（1）流程说明

国内外裂解汽油加氢技术专利商较多，依下游装置对加氢汽油的要求不同，加工流程可有多种方案。本书介绍中心馏分加氢和全馏分加氢两种主要流程。

中心馏分加氢：目前国内已建或在建的裂解汽油加氢装置采用中心馏分（$C_6 \sim C_8$）加氢工艺路线的较多。装置分为以下几部分：预分馏系统、一段加氢系统、二段加氢系统及稳定塔系统，典型的工艺流程简图见图4–59。

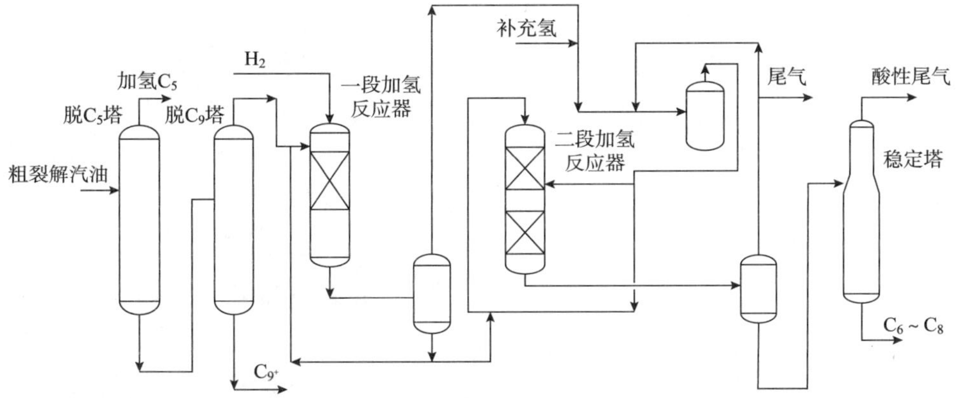

图4-59 典型中心馏分加氢工艺流程简图

全馏分加氢：全馏分加氢与中心馏分加氢产品方案不同，除了加氢汽油产品外，以生产裂解料和调和油品为主，对催化剂的要求更为苛刻，过程复杂程度更高。装置分为以下几部分：即一段加氢系统、分馏系统、二段加氢系统及稳定塔系统，典型的工艺流程简图见图4-60。

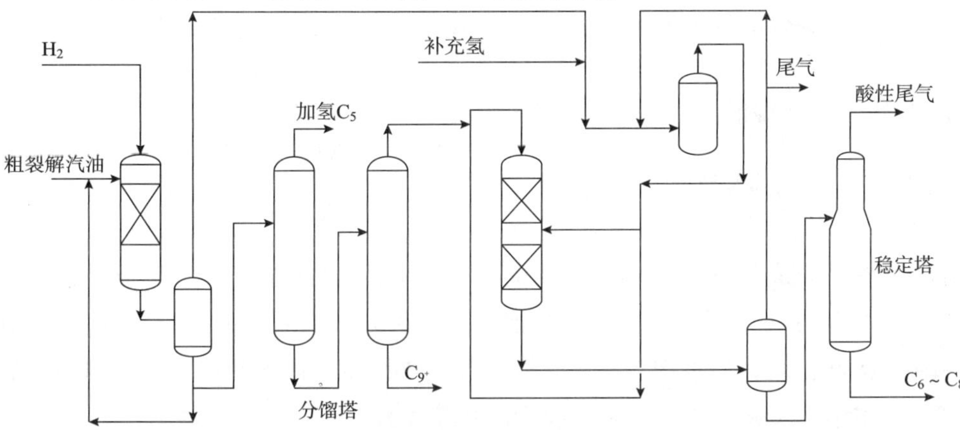

图4-60 典型全馏分加氢工艺流程简图

（2）物耗、能耗指标

裂解汽油加氢装置因产品不固定且副产品多，所以其装置的物耗和能耗通常以每吨原料（粗裂解汽油处理量）计，典型装置预期综合能耗为每吨原料（粗裂解汽油）39.8kgEO。

4.3.8.3 主要装备

（1）一段加氢反应器

一段加氢反应器为单床层绝热固定床反应器，油和氢气从反应器顶部进入，在催化剂床层中充分接触。反应器内介质易燃、易爆、高度毒性，且属临氢设备，因此对设备的安全可靠性要求很高。一段加氢反应器简图见图4-61。

（2）二段加氢反应器

二段加氢反应器为多催化剂床层绝热反应器，其填充活性高的钴-钼-镍（Co-Mo-Ni）系催化剂。二段加氢反应器已实现了国产化，设计、制造、检验完全能满足要求。二段加氢反应器简图见图4-62。

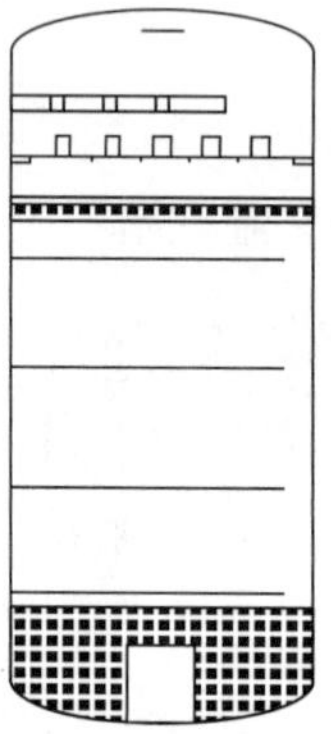

图4-61　一段加氢反应器简图

图4-62　二段加氢反应器简图

4.3.9　合成橡胶

4.3.9.1　工艺技术简介

（1）理化特性

在广义上，合成橡胶（synthetic rubber）是指用化学方法合成制得的橡胶[20]。合成橡胶有多种分类方法，可分为通用合成橡胶和特种合成橡胶，通用合成橡胶可以部分或全部代替天然橡胶，特种橡胶指有特殊性能（如耐油、耐老化等）、用于特殊场合的合成橡胶。本节主要介绍通用合成橡胶中的顺丁橡胶。

顺丁橡胶是指以丁二烯为原料、采用溶液聚合法生产的高顺式1，4-聚丁二烯橡胶，顺式结构通常高于95%。顺丁橡胶是仅次于丁苯橡胶的大宗的通用合成橡胶，其主要理化特性如下[23, 24]。非充油顺丁橡胶产品一般为白色固体，通常为块状料。密度约为900kg/m^3，玻璃化温度约为110℃。顺丁橡胶具有低温性能好、弹性高、耐曲挠性良好、耐磨性优异等特点，在阴暗处贮存期可达数年之久，库房按丙类设计，可溶于环已烷、正庚烷、正已烷、苯、甲苯等溶剂。

（2）主要用途

顺丁橡胶主要用于制造轮胎、耐磨制品及特殊耐寒制品。顺丁橡胶的抗张强度和抗撕裂强度低，所以一般顺丁橡胶与天然橡胶、多种合成橡胶混合使用。稀土顺丁橡胶具有滚动阻力低、高耐磨和高抗湿滑性的优点，是未来的发展方向。反式聚丁二烯橡胶的产能小，一般用于制造鞋底、地板、垫圈等。

4.3.9.2 主要工艺特点

（1）流程说明

目前世界上主流的溶液法顺丁橡胶生产工艺，除去引发剂体系不同、聚合单元聚合釜配置有差别外，其流程单元配置基本类似，工艺主流程通常由六个单元组成，分别为：引发剂及化学品配制单元、聚合单元、掺混和汽提单元、后处理单元、溶剂精制单元、原料精制单元。本节以镍系顺丁橡胶为例对流程进行简要介绍，工艺流程简图见图4-63。

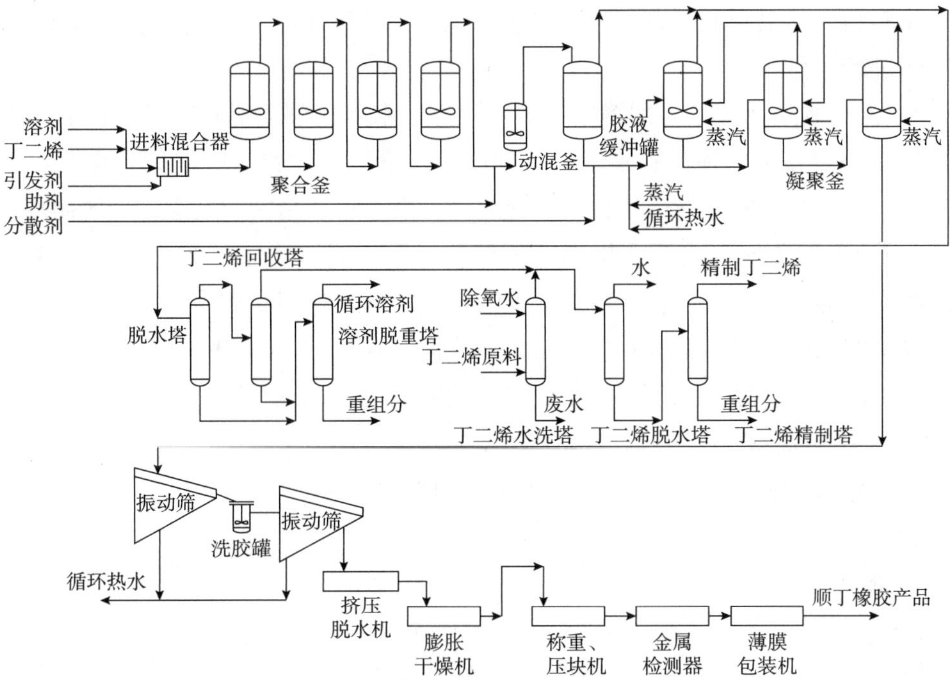

图4-63 典型顺丁橡胶装置工艺流程简图

镍系顺丁橡胶装置以丁二烯为原料，以己烷为溶剂，以环烷酸镍、三异丁基铝、三氟化硼乙醚络合物为催化剂，采用稀硼单加引发剂陈化方式，丁二烯连续聚合生产顺丁橡胶。

1）引发剂及化学品配置单元。先在铝剂储罐中将浓铝剂稀释为稀铝剂，再与稀镍溶液混合，然后与丁二烯油溶液混合后进入聚合首釜。在浓镍配制釜中加入环烷酸镍配制成浓镍溶液，然后用氮气压至稀镍配制釜中，配制好稀镍油，该溶液与丁二烯油溶液混合后进入聚合首釜。

2）聚合单元。精溶剂与丁二烯按一定比例混合，经冷却后，与铝-镍陈化液混合后进入聚合首釜进行聚合反应，经过多釜串联聚合后，在聚合釜中丁二烯连续聚合成为顺丁橡胶，溶解在溶剂中形成胶液。可在聚合釜出口加入防老剂。

3）掺混和汽提单元。若生产充油胶，则在送入胶液罐前加入填充油并混合均匀。均质的胶液经泵加压后，加入分散剂，然后与热水混合后喷入凝聚釜内。釜顶部出来的气相为未反应的丁二烯、溶剂和水蒸气的气相混合物，溶剂油送溶剂精制单元处理；凝聚釜底为基本不含溶剂的胶粒水，该胶粒水送入后处理单元处理。

4）后处理单元。由凝聚来的胶粒水先进振动筛，振动脱去其中的游离水分；然后胶粒进入洗胶罐，洗去其中的杂质；再经振动筛脱水，胶粒进入挤压脱水机，经挤压脱水后，进入膨胀干燥机，将物料挥发分降到2%以下；在膨胀干燥的末端，胶条被转刀切成胶粒，通过热风流化输送到干燥箱，使挥发分降到0.5%以下；干燥后的胶粒提升送至给料机，然后进行压块后包装，包装好后装箱，最后用叉车将成箱的成品橡胶送至库房进行暂存。

5）溶剂精制单元。湿溶剂罐来的溶剂先进脱水塔，塔顶得到轻组分及丁二烯送入丁二烯回收塔回收丁二烯，脱水塔釜得到溶剂及重组分。脱水塔塔釜液及丁二烯回收塔釜液送入溶剂脱重塔，从塔釜分离出重组分，塔顶得到精制溶剂送入罐区循环使用。

6）原料精制单元。自脱水塔来的轻组分及丁二烯送入丁二烯回收塔，脱除不凝气，回收丁二烯送入丁二烯脱水塔，塔釜的溶剂油送入溶剂脱重塔。

外界来的原料丁二烯先送入丁二烯水洗塔脱除阻聚剂，再与回收丁二烯一起进入丁二烯脱水塔脱除其中的水分，最后送入丁二烯精馏塔，从塔顶得到合格的精制丁二烯。

（2）物耗、能耗指标

典型的10×10^4t/a顺丁橡胶装置物料平衡图见图4-64。

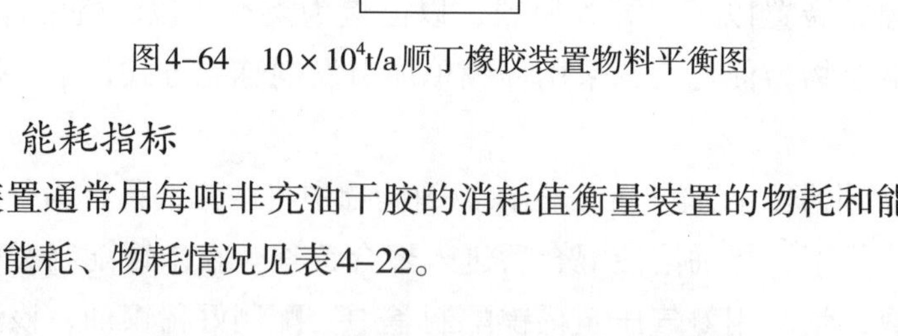

图4-64 10×10^4t/a顺丁橡胶装置物料平衡图

（3）物耗、能耗指标

顺丁橡胶装置通常用每吨非充油干胶的消耗值衡量装置的物耗和能耗。镍系顺丁橡胶装置典型的能耗、物耗情况见表4-22。

表4-22 镍系顺丁橡胶装置典型能耗物耗值

项目	单位	数值
丁二烯	t/t胶	1.007～1.02
溶剂	t/t胶	0.02～0.045

续表

项目	单位	数值
环烷酸镍	kg/t胶	0.15 ~ 0.3
三异丁基铝	kg/t胶	0.2 ~ 0.4
能耗	kgEO/t胶	330 ~ 420

4.3.9.3　主要装备

（1）聚合釜

聚合釜是顺丁橡胶装置的核心设备。顺丁橡胶的聚合引发快，增长慢，其聚合速度从开始到结束逐渐变慢，一般采用多釜串联增加停留时间的方式来达到一定的转化率。通常采用3 ~ 5釜串联。

根据各釜物料性质的不同，选用不同型式的聚合釜。一般首釜的物料转化率低，胶液浓度低，物料黏度低，首釜反应器可采用板框式搅拌器，外设夹套，利用夹套传热撤出部分反应热（见图4–65）；随着后续各釜反应转化率的提高，胶液浓度逐渐提高，物料变得黏稠不易流动，此时可采用双螺带式搅拌反应器[20]（见图4–66）。

（2）汽水混合器

汽提釜的汽提效果与胶粒的大小有密切关系，胶粒过大则溶剂从胶粒内部传质进入水相的速度慢，汽提效果差。胶粒适中，则传质快，汽提釜蒸汽消耗低，需要操作液位低。为了将胶液切割成合适大小的胶粒，胶液在进入汽提釜前需要经过汽水混合器，在此胶液与蒸汽、热水充分混合，通过高效喷嘴，利用汽水的超高线速将胶液切割，使形成的胶粒大小在4 ~ 6mm的优选范围。

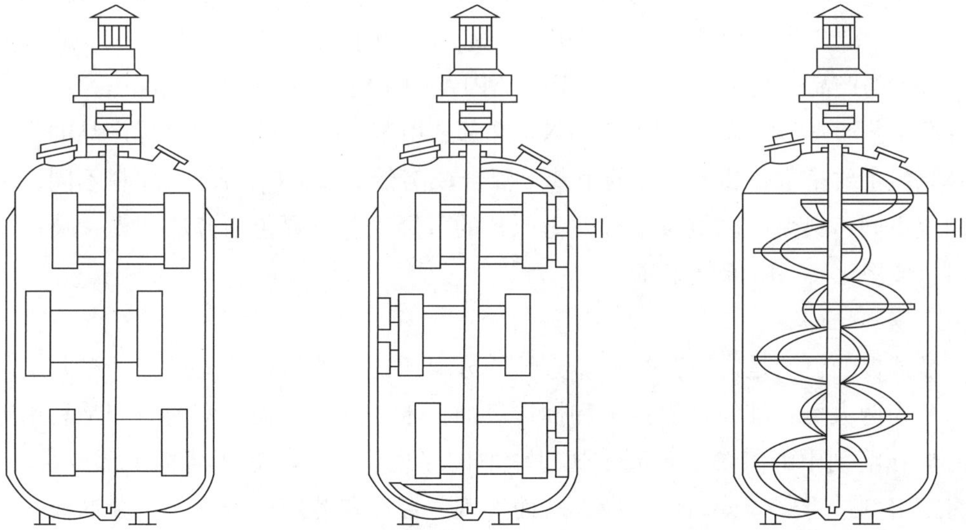

（a）偏心框式聚合釜　（b）带刮刀的偏心框式聚合釜　（c）内、外双螺带式搅拌聚合釜

图4–65　首釜可选搅拌器

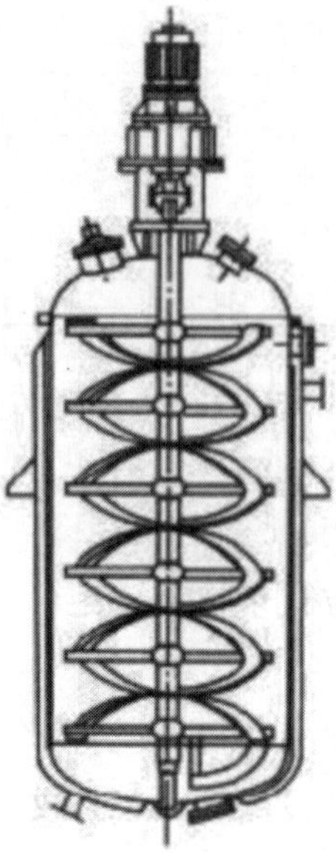
（a）外双螺带搅拌聚合釜

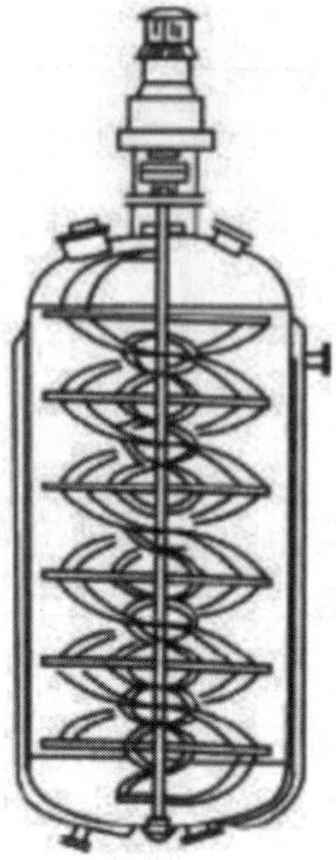
（b）内、外双螺带式搅拌聚合釜

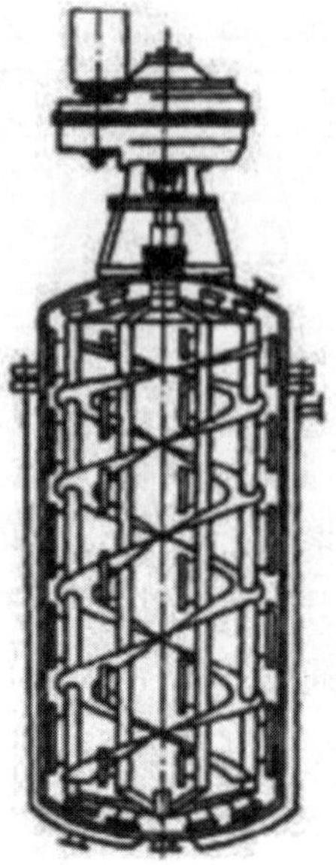
（c）带刮刀的螺带式搅拌聚合釜

图4–66　后釜可选搅拌器

4.4　芳烃生产工艺与装备

4.4.1　工艺技术简介

芳烃是石油化学工业重要的基础原料，是含苯环结构的碳氢化合物的总称。其中最重要的是苯、甲苯、混合C_8芳烃，统称为BTX。混合C_8芳烃包括乙苯（EB）、对二甲苯（PX）、邻二甲苯（OX）和间二甲苯（MX）四个同分异构体。对二甲苯是C_8芳烃中用量最大的产品，其主要用途是用于生产PTA，PTA主要用于生产聚酯。

芳烃工艺通常是指以对二甲苯（PX）和邻二甲苯（OX）为主要目标产品的生产工艺，其原料主要是重整装置生产的甲苯、混合C_8芳烃、C_9~C_{10}芳烃，原料不同，工艺技术构成不同，典型的以重整生成油为原料的芳烃工艺主要包括芳烃抽提、歧化、吸附分离、异构化、二甲苯分馏等。

（1）芳烃抽提

芳烃抽提的目的是进行芳烃和非芳烃的分离，是一个物理分离过程。按照工艺原理可以分为两大类：液液抽提技术和抽提蒸馏技术。液液抽提技术的原理是利用芳烃和非芳烃在溶剂中的溶解度不同，通过萃取的原理将芳烃溶解于溶剂中形成富溶剂，然后将富溶剂进行蒸馏分离出芳烃，从而实现芳烃和非芳烃的分离。芳烃抽提蒸馏工艺是利用选择性溶剂对芳烃和非芳烃相对挥发度影响的不同，通过萃取精馏从原料中提取高纯度芳烃。芳烃抽提蒸馏工艺的典型流程见图4–67。

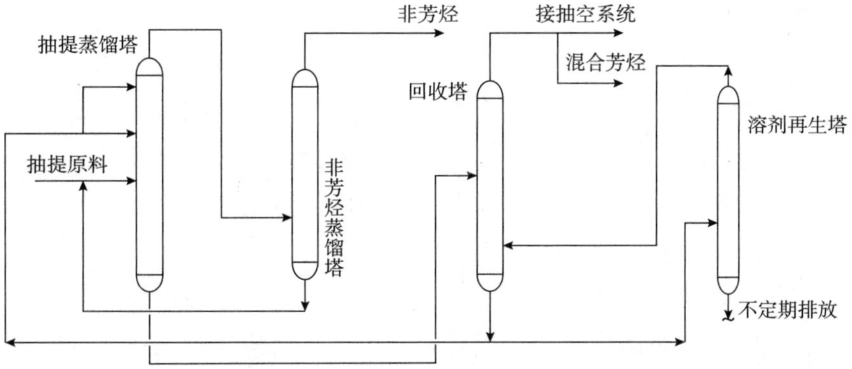

图4-67　典型芳烃抽提蒸馏装置工艺流程简图

（2）歧化

歧化的目的是将甲苯、C_9和C_{10}芳烃转换成高附加值的苯和C_8芳烃。歧化工艺主要分为歧化及烷基转移和甲苯择形歧化两种类型。

歧化及烷基转移工艺是充分利用甲苯、C_9和C_{10}芳烃，通过歧化及烷基转移反应生成高附加值的C_8芳烃作为生产对二甲苯的原料，能够最大限度地生产对二甲苯。甲苯择形歧化工艺对二甲苯的选择性高，反应产物二甲苯中的对二甲苯的含量高达82%～90%，但C_8芳烃产品收率低（一般仅为40%），单程转化率较低（一般仅为30%），且只能用甲苯而不能用C_9作原料，不能最大限度地生产对二甲苯。歧化工艺歧化反应部分及苯－甲苯分馏部分的典型流程见图4-68。

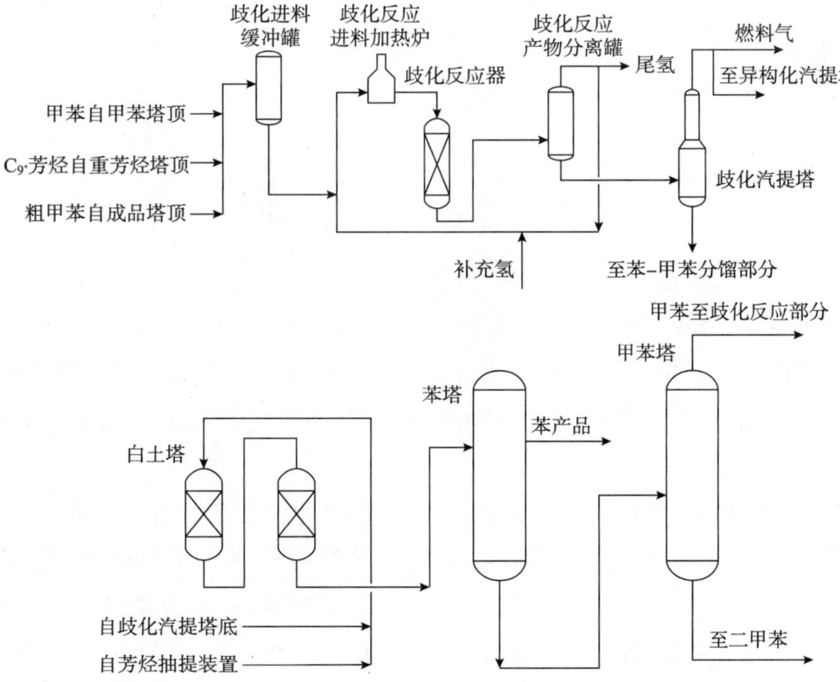

图4-68　歧化工艺歧化反应部分及苯－甲苯分馏部分的工艺流程简图

（3）吸附分离

吸附分离的目的是分离出混合C_8芳烃的四种异构体中的对二甲苯。由于四种同分异构体化学结构相似，物理性质尤其是沸点接近，用通常的精馏法分离困难。目前对二甲苯分离主要有结晶法和吸附分离方法，现有芳烃联合装置以吸附分离法为主。

吸附分离方法是采用特定分子筛吸附剂选择性吸附C_8芳烃中的对二甲苯，再用解吸剂将对二甲苯脱吸下来，达到分离对二甲苯的目的。

吸附分离技术按照床层步进的方式，分为转阀工艺技术和程控阀工艺技术。转阀技术是利用转阀将两台吸附塔的各床层管线和工艺物料连接起来，通过转阀的步进实现模拟移动床的分离过程。程控阀技术是每个床层管线上设置多台程控阀，每台程控阀对应一股物料，通过程控阀的顺序开关，完成模拟移动床分离过程。以上两种技术原理相同，均得到广泛应用，对二甲苯的纯度可达到99.7%，回收率可达97%。中国石化芳烃成套技术SorPX就是典型的程控阀工艺技术。该工艺采用两台吸附塔对应多个程控阀的操作流程，利用MCS系统对吸附塔系统进行控制，完成吸附塔床层的步进顺控，物流、吸附塔压的模拟量控制及安全联锁保护。吸附分离工艺的典型流程见图4-69。

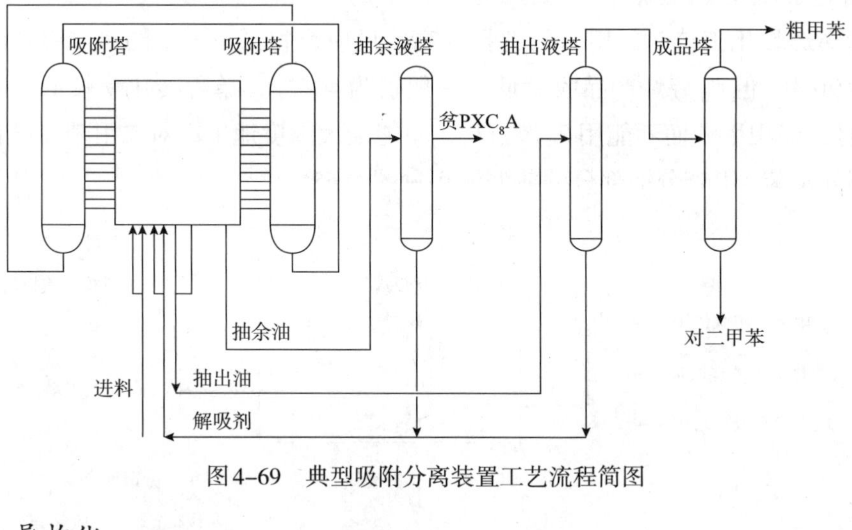

图4-69　典型吸附分离装置工艺流程简图

（4）异构化

二甲苯异构化的原料是基本不含或含少量对二甲苯的混合C_8芳烃，四种C_8芳烃异构体在催化剂作用下相互转化。反应使对二甲苯在混合C_8芳烃中达到平衡浓度，从而提高对二甲苯产量。

目前可供选择的C_8芳烃异构化催化剂主要有两种：乙苯脱烷基型和乙苯转化型。乙苯转化型催化剂的突出特点是充分利用C_8芳烃资源，将C_8芳烃同分异构体中的乙苯异构化，最大限度地生产对二甲苯。乙苯脱烷基型的特点是将原料中的乙苯脱烷基生成苯，反应不受平衡限制，单程转化率高达50%～70%。异构化工艺的典型流程见图4-70。

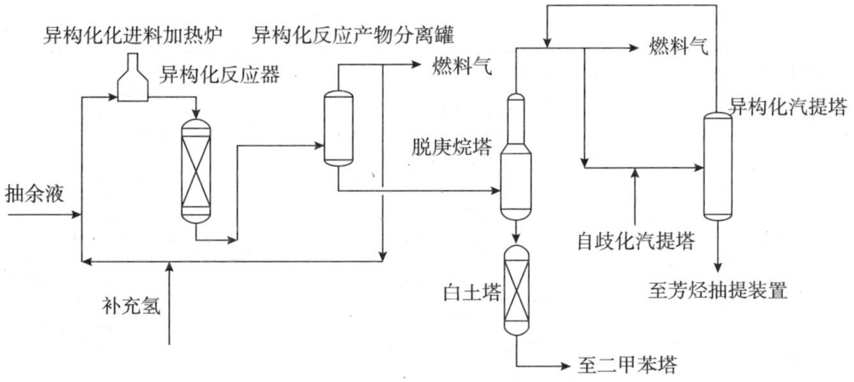

图 4–70　典型异构化装置工艺流程简图

（5）二甲苯分馏

通过脱除烯烃和精密分馏工艺，为歧化装置及吸附分离装置提供原料，通常设置重整油塔、二甲苯塔、邻二甲苯塔和重芳烃塔。C_{8+} 芳烃脱烯烃可以采用白土精制、选择性液相加氢、分子筛催化精制等工艺。重整油塔的作用是将重整生成油分成 C_6 ~ C_7 馏分和 C_{8+} 馏分，二甲苯塔的作用是从 C_{8+} 重整油、歧化和异构化 C_{8+} 反应产物中分离出 C_8 芳烃，为吸附分离装置提供原料。邻二甲苯塔的作用是生产邻二甲苯。重芳烃塔为歧化装置制备合格的 C_9 ~ C_{10} 芳烃原料。二甲苯分馏装置的典型流程见图 4–71。

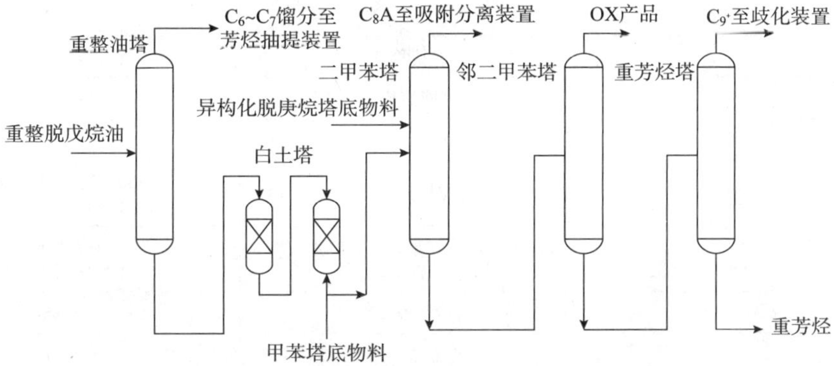

图 4–71　典型二甲苯分馏装置工艺流程简图

4.4.2　工艺技术特点

芳烃装置中各装置的典型工艺操作条件见表 4–23。

表 4–23　芳烃各装置典型工艺操作条件

装置 / 单元	项目	数值
抽提蒸馏装置		
抽提蒸馏塔	溶剂质量比（苯 / 甲苯）	3.5 ~ 5.5

续表

装置/单元	项目	数值
	塔顶压力/MPa（表）	0.04～0.10
	塔顶温度/℃	105～115
	塔回流比	0.5～0.8
回收塔	塔顶压力/MPa（表）	-0.05
	塔底温度/℃	172～178
	塔回流比	0.5～0.8
歧化装置		
歧化反应	操作温度（入口）/℃	初期345～417 末期460～480
	反应产物分离罐压力/MPa（表）	1.9～3.0
	质量液时空速/h^{-1}	2.5～3.5
	氢油比（物质的量比）	2～4：1
苯塔	塔顶压力/MPa（表）	0.04
	塔顶温度/℃	90～94
	塔底温度/℃	149～161
	塔回流比	3～7（对侧线产品）
甲苯塔	塔顶压力/MPa（表）	0.38～0.63
	塔顶温度/℃	176～198
	塔底温度/℃	224～250
	塔回流比	2.0～2.5
异构化装置		
乙苯转化型	操作温度（反应初期/反应末期）/℃	350～380/415～420 （反应器入口）
	反应压力（反应初期/反应末期）/MPa（表）	0.75/1.64 （反应器入口）
	质量空速/h^{-1}	3～5
	氢油分子比	4：1
乙苯脱乙基型	操作温度（反应初期/反应末期）/℃	350～420/410～465 （反应器入口）
	反应压力/MPa（表）	0.9～1.7 （反应器入口）
	质量空速/h^{-1}	8～10
	氢油分子比	（1～2）：1
吸附分离装置		
	操作条件	177℃，1.3MPa（表）（塔顶）
	对二甲苯回收率/%	97
	对二甲苯纯度/%	99.80
	解吸剂/进料/%	1.0～1.3

续表

装置/单元	项目	数值
	吸附剂/进料	1.8 ~ 2.3
二甲苯分馏装置		
重整油塔	塔顶压力/MPa（表）	0.04
	塔顶温度/℃	104 ~ 111
	塔回流比	0.9 ~ 1.3
	塔底温度/℃	174 ~ 181
二甲苯塔	塔顶压力/MPa（表）	0.74 ~ 1.3
	塔顶温度/℃	241 ~ 272
	塔底温度/℃	279 ~ 316
	塔回流比	21 ~ 3.4
邻二甲苯塔	塔顶压力/MPa（表）	0.04
	塔顶温度/℃	158
	塔底温度/℃	207
	塔回流比	1.5 ~ 2.5（对进料）
重芳烃塔	塔顶压力/MPa（表）	0.04 ~ 0.2
	塔顶温度/℃	180 ~ 218
	塔底温度/℃	214 ~ 300
	塔回流比	0.6 ~ 1.0

国内芳烃联合装置设计平均能耗及构成见表4–24。由表4–24可以看出，在芳烃装置中，抽提装置能耗占总能耗的8% ~ 9%，歧化和二甲苯回路（包括歧化、吸附分离、异构化、二甲苯分馏装置）能耗占90%以上。对于两种类型异构化催化剂的芳烃联合装置，异构型催化剂的总能耗比脱乙基型高约20%。

表 4–24　国内部分芳烃联合装置平均设计能耗

能耗		抽提	歧化和二甲苯回路	合计
转化型异构化催化剂	平均能耗/（kgEO/tPX）	40	452	492
	能耗比例/%	8.1	91.9	100.0
脱乙基型异构化催化剂	平均能耗/（kgEO/tPX）	39	377	416
	能耗比例/%	9.4	90.6	100.0

注：平均能耗均采用以对二甲苯产品量为基准的加权平均值。

芳烃装置采用不同原料，异构化装置采用不同的乙苯异构化技术时，装置流程设置、装置规模、物料平衡均有所不同。以重整生成油为原料，采用乙苯转化技术的典型的物料平衡见表4–25。

表 4-25 典型的芳烃装置物料平衡

	名称	质量分数/%
进料	C_{6^+}重整油	237.3
	补充氢（重整氢）	5.3
	合计	242.6
出料	对二甲苯产品	100.0
	邻二甲苯产品	11.1
	苯产品	24.6
	甲苯（汽油组分）	16.2
	C_9/C_{10}芳烃（汽油组分）	25.3
	重芳烃	3.6
	抽余油	43.4
	燃料气	10.5
	液化气	0.5
	歧化外排含氢气体	6.4
	异构化外排含氢气体	1.0
	合计	242.6

4.4.3 主要装备

芳烃装置的主要装备包括吸附塔、异构化反应器、歧化异构化进出料换热器、高通量换热器等。

（1）吸附塔

吸附塔是吸附分离装置中的重要设备，主体材料为Q345R，每台塔内有12个吸附床层、一根中心管、一套吸附塔格栅。吸附塔内需安装格栅和配套分布器等，故对设备的直线度、圆度、同心度和支撑圈的水平度的要求都非常严格。

（2）异构化反应器

异构化反应器内装扇形筒和中心管，是高温、临氢操作的径向反应器（见图4-72）。根据其操作条件，主体材料选用14Cr1MoR（H），内件材质选用06Cr18Ni11Ti。

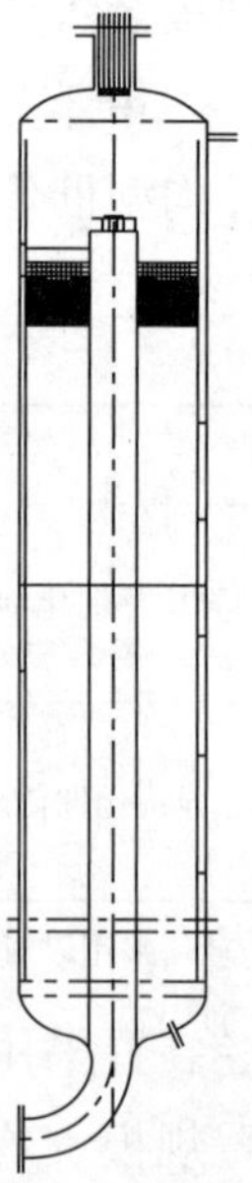

图4-72 异构化反应器外形图

参考文献

[1] 刘家明，王玉翠，蒋荣兴．石油炼制工程师手册（第Ⅱ卷）．北京：中国石化出版社，2017.

[2] 徐承恩．催化重整工艺与工程[M]．北京：中国石化出版社，2006.

[3] 李成栋．催化重整装置操作指南[M]．北京：中国石化出版社，2001.

[4] 陈俊武，许友好．催化裂化工艺与工程[M]．3 版．北京：中国石化出版社，2015.

[5] 瞿国华．延迟焦化工艺与工程[M]．北京：中国石化出版社，2007.

[6] 张旭之，王松汉．乙烯衍生物工学[M]．北京：化学工业出版社，1995.

[7] 黄格省，李雪静，杨延翔，等．合成气制乙二醇产业化发展现状及分析[J]．石化技术与应用，2015，33（1）：75–79.

[8] 李建韬，金月昶，金熙俊．苯乙烯的生产现状及工艺进展[J]．当代化工，2015，44（2）：359–362.

[9] 韩龙，陈君君．苯乙烯工艺技术对比[J]．天津化工，2017，31（3）：42–44.

[10] 龙景红．苯乙烯生产技术对比[J]．沈阳工程学院学报（自然科学版），2010，6（2）：185–188.

[11] 马殿涛．导致苯乙烯装置物耗高的因素及解决途径[J]．石油化工，1998，27（9）：671–675.

[12] 刘文杰．苯乙烯装置全流程模拟与优化[J]．石油化工，2003，37（6）：617–623.

[13] 王红速．大型苯乙烯脱氢反应器国产化分析[J]．化工机械，2013，40（2）：238–241.

[14] Nello Pasquini 著．胡良友等译．聚丙烯手册[M]．北京：化学工业出版社，2008.

[15] 洪定一．聚丙烯——原理、工艺与技术[M]．北京：中国石化出版社，2002.

[16] 张旭之，陶志华，王松汉，等．丙烯及衍生物工学[M]．北京：化学工业出版社，1995.

[17] 郑薇．环氧丙烷生产技术进展[J]．精细石油化工进展，2001，2（11）：31–35.

[18] 肖峻．国内环氧丙烷市场现状及发展趋势[J]．石油化工技术与经济，2015，31（6）：1–5.

[19] 徐垚．工业制环氧丙烷的工艺路线选择[J]．石油化工设计，2016，33（1）：7–9.

[20] 赵旭涛，刘大华，等．合成橡胶工业手册[M]．北京：化学工业出版社，2006.

[21] 张旭之，马润语，等．C_4C_5烯烃工学[M]．北京：化学工业出版社，1998.

[22] 张爱民．丁二烯抽提技术的比较和分析[J]．石油化工，2006，10：907–918.

[23] 张玉龙，李萍，等．橡胶品种与选用[M]．北京：化学工业出版社，2012.

[24] 曹湘洪，张爱民，等．合成橡胶技术丛书第一分册：橡胶弹性物理及合成化学[M]．北京：中国石化出版社，2008.

CHAPTER 第5章

石化工程规划与决策

项目规划及投资决策阶段，通过项目规划、项目建议书、可行性研究、项目申请报告、环境影响评价、安全评价、职业病危害评价、社会稳定风险评价等报告的编写，采用客观、科学的方法对拟建项目的可行性及潜在风险等进行由粗到细、由浅入深的研究，为项目决策提供依据。本章重点介绍上述各阶段研究的主要内容、方法和作用。

5.1 石化工程项目规划

规划是对未来的预测、愿景和安排。根据规划对象不同，有多种不同类型的规划。总体来看，发展规划具有综合协调功能、信息导向功能、政策指导调节功能和引导资源配置功能。

5.1.1 专项规划

（1）专项规划的概念

专项规划是以国民经济和社会发展特定领域为对象编制的规划，是总体规划在特定领域的细化，也是政府指导该领域发展以及审批、核准重大项目，安排政府投资和财政支出预算，制定特定领域相关政策的依据。专项规划由政府审批或授权有关部门批准，是针对国民经济和社会发展的重点领域和薄弱环节、关系全局的重大问题编制的规划，如产业结构调整规划、基础设施发展建设规划、生态建设和环境保护规划等。专项规划是总体规划重点领域的展开、深化及具体化，必须符合总体规划的要求，并与总体规划相衔接。

石油化工领域专项规划是以石油化工领域为对象编制的规划，是总体规划在石化领域的细化，也是政府指导该领域发展以及审批、核准重大项目，安排政府投资和财政支出预算，制定特定领域相关政策的依据。

（2）专项规划编制的领域

国家级专项规划的编制限于以下领域：

1）关系国民经济和社会发展全局的重要领域；

2）需要国务院审批或核准重大项目以及安排国家投资数额较大的领域；

3）涉及重大产业布局或重要资源开发的领域；

4）法律、行政法规和国务院要求的领域。

（3）专项规划的特征和作用

专项规划涉及范围广，不同领域、不同层级的专项规划有诸多特征和作用，但基本可以归纳为指导性、针对性和操作性。对主要由市场发挥作用的领域，如产业发展，专项规划主要体现指导性；对主要由政府发挥作用的领域，如环保等，专项规划则体现较强的指令性与约束性。

5.1.2　行业规划

（1）行业规划的概念

行业规划即行业发展规划。行业规划是指根据国民经济中长期总体规划的要求和行业特点，为组织、协调和指导本行业所属企业生产经营活动的发展而制定的总体计划。行业规划是行业管理的首要职能，在经济管理中有联通上下、平衡左右的作用，因此它既是国民经济整体规划的基础，又是地区与企业制订规划的依据。制定行业发展规划是加强行业管理的关键。

（2）行业规划的重点和内容

行业规划主要有两方面的内容：一是行业生产能力的规划，包括在相当长时期内行业的生产发展方向、发展速度、重点与短线产品发展和新增生产能力的规模及其途径，以及主要技术经济指标应达到的水平规划；行业组织结构调整规划；企业的改组、联合与关、停、并、转、迁规划；行业的地区分工及行业内各企业的专业分工、内外协作与经济联合规划等。二是行业技术发展规划，包括行业的技术改造规划；技术引进规划；新产品开发规划以及采用新技术、新工艺规划等。

（3）行业规划的作用

行业规划对行业未来发展具有不可替代的作用，起到组织、协调和指导作用，是产业园区和行业各所属企业编制相关规划的主要依据。

5.1.3　园区规划

（1）园区规划的概念

工业园区的狭义定义为在一个特定的地理区域内，有众多通过交换相互生产的产品、技术等要素进行内外部贸易的企业组成的体系。工业园区的广义定义为由若干个不同性质的工业企业聚集并且在相对独立的区域集中，形成的生产生活区域与产业一同发展，通过统一的行政公司或行政主管单位为进入园区的企业提供必要的管理、服务和基础设施等。

产业园区规划是对园区的产业发展、土地开发、空间布局、运营管理和招商引资等长期性、全局性、基本性问题的研究分析与统筹安排，是比较系统全面的长远发展计划，同时也是未来一定时期内引导产业园区快速稳定发展的行动纲领。园区规划决定了园区建设的规模等级、性质类型和方向，是园区发展的蓝图。

（2）园区规划任务和编制原则

园区规划的任务是依据国家、地方有关产业政策、土地政策、环保政策等相关政策，合理确定园区内的产业布局、产业结构、发展方向和政策措施，对各项用地、基础设施、环境保护、安全防灾、园区管理等进行总体安排，确保园区建设和园区经济健康、快速发展。

编制园区规划应遵循绿色发展、集约发展、成链发展、弹性发展、因地制宜等原则。

（3）园区规划的重点和内容

园区规划的重点和内容包括：

1）分析园区所在地区的基本情况，综合评价园区的发展条件；

2）确定园区性质和发展目标，确定园区产业发展方向以及结构，划定园区范围；

3）提出规划期内园区用地发展规模，确定园区建设和发展用地的空间布局和功能分区；

4）确定园区对外交通系统的布局，确定园区主、次干道系统的走向、断面、主要交叉口形式，确定主要广场、停车场的位置和规模；

5）综合协调并确定园区供水、排水、防洪、供电、通信、燃气、供热、消防、环卫等设施的发展目标和总体布局等；

6）确定园区绿地系统的发展目标和总体布局；

7）确定园区环境保护目标，提出防治污染措施；

8）确定综合防灾规划的目标和总体布局；

9）估算园区基础设施投资及技术经济指标，提出规划实施步骤、措施和方法的建议。

（4）园区规划的作用

2015年工业和信息化部印发《促进化工园区规范发展指导意见》，明确布局原则和编制园区总体规划。根据城乡规划、土地利用规划，结合生态区域保护规划和环境保护规划要求，按照资源、市场、辅助工程一体化，基础和物流设施服务共享等要求来实现产业上下游一体化布局。

例如，我国某化学工业区根据园区规划，遵循循环经济和可持续发展的要求，提出产品项目、公用辅助、物流传输、环境保护、管理服务“五个一体化”的开发理念。“五个一体化”主要内容见表5–1。

表 5–1　五个一体化主要内容表

五个一体化	主要内容
产品项目一体化	形成企业之间原料、中间体、产品、副产品互供共享关系，产品关联度超过80%
公用辅助一体化	与国际著名公用配套企业合作，集中建设热电联供、工业气体、工业水厂、污水处理厂、工业废弃物焚烧炉和天然气管网等公用工程，节约了主体化工项目投资、能源消耗及占地面积
物流传输一体化	区内建有码头、保税仓库、公共管廊、铁路等设施，并配套连接园外的铁路、公路和原料管道，引进国内外专业物流企业，形成高效率的物流集散和交换系统
环境保护一体化	建设覆盖整个园区的安全监管网络，采用先进、安全的生产工艺和“三废”处理技术，建设区域隔离林带、人工湿地保护系统等，达到生产与生态的平衡，发展与环境的和谐
管理服务一体化	建立高效的公共服务平台，设立应急响应中心，集公共安全、防灾减灾、环境保护、卫生急救、市政抢修等功能为一体，为企业安全有序的生产创造良好环境

5.1.4　企业规划

（1）企业规划的概念

企业规划是企业在一定时期内的纲领性文件，是企业经营和未来投资的指导性文件。企业规划既是对企业未来前瞻性的思考和安排，又是对企业当前经营的具体指导。

（2）企业规划的特点和编制原则

企业规划有以下五大特点：前瞻性、针对性、认同性、时效性和可操作性。

编制企业规划应遵循政策性原则、差异化原则、价值链原则、取舍原则、创新原则和可持续发展原则。

（3）企业规划的重点和内容

企业规划编制重点是要做好规划分析、规划制定、规划实施三方面工作。规划分析是规划基础，规划定位是核心，规划实施是保障。

规划分析阶段要完成以下方面工作：

1）企业现状调查分析；

2）企业发展环境分析；

3）企业竞争力分析；

4）企业价值链分析；

5）SWOT分析。

规划定位阶段要完成以下方面工作：

1）明确企业发展方向；

2）明确业务结构；

3）明确重点任务。

规划实施阶段要完成以下方面工作：

落实规划实施保障体系和支撑体系、对规划效果进行预测等。

（4）企业规划的作用

企业规划是企业可持续发展过程中、在一定时期内的纲领性文件，是企业经营和未来投资的指导性文件。企业规划对于制定企业各项具体目标具有重要的指导作用，对企业选择投资方向、企业战略制定、企业资源优化配置、企业组织架构设计等都具有引导和约束作用。

5.1.5 项目方案研究

（1）项目方案研究的概念

项目方案研究是项目决策分析与评价的核心内容，是在市场分析基础上，通过多方案比选，优化项目建设方案，通过估算项目投资，进行项目经济评价，判断项目的可行性和合理性。

（2）项目方案研究的重点和基本原则

项目方案研究的重点是对各种可能的建设方案进行分析研究、比选和优化，从多种方案中推荐最佳方案。

项目方案研究在生产工艺的选择上遵循的基本原则有：先进性、可靠性、安全性、经济合理性、绿色环保。

（3）项目方案研究的主要内容

项目方案研究的深度随项目复杂程度、决策不同阶段而不同，总体来讲，项目方案研究一般包括以下内容：

1）市场（行业）分析；

2）产品方案和建设规模；

3）场（厂）址；

4）生产工艺；

5）原材料和燃料供应；

6）总图运输；

7）公用工程和配套设施；

8）经济分析。

（4）项目方案研究的作用

项目方案研究是项目决策分析与评价的一项重要工作，是项目前期工作研究的重要组成部分，具有承前启后的作用：

1）确定产品方案和建设规模；
2）为投资估算、融资方案、财务评价等后续工作提供条件；
3）通过方案比选，实现项目优化；
4）为项目后续阶段的工作提供基础数据与材料；
5）是项目核准、备案和后评价等工作的依据。

5.2 项目建议书

5.2.1 项目建议书的目的和作用

项目建议书是政府投资项目的项目单位就新建、扩建事项向国家发展改革委项目管理部门申报的书面申请文件。项目建议书是政府投资项目立项的必要程序，应按照程序和要求编制和报批项目建议书。对于企业投资项目，企业在自主决策过程中，根据自身需要也会自主选择是否编制项目建议书。

项目建议书的重点主要是根据国民经济和社会发展长期规划、行业规划和地区规划及国家产业政策，经调查研究、市场预测，从宏观上分析论证项目建设的必要性和可能性。必要性主要是基于对宏观战略需求、社会需求和市场需求的分析，充分论证项目建设的必要性。可能性主要是基于良好的技术支持、外部建设条件、环境承载力以及较为理想的投资效果等。投资者可以通过初步研究判断项目是否有生命力，是否值得投入更多的人力和资金进行可行性研究，避免造成浪费。

5.2.2 政府投资项目项目建议书的内容

政府投资项目项目建议书的主要内容包括：
1）项目建设的必要性；
2）项目建设内容；
3）场（厂）址选择；
4）技术与配套方案；
5）资源利用与节约；
6）环境和生态影响；
7）项目组织与管理；
8）投资估算与资金筹措；
9）财务与经济影响分析；
10）社会影响分析与风险。

5.3 项目可行性研究

5.3.1 可行性研究的目的和作用

可行性研究是从宏观到微观进行全面的技术经济分析，论证项目建设的可行性，重点论证项目建设是否符合国家长远规划、地区和行业发展规划、产业政策和生产力布局，通过技术经济比较、择优确定建设方案，进行全面的市场调查和竞争能力分析、合理确定产品方案，通过必要的勘察调查和技术经济比较、择优确定项目场（厂）址和工艺技术方案，根据建设方案和国家法规政策、标准和定额计算项目工程量，通过分类估算确定项目总投资、资金来源和筹措方案，对项目的经济效益和社会效益进行较系统的评价和测算，并得出项目是否可行的结论。

可行性研究报告是对一个投资项目进行系统分析评价的专业性技术报告。编制可研报告的目的是通过各种评价方法的运用，围绕拟提供的产品或服务的市场需求，从技术、经济、环境、社会、管理等多个方面分析论证投资项目建设的必要性和可行性，从而为投资项目的决策提供基本依据。对政府投资的项目，可行性研究报告是项目决策的依据，可行性研究的结论是政府投资主管部门审批决策的依据。对企业投资的项目，可行性研究的结论是企业内部投资决策的依据，也是编制项目申请报告的依据。

对于需要融资或申请贷款的项目，可行性研究报告是银行、金融机构和权益资金出资人对项目财务效益和还款能力评估的参考。

按照项目建设程序，可行性研究报告是编制初步设计（或基础设计）文件的依据。

5.3.2 可行性研究的依据和要求

（1）可行性研究的依据

1）项目建议书，对于政府投资项目还需要项目建议书的批复文件。

2）国家和地方的经济和社会发展规划、行业部门的发展规划，如江河流域开发治理规划、铁路公路路网规划、电力电网规划、森林开发规划以及企业发展战略规划等。

3）有关法律、法规和政策。

4）有关机构发布的工程建设方面的标准、规范、定额。

5）拟建场（厂）址的自然、经济、社会概况等基础资料。

6）合资、合作项目各方签订的协议书或意向书。

7）与拟建项目有关的各种市场信息资料或社会公众要求等。

8）有关专题研究报告，如市场研究、竞争力分析、场（厂）址比选、风险分析等。

（2）可行性研究的基本要求

1）预见性：可行性研究不仅应对历史、现状资料进行研究和分析，更重要的是应对未来的市场需求、投资效益或效果进行预测和估算。

2）客观公正性：可行性研究必须坚持实事求是，在调查研究的基础上，按照客观情况进行论证和评价。

3）可靠性：可行性研究应认真研究确定项目的技术经济措施，以保证项目的可靠性，同时也应否定不可行的项目或方案，以避免投资损失。

4）科学性：可行性研究必须应用现代科学技术手段进行市场预测、方案比选与优化等，运用科学的评价指标体系和方法分析评价项目的财务效益、经济效益和社会影响等，为项目决策提供科学依据。

5.3.3　可行性研究的重点内容

1）项目建设的必要性；

2）市场与竞争力分析；

3）建设方案；

4）投资估算与融资方案；

5）财务分析（也称财务评价）与经济分析（也称国民经济评价）；

6）经济影响分析；

7）资源利用分析；

8）土地利用及移民搬迁安置方案分析；

9）社会评价或社会影响分析；

10）风险分析。

5.3.4　可行性研究报告的深度要求

1）可行性研究报告应达到内容齐全、数据准确、论据充分、结论明确。

2）可行性研究要以市场为导向，以经济效益或投资效果为中心，最大限度地优化方案，提高投资效益或效果。对项目可能的风险做出必要的提示。

3）可行性研究确定的融资方案，应能满足项目资金筹措及使用计划对投资数额、时间和币种的要求，并能满足银行等金融机构信贷决策的需要。

4）可行性研究报告应反映可行性研究过程中出现的对某些方案的重大分歧及未被采纳的理由，以供决策者权衡利弊进行决策。

5）可行性研究报告应符合国家、行业、地方或公司有关法律、法规和政策，符合投资方或出资人有关规定和要求。报告中采用的法规文件应是最新的和有效的。

政府投资项目的可行性研究报告，其内容和深度参照国家发展改革委《投资项目可行性研究指南》（2002 年）及其相关规定。其他投资项目的可行性研究报告，应参照行业、地区、国家或国际组织有关规定或规范，根据项目性质及建设地点等具体情况编制。

5.4 环境影响评价

环境影响评价是指对规划和建设项目实施后可能造成的环境影响进行分析、预测和评估，提出预防或者减轻不良环境影响的对策和措施，进行跟踪监测的方法与制度。按国家的相关规定，石化工程项目环境影响评价应编制的评价文件类别为环境影响报告书，其工作步骤分为三个阶段，如图5-1所示。

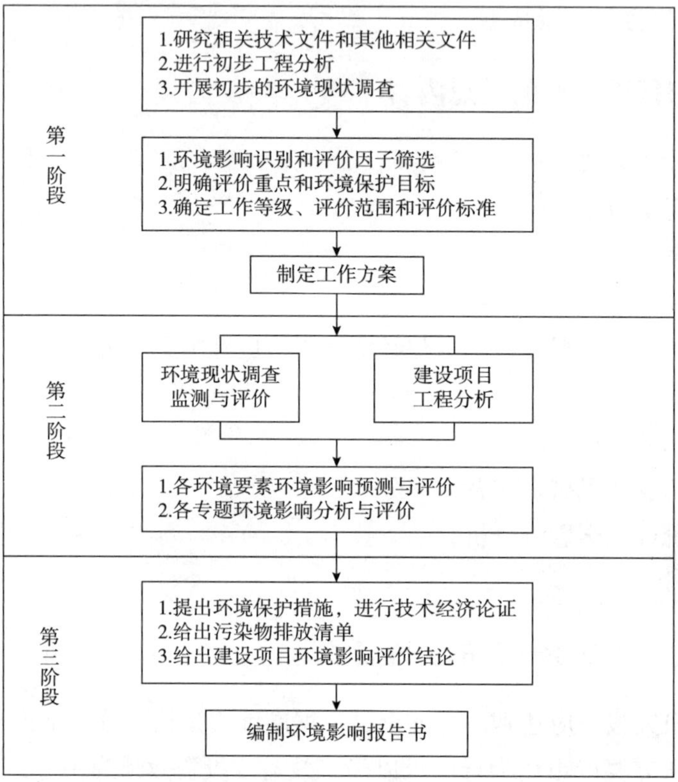

图5-1 石油化工建设项目环境影响评价工作体系

石化工程项目环境影响评价工作包括的内容比较多，包括：环境现状调查与评价、工程分析、环境影响识别与评价因子筛选、各环境要素环境影响预测与评价、环境污染控制与保护措施、环境影响的经济损益分析、环境监测、公众参与等。其中，各环境要素环境影响预测与评价包括的环境要素有：大气环境、地表水环境、地下水环境、土壤环境、声环境、生态、固体废物、环境风险等。下面将其中比较重要的内容介绍如下。

5.4.1 环境现状调查与评价

环境现状调查与评价应根据项目所在地的环境特点及拟建项目排放污染物的特点，结合环境要素影响评价的工作等级，确定各环境要素的现状调查范围并筛选出应调查的有关参数。

石化项目环境现状调查以收集资料和现场监测、调查为主，必要时辅以遥感的方法。与石化工程密切相关的环境要素有大气环境、地表水环境、地下水环境、土壤环境、声环境、环境风险等，需要按规定进行详细的调查。对有环境质量标准的，需要对环境现状进行评价并给出评价结论。

环境现状调查应包括环境保护目标的调查，调查评价范围内的环境功能区划、主要环境敏感目标，明确对象、属性、相对方位及距离等参数。

5.4.2　工程分析

石油化工项目的工程分析一般包括工程概况、工艺流程及产污环节分析、污染源源强分析与核算、清洁生产分析、环保措施方案分析、总图布置方案与外部环境关系分析等几部分内容。

（1）工程概况

对项目概况、工程一般特征作简介，通过项目组成分析项目建设存在的主要环境问题，列出项目组成、建设项目产品方案。在项目概况中应明确项目建设地点、生产工艺、主要生产设备、总平面布置、建设周期、总投资、环保投资等内容。给出主要原料与辅料、年耗量和来源。

（2）工艺流程及产污环节分析

绘制污染工艺流程，标注出产生污染物的具体部位、污染物的种类和编号；在产污环节分析中，应包括主体工程、公辅工程等项目组成的内容，说明是否会增加依托工程污染物排放量。

（3）污染源源强分析与核算

根据污染物产生环节、产生方式和治理措施，核算项目正常工况和非正常工况的污染物排放强度、浓度和排放量，算清污染源的“三本账”。

（4）清洁生产分析

从生产工艺和装备先进、可靠性，资源、能源的选取、利用和消耗合理性，产品的设计、寿命和报废后的处置合理性，废物综合、循环利用比例、效率等方面进行分析，提出环保建议措施，提高项目的环境可行性。

（5）环保措施方案分析

对项目可研等文件提出的污染防治措施进行技术先进性、经济合理性及运行的可靠性进行分析评价，如果所提措施不能满足环保要求，则提出切实可行的改进完善建议。

（6）总图布置方案与外部环境关系分析

分析厂区与周边环境敏感目标之间防护距离的可靠性，在此基础上分析周边环境敏感目标处置措施的可行性，分析工厂和车间布置的合理性。

5.4.3 环境影响识别与评价因子筛选

通过系统地分析拟建石化项目的各项“活动”与各环境要素之间的关系，识别可能的环境影响，包括环境影响因子、影响对象、影响程度和影响方式。按相关环境影响评价导则筛选出各环境要素需要进行评价的因子。

5.4.4 大气环境影响预测与评价

石化项目大气环境影响预测，通常是在项目所在地的地形条件下，通过数学模型模拟各种气象条件下污染物在大气中的输送、扩散、转化和清除等物理、化学机制，判断对评价区大气环境的影响程度和范围，从环境空气影响的角度得出项目选址、建设规模、环保措施等是否合理可行的结论。

其涉及的主要内容有：确定预测范围、选择预测模式、确定气象条件、确定地形参数、确定地表参数、确定模式中的计算设置及相关参数、确定预测内容和评价要求、进行预测评价、给出评价结论及建议。

因为石化项目废气污染源一般为多源，涉及的污染因子较多且排放量较大，因此大气环境影响评价多为一级或二级评价。

5.4.5 地表水环境影响预测与评价

石化项目地表水环境影响预测，通常是根据项目外排污水纳污水体的不同，选取合适的模式模拟废水污染物在水体中的迁移与转化（包括物理输移、化学转化和生物降解），判断对评价范围水体环境、水环境保护目标及水环境控制单元的影响程度和范围，从地表水环境影响的角度得出项目是否合理可行的结论。

其包括的主要内容有：确定预测范围、选择预测模式、确定水文条件、确定模式中的计算设置及相关参数、确定预测内容和评价要求、进行预测评价、给出评价结论及建议。

5.4.6 地下水环境影响预测与评价

对项目建设期、运营期和服务期满后对地下水水质可能造成的直接影响进行分析、预测和评估，提出预防、保护或者减轻不良影响的对策和措施，制定地下水环境影响跟踪监测计划，为建设项目地下水环境保护提供科学依据。污染物在含水层中的运移通常通过解析法和数值法进行预测，在复杂边界条件、含水层非均质、多个含水层的地下水系统适用数值法。

其包括的主要内容有：确定预测范围和评价重点、选择预测方法、模型概化和参数确定、预测情景设定、进行预测评价、给出评价结论及建议。

5.4.7　土壤环境影响预测与评价

石化项目的土壤环境影响类型为污染影响型，通过大气沉降、地面漫流、垂直入渗等途径污染土壤，进行土壤环境影响预测评价时要先选取合适的预测方法，通过公式计算或一维非饱和溶质运移模型进行预测，分析、评价对土壤环境理化特性可能造成的影响，提出预防或减轻不良影响的措施和对策。

5.4.8　声环境影响预测与评价

石化项目的声环境影响预测与评价，首先分析项目噪声源、测量背景环境噪声和调查敏感目标，对项目产生的噪声影响，按照噪声传播声级衰减和叠加的计算方法，对环境噪声影响的范围、程度和影响人口情况进行预测，对照相应的标准评价环境噪声影响，并提出相应的噪声防治对策和措施。

5.4.9　固体废物环境影响评价

石化项目的固体废物环境影响评价内容主要包括：污染源分析，包括固体废物的名称、组分、形态、数量、类别；污染防治措施的论证，根据工艺过程、各个产出环节提出防治措施，并对防治措施的可行性加以论证；提出最终处置措施方案；石化项目通常会涉及固废贮存、危废焚烧等设施，应对这些设施的污染控制、厂址选择（或总图布置）、污染物排放限值等进行分析论证。

5.4.10　环境风险评价

环境风险评价是石化项目环境影响评价的重要内容，其主要内容包括：风险调查、环境风险潜势初判、风险识别、风险事故情形分析、风险预测与评价、环境风险管理、评价结论与建议，各项包括的细项工作及程序如图5-2所示。

5.4.11　环境污染控制与治理措施

对拟建石化项目采取的各项污染控制与治理措施进行论证，阐述采用的控制治理技术，重点分析采用该技术能达到的效果、技术成熟度或工艺可靠性，在技术能取得预期效果并具有可靠性的前提下，分析技术的经济性指标。

5.4.12　环境监测

近些年来，国家、地方对于石化项目的环境监测提出了较往常更多的环境监测要求，包括监测项目、监测频率、监测方式等，为有效便利实施监测，对监测的相关设

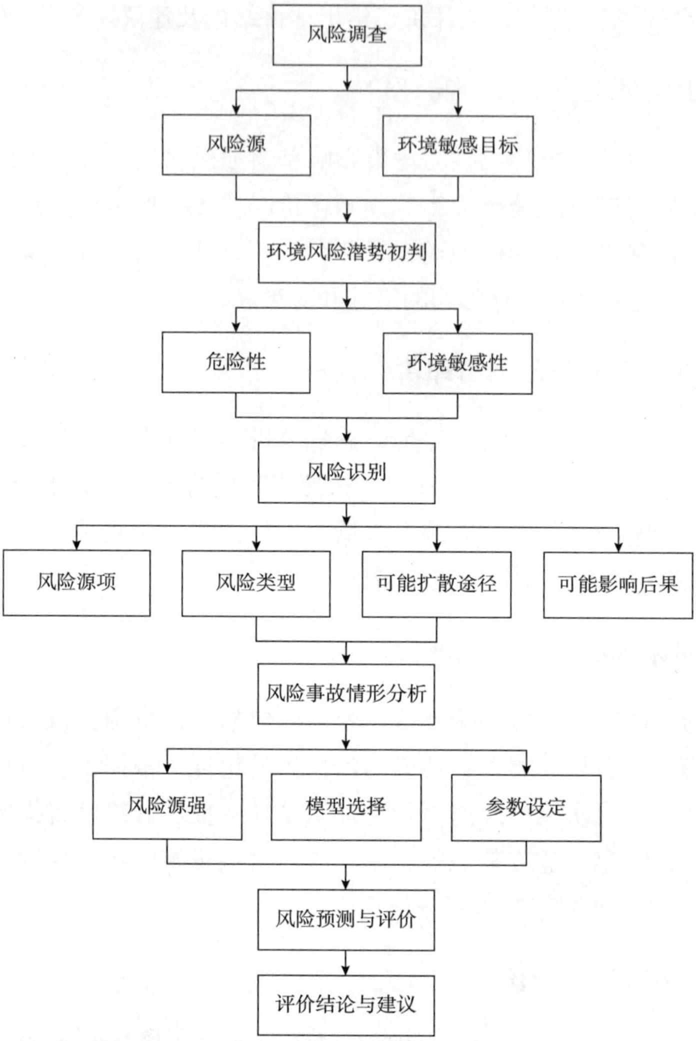

图5-2　石油化工建设项目环境风险评价工作程序

施（如梯子、平台等）也提出了较以往更多更严的要求，在项目环境影响评价中，需要对与环境监测相关的内容进行分析评价，并提出项目的环境监测要求，作为项目竣工后自主验收的依据，监测设施的实施也是自主验收应具备的前提条件。

5.4.13　公众参与

公众参与环境保护是维护和实现公民环境权益、加强生态文明建设的重要途径，也是建设项目，尤其是石化项目环境影响评价的重要组成部分。在编制石化项目环境影响评价报告书时，通过公众参与建立的沟通渠道，充分征求可能受影响的公众的意见，做到尊重和保障公众的环境知情权、参与权、表达权和监督权。

石化项目体量大、投资大、污染物排放各类多、排放量也较大，因此，石化项目的环境影响评价容易引起公众的关注，这就对石化项目环境影响评价的公众参与提出了高要求，需要做好解释说明工作、意见及时有效反馈工作和舆情引导控制工作等，以保证项目环境影响评价的顺利推进。

5.5　安全评价

5.5.1　安全评价

安全评价是以实现工程、系统工程、系统安全为目的，应用安全系统工程的原理和方法，对工程、系统中存在的危险、有害因素进行识别与分析，判断工程、系统发生事故和急性职业危害的可能性及其严重程度，提出安全对策建议，从而为工程、系统制定防范措施和管理决策提供科学依据。

安全评价的目的是查找、分析和预测工程、系统存在的危险、有害因素及可能导致的危险、危害后果和程度，提出合理可行的安全对策措施，指导危险源监控和事故预防，以达到最低事故率、最少损失和最优的安全投资效益。

5.5.2　安全预评价

安全预评价（Safety Pre-Assessment）是在建设项目可行性研究阶段、工业园区规划阶段或生产经营活动组织实施之前，根据相关的基础资料，辨识与分析建设项目、工业园区、生产经营活动潜在的危险、有害因素，确定其与安全生产法律法规、标准、行政规章、规范的符合性，预测发生事故的可能性及其严重程度，提出科学、合理、可行的安全对策措施建议，做出安全评价结论的活动。

5.5.3　安全验收评价

安全验收评价（Safety Assessment Upon Completion）是在建设项目竣工后正式生产运行前或工业园区建设完成后，通过检查建设项目安全设施与主体工程同时设计、同时施工、同时投入生产和使用的情况或工业园区内的安全设施、设备、装置投入生产和使用的情况，检查安全生产管理措施到位情况，检查安全生产规章制度健全情况，检查事故应急救援预案建立情况，审查确定建设项目、工业园区建设满足安全生产法律法规、标准、规范要求的符合性，从整体上确定建设项目、工业园区的运行状况和安全管理情况，做出安全验收评价结论的活动。

5.5.4　安全现状评价

安全现状评价（Safety Status Assessment）是在系统运行、维护阶段及停用、废弃处置阶段，辨识与分析其存在的安全风险，预测发生事故的可能性及其严重程度，提出科学、合理、可行的安全对策措施建议，做出安全现状评价结论的活动。

5.5.5 专项安全评价

专项安全评价（Special Safety Evaluation）是针对某一项活动或场所，如一个特定的行业、产品、生产方式、生产工艺或生产装置等，存在的危险、有害因素进行安全评价，查找其存在的危险、有害因素，确定其程度并提出合理可行的安全对策、措施及建议。

如果生产经营单位是生产或储存、销售剧毒化学品的企业，评价所形成的专项安全评价报告则是上级主管部门批准其获得或保持生产经营营业执照所要求的文件之一。

5.5.6 安全评价流程

安全评价流程包括准备阶段、危险有害因素辨识与分析、选择安全评价方法、安全评价、提出安全对策措施及建议、形成安全评价结论、编制安全评价报告等，具体见图5-3。

（1）准备阶段

包括现场勘查与前期资料收集。明确评价的对象和范围，收集国内外相关的法规和标准，了解同类设备、设施或工艺的生产和事故情况，评价对象所在地的地理、气象条件及社会环境状况等。

（2）危险、有害因素辨识与分析

根据所评价的设备、设施或场所的地理、气象条件，工程设计、建设方案，工艺流程，装置布置，主要设备、仪器和仪表，原材料、中间体及产品的理化性质等，辨识和分析危险、有害因素和可能发生的事故类型，事故发生的原因和机制等。

（3）选择安全评价方法

在上述危险辨识与分析的基础上，划分评价单元，根据评价目的和评价对象的复杂程度选择具体的一种或多种评价方法。

评价方法有很多，必须从适合评价项目实际情况的条件出发，选择针对性强，可操作性好以及安全性高的评价方法。这些方法既可以是定量方法，也可以是定性方法。

（4）安全评价

对事故发生的可能性和严重程度进行定性或定量评价，在此基础上按照事故风险的标准值进行风险分级，以确定安全管理的重点。安全评价要尽可能把各种危险有害因素的危险及有害范围、程度都表达出来。评价中的模型选择也十分重要，只有建立科学的数学模型才可以较好地模拟实际工程中可能遇到的真实情况。

（5）提出安全对策措施及建议

根据评价和分级结果，提出安全对策措施及建议：对高于标准值的风险提出必须采取的工程技术或组织管理措施，以降低或控制风险；对低于标准值的风险，属于可接受或允许的风险，应建立监测措施，防止生产条件变更导致风险值增加；对不可排除的风险要采取防范措施；为编制应急预案提供参考资料。

（6）形成安全评价结论

安全评价的结论是对评价工作的总结，应简要列出主要危险有害因素的评价结果，指出评价项目应重点防范的重大危险有害因素，明确应重视的重要安全对策措施，给出评价项目从安全生产角度是否符合国家及行业的有关法律、法规、技术标准及规范的结论。

（7）编制安全评价报告

编制相应的安全评价报告。安全评价报告要做到内容充分、条理清晰、结论明确，按要求编写，并应组织专家进行评审。

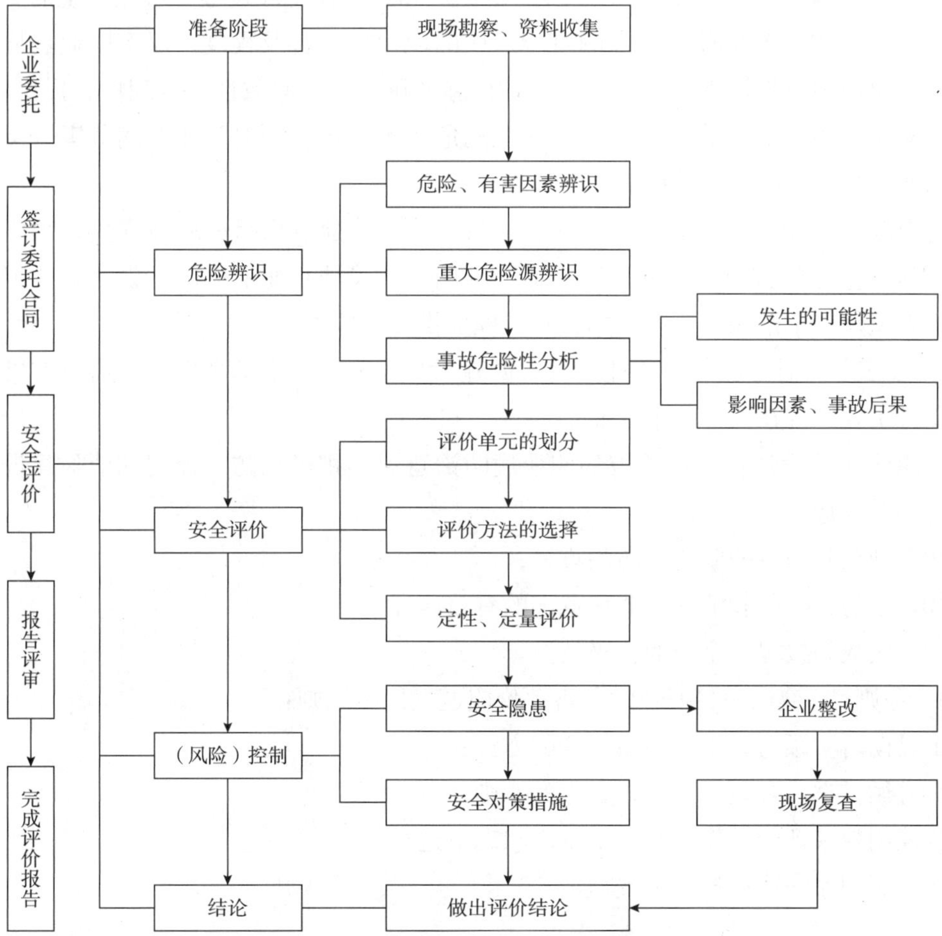

图 5-3 石油化工建设项目安全评价工作流程图

5.6 职业病危害评价

5.6.1 职业病危害评价概述

建设项目的职业病危害评价包括职业病危害预评价、控制效果评价。对可能产生职业病危害的建设项目，在可行性论证阶段，对建设项目可能产生的职业病危害因素、危害程度、对劳动者健康影响、职业病防护措施及应急救援设施等进行预测性卫生学分析与评价，确定建设项目在职业病防治方面的可行性，为职业病危害分类管理提供科学依据。

建设项目职业病危害控制效果评价是指建设项目竣工验收前，对工作场所职业病危害因素、职业病危害程度、职业病防护设施与措施及其效果、健康影响等做出综合评价。

（1）职业病危害评价目的、意义与原则

1）目的。职业病危害预评价的目的是识别和分析在生产过程中可能产生的职业病危害因素及其主要产生环节，预测可能造成的职业病危害及程度，确定职业病危害类别，论证建设项目设计中职业病危害防护措施的可行性、有效性、合理性，提出合理、可行的防护对策，做出客观、真实的职业病危害预评价。同时为职业病危害分类管理以及职业病防护设施的设计提供科学依据。

建设项目职业病危害控制效果评价的目的是明确建设项目的职业病危害程度以及职业病防护措施的效果等，并为政府监管部门对建设项目职业病防护设施职业卫生监督检查以及建设单位职业病防治的日常管理提供科学依据。

2）意义[2]。对可能产生职业病危害的建设项目开展职业病危害评价有着非常重要的意义，主要体现在以下几个方面：

①用法律手段强化建设单位的职业病防治意识，积极预防、控制和消除建设项目产生的职业病危害；

②贯彻预防为主的职业病防治方针；

③是预防、控制和消除职业病危害的有效途径；

④直接或间接提高企业的积极效益。

3）原则[2]。建设项目职业病危害评价应遵循以下原则：

①贯彻落实预防为主、防治结合的方针；

②遵循科学、客观、公正、真实的原则；

③控制效果评价工作应在正常生产状态下进行；

④遵循国家法律法规的有关规定。

（2）职业病危害评价内容、方法及程序

依据《建设项目职业病防护设施“三同时”监督管理办法》[3]的要求，拟建工程的职业病危害预评价内容包括：总体布局、建设期施工活动、生产工艺和设备布局、建筑卫生学要求，职业病危害因素和危害程度及对劳动者健康的影响、职业病危害防护设施、辅助用室、个人使用的职业病防护用品、应急救援、职业健康监护、职业卫生管理等。

建设单位进行职业病危害评价时，对建设项目可能产生的职业病危害因素及其对工作场所、劳动者健康影响与危害程度的分析与评价，可以运用工程分析、类比调查和检查表等方法进行定量和定性评价。其中，类比调查数据应当采用获得资质认可的职业卫生技术服务机构出具的、与建设项目规模和工艺类似的用人单位职业病危害因素检测结果。

5.6.2　职业病危害因素识别、分析与评价

职业病危害因素识别、分析与评价主要包括识别建设项目各类职业危害因素的来源、接触机会、接触方式及接触时间，以及分析职业病危害因素所具有的有害性及其可能造成的健康影响；评价接触职业病危害因素作业人员的接触水平及其与职业接触限值标准要求的符合性。

（1）职业病危害因素分类

职业病危害因素是指在职业活动中产生或存在的、可能对职业人群健康、安全和作业能力造成不良影响的因素或条件。根据《职业病危害因素分类目录》（国卫疾控发〔2015〕92号）标准规定，职业病危害因素分为粉尘、化学因素、物理因素、放射性因素、生物因素和其他因素等。

（2）职业病危害因素识别

职业病危害因素识别是按照划分的评价单元，在工程分析和职业卫生调查的基础上，识别建设项目生产工艺过程中、劳动过程中、生产环境中以及建设施工过程可能存在的主要职业病危害因素及其来源、分布与影响的人员。主要通过资料收集、现场调查、采样检测等方法识别化学有害因素。职业病危害因素识别的内容和方法见表5–2。

表5–2　职业病危害因素识别的内容和方法

序号	识别内容	识别方法
1	来源：识别每一职业病危害因素产生的具体生产工艺过程、劳动过程、生产环境以及建设施工过程，以及每一具体生产工艺过程、劳动过程或生产环境产生职业病危害因素的发生方式等	类比调查、职业卫生现场调查法、工程分析法、检验检测法等
2	分布：识别每一具体生产工艺过程、劳动过程、生产环境以及建设施工过程所产生的职业病危害因素主要影响到哪些具体工作地点	类比调查、职业卫生现场调查法、工程分析法、检验检测法等

续表

序号	识别内容	识别方法
3	影响人员：识别分布于不同工作地点的职业病危害因素会对哪些作业人员产生有害影响	类比调查、职业卫生现场调查法、工程分析法、检验检测法等

（3）职业病危害因素分析

职业病危害因素分析是对建设项目存在接触职业病危害因素的岗位，以及该岗位涉及接触职业病危害因素作业的工作地点、接触方式、接触时间与频度，接触该职业病危害因素可能引起的职业病及其他健康影响等进行分析。

1）目的和意义。通过职业病危害因素分析[3]可以确定建设项目所存在职业病危害因素的急性职业危害特点以及接触机会等，从而为分析和评价及建设项目应急救援设施设置的适宜性、符合性或有效性提供基础依据。可以确定建设项目涉及接触职业病危害作业的岗位及其接触地点与接触方式等，从而为分析和评价建设项目职业卫生管理措施的符合性与有效性等提供基础依据。可以确定建设项目涉及接触职业病危害作业的岗位及其接触职业病危害因素的有害特性等，从而为分析和评价建设项目个人使用防护用品配备的符合性与有效性等提供基础依据。可以确定建设项目涉及接触职业病危害作业的岗位及其接触职业病危害因素的有害特性等，从而为分析和评价建设项目所实施职业健康监护的符合性与有效性等提供基础依据。

2）职业病危害因素危害特征评估[4]。职业病危害因素危害特征是指职业病危害因素造成从事职业病危害作业的劳动者导致职业病或其他健康影响的能力。主要包括生产性粉尘、生产性毒物、噪声、振动、高温、低温和非电离辐射等对健康的影响。

根据物质的职业接触限值范围可以将工作场所化学有害因素定性风险评估的危害特征由小到大分级为A、B、C、D、E等，C类物质较A类和B类物质更危险，E类物质最危险。

3）职业病危害因素接触评估[4]。接触评估是确定劳动者接触化学有害因素剂量及接触情况的过程，为准确评估每位劳动者的接触水平，可根据工作任务、工艺流程、工作岗位等建立相似接触组，选取各组有代表性的劳动者进行接触评估。通过现场调查和分析职业病危害作业的岗位及其接触职业病危害的工作地点、作业方法、接触时间与频度。接触评估可采用定性评估、半定量评估和定量评估方法确定接触等级。

（4）职业病危害因素评价[4]

目前，建设项目职业病危害评价主要采用工作场所职业病危害因素检测方法进行职业病危害因素接触水平的评价。根据职业病危害因素的检测结果并对照GBZ2.1或GBZ2.2的职业接触限值标准，评价职业病危害因素接触水平的符合性。同时也可根据化学有害因素的危害特征水平和接触水平的分级水平，形成矩阵，判定风险水平。

5.6.3 职业病危害评价

（1）总体布局与设备布局分析与评价

建设项目的总体布局主要包括建设项目的总平面布置、竖向布置以及建筑设计等方面。在职业卫生方面重点考虑总平面布置如生产区、辅助生产区和非生产区之间的相互影响，同时考虑竖向布置如各建筑物内各层之间的相互影响。

总平面布置要在满足防火规范要求的前提下，同时满足识别出高毒、高噪声、高污染等对人员有伤害的因素，并且对这些因素分别进行分析，确定人员集中设施与高毒泄漏源、高污染设施、高噪声设施等生产设施的防护距离要求，同时要满足《工业企业设计卫生标准》GB Z1—2010的要求。

建设项目总体布局评价主要采用检查表法，并结合职业卫生现场调查，即依据国家有关法律标准的要求编制检查表，对照建设项目的总体布局情况，评价建设项目的总体布局是否符合要求，对于不符合要求的部分，应给出具体的建议措施。

（2）职业病防护设施分析与评价[5]

职业病防护设施是指消除或者降低工作场所的职业病危害因素的浓度或者强度，预防和减少职业病危害因素对劳动者健康的损害或者影响，保护劳动者健康的设备、设置、装置、构（建）筑物等的总称。职业病防护设施主要包括全面通风、局部通风、湿式抑降尘、密闭隔离等。职业病防护设施分析与评价主要包括职业病防护设施的符合性和有效性的分析与评价。

对于粉尘及毒性等化学物质的控制技术，应用无毒或低毒物质代替有毒高毒物质；改善有毒的生产工艺与作业方法，防止有毒物质扩散；将产生有害因素的设备密闭化、自动化；采用隔离或远距离操作；采取局部通风、全面通风等工程防护设施；实施个体防护。

职业病防护设施应该具有针对性、可行性和经济合理性，同时应符合国家、地方、行业有关标准和设计规定。

（3）建筑卫生学和辅助用室分析与评价

建筑卫生学的评价主要包括采暖、通风、空气调节、采光、照明、墙体、墙面、地面以及围护机构等方面的卫生要求，依据有关职业卫生方面的规范、标准要求，通过检查表法或检测检验法并结合职业卫生现场调查进行评价，并提出具体评价意见。重点关注采暖的温度、通风的方式、风量和换气次数、照明的照度和微小气候参数等，对照GB Z1—2010、GB 50034—2013等相关职业卫生法规标准要求，评价建筑卫生学要求的符合性。

（4）个体防护用品分析与评价

个体防护用品的评价主要按照划分的评价单元，分析建设项目的运行与建设施工过程可能存在的职业病危害作业岗位或作业类别以及可行性研究报告中提出的相应防护用品的配备状况。

个体防护用品的评价首先根据建设项目职业病危害因素存在情况，按照划分的评价单位，参考《个体防护装备选用规范》拟建工程可能涉及的作业类别分析建设项目需要配备个体防护用品的作业岗位。找出需要配备个体防护用品的作业人员是否完全，是否能够覆盖接触职业病危害因素的主要作业人员。

防护用品的符合性主要是指配备的个体防护用品是否与作业人员实际接触的职业病危害因素的种类相对应。确定需要配备个体防护用品的作业人员之后，根据作业人员接触的职业病危害因素的种类、相关工作地点的作业环境状况以及职业病危害因素的理化性质，根据GB/T 11651—2008的6.1作业类别可以或建议佩戴的防护装备，进一步评价是否配备了与接触职业病危害因素种类相符合的个体防护用品。

防护用品的有效性主要是指根据作业人员接触职业病危害因素的浓度或强度情况，评价配备的个体防护用品是否能够对作业人员起到有效的防护作用。

（5）应急救援设施评价

应急救援设施是指在工作场所设置的报警装置、现场急救用品、洗眼器、喷淋装置等冲洗设备和强制通风设备，以及应急救援中使用通信、运输设备等。

应急救援设施的评价主要是对照应急救援设施配备相关的法规标准的要求，对建设项目应急救援设施配备情况的符合性、全面性和有效性进行评价，通常采用检查表法。依据国家有关应急救援设施配备的法律、法规、规范、标准和相关技术规范等编制检查表，列出检查内容和检查要求等，逐项检查建设项目应急救援设施配备和管理有关内容与国家法律、法规、标准和技术规范的符合情况。

（6）职业健康监护分析与评价

建设项目建成后企业应按照《中华人民共和国职业病防治法》《职业健康监护技术规范》《职业卫生档案管理规范》等我国现行有效的职业卫生相关法律、法规、标准、规范，委托具有相关资质的医疗机构对接触职业病危害因素的员工进行上岗前、在岗期间、离岗时及应急时的职业健康检查，并建立用人单位和劳动者个人职业健康监护档案，并妥善安置职业健康检查异常者。

（7）职业卫生管理评价

建设项目职业病危害预评价需要分析建设项目的职业卫生管理机构与人员的配置、职业卫生管理制度和操作规程、职业卫生培训、职业危害告知、职业病危害因素检测、健康监护、警示标识设置等，根据相关职业卫生法规标准要求，评价拟采取职业卫生管理措施的符合性。

建设项目应按照《工作场所职业卫生监督管理规定》（国家安全生产监督管理总局令第47号）的要求建立职业卫生管理制度和职业卫生档案。

5.6.4　职业病危害预评价报告

建设项目职业病危害预评价报告应根据《建设项目职业病危害预评价报告编制要求》ZW-JB-2014-004的要求，包括以下内容：

（1）建设项目概况

建设项目概况包括拟建项目名称、拟建地点、建设单位、项目组成及主要工程内容、岗位设置及人员数量等。对于改建、扩建建设项目和技术引进、技术改造项目，还应阐述建设单位的职业卫生管理基本情况以及工程利旧情况。

（2）职业病危害因素及其防护措施评价

概括拟建项目可能产生的职业病危害因素及其存在的作业岗位、接触人员、接触时间、接触频度，可能对人体健康产生的影响及导致的职业病等。针对可能存在的职业病危害因素，给出拟设置的职业病防护设施及其合理性与符合性结论；针对可能接触职业病危害的作业岗位，给出拟配备的个体防护用品及其合理性与符合性结论；针对可能发生急性职业病危害的工作场所，给出拟设置的应急救援设施及其合理性与符合性结论；按照划分的评价单元，针对可能接触职业病危害的作业岗位，给出在可研条件下各个主要职业病危害因素的预期浓度（强度）范围和接触水平及其评价结论。

（3）综合性评价

综合性评价要给出拟建项目拟采取的总体布局、生产工艺及设备布局、建筑卫生学、辅助用室、职业卫生管理、职业卫生专项投资等符合性的结论，列出其中的不符合项。

（4）职业病防护补充措施及建议

职业病防护补充措施及建议要提出控制职业病危害的具体补充措施；给出拟建项目建设施工和设备安装调试过程的职业卫生管理措施及建议。

（5）评价结论

确定拟建项目的职业病危害风险类别；给出拟建项目在采取了预评价报告所提防护措施后，各主要接触职业病危害作业岗位的职业病危害因素预期浓度（强度）范围和接触水平，明确其是否能满足国家和地方对职业病防治方面法律、法规、标准的要求。

建设单位应当按照评审意见对职业病危害预评价报告进行修改完善，并对最终的职业病危害预评价报告的真实性、客观性和合规性负责。职业病危害预评价工作过程应当形成书面报告备查。

5.7 社会稳定风险分析

5.7.1 导论

社会稳定风险分析内容作为项目可行性研究报告、申请报告的组成篇章，由项目单位在组织编制项目可行性研究报告、申请报告时一并编制。项目单位对于特别重大的建设项目，也可组织有关方面单独编制社会稳定风险分析报告，作为项目可行性研究报告、项目申请报告的附件一并报批。原则上，项目单位应委托符合资质要求的工程咨询机构编制投资项目社会稳定风险分析篇章，作为项目审批及核准的重要依据。

5.7.2 基本要求

社会稳定风险分析篇章的编制，应当遵循社会稳定风险分析的程序，开展风险调查、风险因素识别、风险估计和判断，研究提出风险防范和化解的措施，估计落实措施后的预期风险等级，明确提出能作为开展拟建项目社会稳定风险分析评估工作重要依据的分析结论。各地方政府或其有关部门，可根据各地方经济社会发展的情况，编制适合本地区固定资产投资项目社会稳定风险分析的指标体系、评判标准等。

5.7.3 社会稳定风险分析篇章主要内容

1）对影响拟建项目社会稳定的风险因素进行调查分析，筛选主要社会稳定风险因素；

2）征询相关群众意见，进行公众参与及利益相关者分析；

3）在风险调查和公众参与的基础上，查找并列出风险点，确定可能引发群体性事件的主要风险因素；

4）对风险发生的可能性及影响程度进行分析；

5）提出防范和化解风险的方案措施；

6）提出采取相关措施后的社会稳定风险等级分析结论。

5.7.4 社会稳定风险分析篇章编写大纲

1）编制依据；

2）风险调查；

3）风险识别；

4）风险估计及初始风险等级判断；

5）风险防范和化解措施；

6）落实措施后的预期风险等级；

7）结论及建议。

社会稳定风险分析篇章相关内容，文字表达要准确、严谨、简明、朴实，根据需要应采用图表等形式进行分析和表述。凡带有综合性、结论性的图表应放在分析篇章的正文之中，对于其他参考性的图表应放在附录之中。

5.7.5　编写主体

根据《国家发展改革委重大固定资产投资项目社会稳定风险评估暂行办法》（发改投资〔2012〕2492号）规定，由项目业主单位负责“社会稳定风险分析”篇章的编写，并承担相应的责任。在实际工作中，由项目业主单位委托专业机构具体实施“社会稳定风险分析”篇章编写的具体工作，但应由项目业主单位认可和负责。原则上，不对编写“社会稳定风险分析”篇章的技术支撑单位提出“资质”要求。因该部分是政府投资项目可行性研究报告或企业投资项目申请报告的一个组成部分，因此具有工程咨询资质的工程咨询机构即有资格承担编写任务。

5.7.6　编写总体要求

1）坚持以人为本，贯彻落实科学发展观；

2）强调公众参与，广泛征求各方面意见；

3）全面分析、科学判断；

4）重点关注风险等级。

5.7.7　社会稳定风险分析篇章的编写

（1）社会稳定风险分析工作程序

社会稳定风险分析工作程序见图5-4。

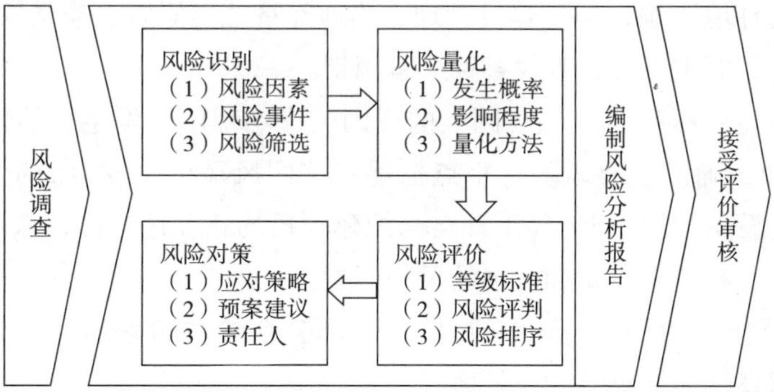

图5-4　社会稳定风险分析工作程序

（2）编制依据

固定资产投资项目社会稳定风险分析及其篇章编制，应根据法律法规和规范性文件、拟建项目所在地区的社会稳定风险评估要求，以及拟建项目建设方案等相关资料开展工作。社会稳定风险分析编制依据见表5–3。

表5–3 社会稳定风险分析编制依据

序号	内 容
1	相关法律、法规、规章、规范性文件以及其他政策性文件
2	项目单位的委托合同
3	项目单位提供的拟建项目基本情况和风险分析所需的必要资料
4	拟建项目与社会稳定风险评估有重要关联的前置审批文件落实情况

（3）风险调查

运用适当的调查方法，重点围绕拟建项目建设实施的合法性、合理性、可行性和可控性等方面开展社会稳定风险调查。调查范围应全面深入，覆盖所涉及地区所有类型的相关方。调查应充分听取、全面收集群众和各利益相关者的意见，包括合理和不合理、现实和潜在的诉求等。一般按工程资料收集、相关文献资料收集、社会环境调查三部分进行。

调查范围：凡项目涉及利益相关者切身利益，容易引发社会稳定风险的因素，都应纳入调查范围，应当覆盖拟建项目建设和运行可能产生负面影响的范围。

调查方式：有全面调查、抽样调查和个案调查。

（4）风险识别

根据调查结果，运用相关知识和风险分析方法，发现、列举和描述风险因素。

风险因素分析：在风险调查的基础上，针对群众不理解、不认同、不满意、不支持的事项，或在日后可能引发不稳定事件的情形，全面、全程查找可能引发社会稳定风险的各种风险因素。重点阐述：在政策规划和审批程序、土地房屋征收补偿、技术和经济方案、生态环境影响、项目建设管理、当地经济社会影响、质量安全和社会治安、媒体舆论导向等方面重点分析查找各种风险因素。

主要风险确定：根据各项风险因素的成因、影响程度、发生可能性等，对风险因素进行分类梳理，确定主要风险。重点描述：按照风险可能发生的项目阶段（决策、准备、实施、运营），结合当地经济社会与拟建项目的相互适应性，从初步识别的各类风险因素中筛选、归纳出主要和关键的风险因素。

1）风险识别的目的及内容。在风险调查和公众参与的基础上，查找并列出风险点，确定可能引发群体性事件的主要风险因素。

2）风险识别方法。风险识别可采用对照表法、专家调查法以及访谈法、实地观察法、案例参照法、项目类比法等方法。

3）确定关键风险因素。通过识别、估计单个风险因素对社会稳定的影响程度，找出影响社会稳定的关键的单个风险因素。

识别的主要单因素风险，应按照评判的标准对其风险的发生概率、影响程度进行相应的分析描述和评判，并进行汇总。

风险发生阶段可包括项目前期决策、准备、实施、运营四个阶段。备注可标注风险的特征（例如，长期还是短期影响，持续性影响还是间断性影响等）和其他需要说明的情况。

（5）风险估计及初始风险等级判断

1）单因素风险估计。采用定性分析与定量分析相结合的风险分析方法，对筛选和归纳出的主要风险进行分析和研究，估计其可能发生的风险事件及其发生的时间、概率、影响范围和潜在后果，揭示关键风险因素。重点阐述：对每一个主要单风险因素进行分析、估计的逻辑推理过程及其结果，包括可能引发风险事件的原因、时间和形式。

2）项目初始风险等级判断。初始风险等级判断，是在综合单因素风险估计的基础上，估计项目整体风险，并与风险等级评判标准进行对比，确定风险等级和防范风险优先顺序的过程。重点阐述：估计项目综合风险的过程和结果；项目所在地的风险等级评判标准；结合行业和项目所在地区的实际情况，对照风险等级评判标准，综合分析判断项目整体初始风险等级。

3）风险估计。包括单因素风险概率估计、单因素风险影响程度估计、单因素风险发生时间的估计和风险事件及风险后果等。

①单因素风险概率估计。估计单因素风险发生的概率，是风险度量中最基本的内容和首要的工作。风险概率一般应根据历史信息资料来确定，确定客观概率。但由于项目的一次性和独特性，不同项目的风险彼此相差很远，所以在许多情况下人们只能根据很少的历史数据样本对项目风险概率进行估计，因此，项目社会稳定风险概率估计也常采用主观概率估计法。按照风险因素发生的可能性，将风险发生概率划分为很高、较高、中等、较低、很低，可采用定性判断或定量分析予以确定。

②单因素风险影响程度估计。风险影响是指风险一旦发生对社会稳定和项目目标实现造成的负面影响，风险影响程度估计就是分析和估计风险的负面影响程度及后果，即风险可能带来的负面影响的大小。风险影响程度一般采用经验估计法或案例比较法进行估计。

③单因素风险发生时间的估计。分析和估计项目引发风险的时间，即可能在项目的哪个阶段或什么时间发生和如何发展变化。风险发生的时间，通常根据经验判断，采用经验估计法进行估计。

④风险事件及风险后果。按照风险事件对社会稳定的影响程度，将风险事件的影响后果分为重大影响、较大影响和一般影响等三类。

4）项目整体风险等级评判。项目整体风险估计，应运用适当的方法，综合各单因素风险对拟建项目整体的风险影响，将项目整体风险估计结果与风险评判标准进行对比，确定风险等级，分析风险防范、化解风险的优先顺序。项目整体风险的估计，可采用定性分析和定量分析相结合的方法进行判断。定量分析，可选用专家打分法等方法确定各单项因素风险在拟建项目整体风险中的权重，采用综合风险指数法、层次分析法等风险分析方法，计算项目的整体风险系数。采用定量分析方法时，应说明确定每个单因素风险权重的确定方法。一般情况下，项目整体的风险等级依据“就高不就低”的原则和“叠加累积”的原则进行判断。

在单因素风险和项目整体初始预警风险评判的基础上，根据关键风险因素对项目的影响程度，综合分析评判项目的初始预警风险等级。

5）项目初始预警风险等级处置：

①高风险：风险水平高，必须引起高度重视，结合研究提出预防、化解项目单因素风险的措施，提出预防、化解项目初始预警风险的综合性措施。项目实施过程中必须严格落实各项风险预防、化解措施。

②中风险：风险水平较高，必须引起足够重视，结合研究提出预防、化解项目单因素风险的措施，提出预防、化解项目初始预警风险的综合性措施。项目实施过程中必须落实各项风险预防、化解措施。

③低风险：风险水平一般，当前防范措施有效，可不必采取额外技术、管理方面的预防措施，但在项目实施过程中必须落实各项风险预防、化解措施。

（6）风险防范和化解措施

根据风险识别、风险估计和初始风险等级判断结果，针对可能发生的社会稳定风险，有针对性地提出防范措施，明确落实防范措施的责任主体、具体内容、实施要求，并分析和综合分析其实施的可行性和有效性。同时将风险防范措施研究结果进行汇总。重点阐述针对主要风险因素研究提出各项综合和专项的风险防范、化解措施，提出落实各项措施的责任主体、具体内容、风险控制节点、实施时间和要求的建议。

1）基本要求：

①全程性：风险防范措施的研究应贯穿于项目实施的全过程，在识别风险因素的基础上，针对风险程度，从规范审批流程、方案设计、施工组织上采取预防、化解风险的措施，同时从保障相关者利益、化解群众矛盾、组织保障措施和预案等角度提出风险防范措施。关注项目实施过程中的社会稳定风险监测和评估，以及项目实施后的社会稳定风险后评价。

②针对性：应结合项目特点，针对项目主要的或关键的风险因素提出相应的措施，包括工程性防范措施（即预防或减轻项目的不利影响）和社会性防范措施（即缓解社会对项目的抵制程度）等方面，预防、化解项目实施可能引发的社会稳定风险。

③可行性：风险防范措施研究应立足现实，提出的风险防范措施应在技术、财力、人力和物力上可行，明确承担人和协助人以及可达到的直接效果和最终效果。

④经济性：应将预防、化解风险的措施所付出的代价与该风险可能造成的危害进行权衡，旨在寻求以最少的费用获取最大的效益。

⑤协同性：风险防范措施研究是项目有关各方的共同任务。项目发起人和投资者应积极参与和协助进行风险防范措施研究，并真正重视风险防范措施研究的结果；地方政府是当地投资项目社会稳定风险控制的直接责任人，应明确发展改革、规划建设、国土资源、环境保护等职能部门，以及维稳、信访、综治、公安等部门的责任，协调配合，统一应对。风险预防、化解和处置等管理措施应当明确责任主体、职责分工以及时间进度安排，以利于任务分解落实。

2）常用措施类型：

①风险回避：考虑到风险存在和发生的可能性，主动放弃或拒绝实施可能导致风险损失的方案。（高风险方案）

②风险抑制：通过采取一定的措施，降低风险发生的概率，减少风险事件造成的影响。（中风险或低风险方案）

③风险分散：将项目可能发生的风险分散，化整为零；或将风险转移到其他方面承担。（中风险或低风险方案）

④风险自担：将风险留给自己承担，包括计划性风险自留和非计划性风险自留。采取风险自留策略时应制定可行的风险应急处置预案，强化责任。（低风险方案）

3）风险防范重点关注事项：

规划选线（选址）：强化规划选线（选址）研究，优化规划选线（选址）方案等措施。

项目合法合规性：强化规范审批流程等措施，确保合法合规。

土地房屋征收征用：强化规范土地房屋征收征用手续，优化相关方案，实行阳光动迁以及加大正面宣传力度等措施。

工程方案：强化设计、技术方案研究，优化方案，选用先进的工艺技术和设备等措施。

生态环境：强化加大环保投入、落实环保措施等方面的措施。

文明施工、质量安全管理：强化加强地质勘察、技术方案研究、施工管理等方面的措施。

交通组织：强化交通影响评价、交通设施研究和建设、优化交通组织等方面的措施。

项目组织管理：强化项目设计、施工、运行组织方案的优化，各项组织管理措施的落实，预防、化解风险。

建设资金落实：制定项目建设资金保障方案等方面的措施，预防、化解风险。

项目与社会的互适性：强化对项目的正面宣传，开展政策解答和科普宣传；强化利益相关者的参与，开展项目与社区共建，搭建居民沟通平台，确保公正合理补偿等方面的措施。

历史矛盾：强化综合分析协调，加大化解历史既有矛盾力度等方面的措施。

综合管理：强化发挥项目单位与政府相关职能部门的作用，建立风险管理分工、协作、联动的工作机制及相应的组织，按各自工作职责落实到位等措施。

4）对策措施汇总。针对上述研究提出的风险防范措施，进行归纳汇总，形成风险防范措施汇总表。同时，提出落实风险防范措施的责任单位和协助单位的建议，明确风险化解的目标、风险控制的节点和时间，以及相关应急处置预案等。

（7）落实措施后的预期风险等级

分析各项风险防范、化解措施落实的可行性和有效性，预测落实措施后每一个主要风险因素可能引发的变化趋势，包括发生概率、影响程度、风险程度等，综合判断拟建项目落实风险防范、化解措施后的预期风险等级。重点阐述：落实各项风险防范、化解措施的可行 性和有效性分析的过程、预测各风险因素变化趋势的结果，综合判断落实措施后预期风险等级的过程和结果。

1）风险因素影响集成分析。分析论证各项风险预防、化解和处置等管理措施落实的可能性以及落实后的效果，综合分析防范措施的可行性和有效性，评判实施各项风险防范措施后各单因素风险的发生概率（p）、影响程度（q）、风险程度（$R=p\times q$）的等级可能发生的变化。

根据风险防范措施的可行性和有效性分析确定的各风险因素的风险程度可能发生变化的结果，重新计算项目综合风险指数，综合分析项目可能引发的风险事件、参与的人数和产生的负面影响程度，评判项目采取防范措施后的预期风险等级。

2）结论及建议。在前述分析论证的基础上，提出拟建项目社会影响分析评价的主要结论，并对建设项目采取防范化解措施后可能存在的主要风险及其等级提出明确的咨询意见。对分析中发现的建设项目可能存在的各种社会稳定风险问题，提出防范措施；根据判定的项目初始预警风险等级和采取措施后的预期风险等级，对项目实施（低风险）、暂缓实施（中风险）和予以否决（高风险）等提出分析评价建议。

（8）风险分析结论

社会稳定风险分析应做出结论说明，归纳提出风险防范、化解的主要措施，明确拟建项目采取措施后的预期风险等级，并对落实风险防范、化解措施提出相关建议，为下一步评估主体开展相关的项目社会稳定风险评估工作提供依据和参考。

应阐述拟建项目社会稳定风险分析的主要结论，为拟建项目的社会稳定风险评估工作提供参考。主要结论包括：拟建项目的主要、关键风险因素；主要的风险防范、化解措施；拟建项目风险等级，包括初始风险等级和采取措施后的预期风险等级；落实风险防范、化解措施的有关建议。

5.7.8　社会稳定风险分析报告的审查

评估实施主体采取集体讨论或组织相关部门、社会各方代表、专家学者（单位）共同研究的方式，对评估工作小组提出的社会稳定风险评估报告草案进行全面审查和修改完善。评估报告审查通过后，评估实施主体将决策建议方案和评估报告报送决策机关（或行政许可机关）审查、决策。

5.7.9　社会稳定风险分析的重要性

社会稳定风险评估，是指与人民群众利益密切相关的重大决策、重要政策、重大改革措施、重大工程建设项目、与社会公共秩序相关的重大活动等重大事项在制定、出台、组织实施或审批审核前，对可能影响社会稳定的因素开展系统的调查以及科学的预测、分析和评估，制定风险应对策略和预案。其目的是为了为有效规避、预防、控制重大事项实施过程中可能产生的社会稳定风险，确保重大事项顺利实施。

重大工程建设项目社会稳定风险评估，是重大事项社会稳定风险评估的重要组成部分。重大社会稳定风险事件，大多都与工程建设所引起的征地拆迁、环境污染等有关。因此，工程项目社会稳定风险评估，是重大事项社会稳定风险评估关注的重点和核心。

5.8　节能评估

石油化工节能评估包括固定资产投资项目节能审查评估、节能专篇、专项节能评估等。

固定资产投资项目节能审查评估以促进固定资产投资项目科学合理利用能源，从源头上杜绝能源浪费，提高能源利用效率，加强能源消费总量管理为目的，编制节能报告，对项目节能情况进行评估。

5.8.1　评估范围

评估范围包括工艺装置、储运、公用工程和相应配套设施。界定项目用能边界，包括工艺装置、储运、公用工程和相应配套设施消耗能源（原油、煤炭、燃料气、电力及耗能工质）的使用和分配情况。

5.8.2　评估内容

评估内容包括但不限于下列内容：项目能源消耗状况分析、评价；消耗能源使用、分配状况分析、评价；主要用能设备选型合理性分析、评价；主要工艺能耗指标先进性分析、评价；计量器具规格及数量分析、评价；节能措施可行性分析、评价等。

5.8.3 评估结论

包括但不限于下列内容：

1）项目能源消耗情况。

2）项目所需能源的供应来源及供给方式的落实情况。

3）项目综合能耗、单位因数能耗数据，项目能量综合利用率水平。

4）项目对所在地能源消费增量的影响评估，项目对所在地完成节能目标的影响评估等。

5）项目如何从根本上提高资源的有效利用率；是否符合国家、地方级行业的节能相关的各项法律法规、政策要求、标准规范；项目大型机械设备的效率情况：如工业炉，压缩机、机泵等；项目是否采用了国家明令禁止使用及淘汰的工艺技术和设备。

6）项目采用的节能措施与节能效果。

7）项目摘要表。该表是节能评估中重要的数据汇总及分析表。项目摘要表格式如表5-4所示。

表 5-4 项目摘要表

<table>
<tr><td rowspan="7">项目概况</td><td>项目名称</td><td colspan="5"></td></tr>
<tr><td>项目建设单位</td><td colspan="2"></td><td colspan="2">联系人/电话</td><td></td></tr>
<tr><td>报告编制单位</td><td colspan="2"></td><td colspan="2">联系人/电话</td><td></td></tr>
<tr><td>项目建设地点</td><td colspan="2"></td><td colspan="2">所属行业</td><td></td></tr>
<tr><td>项目性质</td><td colspan="2">□新建 □改建 □扩建</td><td colspan="2">项目总投资</td><td></td></tr>
<tr><td>投资管理类别</td><td colspan="2">□审批 □核准 □备案</td><td colspan="2">项目代码</td><td></td></tr>
<tr><td>建设规模和主要内容</td><td colspan="5"></td></tr>
<tr><td rowspan="6">项目主要耗能品种</td><td>主要能源总类</td><td>计量单位</td><td>年需要实物量</td><td colspan="2">折标系数</td><td>折标煤量/tce</td></tr>
<tr><td>电</td><td>kW·h</td><td></td><td rowspan="2"></td><td>当量值</td><td></td></tr>
<tr><td></td><td></td><td></td><td>等价值</td><td></td></tr>
<tr><td></td><td></td><td></td><td colspan="2"></td><td></td></tr>
<tr><td colspan="3" rowspan="2">合计</td><td colspan="2">当量值</td><td></td></tr>
<tr><td colspan="2">等价值</td><td></td></tr>
<tr><td rowspan="3">项目产出能源品种</td><td></td><td></td><td></td><td colspan="2"></td><td></td></tr>
<tr><td></td><td></td><td></td><td colspan="2"></td><td></td></tr>
<tr><td></td><td></td><td></td><td colspan="2"></td><td></td></tr>
<tr><td colspan="4" rowspan="2">项目年综合能源消费量/tce</td><td colspan="2">当量值/tce</td><td></td></tr>
<tr><td colspan="2">等价值/tce</td><td></td></tr>
</table>

续表

	指标名称	项目指标值	行业准入值	国内先进水平	对比结果（国内落后、一般、先进、领先）
项目主要能效指标	万元产值能耗				
	万元增加值能耗				
	综合能耗				
	单位能量因素能耗				
对所在地能源消费影响	对所在地能源消费增量的影响				
	对所在地完成节能目标的影响				

5.9　项目申请报告

5.9.1　项目申请报告的定义和作用

项目申请报告是企业投资建设应报政府核准的项目时，为获得项目核准机关对拟建项目的行政许可，按核准要求报送的项目论证报告。

项目申请报告的作用是从政府公共管理的角度，回答项目建设的外部性、公共性事项，包括维护经济安全、合理开发利用资源、保护生态环境、优化重大布局、保障公众利益、防止出现垄断等，为核准机关对项目进行核准提供依据。

5.9.2　项目申请报告的编制依据及要求

项目申请报告的主要编制依据有《企业投资项目核准和备案管理办法》《外商投资项目核准和备案管理办法》和《企业境外投资管理办法》。

项目申请报告编制的前置审批事项包括规划选址（仅指以划拨方式提供国有土地使用权的建设项目）和用地预审（用海预审）。对重特大项目，也应将环评（海洋环评）审批作为前置条件。

对于投标、并购或合资合作项目，还可能需要中外方签署的意向书或框架协议、企业注册证（营业执照）、商务登记证及经审计的最新企业财务报表（包括资产负债表、损益表和现金流量表）、开户银行出具的资金信用证明等文件。

对于境外竞标或收购项目，可能需要附上国家发展改革委出具的确认函件。

项目申请书的编制要重点从规划布局、资源利用、征地移民、生态环境、经济和社会影响等方面进行论述，不必详细分析和论证项目市场前景、经济效益、资金来源、产品技术方案等由企业自主决策的内容。

5.9.3 项目申请报告的主要内容

按照企业性质的不同，项目申请书主要分为以下三类：企业投资项目申请报告、外商投资项目申请报告、境外投资项目申请报告。

1）企业投资项目申请报告应包括项目单位情况；拟建项目情况；资源利用和生态环境影响分析及经济和社会影响分析等内容。

2）外商投资项目申请书应包括项目及投资方情况；资源利用和生态环境影响分析及经济和社会影响分析。

3）境外投资项目申请书应包括：投资主体情况；投资目的地；项目背景情况；项目主要内容和规模；项目投融资方案；项目主要风险和防范应对措施；项目对我国国家利益和国家安全的影响分析。

国家发展改革委2017年4月13日发布的《项目申请报告通用文本》适用于各类企业在我国境内建设的企业投资项目（包括外商投资项目），2018年2月9日发布的《境外投资项目申请报告通用文本》适用于各类企业在境外建设的企业投资项目。

5.9.4 可行性研究报告和项目申请报告的异同

项目可行性研究报告和项目申请报告，都是通过对项目可行性的分析论证，为项目决策提供依据。但由于其针对的决策对象不同。所以在编制的目的、分析的角度和具体内容上有所区别。

（1）编制目的不同

可行性研究报告的目的是论证项目的可行性，为企业内部决策、贷款方评估提供依据；项目申请报告是对政府关注的项目外部影响，涉及公共利益的有关问题进行论证说明，以获得政府主管部门的核准。

（2）分析角度不同

可行性研究报告从投资者的角度对项目建设产生的经济效益及潜在的风险进行分析论证，重点研究的是项目本身。项目申请报告是从公共管理的角度，对项目建设对外部环境、国家安全、公共利益等方面的影响进行分析论证。

（3）内容不同

可行性研究报告不仅要对市场前景、技术方案、设备选型、项目选址、投资估算、融资方案、财务效益、投资风险等方面进行分析研究，而且要对政府关注的公共利益的有关问题进行论证。项目申请报告主要从规划布局、资源利用、征地移民、生态环境、经济和社会影响等方面对拟建项目进行论证，而市场、技术、资金来源、财务效益等，不作为主要内容。

参考文献

[1] 生态环境部环境工程评估中心. 环境影响评价技术方法[M]. 北京：中国环境出版集团，2019.

[2] 国家安全生产监督管理局职业安全健康监督管理司，中国安全生产科学研究院. 职业卫生评价与检测 - 建设项目职业病危害评价[M]. 北京：煤炭工业出版社，2013.

[3] GBZ 289—2017. 工作场所化学有害因素职业健康风险评估技术导则.

[4] GBZ 1—2010. 工业企业设计规范.

[5] 全国咨询工程师（投资）职业资格考试用书编写组. 项目决策分析与评价[M]. 哈尔滨：哈尔滨工程大学出版社. 2019.

[6] 陆军军. 历史文化街区改造中的社会稳定风险评估研究——以天赐庄为例[D]. 苏州：苏州大学，2016.

[7] 刘福田. 重大水利固定资产投资项目社会稳定风险分析若干问题的探讨[J]. 江淮水利科技，2013（6）：11-12.

[8] 邹玉辉. 城市轨道交通社会稳定风险分析[J]. 铁道标准设计，2015，59（1）：127-131.

[9] 胡亮，洪吉云. 公路项目社会稳定风险分析方法探讨[J]. 公路，2014，59（8）：43-48.

[10] 高鹏. 重大工程项目社会稳定风险评估政策执行研究[D]. 太原：山西大学，2018.

CHAPTER 第6章

石化工程设计

石油化工建设项目在完成方案规划、项目建议书以及可行性研究等项目前期工作，经过必要的评估并得到建设单位和/或主管部门的批复后，即可开展工程设计。

本章阐述了工程设计的基本概念、主要任务和设计内容，对其中实施的标准化设计、模块化设计等新形式的工程设计方法和设计模式作了介绍，并对工程设计变更和竣工图作了说明。

6.1 设计阶段划分

为保证工程建设和设计工作有机的结合和衔接，工程设计通常被划分为若干个阶段，每个阶段有不同的任务和要求，这些不同的阶段称为设计阶段。对于石化工程项目，设计阶段一般分为总体设计阶段、工艺设计包阶段、基础工程设计阶段和详细工程设计阶段。

6.2 总体设计

6.2.1 总体设计概念

对于国内新建大型石油化工建设项目，为了优化方案，控制规模，统一标准、原则和技术条件，通常在可行性研究获批并确定工艺技术后开展总体设计，以实现总体优化。总体设计主要是以项目可行性研究报告及批复为设计依据，为开展基础工程设计创造条件，设计文件编制主要遵循《石油化工大型建设项目总体设计内容规定》进行编制。

6.2.2 总体设计由来

以往我国大型石油化工建设项目在装置初步设计（相当于基础工程设计，见6.4.2）基本完成后，需要再编制一个工程总体初步设计，编制目的是完善工厂总体规定设计，填补装置和其他单体工程设计留下的欠缺，为控制项目建设规模和总投资提供依据[1]。由于它进度滞后，深度不够，对整个工程建设的制约作用有限，因此，改革工厂设计模式，提高工厂总体设计和工程设计水平势在必行，20世纪80年代末，中国石油化工总公司要求大型石油化工建设项目要编制总体设计，并于1991年发布了《中国石油化工总公司编制大型建设项目总体设计的规定（试行）》。通过茂名乙烯等工程项目实践，总体设计对工厂工艺总流程优化、工厂总平面布置优化，控制工厂总定员、总占地和总投资等，都取得明显的效果，对工厂设计模式改革起了很大的推动作用，证明它比过去的总体初步设计具有更大的优越性。

在装置大型化和原料国际化的大趋势下，工程建设组织模式、项目资金来源渠道、建设单位管理模式都有了很大改变。同时，政府对环保、安全和职业卫生、消防、节能、抗震等法规的要求也发生了很大变化，建设项目的进度、费用、质量控制对总体设计的依赖性越来越高，中国石化分别于2008年、2016年对总体设计内容深度规定进行了修订完善。

6.2.3 总体设计目的和适用范围

（1）总体设计目的

优化石油化工大型建设项目的工厂总平面布置，优化公用工程系统的设计方案，提高投资效益，实现对建设项目总工艺流程、总平面布置、总定员、总进度和总投资的控制目标，确保满足环保、安全和职业卫生的法律法规要求，协调并统一设计文件的内容和深度。

（2）总体设计适用范围

适用于新建大型石油化工建设项目，对于含有3套及以上工艺装置的重大投资项目应编制总体设计。大型石油化工建设项目包含多套工艺装置和多项配套工程，其工艺设计包和基础工程设计一般都由多个专利商和设计单位负责，因此对工程进行总体优化，统一工程的设计原则、统一设计标准、统一设计基础，让各个设计单位遵照执行，就显得非常重要。

6.2.4 总体设计协调

（1）总体设计单位

对于大型石油化工建设项目，按照承担的职责、范围不同，设计单位分为负责协

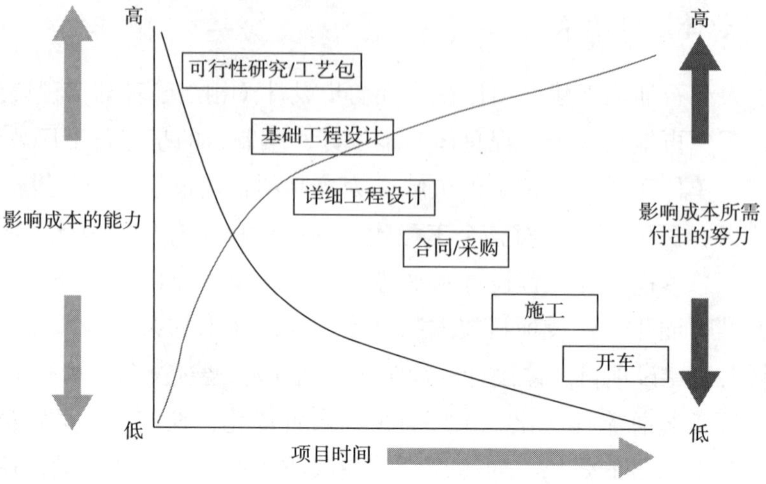

图6–1　项目阶段对投资的影响

助建设单位开展全厂技术和设计协调工作的总体设计单位（以下称总体院）和负责单项工程设计工作的单项工程设计单位（以下称装置院），建设单位应择优选择一家具有一定资质和资历、技术全面、具有一定设计组织与协调能力的设计单位作为建设项目的总体院，为建设单位的技术与协调提供支持，其基本职责可以归纳如下：

1）总体院对工程设计的完整性、统一性、合理性及准确性负责。

2）总体院负责编制或主编建设项目总体设计文件，包括但不限于生产工艺总流程、各项公用工程、辅助工程的整体方案及流程、总平面布置、总定员、总占地和总投资方面的内容。

3）总体院在建设单位的组织下，负责技术协调和管理工作，对各装置院贯彻国家方针、政策和主管部门的要求，负有技术把关的责任。

4）总体院应制定项目设计标准，确保标准统一，提高项目设计的总体技术水平。

5）总体院应编制项目总体设计统一规定及工程总体规划，协助建设单位进行总体设计协调。

（2）总体协调计划

为使总体设计有条不紊地进行，总体院应及时发布建设项目的总体设计计划表，各参加总体设计的单位应按计划开展工作。图6–2为典型总体设计协调计划。

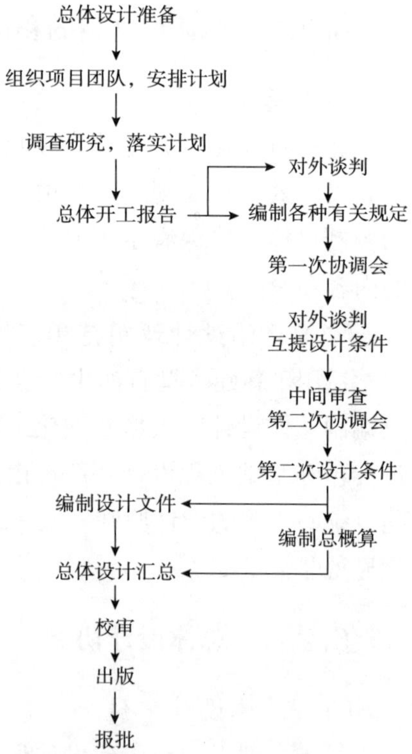

图6–2　典型总体设协调计划

6.2.5 总体设计依据

根据国家有关方针、政策，明确设计依据的文件（按照项目批复文件、依据文件分别列出，包括文件名称、文号和日期，重要的宜作为总体设计附件），主要依据如下：

1）项目申请报告、可行性研究报告及其批文以及修改文件；

2）对于大型新建炼化一体化项目，应列出厂址选择报告及批复文件；

3）主管部门和建设单位对总体设计重大问题的决定（如重要的会议纪要、批复文件）；

4）建设项目的区域规划资料；

5）厂外工程意向协议；

6）与有关方面签订的依托社会和老企业项目的有关协议；

7）各引进项目（装置）与外商签订的引进合同和会议文件等；

8）资金来源、贷款方式和协议等有关文件；

9）设计合同；

10）建设单位提出的工厂管理体制、组织机构和人员设置的主要原则；

11）建设单位提供的设计基础（含项目采用的标准规范）；

12）工艺包设计文件；

13）安全预评价报告；

14）职业卫生预评价报告；

15）工程建设场地地震安全性评价报告；

16）其他有关重要文件。

6.2.6 总体设计编制时机

总体设计文件根据批复的项目申请报告或可行性研究报告进行编制。总体设计在工艺生产技术路线已经基本确定，项目申请报告核准批复或可行性研究批复之后开始，在各工艺包或等同工艺包设计文件完成后交付。从图6-1中可以看出，在可行性研究和基础工程设计之间开展总体设计，对投资成本决策优化的效果最好。如总体设计文件对批复的可行性研究报告有重大修改，应说明变化的理由和根据。

6.2.7 总体设计主要内容

总体设计文件应做到设计范围明确、所需建设的单项工程考虑齐全，经审核批准后与《项目总体设计统一规定》一并作为各单项工程开展基础工程设计的依据。

总体设计要完成下列工作内容：一定（定设计单元和分工）；二平衡（全厂物料平衡、全厂燃料和能量平衡）；三统一（统一设计原则，如工厂设计水平、工厂管理体制、信息管理水平、公用工程设置、节能减排、环保、安全和职业卫生等原则，统一技术标准和适用法规要求，统一设计基础，如气象条件、地质条件、公用工程设计参数、原料和辅助材料规格等）；四协调（协调设计内容、深度和工程有关规定，协调环境保护、安全设施、职业卫生、节能减排和消防设计方案，协调公用工程、辅助生产设施设计规模，协调行政生活设施）；五确定（确定总工艺流程，确定总平面布置，确定总定员，确定总投资，确定总进度）。

（1）设计单元和分工

明确建设项目投资范围的工厂界区内、外工程。依托社会或企业但需改造和扩充的项目也应列入。全厂单元和设计分工表见表6-1。

表6-1 全厂单元和设计分工表

序号	单元编号	单元名称	设计规模/（10^4t/a）	设计单位	备注
1	1279	乙烯装置	100	××××工程公司	含乙烯低温罐
2	1216	聚丙烯装置	30	××××工程公司	含立体仓库

（2）全厂平衡

1）全厂物料平衡。根据建设项目中所包含的生产装置名称和建设规模，表达生产装置原料来源、产品去向以及流量（包括损失），参见图6-3。

2）全厂燃料和能量平衡。说明全厂燃料和能量的范围以及平衡基础，列出公用物料用量的来源和公用设施的设计能力（产出）。主要平衡如下：

①全厂燃料平衡简述及全厂燃料平衡图；

②有特殊物料时，需作典型元素的平衡，如氢、硫、氯等（必要时附全厂平衡图）；

③全厂火炬系统能力简述及全厂火炬能力平衡图；

④全厂蒸汽及凝结水平衡简述及全厂蒸汽平衡图和凝结水平衡图；

⑤全厂气平衡简述及全厂非净化压缩空气、净化压缩空气、氮气平衡表；

⑥全厂供电平衡简述及全厂供电系统图。

（3）统一设计原则、标准和基础

为了规范建设项目各参建设计单位、各专业设计人员的工作，保证满足项目合同要求，明确设计基础资料、设计数据，协调标准、规范使用，统一工程设计、文件编制风格一致，建设单位（或委托总体院）组织编制项目总体设计统一规定，统一设计原则、技术标准及设计基础。项目总体设计统一规定主要内容如下：

1）工程概况：建设项目名称、地点、规模、范围和主要特点等；

2）设备、仪表、管道、介质等单体代号及编号规定；

3）设计文件编制规定：设计文件组成（含初步目录）、设计文件格式、项目文件

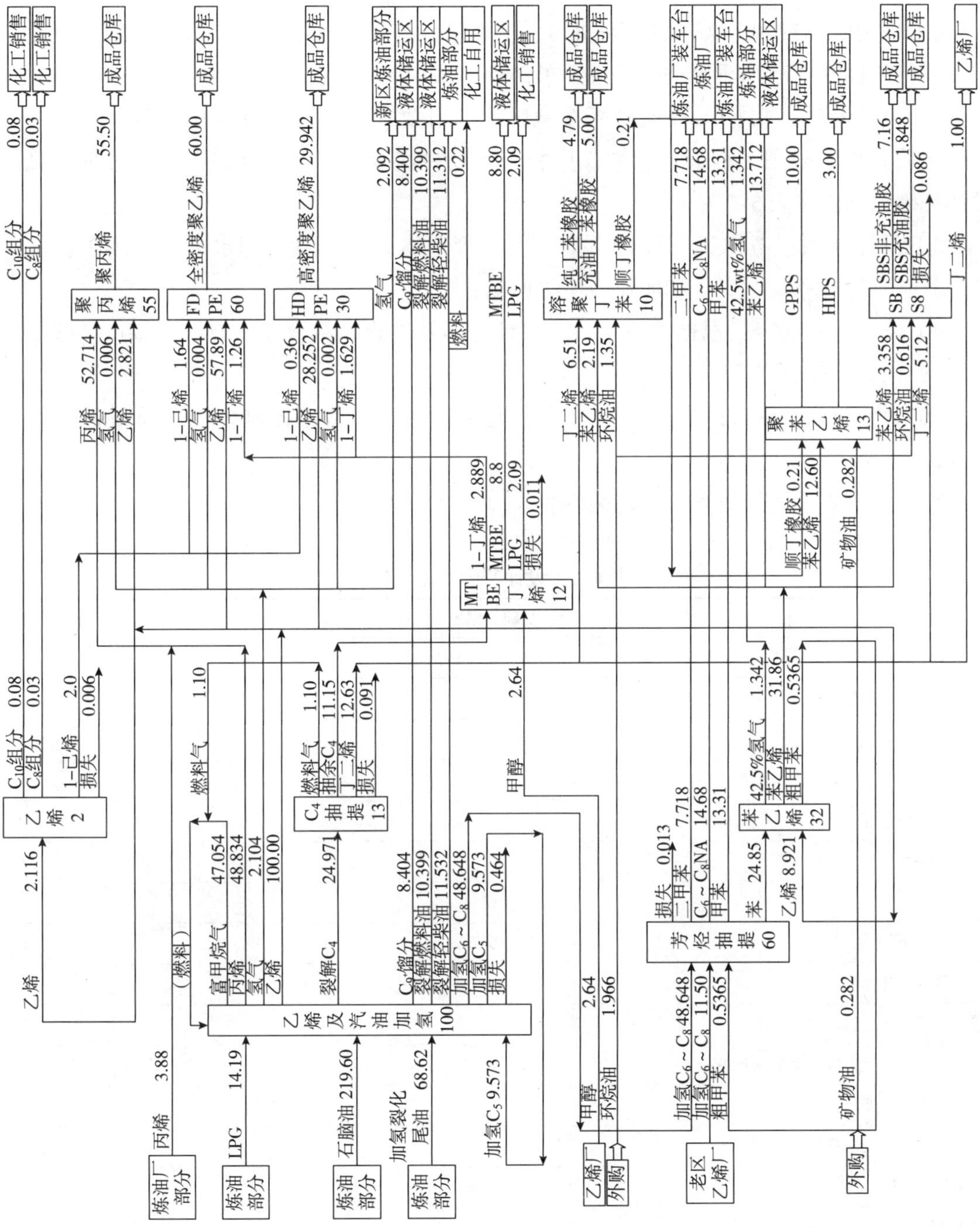

图6-3 某乙烯工程全厂物料平衡 单位：10^4t/a

号、专业文件号及角图章填写说明等；

4）设计依据：合同文件、设计委托、上一设计阶段设计文件及审批纪要、批文等；

5）设计范围：主要设计内容，与外部（或外部单位）设计界面的衔接关系与分工；

6）采用的标准规范（含法律法规）：根据现行有效标准及合同要求，确定项目设计应执行的标准规范和适用法律法规要求，列出采用的标准规定清单；

7）设计基础：根据工程项目所在地区和项目要求，明确设计基础，包括气象条件、地质条件、公用工程设计参数、原料和辅助材料规格等，具体设计基础数据详见设计基础数据表（表6-2）；

8）设计原则：考虑工厂设计水平、工厂管理体制、信息管理水平、公用工程设置，节能减排、环保、安全和职业卫生等原则；

9）设计技术规定：根据建设项目的设计范围及内容，结合专业设计的特点，编制（或项目化）设计规定；

10）设计管理要求：主要内容有设计进度控制点、费用控制要求、质量控制要求等；

11）其他要求：其他需要规定的内容。

表6-2 设计基础数据表

设计基础数据表
A. 总则
1. 一般现场数据
2. 气象数据
3. 基础和结构（含岩土工程勘察报告、场地地震安全评价报告等）
4. 技术经济指标
B. 公用系统
1. 蒸汽
（1）界区条件
（2）界区设计条件
（3）蒸汽冷凝水处理方式
（4）界区（装置）内产生的蒸汽的成本
（5）输入蒸汽要求条件
（6）输出蒸汽要求条件
2. 电气、电信
（1）电力
（2）电源、通信和报警
（3）危险区域划分遵守（循）的规范

续表

设计基础数据表
3. 水
3.1 锅炉给水
（1）界区条件
（2）界区设计条件
3.2 循环冷却水
（1）循环冷却水界区条件
（2）循环冷却水回水界区条件
3.3 其他各种用水界区条件
3.4 水（质）分析
4. 空气及惰性气体
5. 燃料
5.1 燃料油
5.2 燃料气
5.3 煤（或焦）
5.4 燃料油规格
5.5 燃料气规格
5.6 煤（或焦）规格
6. 公用系统备注
C. 原料
1. 原料规格
2. 原料（流体）——界区设计条件
D. 产品
1. 产品规格
2. 产品（流体）——界区设计条件
E. 化学品
1. 界区条件
2. 入库数量
3. 备注
F. 三废及其处理原则
1. 排出物质量要求
2. 排出物处理原则
G. 材料储运说明
1. 总则
2. 操作时间（班/天及天/周）
3. 运输工具数据

续表

设计基础数据表
4. 产品装运比率
5. 产品包装说明
6. 散装材料数据
7. 储运方案选择要点
H. 标准、规范、规程
1. 标准和规范
2. 采用规范
3. 规范分类
4. 法定和规定的工程设计准则
5. 国家标准
6. 行业标准、地方标准
7. 公司采用的许可证和专利
I. 施工
1. 现场施工公用系统条件
2. 施工区域（制作及储存）
3. 临时设施
4. 运输
5. 劳动（力）法规
6. 施工废料处理

（4）设计协调

总体设计阶段，总体院需要协调设计内容、深度和工程有关规定；协调环境保护、安全设施、职业卫生、节能减排和消防设计方案；协调公用工程、辅助生产设施设计规模；协调行政生活设施。落实“总体设计规定”中提出的“总体院与装置院的条件关系表”中的各项条件（见表6–3），并随设计工作进展更新、升级版本。

表6–3　总体院与装置院的条件关系表

表号	附表名称	工艺	分析	环保	给排水	总图运输	热工	储运	外管	自控	电气	电信	设备	土建	暖通	概算
附表1	建设项目表															
附表2	产品和副产品条件表															
附表3	原料、辅助化工原料和燃料消耗条件表															
附表4	催化剂及化学药剂消耗条件表															

续表

表号	附表名称	工艺	分析	环保	给排水	总图运输	热工	储运	外管	自控	电气	电信	设备	土建	暖通	概算
附表5	罐区条件表															
附表6	净化压缩空气、非净化压缩空气、氮气用量条件表															
附表7	工厂主要原料和产品进出厂方式表															
附表8	道路运输条件表															
附表9	铁路/水道运输条件表															
附表10	给排水条件表															
附表11	电气条件表															
附表12	电修条件表															
附表13	蒸汽和凝结水条件表															
附表14	化学软水和脱盐水条件表															
附表15	外管条件表															
附表16	电信条件表															
附表17	机修条件表															
附表18	化工原料、产品分析项目条件表															
附表19	定员表															
附表20	高架源排放废气条件表															
附表21	无组织排放废气条件表															
附表22	固体废物条件表															
附表23	污染雨水水量、水质条件表															
附表24	生产污水水量、水质条件表															
附表25	噪声条件表															
附表26	化学品和危险品仓库条件表															
附表27	固体物料包装条件表															
附表28	火炬条件表															
附表29	建筑物、构筑物条件表															
附表30	暖通空调条件表															
附表31	大型动力设备条件表（功率≥150kW）															
附表32	综合概算表															
附表33	进口设备材料费用一览表															
附表34	码头泊位设置及运量分配表															

（5）五个确定

1）确定总工艺流程。总工艺流程是建设项目的基础和核心，对全厂的技术先进性和经济合理性起着决定性作用。一个合理的总工艺流程能合理利用有限的资源，提供更多的目的产品，综合考虑技术、经济、节能、环保、安全、操作可靠性等因素，确定建设项目的产品方案。参见某炼油厂总工艺流程图（图6–4）。

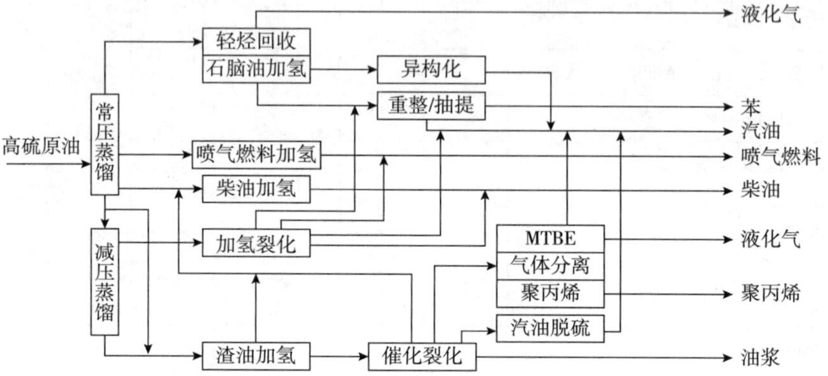

图6–4　某炼油厂总工艺流程图

2）确定总平面布置。在既定厂址和企业总体规划的基础上，表示出场地上建构筑物、设备、交通线路、管线、绿化等平面位置的图，着重体现拟建工程建构筑物、设备的大小、形状及周边道路、房屋、绿地和建筑红线之间的关系。

用区域位置图和总平面布置图分别表达建设项目与周边邻近设施以及建设项目内部设施的相互关系。

①区域位置图。表示出建设项目的位置（含厂内、厂外工程），周边邻近的设施，相关的公用设施的位置，原料进厂管线、水源地、进厂给水管线、热力管线、电源及其进线位置，灰渣场、排污口、铁路专用线、外部道路、码头的位置，特征地形、地貌，风玫瑰等，参见图6–5。

图6–5　区域位置图

②总平面布置图。总平面布置包括功能分区、各类装置和设施平面的位置及其考虑因素、厂区道路、铁路的布置、主管廊走向、地下管线走向和占地、道路规划、工厂未来的发展用地的考虑，全厂围墙、大门和警卫室设置情况，参见图6–6。

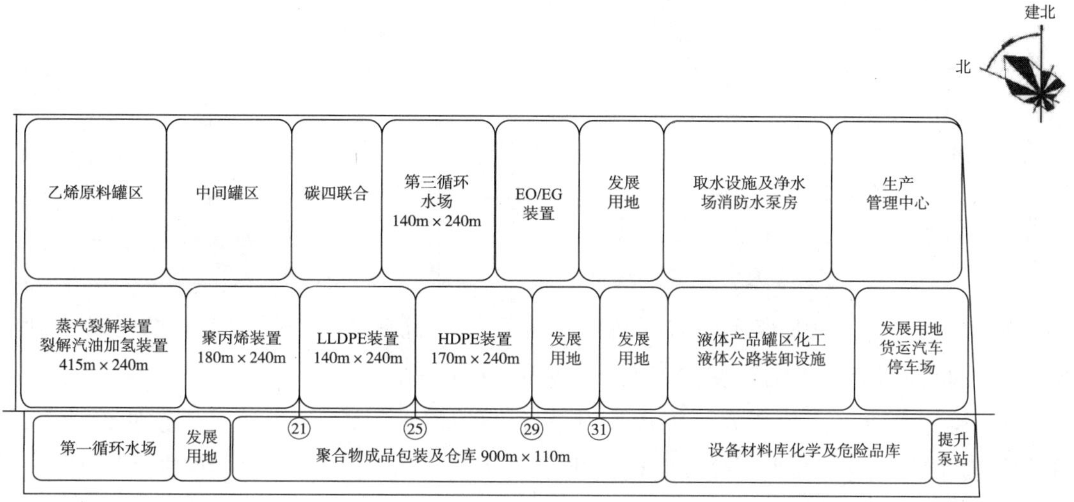

图6–6　总平面布置图

3）确定总定员。根据建设项目管理体制、组织机构和人员设置的主要原则，说明各管理部门定员、各类生产和辅助生产岗位的工作班制以及定员，详见全厂总定员表（表6–4）。

表6–4　全厂总定员表

序号	部门、装置或单元名称	工作班次	定员/人	备注

4）确定总投资。总体设计概算依据总体设计内容深度，参考《石油化工工程建设设计概算编制办法》，按照概算专业设计统一规定进行编制。列出主要技术经济指标，参见表6–5。

表6–5　主要技术经济指标一览表

序号	项目（指标）名称	单位	数量	备注
1	主要产品和副产品			
2	主要原料和辅助原料			
3	燃料			
4	动力和公用物料消耗 （分别列出新鲜水、电、蒸汽、循环冷却水、脱盐水、净化压缩空气、非净化压缩空气、氮气等消耗）			如有不同等级，应按不同等级分别列出

续表

序号	项目（指标）名称	单位	数量	备注
5	全工程占地面积 （分别列出厂区占地面积、厂外工程占地面积、生活区占地面积），租地面积等			
6	运输量（运出/运进）			
7	进污水处理场污水量 处理后的污水排放量 有组织排放废气量 固体废弃物出厂处理量			
8	总定员			
9	总投资			

概算设计文件的内容还应包括总体设计概算和批复的可行性研究报告估算对比。概算与可行性研究报告估算变化较大时应分析原因。

5）确定总进度。说明安排工程建设总进度的原则。按生产装置分别说明设计、设备和材料采购、施工等主要建设阶段的进度。详见3.9节“石化工程项目进度管理”。

6.3 工艺设计包

6.3.1 工艺设计包概述

工艺设计包（以下简称工艺包）是工艺研究开发成果的整套文件和工程设计的基本依据，主要包括设计文件及工艺手册两部分，设计文件编制主要遵循《石油化工装置工艺设计包（成套技术工艺包）内容规定》。设计文件包括设计基础、工艺说明、工艺流程图（Process Flow Diagram，缩写为PFD）、物流数据表、总物料平衡、消耗量、界区条件表、工艺管道及仪表流程图（Piping and Instrument Diagram，缩写为P&ID）、建议的设备布置图、工艺设备数据表，还应该包括安全、环保、卫生方面的说明。工艺手册包括工艺过程说明、正常操作步骤和方法、开车准备和开停车程序、事故处理原则、催化剂装卸、工艺危险因素分析及控制措施、环境保护、设备检查与维护。以工艺包文件为基础，工程设计承包商可开展后续的基础工程设计和详细工程设计工作。

6.3.2 工艺包编制目的

作为技术载体，工艺包解决技术来源和技术可靠性问题，通常是由专利商（或拥有工艺技术的工程公司）将研究成果进行工程转化的过程，内容主要包括设计文件及工艺手册，作为基础工程设计的依据和基础。

6.3.3　工艺包适用范围

适用于石油化工及以煤、生物质等为原料制取燃料油和化工产品的工程项目，为了获得可靠的技术基础，满足开展基础工程设计及指导建设单位编制详细操作手册的要求，开展工艺包的编制。

对于在工艺装置中一些相对比较简单、没有太多工艺问题的部分，如罐区、仓库等，不做工艺包不影响基础工程设计完成的，可以不做工艺包。

6.3.4　工艺包合同

为了顺利执行工艺包设计合同，开展后续工程设计，简单介绍技术交流、工艺包合同基本要求及合同签订注意事项。

总体院或装置院可以协助建设单位组织开展工艺包技术交流、合同谈判、工艺包合同签订工作，协调、检查、监督工艺包合同的执行情况。

（1）技术交流

1）根据建设项目总工艺流程及产品方案，结合与各专利商预询价、技术交流的情况和对相关专利商的了解，提出初步专利商名单。

2）从专利技术的先进性、可靠性、应用业绩、可得性等方面，组织相关专业组对初步专利商名单进行讨论和筛选（必要时邀请有关专家讨论），形成专利商短名单。

（2）基本要求

1）明确工艺包文件所包含的内容及交付深度、交付时间，应要求专利商按照合同规定工期编制详细工艺包设计进度计划，也可以要求专利商定期提交进展报告（周报、月报等）。

2）对于项目标准化的具体要求，如统一设备、仪表、管道及项目编号等，应提出具体要求，如果经合同谈判达成一致并体现在合同中，专利商应按照这些统一要求编制工艺包文件。

3）对于需要进行总体设计的项目，应明确专利商配合项目总体设计要求，满足提出总体条件的时间。

4）对于要求提前交付供建设单位审查的部分工艺包文件，专利商应按合同约定时间交付，在收到审查意见后及时完成修改。

5）明确专利商按照工艺合同约定参加工艺包开工会及工艺编制过程中的各类审查会，将会议达成的一致意见落实到工艺包文件中。

（3）合同谈判

建设单位组织成立谈判组，谈判组一般分为技术谈判组和商务谈判组。谈判组成员由建设单位、设计单位或邀请专家组成。技术谈判组负责专利技术比选，形成技术比选报告，负责合同技术附件的谈判及签字确认；商务谈判组负责商务比选，形成商务比选报告，负责合同商务条款的谈判及签字确认。

6.3.5 工艺包设计依据

技术转让或引进合同、项目建议书或可行性研究报告的批文、技术文件（设计基础）、相关会议纪要等作为工艺包设计依据，要给出文件名称、编号、发出单位。

6.3.6 工艺包主要内容

工艺包文件主要包括设计基础、工艺说明、工艺流程图、物流数据表、总物料平衡、消耗量、界区条件表、分析化验项目表、工艺管道及仪表流程图、建议的设备布置图、工艺设备数据表、自控仪表等，还应该包括安全、环保、卫生方面的说明，以及工艺手册和分析化验手册。

（1）设计基础

设计基础是工艺包合同技术附件重要组成部分，在合同技术谈判时已经确定。主要包括项目概况、技术来源及特点、设计范围、装置规模和组成，原料、产品、副产品规格，催化剂、化学品规格，公用物料和能量规格，以及产品性能指标的期望值和保证值等。

（2）工艺说明

1）工艺原理及特点：简述工艺过程的物理、化学原理及特点，可以列出主要反应方程式或用方框图表示相互关系并分别说明各部分原理。

2）主要工艺操作条件：分别给出不同工况条件下的工艺过程的温度、压力、物料配比等主要操作条件。对于间歇过程还要给出操作周期、物料一次加入量等。

3）工艺流程说明：按工艺流程顺序说明物料通过工艺设备的过程以及分离或生成物料的去向，主要工艺控制要求，包括紧急停车的控制原则。

4）工艺流程图（PFD）：用图示的方法把工艺装置所需的完整生产过程（包括主要工艺设备、主要工艺管线、控制方案及主要操作参数等）表示出来，即工艺流程图。

在工艺流程图上，表示出工艺设备及其位号、名称，主要工艺管道，特殊阀门位置，物流（含公用物料）编号、操作条件（温度、压力、流量）及主要测量、控制方案，以及工业炉、换热器的热负荷。参见工艺流程图（图6-7）。

5）物流数据表：给出各物流编号（与PFD上物流编号一致）和不同工况的主要物流数据，包括每股物流的起止点、相态、组成、总流量、气相流量、液相流量、温度、压力、相对分子质量、气相密度、液相密度、气相黏度、液相黏度、气相热焓、液相热焓等。参见物流数据表截图（图6-8）。

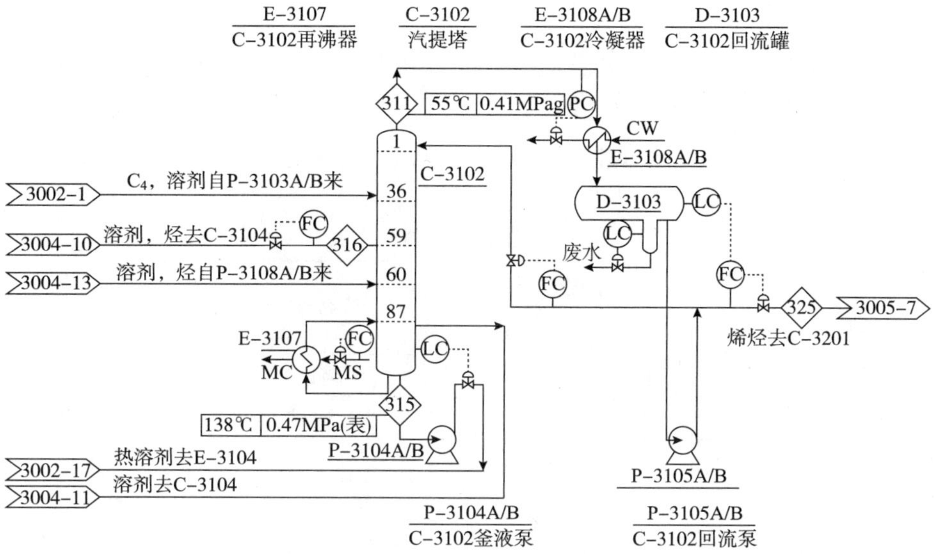

图6-7　工艺流程图（PFD）

			物料平衡表			项目号：	页码：
						文件号：	修改：
						业主文件号：	
	物流号	1		2			
	相态	液相		气相			
	组分	kg/h	%(质)	kg/h	%(质)		
1	甲基乙炔	25.9	0.08	25.9	0.08		
2	异丁烷	303.9	0.94	303.7	0.94		
3	正丁烷	895.6	2.77	894.7	2.77		
4	异丁烯	6945.36	21.48	6939.0	21.46		
5	1-丁烯	4209.91	13.02	4205.9	13.01		
6	反2-丁烯	1419.48	4.39	1417.9	4.39		
7	顺2-丁烯	1157.5	3.58	1156.2	3.58		
8	1,3-丁二烯	16713.5	51.69	16697.2	51.64		
9	1,2-丁二烯	106.7	0.33	106.6	0.33		
10	乙基乙炔	64.67	0.20	64.6	0.20		
11	乙烯基乙炔	329.81	1.02	329.4	1.02		
12	C_5	161.69	0.50	160.3	0.50		
总　计		32334.1		32334.1			
相对分子质量		55.10		55.10			
温　度	℃	40.0		53.5			
压　力	MPa(表)	0.900		0.620			
气相密度	kg/m^3	—		14.357			
液相密度	kg/m^3	584.3		—			
气相流量	m^3/h	—		2250.1			
液相流量	m^3/h	55.34		—			
气相黏度	mPa·s	n/a		0.009			
液相黏度	mPa·s	0.141		n/a			

图6-8　物流数据表截图

（3）物料平衡

1）工艺总物料平衡：表示装置所有产品方案的总物料平衡，包括各种物料的每小时量、每年量、收率。由多个产品、中间产品、副产品和由多部分组成的装置，用物料平衡图表示物料量及各部分的相互关系。参见工艺总物料平衡表（表6–6）。

表6–6　工艺总物料平衡表

名称	数量		名称	数量	
	kg/h	10^4t/a		kg/h	10^4t/a
新鲜碳四	40022	32.018	丙烯产品	25000	20.000
新鲜乙烯	7781	6.225	异丁烷	14380	11.504
氢气	37	0.029	正丁烷	5923	4.620
			碳四以上组分	2275	1.82
			脱异丁烷塔顶不凝气	167	0.134
			乙烯回收塔顶不凝气	63	0.050

2）公用物料平衡图：对于水多次利用或蒸汽逐级利用以及复杂的热油、熔盐等系统应绘制平衡图说明物料量及各用户之间的相互关系。

（4）消耗量

列出每种原料的年消耗量、催化剂、化学品消耗量以及公用物料及能量消耗。

（5）界区条件表

列出全部进出界区的物料，包括原料、产品、副产品、中间产品、化学品、公用物料、不合格品等所有物料进出界区的条件：状态、温度、压力（进出界区处）、流向、流量、输送方式等。参见界区条件表截图（图6–9）。

界区条件表　项目号：　页码：　文件号：　修改：　业主文件号：

序号	PID/UID号	物料名称	管道编号	起止点 起点	起止点 终点	连续/间断	界区条件 流量 液/(kg/h) 气/(Nm³/h) 最小	流量 正常	流量 最大	压力/MPa(表) 操作 正常	压力 操作 最大	压力 设计	温度 ℃ 操作 最小	温度 操作 正常	温度 操作 最大	温度 设计	管道级(类)别	输送介质特性（操作状态） 状态	规格或输送方式	密度/(kg/m³)	动力黏度/mPa·s	闪点/℃	沸点/℃	凝点/℃	饱和蒸汽压/kPa(绝)	火灾危险性等级	爆炸范围/%(体)	毒性	对外管设计的要求 对储存、输送特殊要求	坡度	隔热	伴热	备注
1	0104	抽余液	100–P1–010407–A1DA–N	丁二烯装置	罐区	连续		16350	21160	0.7		1.5		40		70		液体	地上管道	564.3	0.166				465	甲A		轻度					
2	0405	低压火炬气	300–NFL–040504–A1K–N	丁二烯装置	低压火炬管网	间断		0	11200	0.02		0.30			113	200		气体	地上管道	1.79	0.01					甲		极度					

图6–9　界区条件表截图

（6）卫生、安全、环保说明

1）装置中危险物料性质及特殊的储运要求：列出装置中影响人体健康和安全的危险物料（包括催化剂、化学品）的性质，如密度、相对分子质量、闪点、爆炸极限、自燃点、阈限值、毒性危害程度分级、腐蚀性、物质热稳定性和化学稳定性（如受热是否分解、暴露于空气中或被撞击时是否稳定；与其他物质混合时的不良后果，混合后是否发生反应）。如果有特殊的储运要求（或处理要求）也需提出。

2）主要卫生、安全、环保要点说明：根据工艺特点，提出有关卫生、安全、环保的关键点，如安全操作范围及偏离正常工况后果，建议的主要防护措施以及对安全仪表系统的原则要求。

3）安全泄放系统说明：说明不同的事故情况下（全装置停水、全装置停电、火灾、反应失控等工况）安全泄放和吹扫数据，给出火炬系统负荷研究的结果，提出建议的火炬系统负荷。

4）三废排放说明：列表说明废气、废水、固体废物的来源、温度、压力、排放量、主要污染物含量、排放频度、建议处理方法等。

（7）分析化验项目表

列出为保证操作需要和产品质量要求需要分析的物料名称、分析项目、分析频率（开车/正常操作）、分析方法、指标。参见分析项目表截图（图6–10）

			分析项目表						项目号： 文件号： 业主文件号：		页码： 修改：	
序号	取样号	PID图号	取样地点	分析介质	分析项目	控制指标	分析频次		温度/℃	压力/MPa(表)	分析方法	备注
							开车	正常				
1	SN–1101	1101	80–P1–110104–B1DA–N	C_4	C_4组成			1次/8h	40	1.8	色谱法	
			C_4进料管线		1,3–丁二烯	< 2%(质)		1次/8h			色谱法	
					总硫	< 20μg/g		1次/24h			1	
					H_2S	< 1μg/g		1次/24h			色谱法	
					水	< 500μg/g		1次/24h			水分析仪	
2	SN–1201	1201	甲醇原料罐入口	甲醇	水	≤1000μg/g		按需			色谱法	
					阳离子	≤2μg/g		按需			光谱法	

图6–10　分析项目表截图

（8）工艺管道及仪表流程图（P&ID）

借助统一规定的图形符号和文字代号，用图示的方法把建立工艺装置所需的全部设备、仪表、管道、阀门及主要管件，按其各自功能以及工艺要求组合起来，以起到描述工艺装置的结构和功能的作用，即工艺管道及仪表流程图（P&ID）。

在P&ID中表示出工艺设备、位号、名称及主要设计参数，主要管道（包括主要工艺管道、开停工管道、安全泄放系统管道、公用物料管道）及阀门的公称直径及设计参数，特殊管道的材料等级和特殊要求；安全泄放设施、主要控制、联锁回路等。参见工艺管道及仪表流程图（图6–11）。

（9）建议的设备布置图及说明

以单元为单位，表示出其内部设备和建构筑物的外形及定位、检修空间、管廊、道路等平面位置的图，即设备布置图。给出主要设备相对关系和建议的相对尺寸，说明特殊要求和必须符合的规定。

（10）工艺设备

1）工艺设备说明：说明工艺设备特点、选型原则、材料选择的要求。

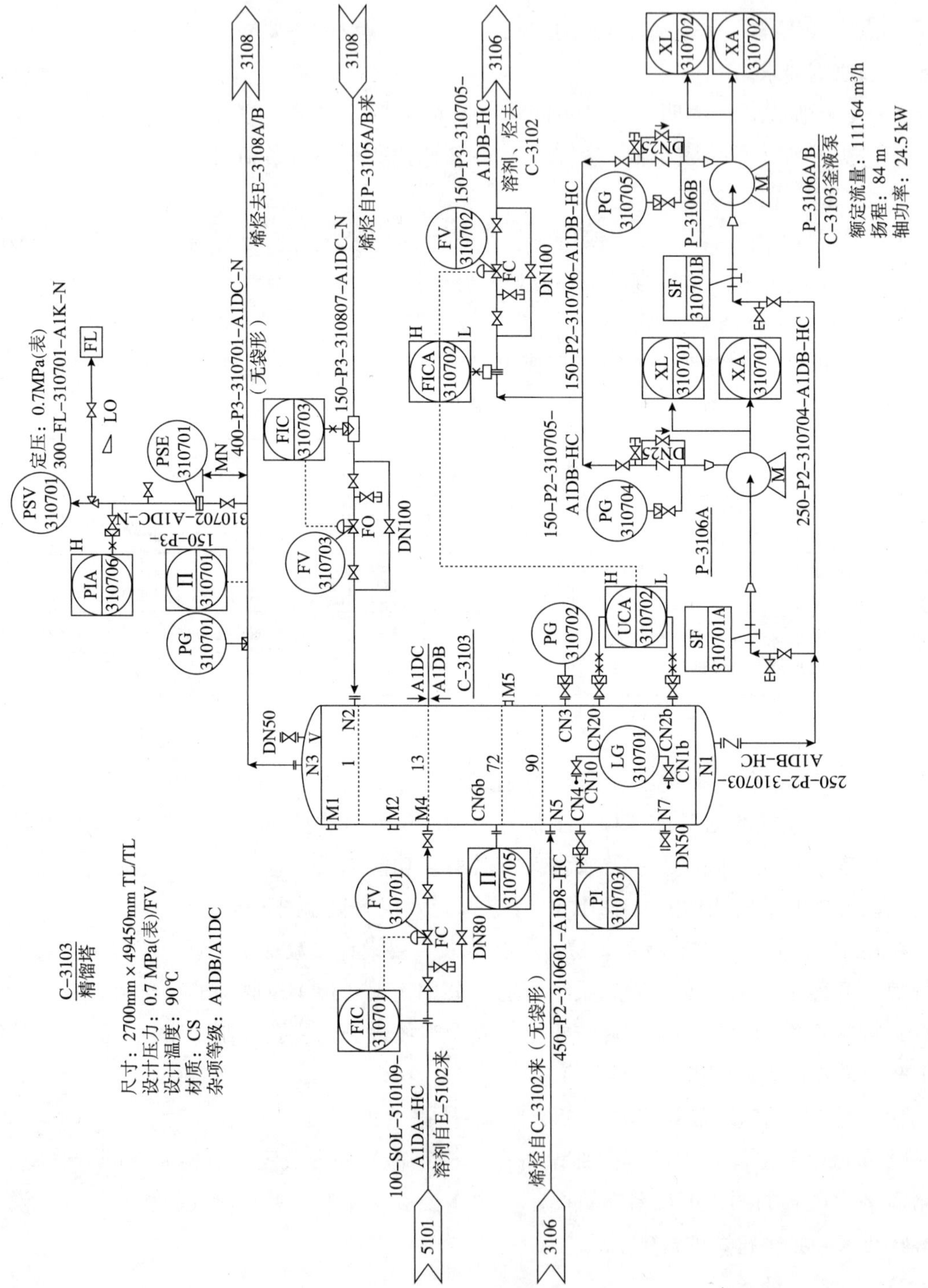

图6-11 工艺管道及仪表流程图

2）工艺设备表：列出工艺设备的位号、名称、台数（操作/备用）、操作温度、操作压力、技术规格、材质等，专利设备和专有设备应注明。

3）工艺设备数据表：对工艺设备按容器（含塔器、反应器）、换热器、工业炉、机泵、机械等分类逐台列表，对于主要静设备应附简图。各类数据表应包含的主要内容如下：

容器——位号、名称、数量、介质物性、操作条件（温度、压力等）、工艺设计条件、规格尺寸、主要接口规格和管口表、对内件的要求和主要型式、正常和最高/最低液位、主要部件的材质及腐蚀裕度、关键的设计要求及与工艺有关的必须说明的内容。

换热器——位号、名称、建议的台数、介质物性、热负荷、操作条件（温度、压力、流量等）、允许压降、设计条件、形式、传热面积、材质、腐蚀裕度、污垢系数、串并联要求。对于有相变化的换热设备，应提供汽化或冷凝方的5点以上数据（包括流量、物性、热力学性质）或曲线。

工业炉——位号、名称、台数、介质物性、热负荷、操作条件（温度、压力、流量等）、允许压降、设计条件、形式、传热面积、主要部件的材质、腐蚀裕度、污垢系数（若需要）。

机械——位号、名称、台数、介质物性、操作条件（温度、压力、流量等）、设计条件、机械和材料规格、驱动器形式、对性能曲线的要求（若有）。

（11）自控仪表

仪表自控部分主要由仪表索引表、仪表数据表和联锁说明。

（12）工艺手册

主要由工艺说明、工艺原理和特点、操作变量分析、正常操作程序、开车准备工作程序、开车程序、正常停车程序、应急处理原则、催化剂及化学品装卸、采样、工艺危险因素分析及控制措施、环境保护、设备检查与维护等组成。

（13）分析化验手册

对原料、产品、中间产品、公用工程物料（如蒸汽和水等）、排放物、催化剂、化学品等应按照工艺提供者指定的方法、采用的特定仪器进行分析化验，对不能采用国家标准、行业标准、国际通用标准（如ASTM标准）等特殊项目应编写分析化验指导手册。

分析化验手册应说明分析化验方法名称、标准编号、标准来源、使用的仪器设备、操作方法、精度要求等。

6.4 基础工程设计

6.4.1 基础工程设计概念

基础工程设计是工程设计的一个重要阶段，是在工艺包/总体设计的基础上进行工程深化的一个工程设计阶段。基础工程设计为提高石化工程质量、控制工程投资、确保建设进度提供条件；其深度应满足建设单位审查、长周期物资采购和施工准备、为开展详细工程设计或总承包招标提供依据，并能满足政府行政主管部门审查需求。

6.4.2 基础工程设计称谓由来

（1）初步设计

石油化工行业在1998年以前采用国内通用叫法——初步设计，初步设计与施工图对应，是项目核准制的基本流程之一。初步设计设计文件内容参照《石油化工工厂初步设计内容规定》编制。其他行业如化工矿山企业和单体项目如码头等至今仍沿用初步设计的叫法。

（2）基础设计

随着国外技术成果的不断引进，国内开展石化建设项目的程序发生了一定变化，初步设计的做法逐步被淘汰；把以往的工艺基础设计、工程基础设计和初步设计的内容融为一体，统称为“基础设计”，中国石化集团公司同时发布了《石油化工装置基础设计（初步设计）内容规定》。以“装置”为对象编制基础设计；有关全厂性公用工程、辅助设施的问题宜在工厂“总体设计”中解决；基础设计的称谓与详细设计相对应。

（3）基础工程设计

随着工程经验的积累，基础设计的称谓亦不够准确，该称谓是国外项目BD（Basic Design）的直译，由于基础设计是工程设计的一部分，因此于2003年统一更名为基础工程设计。基础工程设计的称谓与详细工程设计相对应。

6.4.3 基础工程设计相关规定

基础工程设计根据涉及的对象或领域不同，编制设计文件时，其适用的设计相关规定分为以下两类：石油化工装置、石油化工工厂。

2012年以前，石油化工行业基础工程设计仅有《石油化工装置基础工程设计内容规定》；为了解决项目执行过程中存在的问题，加强和优化基础工程设计阶段对工厂总体部分内容的设计管理，保证大型石化项目工厂基础工程设计工作的完整性、准确性、协调性和系统性，补充编制了《石油化工工厂基础工程设计内容规定》。

6.4.4 基础工程设计相关规定适用范围

（1）石油化工装置

《石油化工装置基础工程设计内容规定》适用于新建、扩建、改建的石油化工装置的基础工程设计。

（2）石油化工工厂

《石油化工工厂基础工程设计内容规定》适用于新建、扩建、改建的石油化工厂以及独立的公用设施、辅助设施的基础工程设计。

6.4.5　基础工程设计主要特点

（1）编制依据

基础工程设计文件应依据合同及批复的总体设计或可行性研究报告、工艺设计包和设计基础资料进行编制；遵照石油化工行业相关规范或合同规定、项目规定执行；建设单位如有特殊要求，应在签订合同时协商确定。

（2）编制目的

基础工程设计的目的是为提高工程质量、控制工程投资、确认建设进度提供条件。基础工程设计主要解决专业技术方案和工程化问题，是在工艺包/总体设计的基础上进行工程深化，围绕满足长周期设备订货要求开展相关设计工作，完成可供审批部门及建设单位审查的基础工程设计，满足开展详细工程设计或总承包招标的要求。

（3）基础工程设计与初步设计的差异

基础工程设计与初步设计存在以下差异：设计深度和周期不同、设计文件的组成不同、文字说明的重点和目的不同、数据和表格的内容要求不同。

1）设计深度和周期不同：设计文件和图纸内容不仅要满足政府行政主管部门审查需要，还要达到提前开展询价、采购和施工准备工作的要求，满足各设计单位开展详细设计的要求，基础工程设计应比初步设计加大深度。

2）设计文件的组成差异：基础工程设计确定的是技术原则和技术方案，重点是解决技术性问题，以满足合同的技术要求，对合同的约定负责。其内容实际上已包括了传统施工图设计的部分工作，包括了设备、材料询价或订货后制造厂商返回的初步资料。

初步设计主要是供政府和主管部门对技术方案选择、投资标准、环保、安全的审查，经常在技术方案的选择上有较大变化，投资也有较大变化。

3）文字说明的重点和目的不同：基础工程设计文字说明一般只包括设计基础、工艺说明、设计规定。它与图纸、表格相结合，全面地提出对设计、制造、安装、检验的要求，是设计文件中不可缺少的部分，对项目建设具有指导和约束作用。

初步设计以文字说明为主，目的是分析设计方案，介绍设计内容及其依据，实际上是用文字表达或解释可以用图、表显示的内容，目的是“便于主管部门和相关人员审查时对设计的理解”。

4）数据和表格的内容要求不同：基础工程设计提供可作订货、制造依据的数据表、规格书，并有相配套的图纸或说明。初步设计文件只有设备表、材料表，只能显示主要设备、材料的数量和一般要求。

由于以上差异的存在，为了适应石化企业工程建设管理体制的特点，国内的基础工程设计，在国外基础工程设计的基础上覆盖我国初步设计的有关内容。即在国际通行的用户审查版的基础上，除文字内容满足初步设计的要求外，还加上了我国初步设计中供政府行政主管部门审查所需要的内容，使其具备原来初步设计的报批功能，并具有一定的可操作性。

6.4.6 基础工程设计主要工作

基础工程设计工作主要围绕满足长周期设备订货、供用户审查、详细工程设计准备等开展相关工作。

具体工作如下：

1）绘制主要/辅助工艺系统的工艺流程图（PFD）。

2）完成设备数据表。

3）确定技术方案和各成套设备，提出全部设备表和大宗材料汇总表。

4）绘制主要/辅助工艺系统的管道及仪表流程图（P&ID）。

5）完成关键设备布置以及控制室、变配电室的布置方案。

6）开展配管研究，完成内部审核版，包括电气、仪表主电缆桥架布置图，采暖通风主风管布置图等。

7）完成危险区域划分、安全分析和环保研究。

8）提供长周期设备和材料请购技术文件。

9）建、构筑物平立面图及工程简要说明。完成试桩方案和地质钻孔平面布置图。

10）确认部分制造厂先期返回的资料。

6.4.7 基础工程设计文件组成

基础工程设计文件组成主要包括以下主要内容：

1）总说明或概述。

2）目录（各专业分别列出）。

3）说明类文件（包括专业设计说明、专业设计统一规定、工艺操作指南等）。

4）数据表或规格书（包括各类工艺数据表）。

5）图纸（包括PFD、P&ID、设备平面布置图、爆炸危险区域划分图、静设备工程图等）。

6）索引表（包括设备表、管道表、界区条件表等）。

7）供审查的消防设计专篇、环境保护专篇、安全设施设计专篇、职业卫生专篇、节能专篇和抗震设防专篇等设计文件。

其中，工程图是基础工程设计成品文件的一部分，可通过工程图向相关专业传递设计依据和条件，一般作为技术招标文件的组成部分，提供详细的设计、制造、检验和验收的依据及要求。工程图的编制依据为工艺专业提供的设备数据表（附简图，含仪表等专业资料）、材料选择流程图以及静设备专业相关的规程、规范、标准和工程规定。

基础工程设计文件从装置概述和工厂总说明分别叙述主要内容；基础工程设计其他设计文件包括专业说明书、数据表、图纸等，因涉及的专业不同，装置、公用工程及辅助设施的差异性，设计文件的编排和要求不尽相同，基础工程设计文件编制主要遵循《石油化工装置基础工程设计内容规定》和《石油化工工厂基础工程设计内容规定》。

（1）装置概述

装置概述主要内容包括概述、概况、主要原料、产品及副产品、生产方法和能源利用、过程控制、装置位置、公用系统及辅助设施、主要技术经济指标和工程进度。

1）概述：对装置作全面概括的说明，包括概况、主要原料、产品及副产品、生产方法及能源利用、过程控制、装置位置及周边情况、公用系统及辅助设施、主要技术经济指标等。

2）概况：说明装置的建设规模、建设性质、建设依据和设计依据、设计中贯彻执行的方针政策，装置的组成、设计范围和设计分工，装置的年运行时数、推荐的操作班次和定员，项目的依托条件及建设单位的特殊要求等内容。

①装置的建设规模应列出加工原料量或主产品的设计生产规模，分期建设的项目应列出分期建设的内容和规模。

②装置的建设性质应说明是新建、扩建或改建（技术改造）。

③建设依据和设计依据应列出建设项目可行性研究报告或总体设计和批复文件，建设项目的环境影响报告书、安全评价报告、职业病危害预评价报告、项目节能评估报告、工程建设场地地震安全性评价报告等及其批复文件，设计合同、工艺设计包等文件的名称、文件号和审批单位的名称，含有引进技术的项目应列出引进技术合同的名称和合同号。

④说明装置设计贯彻执行的方针政策（包括国家的有关方针政策和建设项目行业主管部门的有关法规文件）。

⑤说明装置的组成、设计范围。按表 6-7 列出主项表，由两家以上单位完成设计时，还应列出设计分工。

⑥说明装置（或单元）的年运行时数和操作班次，并按表 6-8 列出装置建议的定员。

表 6-7　装置主项表

主项编号	主项名称	设计单位	备 注

表 6-8　装置定员表

序号	岗位名称	管理人员	技术人员	操作人员				辅助人员	其他	小计	备注
				班长	内操	外操	班次				
	合计										

⑦对改扩建项目，还应简要说明装置的依托条件。

⑧如果对项目有特殊要求，应进行说明。

⑨如对可行性研究或总体设计批复有较大变化的，应进行说明。

3）主要原料：说明装置使用的主要原料名称和主要规格、预计年用量，说明原料的来源和供应（输送）方式。

4）产品及副产品：说明装置全部产品和副产品的名称、主要规格、产量、储存运输条件、运输方法和去向。

当项目建设中包括产品储仓时，应说明产品储仓的储存能力（储存周期）。

当项目建设中包括原料储仓时，应说明原料储仓的储存能力（储存周期）和储存方式。

5）生产方法和能源利用：简要说明装置的生产方法和技术来源，概述其生产过程和节能措施。

6）过程控制：简要说明装置生产过程中的自动控制水平、主体仪表和控制系统的选型。

7）装置位置：说明装置在厂区内的位置，与相邻装置、设施的间距和相对位置。

8）公用系统及辅助设施：说明装置所需电、汽、冷、水、氮、氧、净化压缩空气、非净化压缩空气、燃料等的规格或参数，需用量和来源。

9）主要技术经济指标：按表 6-9 列出装置设计的主要技术经济指标。

表 6-9　主要技术经济指标

序号	指标名称	数值及单位	备 注
1	装置设计规模		
2	原料主要规格和数量		

续表

序号	指标名称	数值及单位	备 注
3	产品主要规格和数量		
4	消耗指标 （1）主要辅助材料及催化剂 （2）新鲜水 （3）循环冷却水 （4）电 （5）蒸汽 （6）燃料		
5	工艺设备总台（套）数 （1）塔 （2）反应器 （3）容器 （4）换热器 （5）空冷器 （6）工业炉 （7）机泵 （8）机械 （9）其他		其中国外订购台数
6	“三废”排放量		
7	装置能耗		
8	装置区总占地面积		
9	装置总定员		
10	建设投资		

10）工程进度：说明工程建设进度的初步安排。说明安排工程建设进度的原则，并附工程建设进度初步安排表，说明工作起始点（合同生效）、基础工程设计、详细工程设计、设备和材料采购、施工、中交、联运、投料试车、交付生产等主要建设阶段的进度。

另外，若有存在的问题应说明，并提出相应的意见和建议。

说明书的最后应附上重要的批复文件作为附件。

（2）工厂总说明

以石油化工工厂为例，介绍总说明包括的主要内容。

1）概述：包括建设项目概述、建设依据和设计依据、设计原则和主要规定、工厂组成和设计范围。

①建设项目概述：项目名称和建设地点、项目内容和建设项目的管理体制和资金来源等。

项目内容需说明工厂建设的性质、项目范围内各生产装置的名称和建设规模、年运行时数，简要说明配套的公用工程和辅助设施的内容。

工厂的建设性质应说明是新建、扩建或改建，工厂建设规模应列出加工原料量或主产品的设计生产规模，对于项目设计范围内分期建设的装置、系统设施应列出分期建设的内容和规模。

②建设依据和设计依据：应列出建设项目总体设计或可行性研究报告和其批复文件，建设项目的环境影响报告书（表）、安全预评价报告、职业病危害预评价报告、项目节能评估意见等及其批复文件、工程建设场地地震安全性评价报告，设计合同、装置/系统工艺设计包等文件的名称、文件号和审批单位的名称，含有引进技术的装置/系统应列出引进技术合同的名称和合同号等。

重要的建设依据和设计依据，如批复文件应作为附件。

③设计原则和主要规定：说明工厂设计贯彻执行的方针政策（包括国家的有关方针政策和建设项目行业主管部门的有关法规文件）。重点说明以下内容：

a.生产装置联合化、全厂总流程系统化，厂内公用工程系统化原则；

b.公用工程供应集中化、社会化原则；

c.各工艺装置的工艺技术路线选择、确定工程技术标准的原则，引进国外技术和国产化的程度等；

d.生产装置、公用工程和辅助设施的自动化水平以及仪表和控制系统选型原则、仪表动力供应和气源供应设计规定等；

e.公用工程、辅助生产设施、非生产设施等的规模、标准、布局和其余量的设计原则；

f.全厂检修周期和装置年操作时间，全厂分系列（或分组、分区）检修要求，生产操作时的特殊要求，在某些需要中间检维修或换剂的装置或设施停工期间全厂运行操作的原则；

g.机修、电修、仪修、全厂性仓库的设置原则；

h.储运设施设置原则；

i.行政和生活设施的设计原则；

j.环保、安全、职业卫生、消防、节能、节水的设计原则；

k.基础工程设计的统一规定；

l.工程设计标准选用规定；

m.装置设计与总体设计的界区范围分工原则；

n.建设单位的特殊要求。

④工厂组成、设计范围：工厂由装置和系统单元组成时，应按表6-10列出装置和系统单元，由两家及以上单位完成设计时，还应列出设计分工的情况。

表6-10 装置和系统单元表

装置或单元编号	装置或单元名称	设计规模	建设性质	设计单位	备注

2）原料、燃料：按装置说明原料、燃料和辅助物料年用量、开工用量、来源和进厂输送方式。按表6–11填写主要原料、燃料和辅助物料用量。

表 6–11　原料、燃料和辅助物料用量

序号	名称	主要规格	年用量/（t/a）	开工用量/t	来源	进厂输送方式

3）催化剂、吸附剂、干燥剂和化学品等辅助物料：按装置说明主要催化剂、吸附剂、干燥剂和化学品等辅助物料名称、主要规格、年用量、一次充填量和来源。按表6–12填写主要催化剂、吸附剂、干燥剂和化学品等辅助物料用量。

表 6–12　主要催化剂、吸附剂、干燥剂和化学品等辅助物料用量

序号	名称	主要规格	年用量/（t/a）	一次填充量/m^3	来源	备注

4）产品方案：说明工厂主要产品和主要副产品的名称、主要规格，见表6–13。

表 6–13　全厂主要产品一览表

序号	产品名称	数量	规格	备注

5）全厂总工艺加工流程：包括总流程说明和主要工艺装置技术方案。

①总流程说明：概述全厂总流程选择原则、产品方案等。主要内容如下：

a.全厂总工艺加工方案；

b.全厂燃料平衡、硫平衡、氢平衡以及其他典型元素的平衡；

c.对于调合产品，如汽油、煤油、柴油等，给出产品调和方案；

d.用表格的形式列出全厂物料平衡。

对于包括有需要在全厂连续运行周期内进行中间检维修或换剂的装置或设施的全厂性项目，应说明在这些装置或设施停工期间全厂生产运行操作的安排和方案。

必要时，以简图的方式说明有供料关系的上下游装置、中间或产品罐区之间的衔接和控制关系。

附全厂总工艺加工流程图。

②主要工艺装置技术方案：说明工厂设计范围内工艺装置技术方案，内容包括装置规模、组成、技术特点和来源以及设备汇总表，附装置规模、技术路线、技术来源一览表。

6）厂址、总图运输、建筑与结构的具体内容如下：

①厂址说明工厂厂址、建厂条件，附工厂区域位置图，说明与厂外相关设施之间的位置关系和防护距离（见表6–14）。

②总图运输简要说明全厂总平面、竖向布置的原则与方案、管线综合布置及各类地上、地下管线的敷设方式与方案、工厂运输管理体制与运输方式，附用地面积一览表（见表6–15）、土（石）方工程表（见表6–16）、全厂运输量表（见表6–17）。附工厂平面布置图。

表6–14　工厂与周边设施防护距离表

方位	相邻设施名称	类别	实际距离/m	规范要求/m	符合性
东侧					
西侧					
南侧					
北侧					

表6–15　用地面积一览表

序号	单元名称	占地面积/m^2	备注
一、	厂区		
1	生产装置		
	其中：××装置		
	××装置		
	小计		
2	储运罐区		
3	公用工程和辅助设施		
	其中：××循环水场		
	动力站		
	运输装卸区		
	小计		
4	管理区		
5	通道		
6	预留地		
	合计		
二、	厂外工程		
1	……		
2	……		
	合计		

表6–16 土（石）方工程表

序号	项目名称		填方/m^3	挖方/m^3	备注
1	场地平整				
2	铁路、道路、广场及各种管线基槽挖方				
3	建、构筑物及设备基础挖方				
4	地基处理强夯缺土				
5	小计				
6	松土量				注明土壤松散系数
7	小计				
8	余、缺土量	余土/m^3			
		缺土/m^3			

表6–17 全厂运输量表

序号	分类	货物名称	货物形态	包装方式	运输方式和运输量/（10^4t/a）				备注
					公路	铁路	水路	管道	
	运入								
小计									
	运出								
小计									
合计									

③建筑与结构说明公用及辅助工程建筑设计原则，列出主要建（构）筑物一览表（见表6–18）。

表6–18 建（构）筑物一览表

序号	单元名称	建（构）筑物名称	生产类别	耐火等级	基础形式	结构形式	建筑面积/m^2	备注

7）储运系统。包括设计原则及设施：

①液体、气体、固体物料储运系统的设计原则，说明设计中遵循的各项原则，附原料/产品进出厂方式及比例一览表。

②储运设施：简要说明厂内外物流储运设施、全厂工艺及供热外管的设置原则与方案，附储罐一览表、设备汇总表。

8）公用工程、辅助设施与厂外工程。具体内容如下：

①公用工程说明全厂供配电、供汽、冷、给水、排水、供氮、仪表用空气、压缩空气、燃料的平衡、系统划分情况，简要说明全厂公用工程设施，如循环水场、电信、空压站、空分站、（总）变电所等设施的工程设计原则、方案，附表说明项目供电、供汽、冷、凝结水、锅炉给水、给水（包括消防给水）、排水、供氮、仪表用空气、压缩空气、燃料等的规格要求、参数与负荷情况。

附公用工程系统设计规模、技术路线汇总表、全厂供电单线图、全厂蒸汽动力平衡图、全厂水平衡图、全厂电信汇总表。

②辅助设施简要说明全厂辅助生产设施，如消防站、废物焚烧设施、工业废物填埋场、污水处理场、全厂性仓库、火炬、火炬气回收、暖通空调、中心化验室、环保监测站、行政生活设施等设施的设计原则、范围与方案。

③厂外工程概述项目范围内的厂外铁路、码头、供电、外管、外线等厂外设施的设计原则、设计方案。

9）自动控制、工厂信息管理系统。具体内容如下：

①自动控制简要说明全厂过程控制系统和中心控制室负责的各装置（系统单元）的控制分区，全厂过程控制系统和中心控制室的设计方案与原则、主要仪表和控制系统的选型原则，列表说明工艺装置、储运系统、公用工程的控制系统设计方案以及中心控制室、现场机柜室、现场控制室设置方案。应附全厂过程控制系统（PCS）网络结构图。

②工厂信息管理简要说明信息管理系统的目标与策略、总体架构、各系统的主要功能与原则及要求（包括基础设施、生产执行系统、经营管理系统、综合信息管理系统等），各系统集成以及共享资源设计要求，以及系统实施策略与初步计划。

10）环境保护：项目主要污染源、污染物，概述设计采用的环境保护措施与投资；概述对环境影响报告书和批复意见的落实情况。

11）安全设施：建设项目涉及的危险、有害因素分析，概述设计采用的主要安全设施、措施、事故预防及应急救援措施与项目安全设施投资；概述对预安全评价报告意见的落实情况。

12）职业卫生：生产过程中职业病危害因素对作业场所和劳动者健康的影响分析，概述设计中采取的职业卫生防护措施及控制性能；概述对预评价报告意见的落实情况。

13）消防：工厂火灾危险因素分析，概述全厂防火安全措施、消防设计方案与消防专项投资情况。

14）节能：概述设计中采取的主要节能方案和措施，工厂和主要装置的综合能耗指标。

15）管理体制及定员：说明全厂管理体制和组织结构、装置（或单元）的年运行时数和操作班次，并按表6–19列出建议的定员和定员安排。

表 6–19　工艺装置和系统单元定员表

序号	单元名称	管理人员	技术人员	操作人员				辅助人员	其他	小计	备注
				班长	内操	外操	班次				
	工艺装置										
	储运系统										
	公用工程										
	辅助设施										
	其他										
	合计										

16）工程建设进度安排：说明安排工程建设进度的原则，并附工程建设进度初步安排表，说明工作起始点（合同生效）、基础工程设计、详细工程设计、设备和材料采购、施工、中交、联运、投料试车、交付生产等主要建设阶段的进度。

17）工厂主要技术经济指标：列出主要技术经济指标一览表，详见表6–20。

表 6–20　主要技术经济指标

序号	指标名称	数值及单位	备 注
1	原油加工量、主要工艺装置设计规模及主要产品方案		
2	消耗指标 （1）原料 （2）主要辅助材料及催化剂（按单元列出） （3）新鲜水 （4）循环冷却水 （5）电 （6）蒸汽 （7）燃料		
3	工厂总占地面积		
4	工厂总建筑面积		
5	“三废”排放量		
6	运输量 运入量 运出量		
7	总定员		
8	工艺设备总台（套）数 （1）容器 （2）换热器 （3）工业炉 （4）机泵 （5）机械 （6）其他		其中国外订购台数
9	建设投资		

18）对总体设计或可行性研究报告的重大修改：说明对总体设计或可行性研究报告的重大修改应说明主要修改内容。包括：

①设计单元修改情况；

②全厂总工艺流程的方案优化；

③主装置工艺技术、技术来源、装置规模、工程设计、设备引进与总体设计方案有关内容进行对比；

④说明公用工程和配套装置方案、规模变化情况；

⑤其他修改事项。

19）存在的问题和建议：说明项目建设存在的问题，并提出解决问题的建议或意见。

20）工程设计采标目录：设计所采用的标准规范，应列出名称及编号。

（3）装置其他设计文件

石油化工装置其他设计文件组成一般按专业分列，通常包括：工艺、设备、总图运输、装置布置及配管、仪表、电气、电信、建筑及结构、暖通空调、分析化验、给排水及消防和概算。

由于各专业的特殊性，表格类和图纸类文件不做统一要求，按各自工作流程要求的基础设计文件组成编制文件。

装置以工艺专业为例，介绍一下基础工程设计其他设计文件的内容深度要求。

工艺部分基础工程设计文件包括工艺说明书，界区条件表，管道表，分类工艺设备表，工艺流程图（PFD），公用物料流程图（Utility Flow Diagram，简称UFD），管道及仪表流程图（P&ID），主要工艺设备数据表或规格书，安全阀、爆破片数据表或规格书以及一览表。

1）工艺说明书包括工艺设计基础和工艺说明。

①设计基础包括下列内容：

a.装置能力，说明原料处理能力或产品年生产能力和小时生产能力、主生产线数或系列数、年运转率（包括操作时间、连续或间断生产）、产品方案。

b.装置工艺过程（单元）的组成及其名称。

c.原料、产品和副产品技术规格，可按不同物料分别列出物性和组成、单位、指标、分析方法和/或标准号等；对聚合物产品规格应分别列出性能、单位、测试方法和/或标准号、各牌号产品指标。

d.催化剂、化学品技术规格，应按不同物料分别列出组成、技术指标及主要物性数据、分析方法和/或标准号等。

e.原料、催化剂、化学品消耗量和产品、副产品产量，应分别列出物料名称、数量（按每吨产品/原料、每小时、每年的消耗量或产量列出），对于在使用过程中逐渐损耗的溶剂或效能逐渐降低的催化剂、吸附剂和中和剂等，如进行定期补充，则需注明补充间隔时间和补充量，并折成每吨产品的消耗量；对于初次充填的或定期更换的催化剂、溶剂或干燥剂等，必须注明一次填充量和更换的间隔时间，并折成每吨产品/原料的消耗量。

f.公用物料规格，应分类列出操作条件和设计条件，如状态、温度、压力等。

g.公用物料消耗定额和综合能耗，应分类列出消耗定额和小时耗量（包括正常值和峰值）。

h.装置的依托和利旧情况说明。

i.说明装置工艺设计范围。

②工艺说明应包括下列内容：

a.生产方法、采用的工艺技术路线，从工艺、设备、控制、操作和安全等方面说明工艺特点。

b.工艺流程简述，叙述物料通过工艺设备的顺序和生成物的去向及主要流程控制方案等；如系间断操作，则需说明一次操作加料量和时间周期；连续操作或间断操作时需说明工艺设备常用、备用工作情况；说明副产品的回收、利用和三废处理方案。

c.给出主要单元或设备（反应器、塔等）的操作技术条件，如温度、压力、流量配比等。

d.按设备类型分别统计各类设备国内国外分交的设备台数合计。

设备汇总表参见表6-21。

e.工艺节能、节水原则：工艺参数的优化，能量的分级和使用，包括蒸汽分级使用及冷凝水利用等；装置能量综合利用所采用的新技术、采取的提高能量回收率的技术措施，包括新催化剂应用、新型高效设备和工艺过程（单元操作），能量回收、原料预热、余热回收利用；水资源的综合利用。

表6-21 设备汇总表

设备类型	国内订货（台/套）	国外订货（台/套）	合计（台/套）	备注
塔				
反应器				
容器				
换热器				
空冷器				
工业炉				
压缩机				
机泵				
机械				

续表

设备类型	国内订货（台/套）	国外订货（台/套）	合计（台/套）	备注
其他				
总计				

安全与卫生：生产过程中主要物料的危险、危害分析；生产过程中的其他危害分析，如高温灼伤、粉尘、坠落、放射性等。

2）界区条件表应按原料、化学品、产品、副产品和公用物料分别列出，填写项目至少应包括序号、名称、进/出、物料状态、输送方式、运行方式（连续/间歇）、流量（kg/h）、管径、温度（℃）、压力［MPa（表）］等。

3）管道表应包括管道号、公称直径、管道等级、P&ID图号、管道起止点、物料名称、物料状态、操作压力［MPa（表）］、操作温度（℃）、绝热要求和伴热形式、管道清洗要求等。

4）工艺设备表应按设备类别分别列出，其内容应包括工艺设备的位号、设备名称、台数（操作、备用）、主要操作条件、技术规格、主要材质和质量等。成套供货的设备应注明成套范围。

5）工艺流程图（PFD）应表示完整的生产过程，包括主要工艺设备及其位号和名称（不需画出备用设备）、主要工艺管道、操作条件、控制方案和物流数据、换热设备热负荷等。其中物流数据可以用物料平衡和热量平衡表的形式列出。

6）公用物料流图（UFD）应按物料类别编制，表示需要和产生公用物料的主要设备、主要公用物料干线、控制方案、流量和技术参数等，并应标注设备位号和名称。

7）工艺管道及仪表流程图（P&ID）需表示设备、管道、仪表、P&ID注释、图例、符号等内容。

①各类设备应表示的具体内容：

a.全部编有位号的设备（包括备用设备），设备位号和名称，反应器、塔、容器等要表示其主要规格；

b.成套供应的机组制造厂的初步供货范围；

c.静设备的内件应适当表示，如塔板形式、与进出口管道有关的塔板序号、折流板、除雾器、加热或冷却盘管等；

d.如有工艺要求时，应注明设备的安装高度以及设备之间的相对高度；

e.泵、压缩机、鼓风机等转动设备的驱动形式。

②管道应表示的具体内容：

a.与设备相连接的所有工艺和公用物料管道（包括开、停车及事故处理管道），并在管道上标有管道号（包括物流代号、管道编号、管径、管道等级、绝热要求等）和用箭头表示出流体流动方向；

b.所有阀门及其类型（仪表阀门除外）;

c.管道上管道等级变化时，要用分界线标明分界；

d.容易引起振动的两相流管道上应注明“两相流、易振动”；有特殊要求的重力流管道上应注明“重力流”；有坡向和液封要求的管道应表示出坡度要求和液封高度；如果不能有“袋形”的管道也应注明；

e.为开车或试运转需要而设置的放空、放净、吹扫及冲洗接头；

f.蒸汽、热水或其他类型的伴热管、夹套管，及其绝热要求；

g.管道附件，如过滤器、视镜、疏水器、限流孔板、盲板、可拆卸短管、补偿器、挠性软管和其他非标准管件；

h.取样点的编号、位置、形式和结构；

i.所有安全泄压设施，如安全阀、爆破片、呼吸阀都应编号，并表示清楚设计要求；

j.异径管需注明其形式及规格；对改、扩建装置，应表示与已有设备或管道的连接点。

③仪表应表示的具体内容：

a.所有在线仪表、调节阀，包括测量、记录、调节、分析仪表等，所有仪表均需编号；

b.联锁关系；

c.机组底盘范围以外的随机仪表应在P&ID上注明。

④工艺管道及仪表流程图（P&ID）注释应表示的具体内容：

a.设备布置的特殊要求和催化剂、化学品和填料装卸处的空间要求；

b.工艺、配管方面的特殊要求；

c.仪表安装、布置方面的特殊要求；

d.开停工需要处理的设备、管线、仪表的特殊要求；

e.其他需要注释的内容。

⑤图例、符号应表示的具体内容：

a.各类标识符号、缩写、代号的用途；

b.设备、仪表、管线及管件示意及其代号的编写规则。

8）公用系统管道及仪表流程图应表示下列内容：

a.与公用系统有关，即使用或产生公用物料的设备（包括备用设备）;

b.公用物料干管、总管、支管和进出设备的所有公用物料管道、管件、阀件等，并作管道标注；

c.公用物料管道上的所有仪表，但在工艺管道及仪表流程图上已表示的公用物料仪表应在表示上加以区分和说明。

9）工艺设备数据表包括静设备、工业炉、动设备等数据表。

①容器（反应器、塔、罐等）、换热器等静设备数据表应包括容器机械设计所必需的设计数据，一般应包括如下内容：

a. 设计数据一般应包括操作参数、设计参数、结构参数、介质名称（及必要的物性）、特殊（腐蚀）介质的含量、腐蚀裕度，接管法兰的类型、压力等级、密封面形式、绝热要求等，必要时还应提出载荷特征（如压力、温度循环波动）、制造的特殊要求（如表面抛光等）、推荐容器或零部件规格和用材等；

b. 简图应包括必要的几何尺寸、支承方式、必要的液面高度、管口和管口高度，需要时还要对部分结构形式给予推荐。

②工业炉数据表或规格书应包括操作条件数据、燃料和燃烧数据、排管数据、耐火隔热材料数据、空气预热器数据、燃烧器和吹灰器等数据。

③动设备的数据表或规格书内容应包括机泵、机械设计（选型）所必需的数据。

10）安全阀、爆破片数据表或规格书的内容应包括其保护的设备或管道、设计基础，使用和选择工况，安全阀、爆破片的选型，材料和附件等。

（4）工厂其他设计文件

石油化工工厂按系统或设施分列，主要包括总图运输、生产装置、储运系统、给排水系统和设施、供热系统和设施、供配电、电信系统和设施、过程控制系统和中心控制室、工厂信息管理系统、中心化验室、消防站、空分站、空压站、制冷站、换热站、火炬及火炬气回收系统、污水处理场、工业废物填埋场、废物焚烧设施、环境监测站、维修、全厂性仓库、行政生活设施、厂外设施、概算等。

石油化工工厂以总图运输为例，介绍一下基础工程设计文件的主要内容和深度要求。

总图运输设计内容：确定全厂总平面布置及各装置、设施的布置；确定全厂竖向布置、场地标高及场地排雨水系统；确定铁路、公路、水运等运输设施的布置和控制坐标；确定地上地下系统管线的走向和用地；制定专业设计统一规定。

总图运输设计文件组成应包括全厂总图运输设计说明、专业设计统一规定、地理位置图、区域位置图、全厂总平面布置图、全厂竖向布置图、工程量表。

必要时，还应包括场地初平图、各装置及设施总平面布置图、道路标准断面图、管线综合规划图、运输装卸设备表等。

1）总图运输设计说明应包括概述，设计依据，厂址条件，总平面布置、竖向布置、厂区道路及场地铺砌、厂内铁路、管线综合、工厂运输、绿化说明，主要技术经济指标、存在问题和建议等内容。

2）地理位置图给出用于表示工厂所处的地理位置图。

3）区域位置图应表示出铁路、公路、码头、高压输电线、供排水管线、工艺管廊、排洪沟等的走向和进出厂的位置。其主要内容如下：

①原有的地形、地貌、建（构）筑物；

②厂区用地线范围，与工程有关的厂外其他配套设施的边界范围，以及周边设施的发展规划；

③铁路接轨站和工业站的位置，进厂的铁路、公路、水运、栈桥等的走向；

④工艺管廊、高压线路、上水、下水、通信线路等的走向及进厂方位；

⑤必要的各项安全防护控制距离标注；

⑥必要的坐标或控制尺寸、测量坐标（建筑坐标）网、风玫瑰图、图例、说明。

4）总平面布置图应表示下列内容：

①工厂边界线，厂区内各装置、设施、罐区、火炬等的名称及边界线坐标；

②主要独立建构筑物的位置及坐标；

③道路中心、道路宽度、编号，主要道路的控制坐标；

④铁路线路、主要运输设施的位置及控制坐标；铁路中心线坐标或相对尺寸；

⑤厂区主管廊的位置及坐标；

⑥围墙、大门等平面位置，示出工厂人流和物流的出入口；

⑦必要时，标注重要设施的防火间距；

⑧建筑坐标（测量坐标）网、风玫瑰图、图例、说明；

⑨图表：设计单元表和主要技术经济指标表。

5）竖向布置图应表示下列内容：

①应绘制平面布置图中的主要内容（不标注坐标）；

②以设计等高线或用箭头法表示场地的设计标高；

③注明主要建筑物室的室内、外地坪设计标高；

④挡土墙、护坡、罐区隔堤等的位置及控制点设计标高；

⑤标注道路、铁路、站台等的控制点设计标高；

⑥排水沟排水坡向、宽度，必要时标注控制点设计标高；

⑦建筑坐标（测量坐标）网、指北针或风玫瑰图、图例、说明。

6）场地初平图依据所采用的土方计算方法绘制相应的图表。应表示下列内容：

①若采用方格网计算，应绘制方格网图，图中标出控制点坐标、四角点的自然标高、设计标高、施工高度和方格网内的土方量和汇总数量；若采用断面法计算，应绘制断面平面位置图、断面图和计算表；

②图例、土（石）方计算表和必要的说明。

7）道路标准断面图及结构层图应表示道路横断面外形及尺寸，标注路面及路肩宽度、横向坡度、缘石、路边排水沟尺寸及边坡率。

8）管线综合规划图应表示下列内容：

①绘制平面布置图的全部内容，同时表示出管架、给排水管道、动力电缆、电信电缆、控制电缆、排雨水沟等的走向，大体控制其相对位置和占地宽度；

②绘制主要控制通道的管线综合断面图。

其他系统和设施，因负责的主体专业不同，说明书、数据表、图纸的内容和深度均有各自的特点；同一专业，因设计单位不同，采用本单位的标准表格也有不同，但能满足深度要求即可。

6.5 详细工程设计

6.5.1 详细工程设计概念

详细工程设计是工程设计的最后阶段，是在基础工程设计的基础上进行补充、修改和完善，用于正式的施工；其内容和深度应满足通用材料采购、设备订货和制造、工程施工及装置投产运行的要求。

按照合同要求对材料的选用、材料使用等级、管道、结构工程量等进行控制和详细设计；按进度完成采购技术服务，满足采购要求；按进度分期分批提供施工所需所有详细设计图纸和文件，满足施工要求。

6.5.2 详细工程设计称谓由来

石油化工行业在1998年以前采用国内通用叫法——施工图，该称谓与初步设计相对应，详细工程设计与基础工程设计相对应。

个别小型项目为缩短设计周期，满足施工需求，采用一段设计的方式，即在工艺包或可行性研究报告基础上，直接开展详细工程设计，为满足审查的需求，中间抽取可供审查的设计文件，用于各种审批手续。

6.5.3 详细工程设计相关规定

设计文件编制主要遵循《石油化工装置详细工程设计内容规定》。

6.5.4 详细工程设计相关规定适用范围

《石油化工装置详细工程设计内容规定》适用于新建、改（扩）建的石油化工装置的详细工程设计，油品储运、公用设施和辅助设施的详细工程设计可参照规定执行。

6.5.5 详细工程设计主要特点

（1）编制依据

详细工程设计的依据是项目合同、批复确认的基础工程设计文件和设计基础资料；详细工程设计应遵照石油化工行业相关规范或合同约定、项目规定执行；建设单位如有特殊要求，应在签订合同时协商确定。

（2）编制目的

详细工程设计的目的是满足通用材料采购、设备订货和制造、工程施工、招投标及装置投产运行的要求。

这一阶段主要通过图纸，把设计者的意图和全部设计结果表达出来，作为施工制作的依据，它是设计和施工工作的桥梁。

基础工程设计审查时提出的问题和设计遗留的问题，都应在详细工程设计中修正和完善，如危险与可操作性分析 HAZOP（Hazard and Operability Analysis）问题落实和安全完整性等级 SIL（Safety Integrity Level）验证等。

6.5.6　详细工程设计主要工作

详细工程设计开始阶段，完善和修订专业设计统一规定，确定详细工程设计进度和工作范围，落实基础工程设计审查意见，编制各专业人工时估算和人力负荷表，签订《专业互提设计条件表》，根据批复的首次核定估算（基础工程设计概算）调整详细工程设计费用控制，召开详细工程设计开工会。

详细工程设计执行阶段，各专业提出或确认详细工程设计条件；严格按合同要求和批复的基础工程设计开展详细工程设计；满足采购要求，按进度完成采购技术服务；满足施工要求，按进度分期分批提交供施工用图纸。

当工程设计合同中包括采购技术服务工作时，设计要配合采购单位进行询价、技术评价、厂商协调、合同技术谈判等工作，编制请购技术文件，应邀参加采购单位主持的编制标底、评标议标、订货和验收等配合工作。

具体工作如下：

①确认制造厂提供的图纸等制造厂资料；

②完成桩基础图、建构筑物基础图、一级地下管道等地下工程施工用图纸；

③按进度要求完成三维模型设计百分比进展；

④完成钢结构、地上构筑物、管道、电气、仪表等施工用安装图；

⑤按需要提供特殊管道的单线图、特殊管件规格书、特殊支架图、特殊材料表，供特殊管道器材及其他材料的采购；

⑥完成各专业详细工程设计图纸；

⑦完成各专业材料表汇总；

⑧完成各专业详细工程设计说明；

⑨现场一次性综合设计交底；

⑩工程量清单作为施工管理和施工分承包的依据。

6.5.7 详细工程设计文件组成

（1）设计文件组成

详细工程设计文件包括文表类和图纸类，装置按专业分别编制，油品储运、公用设施和辅助设施的详细工程设计参照《石油化工装置详细工程设计内容规定》执行。

包括以下主要内容：

①设计规定（根据各项目的合同要求）；

②设计说明；

③数据表或规格书（包括各类工艺数据表）；

④其他表格（包括工程量或材料表）；

⑤图纸（包括PFD、P&ID、设备平面布置图、爆炸危险区域划分图、静设备工程图等）；

⑥索引表（包括设备表、管道表、界区条件表等）。

（2）设计文件组成举例

装置详细工程设计文件以静设备专业为例，介绍文件组成和内容深度要求。

1）文件组成包括文表类、图纸类。

文表类包括：文件目录、装置设计说明书、技术条件、工艺设备数据表、计算书、单体设备说明书（必要时）、风险评估报告（必要时）。

图纸类包括：装配图（总图）、部件图、零件图、预焊件图、管口方位图。

2）文件目录等文件内容深度要求如下：

①文件目录应列出全部详细工程设计成品文件，其内容应包括序号、文件编号、文件名称、数量、版次（修改号）及必要的注释。文件目录应先列新编制的文表和图纸，后列复用的文表和图纸（或选用的标准图）。

②说明书应在基础工程设计文件的基础上完善和修改，包括油漆、包装、运输、安装、绝热、防火及开停工注意事项等要求。

③技术条件应包括以下内容：

a.设备制造、检验及验收应遵循的法规、标准、规范及有关规定；

b.材料要求，如材料的冶炼方法、供货状态、化学成分、力学性能、复验、无损检测等；

c.焊接要求，如焊接方法、焊缝表面的形状及外观、焊接返修等；

d.无损检测要求，明确焊接接头无损检测的种类、检测比例、合格级别；

e.热处理要求，明确设备是否热处理，热处理的方法、热处理遵循的标准、规范及控制指标；

f.耐压试验和泄漏试验要求，明确试验的方法、试验遵循的标准、规范及控制指标；

g.油漆、包装及运输要求，明确设备油漆、包装与运输遵循的相关标准；对大型超限设备，因运输条件的限制，允许分片或分段交货，但应提出相应的技术要求；对可拆卸的内件及其备件，应根据各自的特点提出特殊要求；

h.表面处理要求（必要时）；

i.安装要求（必要时）；

j.其他要求。

④工艺设备数据表：当工艺设备详细工程设计图纸由工程设计单位完成时，可不再出工艺设备数据表；当工艺设备详细工程设计图纸由制造厂（商）完成时，工程设计单位应完善和修改工艺设备数据表。工艺设备数据表应在基础工程设计文件的基础上完善和修改，应包含工艺数据、机械设计数据、机械设计执行的标准、制造、检验、安装的有关要求。

⑤计算书包括：

a.所采用的规范和标准、设备的规格（直径、切线长度等）、设计条件、焊接接头系数、材料及其许用应力、腐蚀裕量；

b.壳体的计算及各种工况、各段危险截面的应力校核；

c.支座的计算及各种工况、各段危险截面的应力校核；

d.开口补强计算（必要时）；

e.法兰计算（必要时）；

f.局部应力计算（必要时）；

g.其他必要的计算。

⑥装配图（总图）应包括设计条件表、管口表、零部件明细表、图样、技术要求及必要的注释。

a.设计条件表包括以下内容：

◎对于容器，应列出执行的技术法规和标准、压力容器类别、容积、介质名称、介质特性、工作压力、设计压力、最高允许工作压力、最高（低）工作温度、设计温度、最低设计金属温度、腐蚀裕量、焊接接头系数、焊接接头无损检测的种类和检测的比例、基本风压、抗震设防烈度、设计地震分组、设计基本地震加速度、场地土类别、地面粗糙度类别、焊后热处理要求、耐压试验的种类和试验压力、泄漏试验的种类和试验压力、绝热要求、防火要求、设计寿命等；

◎对于塔器，还应列出塔盘或填料的设计数据（可体现在供应商提供的设计图纸中）；

◎对于换热器，还应列出结构类型、管程设计压力、壳程设计压力、管板设计压力、管程数、壳程数、换热面积等；对于固定管板换热器，还应列出壳体和换热管的平均金属壁温；

◎对于球形容器，还应列出装量系数；

◎对于夹套容器，还应列出内筒设计压力、夹套设计压力、内筒耐压试验的种类和试验压力、夹套耐压试验的种类和试验压力；

◎对于储罐，应列出储罐型式、执行标准、公称容积、允许最大储存容积、介质名称、介质特性、介质密度、设计压力（正压、负压）、设计温度（最高、最低）、罐壁腐蚀裕度、罐壁焊接接头系数、基本风压值、基本雪压值、抗震设防烈度、设计地震分组、设计基本地震加速度、场地土类别、地面粗糙度类别、检验与试验要求、焊后热处理要求、固定顶试验压力（正压、负压）、加热器面积及蒸汽压力、防腐要求、绝热要求、设计寿命等；

◎对于其他结构类型设备，可按有关规定确定。

b.管口表包括管口的编号、用途或名称、数量、公称直径、压力等级、法兰连接标准、法兰类型及密封面形式、焊接详图（必要时）及必要的注释等。

c.零部件明细表应包括零部件的编号、名称、规格、材料、单位、数量、质量及标准件的标准号等必要的注释。

d.图样表示的内容包括：

◎设备的总体尺寸、外形，壳体和支座等主要零件的规格；

◎各主要零部件（如管口、内部和外部构件等）的安装尺寸、管口连接尺寸、地脚螺栓规格、数量及定位尺寸；

◎设计推荐的壳体、管口等主要零部件的焊接结构详图或焊接标识；

◎管口和地脚螺栓方位图等；

◎主要内部和外部构件（如塔顶吊柱、吊耳、板式塔降液板、换热器折流板缺口方位、铭牌等）方位图；

◎必要的装配和结构节点图。

e.其他需说明的问题。

⑦部件图、零件图、预焊件图应包括图样、技术要求及必要的注释。

a.部件图图样，包括可拆或不可拆部件的结构特征、总体尺寸及各零件之间的装配关系。

b.零件图图样，包括零件的形状、尺寸、加工精度等。

c.预焊件图图样，包括设备外壁上保温钉、垫板等需要在设备热处理前预先焊接的零部件的规格、标高、方位。

d.其他需说明的问题。

6.5.8 详细工程设计主要控制节点

（1）设计过程控制

1）确认分包商（厂商）技术资料；

2）主要设计控制点的进度控制；

3）设计质量控制；

4）费用控制。

（2）评审内容

对基础工程设计确定的方案有较大变化的，均须进行评审；一般包括以下内容：

1）重大技术方案变化评审；

2）重点专业技术难点处置方案实施前的评审；

①3D模型审查应按照有关规定执行，一般按30%（基础工程设计阶段）、60%和90%三个阶段进行审查，通常建设单位或项目管理方参与审查；

②根据项目具体情况，选择性进行的方案评审：必要的可施工性审查、设计成品文件的协调性等。

（3）安全设计审查

1）成套设备的HAZOP审查（作为基础工程设计阶段的补充）；

2）成套设备的SIL分级审查（作为基础工程设计阶段的补充）；

3）抽查安全措施是否落实；

4）设计变更审查，涉及安全的，应进行风险评估。

6.5.9　现场设计技术服务

为确保工程施工质量达到规范、设计、合同和质监要求，及时解决施工过程中发生的问题，设计单位应提供现场设计技术服务。

（1）现场设计代表派出

设计单位可根据设计委托合同的约定，按不同施工阶段，派出对应专业设计代表，满足现场工作需求；并根据建设项目规模和特点，按不同方式派出设计代表。

（2）现场设计代表的职责

现场设计代表负责处理施工中出现的相关设计问题，并应遵守设计代表岗位职责，提高现场服务意识和质量。

1）设计总代表的职责：设计总代表对合同项目的全部设计代表工作负领导责任，并负责协调设计代表组的内外工作关系，参加与项目有关的现场工作会议；负责组织研究和协调施工中出现的专业技术问题，组织审议合理化建议。需要时，参与工程质量检查，并及时向建设单位或监理单位反映施工质量问题。负责将建设现场发生的重大问题及现场召开的涉及设计方面的重要会议决定记入施工现场工作大事记。协助设计经理参与试运投产，处理试运投产中发生的与设计有关的问题。

2）专业设计代表的职责：在设计总代表领导下开展工作，负责解决施工现场发生的、与本专业有关的技术问题。负责修改施工中发现的本专业的设计错误，处理本专业出现的设计问题；负责处理因施工安装条件、施工技术或设备材料供应等问题而引起的设计修改；了解并监督设计文件的执行情况。需要时，参与工程质量检查，并及时向建设单位或监理单位反映施工质量问题。按设计委托合同要求，参与试运投产，并处理试运投产中发生的有关设计问题。

6.6 标准化设计与模块化设计

6.6.1 标准化设计

（1）标准化设计基本概念

标准化设计是指在一定时期内，对于技术上成熟、经济上合理、同期建设多套同类装置或单元的石化工程项目，在进行工程设计的过程中，采用统一的技术标准、建设规模、技术路线、设备选型和设计模式等共性条件，使其设计成果具有更加广泛适用范围的一种设计方式。

标准化设计的成果体现在标准化数据库和工程建设标准库，以及采用标准化设计的方式，以统一设计标准、统一设备选型、统一操作手册、统一备品备件的设计模式，将石化工程中技术成熟、经济合理且具有广泛适用范围的各类工艺装置和系统单元，编制完成包括标准物料流程图、仪表控制流程图、材料流程图、关键设备选型、设备与材料采购技术标准等内容在内的标准化设计文件。

（2）标准化设计实施

标准化设计的实施包括标准化数据库、工程建设标准库和标准化设计文件。

1）标准化数据库包括项目编码体系、项目工作包编码体系、工程材料编码体系和工程材料等级数据库，是设计集成化和数字化工厂建设的基础，是信息互通互联的纽带。

①项目编码体系的目的、适用范围和特点如下：

a.建立石化工程项目编码体系的目的，是为了在“项目建设综合管理”计算机系统平台中方便、快速地检索和识别有关建设项目的相关信息，及时准确地了解和掌控包括企业（建设单位）以及各承包商等在内的所有项目各参与方在前期研究、工程设计、物资采购、施工建设以及试车投产等项目执行全过程中的工作信息，并进行统一管理，以达到对固定资产投资项目进行有效管理和控制的目的。

b.项目编码体系的适用范围包括石油炼制工程、石油化工工程、煤化工工程、天然气工程、油品储运工程、公用工程以及产品销售设施等上、中、下游的所有常规石化工程项目。

对于集团化生产企业，除了集团企业总部以及下属各单位必须执行同一项目编码

体系以外，集团企业系统以外的各相关单位，如果承接了该集团企业石化工程项目的相关业务，在从事相关业务的过程中也应执行该项目编码体系，以便于集团企业管理部门的统一管理和项目执行过程的统一性。

c.项目编码的特点包括：具有唯一性；可方便、快速地在“项目建设综合管理”计算机系统平台上进行操作；便于使用者直观识别；包含有建设项目的重要信息。

项目编码是建设项目全生命周期中的唯一代码，无论是工程设计、物资采购以及施工建设，还是任务下达、生产计划、生产统计、成本核算以及项目财务等工作，均应采用同一项目编码。即使项目工作全部结束后，所有的相关文件和资料也应予以归档并长期保存，供日后随时根据工作需要用此项目编码检索、调用和查询相关的项目信息。

为了方便、快速地在计算机系统中检索项目的各项内容，项目编码应尽量采用阿拉伯数字和英文字母构成，一般可按照年度代码、顺序代码、工作范围或工程阶段代码（规划设计、预可行性研究或项目建议书、可行性研究、项目申请报告、工艺包设计、总体设计、基础工程设计、详细工程设计、现场设计技术服务、物资采购和技术服务、工程施工管理或监理、投产试运行技术服务、检查和维修技术服务、生产运营技术服务等）、项目类别代码（炼油类、石油化工类、煤化工类、天然气类、油品和LNG储存和运输类、公用工程类、辅助设施类项目等）、单体工程代码（装置或系统单元类别）、地区代码等构成。

②项目工作包编码体系的目的、适用范围和结构特点，详见第三章石化工程管理。

③工程材料编码体系的目的、适用范围、内容以及应用如下：

a.建立和使用工程材料编码体系的目的，是为了保证项目管理过程中的物资流、资金流以及信息流的畅通，加强项目管理系统的集成性，实现项目管理工作的规范化、程序化和标准化，提升建设项目在工程设计、材料采购、现场施工等各阶段中的工程材料管理水平，以满足工程建设全过程工程材料管理活动的需要。

b.工程材料编码体系的适用范围包括上、中、下游常规石化工程项目所涉及的主要工程材料的管理。

c.工程材料编码体系包括材料编码规则和材料编码数据库等内容，以构成石油化工工厂的大宗材料和设备为主，兼顾流程行业非工厂类的大宗材料和设备。具体内容涉及工艺、管道、仪表、静设备、机泵、机械、工业炉、储运、给排水、电气、热工、自控、电信、建筑、结构、暖通空调、分析化验、消防、环境保护等与石化工程相关专业所采用的工程材料，以保证工程材料编码在设计、请购、询价、采购、物流、库存以及施工管理等工程建设过程中的唯一性。

d.工程材料编码体系在石化工程项目中的应用是通过设计软件的集成接口将工程材料编码体系的数据库输入到各专业常用的工程设计软件系统中，实现工程材料编码

与工程设计系统的集成应用。工程设计完成后，材料表可自动挂接工程材料编码，既能统一各工程设计系统的工程材料编码，又可通过属性对照等方式提高编码应用效率和自动性，提升材料全生命周期的应用水平。工程材料编码在提高工程设计标准化程度的同时，也可实现工程设计系统与物资采购管理系统之间各种业务数据的关联，为下一步物资采购环节的标准化奠定了良好的基础。总之，工程材料编码在工程设计中的应用可提升工程设计软件系统的应用水平，为标准化设计、标准化采购以及模块化建设打下坚实的基础，也可进一步夯实工程公司等设计部门的基础建设工作，提高其在工程建设领域中的综合实力。

工程材料编码在物资采购管理系统中应用，可优化采购方案、降低采购成本、提升物资采购的标准化水平。

工程材料编码在总承包项目或工程建设现场应用，通过设计软件的集成接口将工程材料编码体系的数据库与MARIAN材料管理系统等工程管理软件相结合实施工程材料的控制，可提高工程材料在采购、接收、入库、领料、出库以及施工建设等环节中的规范化程度，提高工程材料的利用率、减少库存量。

工程材料编码在集团企业总部和各分公司之间应用，可实现总部与各分公司之间工程材料的同步管理，为实现工程材料异地协同统一调配使用、降低各分公司备品备件备料的库存量、节省经费，最终降级成本创造了有利的条件。

④工程材料等级数据库的目的、适用范围、特点、结构、主要内容以及应用如下：

a.石油化工企业作为流程型的工厂，其生产过程大多是在高温高压的工况下，对易燃易爆的介质进行加工。因此，维持安全生产是建立工程管道材料等级库的首要目的之一。再者，此前在国内各石油化工企业中，各类生产装置中的管道材料等级，因各工程公司和专利商执行的标准不同而不同。因此，若要实施石化工程的标准化设计，建立统一的石化工程材料等级数据库是十分有必要的，是标准化设计中的重要组成部分。

b.工程管道材料等级数据库的适用范围覆盖包括上、中、下游所有常规石化工程项目中的工程管道材料。由于工程材料等级是构成标准化设计的各项重要因素之一，故其也包括工程公司等设计部门压力管道设计资格许可所涉及的范围。

c.工程管道材料等级数据库的数据，既要覆盖全部业务领域又有必要独立成各自管道等级系列，其特点有：专业性强，可充分体现各自领域标准规范的差异性要求，材料选用不易产生自相矛盾；可操作性强，便于编制、应用和修订。

d.工程管道材料等级数据库的结构详见图6-12；管道等级基本单元详见图6-13。

e.工程管道材料等级数据库的主要内容包括管道材料设计规定、管道材料等级索引表以及其他详细内容。

◎管道材料设计规定：

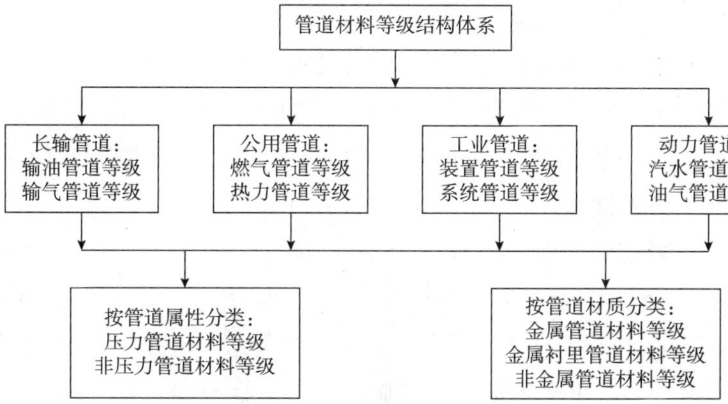

图6–12　工程管道材料等级数据库的结构

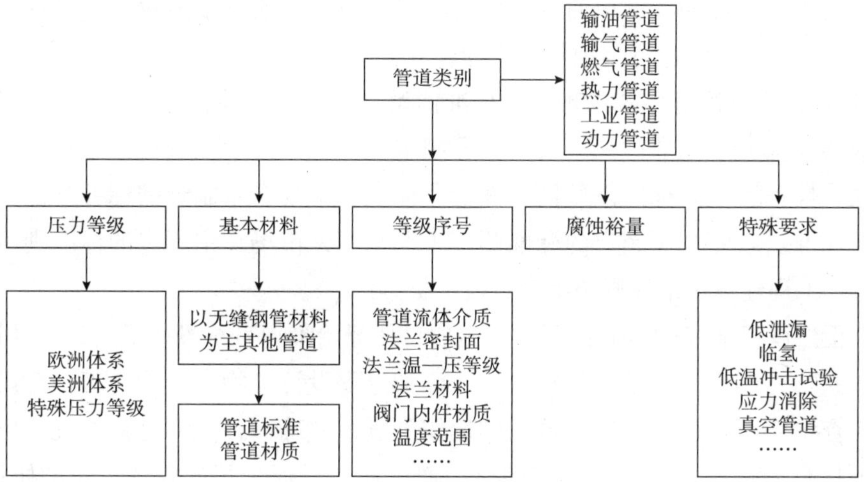

图6–13　管道等级基本单元

管道材料设计规定包括，管道组成件选用范围及壁厚范围的确定原则、确定执行哪些标准规范、确定管道、阀门、管件、法兰、螺栓、垫片等的执行标准以及管道材料选用的要求和原则等内容。

◎管道材料等级索引表：

编制管道材料等级索引表，首先需要确定管道材料等级编号规则。管道等级编号是指对管道等级的命名，一般由管道压力等级、管道基本材料代号、顺序号及特殊要求代号几部分组成，确定了管道等级编号才能编制管道等级索引表。索引表包括的内容主要有适用介质、管道材料、压力等级、腐蚀裕量、阀门内件材质、温度范围和特殊要求等。

◎管道材料等级的详细内容：

根据管道材料设计规定及材料等级索引表编制管道材料等级。管道材料等级的详细内容主要包括：介质、腐蚀余量、热处理要求、设计条件、管道/阀门/管件/法兰/

紧固件等的公称直径、材料、制造、端面形式、壁厚及压力等级、编码、内件、标准及备注等相关内容，以及变径表、支管表、计算壁厚表等内容。

f. 为了实现工程管道材料等级数据库在工程设计和工程管理软件系统集成中的应用，需要编制相应的接口配置文件，生成的接口可将工程管道材料等级库中的数据和文件转换成工程设计和工程管理软件系统可以接收并使用的文件，例如：

工程管道材料等级数据库实现与PDS（Plant Design System）、PDMS（Plant Design Management System）、SP3D（Smart Plant 3D）等大型三维工厂设计软件系统的集成设计后，所生成的材料表将全部为统一标准的管道材料等级，在实现标准化设计的同时，也为下一步物资采购环节降低采购成本、实施标准化采购奠定了良好的基础。

工程管道材料等级数据库与MARIAN材料管理系统等工程管理软件实现集成后，可以让包括建设单位和各承包商等在内的项目参与方均能有效地对工程设计、物资采购和施工建设的全过程进行精细化的管理。

2）工程建设标准库：我国现行的标准体系是由政府主导制定的标准和市场自主制定的标准共同构成的标准体系。政府主导制定的标准分别为强制性国家标准、推荐性国家标准、推荐性地方标准以及推荐性行业标准；市场自主制定的标准分别为团体标准和企业标准。政府主导制定的标准侧重于保基本，市场自主制定的标准则侧重于提高竞争力，工程建设标准库则是综合二者的标准库。

①工程建设标准库的目的：石化工程项目从开始策划直至投产运营，要经过立项、可行性研究、总体设计、基础工程设计、详细工程设计、物资采购、工程建设、试车投产、检查维修、投产运营等一系列的运作阶段，要确保各执行过程的统一性，各项工作必须执行统一的技术标准；集团化生产企业要确保公司的各项工作的协调统一，以求获得最佳生产经营秩序和经济效益，也必须执行统一的标准。因此，建立包括石化工程设计、物资采购、施工安装等各项技术标准在内的、统一的工程建设标准库是非常有必要的。

②工程建设标准库的适用范围：标准库的适用范围涵盖石化行业上、中、下游常规的石化工程项目。

③工程建设标准库通常包括国家标准、行业标准、地方标准、团体标准、企业标准、国际标准和国外先进标准等几大类，详见第三章石化工程管理。

（3）标准化设计主要作用

在石化工程设计过程中采用标准化设计，可以起到的主要作用有：

1）设计质量有保证，有利于从本质上提高工程项目的质量；

2）可以减少重复劳动，加快设计速度，提高工作效率；

3）有利于采用和推广新技术；

4）有利于实行构配件的生产工厂化、装配化和施工机械化，提高劳动生产率，加快建设进度；

5）有利于节约建设材料，降低工程造价，提高经济效益。

除了上述作用以外，对于集团化生产的企业，标准化设计可以为后续的标准化采购、模块化建设奠定基础，同时也可实现集团化企业内部统一的物资采购和备品备件互换，最终使石化工程项目达到理想的工程质量和较好的经济效益。

6.6.2 模块化设计

（1）模块化设计背景

模块化作为一种方法论，系统论理论、相似理论和标准化理论是模块化的基本理论。通过功能和结构对产品进行模块划分是最典型的模块划分方法。船舶模块化设计与建造在国内外均已取得了迅速发展，许多技术成果可以直接应用于海洋平台的建设。

模块化技术的不断发展导致设计思想、建造工艺及管理上的重大变革。近些年来，在石化工程建设领域，随着装备制造水平和运输吊装能力的提升，模块化施工技术不断发展，实现局部设施的模块化施工，如乙烯裂解炉对流段、催化裂化装置余热锅炉、大型塔器的整体制作等，以及在现场二次组装形成简易功能组件的模块化施工，如火炬塔架分段吊装、高大框架分段吊装、管道工厂化预制等[2]。模块化施工的前提条件是设计条件允许，在工程设计阶段施工方提出模块化施工方案，设计方需要对模块进行划分，对模块内设备、材料采购和运输、吊装的可行性进行分析和评价。

采用模块化设计可以减少现场施工与安装人工时的投入，平抑施工高峰对人员和资源的需求，降低项目质量和安全上的风险。模块化设计的项目中设计、采购和施工深度交叉，对设计标准化、设计集成化，以及施工组织方案实施提出了较高要求，有利于复杂条件下对项目费用、质量和进度的控制。

（2）模块化设计基本概念

模块化设计是将装置或系统单元设计为可在工厂预制成若干可单独运输、安装的撬装单体的过程，涉及工厂能力、运输和安装等因素，平面布置划分模块范围，定义模块属性，确定施工方案。

模块化设计需要依据模块化制造厂能力、考虑模块装船、运输和吊装等因素影响，对工艺装置平面布置图划分模块范围，定义模块属性，确定施工可行性方案。采用模块化设计的建设项目一般有以下特点：

1）现场施工与模块制造同步进行；

2）模块制造比现场施工效率高，易于保证产品质量；

3）项目现场可提供的劳动力资源少，施工费用高；

4）现场施工临时作业空间减少，高空作业减少；

5）现场施工条件恶劣，可提供施工的周期短。

采用模块化设计的装置或单元，一般采取总承包方式建设。模块化设计中常用模块的分类见表6–22。

表6–22　模块的类型

简称	英文名称	中文名称
PAR	Pre–Assembled Racks	预制管廊模块
PAU	Pre–Assembled process Units	预制单元模块
PAS	Pre–Assembled Structures	预制钢结构
VAU	Vendor Assembled Units	撬装设备
PDC	Pre–Dressed up Columns	预组装设备
PBE	Prefabricated Buildings & Enclosures	预制建筑模块
E–House	Electrical & Control Room	变配电室和控制室模块

（3）模块化设计主要内容

1）项目前期阶段：在项目前期设计时需要对是否采用模块化设计进行研究和决策，对模块化设计与非模块化设计两种方案进行综合比选，对模块化设计的必要性和可行性进行分析论证。模块化设计研究是前期工程方案选择的重要内容之一，直接影响前期投资估算和经济分析的准确性，也是决定项目环境、安全以及经济合理性的重要因素。

项目前期阶段的模块化设计包括项目情况调查、运输方案选择和模块制造厂调研等。

①调查项目建厂地点的自然条件、社会经济条件、外部运输条件、公用工程条件、用地条件、环境保护条件等建设条件。

②根据场地、物流、环境、安全初步确定项目的总平面布置，考虑施工、生产和运输方面的要求，选择适宜的厂内（外）运输、装卸和吊装方案。

③对项目潜在的模块制造承包商进行调研和技术交流，考察制造厂的技术、制造和装备能力，考虑其所在地与排产对项目施工和采购的影响。

④根据道路、航线、码头、港口等运输条件和建设场地的吊装、安装、承载力等自然条件，确定模块设计的最大尺寸和最大重量，作为项目工程设计阶段设计输入的重要资料。

以上调查研究结合模块化设计的特点，分析论证项目采用模块化设计方案是否可行，模块化设计的范围如何划分，为项目平面布置方案确定以及工程设计阶段模块划分奠定了基础。

2）项目工程设计阶段：模块化设计主要于项目工程设计阶段（包括基础工程设计阶段和详细工程设计阶段）予以实施。

在基础工程设计阶段需要依据前期设计条件对模块划分进行研究，在完成模块的物流分析报告基础上，确定初步的模块化设计实施方案。模块的定义和划分是本阶段的重点内容，其结果是定义模块的范围、尺寸、数量、重量和重心位置等，进一步研究模块施工组织方案、采购策略、界面管理、模块装卸和海陆运输的方案以及模块制造、发货和安装的组织与进度计划管理等，选择模块化制造、装船、卸船、路运、海运承包商，最终完成物流分析报告和初步实施方案的编制。

在详细工程设计阶段由各承包商分别开展工作，完成模块化设计、加工制造设计、装卸船与运输加固设计、包装、运输、安装、拼接和验收等实施方案的编制工作。

模块化设计在工程设计阶段的一般工作步骤如下：

①确定设计基础和设计原则；

②完善基础工程设计文件，包括确定设备清单、长周期设备和设备数据表；

③确定厂址、厂区面积；

④确定厂区总平面布置图；

⑤明确施工和物流要求，包括模块重量、尺寸等限制要求；

⑥模块划分，包括模块种类定义、模块命名和模块编号；

⑦发布全厂模块分析图；

⑧建立设备和管道三维模型，其属性中包含已定义的模块单元信息；

⑨将结构三维模型导入计算软件进行力学分析、计算；

⑩完善总平面布置图，更新模块尺寸和重量，完成模块清单和设备清单；

⑪管道、设备、结构、电气和仪表等专业提供模块重心计算所需的设计条件；

⑫定期对模块清单和模块重心进行校验；

⑬完成最终设计说明、施工图纸和材料表等设计文件编制。

模块化设计较常规设计需要提前综合考虑采购、施工实施方案，以保证设备布置和模块划分的合理性和准确性，且一旦进入工程设计阶段，不易进行设计更改。当模块数量较多时，对项目的设计管理、界面管理和进度控制要求较高，同时对质量检验和验收也更加严格。模块化设计还需要各专业采用三维协同设计和集成化设计的方式，以便对模块设计进行模拟和验证。模块的尺寸、重量和重心位置是模块化设计的关键数据，需要全程跟踪、严格控制，设计阶段定期校验，模块制造阶段定期反馈结果。

6.7　工程设计变更及竣工图

6.7.1　工程设计变更

（1）工程设计变更基本概念

工程设计变更是指设计承包商在详细工程设计完成后，对已交付顾客或采购方或施工方的详细工程设计文件内容进行实质性的增补、修正、删减等改变的过程。工程设计变更的目的是保证工程的方案合理优化、质量符合要求、计划进度顺利执行以及合理控制投资等。包括《设计变更通知单》以及其他相关资料在内的工程设计变更文件，与原设计文件（施工图纸等）具有同等效力，是绘制工程竣工图、投资核算的依据，是工程项目设计文件的重要组成部分之一。

（2）产生工程设计变更主要影响因素

产生工程设计变更的主要影响因素包括：设计输入条件的变化、设计的漏项与失误、设计方案的优化和改进、订货采购的影响、施工条件的变化、工程材料的更换代用、计划进度（或里程碑）的调整和修改、工程的范围、内容和数量的调整、合理化建议以及不可抗力等。

（3）工程设计变更类别

工程设计变更的类别，根据变更影响的程度不同和变更影响的因素不同可分为重大工程设计变更和一般工程设计变更、设计原因变更和非设计原因变更、发包人变更和承包人变更以及其他类工程设计变更，项目管理可以按变更性质和工作所需予以分类。

1）重大工程设计变更和一般工程设计变更：根据工程设计变更对建设项目的计划进度、建设投资等方面所造成的影响程度，可分为重大工程设计变更或一般工程设计变更。

重大工程设计变更：对于限额设计指标和确定计划进度的工程设计，当设计变更所造成的影响程度超过既定的单项控制指标或累计控制指标时，可确定为重大工程设计变更。

一般工程设计变更：当设计变更所造成的影响程度未超过既定的单向控制指标或累计控制指标时，可确定为一般工程设计变更。

2）设计原因变更和非设计原因变更：根据设计变更发生的原因，可分为设计原因变更和非设计原因变更。

设计原因变更包括：

①因详细设计成品文件的设计漏项、设计错误等原因，由此造成的设计文件修改；

②设计各专业之间由于互提资料/条件的错误或其他原因造成设计成品文件之间相互矛盾，由此造成的设计文件修改；

③由上述原因导致采购和施工变化而引起的设计变更。

此类设计变更原则上由设计承包商承担影响计划进度和费用的责任。

非设计原因变更包括：

①设计输入条件（设计基础资料等）发生变化所引起的设计变更；

②采购订货所引起的设计变更；

③制造、施工工艺或设备、材料代用所引起的设计变更；

④建设单位要求（或同意）修改任务范围和内容所引起的设计变更；

⑤建设单位和监理公司或施工方提出设计方案的变更（改变工艺流程、改变设备布置和改变重要设备型号等）所引起的设计变更。

此类设计变更原则上由建设单位或总承包商，根据合同工作范围划分承担影响计划进度和费用的责任。

3）发包人变更和承包人变更：根据设计承包合同，按照设计变更的发起方可分为发包人变更和承包人变更。例如：

发包人变更：

发包人变更是指发包方（或被授权人）向承包方提出书面要求，对项目合同约定的内容进行的变更，包括但不限于技术要求的变化、设备材料采购的影响、施工作业条件的变化以及增减合同约定的工作内容和数量等变更。例如：

①发包人负责提供的设计输入条件发生变化所造成的设计变更；

②发包人负责采购订货所造成的设计变更；

③发包人提出改变合同约定的工作内容所造成的设计变更。

此类设计变更由发包人承担对进度和费用所产生影响的责任。

承包人变更：

承包人变更是指合同承包方向发包方提出的书面变更要求。例如：

①由承包人负责的工程设计漏项或错误所导致的设计变更；

②由承包人负责采购订货所造成的设计变更；

③由承包人负责管理的施工失误所造成设计变更等。

此类设计变更由承包方承担对进度和费用所产生影响的责任。

4）其他类工程设计变更：除了上述类别的工程设计变更外，还存在其他类变更的可能性。例如：

建设单位、监理公司以及承包人共同协商确定的有利于提高工效、节约投资、促进工程进度的合理化、优化措施，从而对计划进度和费用产生影响的工程设计变更以及不可抗力所引起的工程设计变更等。

6.7.2　竣工图

（1）竣工图基本概念

中华人民共和国石油化工行业标准SH/T3503—2017《石油化工建设工程项目交工技术文件规定》规定：“建设工程项目的参建单位应与工程进度同步形成、积累、编制交工技术文件”。

作为交工技术文件的一部分，竣工图是真实反映建设项目机械完工和试运行后、交工验收前施工安装工作实际结果的图样，是工程建设承建方交付建设单位的最终版工程设计文件。

（2）竣工图主要内容

1）竣工图是以详细工程设计（施工图设计）图纸为基础，将项目建设以及试运行期间所发生的所有设计更改内容补充修改在原详细工程设计文件中，以完整、准确、清晰、规范、真实地反映建设项目施工安装的实际结果。

2）竣工图应在变更修改内容的位置做出明确的竣工图修改标记，以区别于原版施工图纸。例如：用云形线将修改部位圈出、标注修改符号和文字说明等。

3）按原图施工没有工程设计变更的，原设计图纸可不作任何修改，但应加注明确的标识，以区别于原版施工图纸。例如：标注文字说明或加盖标识图章等。

4）按版次设计的施工图文件，将设计变更内容补充修改形成竣工图后，应将其升为竣工图版次，并按照竣工图编制和管理规定予以签署。

5）竣工图应编制全套图纸目录，必要时可编制竣工图总说明及各专业的编制说明，描述编制原则及编制情况。

6）竣工图的主要内容应包括但不限于以下设计文件：

管道及仪表流程图（P&ID）；

总平面布置图；

设备布置图；

管道布置图；

应力计算管道及大口径管道单管图；

设备制造图[1]；

装置危险区域划分图；

有重大变更的隐蔽工程施工图；

控制系统、电气系统的逻辑图；

结构专业和建筑专业施工图等；

其他按合同或公司要求需要编制竣工图的文件。

如果对竣工图的编制内容有其他要求的，建设单位需要在签订合同时予以明确。

（3）竣工图管理

中华人民共和国石油化工行业标准SH/T3503—2017《石油化工建设工程项目交工技术文件规定》规定："设计单位负责竣工图的编制和移交。"在实际操作中，一般由承建单位通过签订合同的方式委托竣工图编制单位，同时须组织采购单位、施工单位、供货商等相关单位予以配合，共同完成竣工图的编制。

[1] 中华人民共和国石油化工行业标准SH/T3503—2017《石油化工建设工程项目交工技术文件规定》规定："采购单位负责锅炉、起重机械、塔、容器、反应器、冷换设备、动设备、成套设备等具有特定设备位号的设备出厂资料的编制和移交""设备存在质量问题，在施工现场整改的，相关整改及验收文件应一并编入"。

竣工图的管理包括汇总编制依据、编制、组卷、审核、批准、移交、接收及归档等管理和控制过程。

1）承建单位负责组织汇总和确认各类工程设计变更文件和资料并提交给竣工图编制单位作为编制竣工图的依据。

2）竣工图的编制是在工程项目机械完工并试运行后，由竣工图编制单位在原版施工图基础上，以实施完成的《设计变更通知单》《工程技术联络单》等工程设计变更资料为依据予以编制的；非标设备的竣工图由采购单位负责组织设备制造商提供。竣工图应完整、准确、清晰、规范、真实地反映上述编制依据的内容。

3）竣工图编制完成后，应按合同要求组卷成册并归档入库保存。

4）竣工图编制单位应按照合同要求，向承建单位移交竣工图。

5）承建单位负责确认接收竣工图，并经主管部门（单位）审核批准后归档入库保存。

6）承建单位应在工程交工验收前或按合同约定的时间将竣工图文件移交建设单位检查接收。

7）建设单位检验并接收竣工图文件后，应全部归档入库并妥善保存，以作为日后企业生产运营、检修维修、技改技措、改建扩建的设计依据。

参考文献

[1] 傅铁英，黄裕培. 关于“总体设计”的思考[J]. 石油化工设计，2000，17（3）：1-5.

[2] 樊继贤，万启森. 模块化施工——石油化工工程建设的新模式[J]. 石油石化建设，2013，（5）：33-35.

CHAPTER 第7章

石化工程采购

采购，即采办或选择购买，是指组织或个人在一定条件下从供应市场获取产品或服务作为自己的资源，为满足自身需要或保证生产、经营活动正常开展的一项经营活动。采购是一种商业性质的有机体，为维持正常运转而寻求从外部摄入资源的过程，也是市场经济条件下社会产品交换的必然过程，是社会消费的前置环节。

在石化工程领域，采购不是简单的持币购买，而是一种策略型技术经济行为，是一项涉及多学科的复杂过程。在激烈的市场竞争环境下，采购的科学性、系统性、前瞻性管理要求及标准在不断提高，同时专业化、全面化、精细化管理水平和能力也在持续提升。采购工作内容已不限于采购过程行为本身，还包括采购之前的研究、分析、计划、安排和决策，以及采购之后的检验、评估、监督及整改等。

本章重点介绍石化工程领域的采购，即工程及服务采购、物资采购，结合工程及服务、物资的属性及特点分别阐述采购及有关的知识要点。

7.1 采购概述

7.1.1 采购含义

采购就是企业根据需求制订采购计划、进行市场分析、选择供应商（或承包商），在适当时间以合适价格从供应商（或承包商）获得数量和质量符合要求的产品或服务，以保证企业生产及经营活动正常开展的一项企业经营活动。

（1）采购是从资源市场获取资源的一种经济活动

采购是经济活动的主要组成部分，从资源市场获取资源是采购的基本功能。资源市场由能够提供这些资源的供应商（或承包商）组成。这些资源既包括生活资料，也包括生产资料；既包括物质资源（如原材料、设备等），也包括非物质资源（如信息、软件、技术、服务等)。从资源市场获取这些资源主要是通过采购实现的。企业要追求经济效益最大化，就要不断降低采购成本，以最小的成本去获取最大的经济效益。

（2）采购是商流、物流、资金流和信息流的四流合一的过程

采购的基本过程就是将资源的所有权从供应商（或承包商）手中转移到客户手中的商流过程；将资源实体或载体从供应商（或承包商）手中转移到客户手中的物流过程；将获取资源所应支付的资金从采购方转移给供应商（或承包商）的资金流过程；利用网络等信息平台，将采购过程的信息与相关方共享的信息流过程。

（3）采购是一门技术

采购属于管理技术的范畴，是采购主体在采购活动中采用的一切技术手段、方法、技巧、知识、经验、技能的总和。采购技术主要包括采购计划与预算、招投标、询比价、合同、谈判、进度控制、质量控制、成本控制、审计与稽核、绩效评估与考核、物资组合、跨国跨地区采购、供应商整合与关系管理、电子商务采购等技术。

7.1.2　采购目标和原则

（1）采购目标

采购目标就是要满足采购方的需求。采购工作首先要确定需要什么、需要多少、何时需要，所以采购就其功能来讲不仅仅是采购人员或采购部门的工作，而是整个管理团队的协同性工作，是采购人整体供应链的重要组成部分。

石化工程采购是为工程项目达到设定目标服务，是石化工程项目实施采购的重要工作环节。除了对质量、进度、价格的需求外，还会按照国家法律法规以及企业自身发展战略对降低风险、与特定企业建立或维持伙伴关系、节能减排、保护环境以及承担社会责任等方面提出更多的目标。

（2）采购原则

采购原则是为采购目标服务，根据采购目标制订采购活动中应当遵守的准则。以招标采购为例，相关法律规定的是公开、公平、公正和诚实信用原则。此外常见的采购原则还有竞争、择优、科学、经济、效益、效率等原则。针对某一次特定的采购以及特定采购的特定阶段，采购人要在依法合规的前提条件下对各项采购原则进行权衡和取舍。

石化工程采购应基于项目的特点和要求，按照依法合规、全生命周期性价比最优的原则实施。

（3）采购制约因素

在一定采购原则的指导下，采购目标能否实现要受到各种主客观因素的影响，这些因素统称为采购的制约因素，包括资金和时间方面的限制、市场资源情况，采购人

的经验和能力以及相关的法律法规和规章制度等方面的制约因素。

采购的目标、原则和制约因素之间的关系并不是孤立的，而是互相联系且制约的。因此，应当整体看待、统筹考虑三者之间的关系，同时充分了解市场，制订并优化采购方案，采购的各个阶段平衡好各项采购原则，在法律法规的框架内选择和应用好各种采购工具，最终实现采购目标。

7.1.3 采购作用

采购是企业生产经营活动的重要环节，降低采购成本可以增强企业获取利润的能力，对企业的经营管理、效益、竞争力都起着重要的作用，主要有以下几个方面：

（1）企业降低成本和获取增值的重要途径

企业要降低成本，除了降低生产消耗成本和管理成本外，很重要的途径就是降低采购成本，企业降低了采购成本就能在同样的市场竞争环境中获取更多的利润。降低采购成本是采购的核心工作。

（2）增强企业市场核心竞争力

采购活动不仅仅可以降低采购成本，而且它在企业整个生产经营活动中是不可缺少的重要环节之一。采购可以获取生产经营需要的物资和服务，保证生产经营活动的高效有序进行。同时，通过采购活动可以及时、准确地获取企业所需优质的物资和服务，可以增强企业的市场核心竞争力。

（3）优化库存结构和降低库存规模

通过对采购活动的科学管理，特别是物资采购，实现企业各生产环节所需物资的安全、经济、绿色和及时供应，通过利用储物于商、物资标准化、优化设计等方式优化库存结构，从而降低库存规模，减少企业流动资金占用，提高库存管理水平。

（4）提高资金周转率

科学高效的采购可以提高企业资金周转率，促进企业管理水平的提高。企业在生产经营过程中资金需要不间断地循环周转，在一定周期内，用尽可能少的资金占用取得尽可能多的销售收入，说明资金周转速度快，资金利用效果好。

（5）促进企业可持续发展

企业的生产经营活动离不开供应商（或承包商）资源，采购部门就是保证企业生产所需物资或服务的持续供应。同时，采购部门通过及时了解市场物资供求变化，为企业生产经营活动提供信息支持和资源支持，可以引导企业调整经营目标，使产品符合市场要求，促进企业可持续发展。

7.1.4 采购分类

在实践中采购有很多种分类方法，通常意义的采购有以下几种分类：

（1）按照支付对价的方式划分

按照支付对价的方式，采购可以分为购买、租赁、委托、雇佣、交换等。对价是指一方在获得某种利益时，必须支付给对方的费用。

（2）按照选择交易主体的方式划分

按照选择交易主体的方式，采购可以分为招标、询比价、比选、竞价、磋商等多种采购方式。

（3）按照采购主体划分

按照采购主体的不同，采购可以分为公共采购、企业采购和个人采购。

（4）按照交易主体的国别和采购标的来源地划分

按照交易主体的国别或采购标的来源地，采购可以分为国内采购和国际采购。

（5）按照采购标的属性划分

根据采购标的属性，采购可分为工程采购、物资采购和服务采购。

工程采购属于有形采购，工程采购项目是指通过招标或其他商定的方式选择合格的承包商承担工程项目建设任务的过程。如建设大型石化工程、高速公路、大型水电站、灌溉工程、污水处理工程等。

物资采购属于有形采购，物资采购项目是指购买项目所需要的投入物的过程，如机械、设备、仪器、仪表、办公设备、建筑材料（钢材、水泥、木材）、生产资料等。物资采购还应包括与之相关的服务，如运输、保险、安装、调试、培训、初期维修等。

服务采购属于无形采购，服务是人类生产性劳动的一种形式，服务的提供者通过这种生产性劳动过程以及最终产出的各种服务产品，改善服务接受者的福利状况，并给接受者带来物质或精神层面的享受与满足感。服务采购的对象包括工程和物资以外的各类科技服务、咨询服务、商业服务、技术援助和培训等。

7.1.5　采购任务

为实现采购目标，采购任务通常包括以下六大方面：

（1）明确采购目标和原则

明确采购目标和原则是所有采购中的首要任务。不同性质的采购项目其目标原则不尽相同，采购人应在自己的权限范围内平衡并优化好这些目标原则之间的矛盾，并贯穿于采购的全过程。比如，从理论上说，公开采购通常可以促进竞争，而有效的竞争可以提高资金使用效益，即资金的投入产出比。但另一方面，公开采购往往又会增加采购成本，延长采购时间，降低采购效率。

（2）组建采购机构

采购机构是以采购为目的，按照相应的采购目标和采购管理机制建立的专门从事采购活动的业务单元。采购人确定采购机构的建立形式、职能分配和在整个组织中的地位和作用主要基于组织的目标或战略。采购人确定采购机构的类型主要基于采购规模、种类、重要性以及所掌握资源等因素。

采购机构是在特定时间内完成采购任务、提高采购质量、降低采购成本并最终实现采购目的的重要保障，一般应考虑以下三点因素：

1）职能范围。明确职能范围是组建采购机构的决定因素，采购机构的管理职能从单一的采购即仅负责采购计划的执行抑或包括采购的决策，还是采购之后的合同管理。其承担的工作不同，采购机构也是完全不同的。

2）采购规模。各个采购机构的采购规模不同，在相同的管理职能下也会有很大的差别。采购机构要根据采购规模的不同调整组织的结构，以最大限度地满足采购需求和取得最低的采购成本为目标。

3）管理机制。是指有关采购管理的权限范围、审批机制和决策程序等。只有确定了采购管理机制，才能决定采购机构采用什么样的组织形式、机构的权力如何分配、管理的体系如何建立和实施等。

（3）制定采购策略

采购策略是通过分析外部环境和内部需求特点，根据企业建设需求编制的采购工作规划，对采购活动进行指导和约束。采购策略可以按照企业年度经营策略或者石化工程项目建设策略进行制定，以作为采购实施的纲领性文件。

（4）制定采购计划

采购计划是采购机构明确采购需求并了解供应市场情况后，对实施采购活动做出的具体安排。主要内容包括：采购对象（工程、物资或服务）、采购规模（数量）、采购预算、采购方式、采购周期（时间、进度）、采购技术要求（质量）等。采购计划旨在确保采购工作的质量、进度、费用等要素与采购目标保持一致。

（5）组织采购实施

采购实施是指设计和制定相关的采购标准、规则、程序、要求和计划开展一系列活动，以获得外部资源，并进行总结和完成的全过程。在遵循依法合规前提下，通过严谨规范的采购程序，控制采购成本、质量和进度，采购到适宜的工程、物资或服务，保证采购目标的实现。

（6）采购监控及后评价

监控是指通过制度约束对采购工作的各个环节和流程进行控制和监督。后评价是指对采购的执行情况、存在问题、管理过程、经验和做法等进行及时总结。

7.2　招标采购机制

7.2.1　招标采购含义

招标采购是招标人依据《中华人民共和国招标投标法》《中华人民共和国招标投标法实施条例》（以下分别简称招标投标法、实施条例）等法定程序和方式，通过市场主体平台吸引相应潜在投标人进行公开、公平、公正竞争，并从中选择条件优越投标人签订合同来完成采购任务的行为，这是在市场经济条件下通过招标方式进行采购活动的交易方式。

7.2.2　招标采购特性

招标采购是招标人和投标人进行一个轮次的要约与承诺（招标公告或邀请书及招标文件属于要约邀请，投标人向招标人递交的投标文件属于要约，招标人向中标人发出的中标通知书属于承诺），是一种特殊的签订合同方式，这种招标投标活动具备以下特点：

1）公平竞争。招标人公布项目需求，通过投标人公平竞争，择优选择中标人的过程。

2）规范交易。招标投标双方通过规范要约和承诺，确定双方权利、义务和责任，规范订立合同的交易方式。

3）一次机会。招标投标双方不得在招标投标过程中协商谈判和随意修改招标项目需求、交易规则以及合同价格、质量标准、进度等实质性内容。招标要约邀请、投标要约、中标承诺只有一次机会，这是保证招标投标双方公平和投标人之间公平竞争的基本要求。

4）定制方案。招标项目需求目标、投标资格能力、需求解决方案与报价、投标文件评价、合同权利义务配置等方案均具备单一性和复杂性的特点。因此，必须针对石化工程领域招标采购，制定符合国家资质标准等法定要求的招标文件，并通过对投标人资信、技术、报价等方案进行系统综合评价比较，才能科学判断和正确选择有能力满足项目需求的中标人。

7.2.3　强制招标采购制度

1）招标投标法等法律法规建立了强制招标制度。依法必须进行招标的工程建设项目的具体范围和规模标准，由国务院发展改革部门会同国务院有关部门制定，报国务院批准后实施。

2）2018年6月1日，国家发展改革委正式实施的《必须招标的工程项目规定》（国家发展改革委令第16号），进一步明确必须招标采购的工程项目范围和规模。

3）2018年1月1日，国家发展改革委正式实施的《招标公告和公示信息发布管理办法》（国家发展改革委令第10号令），进一步规范了发布招标公告和公式信息的范围、标准化和平台共享。

4）对于依法必须进行招标采购的项目，其招标范围、招标方式、招标组织形式（即招标人自行招标或委托代理机构招标）应当报项目主管部门审批或核准部门审批、核准。项目审批、核准部门应当及时将审批、核准确定的招标范围、招标方式、招标组织形式通报有关行政监督部门备案。

7.2.4 招标采购基本原则

1）公开原则。即要求招标投标活动必须保证充分的透明度，招标投标程序、投标人资格条件、评标标准和方法、评标和中标结果等信息要依法公开，保证每个投标人能够获得相同信息，公平参与投标竞争并依法维护自身的合法权益。同时招标投标活动的公开透明，也为当事人、行政和社会监督提供了条件。公开是公平、公正的基础和前提。

2）公平原则。即要求招标人在招标投标各程序环节中一视同仁地给予潜在投标人或投标人平等竞争的机会，并使其享有同等的权利和义务。公平原则主要体现在两个方面：一是机会均等，即潜在投标人具有均等的投标竞争机会；另一方面，各方权利义务平等，即招标人和所有投标人之间权利义务均衡并合理承担民事责任。

3）公正原则。即要求招标人必须依法设定科学、合理和统一的程序、方法和标准。

4）诚实信用原则。即要求招标投标各方当事人在招标投标活动和履行合同中应当以守法、诚实、守信、善意的意识和态度行使权利和义务，不得故意隐瞒真相或者弄虚作假，不得串标、围标和恶意竞争，不能言而无信、背信弃义，在追求自己合法利益的同时不得损害他人的合法利益和社会利益，依法维护双方利益以及与社会利益的平衡。

7.2.5 招标采购条件

建设工程项目的招标，应当在满足法律规定的前提条件下方能进行，原则上应当具备以下条件：

1）工程项目的可行性研究报告已获得批复或工程项目已获批准；

2）按规定成立了项目管理部或有固定的工程管理机构，即招标人已经依法成立；

3）有相应资金或者资金来源已经落实，并在招标文件中如实载明；

4）有招标所必需的相关技术和管理资料；

5）招标范围、招标方式和招标组织形式等应履行核准手续，并已获批准；

6）国家或企业规定的其他条件。

7.2.6　可以不招标采购情形

（1）法律规定

1）招标投标法第四条规定：任何单位和个人不得将依法必须招标的项目化整为零或者以其他方式规避招标。

2）招标投标法第六十六条规定：涉及国家安全、国家秘密、抢险救灾或者属于利用扶贫资金实行以工代赈、需要使用农民工等特殊情况，不适宜进行招标的项目，按照国家规定可以不进行招标。

（2）法规规定

实施条例第九条规定：除招标投标法第六十六条规定的可以不招标的特殊情况外，有以下情形之一的，可以不进行招标。

1）需要采用不可替代的专利或者专有技术；

2）采购人依法能够自行建设、生产或者提供；

3）已通过招标方式选定的特许经营项目投资人依法能够自行建设、生产或者提供；

4）需要向原中标人采购工程、货物或者服务，否则将影响施工或者功能配套要求；

5）国家规定的其他特殊要求。

招标人为适用上款规定弄虚作假的，属于招标投标法第四条规定的规避招标。

7.2.7　招标方式

（1）公开招标和邀请招标

1）公开招标：亦称无限竞争性招标，招标人通过国家指定的公共媒体上发布公告，提出招标项目和要求，邀请不特定的资质、业绩等条件符合要求的法人或其他组织参加投标的方式。公开招标的优点是招标人有较大的选择范围，可在众多的投标人中选择报价合理、工期较短、技术可靠、资信良好的中标人。但是公开招标的资格审查和评标的工作量比较大，存在耗时长、评标成本较高的现象。

2）邀请招标：亦称有限竞争性招标，招标人向三个及以上具备承担招标项目的能力、资信良好的特定法人或其他组织发出投标邀请书，邀请参加投标的方式。

（2）适用条件

实施条例规定国有资金占控股或者主导地位的依法必须进行招标的工程建设项目，应当公开招标；但有下列情形之一的，可以邀请招标：

1）技术复杂、有特殊要求或者受自然环境限制，只有少数潜在投标人可供选择；

2）采用公开招标方式的费用占项目合同金额的比例过大。

3）国务院发展计划部门确定的国家重点项目和省、自治区、直辖市人民政府确定的地方重点项目不适宜公开招标的，经国务院发展计划部门或省、自治区、直辖市人民政府批准，可以进行邀请招标。

4）涉及国家安全、国家秘密或者抢险救灾，不宜公开招标的，也可以采用邀请招标。

7.2.8 招标组织形式

招标人具有与招标项目规模和复杂程度相适应的技术、经济等方面的专业人员，具有编制招标文件和组织评标能力的，可以自行办理招标事宜，也可以有权自行选择招标代理机构，委托其办理招标事宜。

招标代理机构在招标人委托的范围内开展招标代理业务，任何单位和个人不得非法干涉。招标代理机构不得在所代理的招标项目中投标或者代理投标，也不得为所代理的招标项目的投标人提供咨询。

7.2.9 招标采购程序

1）发布资格预审公告或招标公告。主要内容：招标人名称，招标项目名称，项目批准情况，招标项目的性质、规模、范围，资金来源与落实情况，建设项目地点、质量标准要求，标书费用，投标保证金或保函要求，开标时间及地点要求，招标人或招标代理机构名称及联系人、联系方式，投标人报名及提供资格预审的资料内容等。

2）资格审查。资格审查分为资格预审和资格后审。资格预审应当按照资格预审文件载明的标准和方法进行。国有资金占控股或者主导地位的依法必须进行招标的项目，招标人应当组建资格审查委员会审查资格预审申请文件，通过资格预审的申请人少于3个的，应当重新招标。招标人采用资格后审办法对投标人进行资格审查的，应当在开标后由评标委员会按照招标文件规定的标准和方法对投标人的资格进行审查。

3）招投标答疑。投标人踏勘项目现场及对招标文件答疑一般可在投标人领取招标文件后即可进行。招标人对已发出的招标文件进行必要的修改、澄清，应在规定的时间内以书面形式通知所有招标文件收受人，并且该修改、澄清的内容为招标文件的组成部分。

4）开标、评标。招标人应当在招标文件中确定的时间、地点进行开标。投标人少于3个的，不得开标，并重新招标。

评标一般分为评标的准备、初步评审、详细评审、编写评标报告等过程。

5）中标候选人公示。招标人应当在收到书面评标报告之日起3日内在国家指定媒介上公示中标候选人，公示期不得少于3日。投标人或者其他利害关系人对评标结果有异议的，应当在中标候选人公示期间提出。招标人自收到异议之日起3日内作出答复，作出答复前，应当暂停招标投标活动。

6）定标。公示期间没有异议或异议不成立、没有投诉或者投诉处理后未发现问题的，招标人应当根据评标委员会的书面评标报告，在中标候选人中确定中标人。国有资金占控股或者主导地位的依法必须招标的项目，招标人应当确定排名第一的中标候选人为中标人。

7）发出中标通知书。招标人确定中标人后，向中标人发出中标通知书，并向所有未中标人发出中标结果通知书。

8）合同签订及履约。

①合同签订。招标人与中标人应当自中标通知书发出之日起30日内订立书面合同。合同的标的、价款、质量、履行期限等主要条款应当与招标文件、投标文件内容一致，招标人与中标人不得再行订立背离合同实质性内容的其他协议，否则将承担违法签订合同责任。

②合同履约。合同当事人应当按照合同约定条款全面履行自己的权利和义务。根据诚实信用原则，当事人也应当履行合同未做约定的协助、告知、保密、防止损失扩大等义务。

9）招标采购程序流程图见图7–1。

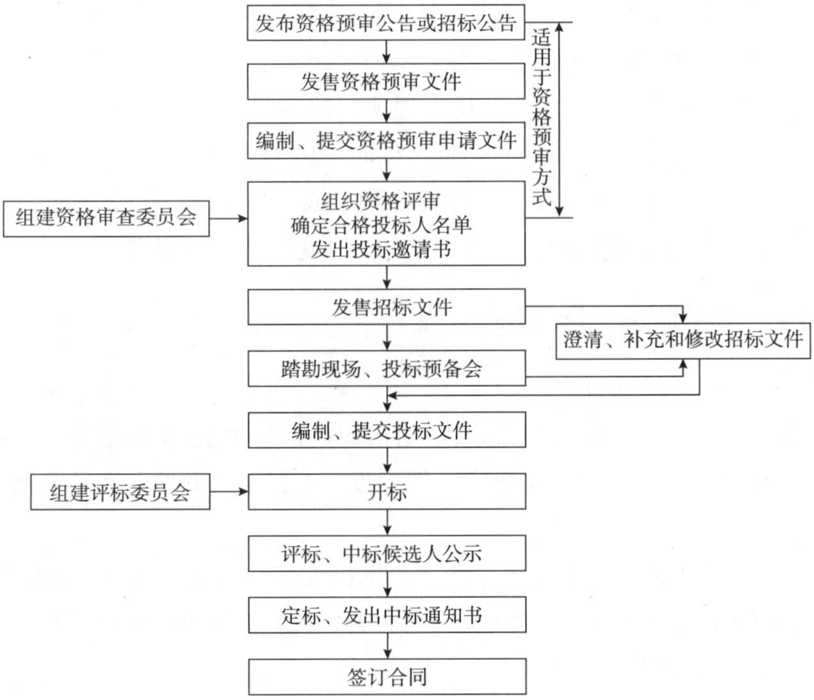

图7–1　招标采购程序流程图

7.2.10 国家标准文件应用

（1）国家标准文件颁布及施行

国家发展改革委会同工业和信息化部、住房城乡建设部、交通运输部、水利部、商务部、国家广播电视总局、国家铁路局、中国民用航空局等行政监督部门制定了工程建设项目招标标准文件见表7–1。

表7–1 标准招标文件

序号	标准文件名称	颁布文号	颁布日期	施行日期
1	标准施工招标资格预审文件	发改委令56号	2007年11月1日	2008年5月1日
2	标准施工招标文件			
3	简明标准施工招标文件	发改法规〔2011〕3018号	2011年12月20日	2012年5月1日
4	标准设计施工总承包招标文件			
5	标准勘察招标文件	发改法规〔2017〕1606号	2017年9月4日	2018年1月1日
6	标准设计招标文件			
7	标准监理招标文件			
8	标准设备招标文件			
9	标准材料招标文件			

（2）国家标准文件的应用规定

1）按照招标投标法实施条例第十五条“编制依法必须进行招标的项目的资格预审文件和招标文件，应当使用国务院发展改革部门会同有关行政监督部门制定标准文件”的规定，编制依法必须进行招标的石化工程项目的勘察、设计、施工、设计施工或设计采购施工、监理等资格预审文件、招标文件时，应当使用国家已经发布的标准文件。

2）应用国家标准文件编制招标项目资格预审或招标文件时，应按照国家标准文件的使用要求，结合行业特点和项目特性，进行企业化、项目化处理。

7.2.11 电子招标投标办法

（1）电子招标投标活动

电子招标投标是指招标人和投标人根据招标投标相关法律法规规章，以数据电文为主要载体，依托电子招标投标系统完成招标投标交易、公共服务和行政监督活动。

（2）电子招标投标系统功能

1）电子招标投标系统主要用于在线完成招标投标全部交易过程，编辑、生成、对接、交换和发布有关招标投标数据信息，为行政监督部门和监察机关依法实施监督、监察和受理投诉提供所需的信息通道。

2）电子开标是指通过电子招标投标系统在线完成投标文件解密，形成开标记录的操作过程。

3）CA数字证书是指经过有关部门认可的电子认证服务机构基于PKI技术签发、认证和管理的数字证书。CA数字证书具有数据电文交换中身份识别、电子签名、加密解密等功能。

4）电子评标是指评标委员会通过电子招标投标系统，按照招标文件约定的评标标准和方法，对电子投标文件评审，并形成评标报告电子文件的评标活动。

5）电子存档是指按照招标投标有关规定和招标人的要求，在电子招标投标系统中保存招标投标过程中产生的数据电文、电子文件等信息。

7.3　石化工程及服务采购

7.3.1　采购项目分类

（1）石化工程类

1）工程总承包。包括设计采购施工（EPC）、设计施工总承包（D–B）、设计采购总承包（E–P）等。

2）施工总承包：包括石油化工、建筑、公路、铁路、港口与航道、水利水电、电力、矿山、冶金、市政、通信、机电工程等12项施工总承包，由取得对应的施工总承包企业资质的企业承担。

3）施工专业承包：包括地基基础、起重设备安装、电子与智能化、消防设施、防水防腐保温、桥梁、隧道、钢结构、模板脚手架、建筑装修装饰、建筑机电安装、公路路面、公路路基、输变电、海洋石油、环保工程等48项施工专业承包，由取得对应的施工专业承包企业资质的企业承担。

（2）服务类

1）工程勘察。包括选址性勘察、岩土工程勘察（工程地质测绘、岩土工程勘探与原位测试等）、水文地质勘察（水文地质测绘、水文地质钻探等）、工程测量（地面测量、水域测量、地下管线测量、洞室测量、其他测量），以及长输管道、水利水电、电力、铁路、公路、通信、海洋等工程勘察全部或部分工作，灾害治理勘察等。

2）工程设计。包括基础工程设计（初步设计）及工程概算文件编制、详细工程设计（施工图设计）、工程物资采购技术规格书及采购清单编制，灾害治理设计等，以及提供相关技术服务，派驻现场设计代表进行施工、交工等阶段的现场服务。

3）工程勘察设计。即工程勘察设计采购一体化，采购内容为前述工程勘察和工程设计采购项目内容中的全部或部分内容。

4）工程监理。包括对EPC总承包人、施工总承包人、施工专业承包人、无损检测及基桩检测等检测方的工程监理，以及灾害治理监理。监理人在施工阶段对工程质量、造价、进度进行控制，对合同、信息进行管理，对工程建设相关方的关系进行协调，并履行建设工程安全生产管理法定职责。工程监理也可以前延至勘察、设计阶段，后沿至工程保修阶段。

5）造价咨询。包括工程全过程造价咨询工作（设计阶段的工程概算编制或审查，采购阶段的控制价文件和报价清单编制、施工阶段的工程变更审查、交工验收阶段的结算审查等），或一个或多个阶段的一项或多项造价咨询工作。

6）无损检测。对工程现场焊接质量进行射线照相检测（RT）、超声波检测（UT）、磁粉检测（MT）、液体渗透检测（PT）等。

7）基桩检测。对基桩或桩基工程的质量进行的现场检测，包括一般工程基桩、水运工程的基桩完整性、钻孔灌注桩成孔质量、地下连续墙成槽等质量试验检测工作内容。

8）水土保持监理。包括对水土保持工程质量、进度、造价进行控制，对合同、信息进行管理，对工程建设相关方的关系进行协调，并履行建设工程安全生产管理法定职责等。

9）水土保持监测。包括对主体工程和水土保持工程水土流失的成因、数量、强度、影响范围、危害及其防治效果进行动态监测和评估等。

10）环境监理。包括对建设项目实施专业化的环境保护咨询和技术服务，协助和指导委托人全面落实建设项目各项环保措施，配合环境保护行政主管部门对建设项目进行监督检查等。

11）环境监测。主要包括运用物理、化学、生物等现代科学技术方法，间断地或连续地对建设项目环境化学污染物及物理和生物污染等因素进行现场的监视、测试和解释，并作出正确的环境质量评价。

12）其他检测。包括音频检漏、基坑监测、阀门检测、沉降观测、特种设备监检、质量检测、土工试验与检测、理化与力学性能实验、船舶操纵模拟实验等。

13）工程评估。包括环境、气象、海洋、地震、雷电灾害、公共安全、生态保护、水文、职业病防护设施验收、消防设施验收、防雷设施验收、环境保护设施验收、水土保持设施验收、林业调查、交通等评估（评价）。

14）项目管理（PMC）。包括项目前期、勘察设计、物资采购、工程及服务采购、工程施工、工程试运投产、工程交工验收、工程结算、财务决算、工程审计、工程竣工验收、工程保修等阶段的全过程或阶段性项目管理服务工作。

15）招标代理。包括工程建设项目招标代理和中央投资项目招标代理。

16）工程投资策划与决策。包括项目建议、可行性研究、安全评价、环境评价、职业病危害评估、雷击风险评估、地震安全性评价、地质灾害危险性评估、水土保持方案、防洪评价、压覆矿评价、社会稳定风险评估、土地预审、文物保护、海洋环境影响评价、海域使用论证、通航安全评估、航道影响评价、锚地选划、倾废区选划、节能评价、气候可行性论证等。

17）其他。包括档案整编、技术拿总、技术咨询服务、工程数字化采集与移交、焊接工艺评定、计量标定、设计文件审查、审计管理、保险、翻译、试车服务、试剂装填、氮气置换、装置清洗、后勤服务、土地复垦方案编制、信息化服务、工程质量监测、培训、仓储管理等。

7.3.2　采购项目管理方案

（1）采购项目管理方案的作用

招标投标是项目组织实施前期的重要工作，是项目从规划目标向实施目标转变的关键环节。招标投标活动是一次项目化的管理过程。招标采购项目管理方案是按照项目管理的定位和要求，对某一项目的各个采购项目的采购工作以项目化组织管理实施的整体安排。采购管理方案是项目总体统筹控制计划的组成部分。

（2）采购项目管理方案的编制

编制石化工程采购项目管理方案时，需考虑项目投资多、规模大、标准高、建设周期长、管理因素复杂等特点，并研究、分析以下影响和制约工程项目主要特征和需求目标的相关因素，在此基础上，按照法律法规、企业采购制度等规定，科学策划、编制、实施、修订采购项目管理方案，以确保项目总体质量、安全、工期、投资等控制目标的实现。主要影响因素如下：

1）项目基本特征；

2）项目管理和承包方式；

3）工程外部条件；

4）工程专业和规模；

5）工程安全、质量、进度、造价、环境控制要求；

6）工程风险管理要求；

7）采购管理组织机构及职责；

8）采购项目、标包、标段初步划分及采购工作总体运行计划；

9）采购程序及采购工作重点监控环节；

10）采购工作考核及采购项目管理方案的修订等。

7.3.3　采购需求

（1）采购需求含义

采购需求是项目总体目标在每次单一采购活动中的具体化，是采购活动的核心。

在采购活动中，采购需求既是投标人响应、报价的基准，也是招标人决策的依据，在很大程度上决定着采购活动的成败和项目执行的效果。合理、明确、详实的采购需求能激励潜在投标人参与采购活动，提高采购成功率，实现项目的绩效目标，并为后续采购活动提供经验和借鉴。

（2）采购需求主要内容

1）采购范围。包括工程或服务内容、采购项目类别、工期或服务期等基本需求。

2）功能性要求。包括性能指标、技术规范、特殊技术要求等。

3）法规性要求。满足国家、企业有关质量、安全、环境、节能等法律、法规及规定的要求。

4）其他要求。如工程实施前期及过程中的外部协调工作，工程中间交接或交工后的投料试车、物料提供等延伸服务要求。

（3）采购需求确定

1）招标人需通过分析和掌握项目的技术、经济、管理特征、项目实施的内外部环境、面临的风险和机遇等，以及项目的功能、规模、质量、价格、进度、服务等需求目标，依据相关法律法规、技术标准，结合市场竞争状况等确定单一采购项目的采购需求。

2）采购需求是采购方案的重要组成部分。

7.3.4 采购方案

（1）采购方案含义

采购方案是采购项目管理方案在具体采购项目中的逐一具体体现，是科学、规范、有效地组织实施招标采购工作的必要基础和主要依据。根据项目目标和采购需求以及法律法规的规定，招标人应制定与采购项目金额、需求、风险、性质和复杂程度相匹配的“定制化采购方案”。

（2）采购方案内容

采购方案包括采购需求，以及依法合规确定的以下主要内容：

1）采购工作具备的条件；

2）采购项目质量、安全、进度、投资等目标要求；

3）采购组织形式和采购方式；

4）投标人的基本资格条件；

5）采购工作主要时间节点；

6）主要合同条件；

7）采购工作目标及保证措施；

8）可能发生的风险及解决预案等。

（3）控制（需求）目标的一致性

同一工程进行设计、施工（或EPC等工程总承包）、监理等招标采购时，应体现参建单位实现该工程控制（需求）目标的一致性。控制（需求）目标的一致性见图7-2所示。

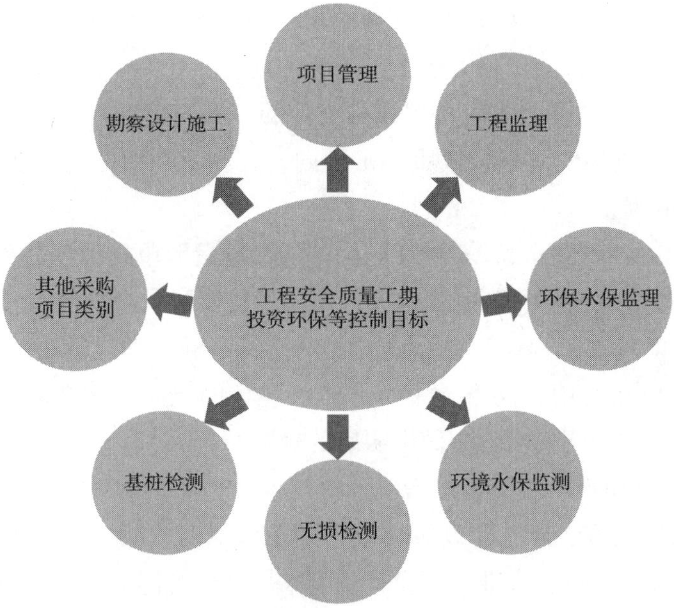

图7-2　参建单位控制目标

7.3.5　招标文件编制要点

有关招标采购管理机制等内容详见第7.2节。

（1）细化采购需求

在项目采购方案确定的采购范围、内容的基础上，进一步细化采购需求，包括技术标准、性能指标等技术规格细化、招标人提供物质清单及交接界面、三通一平详细情况、招标人提供仓储保管等条件的说明，以及本采购项目与其他相关采购项目工作界面的划分等直接或间接与投标报价有关的内容。

（2）明确主要合同条款

招标文件发出时，需完成专用合同条款的编制工作，特别是直接或间接地与投标报价有关的条款，如双方责任及义务、验收规定、计税方法及增值税税率、合同价格形式（单价或总价合同等）、风险范围和风险费用计算、价款调整、价款支付、违约责任、保险等，应本着《中华人民共和国合同法》（以下简称合同法）第五条“当事人应该遵循公平原则确定各方的权利和义务”，以及合理、友好、有利于工程项目实施、减少合同履行纠纷的原则予以明确。

（3）确定合同价格形式

1）单价合同是指合同当事人按照招标文件的约定以施工项目的工程量清单（或服务类项目的报价清单），以及中标的综合单价进行合同价格计算、调整和确认的工程施工（或服务）合同，在约定的招标范围及风险范围内中标的综合单价不作调整。编制招标文件时，应在专用合同条款中对综合单价所包含的风险范围和风险费用计算方法，以及风险范围以外的的合同价格方法做出明确的规定。

2）总价合同是指合同当事人按照招标文件的以下约定进行合同价格计算、调整和确认的工程施工（或EPC总承包或服务）合同，在约定的招标范围及风险范围内中标的合同总价不作调整。

施工项目：以详细工程设计文件、已标价的工程量清单或预算书及有关条件；

EPC项目：以方案设计或基础工程设计文件、已标价的报价清单及有关条件；

服务项目：以基础工程设计或详细工程设计、已标价的报价清单及有关条件。编制招标文件时，应在专用合同条款中对总价所包含的风险范围和风险费用计算方法，以及风险范围以外的合同价格方法做出明确的规定。

3）国家标准《建设工程工程量清单计价规范》相关条款规定，实行工程量清单计价的工程，应采用单价合同；建设规模较小、技术难度较低、工期较短，且施工图设计（详细工程设计）已审查批准的建设工程可采用总价合同。

4）编制招标文件时，应根据工程特点和相关规定，选择适应的合同价格形式。

5）应遵循合同法规定的公平原则确定风险的合理分配。

（4）约定计价方式

主要采购项目类别的计价方式与合同价格形式见表7-2。

表7-2 计价方式与合同价格形式表

工程类	EPC	①报批复概算对应费用的固定综合降点率（适用于概算未批复，招标范围含或不含基础设计） **综合降点率→总价合同** ②报投标总价（适用于概算已批复，招标范围无基础设计） **总价合同**
	施工总承包	①工程预算计价 **总价合同** ②工程量清单计价 **总价合同/单价合同** ③报以工程预算计价/工程量清单计价方式确定价款的固定综合降点率（适用于概算未批复或基础设计未完成的紧急项目） **综合降点率→总价合同**
	施工专业承包	
服务类	勘察与测量	①报投标总价 **总价合同** ②报综合单价 **单价合同** ③报依据相关计费标准确定费用的固定综合降点率（适用于概算未批复） **综合降点率→总价合同** ④报给定单价的固定综合单价降点率（适用于概算未批复） **综合单价降点率→单价合同**
	设计	①报投标总价 **总价合同** ②报批复概算对应费用的固定综合降点率（适用于概算未批复） **综合降点率→总价合同** ③报依据相关计费标准确定费用的固定综合降点率（适用于概算未批复） **综合降点率→总价合同**
	监理监测	①报投标总价 **总价合同** ②报人工综合单价 **人工综合单价合同** ③报依据相关计费标准确定费用的固定综合降点率（适用于概算未批复） **综合降点率→总价合同** ④报给定人工综合单价的固定人工综合单价降点率 **人工综合单价降点率→人工综合单价合同**

续表

服务类	无损检测 基桩检测	①报投标总价　**总价合同** ②报综合单价　**综合单价合同** ③报依据相关计费标准确定费用的固定综合降点率（适用于概算未批复）　**综合降点率 → 总价合同** ④报给定综合单价的固定综合单价降点率（适用于概算未批复）　**综合单价降点率 → 综合单价合同**
	造价咨询	①报投标总价（适用于提供全过程造价咨询服务）　**总价合同** ②报依据____计费标准确定的造价咨询费用的固定综合降点率（适用于提供全过程造价咨询工作或报价清单及控制价文件编制、结算审查等单项服务）　**综合降点率 → 总价合同** ③报给定人工综合单价的固定人工综合单价降点率　**人工综合单价降点率 → 人工综合单价合同**
	其他服务	项目管理、数字化管道等参照以上内容编制

（5）执行资质标准

1）投标人单位主要资质标准及规定：

住房城乡建设部：建筑业企业资质标准，以及勘察、设计、监理、工程质量检测、工程造价咨询等资质标准。

国家市场监督管理总局：压力管道或压力容器设计、特种设备压力管道或锅炉安装改造维修、压力容器制造或安装改造维修等许可规则。

其他行政监督部门：测绘资质分级标准、公路水运工程试验检测（基桩检测等）、水利工程建设监理单位资质、生产建设项目水土保持监测资质、爆破作业单位资质、计算机信息系统集成企业资质等管理办法、资质标准。

应注意国家及相关行业资质规定的有效性。

2）投标人项目经理、项目总监理工程师等个人执业资格规定主要包括：

国家建设行政主管部门制定的《勘察设计注册工程师管理规定》《注册建筑师实施细则》《注册建造师管理规定》《注册监理工程师管理规定》《注册造价工程师管理办法》《建筑施工企业主要负责人、项目负责人和专职安全生产管理人员安全生产管理规定》。国家安全监督行政主管部门制定的《注册安全工程师管理办法》等。

（6）依法确定投标人的资格条件

1）投标人的基本资质条件。根据招标项目工程规模、招标采购项目类别、招标范围及内容，按照行政监督部门制定的资质标准及规定，准确采用资质类别及等级。主要采购项目投标人基本资质条件：

①EPC 总承包项目。应当具有与工程规模相适应的工程设计资质或施工资质、压力管道或压力容器设计资质；具有施工资质的，应持有建设行政主管部门核发的安全生产许可证书。

②施工总承包或专业承包项目。应当具有与工程规模相适应的工程总承包或专业承包施工资质、特种设备压力管道或锅炉安装改造维修或压力容器制造或安装改造维修资质，并持有建设行政主管部门核发费安全生产许可证书。

③项目管理。应当具有与工程规模相适应的工程设计资质或施工资质或监理资质

（项目管理单位可以是本项目的可行性研究、方案设计或者初步设计单位，也可以是其他工程设计、施工或者监理单位，但不得与设计采购施工项目具有利害关系）。

④勘察项目。应当具有与工程规模相适应的工程勘察资质等。

⑤设计项目。应当具有与工程规模相适应的工程设计资质、压力管道或压力容器设计资质等。

按照《建筑业企业资质标准》相关条款的规定，施工总承包工程应当由取得施工总承包资质的企业承担。设有专业承包资质的专业工程单独发包时，应由取得相应专业承包资质的企业承担。

2）投标人主要人员的资格条件。应在资格预审或招标公告（或投标邀请书）中明确投标人项目经理部（或项目监理部）项目经理（项目总监理工程师），以及质量、安全等关键管理人员的基本资质条件。主要招标项目的项目经理、项目总监理工程师的基本资质条件为：

①EPC总承包项目项目经理。应当取得工程建设类注册执业资格（国家注册工程师执业资格或国家注册建筑师执业资格或国家建造师执业资格）或者高级专业技术职称。

②施工总承包或专业承包项目项目经理。应当取得国家注册建造师执业资格（大中型工程项目）或者中级以上专业技术职称（小型工程项目），持有项目负责人安全生产考核合格证书。

③EPC总承包或施工项目的总监理工程师。应当取得国家注册监理工程师执业资格。

④勘察项目项目经理。应当取得相关勘察专业国家注册工程师执业资格或者专业技术职称。

⑤设计项目项目经理。应当取得相关设计专业国家注册工程师执业资格或国家注册建筑师执业资格或专业技术职称。

3）投标人单位和主要人员业绩条件。项目经理、总监理工程师等个人业绩条件应是同类工程（或相应工程，即形式、功能、建设规模相同或近似的工程）相同采购项目类别的业绩。若业绩中设置单项合同金额，其金额应与采购项目合同估算金额或最高限价相当。

4）招标投标法第三十二条第（二）款规定“设定的资格、技术、商务条件与招标项目的具体特点和实际需要不相适应或者与合同履行无关”第（五）款“限定或指定特定的专利、商标、品牌、原产地或者供应商”等，属于以不合理条件限制、排斥潜在投标人或投标人的行为。制定评标标准时，不得出现此等违法行为。

（7）合理制定最高投标限价

1）国家标准《建设工程工程量清单计价规范》相关强制性条款规定“国有资金投

资的建设工程招标，招标人必须编制招标控制价”。

2）新建、改建、扩建的石化工程投资控制实行投资概算审批制度，原则上不能超过批准的投资概算。为了客观、合理地评审投标报价和避免哄抬标价，避免国有资产流失，招标人应编制招标控制价，规定最高投标限价。

3）招标人应根据招标文件规定的招标范围，结合有关规定、投资计划、市场要素价格水平以及合理可行的技术经济实施方案，通过科学测算后编制招标控制价。

4）实施条例第二十七条规定“招标人设有最高投标限价的，应当在招标文件中明确最高投标限价或者最高投标限价的计算方法。招标人不得规定最低投标限价”。

（8）依法科学设定评标标准和方法

1）评标标准及评标办法由评标办法、评审纪律、评标委员会组成及来源、评标程序、评审因素及其评审标准、确定中标候选人原则等内容组成。

2）评审标准和方法是采购需求的直观反映，应以采购需求为核心，涵盖采购需求的全部内容，针对性强。

3）评标标准和方法应合法、科学、具有可操作性，做到既使评标委员会能够按照统一的标准和方法进行评审，同时对评标委员会自由裁量权进行合理的约束，确保评标结果的公平、公正和科学。

4）评标标准和方法必须在招标文件中载明，以体现招标投标法公开的原则。评标过程中不得随意增加、删减评审因素，也不得调整每个评审因素的评审标准和权重。

5）招标投标法第三十二条第（三）款规定“依法必须进行招标的项目以特定行政区域或者特定行业的业绩、奖项作为加分条件或者中标条件”、第（四）款规定“对潜在投标人或者投标人采取不同的资格审查或者评标标准”等，属于以不合理条件限制、排斥潜在投标人或投标人的行为。制定评标标准时，不得出现此等违法行为。

7.3.6　非招标采购程序

（1）竞标采购程序

1）发布采购公告或发函特定邀请。采购人可以通过发布公告公开邀请或直接发函邀请资格条件符合要求的承包商参与竞标采购活动。竞标采购可以根据项目实际情况，选择进行资格预审或资格后审。竞标采购分为非谈判方式的竞标采购、谈判方式的竞标采购。

2）发售采购文件。竞标采购从采购文件发出之日起至承包商提交首次响应文件截止之日止不得少于3天。

3）现场踏勘。采购人组织踏勘时，可向潜在承包商介绍建设工程场地和相关环境的有关情况。对于潜在投标人在阅读采购文件和现场踏勘中提出的疑问，采购人可以书面形式解答，该解答的内容为采购文件的组成部分。

4）资格预审文件、采购文件的澄清。提交响应文件截止之日前，采购人可以对已发出的采购文件进行必要的澄清或者修改，澄清或者修改的内容为采购文件的组成部分。澄清或者修改的内容可能影响响应文件编制的，采购人应当在提交响应文件截止之日3天前，以书面形式通知所有接收采购文件的承包商，不足3天的，应当顺延提交响应文件截止之日。

5）响应。承包商应当按照采购文件的要求编制响应文件，在规定的截止时间前，将响应文件按照采购文件的要求密封送达指定地点。

6）评审。评审小组由采购人代表和评审专家共3人及以上单数组成。按照采购文件的评审规定，非谈判方式的竞标采购，对响应文件进行初步、详细（包括报价、综合、技术，下同）评审；谈判方式的竞标采购，按照响应文件初步评审、双方谈判、响应文件及响应补充或终版响应文件详细评审的程序进行评审谈判工作。选择谈判方式竞标采购的，评审小组应当按照采购文件要求，与各承包商进行谈判，并给予所有参加谈判的承包商平等的谈判机会。所有成员应当集中与单一承包商分别进行谈判。在谈判过程中，评审小组可以根据采购文件和谈判情况变动工程采购需求中的技术、服务、报价要求以及合同草案条款；可以根据谈判过程需要，要求承包商多次提交响应文件。承包商应当在规定的截止时间前，提交最终响应文件。已提交响应文件的承包商，在提交最终响应文件之前，可以根据谈判情况退出谈判。退出谈判或不参加谈判的承包商，不得提交最终响应文件参与评审。谈判情况记录应当由全体评审人员签字。对记录有异议的谈判人员，应当签署不同意见并说明理由。谈判人员拒绝在记录上签字又不书面说明其不同意见和理由的，视为同意。竞标采购原则上采用综合评审法。

7）公示。采购人应当在收到评审报告后的3天内，在符合国家法律法规要求的媒介上予以公示，公示期不少于2天。公示期结束并没有异议、投诉，或者异议、投诉处理结束后，采购人向成交人发出成交通知书，向未成交承包商发出成交结果通知书。

8）合同签订。采购人与成交人应当在成交通知书发出之日起30日内，按照采购文件确定的合同文本以及采购标的、成交金额、技术和服务要求等事项签订合同。采购人不得向成交人提出超出采购文件以外的任何要求作为签订合同的条件，不得与成交人订立背离采购文件确定的合同文本以及采购标的、采购金额、技术和服务要求等实质性内容的协议。

9）竞标采购程序见图7-3所示。

（2）竞价采购程序

1）发布采购公告或发函特定邀请。采购人可以通过发布公告公开邀请或直接发函邀请资格条件符合要求的承包商参与竞价采购活动。竞价采购可以根据项目实际情况，选择进行资格预审或资格后审。

2）发售采购文件。同竞标采购。

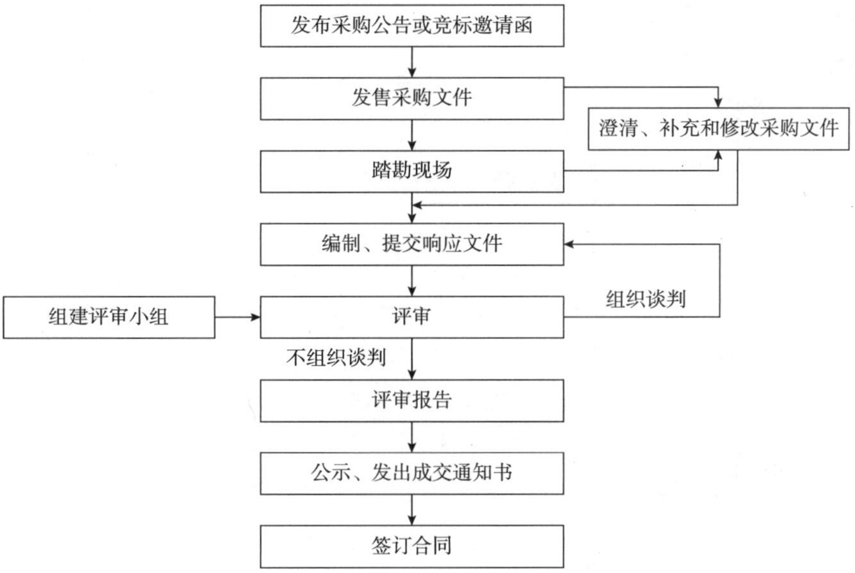

图 7-3　竞标采购程序

3）现场踏勘。同竞标采购。

4）采购文件澄清。同竞标采购。

5）响应。承包商应当按照采购文件的要求编制响应文件，将响应文件按照采购文件的要求密封送达指定地点。

6）评审。采用最低报价法。评审小组由采购人代表和评审专家共3人及以上单数组成。按照采购文件的评审规定，对响应文件进行初步评审、排序、推荐成交候选人的程序开展评审及推荐工作。

7）公示。同竞标采购。

8）合同签订。同竞标采购。

9）竞价采购程序见图 7-4 所示。

（3）独家谈判采购程序

1）发函特定邀请。采购人直接发函邀请资格条件符合要求的承包商参与独家谈判采购活动。

2）采购文件的发售。同竞标采购。

3）现场踏勘。同竞标采购。

4）采购文件的澄清。同竞标采购。

5）响应。同竞标采购。

6）评审。评审小组由采购人代表和评审专家共3人及以上单数组成。按照采购文件的评审规定，对响应文件进行初步评审、谈判、推荐成交候选人的程序开展评审、谈判工作。

7）公示。同竞标采购。

8）合同授予。同竞标采购。

9）独家谈判采购程序见图7–5所示。

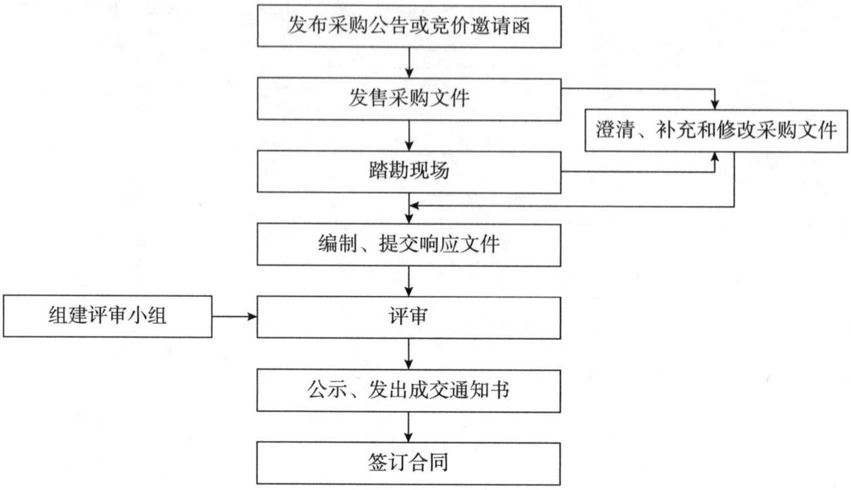

图7–4　竞价采购程序

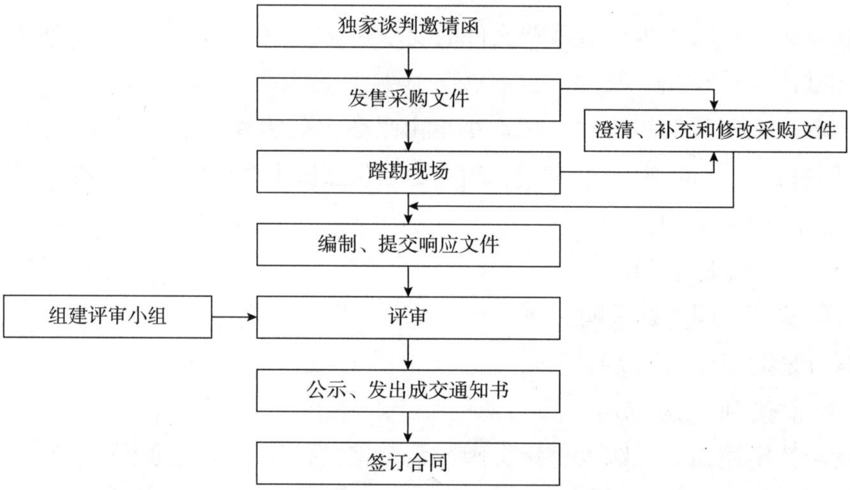

图7–5　独家谈判采购程序

7.4 石化工程物资采购

7.4.1 主要物资类别

石化工程项目物资是指与工程建设有关的物资，构成工程不可分割的组成部分，且为实现工程基本功能所必需的设备、材料等，主要包括动静设备、电仪设备材料、配管材料、钢结构和消防通信系统等物资，也包括工艺包、监造服务、物流服务、仓储服务等软件或服务。

工艺包类包括：自中国境内外引进的专利权转让、专利实施许可、技术秘密转让、计算机软件的转让与许可、技术服务、技术咨询以及其他方式的技术转移等，与技术引进相关的专有专利设备、催化剂等进口贸易，技术所有权或持有权的买断或在约定范围内许可使用权的购买等技术并购。

7.4.2 物资采购策略

采购策略是指在坚持安全、经济、绿色、及时采购理念的前提下，通过对供应市场形势的判断和熟悉需求物资质量、技术要求的情况下，为采购活动制定行动方向与准则，是石化工程建设期间的物资采购指导性文件，应按照客观性原则、标准化原则、完整性原则和可操作性原则科学合理编制。

在建设前期，要充分与工程项目建设单位、设计单位、施工单位进行沟通，根据设计施工进度，制定出适合各阶段需用物资的采购策略。

根据物资分类及需求物资的基本技术要求与技术复杂程度、供应资源的分布及市场变化情况做出准确判断，制定与之相匹配的采购策略。采购策略主要内容包括：目标和任务、工作流程策略、进度计划策略、采购组织形式和方式策略、供应商选择策略、过程控制策略、物流仓储策略等。采购策略的制订过程示意图见图7–6。

图7–6 采购策略的制订过程示意图

7.4.3 物资采购方式

按照交易方式可分为招标、询比价、联合谈判、动态竞价等多种采购方式；按照物资属性可分为框架协议采购和一单一采购；按照制造来源地可分为国内采购、国外采购及国内外采购等。

（1）招标采购

招标采购是规范选择交易主体、订立交易合同的法律程序。在招标采购活动中，主要包括招标人、投标人、招标机构、标包等关键组织单元，包括公开招标和邀请招标两种方式。

有关招标采购管理机制等内容详见第7.2节。

（2）询比价采购

询比价采购不属于招标采购范围，且存在2家及以上潜在供应商的物资，可实施询比价采购。主要包括公开询比价和定向询比价。

对标准化程度高、市场资源丰富、竞争充分的物资，应采用公开询比价；对技术复杂或有特殊要求，或受自然地域环境限制，只有少量供应商可供选择的物资，可采用定向询比价，定向询比价应选择3家及以上供应商参与。

依法必须招标项目重新招标后投标人仍少于3个，可转为询比价等非招标方式采购。邀请招标项目，一次招标不成功后原则上招标人应在分析原因后重新招标，也可直接转入询比价等非招标采购方式采购。

（3）联合谈判

联合谈判是指对采购需求一致的多家用户及供应商，按照既定的评审方案和程序，通过召开评审会议集中组织谈判交流的采购行为。

（4）动态竞价

动态竞价是指在电子商务网站采取竞价采购（反向拍卖）的方式，通过供应商多次竞争报价，获得优惠价格，提高采购效率，增加交易透明度。

（5）框架协议采购

框架协议采购是指集合物资需求，通过竞争方式确定供应商和采购价格（价格形成机制），签订一定时期采购协议，项目采购主体执行协议项下订单操作的采购方式。对通用、采购频次高的物资实施框架协议采购。

（6）一单一采购

一单一采购是指根据单项采购需求，通过竞争方式进行单次采购行为，属于零散、未集约化的采购方式。

（7）国内采购

国内采购是指以人民币支付形式的物资采购行为，最终物资出产地在中国境内。

（8）国外采购

国外采购是指以外币支付的物资采购行为，最终物资出产地在中国境外。

（9）国内外采购

国内外采购是指通过竞争方式在全球范围内进行的物资采购行为，货币支付形式、产地不限。

7.4.4 组织机构

为做好石化工程建设项目所需物资保障服务，应组建成立物资采购专项团队，开展物资采购相关工作，同时对采购不同阶段予以管理控制，最终达到满足采购需求、降低采购成本的目的。

物资采购团队下设职能部门，可根据工程及采购实际需求适时调整完善，一般包括综合管理、专业计划、专业采购、市场分析、过程控制、物流仓储、清关商检、采购协调等职能岗位或工作小组。

（1）综合管理岗

负责贯彻执行国家有关法律法规、政策及工程项目关于物资采购管理的各项要求，制定工程项目采购管理规章制度，组织对管理制度落实情况进行检查并开展业绩考核工作。

（2）专业计划岗

负责接收各类专业物资采购需求计划并经综合平衡后编制采购方案，开展采购信息反馈和过程资料的督办、检查、接收、分发、分类整理、登记、归档等工作，同时定期向档案管理人员移交。

（3）专业采购岗

负责严格按照审批通过的采购计划和采购方案实施各类物资专业化采购，负责起草物资采购招标文件或询价文件并组织招标、询比价等商务谈判工作，起草合同文本条款并完成审批，催交设备制造厂商的设计技术资料并及时提供给设计部门。

（4）过程控制岗

根据物资采购合同及技术要求，负责监督、检查物资采购的质量和进度工作，协调、处理物资采购过程中的质量问题和进度偏差；负责物资采购监造合同、运输合同及仓储合同及其他有关物资采购服务类合同的评审。

（5）物流仓储岗

负责组织审查物流运输方案和实施计划，对物流承包商等第三方物流运输单位进行管理，协调、管理项目大型设备的运输工作。负责根据项目现场提供仓储条件，统筹制定仓储规划、工作程序和管理规定，监督、检查和考核第三方仓储服务商的工作，组织协调物资的接运、检验、保管、出库等工作。

（6）清关商检岗

负责掌握国家有关进口物资的清关、商检的相关规定和流程，掌握项目进口物资交货及运输动态，与清关、商检有关部门沟通协调，协助完成进口物资清关、商检工作，协助相关部门办理设备免、退税工作。

（7）采购协调岗

负责组织物资采购过程及现场服务协调工作，协调处理设计单位、制造单位、监造单位、施工单位、物流单位、仓储单位等关联单位的工作关系，并跟踪项目物资采购进展状态。

7.4.5　采购过程控制

采购过程控制，是指对物资采购全过程的管理控制。可分为需求计划控制、采购决策控制、采购实施控制、合同执行控制、交付使用控制。其中，需求计划控制包括需求计划提报和审核；采购决策控制包括市场分析和采购策略研究；采购实施控制包括采购方式选择、供应商选择、技术谈判、商务谈判和合同签订；合同执行控制包括资料交付、进度控制、质量控制、物流运输控制、现场物资控制和资金支付控制；交付使用控制包括安装、调试、投用过程中的供应商现场服务以及合同异议处理等。

（1）计划控制

物资计划包括物资使用单位提报的物资需求计划和采购部门编制的物资采购计划。

需求计划是物资采购的来源和依据。需求计划的及时性、准确性和标准化是实现安全供应、经济、绿色、及时供应的基础。

采购计划是指采购部门计划人员审核确认需用单位提报的物资需求计划，在平衡利库、集合批量后形成实际需要采购的数量，经履行相关审批程序后而形成的计划。采购计划的编制要遵循统筹兼顾、综合平衡、合理利库的原则。

（2）采购决策控制

随着国内外供应市场竞争日趋激烈，产品的升级换代越来越频繁，社会环境越来越复杂，采购部门必须针对所采购的物资，运用科学方法，有目的、系统地进行供应商、价格、数量、供应风险等基础数据的收集、整理和分析，判断市场的现状及其发展趋势，为实现适时采购和科学理性采购提供决策支持。

市场分析和研究的主要内容包括：市场资源分析、价格行情分析、供需关系分析和市场变化趋势分析等。

（3）采购实施控制

采购实施控制是依据采购策略和采购控制要求，通过科学策划、合理组织拟对具体采购项目进行一系列商务采购活动，最终获得性价比最优的产品和供应商，确保全生命周期内的安全、经济、绿色、及时供应。其主要工作内容包括：采购方案制定、技术澄清及技术协议签订、商务活动组织、合同谈判及签订。

（4）合同执行控制

合同执行过程是指从合同签订到最终产品交付的过程，通常包括进度控制、质量控制、物流运输及现场物资控制、资金支付控制。

1）进度控制。工程物资的进度控制工作是从签订采购合同开始到最终物资及竣工资料抵达现场为止。进度控制工作的核心就是要及时准确地掌握供应商制造的真实进度，及时发现供应商在进度方面已出现或潜在的问题，及时预报警，督促供应商采取必要的补救措施，或采取有效的财务控制和其他保证措施，努力防止进度拖延和费用超支，对于已出现的或潜在的延误要通过必要的协调手段和相应的催交方式，将由此引起的影响控制在最小范围内。

根据工程物资的重要性和延期对项目总进度影响的大小，一般将工程物资的催交等级划分为一、二、三、四级，每一等级要求相应的催交方式和频度。

一、二级物资，以长（次长）周期设备材料为主，应制订物资过程控制计划，列出关键控制环节时间节点，明确主要外购原材料、外协件分供方范围和关键控制点。每月采用电话、邮件或实地查看等形式检查进度一次以上，发现有迟交货迹象或趋势，应逐月赴制造厂现场检查进度，直至进行驻厂催交。

三级物资，主要适用于非关键、通用设备材料。一般以办公室电话、邮件催交为主，必要时实施工厂实地检查。要求制造厂提供制造计划和月度报告。发现有迟交货迹象或趋势，应根据实际情况逐步提高催交等级。

四级物资，以一般设备材料为主，在合同交货期过半时，应电话、邮件检查进度。

2）质量控制。工程物资质量控制是为确保采购的设备、材料符合采购合同提出的质量、技术要求，在采购合同执行阶段进行的质量控制活动，是工程质量控制的重要环节。

工程物资质量控制的执行主体主要是设备材料的采买方或者使用方，所以项目业主、总承包商都可以是采购检验的执行主体。在石油化工EPC总承包项目中，通常由业主和EPC总承包单位协商约定委托独立于双方之外的第三方专业检验服务机构按照共同认可的执行标准进行检验，称为第三方检验。

工程物资质量控制的方式按照质量检验等级Ⅰ、Ⅱ、Ⅲ、Ⅳ由高到低通常分为制造过程的全程驻厂监造、关键点的访问检查、出厂检验、资料审核后免检放行。质量控制的内容根据检验对象的不同而变化。例如：静设备检验通常包括预检验、原材料检验、焊接检验、无损检验、尺寸和组装检验、热处理、压力试验、油漆和包装检验等主要内容。动设备检验通常还包括转动件的平衡试验、装配检验、辅机和外购件检验、机械运转试验、性能试验等。

按照出现质量问题对工程建设影响的大小，物资可以分为A、B、C三类，其中A类和B类设备材料为重要设备材料。A类物资以反应器、压缩机等关键设备为主，通常采取驻厂监造管理方式；B类物资以一般塔器、离心泵、合金钢管等为主，通常采取关键点访问检查和出厂检验等形式。C类物资以普通钢板、耐火材料、中低压电缆等大宗材料和标准件为主，通常采用质量文件审核放行。

3）物流控制。工程项目物流主要以委托专业物流公司的第三方物流为主要运作模式，具有实施一次性、执行长期性、整体关联性、工序不确定性、技术复杂性和过程风险性等特征，是对工程项目起关键作用的一种特定的物流活动。

在工程项目实施阶段，物流管理的主要工作是编制物流招标文件、选定物流分包商和组织协调物流运输过程。物流招标文件需综合石化工程项目所有采购的设备材料的运输物流信息，包括设备材料的尺寸、重量、交货期、交货地点和运输方式、供应商所在地和项目所在地的港口和内陆运输等信息。在统一招标文件的基础上通过竞价招标，在经济最优的前提下确定物流分包商，将选定的物流分包商纳入项目采购统一管理。

组织协调物流运输过程是工程项目物流管理的主要内容。物流管理协调的主要对象包括设备材料供应商、物流分包商和业主物流管理人员等，根据运输方式和设备材料性质不同协调对象还可能涉及海事部门、港口部门、海关部门等。

针对大宗、超重、超限设备材料运输应制订物流运输方案并经专家审查。

危化品运输应严格审查承运单位危险货物运输许可资质及承运、装车、运输安全技术条件。

审查运输方案时要充分考虑HSSE策略措施，倡导利用先进物流技术规划和实施运输、储存、包装、装卸、流通加工等绿色物流活动，以降低对环境的污染，减少资源的消耗。

进口物资要考虑报关与商检、减免税、国际运输、国内运输及港口选择等方案。

4）现场物资控制。工程物资到达项目现场后，需要进行物资接收、开箱检验、仓储管理、出库管理及项目后期剩余物资的处理等管理过程。

接收负责人根据物资到货预报编制接运计划，落实卸货地点、选择进场路线、进行机具和人力准备、建立接运台账、准备货物交接记录表等。

物资检验负责人则根据到货信息编制检验计划，适时组织有关单位/人员参与联合开箱验收。开箱检验的内容一般包括数量检查、外观检查、技术图纸协议的符合性检查。在联合开箱检验完成后，物资检验负责人应根据检验情况及时编制开箱检验报告、盈缺损报告、不合格品报告。检验确定为不合格产品，移放不合格品区待后续处理。对于检验合格的物资，应通过材料管理控制系统办理入库手续。

物资仓储管理应做到库房和堆场规划合理、标识清晰；库房、堆场防火防盗设施齐全、安全可靠；物资摆放整齐有序、台账与实物相符；露天堆场道路畅通，存放物资上盖下垫，防洪排涝设施齐全；库存物资保养维护及时，库存物资达到“十不”，即不锈、不霉、不潮、不变、不混、不坏、不爆、不漏、不腐、不冻；危险品、化学品的仓库应单独设置、合规管理。

5）资金支付控制。资金控制是保护资金使用安全，提高资金使用效益，控制财务风险的管理活动。买卖合同下，货款支付是买方的基本义务，同时，也是对卖方合同执行进行控制的重要手段，因此，做好资金控制，掌握货款支付节奏，并与合同执行的进度、质量等过程控制有机结合，是控制供应风险的重要措施。

资金控制主要是预付款控制、进度款控制、货款结算控制、质量保证金控制等内容。

（5）交付使用控制

在物资交付后的使用过程中，应重点关注供应商现场服务和采购合同异议处理。

1）供应商现场服务管理。工程物资供应商现场服务管理主要内容是组织供应商提供现场需求的服务。依据采购合同规定，供应商派遣工作人员按照约定的时间到达项目现场指导或协助进行安装、组装、调试、操作、培训以及运行中的保障服务等工作。

其主要内容包括：

① 提供专业咨询。提供技术、专业咨询，产品疑惑解答，指导用户正确使用。

② 现场安装指导服务。供应商现场技术服务人员参加开箱检验，对质量缺陷进行协调处理，指导产品的安装、组装、调试和操作。

③ 保运。供应商现场技术服务人员参加保运工作，对产品运行进行指导。

④ 人员培训。按照用户要求对技术人员、运行人员进行专业培训，掌握产品结构、技术性能、开车运行、常见问题的处理等。

其现场服务工作程序见图 7–7。

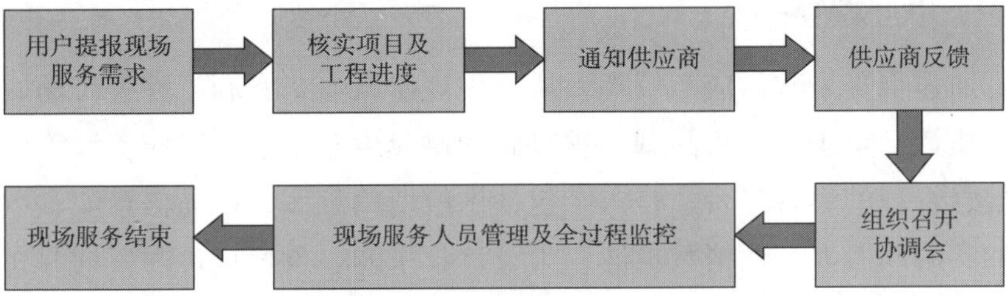

图 7–7　现场服务工作程序

2）合同异议处理。合同异议处理的目的是通过异议处理，分析查找原因，妥善解决问题，规避采购风险，维护企业合法权益。其内容主要包括交货数量异议、质量异议和交货期异议。

合同异议产生的原因是多方面的，既有供应商的原因，也可能有采购方自身的原因，只有正确的分析、认识合同异议产生的原因，才能及时有效处理异议。一般情况下合同异议产生的主要原因见表 7–3。

表 7–3　合同异议产生的主要原因情况表

序号	供应商的主要原因	企业自身的主要原因
1	质量管理体系不健全	供应商选择不当，成本分析不够，非理性低价中标
2	企业生产经营不善，资金匮乏	供应商的生产能力、技术装备水平调查不足
3	设计能力不足，图纸资料交付不及时	技术交流不充分，技术协议签订不严谨
4	生产管理混乱，未执行技术协议	合同审批流程过长，合同签订不及时；过程控制不到位
5	生产任务饱和，合同外包	选择供应商不当，过程控制不到位，预付款、进度款支付不及时
6	分包供应商选择不当	技术协议签订不严谨，图纸资料交付不及时
7	外购原材料、外协件质量问题	需求变更；技术协议签订不严谨，过程控制不到位
8	错发、混装产品，交付的产品的规格、品种与合同不符	监造人员、出厂前检验人员不到位

续表

序号	供应商的主要原因	企业自身的主要原因
9	承运商选择不当	采购人员经验不足或合同履约意识不强
10	运输丢失、损坏；运输管理不到位	卸车碰撞或保管不善；运输监督过程不到位
11	信息交流不畅，缺乏沟通	信息交流不畅，缺乏沟通

合同异议处理的方式有协商处理、仲裁或诉讼。合同异议产生后，一般通过友好协商为主，仲裁或诉讼为辅的方式，主要采取更换、补货、修理、退货、让步接收和赔偿损失等方法处理。

7.4.6 供应商管理

建立、加强物资采购供应商管理，从源头规避风险，有利于完善市场诚信体系建设，打造重质量、重服务、重品牌、重口碑的供应生态系统。供应资源管理系统是供应商各类信息管理的集合平台，是一个包括供应商信息库、产品信息库、供应商档案管理系统的实用动态大型商情数据库，为设计、采购、投标报价和咨询等相关方提供信息服务。

（1）供应商管理原则

1）敞开大门。敞开供应服务大门，供应商根据产品类别可以自愿申请加入供应商管理系统。

2）资格审查。对参与物资采购活动的供应商，从资质、供应服务能力等方面进行资格审查。

3）量化评价。对于每笔采购合同的供应商从法人信用、产品质量、履约评价、市场业绩等方面进行量化评价。

4）合作共赢。将供应商作为重要的外部资源，注重发展与供应商的合作关系，实现共赢。

（2）供应商资格审查

石化工程领域属于高温高压、易燃易爆、剧毒介质等高危行业，所需生产物资技术要求高、标准高，因此需要制定严格的供应商资格审查标准，其调查方式包括书面调查、工厂审查、旁证性调查。

书面调查。采购方供应商资源管理人员负责组织对供应商的书面调查工作，由供应商填写供应商情况调查表。

现场审查。现场审查内容主要是对供应商基本情况的核实、策划的专题调查事项、生产经营真实信息、质量体系实际运作情况、项目有针对性的调查内容等。考察后按照要求进行量化评价并出具考察报告。

旁证性调查。为了验证供应商的业绩、售后服务情况、产品的实际性能和供应商资信程度进行有目的的旁证性调查。这种调查可以是向其他顾客或顾问专家进行间接的“旁证性”了解，也可以是到第三方处进行有针对性的专访。

（3）供应商评价

供应商评价主要从法人信用认证、产品质量评价、履约动态评价、市场业绩表现等方面客观、量化地评价供应商的综合实力和履约情况。

法人信用认证，是采购单位联合专业信用认证机构，从基本资质、生产经营、财务状况、行政合规等方面，对供应商法人主体合规守信状况进行评价，并给予综合信用评级。法人信用认证结果有效期一般为3年，有效期内实施年度跟踪评价。

产品质量评价，是采购单位联合专业产品质量评价机构，从资质等级、装备能力、质量保证体系、性能检测等方面，对产品满足先进标准或技术规范水平，给予专业评定并评级。产品质量评价结果有效期一般为3年，有效期内实施年度跟踪评价。

履约动态评价，详见第7.4.7节“后评价管理”中的内容。

市场业绩表现，是依托大数据技术，按照供应商采购金额、销售金额、订单数量、在线支付等方面进行评分，综合评价供应商市场业绩表现。

7.4.7　后评价管理

采购后评价是指采购的物资投入使用后一定时期内，对物资采购实施过程进行全面、客观的评价。内容包括对供应商评价和采购过程评价。

（1）采购后评价的目的和作用

1）采购后评价的目的：

①评价所实施的物资采购对企业效益和采购业务绩效是否有效促进、提高，从而修正和完善现有采购策略和方案，为今后实施的物资采购决策提供借鉴。

②采购后评价能够增强采购的透明度和认可程度，从而增强各相关部门的协调。

③采购后评价的结果作为一定时期内对部门或岗位进行绩效考核的依据，甄选人员和岗位调整，针对员工的工作能力缺陷等情况进行岗位培训。

④ 采购后评价能够增强对供应商的认识，优化供应商结构，细分供应商市场。

2）采购后评价的作用：

①通过采购后评价，有利于提高采购决策的科学性和管理水平。

②通过采购后评价，有利于供应商的关系管理，培育主力供应商，实行业绩引导订货，提高对外部资源的控制力。

③通过采购后评价，有利于深化对需求规律、市场形势、采购策略、采购方式和过程控制的研究。

④通过采购后评价，对物资采购过程进行客观的分析、对比、评价，发现问题，

有利于业务部门改进工作。

⑤通过采购后评价，有利于需求提报、采购、计划、过程控制等岗位人员提高工作主动性和责任心。

（2）采购后评价的原则及要求

1）采购后评价的原则：

①突出重点、兼顾一般的原则。对物资采购管理突出的重点指标进行评价。对重要物资和出现质量、进度等问题的物资进行评价。

②科学合理、易于操作的原则。考核评价指标的设置做到科学合理，可操作。

③日常考核与定期评审相结合的原则。业务人员对每笔采购业务完成后都要进行评价，并与专业管理的月度、季度、年度考核评价工作相结合。

2）采购后评价的要求：

①设置专（兼）职岗位，落实责任。物资采购部门应落实人员开展采购后评价工作，制定采购后评价工作计划，收集采购后评价所需的资料和数据。

②制定采购后评价标准和方案。物资采购部门应制定采购后评价的标准和方案，根据工作计划按时完成评价工作。

③编制评估报告。将资料和数据整理分析、汇总、评价，编制出采购后评价报告。

（3）供应商评价

供应商评价是采购后评价的重要组成部分。运用供应商评价结果，优化结构，大力培育主力供应商队伍，控制供应风险，实现安全、经济、绿色、及时供应的目标。

1）供应商评价内容。供应商评价内容主要包括：质量、价格、交货期、服务。

①质量评价。质量评价的依据主要是合同质量条款和验收标准，验收记录，到达现场后安装、投用等信息，用户就有关质量与性能等方面的情况反馈意见。通过分析，对物资质量进行评价。对于质量问题，要分析原因，提出改进措施。

②价格评价。价格评价依据主要是市场价格、历史成交价、同类企业采购价格或其他参考指导价。通过对比分析，评价供应商价格是否合理。对于价格差异较大的，要分析其原因，提出整改措施。

③交货期评价。对照合同或协议约定的交货期进行对比分析，评价供应商及时交货情况以及紧急订单响应与完成情况等。对拖期交货的要分析其原因，提出整改措施。

④服务评价。现场服务评价的依据是技术协议的相关要求、要求供应商提供现场服务计划、供应商现场工作计划与相关记录等。

主要从供应商的服务是否及时、现场服务反应程度、现场配合、现场服务人员技术能力等方面进行评价。对供应商现场服务中的问题要分析原因，提出整改措施。

2）供应商动态量化评价。供应商动态评价是指每笔采购合同在执行完毕后，合同签订单位业务人员要分别在价格、质量、到货时间、售后服务等方面，依据供应动态量化考核办法，对交易供应商在此项采购业务（合同）中的表现依据供应商评价分值表（见表 7–4）进行动态量化评价。

表 7–4　供应商评价分值表

评分项目	评分标准	分值
质量（35%）	质量优良，完全符合技术要求	35
	质量良好，符合技术要求	30
	有轻微质量问题，主要技术指标合格	25
	有质量问题，部分主要技术指标不合格，让步接收	10
	有质量问题，主要技术指标不合格，退货	0
价格（30%）	供货价格较市场价格有明显优惠幅度	40
	供货价格较市场价格有一定优惠幅度	35
	供货价格为市场价格	25
交货期（20%）	按合同及时交货	35
	略晚于合同规定交货，未影响生产建设	30
	略晚于合同规定交货，轻微影响生产建设	20
	晚于合同规定交货，对生产建设造成一定影响	15
	交货严重拖期，对生产建设影响较大	0
服务（15%）	按照合同规定提供服务，并提供额外的增值服务，对客户实施的产品生产过程中的控制给予积极配合	40
	按照合同规定提供服务，对客户实施的产品生产过程中的控制较为配合	35
	按照合同规定提供服务，对客户实施的产品生产过程中的控制配合不积极	25
	未按照合同规定提供服务，或对客户实施的产品生产过程中的控制不配合	0

（4）采购过程评价

采购过程评价是针对每一笔采购合同在执行完毕后，组织相关部门、岗位对采购过程的主要环节进行综合评价。评价范围主要是重要物资以及出现质量、进度等问题的合同。

1）采购过程评价内容。采购过程评价是对采购过程中的采购方式确定、供应商选择、价格确定、合同执行过程控制等主要工作进行检查、评价。

2）采购过程评价措施。采购过程评价要结合对交易供应商评价结果进行。通过评价结果分析所采用的采购策略、采购方案是否合理，过程控制的措施是否正确、有效。

①检查分析采购策略、采购方式选择的合理性。

在采购结束后，要分析采购过程中采购策略是否正确，验证采购策略对采购实施过程的指导作用，针对选择的采购方式是否合理和有效做出判断和评价。

以下提出了招标采购、询比价采购和框架协议采购三种采购方式的合理性评价的部分内容。

对招标采购，重点分析评标办法是否合法、合理；评标过程是否规范；评标意见是否针对投标文件，以及评标中异议问题澄清与处理等。对参与评标专家的专业水平和公正度做出评价。

对询比价采购，主要检查询比价程序是否规范，是否有询价书，询价书内容是否完整，报价书是否密封，拆封时是否同时有计划、采购等相关人员参加，技术、商务谈判是否有详细的记录，拟选供应商是否构成竞争（3家或3家以上）。

对框架协议采购，主要检查框架协议形成是否经过充分的市场调研和充分竞争，是否按协议规定的价格和质量等条款来实施采购，是否根据市场变化及时调整了协议内容，对已列入协议采购的物资是否进行重复询比价和招标采购。

② 检查分析价格、供应商及质量等过程控制措施的合理性。

对采购的价格合理性的评价。主要检查是否通过了深入的市场调研，是否与预算价、指导价、历史价格进行了比较；重点分析、检查价格管理机制、价格形成与确定过程、价格监控等是否科学理性、合理到位。价格变更的依据是否充分，价格调整审批程序是否规范等。

对供应商选择情况的评价。主要检查供应商资格是否预审、加入条件是否具备，相关资料是否齐全，同一供货品种的供应商是否形成竞争，是否实施了动态量化考核，是否建立了业绩引导订货机制，供应商结构是否进行了优化，以及制造厂家进货比率、主力供应商份额等。

对过程控制方案执行及其合理性的评价。例如对质量控制，主要检查是否建立了质量管理制度，质量检验器具是否按期检测合格，发生质量问题是否进行跟踪整改，重要设备和材料监造是否进行监造，是否签订了监造协议，以及检查质量事故处理等相关记录等。

7.4.8 档案管理

合同档案资料指合同签订过程中形成的所有文件、图片、录像等资料，每笔采购业务都要建立一整套档案资料，实现痕迹管理、全程在案、永久追溯。

在采购合同签订和执行过程中，随时注意收集、整理与合同相关的资料并为存档做准备。主要内容包括但不限于：采购工作记录；会议纪要、备忘录；价格形成过程的询价、报价资料，招标资料和谈判记录；合同审批表；合同双方签章完整的合同正本、附件及其与合同相关的补充协议等；技术协议、规格书和图纸等；双方往来函件；变更协议；合同执行过程的进度和质量控制记录，包括监造资料；到货的验收入库记录；结算付款相关记录，包括资金申请使用审批等单据或记录。

CHAPTER 第8章

石化工程施工

石化工程施工部分，以工程项目建设过程为主线，全面介绍工程项目总平面设计及管理、场地地基处理、土建工程施工、专业安装工程施工、单机试运、“三查四定”与工程中间交接等各专业及工序的知识要点，以及工程建设过程的安全、质量监督管理要求。

8.1 石化工程施工工序与方法

8.1.1 石化工程施工工序

施工工序主要指石化工程建设中建筑物、构筑物、给排水、钢结构、工艺管道、设备、电气、仪表、防腐、绝热、筑炉、衬里等各专业工程施工的顺序节点。

8.1.2 石化工程工序施工及管理方法

工序施工方法主要是指各专业工程中所包含施工工序的先后完成顺序，以及各工序采用的施工工艺技术和辅助措施。石油化工施工工序管理主要包括专业工程施工工序及专业工序之间交叉施工的协调与管理，管理原则如下：

（1）主要原则

按照先地下后地上、先深后浅、先土建后安装、大进大出、深度预制和安装平行、工序深度衔接的原则，实施以工厂化预制为基础、以信息管理系统为支撑、以工程项目实践为载体，充分发挥机械化、自动化加工制造和自动焊接设备优势，最大限度地实施模块化建造和现场模块组装，实现高处作业人数减少、高空作业工作量减少、交叉作业减少，提高工程建设效率、保证工程实体质量和安全作业环境。

（2）工序管理的目的

实现各专业施工的平行作业和连续作业，达到提高作业效率的目的（平行作业：在同时间内不同的专业在不同的地点同时作业；连续作业：在同一施工地点，不同专业均可连续施工的作业）。

（3）工序管理的基本条件

1）工序施工作业计划充分体现出施工程序和逻辑关系以及各程序的时间节点安排。

2）满足工序施工的现场作业环境，施工图纸、材料设备需求计划明确。

3）各工序质量控制点的级别及验收程序。

（4）工序管理的基本手段

1）以专项工序间四级作业计划编制与实施，促进资源落实、设计图纸、材料到货顺序协调以及工序间衔接。

2）以“四新”技术应用，推动工序质量和工效的提升，如：工厂化预制加工制造技术、模块化建造技术、自动焊工艺技术以及各专业工艺改进和创新技术研发等。

3）统筹做好施工总平面布置及协调，保证工程项目建设过程中各项设施运行顺畅。

8.2 施工总平面

工程场地预处理（施工总平面布置）主要指为完成工程项目开工建设对施工区域需要进行的场地平整及地基处理，施工区域划分及各功能区规划面积，临时道路设计及交通运输组织，生产、生活、行政及公用工程等临时设施的规划及实施。

8.2.1 施工总平面布置

1）施工总平面布置应以装置区整体平面布置为基础进行施工实施规划，使其布置紧凑、流程顺畅，施工区域的划分应既符合施工流程，又使各专业和各工种之间互不干扰，以交通运输线为纽带，按工艺流程和施工方案的要求作有机联系，并符合节能、环保、安全和消防等要求，尽量减少对周围已有生产、生活设施的影响。

2）应充分利用永久性设施和原有设施，先行安排具备条件，又可供施工过程中利用的永久性工程，尽量做到永临结合、综合利用，降低施工用地面积，新建工程的施工区宜布置在工程扩建区，改扩建工程施工区应结合厂区总平面方案因地制宜进行布置。

3）施工区域应设临时的围墙，出入口的布置应尽量使人流、车流分开，并设有专人管理。现场出入口不应少于两处。

8.2.2　工程场地地基预处理

1）在选择地基预处理方案前需了解施工区域位置图、地形图、测量报告、地质资料、水文气象资料、总平面布置图、竖向布置图及主要地下设施布置图等资料。

2）依据区域地质勘察报告及施工总平面布置方案明确各区域的地基承载力需求和地基预处理方案。

3）地基预处理方案应与装置区正式工程地基处理方案相结合，满足经济、合理的原则。

8.2.3　工程场地四通一平

四通一平中四通主要指施工现场水通、电通、路通、通信通；一平是指施工现场要平整。

（1）施工道路

1）场内施工道路干线的位置宜尽量与工程永久道路的布置一致，并按正式道路进行路基施工，待项目中间交接前进行路基修复及面层施工。

2）预制加工区、设备及材料存储区均应设置环形道路。各加工区、堆放场与施工区之间应有直通道路连接，消防车应能直达主要施工场所及易燃物堆放场。

3）施工区域道路在交通频繁、通行大型移动式起重机械或大型平板车时，其主干道路面宽度不宜小于8m，一般双行道路面宽取6～7m，单行道路面宽3.5m。道路两侧应有排水沟。

4）合理组织交通运输，使施工的各个阶段都能做到交通便捷、运输通畅。大宗器材或半成品堆置场布设时要分析和选取经济合理的运输半径，使反向运输和二次搬运总量最少。

（2）施工用水

1）石化工程现场施工用水系统包括供水系统和排水系统。施工现场的供水量应满足全施工区域的直接生产用水、施工机械用水、生活用水和消防用水的综合最大需要量。排水系统应满足施工过程中产生的废水、生活及办公污水、地表水和地下水等顺利排出施工区域。

2）供水系统需确保用水点有足够的水量和压力，力求供水管网总长度最短。供水系统应统一规划布置，并以简化系统、降低成本为原则。一般按枝状管网布置，大型项目可采用环状管网。设置适当的分段隔离阀门以便于分区检修或接引管线。当需计费时，可在引入或分区位置设水表或其他计量装置。

3）水管线位置不应妨碍现场交通运输和工程施工，一般沿道路一侧布置，采取埋地和地沟两种敷设方式，埋地金属管道的外壁应采取防腐措施，并设在土壤冰冻线以下，否则应采取防冻措施。埋设深度应考虑场地平整的影响。通过铁路、承重道路的下面时，应敷设在套管内。

4）现场排水系统宜采取排水明沟、暗沟及管道系统相结合的方式，一般采用明沟排水，沟的坡降一般不小于0.3%。装置区内道路两侧及开挖的管沟、基坑附近均应设置排水沟及集水井进行地表水、地下水及使用后水的收集和沉淀处理，经处理合格后排入永久性市政排水管网，污水排放应符合国家与地方的环保要求。

5）消防水主管内径不应小于100mm；在重点防火区域应设置消火栓并设置醒目的标识。室外消火栓应沿道路设置并靠近十字路口；距路边不超过2m；消防附件的选择应符合当地消防机关的规定。

（3）施工用电

1）施工临时用电宜与装置区永久供电统筹规划布置，施工电源的主要设施应按照工程最终设计规模统一规划、分期或一次建成，施工现场的供电量应满足施工区域的土建和安装的动力用电、焊接及热处理用电、照明用电等最大用电量。

2）施工临时用电需先进行施工用电总量计算，选择相应的变压器，然后计算配电导线截面积并选择电缆规格，进行配电线路布置。施工现场供电线路，采用架空或埋地铺设，应尽量使线路最短。

3）供电干线应靠近负荷密集处，一般沿围墙或道路布置；并尽可能从扩建端引入现场。架空线穿越主要施工场地和起重机械作业区时应改为地下电缆。现场电源应有两路馈线，采取环形分段布置以提高供电可靠性。

4）施工低压电源应采用三相五线制，以380/220V电压供动力及照明用电。配电变压器的台数及容量应按负荷分布情况确定。变压器应尽量靠近负荷中心，施工用电容量按工程用电高峰阶段计算。

（4）施工通信及网络

1）通信及网络应统筹考虑工程投产后的通信网络需求，一次性规划，分步实施，为参加建设的承包商提供工程建设期间所需要的网络接入点。

2）由建设单位负责将行政、办公电话站电话交换机及办公网络系统引至项目管理部各职能部门及承包商办公区，信息网络之间的电缆及光缆日常维护由运营商负责，确保通信及网络畅通。通信终端设备及接引按通信协议办理。

（5）场地平整

1）工程施工场地需在工程开工前进行施工区域控制测量，建立高程控制方格网。

2）根据设计总平面图，结合方格网测量成果，编制场地平整方案，确定控制高程，做好土方平衡与调配，尽量减少土方挖、填量。

8.2.4　施工临时设施

1）施工临时设施包括：生产设施、生活设施、行政办公设施、公用工程设施以及各类材料、设备的露天堆放场、钢结构堆放和拼装场、土方中转和弃土堆放场、露天加工制作场、各类机械停车场及安装各类组装场等施工场地设施。

2）施工临时设施及场地的规划应符合防火、职业健康安全、环境保护等规定。在有条件的地区充分利用基地加工能力和工厂化、社会化服务。同时还应符合有利生产、方便生活、降低成本和节约用地的原则，力求合理、适用、紧凑、经济。

3）临时设施应方便施工，办公区和施工生产区、施工生产区和生活区应分离设置。临时设施应以经济、实用为原则，因地制宜，宜采用可装卸、能周转、性能好的装配式或集装箱式等移动式结构、轻型结构房屋。生产性施工临时建筑基本型式，应根据当地环境、气候自然条件和施工企业的自身特点等综合考虑，逐步实现定型化、标准化。

4）工程施工前应进行土（石）方平衡设计，安排必须的土方中转和弃土堆放场地。施工现场还应设置废弃物堆放场，按环保要求分类收集、存放并及时处理。

8.3　地基处理

地基处理方式选择由工程设计人员依据工程项目地质勘查报告以及承载力需求来选择确定，主要涵盖以下类型：

8.3.1　换填垫层

1）换填垫层适用于浅层软弱土层或不均匀土层的地基处理。换填垫层的厚度应根据置换软弱土的深度以及下卧土层的承载力确定，厚度宜为0.5～3m。换填垫层的承载力宜通过现场静荷载试验确定。

2）垫层施工应根据不同换填材料选择施工机械，垫层的施工方法、分层铺填厚度、每层压实遍数应经现场试验确定。除接触下卧层软土层的垫层底部应根据施工机械设备及下卧层土质条件确定厚度外，其他垫层的分层铺设厚度宜为200～300mm，每层压实系数符合设计要求后铺填上一层。为保证分层压实质量，应控制机械碾压速度。

8.3.2　预压地基

1）预压地基适于处理淤泥质土、淤泥、冲填土等饱和黏性土地基。预压地基按处理工艺可分为堆载预压、真空预压、堆载和真空联合预压。

2）对塑料排水带应进行纵向通水量、复合体抗拉强度、滤膜抗拉强度、滤膜渗透系数和等效孔径等性能指标的现场随机抽样测试。

3）对砂井和砂垫层砂料，应取样进行颗粒分析和渗透性试验。

4）堆载预压过程中应满足地基承载力和稳定控制要求，并应进行竖向变形、水平位移及孔隙水压力的监测，对真空预压、堆载和真空联合预压，还应进行膜下真空度和地下水位监测，堆载预压加载速率应满足标准规范要求。

8.3.3 压实地基和夯实地基

1）压实地基适于处理大面积填土地基。夯实地基分为强夯处理地基和强夯置换处理地基。强夯处理地基适用于碎石土、砂土、低饱和度的粉土及黏性土、湿陷性黄土、素填土和杂填土等地基；强夯置换处理地基适用于高饱和度的粉土与软塑、流塑的黏性土地基对变形要求不严格的工程。

2）地下水位以上的填土压实地基，可采用碾压法和振动压实法，非黏性土和黏粒含量少、透水性较好的松散填土地基宜采用振动压实法。

3）碾压法和振动压实法施工时，应根据压实机械的压实性能，地基土性质、密实度、压实系数和施工含水量等，并结合现场试验确定碾压分层厚度、碾压遍数、碾压范围和有效加固深度等施工参数。压实填土过程中，应采取防雨、防冻措施，防止填料受雨水淋湿或冻结。

4）性质不同的填料，应采取水平分层、分段填筑，并分层压实；同一水平层应采用同一填料，不得混合填筑；填方分段施工时，接头部位分层交替填筑时，相互搭接长度不小于2m；如不能交替填筑，应按1:1坡度分层留台阶；压实填土的施工缝，各层应错开，施工缝处适当增加压实遍数，边角及转弯区域采取辅助压实措施，保证压实系数满足设计要求。

5）强夯和强夯置换施工前，应在施工现场有代表性的场地选取一个或几个试验区，进行试夯或试验性施工；场地地下水位高、影响施工或夯实效果时应采取降水或其他技术处理措施。

6）强夯夯锤质量宜为10～60t，其底面形式宜采用圆形，锤底面积按土质性质确定，锤底静接地压力值宜为25～80kPa，锤的底面应对称设置若干个上下贯通的排气孔，孔径宜为300～400mm。

7）强夯置换锤底面宜采用圆形，锤底静接地压力值宜大于80kPa，按照“由内而外、隔行跳打”的原则完成全部夯点的施工。

8.3.4 复合地基

复合地基包括振冲碎石桩和沉管砂石桩复合地基、水泥土搅拌桩复合地基、旋喷桩复合地基、灰土挤密桩和土挤密桩复合地基、夯实水泥土桩复合地基、水泥粉煤灰碎石桩复合地基、多桩型复合地基等。

（1）振冲碎石桩和沉管砂石桩复合地基

1）振冲施工可根据设计荷载的大小、原土强度的高低 、设计桩长等条件选用不同功率的振冲器。施工前应在现场进行试验，以确定水压、振密电流和留振时间等各种施工参数。

2）砂石桩施工可采用振动沉管、锤击沉管或冲出成孔等成桩法。当用于消除粉细砂及粉土液化时，宜采用振动沉管成桩法。施工前应进行成桩工艺和成桩挤密试验。

3）振动沉管成桩法施工，应根据沉管和挤密情况，控制填砂石量、提升高度和速度、挤压次数和时间、电机的工作电流等。

4）锤击沉管成桩法施工，可采用单管法或双管法。锤击法挤密应根据锤击能量，控制分段的填砂石量和成桩长度。砂石桩桩孔内材料填料量，应通过现场试验确定、估算时，可按设计桩孔体积乘以充盈系数确定，充盈系数可取1.2～1.4。

（2）水泥土搅拌桩复合地基

1）适用于处理正常固结的淤泥、淤泥质土、素填土、黏性土（软塑、可塑）、粉土（稍密、中密）、粉细砂（松散、中密）、中粗砂（松散、稍密）、饱和黄土等土层。冬期施工时，应考虑负温对处理地基效果的影响。

2）水泥土搅拌桩的施工工艺分为浆液搅拌法和粉体搅拌法。可采用单轴、双轴、多轴搅拌或连续成槽搅拌形成柱状、壁状、格栅状或块状水泥土加固体（见图8-1和图8-2）。

3）水泥土搅拌桩施工前，应根据设计进行工艺性试桩，数量不得少于3根，多轴搅拌施工不得少于3组。应对工艺试桩的质量进行检验，确定施工参数。

4）搅拌桩施工时，停浆（灰）面应高于桩顶设计标高500mm。在开挖基坑时，应将桩顶以上土层及桩顶施工质量较差的桩段，采用人工挖除。

（3）旋喷桩复合地基

1）适用于淤泥、淤泥质土、黏性土（流塑、软塑和可塑）、粉土、砂土、黄土、素填土和碎石土等地基。

2）旋喷桩施工时，应根据工程需要和土质条件选用单管法、双管法和三管法（见图8-3）；旋喷桩加固形状可分为柱状、壁状、条状或块状。旋喷桩方案确定后，应结合工程情况进行现场试验，确定施工参数及施工工艺。

3）旋喷桩施工工艺及参数应根据土质条件、加固要求通过试验或依据工程经验确定，单管法、双管法高压水泥浆和三管法高压水的压力应大于20MPa，流量应大于30L/min，气流压力宜大于0.7MPa，提升速度宜为0.1～0.2m/min。

4）旋喷桩施工工序为：机具就位、贯入喷射管、喷射注浆、拔管和冲洗等。

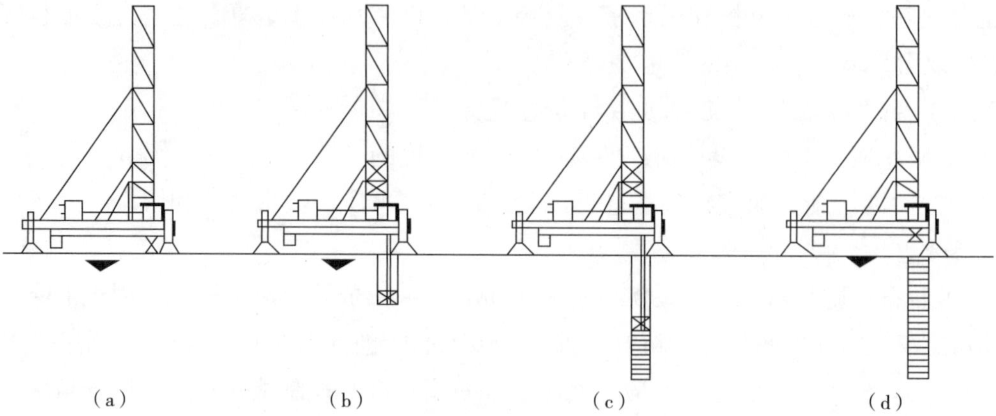

图 8-1　粉体搅拌法施工顺序

（a）就位；（b）钻进；（c）提升；（d）成桩

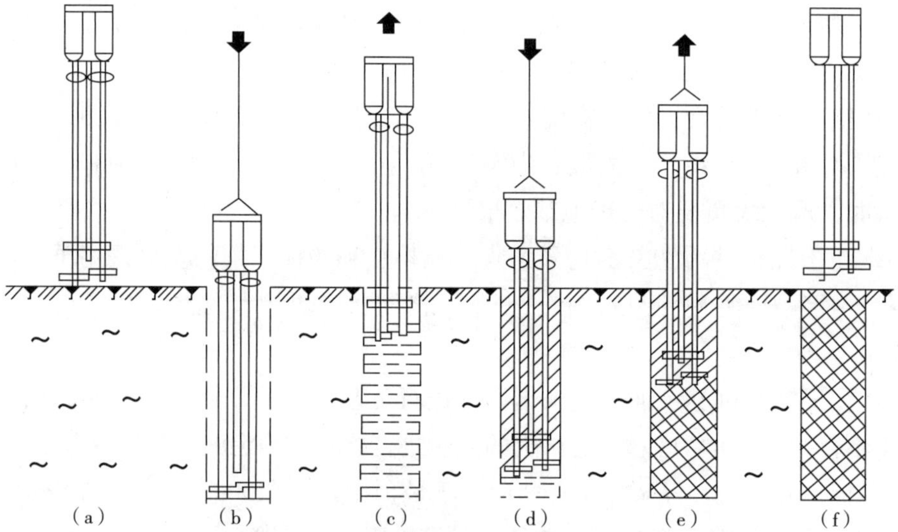

图 8-2　浆液搅拌法施工顺序

（a）定位；（b）预搅下沉；（c）喷浆搅拌上升；（d）重复搅拌下沉；（e）重复搅拌上升；（f）完毕

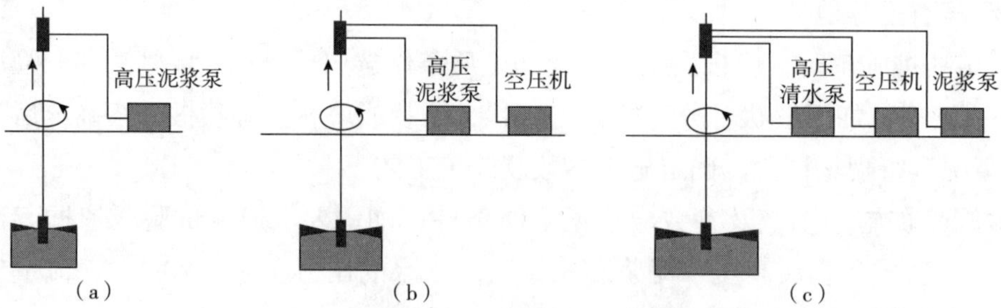

图 8-3　喷射法注浆施工工艺流程

（a）单管法；（b）双管法；（c）三管法

（4）灰土挤密桩和土挤密桩复合地基

1）适用于处理地下水位以上的粉土、黏性土、素填土、杂填土和湿陷性黄土等地基，可处理地基厚度宜为 3 ~ 15m。当以消除地基图的湿陷性为主要目的时，可选用土挤密桩；当以提高地基土的承载力或增强其水稳性为主要目的时，宜选用灰土挤密桩。

2）桩基成孔应依据设计要求、成孔设备、现场土质和周围环境等情况，选用振动沉管、锤击沉管、冲击或钻孔等方法。

3）成孔时地基土已接近最优（或塑限）含水量，当土的含水量低于 12% 时，宜对处理区域土层进行增湿，增湿加水量通过计算确定。

（5）夯实水泥土桩复合地基

1）适用于处理地下水位以上的粉土、黏性土、素填土和杂填土等地基，处理深度不宜大于 15m。

2）成孔应根据设计要求、成孔设备、现场土质和周围环境等，选用钻孔、洛阳铲成孔等方法。当采用人工洛阳铲成孔工艺时，处理深度不宜大于 6m。

（6）水泥粉煤灰碎石桩复合地基

1）适用于处理黏性土、粉土、砂土、自重固结已完成的素填土地基。

2）长螺旋钻孔灌注成桩适用于地下水位以上的黏性土、粉土、素填土、中等密实以上的砂土地基；长螺旋钻中心压灌成桩适用于黏性土、粉土、砂土和素填土地基；振动沉管灌注成桩适用于粉土、黏性土及素填土地基；泥浆护壁成孔灌注成桩适用于地下水位以下的黏性土、粉土、砂土、填土、碎石土及风化岩层等地基。

（7）多桩型复合地基

适用于处理不同深度存在相对硬层的正常固结土，或浅层存在欠固结土、湿陷性黄土、可液化土等特殊土，以及地基承载力和变形要求较高的地基。

8.3.5　注浆加固

1）注浆加固还用于地基的局部加固处理，适用于砂土、粉土、黏性土和人工填土等地基加固。加固材料可选用水泥浆液、硅化浆液和碱液等固化剂。

2）注浆加固前，应进行室内浆液配比试验和现场注浆试验，确定设计参数，检验施工方法和设备。

3）注浆加固应保证加固地基在平面和深度连成一体，满足土体渗透性、地基土的强度和变形的设计要求。

8.3.6　混凝土桩基

混凝土桩是目前应用最广泛的桩，具有制作方便、耐腐蚀性能好、价格较低等优点。它又可分为预制混凝土桩和灌注混凝土桩两大类。

（1）预制混凝土桩

1）预制混凝土桩分为钢筋混凝土预制桩（实心方桩，见图8-4）和预应力钢筋混凝土预制桩（预应力管桩，见图8-5）。适用于对噪声、挤土和振动没有严格限制的地区、穿透的中间层较弱或没有坚硬土层，且持力层埋置深度和变化不大的地区、地下水位较高或水下工程、大面积打桩工程。

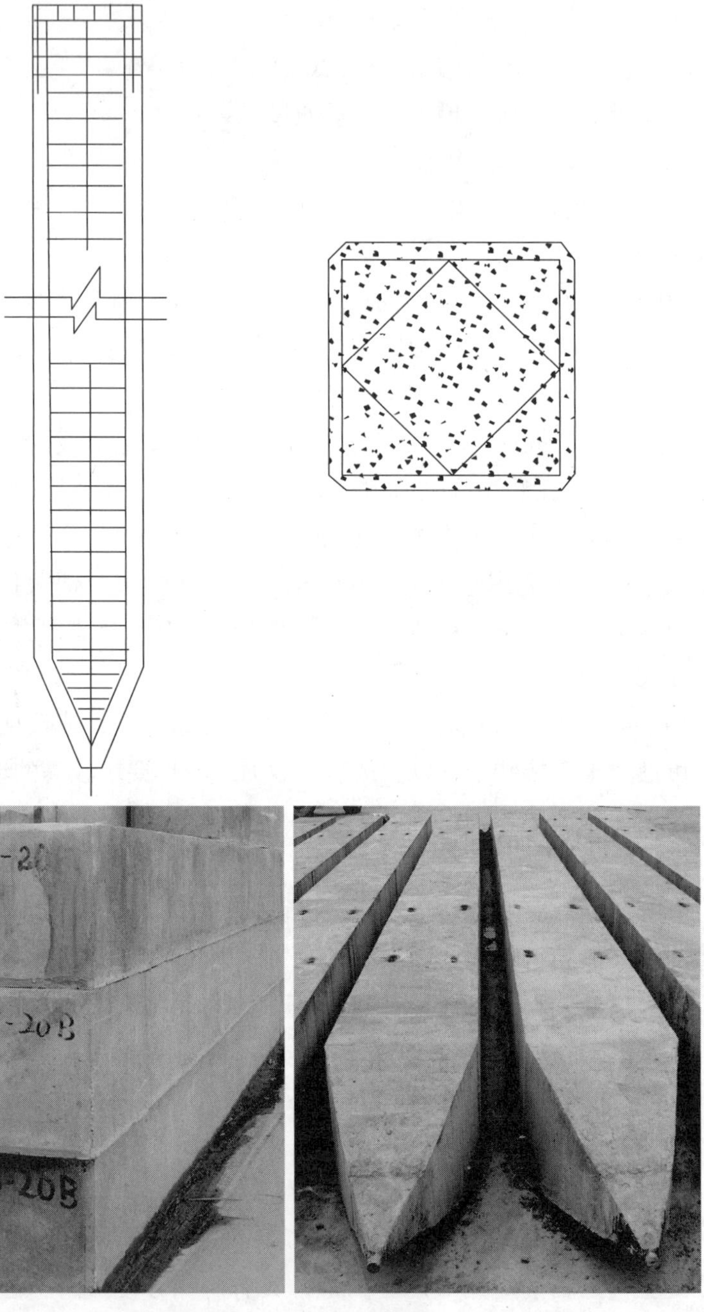

图8-4　钢筋混凝土预制方桩示意图

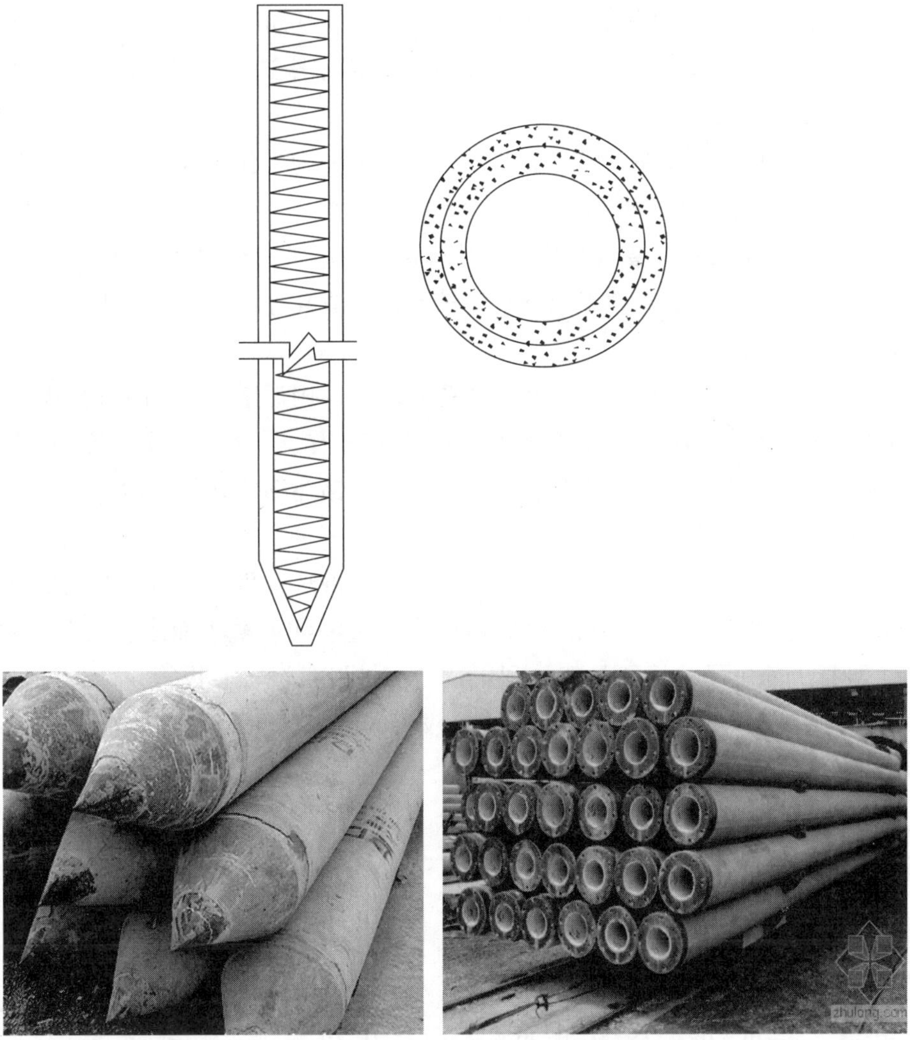

图 8-5　预应力钢筋混凝土管桩示意图

2）沉桩一般采用锤击沉桩、振动沉桩或静力压桩三种方式；沉桩顺序一般有由一侧向单一方向进行、自中间向两个方向对称进行、自中间向四周进行等三种方式（见图 8-6）。

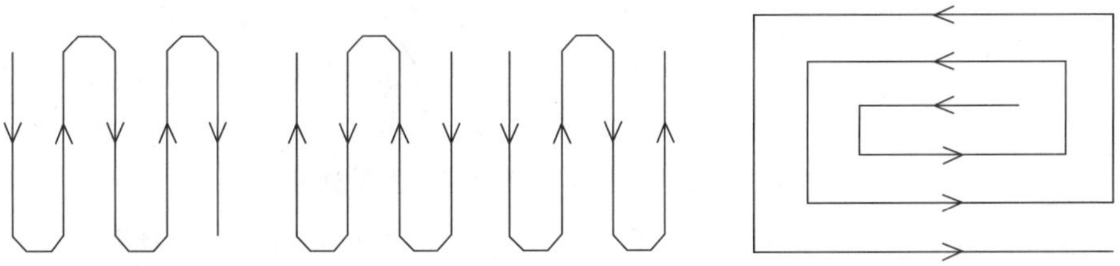

（a）　　（b）　　（c）

图 8-6　沉桩顺序示意图

（a）由一侧向单一方向进行；（b）由中间向两个方向进行；（c）由中间向四周进行

3）群桩施工时，为了保证质量和进度，防止周围建筑物破坏，打桩前根据桩的密集程度、桩的规格、长短以及桩架移动是否方便等因素来选择正确的桩基施工顺序。

（2）混凝土灌注桩

1）灌注桩根据土质条件、成孔工艺及设备，可分为干作业成孔灌注桩、泥浆护壁成孔灌注桩、套管成孔灌注桩和爆扩成孔灌注桩四类。成孔方式主要有人工挖孔、干作业成孔、泥浆护壁成孔和套管成孔。其具有很大的单桩承载力，适用于各种土层。

2）干作业成孔灌注桩适用于地下水位较低，在成孔深度内无地下水的土质，不需护壁可直接取土成孔。

3）泥浆护壁成孔灌注桩是利用钻机成孔的同时，用泥浆保护孔壁并排出土碴，而后吊放钢筋笼，水下灌注混凝土而成桩。成孔方式有正（反）循环回转钻成孔、正（反）循环潜水钻成孔、冲击钻成孔、冲抓锥成孔、钻斗钻成孔等。地下水位高低都能适用，一般用于地下水位以下土的成孔。

4）套管成孔灌注桩是利用锤击打桩法或振动沉桩法，将带有活瓣式桩靴或带有预制混凝土桩靴的钢套管沉入土中，然后边拔套管边灌注混凝土而成。若配有钢筋时，则在浇注混凝土前先吊放钢筋骨架。利用锤击沉桩设备沉管、拔管，称为锤击沉管灌注桩（见图8-7）；利用激振器的振动沉管、拔管，称为振动沉管灌注桩（见图8-8）。

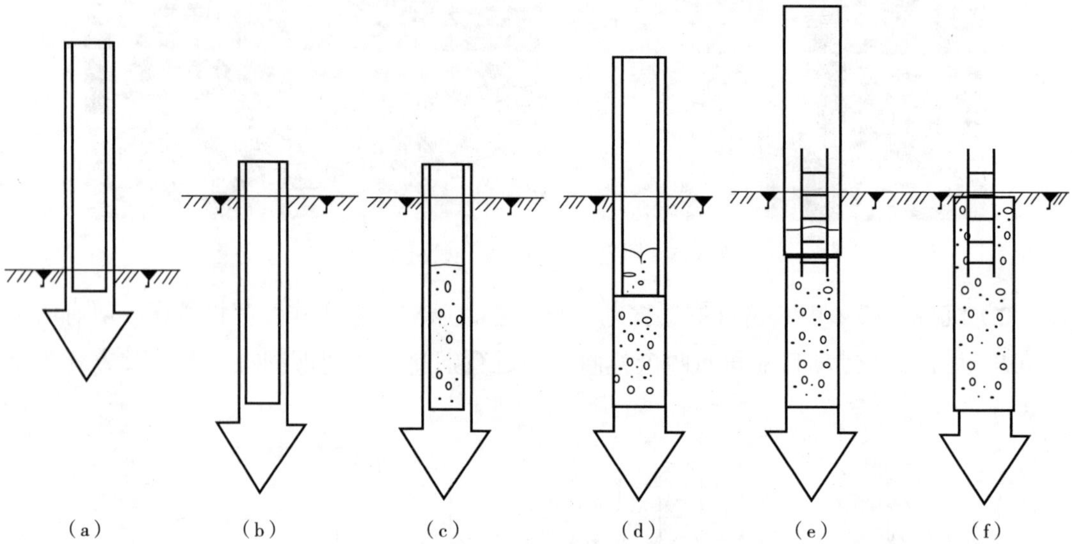

图8-7　锤击沉管灌注桩成桩过程示意图

（a）就位；（b）沉套管；（c）灌注混凝土；（d）边锤击边拔管，继续灌注混凝土；（e）下钢筋笼，继续灌注混凝土；（f）成桩

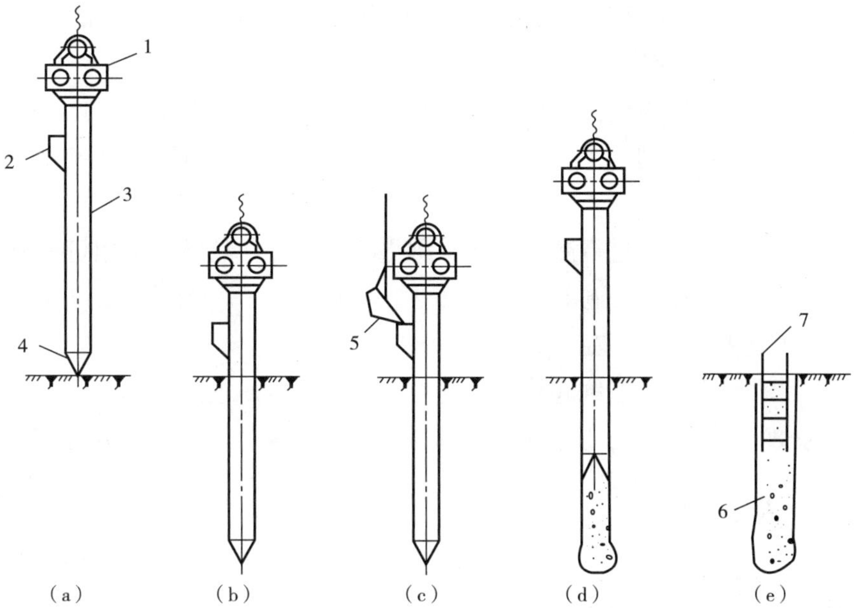

图8-8　振动沉管灌注桩成桩过程示意图

（a）桩基就位；（b）沉管；（c）上料；（d）拔出桩管；（e）灌注混凝土，顶部插入短钢筋
1—振动锤；2—加料口；3—桩管；4—活瓣桩尖；5—上料斗；6—混凝土桩；7—短钢筋

8.4　土建

8.4.1　工程测量

1）工程施工前应进行装置控制桩的交接及复核，并进行施工区域现场控制桩的引入和保护。

2）施工测量前，应收集相关测量资料，熟悉施工设计图纸，明确施工要求，制定施工测量方案。

3）大中型施工项目应建立场区控制网，再分别建立建筑物、构筑物、给排水管道施工控制网；小型项目可直接布设专业施工控制网。

8.4.2　土方工程

1）在土方开挖前，检查建筑物或构筑物的位置、场地的定位控制线（桩）、标准水平桩及开槽灰线尺寸；土方施工过程中，应定期测量和校核其平面位置、标高和边坡坡度是否符合设计要求。平面控制桩和水准控制点应采取可靠措施加以保护，定期检查和复测。

2）土方工程施工方案中应进行边坡坡度设计及边坡防护措施，地下水控制及排水方法确定、开挖、运输方法、土方存储及外运方案、以及开挖、回填的平衡计算，做好土方调配，减少重复挖运。

3）土方开挖一般采用机械开挖、人工配合的施工方式，在地质条件复杂、地下设施不明时，宜采取人工开挖为主机械配合或人工开挖探槽探明地下设施后进行机械开挖的施工方式。

4）土方工程施工时应进行测量控制，防止超挖和铺填超厚。采用机械或人工机械组合施工时，大型机械无法施工的边坡修整和场地边角、小型沟槽的开挖或回填时，可采用人工或小型机具配合施工。

5）土方回填前应进行基坑底检查，并确认回填土质，进行回填土标准击实试验确定土方压实系数，下一层压实度检查符合要求后进行上一层土方回填层施工。

8.4.3 模板工程

（1）模板分类

模板按材料可分为木模板、钢模板、复合板、钢木组合模板、重力式混凝土模板、钢筋混凝土镶面模板、铝合金模板、塑料模板等；按成型质量可分为光面模板、普通模板；按组装要求可分为拼装模板和定型模板。

（2）模板系统的基本要求

1）保证结构和构件各部分的尺寸和相互位置的正确。

2）具有足够的强度、刚度和稳定性，能可靠地承受混凝土的自重和侧压力，以及在施工过程中所产生的荷载。在荷载作用下，模板系统的变形不超过规定的允许值，不倒塌。

3）模板预制要求构造简单、拼装合理、装卸方便，木模（复合板）严禁用小于次龙骨间距的拼条，宜大不宜小，减少拼缝和通缝，模板的接缝严密不得漏浆，钢管和方木次龙骨不宜混用。

4）模板安装按照底模、侧模、附件的顺序，严格按拼装线组装，下层模板没加固不得拼装上部模板，安装用的对拉丝，宜采用通丝的对拉丝加套管重复利用，防水混凝土对拉丝止水环，必须有试漏记录。安装附件前模板必须加固验收合格。

5）模板的选用要因地制宜，就地取材，周转次数要多，损耗要少，成本要低，技术要先进。

（3）附件

1）螺栓架宜采用型钢制作，必须采用机械开孔，开孔前完成试拼装，运输、堆放过程采取保护措施，混凝土施工前对螺栓进行覆盖，混凝土施工后对螺栓校验、涂油、保护。

2）预留孔应采用木模（复合板）加工，安装牢固，拆除应有校核，混凝土终凝前试松动、拆除、保护。

3）埋件严格按施工图加工，不得改变锚固型式，原材、焊材、焊接、操作人员资质要符合相关规范规定。

（4）模板及支架设计

1）模板及支架设计应包括下列内容：

①模板及支架的选型及构造设计；

②模板及支架上的荷载及其效应计算；

③模板及支架的承载力、刚度验算；

④模板及支架的抗倾覆验算；

⑤绘制模板及支架施工图。

2）荷载组合：

作用于模板结构的荷载有水平荷载和垂直荷载两种，又可分为永久性荷载和可变荷载。

①永久性荷载标准值包括：模板及支架自重、新浇混凝土自重、钢筋自重及新浇混凝土对模板产生的侧压力。

②参与组合的可变荷载包括：施工人员及设备自重、混凝土下料产生的水平荷载、泵送混凝土或不均匀堆载等因素产生的附加水平荷载及风荷载。

8.4.4　钢筋工程

（1）钢筋的分类及其性能

1）钢筋的分类：

①按生产工艺分类：热轧钢筋、冷拉钢筋、冷拔钢丝、热处理钢筋、碳素钢丝、刻痕钢丝和钢绞线等。

②按化学成分分类：碳素钢钢筋和普通低合金钢钢筋。碳素钢钢筋按含碳量多少又可分为：低碳钢钢筋、中碳钢钢筋、高碳钢钢筋。

③按性能分类：Ⅰ级钢筋、Ⅱ级钢筋、Ⅲ级钢筋、Ⅳ级钢筋。

④按轧制外形分类：光面钢筋、螺纹钢筋、精轧螺旋钢筋。

⑤按在构件中的作用分类：受拉钢筋、受压钢筋、分布钢筋、架立钢筋、箍筋、腰筋、吊筋和锚固筋等。

2）钢筋的机械性能。钢筋的机械性能包括：屈服点、抗拉强度、伸长率、冷弯和反复弯曲次数等指标。

（2）钢筋检验和保管

1）规格尺寸的检查。光圆钢筋和盘条，应检查其直径允许偏差和圆度；带肋钢筋除检查直径允许偏差外，还要检查长度允许偏差、弯曲度偏差、端部剪切状态，以及表面的肋距、肋高和肋宽的允许偏差；预应力钢绞线除检查钢绞线直径外，还要检查测量尺寸允许偏差；冷轧带肋钢筋主要检查直径偏差、表面肋的分布状况、肋距与肋顶宽和肋中点高等项。

2）钢筋的机械性能和工艺性能检验。包括力学性能、弯曲和复弯曲试验，主要是检验其屈服点、抗拉强度、伸长率和韧性。

3）钢筋运至现场必须严格按批分不同等级、牌号、不同外形、不同直径、长度，分别挂牌堆放，并注明数量区分，已经检查验收或未经检查验收，或虽经检验但不合格的，都应进行标识，并随时更换移植标识。

4）钢筋应尽量堆入仓库或料棚内。条件不具备时应选择地势较高、土质坚硬，且较平坦的露天场地堆放。离地不宜少于200mm，同时还应注意钢筋堆放的环境，应防止与酸、碱、盐、油等物品靠得过近。

（3）钢筋加工

钢筋加工的内容包括钢筋除锈、调直、切断和弯曲成形等。

1）钢筋除锈。钢筋表面应洁净。如有油渍、漆片和锈斑或泥土、锈皮等，在使用前应予以清除干净。钢筋的一般除锈方法包括：手工除锈、利用钢筋冷拉或钢筋调直进行除锈（适用于小直径光圆钢筋）、电动除锈机等机械方法除锈（适用于带肋钢筋和局部有锈或锈蚀严重的钢筋）。

2）钢筋调直。钢筋调直方法有人工调直和机械调直两种。机械调直常用的有钢筋调直机调直，用于冷拔低碳钢丝和直径14mm以内的钢筋；数控钢筋调直切断机，适用于工厂化生产；卷扬机调直，粗细钢筋均可适用。

3）钢筋的弯曲成型：

①钢筋的弯曲成型有手工弯曲成型和机械弯曲成型两种。手工弯曲成型设备较简单，一般有手摇扳手、扳柱铁柱和横口扳手等。

②机械弯曲成型：主要采用钢筋弯曲机、四头弯筋机、钢筋弯箍机等。

4）钢筋冷拉与冷拔：

①钢筋冷拉设备主要有卷扬机冷拉和液压千斤顶冷拉；冷拉方法有控制应力法和控制冷拉率法。

②钢筋冷拔是将小直径光圆钢筋在常温下通过拔丝模多次强力拉拔，拔成强度高、规格小的钢丝，使用此种钢丝可大量节约钢材。冷拔一般采用控制总压缩率。

（4）钢筋连接

为了把短钢筋接成长料，或是为了结构配筋需要，钢筋与钢筋经常需要加长，钢筋连接有三种常用的连接方法：绑扎连接、焊接连接和机械连接（挤压连接和螺纹套管连接）。

1）钢筋焊接。钢筋焊接主要分为压焊和熔焊两种形式。压焊包括闪光对焊、电阻点焊和气压焊；熔焊包括电弧焊和电渣压力焊，电弧焊在钢筋及其他钢结构中普遍适用，其接头形式主要有搭接焊、帮条焊、立焊的剖口焊、平焊的剖口焊等（见图8–9）。此外，钢筋与预埋件T形接头的焊接应采用埋弧压力焊，也可用电弧焊或穿孔塞焊。

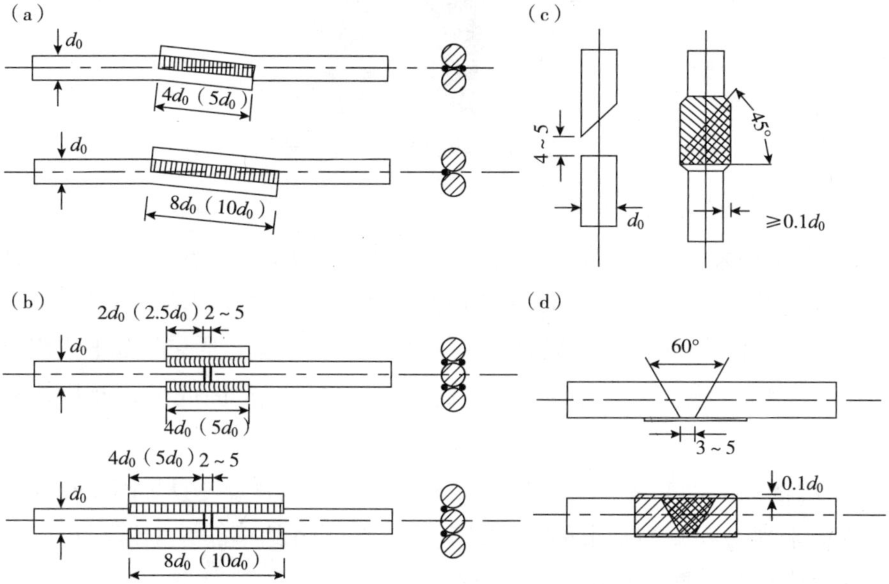

图8–9　常见结构施工缝位置示意图

（a）搭接焊；（b）帮条焊；（c）立焊的剖口焊；（d）平焊的剖口焊

2）钢筋机械连接。钢筋机械连接是用连接件通过螺纹或挤压的方法使两根钢筋连接起来，而且力学性能和工艺性能满足使用要求。目前常用的连接方法有带肋钢筋套筒挤压连接、钢筋锥螺纹接头和直螺纹钢筋接头等三种（见图8–10～图8–12）。

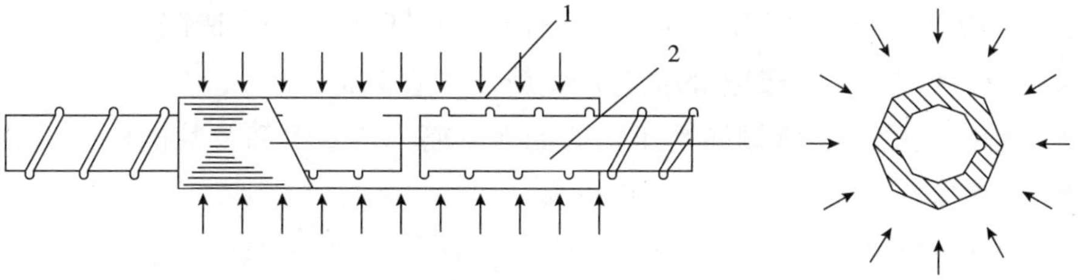

图8–10　钢筋径向挤压连接示意图

1—钢套筒；2—被连接的钢筋

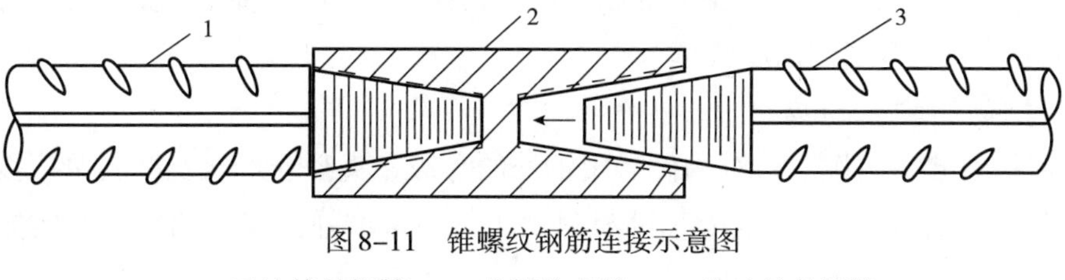

图8–11　锥螺纹钢筋连接示意图

1—已连接的钢筋；2—锥螺纹套筒；3—待连接的钢筋

图8-12　直螺纹钢筋连接示意图

（5）配筋构造及配料

1）混凝土保护层。混凝土保护层的作用是保护钢筋在规定的年限内不锈蚀，并充分发挥钢筋的作用。保护层厚度控制应严格按设计及施工验收规范的要求。

2）钢筋的锚固。影响钢筋在混凝土中的锚固作用因素主要有混凝土强度等级、钢筋抗拉强度、钢筋表面构造及钢筋锚固形式等。钢筋机械锚固的形式及构造要求应符合设计要求。

3）钢筋的接头。钢筋接头主要用于当构件长度（跨度）过大而钢筋长度不足时，通过钢筋连接来满足其配筋要求的地方；其次是为了节约钢筋，把短料接成长料。钢筋接头需按设计及规范要求控制接头百分率。

4）钢筋配料。施工前根据构件配筋图，分别计算下料长度和根数，填写配料单，进行加工，配料顺序宜采用以下顺序：

①一般工程：基础→柱→板→梁；

②基础、柱：基础底面钢筋→预埋插筋→柱子受力钢筋→构造钢筋→钢箍→预埋件；

③墙：暗柱受力钢筋→暗柱箍筋→竖向钢筋→横向钢筋→构造钢筋→拉结钢筋；

④板：板的受力钢筋→支座的负弯矩钢筋→构造钢筋；

⑤梁：受拉区的直、弯钢筋受压区的受力钢筋→架立钢筋及其他构造钢筋→支座负弯矩钢筋→钢箍。

（6）钢筋代换

当施工中遇有钢筋的品种或规格与设计要求不符时，经设计单位同意后方可进行钢筋代换。当构件受强度限制时，钢筋可按强度相等的原则进行代换。当构件按最小配筋率配筋时，钢筋可按面积相等的原则进行代换。当构件受裂缝宽度和挠度控制时，代换后应进行裂缝宽度或挠度验算。

（7）钢筋的绑扎与安装

1）绑扎前准备工作。核对构件需用钢筋的等级、直径、形状及配料单，按绑扎顺序分类摆放；准备铁丝、垫块等辅助材料及工具；采取弹墨线或划粉笔线的方法进行钢筋定位。

2）基础钢筋的现场绑扎：

①板：分单向配筋和双向配筋两种。单向配筋的钢筋网，四周平行交叉点应每点扎牢，中间部分每隔一根相互成梅花式扎牢。双向配筋的钢筋网，则必须将全部钢筋相交点扎牢。

②柱：纵向钢筋的弯钩应朝向柱心，截面小的柱，用插入式振捣器时，弯钩和模板所成的角不应小于15°。箍筋的接头应交错布置在四角纵向钢筋上，箍筋转角与纵向钢筋交叉点均扎牢，绑扎箍筋时，绑扣相互间应成八字形。

③墙：包括墙壁、水塔壁、烟囱筒身、池壁等。墙的钢筋网绑扎和基础相同，钢筋的弯钩应朝向混凝土内。采用双层钢筋网时，在两层钢筋网间应设置撑铁，撑铁可用6～10mm的钢筋制成，长度等于两层网片净距，间距为1m，相互错开排列。墙钢筋绑扎，应在模板安装之前进行。

④梁与板：

A.纵向受力钢筋采用双层排列时，两排钢筋之间应垫以直径大于或等于25mm的短钢筋。

B.箍筋的接头应交错布置在两根架立钢筋上，其余钢筋和柱相同。

C.板的钢筋绑扎与基础相同，需严格控制板上部筋的位置。

D.板、次梁与主梁交叉处，板的钢筋在上，次梁的钢筋居中，主梁的钢筋在下。当有圈梁或垫梁时，主梁的钢筋在上。框架节点处钢筋穿插十分稠密时，应特别注意梁顶面主筋间的净距要大于或等于30mm。

E.对于梁、柱节点部位柱箍筋的绑扎确实难以进行时，可采用开口U筋对插后再焊成封闭筋的方法。

F.梁、板钢筋绑扎时还应防止水电管线预埋时将钢筋移位。

G.梁钢筋绑扎与模板安装的顺序：对于截面较小的梁，先安装梁模板，然后架空在梁上绑扎梁钢筋，绑好后梁筋整体下落就位。对于高宽大的梁则在梁底模上就位绑梁钢筋，后立梁绑模板。

⑤复杂的设备基础或其他结构构件钢筋绑扎：先制定绑扎顺序，然后按顺序逐部位或逐根进行。

8.4.5　混凝土工程

（1）混凝土配合比设计

混凝土配合比是指混凝土中组成材料用量的比例关系（质量比）。一般以水∶水泥∶砂∶石表示，而以水泥作为基数1。外加剂的用量通常以水泥量的百分率表示。混凝土配合比也可用每立方米（m^3）混凝土中各组分的用量（kg）表示。

1）混凝土配合比的基本要求：

①满足设计的强度和耐久性要求；

②满足和易性要求；

③有较适宜的技术经济性。

2）普通混凝土配合比设计计算：

①计算混凝土试配强度；

②计算所要求的水灰比；

③选取混凝土的单位用水量；

④根据选取的用水量，计算每立方米混凝土的水泥用量；

⑤选取砂率；

⑥计算粗、细骨料的用量；

⑦混凝土配合比的试配与调整。

（2）混凝土的拌制及运输

1）混凝土搅拌：

①混凝土的拌制一般采用混凝土搅拌机机械搅拌，混凝土搅拌机按其搅拌原理分为自落式和强制式两类，混凝土的生产方式有现场分散搅拌和集中预拌两种。

②混凝土搅拌每工作班应测砂、石含水率不少于一次，并据此调整用水量和砂、石用量。混凝土搅拌完毕后，对出机和浇筑地点的混凝土拌合物的性能质量指标应按质量管理要求进行取样检测，同时还应观察其黏聚性和保水性。

2）混凝土的运输。混凝土运输分为：地面水平运输、垂直运输、高空水平运输。一般使用混凝土搅拌运输车、混凝土泵车等完成水平及垂直运输，将混凝土直接输送到浇筑地点，混凝土自搅拌机卸出后，应以最少的转运次数、最短的时间运至浇筑地点。根据工程条件制定运输方案。混凝土在运输过程中应保持其匀质性，做到不分层、不离析、不漏浆，运至浇筑地点后应具有规定的坍落度，如发生离析或初凝现象，必须在浇筑前进行二次搅拌。已凝结的混凝土禁止用于工程中。

（3）混凝土的浇筑

1）浇筑前准备。浇筑前应对模板、钢筋、预埋螺栓和铁件的位置、标高、轴线、数量以及模板和支架的牢固情况等进行检查；大型设备基础浇筑前，还应进行水、电、管道和设备安装等专业的综合检查；在混凝土浇筑前，对模板内杂物和钢筋上的油污、垃圾、泥土等清理干净；对模板的缝隙和空洞应予堵严；对木模板浇水湿润，但不得有积水。

2）施工缝留置。为保证混凝土结构良好的整体性，同一施工段的混凝土应连续浇筑，不留或少留施工缝，如不能连续浇筑，间隔时间应尽量缩短，如混凝土浇筑及间隔的全部时间超过初凝时间时，或由于施工技术和施工组织上的原因不能连续浇筑时，应在一定位置留施工缝。施工缝宜留置在结构受剪力较小且便于施工的部位，常见结构施工缝位置示意见图 8–13。

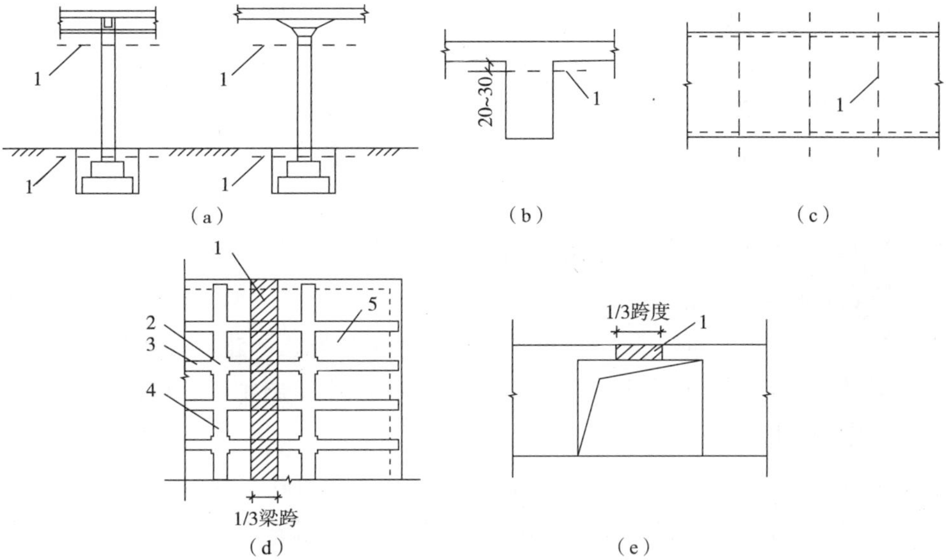

图 8–13　常见结构施工缝位置示意图

（a）柱；（b）与板连成整体的大截面梁；（c）单向板；（d）有主次梁的楼板；（e）墙；
1—施工缝；2—柱；3—次梁；4—主梁；5—楼板

3）离析控制。混凝土自高处倾落的自由高度不应超过 2m；在竖向结构中限制自由倾落高度不宜超过 3m。应沿串筒、斜槽、或振动溜管等下料。浇筑竖向结构混凝土前，还应先在底部填以 50 ~ 100mm 与混凝土内砂浆成分相同的水泥砂浆，以防止“烂根”。

4）混凝土振捣。混凝土振捣常用的有内部振捣器、表面振捣器和外部振捣器。内部振捣器又称插入式振捣器，一般用于振捣混凝土基础、柱、梁、墙，厚度较大的板，以及预制构件等。表面振捣器又称平板振捣器，用于振捣平板、地面或预制楼板等。外部振捣器又称附着式振捣器，仅适用于振捣钢筋较密、厚度较小及不宜用插入式振动器的结构构件。振动台仅适用于混凝土预制构件的振捣。

5）混凝土浇筑厚度控制见表 8–1。

表 8–1　混凝土浇筑的厚度

项次	捣实混凝土的方法		浇筑层厚度 /mm
1	插入式振动		振动器作用部分长度的 1.25 倍
2	表面振动		200
3	轻骨料混凝土	插入式振动	300
		表面振动（振动式需加荷）	200

（4）典型构筑物混凝土施工

1）设备基础混凝土施工：

①浇筑台阶基础时，按台阶分层一次浇筑完毕，不宜留施工缝。

②浇筑杯形基础时，应注意将杯口底标高和杯口模的位置，防止杯口模上浮和倾斜，浇筑时，先将杯口底混凝土振实并稍停片刻，待其下沉一段时间，然后对称均衡浇筑杯口模四周混凝土。

③锥形基础，应注意斜坡部位混凝土的捣固密实，在用振动器振捣完毕后，再用人工将斜坡表面修正拍平拍实。

④浇筑柱下基础时，应特别注意柱子插筋位置的准确，防止位移和倾斜。

⑤条形基础应根据高度分段分层连续浇筑，一般不留施工缝，各段各层间应相互衔接，做到逐段逐层呈台阶形向前推进。

⑥浇筑设备基础时，一般应分层浇筑（每层厚度为200～300mm），并保证上下层之间不留施工缝。对一些特殊部位，如地脚螺栓、预留螺栓孔、预埋管道等，浇筑时要控制好混凝土上升速度，并避免碰撞，以免发生歪斜或位移。对螺栓锚板和预埋管道下部的混凝土要仔细振捣，必要时采用细石混凝土。

2）大体积混凝土浇筑：

①大体积混凝土是指结构断面最小尺寸在1m以上，水化热引起混凝土内的最高温度与外界气温之差，预计超过25℃的混凝土。

②大体积混凝土要连续浇筑，不留施工缝；应采取相应的措施，控制水泥水化热使结构产生温度和收缩变形，尽可能减少温度变形引起的开裂。

③防止大体积混凝土裂缝的技术措施：

A.选用水化热较低水泥；在保证混凝土强度的条件下，尽量减少水泥用量。

B.尽量降低每立方米混凝土的用水量。

C.尽量降低混凝土的入模温度，混凝土浇筑温度不宜超过28℃，且选择室外气温较低时进行施工。

D.必要时可在混凝土内部埋设冷却水管，利用循环水来降低混凝土温度。

E.粗骨料宜选用粒径较大的卵石，应尽量降低砂石的含泥量，以减少混凝土的收缩量。

F.为减少水泥用量提高混凝土的和易性，在混凝土中掺入适量的矿物掺料，如粉煤灰，也可采用减水剂。

G.对混凝土表面做好保温措施，以减少表层混凝土热量的散失，降低内外温差。

H.尽量延长混凝土的浇筑时间，以便在浇筑过程中尽量多的释放出水化热，可在混凝土中掺加缓凝剂，尽量减薄浇筑层厚度等。

I.从混凝土表层到内部选择具有代表性和可比性的位置布置若干个温度观测点，制定严格的测温制度进行混凝土内部不同深度和表面温度的测量。在测温过程中，当发现混凝土内外温差超过25℃时，应及时加强保温或延缓拆除保温材料，以防止混凝土产生过大的温差应力和裂缝。

J.大体积混凝土的浇筑应整体连续浇筑，结合结构尺寸的大小、钢筋疏密、混凝土供应条件的具体情况，合理分段分层进行，可采取全面分层、分段分层、斜面分层等方式（见图8-14）。

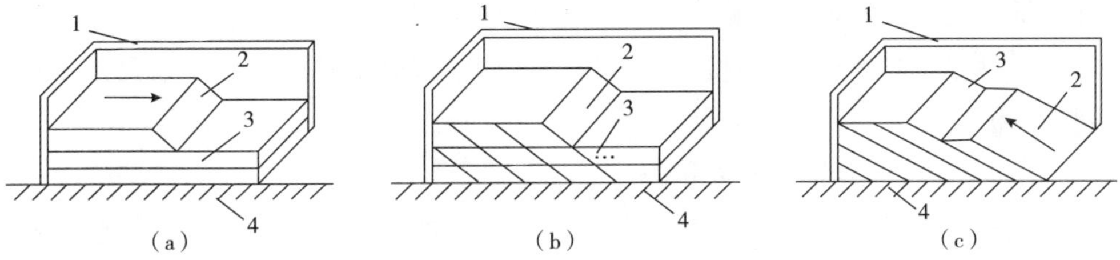

图8-14　大体积混凝土浇筑方案

（a）全面分层；（b）分段分层；（c）斜面分层

1—模板；2—新浇筑混凝土；3—已浇筑混凝土；4—底板或底模板

3）框架混凝土浇筑：

A.多层框架混凝土浇筑必须按结构层次和结构平面分层分段流水作业，一般水平方向以伸缩缝分段，垂直方向以楼层分段，每层先浇柱子，再浇梁板。

B.柱子、墙浇筑宜在梁板安装完毕、钢筋尚未绑扎之前进行。高度较小的柱、墙可与梁板同时浇筑；高度较大的柱、墙，可根据需要在其中部留设水平施工缝，进行分段浇筑。浇筑第一排柱子时，应从两端同时开始向中间推进。

C.肋形楼板的梁板应同时浇筑。

D.在浇筑柱梁及主、次梁交叉处混凝土时，要加强振捣，防止石子被卡住，必要时该处改用细石混凝土，与此同时振捣棒可改用片式并辅以人工捣固。

4）水池混凝土浇筑：

A.面积小而浅的水池混凝土，可将池底和池壁一次连续浇筑完成。

B.面积大而深的池子，一般将底板和池壁分别浇筑，池壁模板先支到施工缝处（距池底混凝土面300～500mm），待施工缝以下的池底和池壁浇筑完毕后，再支施工缝以上模板。

（5）混凝土的养护

混凝土养护包括人工养护和自然养护，现场施工多采用自然养护。

1）混凝土的自然养护在平均气温高于5℃的条件下于一定时间内使混凝土保持湿润状态。自然养护分洒水养护和喷涂薄膜养生液养护两种。洒水养护即用草帘等将混凝土覆盖，经常洒水使其保持湿润。

2）对于普通塑性混凝土，应在浇筑后12h内进行（炎热时可缩短2～3h）。

3）对于干硬性混凝土，应在浇筑后1～2h内即用麻袋、苇席、草帘、锯末或砂进行覆盖并及时浇水保持湿润。

4）浇水养护时间，硅酸盐水泥、普通水泥和矿渣水泥的混凝土不得少于7d；采用火山灰水泥、粉煤灰水泥或掺用缓凝型外加剂的混凝土以及有抗渗要求的混凝土，不得少于14d。

5）浇水次数以保持混凝土在整个养护期内始终处于润湿状态为宜，当气温在15℃左右时，每天浇水2～4次，气候干燥时，浇水次数适当增加。

6）大面积结构如竖向、楼板、屋面以及大体积混凝土基础等，可采取在四周砌一皮砖蓄水养护。

7）水池可待内模拆除后灌水养护。

8）日平均气温低于5℃时，不得浇水。用塑料布覆盖养护时，全部敞露的表面应覆盖严密，并应保持塑料布内有凝结水。如混凝土表面不便浇水或缺水地区，可在混凝土浇筑后2～4h，涂刷薄膜养护液养护。混凝土强度达到1.2MPa前，不得在其上踩踏或安装模板及支架。

8.5 安装

土建施工到一定阶段，开始进行安装施工，包括钢结构、静设备、动设备、管道、电气、仪表安装以及防腐、绝热等专业工程施工，以及专业工程施工涉及的焊接、吊装等工程施工。

8.5.1 钢结构

钢结构工程是石油化工装置的骨架，主要用于设备及管道的支撑、设备厂房、操作平台等。钢结构连接分为焊接连接和高强度螺栓连接两种。

钢结构施工分为钢结构预制和钢结构安装两部分。其中钢结构预制包括材料检查验收、表面处理及防腐、号料、材料切割与制孔、构件组对焊接、矫正和成型等；钢结构安装包括基础验收、基础处理及垫铁摆放、单根/分片/分框吊装及找正、主梁/次梁/斜撑安装、整体检查、二次灌浆、防腐施工和交工验收等。

（1）钢结构预制

1）材料检查验收：

①钢结构工程所采用的原材料及成品件，应检查验收。凡涉及安全、功能的均应按照设计标准或标准规范。

②对于型钢、钢板等主要结构材料应着重检查出厂质量合格证明文件、标志及检验报告等。

③施工作业单位依据设计图纸等资料，对到场材料逐一检查验收，对于不符合要求的材料，应禁止使用。

2）表面处理及防腐：

①钢材应在预制前进行表面处理。根据不同需要和要求，可分别采用手工或动力工具除锈、酸洗、喷砂或抛丸等方法。处理后的钢材表面应显露金属光泽，无氧化皮、水、油脂、污垢等。

②底漆的涂敷时间应视所采取的表面处理方法而定。面漆的涂敷宜在预制完成及质量检验合格后、出厂之前完成。

3）号料：

①号料前应核对材料规格与材质，并对钢材变形进行矫正，钢材矫正后的允许偏差应符合规范要求。弯曲构件号料或孔眼划线应在弯曲加工成型并经工序检验确认合格后进行。

②零件采用样板、样杆号料时，号料样板、样杆制作后应进行校准，并经检验人员复验确认后使用。使用过程中应对样板、样杆进行保护，保持量值准确，当发现失准时应立即停止使用，对用其完成号料的零部件进行追溯复验。

4）材料切割和制孔：

①碳素结构钢的作业环境温度低于 -16℃或低合金结构钢的作业环境温度低于 -12℃时，不得进行剪切、冲孔。

②钢材切割面或剪切面应无裂纹、夹渣、分层和大于 1 mm 的缺棱。钢结构切割一般分为火焰切割与机械剪切。火焰切割宜采用自动或半自动切割机切割。

③螺栓孔孔距的允许偏差应符合规范的规定。螺栓孔边缘不得有裂纹、毛刺和大于1mm的其他缺陷。高强螺栓孔不得采用气割扩孔，机械扩孔应征得设计同意。

5）构件组对焊接：

①构件的组对宜在胎具上进行。构件制作完成后，应标注醒目的件号，零件、部件应妥善保管。构件经检查验收后，应根据组装顺序分别存放。存放构件的场地应平整，并垫置存放，对易变形的构件应采取临时加固措施。

②焊接应认真执行相应的焊接工艺，按照规定的操作参数施焊。焊接时，焊工要对称均匀分布，每个节点先焊对接焊缝，后焊角焊缝，采用小线能量分段跳焊。每个焊工所采取的线能量要基本一致。

6）矫正和成型。碳素结构钢在环境温度低于 -16℃、低合金结构钢在环境温度低于 -12℃时，不应进行冷矫正和冷弯曲。碳素结构钢和低合金结构钢在加热矫正时，加热温度不应超过相变温度。低合金结构钢在加热矫正后应自然冷却。

（2）钢结构安装

1）管廊钢结构。石油化工装置中的钢结构通常有管廊钢结构、设备框架钢结构、工业炉结构等。

2）基础验收及处理：

①钢结构安装前，建设/监理单位应组织基础施工单位和钢结构安装单位进行基础中间交接验收，验收合格后方可交付安装。

②验收完毕后应对钢结构基础进行保护和处理。钢结构安装前，宜对基础表面进行麻面处理；对钢结构预埋螺栓应进行保护。

3）垫铁形式。垫铁有两种形式：垫铁组和座浆法。座浆法的优点是提高了结构安装后的找正效率，加快了施工进度；结构二次灌浆料使用率加大，减少了垫铁的使用率，能有效降低施工成本。缺点是结构安装前的准备工作量增大。

4）钢结构的安装方式：

①单梁单柱安装。由于条件限制采用单根安装时，先将立柱安装就位，并将地脚螺栓初拧紧以防止柱子倾斜，通过基础上的垫铁进行找正调整，调整时应将柱子倾斜方向的地脚螺栓松开，并用经纬仪进行观测，找正后将地脚螺栓拧紧。单根吊装后的钢柱根据其高度、现场情况（如风力大小）及时使用晃绳拉紧或安装横梁、斜撑的方式以保证其稳定性。

②成片安装。在管式平台上首先摆放立柱，调整立柱间距、水平度及对角线尺寸，符合要求后进行点焊挡块将立柱固定；先安装最上和最下面的连接横梁，然后依次安装其他横梁；横梁安装连接后将挡块拆除，再次检查立柱间距、水平度及对角线尺寸是否符合要求，合格后进行吊装（见图8-15）。

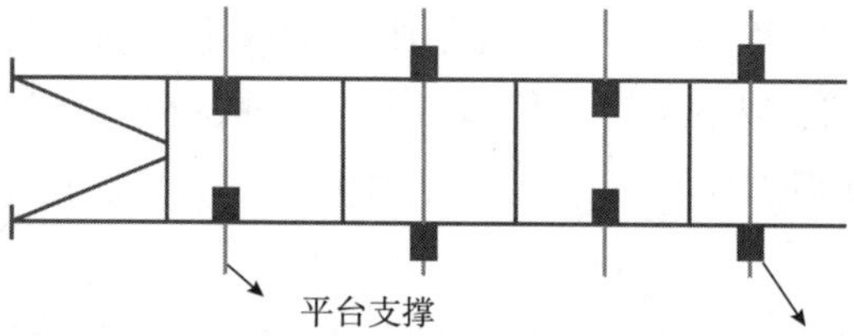

图8-15　钢结构成片安装示意图

③成框安装。当现场吊车的吊装能力能满足钢结构成框整体安装的要求，并且成框可以大大减少高空作业时，采用成框安装法。采取钢结构成片的方法先预制完成两片钢结构；将预制完成的两片中任意一片使用吊车水平竖立在管式平台上，然后采用临时手段用料支撑该片钢结构；将另一片吊装至管式平台，调整两片之间水平间距、水平度及对角线尺寸合格后采取同样的方法进行加固；首先按照成片的方法将上面一层和下面一层的最顶上和最下面的连接横梁安装结束，然后依次安装其他各个连接横梁。

8.5.2　静设备安装

静设备是石油化工生产装置、辅助设施和公用工程的反应设备、分离设备、换热设备、储存设备的统称。石油化工静设备包括容器类、换热器、塔类设备、工业炉、反应器、再生器、储罐、球罐、气柜、料仓等。

静设备施工主要包括施工准备、基础复测及垫铁摆放、开箱检验、设备安装找正、设备组焊、焊后热处理、劳动保护安装、基础灌浆、压力试验、内件安装/填料装填、设备封闭和交工验收等。

（1）整体到货设备安装

1）施工准备：

①从事压力容器安装的施工单位应按照《固定式压力容器安全技术监察规程》要求在施工前向特种设备安全监督管理部门办理书面告知，并接受特种设备检测机构的监督检验。

②静设备施工前，完成静设备安装施工方案的编制和审批，并在施工前向施工作业人员进行技术和安全交底，明确施工程序、施工方法、质量标准、质量记录、成品保护和HSE技术要求等。

2）基础复测及垫铁摆放：

①设备安装前，首先对基础进行验收。先进行基础外观检查，基础不得有裂纹、蜂窝、露筋等缺陷。地脚螺栓、螺母、垫圈的规格、型号、数量与设计图样一致，并且地脚螺栓无变形、无歪斜，螺纹部分无损坏、无锈蚀等缺陷，螺栓螺母配合自如。基础应有标高基准线、纵横中心线和标高值，设计要求作沉降观测的设备基础应有沉降观测基准点。

②根据土建施工图纸和厂家提供的设备图对基础外形尺寸进行核查。卧式设备滑动端基础预埋板的上表面应光滑平整，不得有挂渣、飞溅，预埋板水平高差不得大于2mm/m。混凝土抹面不得高出预埋板的上表面。

③基础验收合格后，对基础表面进行处理：放置垫铁处铲平；放置垫铁处以外的地方需凿成麻面，麻点深度不小于10mm，密度为每平方分米3～5个点为宜，同时要清除掉表面油污及疏松层。要保证标高基准线及纵横向中心线的完整，必要时重新标识基准线。

④直接承受负荷的垫铁组的位置、数量和垫铁组的安装要求应符合相关规范的要求。

3）开箱检验：

①设备开箱检验时，制造厂家、业主、监理和施工单位应共同见证。

②首先清点箱数，检查各箱的包装是否完好，然后逐箱开箱检验。依据装箱单核对箱内物品的数量、规格是否相符；检查随机资料及专用工具、安装配件、材料是否齐全。按技术文件核查设备的名称、型号、规格和组装件是否符合设计要求。

③检查设备外观质量：表面是否有损伤、变形及锈蚀等；不锈钢设备表面是否有

铁离子污染；设备管口是否封闭；检查法兰面有无磨损；设备的方位、中心线、重心及吊挂点标记是否清晰。

④开箱验收后，其专用工具、零部件应妥善保管；业主方在开箱后应将备品备件收回。如果开箱验收时发现其他专业的零部件，应及时交由相关专业自行保管，并做好交接手续。

⑤做好开箱检验记录，将发现的问题记录下来，参加各方代表在开箱记录上签字确认。

4）设备安装与找正：

①根据设备到货形式确定吊装方案，整体到货设备卧式安装梯子平台、保温、附塔管线、照明灯具，整体吊装，实现“穿衣戴帽、塔起灯亮”，降低安全风险，提高劳动效率。根据设计文件，提前采购梯子平台、保温、附塔管线和照明材料，并在设备到场前完成预制，以顺利实现“穿衣戴帽、塔起灯亮”的吊装。其中的管道、梯子等劳动保护可分别预制成单个小单元模块后再整体安装到设备上（见图8–16）。

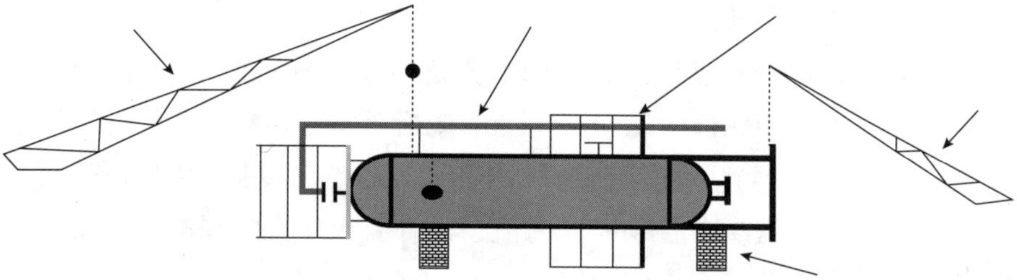

图8–16　立式设备在地面安装平台、管线后整体吊装示意图

②设备吊装前，再次检查设备上的油污、泥土等脏物是否清洗干净。同时按照设计图纸仔细核对设备管口方位、地脚螺栓孔和基础中预埋地脚螺栓的位置和尺寸。设备安装就位时，各工种应密切配合，慢吊轻放，注意保护地脚螺栓的丝扣。对于大型设备，就位以后吊车应配合找正，待找正后再松掉绳扣，保证设备在整个就位过程中的稳定性。

③立式设备根据高度不同找正有两种方法：高度大于5m的立式设备垂直度找正使用经纬仪进行测量；对于高度小于5m的立式设备，可采用磁力线坠找正。卧式设备采用透明塑料管或水平仪进行找正。

④设备安装找正调整完毕后，应立即做好施工记录并经相关单位验收确认。

5）二次灌浆：

①设备找正完毕后，在垫铁组处理、焊接及隐蔽工程完备的情况下，可进行二次灌浆施工；二次灌浆的基础表面须用水冲洗干净，并保持湿润不少于24h，灌浆前1h应吸干积水。

②灌浆前宜安设外模板，外模板至设备底座环外缘的距离应不小于60 mm。底座

外缘的灌浆层应平整美观，上表面应略有向外的坡度，高度应略低于底座边缘的上表面；二次灌浆一般要在设备最终找正后的24h内进行。

③一台设备应一次灌完，不得分次浇灌；预留孔也必须一次灌满至基础毛面高度，不得分次浇灌；二次灌浆材料应符合图纸设计要求，灌浆时应捣固密实，不得使地脚螺栓歪斜或影响设备安装精度。

④在混凝土养护期间，当环境温度低于5℃，应采取防冻措施。

6）塔盘安装和填料装填：

①塔盘安装程序，见图8–17。

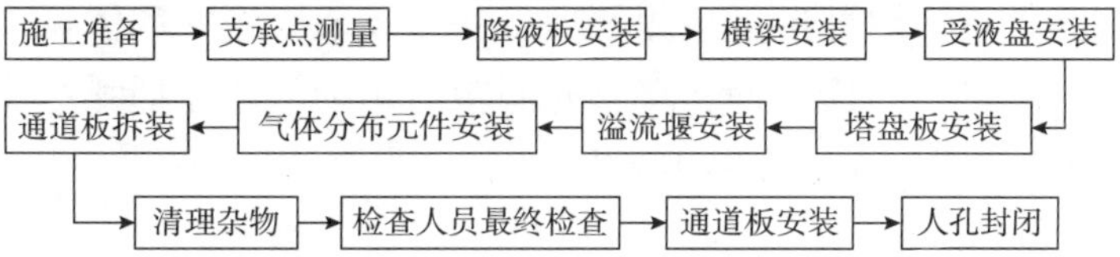

图8–17　塔盘安装程序图

A.采用吊篮进行塔盘板的吊装。按照塔盘需用计划由下至上的顺序依次吊装。吊装上去的塔盘直接运输进入塔内，临时放置在平台上的塔盘板应堆放整齐、平稳。运入塔内的塔盘板依次垂直放在受液盘上，斜靠降液板，不得重叠；塔盘板倒运时应接落平稳，防止碰撞、滑落和损坏。

B.先复测塔盘，支持圈水平度、间距应符合相关规定，塔盘安装时，先组装两侧弓型板，再由塔壁两侧向塔中心组装塔盘板。塔盘板与通道板有方向性，安装时严格按照图纸标注的方向进行安装。塔盘安装时先临时固定，待各部位尺寸与间隙调整符合要求后，再用卡子、螺栓予以固定。

C.塔盘全部安装完成后，检查人员应会同有关人员按方案及图纸要求进行检查，在最终检查之前，应清除塔盘上及塔底的杂物，最终检查之后安装塔盘通道板、人孔盖，并进行封闭，同时填写“塔盘安装检验记录”。

②填料装填程序，见图8–18。

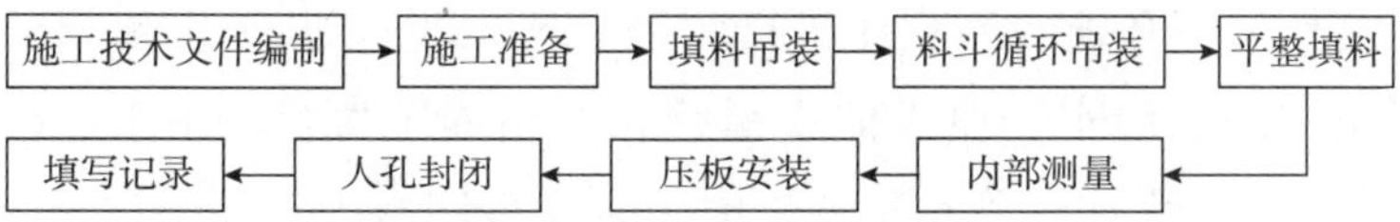

图8–18　填料装填程序图

A.从包装袋中倒出散装填料，散装填料在干燥的条件下装入。金属环散装填料在安装前必须确认金属环填料的规格。

B.尽可能从填充层底部开始安装。若需要同时安装不同的平面，则应对正在下面安装的人员采取适当的保护措施。确保填料层的上限清晰可辨。

C.将装填料斗安装到填料塔的人孔处，连接好传送布袋下端安装专用填料分配器；

提升料斗装满填料后吊装到装填料斗的上方，放到装填料斗中；通过传送布袋，控制阀门开启进行各层填料的装填。

D.装填到一定数量后，作业人员进入塔内部进行填料平整，如此重复进行装填工作；应避免在填料上直接行走，如果由于塔径的关系而必须进入塔体，则必须提供踏板且踏板牢固，在使用时不会损坏填料，确保在使用后撤除踏板。

E.当达到了预期的填料层深度，在安装填料层限制器之前先对层的顶部进行测平。填料层限制器需直接铺在其支承物上。不应为了适应填料层限制器而挤压填料层，也不应在填料层顶部和填料层限制器之间留有大于两个填料环直径的间隙。

F.装填到位后，进入内部进行检测处理，并计算装填密度和体积。填料安装完毕后安装填料压盖格栅到支撑圈上面，调整好间距后用钢丝相互捆扎；安装压梁，用螺栓紧固，最后用钢丝将压梁和压盖捆扎牢固。

7）设备封闭和交工验收：

①设备均应进行清扫，以清除杂物；无法进行人工清扫的设备如符合规范要求，可使用蒸汽或空气吹扫，但吹扫后须及时除去水分。

②设备安装、内部施工及清理施工完毕，并经过施工、检查和监督人员共同检查合格后，方可进行封闭，并填写隐蔽工程记录。

（2）分段、分片到货的典型设备安装

1）分段塔。分段到货塔类设备组装可根据施工现场情况采取立装法或卧装法施工：

①立装可采用分段组装或利用基础由下至上逐段组装。分段组装首先确定分段位置，然后按排版图进行分段组装。分段宜参照下列原则进行：有利于现场施工作业，尽量减少高处作业；符合现场吊装能力；接口宜设在同一材质、同一厚度的直筒段，并避开接管。

②卧装主要施工顺序为：上段壳体→中段壳体→下段壳体→底段壳体（含裙座）。

③耐压性试验和泄漏试验：压力容器组焊完毕后，经总体检验、外观检查、无损探伤合格后进行耐压试验和泄漏试验。压力容器在耐压试验后若需要进行补焊和重新热处理时，则在其后还必须按原程序进行耐压试验。耐压试验用的液体，没有特殊规定者，一律采用洁净的清水，奥氏体不锈钢和低温钢压力容器用水进行液压试验后，应立即将水去除干净，无法达到这一要求时，则应控制水中氯离子含量不超过25mg/L。气压试验用的气体，一般为干燥、洁净的压缩空气，也可采用氮气或惰性气体。充装有易燃介质的在用压力容器，必须进行彻底的清洗和置换，否则严禁用空气作为试验介质。容器需经耐压试验合格后方可进行泄漏试验。

2）储罐。储罐施工方法分为正装法和倒装法。正装法分为架设正装法和水浮正装法；倒装法分为中心柱倒装法、边柱倒装法和气吹倒装法。

①一般情况下储罐安装方法择定条件为：

A.公称容积大于等于50000m^{3}的储罐宜采用正装法施工；

B.公称容积小于等于10000m^{3}的储罐宜选用倒装法施工；

C.其他容积的储罐根据施工条件选用倒装或正装法施工；

D.外浮顶储罐一般选用正装法施工。

②现在常用的几种倒装法及适用性：

A.中心柱倒装法一般用于小于等于5000m^{3}的储罐施工；

B.气吹倒装法一般用于有拱顶结构的储罐施工；

C.边柱倒装法适用于各种结构的储罐施工。

③外浮顶储罐正装法。外浮顶大型储罐安装采用正装法，分为外搭脚手架正装法和内挂脚手架正装法。根据现场具体情况选择相应的安装方法：

A.外搭脚手架正装法（见图8–19）：脚手架随壁板升高而逐层搭设，当纵向焊接接头采用气电立焊、环向焊接接头采用自动焊时，脚手架不得影响焊接操作；采用在壁板内侧挂设移动小车进行内侧施工；采用吊车吊装壁板。

B.内挂脚手架正装法（见图8–20）：预制带钩板的三角架和八字板，三角架水平边长应能并排摆放5块跳板；在已安装的最上一层壁板内侧，沿圆周按规定间距在同一水平标高处均布八字板，安置三角架，铺满跳板，将搭头处用铁线捆绑牢固，并安装护拦；搭设楼梯间或斜梯连接各圈脚手架，形成上、下通道；一台储罐施工宜用2～3层脚手架，1～2个楼梯间。脚手架从下至上交替使用；在罐壁外侧挂设移动小车进行外侧施工；用吊车吊装壁板。

3）球罐：

①分片组装法（见图8–21）：

A.首先组立支柱（或在地面上将赤道板与支柱组焊），组装赤道带，赤道带组装完后，调整赤道带上、下口水平度在允许偏差范围内。以赤道带下口为基准，组装下极带边板，再组装下极带侧板，预留下极中板。以赤道带上口为基准，组装上极带。等组装好的球罐各带焊缝焊接完成后，再组装预留的极中板。

B.分片组装法施工工艺简单，占用起重机械时间较短，是一种普遍采用的方法。

②分带组装法（见图8–22）：

A.在平台上按赤道带、上下温带、上下极带等各极带板分别组对并焊接环带，然后组装各环带成球的方法。分带组装法可分为两种形式：拼环带组装法和拼半球组装法。拼环带组装法把所有的纵焊缝放在平台上组焊，把高空作业变为地面作业，因而各纵焊缝的约束力小，精度高还可以利用自动焊接，手工焊接的质量也易于保证。拼半球组装法一般先在平台上用拼环带的方法将球瓣分别组装成两个半球，然后在此基础上将两个半球拼装成整球。

B.分带组装法的优点是各带板在平台上组对焊接，既方便又有助于保证质量，不

图8-19　外搭脚手架正装法

图8-20　内挂脚手架正装法

图8-21　分片组装法

图8-22　分带组装法

易产生很大的焊接应力和变形。缺点是现场需配用起重能力大的吊装机，这种方法适用于中小型球罐群的安装。

4）气柜：

①干式气柜施工时型钢预制工作量大，柜体结构中型钢滚圆数量较多，型钢煨制圆度是柜体外观及密封膜安装质量的重要保证。

②壁板成片安装时，每片衔接处安装尺寸的保证是难点；密封槽钢、角钢钻孔多，保证钻孔间距和安装相对位置（方位）是施工关键；施工过程中必须控制部件相关联尺寸偏差以保证使用性能。

③内件工作量大，结构紧凑，合理有序安排工序是整个工程工期和质量的保证；柜体薄壁结构，易发生焊接变形。

④干式气柜（见图8-23）多采用壁板在地面成片，现场组装，气柜顶部在T围栏构架上组装成型，待壁板安装完毕后利用导链提升的方法。干式气柜主体和附属装置

安装完成后，应进行气柜总体调试，包括试运转调整和气密试验，试验介质为空气。

⑤直升式湿式气柜（见图8-24）宜采用倒装法.倒装法是由钟罩开始逐节向外安装，最后组装水槽壁。施工时先装最上面的带板，然后由上而下逐圈组装焊接，壁板全部组装焊接后，安装下水封、立柱、上水封环形板和导轨。气柜的总体验收包括气柜水槽注水试验、钟罩及中节气密试验、气柜充气试验。

图8-23　干式气柜

图8-24　湿式气柜

5）料仓：

①料仓焊接过程的重点是采取防变形措施：严格控制焊接顺序，减少焊接变形；筒体、锥体焊接时，先焊纵缝，后焊环缝，焊接环缝时，焊工应均匀对称分布，沿一个方向分段退焊，并连续焊完；焊接顶盖时，先焊径向，后焊环缝，焊接径向焊缝时，焊工应均匀分布对称隔缝；由中心向外分段退焊；焊接环缝与焊接筒体环焊缝相同；焊件焊接前宜进行刚性固定或采取反变形方向，并留有收缩余量；在焊接工艺规程范围内尽可能减少焊接遍数。

②料仓的预制采用分段组焊预制方法，每台料仓分为上下两段预制，其中上段在仓顶预制组焊完成后正装提升与上段筒节组焊；下段在料斗分节组焊后与裙座筒节组焊，采用倒装提升与下一段筒节组焊。料仓上下段组焊完成后加固支撑，利用双机抬吊将分段卧置，下面垫滚胎，组焊环缝，待掺混管整体安装完、探伤合格后，进行内壁清洗，最后将锥尖与下锥段组焊。

③铝料仓每带板组对焊接完成后，应对每道焊缝逐一进行煤油渗漏检验。料仓的气密试验应根据设计文件进行，气密试验应使用干燥、无油的压缩空气或氮气，其温度不得低于5℃。

料仓组装顺序见图8-25。

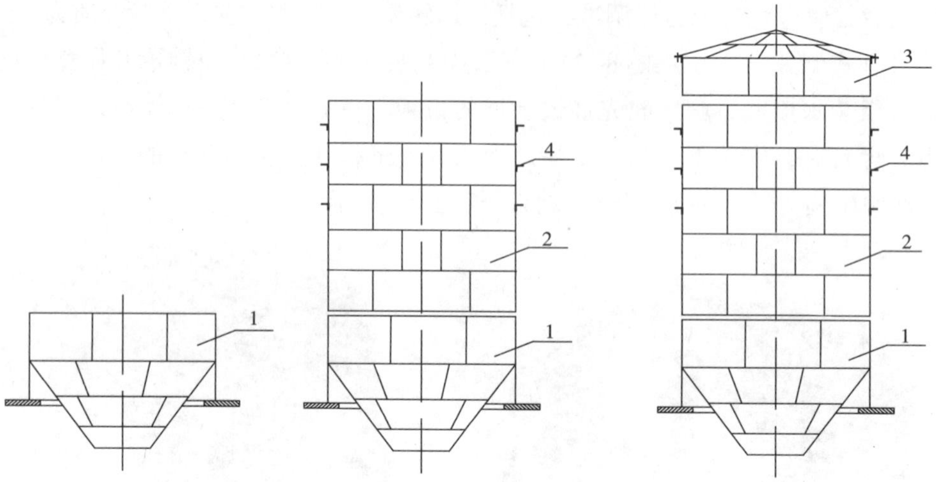

图8-25　料仓组装顺序示意图

1—底圈筒节、裙座和料斗；2—筒节；3—顶圈筒节和仓顶；4—加强圈

6）反应器、再生器安装。反应器、再生器是催化裂化装置的核心设备，两器结构复杂，设备尺寸和重量大，两器安装与反再框架交叉施工，为现场平面布置管理、大型设备预制、吊装及大型吊车站位带来很大难度；反应器、再生器等设备分片分段到货，现场组焊，现场开孔，分段吊装，组装内件，焊接时焊前预热和焊后热处理，对接焊缝要求100%无损检测，多数设备需要隔热耐磨衬里，施工周期长，工序繁多，施工时需合理安排，精心组织，确保工序最优化。

①壳体分片到货后，根据现场实际情况和吊装能力，将分片的壳体在组对场地的平台上组对成段，分段模块化组对焊接，然后安装该段筒体包含的内件、附件、劳动保护等部件及衬里施工，最后按顺序进行组块的整体吊装，现场组焊分段环焊缝。

②筒体拼装前必须在平台上对每一片壁板的几何尺寸、圆弧度进行检查，不符合要求时应进行矫正。拼组时必须控制分段处上下口的周长差和椭圆度，对口时严禁强力组对，以减少焊接后的残余应力。

③成段时不影响组对焊接的开孔接管均应安装完成，直径较大的开孔接管当其焊缝距离对口处小于1m时，可先点焊，环缝焊接完成后再焊接管焊缝。装卸孔和斜管的开孔在筒体安装后再进行。

④衬里之前所有与壳体内外连接的附件（包括平台护板）应焊接完毕，禁止衬里后施焊，以防止壳体局部受热影响衬里质量；不同的衬里材料有各自的养生时间，当达到养生期后才能反转和运输；地面衬里施工有利于保证关键部位的衬里质量，如分段衬里可采用翻转倒衬法施工，解决了上封头和过渡段等部位进行“仰脸衬里施工”的弊病。

⑤吊装每一段时将该段内的内件和外部劳动保护全部安装完毕，整段吊装；所有

的工作在不影响吊装的前提下，尽可能在地面完成，减少高空作业、密闭空间作业及交叉作业，降低安全风险，确保施工人员的作业安全。

⑥旋风分离器的安装主要有两种形式：一种是在地面制作临时支架，把旋风与上封头组装成整体进行吊装；另一种是旋风分离器单独吊装，即吊装后把旋风分离器临时挂在壳体支架上，当上封头安装完毕后再进行旋风分离器的正式安装，料腿、拉杆等在上封头吊装前放在设备内。

8.5.3　机械设备安装

机械设备是指有驱动机带动的转动设备（有能源消耗的设备），如泵、压缩机、风机等，其能源可以是电动能、气动能、蒸汽动能等。机械设备主要由驱动装置、变速装置、传动装置、工作装置、制动装置、防护装置、润滑系统、冷却系统、密封系统等部分组成。石油化工机械设备可按其完成化工单元的功能进行分类，一般可分成：介质输送机械类、搅拌与混合机械类、冷冻机械类等。

机械设备施工过程主要包括：施工准备、到货验收、基础验收和处理、设备吊装定位、设备一次找正、设备一次灌浆、设备精找正、设备二次灌浆、解体清洗和装配、设备轴对中、附属设备及管道的安装、单机试车。

机械设备的一般安装过程：各种机械设备，尽管其结构、性能不同，但安装工序基本上是一样的，即一般都必须经过：运吊就位——安装（找正、找平、灌砂浆等）——清洗、润滑——检验、调整、试运转，而后才能投入生产。所不同的是，在这些工序中，对各种不同的机诚设备将采取不同的方法。例如，在安装过程中，对大型设备采取分体安装法；而对小型设备则采取整体安装法。

1）施工准备：

①熟悉图纸和有关资料，掌握设备技术参数和安装技术要求，了解机器设备安装环境条件；根据施工程序，对大型机器设备和有一定施工难度的机器设备编制施工技术方案，确定施工技术措施和施工方法。

②施工现场土建工程已基本结束，即基础具备安装条件，基础附近的地下工程已基本完成，场地平整；施工运输和消防道路畅通。

2）到货验收：

①开箱前，应检查包装箱，外观是否完好，有无破损或冲击损坏的现象。开箱时，拆除箱体时，拆除人员应注意在使用拆除工具时，用力及方法上要合理，不能损坏设备及人身安全。拆除的包装板应及时清理，防止包装板上遗留的铁钉扎伤、划伤人员或设备。对于装小零件的箱，可只拆去箱盖，等零件清点完毕后，将零件仍放回箱内，便于保管；对于较大的箱，可将箱盖和箱侧壁拆去。设备仍置于箱底上，这样可防止设备受震和碰坏。

②设备清点后应做好记录。设备的清查工作主要有以下几项：设备表面及包装情况；设备装箱单、出厂检验单等技术文件；根据装箱单清点全部工件、零件及附件，若无装箱单，应按技术文件进行；各零件和部件有无缺陷、损坏、变形或锈蚀等现象；机件各部分尺寸是否与图纸要求相符合（如地脚螺栓孔的大小和距离等）。

③设备开箱后，应注意保管、防护，不要乱放，以免损伤；装在箱内的易碎物品和易丢失的小机件、小零件，在开箱检查的同时要取出来，编号妥善保管、以免混淆或丢失；如果设备不能很快安装，应把所有精加工面重新涂油，采取保护措施。

3）基础验收和处理：

①在安装机械设备时，都需要一个坚固的基础。设备的基础一般由土建单位施工。基础质量的好坏，对设备的安装、运转和使用有很大的影响。因为基础除了要承受机械本身重量和运转时所产生的振动力以外，还要吸收和隔离由于工作时产生的振动，并防止发生共振现象。如果基础达不到设计要求，承受不了这些力量就会产生倾斜、沉陷，甚至破坏，这就必然使设备遭到损害，降低精度，甚至不能运转。因此，在设备安装之前，必须对基础进行严格的检验，发现问题及时进行处理。

②基础上应有明显的标高基准线、纵/横中心线及预留孔中心线。重要机器的基础应有沉降观测点。机器基础尺寸及位置的允许偏差符合规范要求。

③基础处理需要二次灌浆的基础表面，应铲出麻面。麻点深度宜大于10mm，密度以每100mm×100mm内不少于3～5个点为宜。基础表面的油污或疏松层，必须清除掉；放置垫铁处（至周边约30mm）的基础表面应铲平，其水平度允许偏差为2mm/m。螺栓孔内的碎石、泥土、积水等杂物，必须清除干净。

4）设备吊装定位。设备底座应画出就位纵/横向基准线。有连接关系的设备定位，应先定位主体设备，再以主体设备定附属设备。设备安装方位根据方位图与管道布置图安装就位。

5）设备一次找正：

①设备一次找正时可采用临时垫铁组、小型千斤顶或调整螺钉进行找平工作。

②要求符合定位基准的面、线、点对安装基准线的允许偏差。

③多台设备进行一次找正时，要求多台设备一起进行找正。例如：以三台泵进行一次找正，要满足平面水平度与标高要求，还需满足法兰口在同一平面（采用粉线进行检查），保证管道配管量。

6）设备一次灌浆：

①垫铁安装法：

A.一次灌浆工作应在设备的一次找正后进行。一次灌浆应只灌地脚螺栓孔。灌浆时要通知钳工到场，采用座浆法安装正式垫铁（见图8-26）。

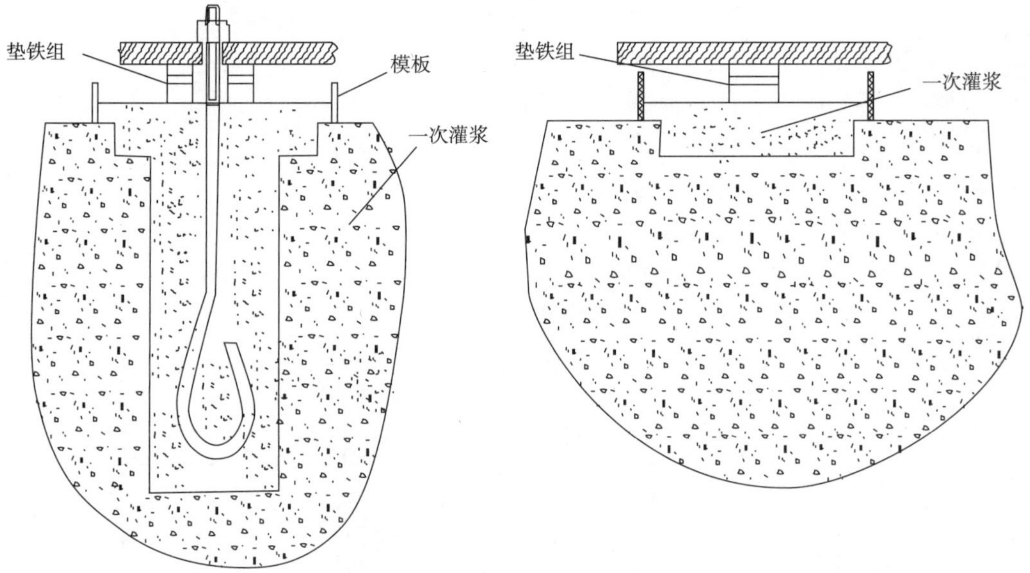

图 8–26　一次灌浆及垫铁加设示意图

B. 有垫铁安装垫铁组布置应符合下列规定：在地脚螺栓两侧各放置一组，应使垫铁靠近地脚螺栓，当地脚螺栓间距小于 300 mm 时，可在各地脚螺栓的同一侧放置一组垫铁。

C. 相邻两垫铁组的间距，可根据机器的重量、底座的结构型式以及载荷分布等具体情况而定，宜为 500 ~ 1000mm；垫铁承载能力有余，而长度不够时，可选较大规格的垫铁。

D. 标准垫法。它是将垫铁放在地脚螺栓的两侧，这也是放置垫铁的基本原则（见图 8–27）。

E. 十字垫法：当设备底座小、地脚螺检间距近时用这种方法。一般地脚螺栓间距小于 300 mm 时，可在各地脚螺栓的同一侧放置一组垫铁十字垫法（见图 8–28）。

F. 垫铁的类型见图 8–29，规格见表 8–2。

表 8–2　常用垫铁规格　　单位：mm

斜垫铁					平垫铁		
代号	L	b	c	a	代号	L	b
X1	100	50	≥ 5	4	P1	100	50
X2	120	60	≥ 5	6	P2	120	60
X3	140	70	≥ 5	8	P3	140	70
X4	160	80	≥ 5	8	P4	160	80
X5	200	100	≥ 5	9	P5	200	100

注：垫铁厚度 h 可根据实际情况决定，底层平垫铁的厚度宜不小于 10mm。

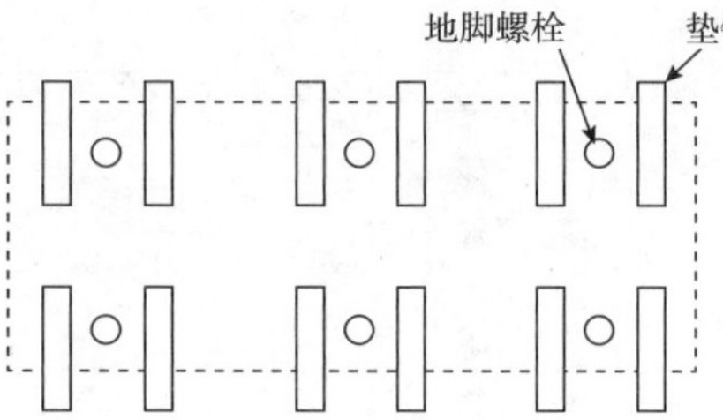

图8-27　标准垫法

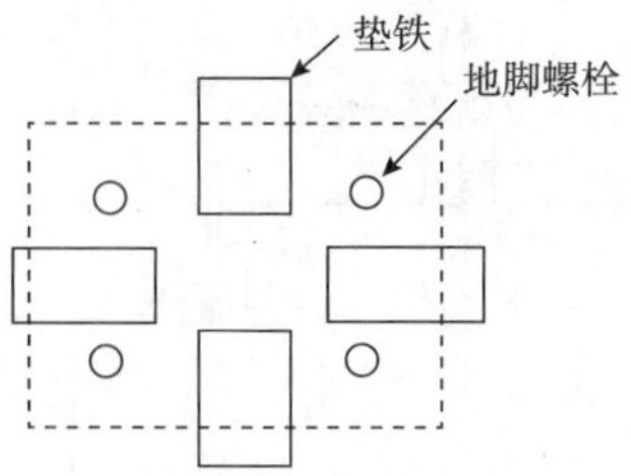

图8-28　十字垫法

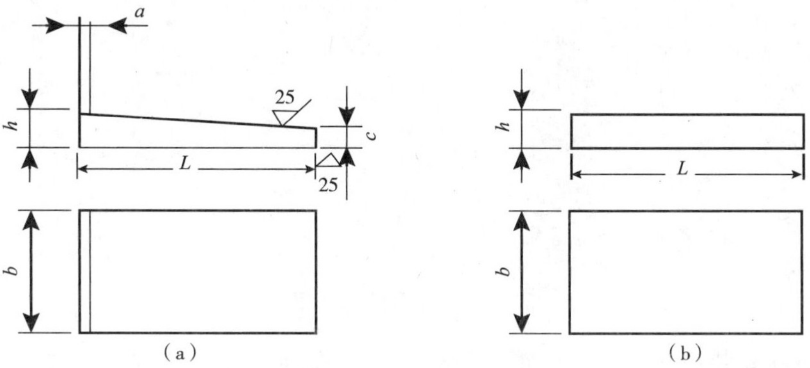

图8-29　垫铁类型示意图

（a）斜垫铁；（b）平垫铁

②无垫铁安装法：

机器的自重及地脚螺栓的拧紧力均由二次灌浆层来承担的安装方法，称为无垫铁安装。

A. 无垫铁安装方法是利用临时垫铁组、小型千斤顶或机器上已有的安装用顶丝来找平机器。

B. 用微胀混凝土（或无收缩水泥砂浆）灌注并随即捣实二次灌浆层，待二次灌浆层达到设计强度的75%以上时，取出千斤顶或临时垫铁填实空洞，或者松掉顶丝，并复测水平度。

C. 无垫铁安装有调整方便、稳定性好、无垫铁腐蚀等优点；缺点是二次灌浆工作较繁琐。

D. 无垫铁安装的两种常见形式见图8-30和图8-31。

E. 无垫铁安装适用于底座底面较平整的机器。对于转速较高负荷较大的机器，二次灌浆层部分宜采用捣浆的方法。对于一般机器可采用灌注的方法。

7）设备精找正：

①设备精找正时均匀把紧所有地脚螺栓。拧紧地脚螺栓应在预留地脚螺栓孔内的混凝土达到设计强度的75%以上时进行，拧紧力应均匀。

②设备安装基准的选择和水平度的允许偏差应符合设备技术文件的规定。无规定

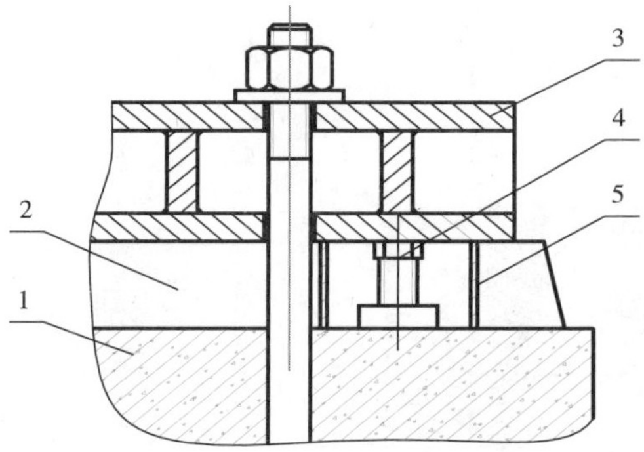

图8-30　临时支撑形式

1—基础；2—二次灌浆层；3—设备底座；4—千斤顶（垫铁）；5—模板

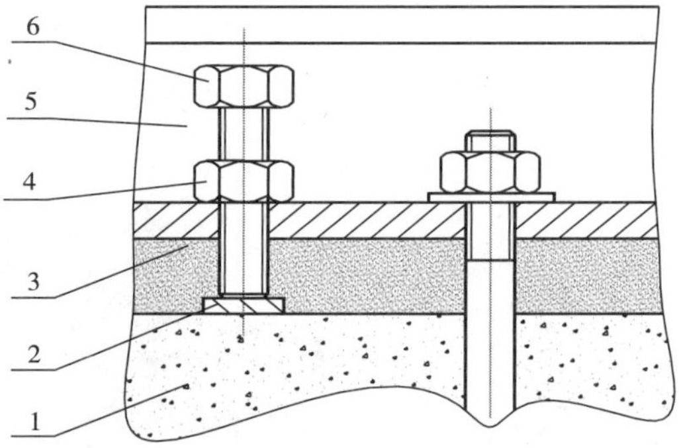

图8-31　调整顶丝形式

1—基础；2—垫板；3—二次灌浆层；4—固定螺母；5—机器底座；6—顶丝

时，应执行相关规范要求。机器找平及找正时，安装基准测量点应在机器精加工表面；机泵找正图见图8-32。

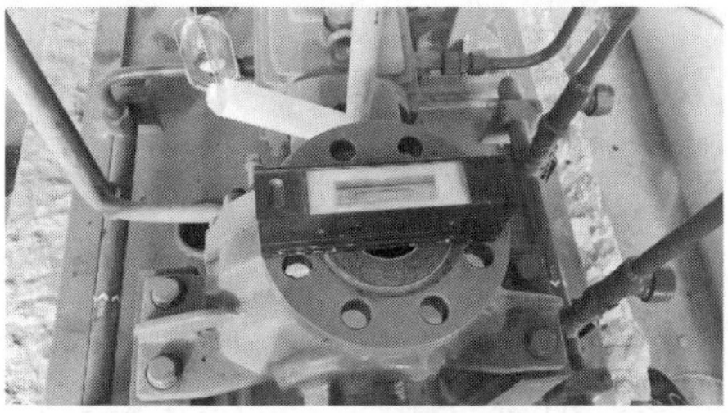

图8-32　机泵找正图

8）设备二次灌浆：

①二次灌浆工作，应在隐蔽工程检查合格、机器的最终找平、找正后24h内进行。

②二次灌浆应将与灌浆材料接触的设备底板和混凝土基础表面清理干净，不得有松动的碎石、浮浆、浮灰、油污、蜡质等。灌浆前24h，基础混凝土表面应充分润湿，灌浆前1h，清除积水。当环境温度低于5 ℃时，灌浆层应采取保温或防冻措施，模板支设示意图见图8-33。

③二次灌浆时，应从一侧进行灌浆，直至从另一侧溢出为止，不得从相对两侧同时进行灌浆；灌浆开始后，必须连续进行，并尽可能缩短灌浆时间；二次灌浆层的灌浆施工必须连续进行，不得分次浇灌。

④设备基础灌浆完毕后，宜在灌浆料初凝后沿底板边缘向外切45°斜角（见图8-34）。如无法进行切边处理的，应在初凝后用抹刀将灌浆层表面压光。

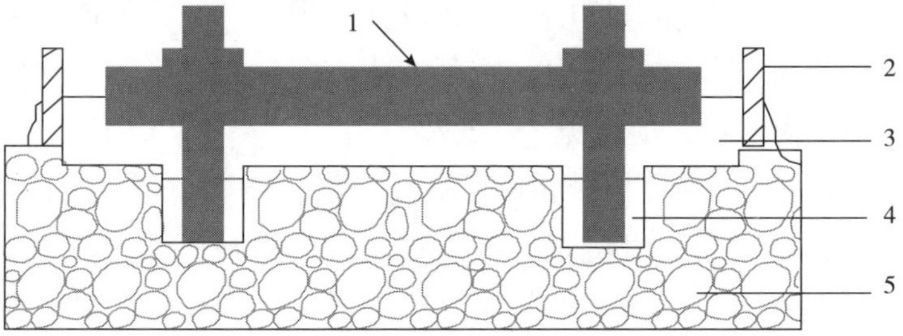

图8-33　模板支设示意图

1—设备底座；2—模板；3—二次灌浆层；4—地脚螺栓孔灌浆层；5—设备基础

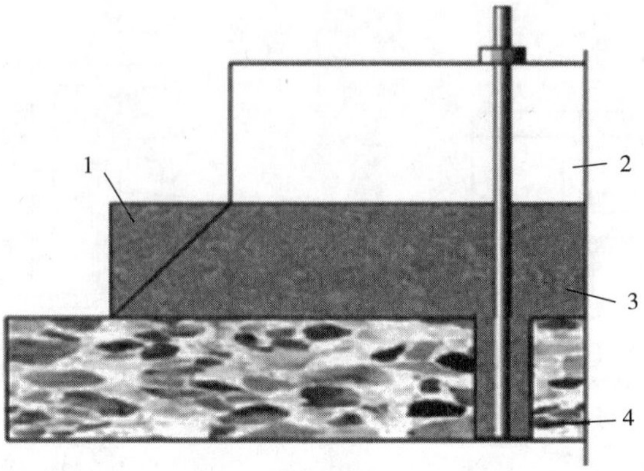

图8-34　切边示意图

1—此部分切除；2—设备底座；3—二次灌浆层；4—设备基础

9）解体清洗和装配：

①整体供货的机器，若需要解体检查和清洗，应符合下列要求：审阅机器的装配图、零、部件图和说明书，了解机器拆卸解体和装配的技术要求，填写审图记录；机器拆卸解体，应按照技术文件规定的方法和步骤进行，并正确使用各种工具；在拆卸过程中，应及时测量拆卸件与有关零、部件的相对位置、尺寸和配合间隙，并做出相应的标识和记录。

②拆卸的零、部件应分类、标识和妥善保管；拆卸的零、部件，经清洗、检查合格后，应按技术文件的规定进行装配，并符合技术文件的要求。

10）设备轴对中。设备轴对中的主要测量工具：百分表、外径千分尺（需要校验，并在有效期内）。百分表的作用是调整、检测联轴器对中结果；外径千分尺的作用是测量调整垫片厚度，为调速垫片加减。

11）附属设备及管道的安装：

①附属设备应按照有关的技术文件及相关的国家现行规范的要求进行安装施工及验收。附属设备安装后，应符合下列要求：对介质为油、气的设备，现场试压后，应进行倒空和吹扫，保证腔体清洁、无异物；油系统和密封系统的油箱、缓冲器、蓄能器、冷却器、过滤器、密封站及阀门等附属设备和附件，应满足油系统和密封系统的特殊要求，系统内不应有铁锈、灰尘、脱落的漆皮、焊渣、飞边、铁屑等异物；对成品实施保护，封闭任何敞口，应避免二次污染。

②管道与机械设备的连接，安装前必须将内部吹扫干净。与机械设备连接的管道，其固定焊口应远离机械设备，且应符合下列规定：管道与机械设备的连接，应在自由状态下，配对法兰面在自由状态下的间距，以能顺利插入垫片的最小距离为宜。检查配对法兰的平行度和同轴度，其偏差应符合规范要求。

③管道与机械设备最终连接时，应在联轴器上或机械设备支脚处，用百分表监测

转子轴和机器机体的径向和轴向位移。

12）单机试车：

①单机试车的目的是检查机械设备和电气、仪表的性能与制造及安装质量。

②机械设备单机试车的时间应符合机器技术文件规定或设计文件的要求，一般机械设备的单机试车时间宜为2h。

③机械单机试车所采用的介质，应根据设计文件及实际条件决定，若无特殊规定，宜以水、空气或氮气为介质。选用试运转介质时，应符合下列要求：以水为介质进行试运转所需的功率不得超过额定数值；以空气或氮气为介质进行试运转时，所需的功率和压缩后的温升不得超过额定数值；若超过额定数值，应调整试运转参数或采用规定的介质进行试运转。

8.5.4　管道

管道是由管子、管件、阀门及管道上的小型设备等管道组成件连接成的输送流体或传递压力的通道。因各种管道的输送介质和操作参数千差万别，其重要程度和危险性也各有不同。通常采用管道分类、分级的办法，对各种管道分门别类地提出不同的设计、制造和施工验收要求，保证各种管道能在其设计条件下安全运行。

（1）压力管道的概念

压力管道，是指利用一定的压力，用于输送气体或者液体的管状设备。其范围规定为最高工作压力大于或者等于0.1MPa（表），介质为气体、液化气体、蒸汽或者可燃、易爆、有毒、有腐蚀性、最高工作温度高于或者等于标准沸点的液体，且公称直径大于或者等于50mm的管道。公称直径小于150mm，且其最高工作压力小于1.6MPa（表）的输送无毒、不可燃、无腐蚀性气体的管道和设备本体所属管道除外。

（2）石油化工管道的分级

1）依据《石油化工金属管道工程施工质量验收规范》GB 50517，石油化工金属管道根据输送的介质和设计条件可按表8–3分级。

表 8–3　管道分级明细表

序号	管道级别	输送介质	设计条件	
			设计压力/MPa	设计温度/℃
1	SHA1	（1）极度危害介质（苯除外）、光气、丙烯腈	—	—
		（2）苯、高度危害介质（光气、丙烯腈除外）、中度危害介质、轻度危害介质	$P \geqslant 10$	—
			$4 \leqslant P < 10$	$t \geqslant 400$
			—	$t < -29$
2	SHA2	（3）苯、高度危害介质（光气、丙烯腈除外）	$4 \leqslant P < 10$	$-29 \leqslant t < 400$
			$P < 4$	$t \geqslant -29$

续表

序号	管道级别	输送介质	设计条件	
			设计压力/MPa	设计温度/℃
3	SHA3	（4）中度危害、轻度危害介质	$4 \leqslant P < 10$	$-29 \leqslant t < 400$
		（5）中度危害介质	$P < 4$	$t \geqslant -29$
		（6）轻度危害介质	$P < 4$	$t \geqslant 400$
4	SHA4	（7）轻度危害介质	$P < 4$	$-29 \leqslant t < 400$
5	SHB1	（8）甲类、乙类可燃气体介质和甲类、乙类、丙类可燃液体介质	$P \geqslant 10$	—
			$4 \leqslant P < 10$	$t \geqslant 400$
			—	$t < -29$
6	SHB2	（9）甲类、乙类可燃气体介质和甲A类、甲B类可燃液体介质	$4 \leqslant P < 10$	$-29 \leqslant t < 400$
		（10）甲A类可燃液体介质	$P < 4$	$t \geqslant -29$
7	SHB3	（11）甲类、乙类可燃气体介质、甲B类可燃液体介质、乙类可燃液体介质	$P < 4$	$t \geqslant -29$
		（12）乙类、丙类可燃液体介质	$4 \leqslant P < 10$	$-29 \leqslant t < 400$
		（13）丙类可燃液体介质	$P < 4$	$t \geqslant 400$
8	SHB4	（14）丙类可燃液体介质	$P < 4$	$-29 \leqslant t < 400$

注：1. 常见的毒性介质和可燃介质参见本规范的附录A（略）。
2. 管道级别代码的含义为：SH代表石油化工行业、A为有毒介质、B为可燃介质、数字为管道的质量检查等级。

2）依据《特种设备生产和充装单位许可规则》TSG 07，企业、事业单位所属的用于输送工艺介质的工艺管道、公用工程管道及其辅助管道为工业管道；划分为GC1、GC2两个等级压力管道。

①GC1级：

符合下列条件之一的工业管道为GC1级：

A.输送《危险化学品目录》中规定的毒性程度为急性毒性类别1介质、急性毒性类别2气体介质和工作温度高于其标准沸点的急性毒性类别2液体介质的工艺管道。

B.输送《石油化工企业设计防火规范》GB 50160、《建筑设计防火规范》GB 50016中规定的火灾危险性为甲、乙类可燃气体或者甲类可燃液体（包括液化烃），并且设计压力大于或等于4.0MPa的工艺管道。

C.输送流体介质，并且设计压力大于或等于10.0MPa，或者设计压力大于或等于4.0MPa且设计温度高于或等于400℃的工艺管道。

②GC2级：

除GC1级以外的工艺管道、制冷管道为GC2级压力管道。

（3）管道预制

1）预制原则：

①管道预制充分利用预制厂设备、工装，便于集中作业，本着预制“产品化”的

原则进行预制。并充分考虑预制能力、运输条件、吊装能力、安装条件等因素，进行管道深度预制。

②对于直径大于76.2mm（3in）及以上的工艺管道，主要包括阀组、框架及设备配管、管廊膨胀弯等进行预制。主要型式有：直管－弯头－直管、法兰－直管－弯头、直管－三通（异径管）－直管等。

③对于直径小于76.2mm（3in）但焊口相对集中的管段，如伴热集管、伴热煨弯、取样器配管、阀组、软管站、小型设备及炉子附属成批小管线等进行预制。

④管道支架进行预制，包括管托、承重及导向组合支架、管式支架等。

2）下料切割及坡口加工：

①切割及坡口加工方法：

A. 锌钢管和公称直径小于等于50.8mm（2in）的碳素钢、低合金钢管，采用无齿锯或切管机切割。

B. 碳钢可采用机械加工或火焰方法切割加工。

C. 镍低温钢和铬钼合金钢宜采用机械加工方法切割加工。

D. 不锈钢管、有色金属管应采用机械方法或等离子方法切割加工。当不锈钢管用砂轮机切割及打磨时，必须使用专用砂轮片。

E. 当采用火焰或等离子切割，切割后应采用机械加工或者打磨的方法消除熔渣和氧化皮，使表面平整并露出金属光泽。

F. 支架材料，钢板使用剪板机和自动切割机切割下料，手工砂轮机修整，线型钢材截面小于60mm的应使用无齿锯切割，其他使用氧乙炔火焰切割。

②对于重要部位配管、大口径[4064mm（16in）以上]及76.2mm（3in）以上高压厚壁管线，预制前应核对管段划分、现场安装预留口是否合理，并应对管段预制尺寸进行必要的现场复测，测量后确定预制下料的实际尺寸。

③对于材料余量小的贵重金属材料及高压厚壁管线应进行套裁下料，避免材料的浪费。

④切口质量符合下列规定：

A. 切口表面应垂直平整，无裂纹、毛刺、凸凹、缩口、熔渣、氧化物、铁屑等。

B. 钢管切割后，用直角尺检查切口平面，切口端面倾斜偏差a（见图8-35）不应大于管子外径的1%，且不超过3mm。

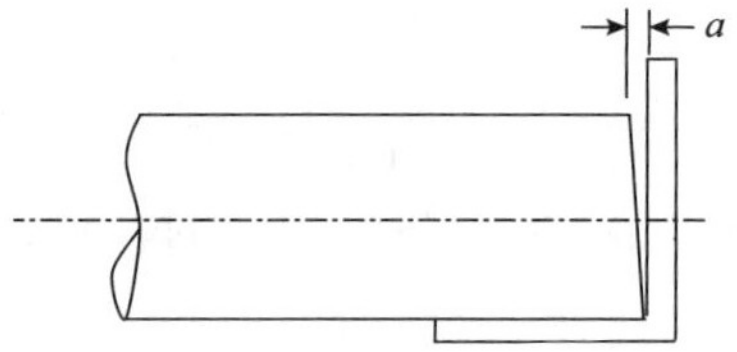

图8-35　坡口端面偏差示意图

⑤坡口加工。坡口加工形式应符合设计规定或焊接工艺评定要求。常用坡口形式见表8–4。

表8–4　坡口加工明细表

项次	厚度 T/mm	坡口名称	坡口形式	坡口尺寸：间隙 c/mm	坡口尺寸：钝边 p/mm	坡口尺寸：坡口角度 α（β）/（°）	备注
1	1～3	I形坡口	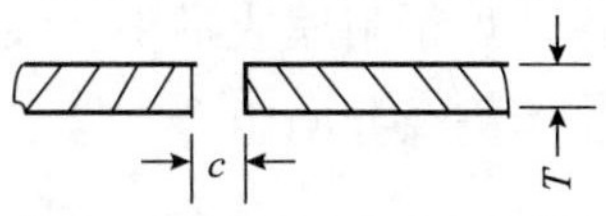	0～1.5	—	—	单面焊
	3～6			0～2.5			双面焊
2	3～9	V形坡口	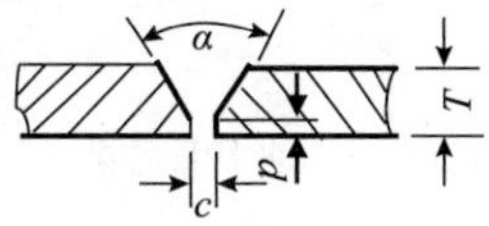	0～2	0～2	65～75	
	9～26			0～3	0～3	55～65	
3	6～9	带垫板V形坡口	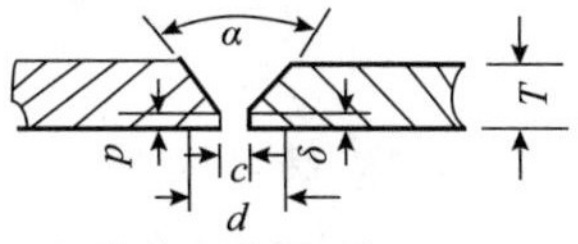 δ=4~6　d=20~40	3～5	0～2	45～55	
	9～26			4～6	0～2		
4	12～60	X形坡口	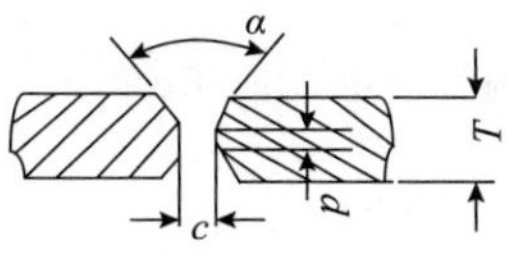	0～3	0～3	55～65	
5	20～60	双V形坡口	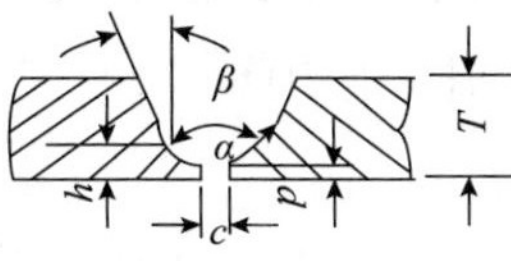	0～3	1～3	65～75（8～12）	
6	管径 $\Phi\leqslant76$	管座坡口	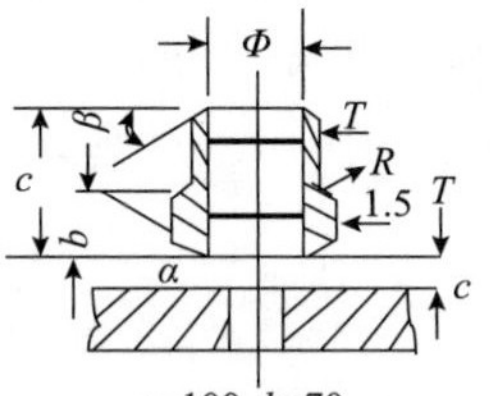 a=100　b=70	2～3	—	50～60（30～35）	

⑥坡口检查：

A.坡口加工完后应对其尺寸、形式、角度用焊缝角度尺进行检查，合格后方可组对。

B.铬钼合金钢、材料标准抗拉强度下限值等于或大于540MPa钢材的管道坡口100%检测；设计温度低于–29℃的非奥氏体不锈钢管道坡口抽查5%进行渗透检测。

3）制孔：

①管道上的所有支管及仪表取源部位开孔应在管段预制组对前完成。

②高压管道、不锈钢管及合金钢管道及开孔直径≤25.4mm（1in）的碳钢管应采用机械开孔。可采用钻床、里奇锯孔机、铣床等进行开孔加工。

③开孔直径≥50.8mm（2in）的碳素钢管道可采用火焰切割开孔。开孔后用砂轮机进行打磨修整，并将切割氧化铁清理干净。

④管道支吊架上的孔宜采用钻床开孔。

4）弯管加工：

①弯管加工可采用冷弯和热弯两种工艺进行。

②钢管冷弯宜采用机械法。当管子公称直径≥25.4mm（1in）时，采用电动或液压弯管机、顶管机进行弯制；当管子公称直径≤25.4mm（1in）时，可采用手动弯管器弯制。

③钢管热弯可采用中频加热法弯制，奥氏体不锈钢也可采用电炉加热弯制。

④弯管制作后，表面不得有裂纹、过烧、分层、严重褶皱等缺陷。弯曲部位的最小壁厚不得小于管子公称壁厚的90%。

⑤弯管制作后，直管段中心线偏差Δ不得大于1.5mm/m，且不得大于5mm（见图8-36）。

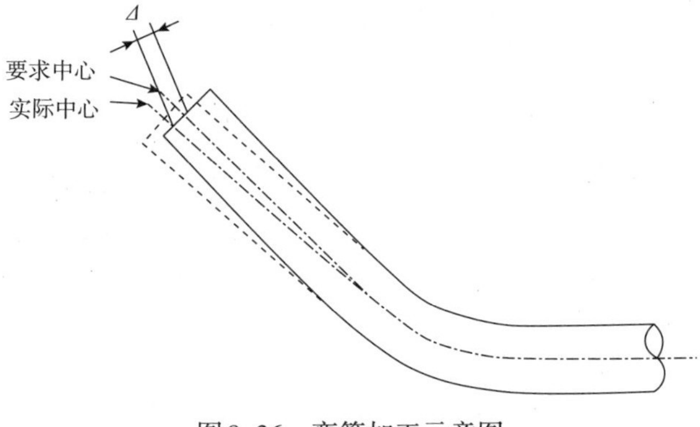

图8-36　弯管加工示意图

⑥钢管热弯或冷弯后应按照规范的要求进行热处理，热处理的参数要符合现行规范的要求。

5）管道组对：

①管道组成件对接焊缝组对时，内壁要齐平，内壁错边量和对口间隙满足焊接工艺要求；不等厚的管道组成件对接坡口按焊接工艺要求修整。

②法兰装配时，其密封面与管中心线垂直偏差不应超过0.25%，且不大于2mm。

③组对法兰时，应先在上方进行定位焊接，用法兰角尺沿上下方向找正，合格后点固下方，再找正左右两侧并进行定位焊。

④管线图中法兰的安装位置一般情况下是跨中安装，在设计有要求的情况下也有跨心安装。螺栓孔双眼应做跨管子中心线两侧对称排列。（见图8-37）。

⑤公称直径小于等于139.7mm（11/2in）承插接口时，除机组的循环油、控制油、密封油管道承口与插口的轴向不宜留间隙外，其他管道管件与管子的间隙a控制在1～2mm（见图8-38）。

6）管道焊接。管道焊接严格按照焊接工艺要求执行，相关要求详见焊接篇（第8.5.10章节）。

7）检验及标识：①管道预制段预制工作结束后，质检工程师要对预制件进行总体检查，重点检查法兰与管子的垂直度、几何尺寸、管道内部的清洁情况、管端坡口加工情况、预制件的标识准确性等。

②预制管段、支吊架验收合格后由质检员贴合格标签标识，贴于管段编号或支吊架编号右侧。

8）管段组装及存放：

①管道预制段在考虑方便运输及安装的前提下，尽可能在预制厂组装，如阀组管段、分配器及设备配管中尺寸较短的预制管段等，便于保管及安装时查找。

②预制段组装前，组装件如有杂物时，可使用压缩空气（小管）和钢丝拖布拖拉清理法（大管）等方法对其内部进行清理。

③管道预制段及预制段组装后，要及时进行管口封闭。经检查合格的预制段及组

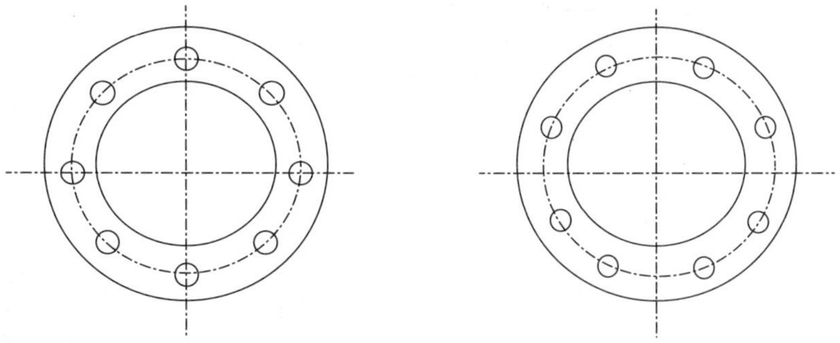

（a）法兰跨心安装　（b）法兰跨中安装

图8-37　法兰组对示意图

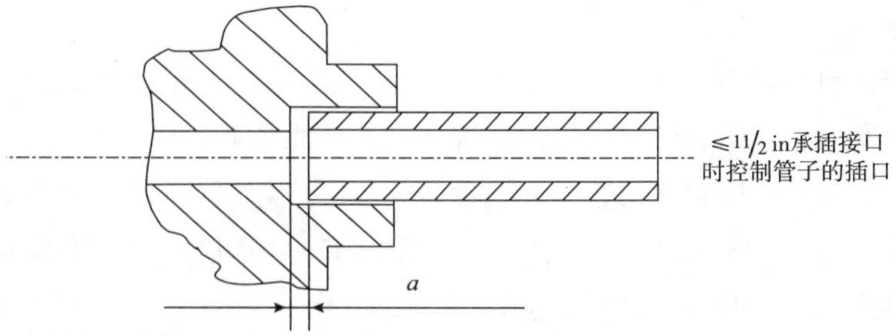

图8-38　承插口组对间隙示意图

注：1in＝0.0254m。

装件管端部采用塑料管帽或木板封堵。

④预制件标识出厂合格标志后运至成品存放区。存放区应按装置区域及材质规划，分区分材质摆放，采用下垫，不得混放。

⑤按预制管段的摆放地点在存放区分别设置标识牌，标识牌用油漆标明装置、区号等字样。

⑥预制厂应对预制管段输入电脑并进行建账保管和发放。

⑦管段经检验、吹扫、封口、标识后，应做好成品最终管段检查验收记录，确定管段的最终检验状态，以便管段交付现场使用。

9）特殊管道预制要求：

①不锈钢、钛管及高温铬镍合金等管道的预制，要在预制专区内进行，并采取防渗碳、防渗铁、防渗锌的措施。

②不锈钢、钛管及高温铬镍合金等易渗碳、渗锌的钢管在胎具上弯制时，应在胎具内侧贴白胶布等隔离材料以避免污染。

③不锈钢、钛管及高温铬镍合金等管道不得在焊缝附近打钢印，应用不含碳、铅及氯离子的油性笔标识。

④对于 H_2S 介质、氢气、含氢及其他含有应力腐蚀的管道，预制焊接完后焊缝进行消应力热处理。

⑤介质为碱液的碳钢管道焊口，预制焊接完后焊缝进行消应力热处理。

⑥输送熔融介质管道的焊缝，内表面应平整光滑，不得有突出的焊瘤。其质量应符合设计文件的规定。

⑦氧气管道对接焊缝应采用氩弧焊打底。管内焊缝应平滑，余高应小于设计文件的要求，焊缝内表面不得有毛刺、焊瘤等缺陷。

⑧氧气管道预制段应经脱脂处理并妥善封闭保管，防止二次污染。

（4）管道安装

1）管道安装的条件：

①敷设管道的管廊、管道支柱、管架的混凝土支墩、预埋件、预留孔等已按设计文件施工完，坐标位置、标高、坡度符合要求。

②直埋或地沟内敷设钢制管道的管沟，其位置坐标、标高、坡度、沟底宽度、垫层、边坡斜度及加固支撑等均符合设计文件和施工工艺文件的要求，并经交接验收确认合格。

③与管道连接的设备已找正合格、固定完毕，二次灌浆后混凝土强度达到要求，并按要求办理工序交接。

④设备上为安装、焊接管道支、吊架用的护板，位置及数量应满足管道安装的要求。

⑤管道组成件及管道支承件等应具有所需的质量证明文件，并已检验合格，其材质、规格、型号正确。

⑥预制管段已按单线图完成，无损检测合格，标识齐全，管段封堵完毕，管段验收合格。预制的管段、管件满足现场管道安装的需要。

⑦管道安装组成件的到货检、试验工作已基本完成，并按规定要求做好标识。需现场安装的管道组成件、支承件和焊接材料等满足要求。

2）管道安装一般顺序。管道安装一般本着先地下管道后地上管道，先大管道后小管道，先高压管道后低压管道，先合金钢管道碳素钢管道、后不锈钢管道，先夹套管后单体管的顺序进行。

3）管道安装一般要求：

①管道安装焊缝的位置，应便于焊接、热处理及检验，并应符合规范要求。卷管的纵向焊缝应位于易检修的位置，水平管的纵向焊缝不宜置于管底部位。

②管道安装前应进行内部清理，清理作业可根据设计对管道内部清洁程度的要求及管径的大小，采用不同的清理方法。

③ 管道采用螺纹时，拧紧螺纹时不得将密封材料挤入管内。当螺纹连接要求采用密封焊时，不得使用螺纹保护剂和密封材料。

④环槽式法兰密封面与金属环垫在安装前，应作接触线色印检查，当金属环垫在密封面上转动45°后，检查接触线不得有间断现象。

⑤紧固螺栓时应对称均匀、松紧适度，紧固后的螺栓，其有效螺纹与螺母外端面平齐最佳，或者外露螺纹长度1～2个螺距，双头螺栓两端的外露长度应相近。

⑥管道与套管之间的环形空隙，两端应采用石棉绳或其他不燃材料填塞。有振动的管道（如振动筛、往复泵或压缩机的连接管），应填塞减振填料。填料填塞不宜过紧，并使管道居中。

⑦不锈钢管道与碳素钢支、吊架之间应垫入不锈钢垫板或氯离子含量不超过50×10^{-6}mg/L的非金属垫板。严禁不锈钢管与碳素钢支、吊架直接接触。

⑧孔板安装位置的上、下游直管长度，应符合仪表专业的设计要求，在此范围内不应有焊缝。孔板法兰焊缝的内表面，应修磨平整光滑，检查确认合格后，方能封闭。

⑨孔板取压阀的方向应符合仪表专业的设计要求，若设计无具体要求时，根据系统管道工作介质确定，气体介质系统管道取压点为上45°范围，液体介质系统管道取压点为下45°范围。

⑩高温或低温管道的螺栓，在试运行时应按要求进行热态紧固或冷态紧固。

4）静设备配管：

①安装静设备管道前，现场核查设备管口标高、坐标、方位、规格尺寸、等级材质及数量是否与设计文件相符，设备法兰焊口经现场实测后，方可在预制厂或现场进

行组对焊接。

②与静设备连接的管道宜从设备管口侧开始安装，并及时安装管道支、吊架，管道及阀门等的重量和附加力矩不得作用在设备上。

③与静设备连接的管道安装完毕后，应保证设备管口上的法兰螺栓在自由状态下能使所有螺栓顺利通过螺栓孔，并检查法兰密封面的平行偏差、径向偏差及间距。

④静设备出入口连接管，在管道吹扫前，应加盲板隔离，并进行标识，在系统吹扫合格后方可与静设备相通。

5）转动设备配管：

①与转动设备连接的管道，在安装前必须进行检查，确认管道内部已处理干净，无铁锈、尘土、油、水及其他污物。

②转动设备出入口连接管道时，应加盲板/盲垫隔离，并进行标识；在系统吹扫合格后方可与转动设备相通。

③与转动设备连接的管道，应从转动设备侧开始安装配管，并保证管道支架同步安装；配管时，管道、阀门的重量和附加力矩不得作用于设备上。

④管道固定焊口应尽量远离机器，并在固定支架以外，以减小焊接应力的影响。

⑤管道及其支、吊架安装完毕后，应卸下与设备连接法兰的螺栓，在自由状态下应能使所有法兰螺栓顺利通过螺栓孔，并检查法兰密封面的平行度、同轴度。

⑥管道安装合格后，不得承受设计以外的附加载荷。管道系统试压、吹扫合格后，应对管道与设备的接口进行复位检查，若有超差，需重新调整直至合格。

⑦转动设备试车前，应对管道与机器的连接法兰进行最终连接检查。检查时，在联轴器上架设百分表监视其位移，然后松开和拧紧法兰连接螺柱进行观测。

⑧转动设备进行油系统配管时，油系统管道应保证内壁清洁干净，可采用喷砂等方式对管道内壁进行预清理。

6）衬里管道安装：

①衬里管道安装前，管内应清洁，并检查衬里层，其质量应符合下列规定：

A.衬胶管道安装前，检查胶层外观质量及胶层与金属的粘接情况，不得有裂纹或海绵状气孔。

B.玻璃钢衬里管道的贴衬应平整光滑，色泽均匀，与管壁结合牢固，无起鼓、脱层、固化不完全及玻璃纤维外露等缺陷。

C.涂料防腐管道的涂层薄膜应光滑平整、色泽一致、无针孔、气泡、流淌及剥落等缺陷。

D.衬铅或搪铅管道，焊道应平整均匀，无缩孔、错口、歪偏、裂纹等缺陷。

E.喷铝管道的喷镀层应无杂质、气泡、孔洞、裂纹及脱皮、缺损等缺陷。

F.凡有检漏孔的衬里管道，采用注水检查，24h内不得有漏水现象。

②衬里管道安装，应按预制加工时的编号依次进行，不得混淆或颠倒。

③搬运、吊装、堆放衬里管段或管件时，应避免强烈震动及碰撞。严禁在衬里管道上敲击、加热、施焊、扭曲或矫形。

④衬里管道的安装应采用软质或半硬质垫片，垫片应与法兰密封面同心，当需要调整安装长度误差时，宜采用更换同材质垫片厚度的方法，垫片的厚度不宜超过设计厚度的20%。

⑤橡胶、树脂、塑料、玻璃钢及涂料等衬里管道组成件，应存放在温度为5～40℃的室内，并应避免阳光和热源的辐射。

7）夹套管施工：

①夹套管施工程序见图8-39。

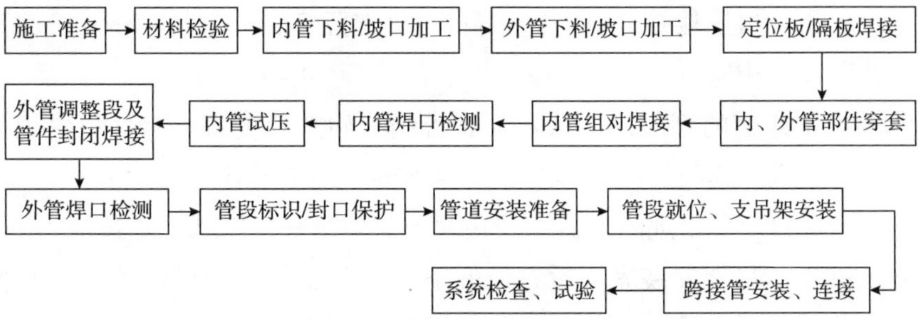

图8-39　夹套管施工程序图

②夹套管按结构可分全夹套和半夹套，夹套管结构示意图见图8-40～图8-42。

③夹套管的内管施工与一般工业金属管道施工工艺相同，外套管封闭焊接要在内管试压结束后才能进行。

④内管、套管之间的定位板应按设计要求制作，定位板与内管材质应一致，并焊接在内管外壁上，设计无要求时，定位板的安装宜均布（见图8-43）。

⑤夹套管的跨接管安装应在套管安装结束后进行。

⑥跨接管连接应考虑安装空间，可拆卸的连通管应装法兰。

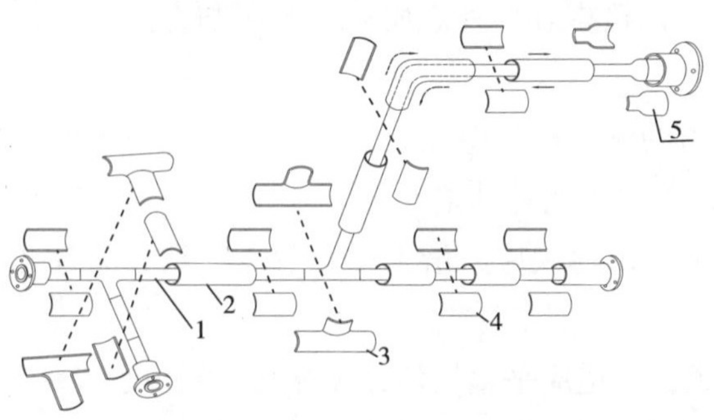

图8-40　夹套管结构示意

1—内管；2—套管；3—纵剖三通；4—调整半管；5—纵剖异径管

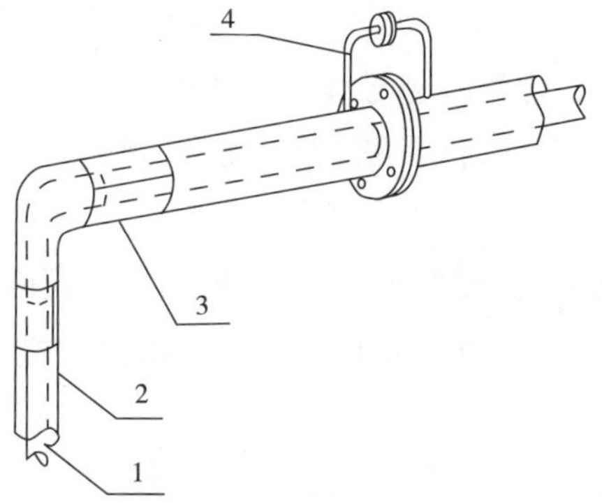

图8-41　全夹套管结构示意

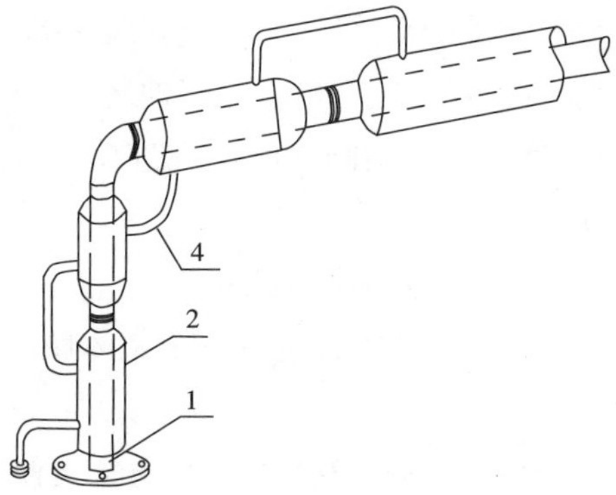

图8-42　半夹套管结构示意

1—内管；2—套管；3—封闭半管；4—跨接管

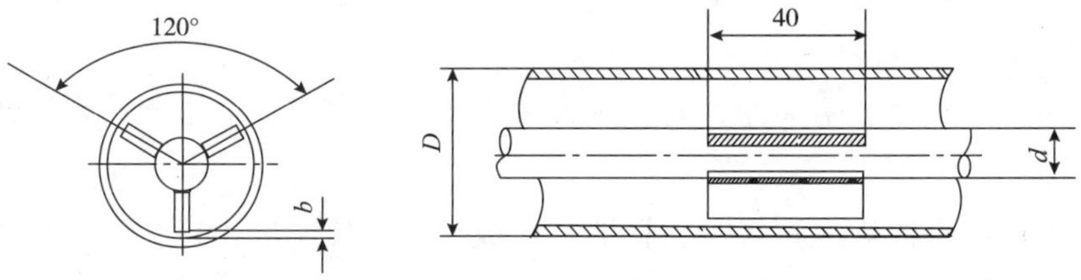

图8-43　定位板安装示意

b—定位板与套管内壁间隙；*D*—套管外径；*d*—内管外径

⑦跨接管拐弯处宜采用煨制方式，并应符合下列要求：

A.输送气体介质，应高进低出。

B.输送液态介质，应低进高出。

⑧夹套管焊接接头的无损检测设计文件无明确规定时，应符合下列要求：

A.内管的对接焊接接头应进行100%射线检测，角接接头应进行100%表面无损检测。

B.套管的焊接接头检测数量不少于5%，剖分的纵向焊接接头按焊缝长度计算检测比例。

8）氧气管道施工：

①氧气管道所选用的管子、阀件、垫料及所有与氧气接触的材料都必须在安装前进行严格的脱脂。

②氧气管道埋地敷设时，一般应铺设200mm厚的黄沙，在土质好的黄土上可不铺设黄沙。

③氧气管道与乙炔管或其他燃气管道一起直接埋地敷设时，管道应在同一标高且水平净距不小于250 mm，在管上填一层厚300mm的粗砂，再填土夯实。

④不应将氧气管道和燃油管一起敷设在同一支架上，如必须共架敷设，氧气管道应布置在上面，其间距不得小于0.5m。

⑤严禁将氧气管道与电缆安装在同一沟道内。

⑥氧气管道应有可靠的接地装置，法兰连接处应设跨越导线。

⑦氧气管道预制长度不宜过长，应能便于检查管道内外表面的安装、焊接、清洁度质量。

⑧氧气管道的压力试验介质应用不含油的干净水或干燥空气、氮气；设计压力大于4.0MPa时，氧气管道禁止用气体做压力试验；氧气管道水压试验后，应及时进行干燥处理。

⑨严禁使用氧气做试验介质，当使用氮气做试验介质时，应注意安全，防止发生窒息事故。

⑩氧气管道压力试验合格后应进行泄漏性试验，试验用介质应是无油、干燥、洁净的空气或氮气，试验压力等于管道设计压力。

9）安全泄压装置安装：

①安全阀、爆破片、阻火器、安全液封等型号、规格、材质必须符合设计文件规定，严禁擅自修改。

②安全阀出口直接排放大气时，管端宜切成平口，安全阀出口拐弯处宜采用弯曲半径大于1.5倍管子公称直径的长半径弯头，弯头附近的最低处，开设直径$\phi 6 \sim 10$mm的泪孔。

③安全阀入口在试压吹扫前必须加置盲板或拆除，加置盲板在管道系统强度试压、吹扫合格后方可拆除。

④在管道投入运行前，应及时调校安全阀。调校合格的安全阀，在搬运过程中应避免倾倒、碰撞，并保护好铅封。

⑤爆破片应贮存在干燥、无腐蚀的环境中，不允许压伤变形。组装爆破片时应小心谨慎，不得降低爆破片的有效截面积。

⑥安装爆破片时，宜采用力矩扳手，均匀拧紧螺栓，防止爆破片在夹持中松动和因法兰受力过大或不均匀而导致损坏。

⑦爆破片必须安装在相应的夹持器内。严格按说明书或铭牌上箭头指示的方向安装，切勿装反（见图8–44）。

⑧爆破片应在管道系统投产前安装。安装时应对排出管加以支撑和牢固固定。

10）管道支、吊架安装：

①管道支、吊架应与管道安装同步，并在管道安装时及时进行固定、调整和校正。支、吊架或管托与管子接触应紧密，不得有空隙，也不得使管子受到外力或产生位移。

②吊架的铰链应按要求在一定范围内能自由转动；吊架应现场进行实际测量安装，可调吊架在安装完毕后进行调节，不可调吊架在安装吊架时应将管道预先吊起，在正常受力状态下进行吊架的安装焊接，保证吊架正常受力。吊架的基本形式见图8–45。

③无热位移的管道，其吊杆应垂直安装。有热位移的管道，吊点应设在位移的相反方向，按位移值的1/2偏位安装（见图8–46）。

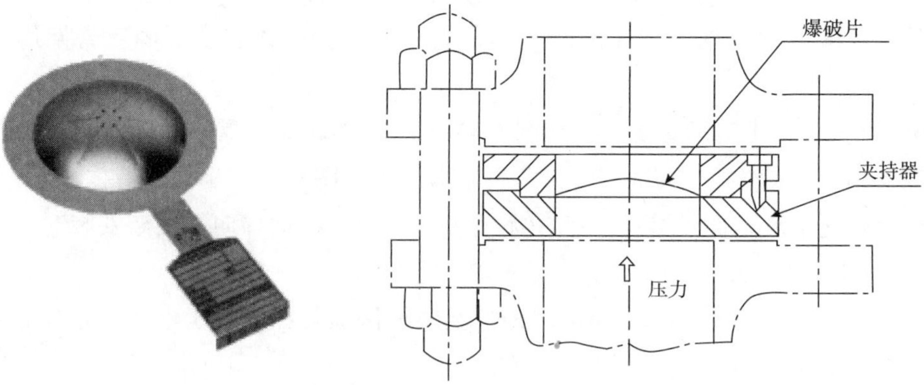

图8–44　爆破片及其组装示意图

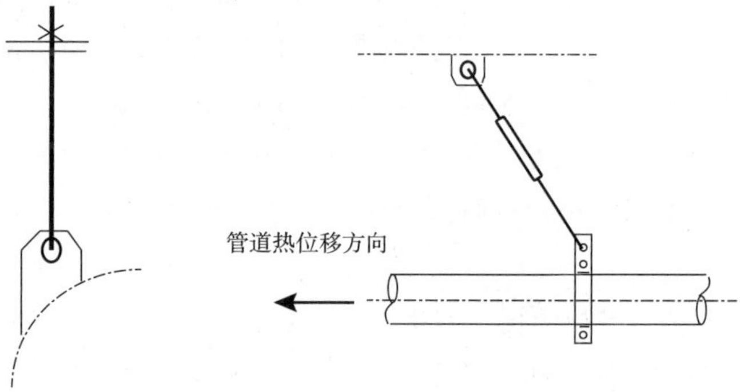

图8–45　吊架基本形式示意图

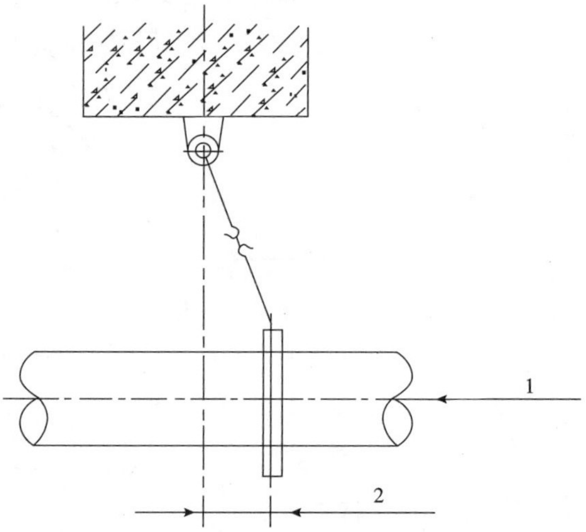

图8–46　有热位移管吊架安装

1—管子膨胀方向；2—1/2位移值

④两根热位移方向相反或位移值不等的数根管道，除设计有规定外，不得使用同一吊杆。吊架的吊杆，宜由不少于一副铰链调节螺栓组成。

⑤固定管架是管道的安装定位点、受力点，必须保证管架的牢固稳定。焊接质量必须保证，保证焊肉饱满，无漏焊欠焊，施工完毕技术人员要对固定管架逐个检查确认。

⑥使用U形管卡的固定支架［如图8-47（b）］必须用双螺母锁紧，以防松动。

⑦导向支架或滑动支架的安装，常见基本形式见图8-47。

A.滑动支架滑动面应洁净平整，无毛刺、焊瘤，滑动导向管支架安装时要保证管道能够自由伸缩滑动。

B.图中（a）、（b）、（c）、（d）四种情况必须保证管托安装于管底中心线上，不得有歪斜和卡涩现象。

C.图（c）中，U形管卡与管道之间保证一定间隙，并用螺母在型钢支架的双面拧紧，固定U形卡，使之只起到导向及径向限位作用，而不影响管道的轴向滑动。

D.图（d）、（e）中导向角钢与管托必须平行并且保证一定导向间隙。

E.图（f）中，管道上的导向板同样要与型钢支架保证一定间隙。

⑧当管道有热位移时，其安装位置应从支承面中心向位移反方向偏移，偏移值应符合设计文件规定，绝热层不得妨碍其位移。设计无规定时，偏移量应为位移值的1/2（见图8-48）。

⑨弹簧支、吊架的安装应按以下要求：

A.弹簧在出厂时弹簧定位销一般都按设计要求锁定在冷态位置上，在安装过程中不能拆除。可调支架的弹簧在供货时已预先设定了安装载荷，操作载荷的位置已在载荷移动范围内被标注出来；不变弹簧支架的弹簧在供货时已设定好了操作载荷；盘状弹簧可以通过调节弹簧的高度来调节弹簧的工作载荷。如供货的弹簧支、吊架未做预

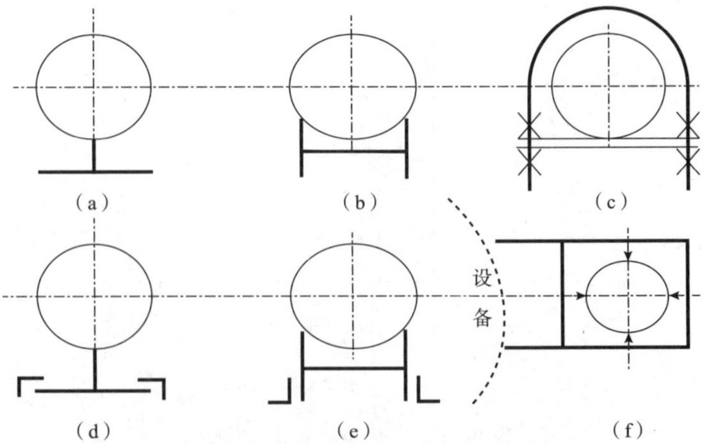

图8-47 滑动支架示意图

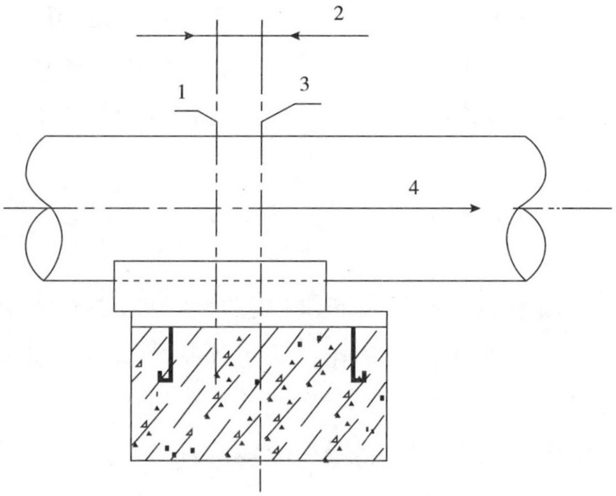

图8–48　滑动支架安装位置示意图

1—管托中心；2—1/2位移值；3—管架中心；4—管子膨胀方向

压缩，应在现场依设计文件进行压缩并锁死。

B.弹簧安装时将弹簧刻度铭牌朝向便于观测的位置，同时弹簧定位销要朝向便于拆除的位置。

C.在安装前调整弹簧螺丝螺纹高度，使螺纹位于行程中部，便于以后调整。支吊架制作偏差由支架及吊杆调整，不得使用弹簧螺纹调节。

D.将弹簧支架与底部钢板用螺栓固定，顶部与管托等支撑无间隙。

E.弹簧吊架上管道有热位移时，吊杆应与膨胀方向反向倾斜安装，其数值为热位移的一半。

F.弹簧高度，应按设计文件规定安装，弹簧应调整至冷态值，并做记录。

G.弹簧的临时固定件，应待系统安装、试压、绝热完毕后，负荷试车前方可拆除，但在某些情况下只有在系统水运试车之后才能拆除，这种情况在支架图中将有说明。

11）管道静电接地安装：

①设计有静电接地要求的管道，当每对法兰或其他接头间电阻值超过0.03Ω时，应设导线跨接。

②管道系统的接地电阻值、接地位置及连接方式应符合设计文件的要求。静电接地引线宜采用焊接形式。

③有静电接地要求的不锈钢管道，导线跨接或接地引线不得与管道直接连接，应采用同材质连接板过渡。

④用作静电接地的材料或元件，安装前不得涂漆。导电接触面应除锈并紧密连接。

⑤在管外壁或管支座上应设置导线的连接端子，再用导线与接地支、干线连接后接地，也可利用管道的固定支架进行接地。

⑥安装静电接地设施应在管道安装找正后进行，施工完毕后，法兰间或螺纹接头间的电阻值，以及管道系统对地电阻值都必须测试，电阻值超过规定时，应进行检查与调整，合格后应及时填写管道静电接地测试纪录。

12）伴热管安装：

①每根伴热供汽管从蒸汽总管或供汽集合管的顶部引出，并在靠近蒸汽总管或供汽集合管处加切断阀。

②伴热线供热站、凝液收集站以及与供热总管和凝液总管的配管、支架等应在预制厂集中预制，集合管开孔宜用机械钻孔，阀组预制装配后应编号出厂，每套分配站备用口应按设计要求进行预留。

③外伴热管为碳钢管线时，采用热煨和冷煨两种方法，对于不锈钢、铜材质伴管应采用冷煨方法制弯。

④外伴热管的主管连接部位若需经常拆卸时，外伴热管应相应设置可拆卸的法兰、活接头或铜管接头。伴热管经过阀门、管件时，伴管应沿其外形敷设，避免或减少U形弯，防止管内存水。且伴热管不得妨碍对阀门、设备、电气和仪表等的操作和维修，并满足操作和维修所需空间的要求。

⑤当主管伴热，支管不伴热时，支管上的第一个切断阀应予伴热。

⑥被伴热管道上的取样阀、排液阀、放空阀和扫线阀等均应伴热。

⑦集中敷设的伴管应排列整齐，不能互相跨越或就近斜接。

⑧供热和凝液站阀组组装应排列整齐，标高一致，手轮、手柄安装便于操作。

⑨伴热管从分配站到被伴管的安装尺寸超过3m时需增设支架，支架用角钢制作，用U形管卡紧固，角钢的加工采用机械切割和机械钻孔。

⑩伴热线施工完毕后，对每一组蒸汽分配站和凝液回收站进行现场挂牌标识，标识内容包括蒸汽分配站号及分支号、被伴主管管线号、凝液回收站号及分支号。

（5）管道系统试验

1）管道系统划分原则：

①原则上，可将同类介质、相同材料等级、并且相连通的管道系统划入同一压力试验系统；同时考虑试验系统的长度、试压介质、管道的现场分布情况等进行试验系统的划分。

②试压系统间分界点应尽可能进行隔离，原则上不采用关闭阀门方式，应采用加置盲板方式进行隔离；并且尽量不用焊接方法进行隔离；试验系统应相通，保证一点上水全线贯通，并尽量少用焊接临时管。

③装置中试压包的划分不宜过多，控制临时盲板的数量，减少临时盲板安装及拆除工作量，减少静密封点的泄漏概率，降低施工成本，为装置的系统气密试验一次成功创造条件。

2）试压系统流程图绘制：

①在最新版的管道流程图上，将同一试验系统的管线用同一颜色的彩色荧光笔涂上颜色；在试验系统的分界点处，画出盲板标识，以确定隔离位置；在靠近试验系统的空白处，标出管道试验系统编号（试压包号）、试验压力、设计压力。

②将一整套流程图的所有管道划分试验系统后，对完成的试验系统划分进行检查，确保没有遗漏。

③将每个试验系统，单独在空白流程图中用彩笔标出，作为管道试压包文件。并在流程图上标出盲板位置、拆除部件标识、临时短节编号、上水（气）点、排放点、放空点（水压试验）、阀门的开启要求、压力表安装位置，安全阀安装位置（气压试验）等。图中空白处标出：试验系统编号、管线号、设计压力、试验压力、试验介质等。

④为了标注简洁，试压包中的标识也可以用符号表示，但要有相应的说明。

3）试验介质确定：

①压力试验除设计另有规定外，应采用液压试验。液压试验应使用洁净水。当对不锈钢、镍及镍合金管道，或对连有不锈钢、镍及镍合金管道或设备的管道，在进行试验时，水中氯离子含量不得超过 50×10^{-6}。也可采用其他无毒液体进行液压试验。当采用可燃液体介质进行试验时，其闪点不得低于50℃，并应采取安全防护措施。

②受条件限制不能进行液压试验时，可采用气压试验。试验介质应采用干燥洁净的空气、氮气或其他不易燃和无毒的气体；

③当液压试验确有困难时，例如管道系统设计无低点排凝，液体无法吹出，而设计和现场又不允许增加排凝，或者管道系统的管径较大，管架无法承受相应的载荷等，经设计和建设单位同意，可用气压试验代替液压试验，试验压力不宜大于1.6MPa，并应符合下列条件：

A.管道系统内现场施工焊接接头已按规范检测合格。

B.脆性材料管道组成件经液压试验合格。

C.试压方案中应有切实的安全措施，经施工单位技术总负责人批准。

4）试验压力确定：

①试压系统的试验压力应符合设计文件的要求（在管道特性表中一般都有明确的压力试验参数），将试压系统中所包含的管线中试验压力的最高值作为本试压系统的试验压力即可。

②如果设计没有提供相应的压力试验参数，每个试压系统的试验压力可依据设计文件（管道性能表）中选择其包含的管线中设计压力和设计温度最高者，作为该试压系统试验压力的计算依据。

③对位差较大的管道，应将试验介质的静压计入试验压力中。液体管道的试验压力应以最高点的压力为准，最低点的压力不得超过管道组成件的承受力。

④对承受外压的管道，试验压力应为设计内、外压力之差的1.5倍，并不得低于0.2MPa。

⑤夹套管内管的试验压力应按内部或外部设计压力的最高值确定。

⑥当管道与设备作为一个系统进行试验，管道的试验压力等于或小于设备的试验压力时，应按管道的试验压力进行试验；当管道试验压力大于设备的试验压力，并无法将管道与设备隔开，以及设备的试验压力大于计算的管道试验压力的77%时，应经相关评审，可按设备的试验压力进行试验。

5）压力表的选用及设置：

①试验用压力表已经校验，并在有效期内，其精度不得低于1.6级，表的满刻度值应为被测最大压力的1.5～2倍，压力表不得少于两块。

②压力表一块应设置于系统升压操作点易于观察位置；如果是液压试验，且系统液位差较大时，另一块则应设置于系统的高点。

③系统试验过程应随时观察压力表的指示，如发现系统内压力表的指示不一致时，应及时检查并更换不合格的压力表。

6）安全阀的选用设置：

采用气压进行试验的管道系统必须设置安全泄放装置，现场一般选用安全阀，其启跳压力不超过1.1倍的系统试验压力值，且系统内安全阀数量宜为2台。

7）试验前的检查确认：

①管道系统在压力试验前，应对管道系统进行实物核查以确保按照设计图纸进行了安装。

②管道连接与工艺流程图相符。

③所有焊接接头完成焊接并检测合格。

④需要热处理的焊接接头全部完成热处理。

⑤所有管道支、吊架按设计图纸进行安装，弹簧位置被正确固定。

⑥所有组成件（除了试验临时接口的垫片、螺栓）进行了材质确认并符合设计文件规定。

8）升压过程及检查：

①液压试验：

液体压力试验时，必须排净系统内的空气。升压应分级缓慢进行，达到试验压力后停压10min，然后降至设计压力，停压30min，以不降压、无泄漏和无变形为合格。

②气压试验：

A.试验前，应用空气进行预试验，试验压力不应大于0.2MPa；

B.气体压力试验时，应逐步缓慢增加压力。当压力升至试验压力的50%时，稳压3min，未发现异常或泄漏，继续按试验压力的10%逐级升压，每级稳压3min，直至试验压力，稳压10min，再将压力降至设计压力，涂刷中性发泡剂对试压系统进行仔细巡回检查，无泄漏为合格。停压时间应根据查漏工作需要而定。

③漏点处理：

试压过程中若有泄漏，不得带压修理，应对泄漏点进行标识，待系统泄压后，对泄漏部位进行返修和处理，当焊缝处泄漏时应对泄漏处进行打磨并按正式焊接工艺要求焊接，缺陷消除后应重新进行升压试验。合金钢管道进行焊口返修后，必须按要求进行热处理。

④系统泄压：

A.水压系统试验合格后，将试压系统内的水缓慢降压，将水排放到指定的地点；系统内压力减小后，应打开放空阀，防止形成负压。排放时应考虑反冲力作用及安全环保要求。当系统内存水无法排净时，用压缩空气吹扫干净。

B.气压系统试验合格后，将试压系统内气体缓慢排尽。

⑤系统复位：

试压系统管线试压合格后，及时恢复止回阀的状态，拆除盲板和临时管线。

8.5.5 电气安装

电气专业安装施工的主要内容：爆炸和火灾危险环境电气装置施工、接地装置施工、电缆线路施工、盘柜及二次回路接线施工、母线装置施工、蓄电池施工、电气设备交接试验、电力变压器施工、高压电器施工、电力变流设备施工、低压电器施工、旋转电机施工、电信工程施工等。每步施工均有明确的施工内容及验收质量要求，以保证施工工程质量。

（1）爆炸和火灾危险环境电气装置施工

1）爆炸和火灾危险环境电气装置施工内容包括：防爆电气设备的安装、爆炸危险环境的电气线路铺设、火灾危险环境的电气装置接地等。

2）在爆炸危险环境的电气设备及其配件，其规格型号必须符合设计文件的规定，防爆设备必须有铭牌、防爆标识和防爆合格证编号。安装前需注意防爆设备的防爆结构符合防爆区域的选型。

3）爆炸危险环境的电气线路施工过程中，桥架和配管需符合规范要求，避开易受到机械损伤等危险的位置，无法避免时采取保护措施。线路敷设应符合规范要求，穿越不同等级环境时，务必做好防爆密封措施。电缆终端进入设备处，务必采用符合要求的密封装置进行防火封堵。

4）火灾危险环境的电气设备安装时，应注意安装设备和电缆符合设计文件要求，设备安装时，应在防火层安装前进行施工，并考虑防火层厚度。

5）爆炸危险环境中，所有设备外露可导电部分均应做好可靠接地和等电位联接，接地线的使用和安装要符合设计文件和规范要求。

（2）接地装置施工

1）接地装置施工内容包括：接地装置的敷设、接地线、接地极的连接、接闪器的接地、配电电气装置的接地、防雷电感应和防静电的接地等。

2）施工步骤见图8-49。

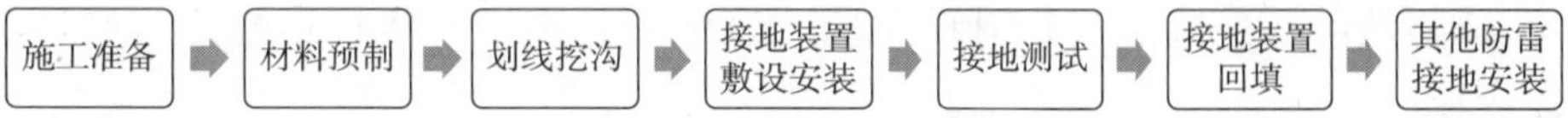

图8-49　接地装置施工程序图

3）按施工图纸要求对接地线、断接卡、套管和支架等进行预制，施工过程要符合现行标准规范要求。

4）在施工现场地下深层次施工完成，如设备基础、地管等，地面已经基本平整后，按照设计图纸所示的位置进行划线挖沟，设计图纸无距离要求的按规范执行，即接地沟位置与道路或建筑物的出入口等的距离应大于3m，接地沟深度应符合设计要求。在现场电气主管确认后，按要求敷设安装接地装置，安装完成后在现场监理等相关人员见证下，进行接地测试，以避免出现断点，测试无误后，进行回填。

5）在建筑物屋顶、设备、结构或管线等安装完成后，进行后续的防雷接地施工，与接地装置进行连接（见图8-50和图8-51）。所有接地工作完成后，进行最后的防雷检测。

（3）电缆线路施工

电缆线路敷设方式有直接埋地敷设、穿电缆导管敷设、沿桥架/槽板敷设、电缆沟内敷设、沿墙和构筑物支架明敷、架空敷设等。

电缆线路施工内容包括：电缆线路附属设施和构筑物的施工、电缆的敷设、电缆附件的安装、电缆线路防火阻燃设施施工等。

图8-50　设备与接地装置连接

图8-51　钢结构与接地装置连接

1）支架的制作与安装：

①支架根据现场情况测量尺寸进行制作。切口处不得有卷边和毛刺，并按设计文件要求及时除锈、涂防锈漆。

②在有防火要求的钢结构上焊接支架时，应在防火层施工之前进行，支架长度要充分考虑防火层厚度，支架焊缝应满焊。

2）电缆桥架的制作与安装：

①电缆桥架安装前进行外观检查。电缆桥架的内、外表面应平整，内部应光洁、无毛刺，尺寸应准确，配件应齐全。

②电缆桥架宜采用螺栓连接和固定，通常用平滑的半圆头螺栓，螺母应在电缆桥架的外侧，固定应牢固。

③钢制电缆桥架的直线长度大于30m、铝合金或玻璃钢电缆桥架的直线长度大于15m时，要采取热膨胀补偿措施。

④切割桥架使用无齿锯或砂轮机，严禁用电气焊切割；开孔也使用机械加工的方法，严禁使用电气焊。

⑤电缆桥架垂直段大于2m时，应在垂直段上、下端桥架内增设固定电缆用的支架。当垂直段大于4m时，应在其中部增设支架。支架开孔应采用机械加工方法，宜采用ϕ12mm的螺纹通丝（带对应的配套螺母）。

⑥电缆桥架安装完成后，应用桥架跨接线进行连接，保持桥架接地的连续性。每30m桥架必须连接一个可靠的等电位接地点。

⑦电缆桥架安装效果见图8-52。

3）保护管的安装：

①电缆保护管安装进行外观检查。保护管其内部应清洁、无毛刺，管口应光滑、无锐边。

图8-52　电缆桥架安装效果图

②电缆保护管预制前应在现场量好尺寸，弯管的弯曲半径不应小于所穿入电缆的最小允许弯曲半径，弯管弯曲处不应有凹陷、裂缝和明显的弯扁，且弯扁程度不应大于管外径的10%。

③电缆保护管的连接宜采用螺纹连接，管端螺纹长度不应小于管接头长度的1/2。

④保护管引出口的位置应在电缆槽高度2/3处，当电缆直接从开孔处引出时，应采取措施保护电缆。开孔后，边缘应打磨光滑，并及时做防腐处理。严禁在电缆桥架的顶盖或底部开孔引出或引入保护管。

⑤保护管的内径与电缆外径之比不得小于1.5。

4）电缆敷设：

①电缆敷设前，检查电缆沟、电缆桥架、电缆保护管等电缆线路附属设施符合设计要求和规程要求。

②检查电缆型号、电压、规格符合设计要求，电缆外观无损伤。并进行外护套绝缘电阻试验并合格。

③电缆敷设前按设计和实际路径计算每根电缆长度，合理分配每盘电缆。

④电缆敷设是排列整齐、不应交叉、设置明显、清晰、牢固的标识（见图8-53），在电缆终端、电缆接头处装设电缆标志牌。

⑤电缆敷设常采用电缆敷设机、人力敷设、电缆牵引机等方式。

⑥直埋电缆具地面的距离应符合规范要求。

⑦不同电缆在敷设时环境温度应符合规范要求。

5）电缆附件的安装：

①电缆终端和接头在室外制作时，其环境和温度应符合设计和规范要求，严禁在雾和雨中施工。

②中、高压交联聚乙烯热塑终端头的制作工序：

图8-53　电缆敷设图

A.剥除外护套、钢铠、内护套及填料；

B.焊接地线；

C.安装分支手套；

D.剥除铜屏蔽层及外半导体层；

E.安装接地端子、清洁主绝缘、包应力疏散胶或涂导电漆；

F.安装应力控制管；

G.安装绝缘管；

H.标相色、安装防雨裙。

③并排敷设的电缆接头布置要相互错开，明敷的电缆接头要用托板固定，直埋电缆接头要有防止机械损伤的保护装置。

6）电缆的防火和阻燃：

①电缆穿过竖井、墙壁、楼板或进入电气盘、柜的孔洞处用防火堵料密实封堵。

②重要回路的电缆可单独敷设与专用沟道中，或对其施加防火涂料、防火包带。

③阻火墙上的防火门应严密，孔洞应封堵；阻火墙两侧电缆应施加防火包带或涂料，阻火包的堆砌应密实、外观整齐，不应透光。

④在电缆接头两侧及相邻电缆 2 ~ 3m 长的区段加装防火涂料或防火包带。

（4）盘、柜及二次回路接线施工

1）盘、柜及二次回路接线施工内容包括：盘柜的安装、盘柜上的电器安装、二次回路接线、盘柜及二次系统接地等。

2）施工流程见图 8–54。

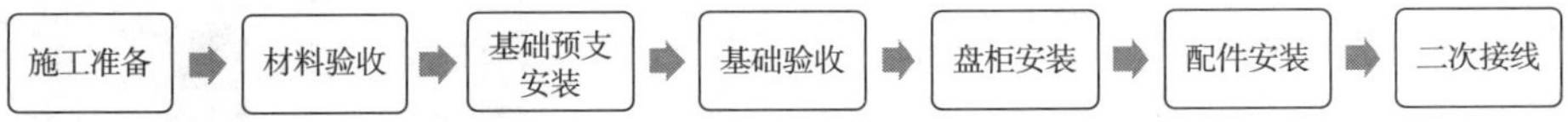

图 8–54　盘、柜及二次回路接线流程图

3）施工前仔细阅读图纸和厂家资料，核实盘柜尺寸和基础尺寸是否匹配，准备好相关机具和人员。

4）盘柜的型钢基础应在地面二次抹面前安装，且基础应按设计文件的要求制作，其尺寸应与盘柜一致。基础制作时，先进行点焊固定，完成后对基础进行测量找平。型钢基础完成后进行除锈、防腐处理。

5）盘柜基础施工完毕后，进行盘柜安装。安装前核对图纸盘柜位置，对每面盘柜位置在现场进行标注。

6）盘柜到场后，进行开箱检查，确认盘柜无损且各证明文件齐全。检查无误后，进行盘柜安装，视现场条件可采用滚杠、地牛或工装等方式进行安装。盘柜安装时注意安装盘柜顺序，首先要定位和外部有硬性连接的盘柜，如使用母线通道的进线柜、分段母线连接柜等。单排无外部硬连接柜的情况下，可以从一端或中间某一台盘柜开始定位。定位前应考虑同一室内不同列盘柜的位置关系，即定位要选择统一参考点，且盘柜安装应符合规范要求。

7）盘柜安装完毕后，继续对盘柜母线、配件等进行安装，仔细核查厂家图纸，确认各配件安装位置，安装完成后，连接部位进行力矩检查。各组件完成后，待电缆敷设完毕后进行接线等工作。

（5）母线装置施工

1）母线装置施工内容包括：硬母线加工、硬母线安装、软母线架设、金属封闭母线安装、气体绝缘金属封闭母线安装、绝缘子与穿墙套管安装等。

2）施工流程见图8–55。

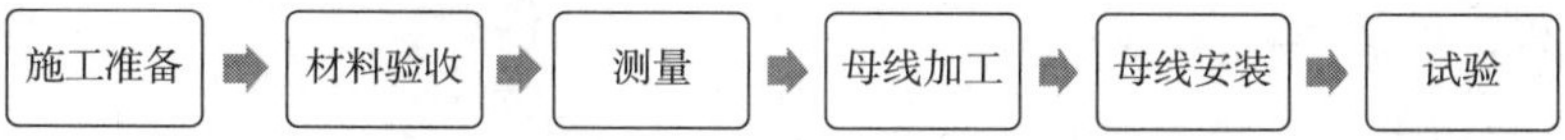

图8–55　母线装置施工流程图

3）施工前仔细阅读图纸和厂家资料，准备好相关机具和人员。

4）对母线和配件进行仔细检查，确保材料满足施工要求，且各种合格证件齐全。

5）对母线测量放线。测量母线尺寸，对安装路径上的各支架位置进行定位，支架距离要符合规范要求。对各母线及部件做好标记，并核实尺寸是否复合实际路径要求。各尺寸核实完毕后，对母线进行加工处理，切割加工时需采用专用工具，注意保护母线表面，且注意切口连接处避开支架安装位置，搭接面符合规范要求。待支架、通道、穿墙套管等配件安装完毕后，进行母线安装。安装前认真检查各段母线的绝缘部分是否完好，确认完好无损后，对各段进行组装，各部位连接完毕后进行力矩检查（见图8–56）和表面处理等工作。安装工作完成后，进行绝缘耐压测试。

图8–56　母线力矩检查

（6）蓄电池施工

1）蓄电池施工内容包括：阀控式密封铅酸蓄电池组的安装和充放电、镉镍碱性蓄电池组的安装、配液与注液、充放电等。

2）具体施工工序见图8–57。

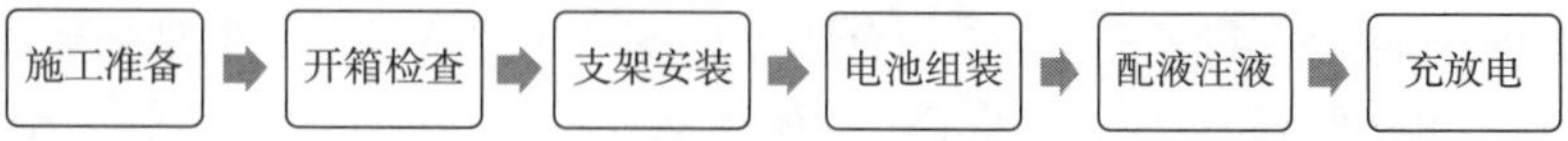

图8–57　蓄电池施工流程图

3）施工前做好图纸、人力、机具、技术交底等准备工作。

4）电池到场后，检查电池是否完好，核实电池的型号、规格是否符合图纸要求，数量是否充足，支架及其配件是否齐全。待所有材料确认无误后，依据图纸或厂家资料进行支架组装。支架组装完成后，检查各连接部位是否牢固，确认无误后进行电池摆放，摆放时注意正负极位置是否符合图纸要求，待电池摆放完成确认无误后，进行跨线安装，安装时注意不可造成正负极短接，跨接线安装完成后，确认连接处牢固无应力，力矩值符合要求。

5）对需要现场配液注入的电池，需严格按照厂家资料进行配液，并采用专用工具进行注液。

6）最后进行电池充放电试验，注意室内温度和通风情况。

（7）电气设备交接试验

电气设备交接试验内容包括：电机、电力变压器、电抗器及消弧线圈、互感器、断路器、隔离开关、负荷开关及高压熔断器、套管、绝缘子、电力电缆线路、电容器、绝缘油和SF_6气体、避雷器、二次回路、接地装置等。

（8）电力变压器施工

1）电力变压器施工内容包括：电力变压器和油浸电抗器、互感器的施工、变压器注油等。

2）变压器基础交接验收后，方可进行变压器安装工作。

3）变压器到场后，对变压器外观进行检查，查看是否有磕碰现象。对各表计进行查看，观察其指针位置是否符合要求，对套管、油箱、散热片及其连接处进行检查，查看是否有漏油现象。

4）变压器确认无问题后进行安装。安装时确认变压器高低压测与图纸要求一致，其中心线与要求位置一致。待变压器本体安装就位后，再次核查其安装位置，尤其需要与封闭母线连接时，其套管中心线与封闭母线中心线应相符，确认无误后进行固定。安装变压器配件前，对安装部位和配件进行清理，安装时查阅厂家图纸，严格按照图纸要求进行安装。最后对变压器进行注油，注意检查所有油路阀门是否打开。

（9）高压电器施工

1）高压电器施工内容包括：六氟化硫断路器、气体绝缘金属封闭开关设备、真空断路器和高压开关柜、断路器的操动机构、隔离开关、负荷开关及高压熔断器、避雷器和中性点放电间隙、干式电抗器、电容器的施工等。

2）变电所施工完毕后，检查主开孔位置、预埋件、平整度是否符合设计，室内环境是否干净卫生，确认无误后，可进行设备安装。

3）具体施工工序见图8-58。

图8-58　高压电气施工流程图

4）设备到场后，对设备外观进行检查，应无明显磕碰现象。对充气、充油单元进行检查，各表计度数应在正常范围内，各连接部位无漏油发生，各元器件、端子和插件等部位无损坏、锈蚀和脱落现象，各操纵机构动作灵敏，无卡阻。检查无误后可进行设备安装。

5）按图施工完毕后，模块拼装完成后，应立即对气室进行抽真空。注意在全部安装工作完成以前，禁止将各气室的SF_6压力充至额定压力。

（10）电力变流设备施工

1）电力变流设备施工内容包括：电力变流设备的安装、冷却系统的安装、电力变流设备的试验等。

2）此项可参照盘柜安装和变压器安装工序。

（11）旋转电机施工

1）旋转电机施工内容包括：汽轮发电机的安装、电动机检查和安装等。

2）建筑工程施工完毕验收合格后可进行旋转电机设备安装工作。

3）旋转电机设备到达现场后，依照相关文件对设备进行开箱验收，检验无误后，可对设备进行安装。

4）旋转电机设备安装时，应注意设备受力位置，需符合厂家文件要求。待设备就位后，进行定子、转子、集电环、电刷和同轴励磁装置等部件安装。安装前应仔细查看厂家文件或严格遵守相关人员指导。转子安装前后应对其绕组电阻和交流阻抗及定子的绝缘电阻和直流电阻进行测试，测试应符合文件要求。所有部件安装完成后，可进行端盖安装。端盖安装前务必对设备内部进行检查，确保无杂物和遗留物等。

5）待设备接线完成后，可进行启动试运工作。设备受电前，对设备进行绝缘测试，测试结果需符合规范文件要求。测试无问题后，方可进行受电试运。

（12）电气照明施工

1）照明施工包括：灯具安装、照明配管、插座、开关安装、照明配电箱安装、照明电缆敷设及接线、试亮等。

2）施工程序见图8-59。

图8-59　电气照明施工程序

3）灯具、插座、配电箱等设备安装前仔细核对其规格型号和防爆标识是否符合设计要求。

4）灯具包括普通灯具、荧光灯、防爆灯具、防爆荧光灯、烟囱上的航空障碍灯、路灯等。安装方式有吊式、吸顶式、嵌入式、直杆式、弯杆式、立住杆式等。

5）灯具安装高度，灯头对地面距离不小于以下数值：

①室外3m、厂房2.5m、室内2m、软吊线带升降器的灯具在吊线展开后0.8m。

②危险性较大及特殊危险场所，当灯具距地面高度小于2.4m时，使用额定电压为36V及以下的照明灯具，应有专用保护措施。

6）照明保护管安装时管内应无接头、管内无毛刺，敷设在多尘和潮湿的区域，管口及其连接件均应密封。

7）电缆保护管的弯曲处、不应有褶皱、裂缝、凹陷，弯扁程度不应大于管外径的10%。

8）保护管的弯曲半径应符合下列要求：

①当线路明配时，弯曲半径不宜小于管外径的6倍；当两个接线盒只有一个弯曲时，其弯曲半径不宜小于管外径的4倍。

②当线路暗配时，弯曲半径不应小于管外径的6倍，当埋设于地下或混凝土时，起弯曲半径不应小于管外径的10倍。

9）照明接线在接线箱和灯具内进行，线头采用压接法或绞接法，接线完毕，用500V摇表测量其回路绝缘电阻，不低于0.5MΩ方可进行送电。

10）防爆灯具、防爆插座与电缆要可靠接地和密封。防爆电气设备多余的进出线缆口应用丝堵封堵严密。

11）在爆炸性气体环境1区和2区时，螺纹有效啮合扣数：管径为25mm及以下的钢管不应少于5扣，管径为32mm以上不应少于6扣。在可燃性粉尘环境21区和22区时，螺纹有效啮合扣数不少于5扣。

12）保护管的螺纹上应涂以电力复合脂或导电性防锈脂。

13）同一管内的导线总面积不应超过管内径面积的40%。

14）一般照明插座、开关安装高度为距地面1.8m，暗装插座为0.3m。

15）照明配电箱中心距地面宜为1.5m。应安装牢固，其偏差不大于2mm，

16）照明系统通电连续试运行时间不得少于2h。

（13）电信工程施工

1）石油化工电信工程施工内容包括：电缆、光缆的敷设及接线、通信系统设备、电视监视系统设备、扩音对讲系统设备、安全防范系统设备的安装、电信设备及线路防雷、放电磁辐射的防护等。

2）电信工程施工过程，电缆、光缆的路径主要包括：桥架、配管和电信管道安装。桥架和配管的安装要求和方法同电气工程相同，电信管道安装主要为埋地，此部分施工需配合土建和地管专业共同进行。

3）通信设备安装则待建筑物或构筑物完成后进行施工。安装过程中，对于设备位

置、高度需严格参照图纸进行安装，必要时结合现场实际情况进行调整。对于监控等设备，需业主现场确认后进行调整安装。电信设备和线路布局要满足现行规范要求，注意与电力电缆和用电设备的距离，避免造成信号干扰。

8.5.6 仪表安装

仪表专业安装施工工程可分为仪表安装和仪表调试两部分，仪表安装主要包括仪表设备安装、综合控制系统的安装、仪表线路的安装、接地工程安装、测量管道的安装、仪表气源管道和信号管道的安装、仪表伴热系统的安装；仪表调试主要包括仪表的校验与调整、综合控制系统调试、仪表系统试验。

（1）仪表的校验与调整

1）温度检测仪表。温度检测仪表分为温度变送器、温度检测元件（热电阻、热电偶）及双金属温度计。

①温度变送器的校验与调整：

根据变送器的类型与量程，为变送器提供相应的标准温度模拟信号，通过标准电流表检测变送器的输出电流，再与标准输出电流做对比得出变送器的精度误差，精度误差必须在设计规定的精度误差范围之内，如超出允许精度误差范围，需用现场通讯器对变送器进行整定，直到变送器的精度误差满足设计精度要求。

②温度检测元件（热电阻、热电偶）的校验与调整：

热电阻与热电偶的校验无需进行热点性能测试，用100V直流绝缘测试仪对线芯与外壳之间进行绝缘测试，绝缘良好的为合格，绝缘性能差的为不合格。

③双金属温度计的校验与调整：

双金属温度计的校验取0℃和量程的50%，100%三点，0℃在冰水混合物中进行，利用标准二等水银温度计作为标准表与温度计指示值进行比对，误差需在设计允许误差范围之内。

2）压力检测仪表：

①压力检测仪表一般包括压力变送器、差压式变送器（PDT，FT，LT）、就地指示压力表、就地指示差压表等。

②压力变送器及差压式变送器的校验与调整：

根据差压式变送器的量程范围，用增压泵配合标准压力校验仪为变送器的正压室提供0%，25%，50%，75%，100%的压力值，通过标准电流表检测变送器的输出电流，与标准电流做比对，精度误差需满足设计要求，如误差不满足，用475现场通讯器进行调整，直至满足精度误差为止（见图8-60）。

③就地指示压力表与差压表的校验与调整：

根据压力表与差压表的量程范围，用增压泵配合标准压力校验仪为变压力表正压

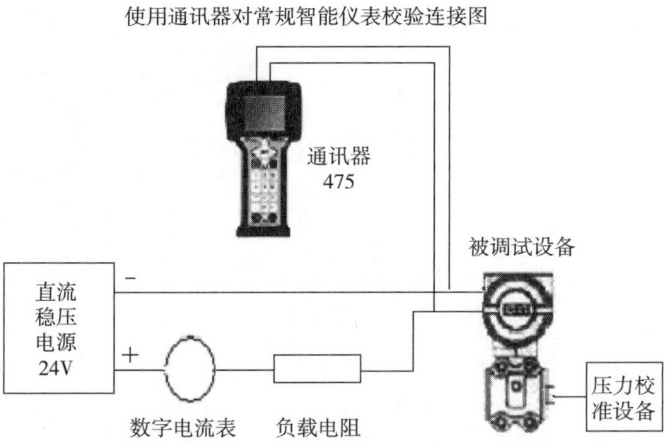

图 8-60　使用通讯器对常规智能仪表校验连接图

室提供 0%，25%，50%，75%，100% 的压力值，将被测表的压力显示值与标准表的压力示值做对比，精度误差需满足设计要求，压力校验台见图 8-61。

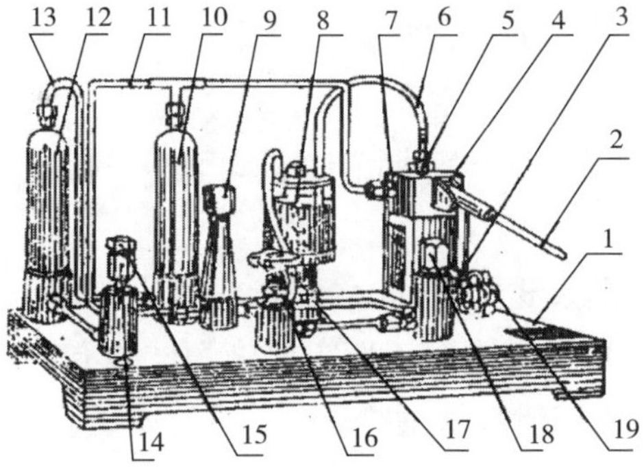

图 8-61　压力校验台

1—底座；2—手柄；3—销钉；4—手压泵；5—进油阀压帽；6—进油软管；7—出油阀压帽；8—油杯；9—标准表接头；10—隔离器；11—油管路；12—隔离器；13—水管路；14—被校氧气表接头；15—丝堵；16—控制开关；17—回油软管；18—被校压力表接头；19—被校压力表开关

3）流量检测仪表。流量检测仪表一般包括质量流量计、涡街流量计、电磁流量计、超声波流量计、转子流量计等类型，由于施工现场等条件局限，对这些特殊的流量计只需做通电测试，保证通电后流量计工作正常即可。检测报告以出厂报告为准。

4）物位检测仪表。物位检测仪表一般包括浮筒液位计、雷达液位计。

浮筒液位计的校验与调整：

浮筒液位计的校验一般有两种方法，一种为用水作介质进行校验，另一种为用标准砝码进行校验。

A. 水校法。将水的密度视为 1000kg/m^3，与工艺介质密度占水密度的比例换算出用水作介质之后的量程范围，然后往浮筒内加水至换算后量程的 0%，50%，100%，通过标准电流表检测变送器的输出电流，与标准电流做比对，精度误差需满足设计要求，如误差不满足，用475HART通讯器进行调整，直至满足精度误差为止（见图8-62）。

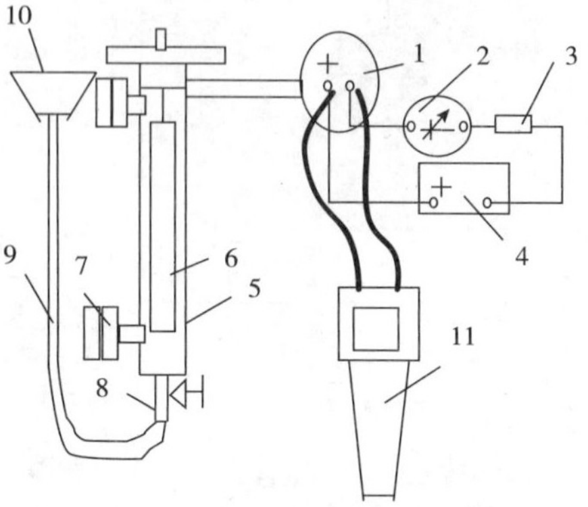

图8-62　浮筒液位变送器测液位

1—变送器；2—直流电流表；3—负载电阻；4—直流稳压电源（0～30V可调）；5—浮筒室；6—浮筒；7—下法兰（堵死）；8—短丝；9—透明塑料管；10—灌水漏斗；11—375/475智能终端

B.雷达液位计由于施工现场条件的局限性，只进行通电测试以保证液位计工作正常，在安装之后根据容器的参数对雷达液位计进行参数设置并标定零点即可。校验报告以出厂报告为准。

5）气动仪表。气动仪表分为气动调节阀和气动开关阀。

①调节阀的校验与调整：

用信号发生器给定位器发送4～20mA电流，检查定位器动作及阀门行程开度的准确度，如有偏差需对定位器进行整定。还需要做的试验有：膜头气密性试验、定位器灵敏度试验、阀体强度及阀门泄漏量试验。

②开关阀的校验与调整：

为电磁阀提供24V DC电压，检查阀门开关动作，并测量阀门回讯开关的动作情况。还需要做的试验有：气缸的密封性试验、阀门开关时间、阀体强度及阀门泄漏量试验。

6）电动仪表。电动仪表一般指电动阀，其驱动电压为400V AC，所以校验时一定注意防触电。一般电动阀都有开命令、关命令、开回讯、关回讯、故障报警5个信号，某些阀门还有阀位变送器或者ESD紧急关断等功能。接通主电源之后，依次调试阀门的开关并测量阀位回讯等输出信号状态。将阀门停在中间位置一段时间，检查报警信号。对阀门强度及泄漏量进行试验。

7）执行器。执行器一般应用在风道、烟道等大口径管线上，所以这类执行器的行程都比较长。对于此类长行程执行器的校验，需要进行开关行程试验及定位器的灵敏度试验。

8）机械量检测监视仪表。机械量检测监视仪表一般指大型机组上的震动、位移、键相、转速探头。探头又称电涡流传感器，用TK-3做特性曲线来检验探头是否完好。

9）在线分析仪表。在线分析仪表的校验是用一定浓度的标准样气连接到分析仪上，然后将分析仪的测量值调整到与样气浓度一致。分析仪表的校验一般在现场安装完成之后，由供货厂家配合完成。

10）可编程调节器及智能控制仪表。可编程控制器的校验：接通控制器电源，为控制器提供输入模拟信号，然后检查控制逻辑及信号输出情况。智能控制仪表与可编程控制器的原理相似，通过外界条件的输入信号及内部组态的逻辑关系来决定信号输出。

11）现场总线仪表等。现场总线仪表及无线仪表的信号采集都需要模块或路由终端，所以在校验阶段一般只对变送器通电，发送量程的相应标准模拟值，检查表头显示值以确保仪表工作状态正常。

（2）仪表设备安装

仪表设备安装前，仪表设备已检验合格。

①施工流程见图8-63。

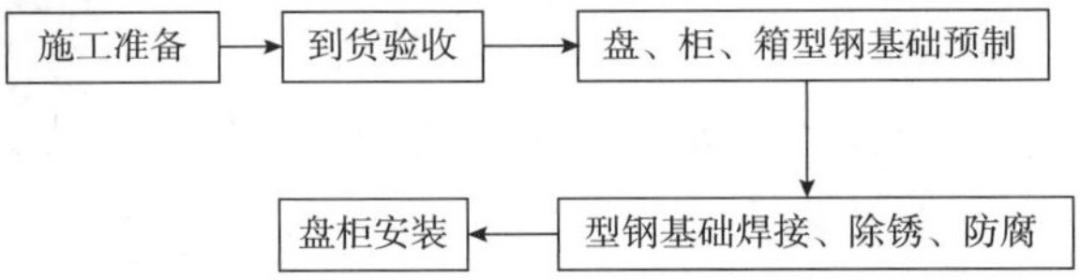

图8-63　仪表设备安装流程图

②仪表盘、柜、箱和操作台型钢基础安装：

仪表盘、柜、箱和操作台的型钢基础应按设计文件的要求制作，其尺寸应与仪表盘、柜、操作台一致。型钢基础完成后应进行除锈、防腐处理。仪表盘、柜、操作台的型钢基础应在地面二次抹面前安装完毕，盘、柜、箱与型钢基础之间应采用镀锌或不锈钢螺栓连接。当设计有绝缘要求时，宜采用绝缘螺栓连接。

③仪表盘、柜、箱和操作台安装：

仪表盘、柜、箱和操作台安装前，应进行开箱检查；安装前仔细核对设计图纸中盘、柜、箱和操作台的安装位置，尤其是盘柜中盘前盘后的安装方向，核对无误后方能安装。

④就地仪表盘、箱安装：

A.就地仪表盘、箱安装前，技术人员应详细查看设计施工图纸及设计文件要求，主要对其安装位置、安装标高进行核实。尤其是就地仪表盘的安装位置，应联系相关人员进行现场联合确认，避免出现返工。

B.就地仪表盘、箱的安装，应根据设计文件要求进行安装，安装支架应牢固可靠，并应做除锈、防腐处理。

⑤温度仪表安装：

A.温度仪表安装前，确认温度取源件按图施工完并验收合格。对于开口朝上的仪表，一定要对管口进行封堵，以免杂质进入套管内，影响其安装。

B.温度仪表安装时，要查看法兰面或螺纹是否有磨损，如有划痕或损坏及时通知相关部分予以更换。

C.对于表面温度计的安装，感温面要与被测对象表面紧密接触，采用焊接固定时要确认好材质，按照焊接工艺要求进行焊接。

D.对于安装在炉管内的温度仪表，需要用硅酸铝绳对接触面进行缠绕，便于检维修时拆卸。

E.安装在成套设备的温度仪表，尤其是电机上的温度仪表。施工前要对施工现场与设计图纸进行核对。

⑥压力仪表安装：

A.压力仪表安装前，技术人员应根据仪表图纸核对其安装高度与取压点的情况，是否满足导压管的安装要求，及时与设计进行沟通，如有必要需更改仪表的安装高度。

B.对于压力类变送器的安装，尤其是在拆除及重新安装变送器表壳时，一定要保持表壳螺纹清洁，螺纹紧固时要均匀用力，避免损坏表壳螺纹，导致表壳无法安装（见图8-64）。

图8-64　变送器表壳安装图

⑦流量仪表安装：

A.节流件安装前应进行外观检查，并应按设计数据和制造标准规定测量验证其制造尺寸，并做好记录。

B.节流件必须在管道吹洗后安装，节流件安装时一定要确认好安装方向，应使流体从节流件的上游端面流向节流件的下游端面。孔板的锐边或喷嘴的曲面侧应迎着被测流体的流向。

C.电磁流量计安装时，流量计外壳、被测流体和管道连接法兰之间应连接为等电位，并应接地。

⑧物位仪表安装：

A.浮筒液位计、玻璃板液位计及磁浮子液位计安装前，应对现场的一次阀进行核对，并测量其垂直度能否满足规范的要求（见图8-65）。

B.音叉物位计的两个平行叉板应与地面垂直安装，叉体不应受到强烈冲击。

⑨在线分析气体检测仪表及机械量检测仪表安装：

A.一般在线分析取样系统均属于厂家成套供货。安装前，要与厂家、业主采购方、监理方进行联合验收。

B.气体检测仪表的安装位置要根据设计文件进行确定，安装标高要根据所检测气体的密度确定，一般设计图纸会予以明确。

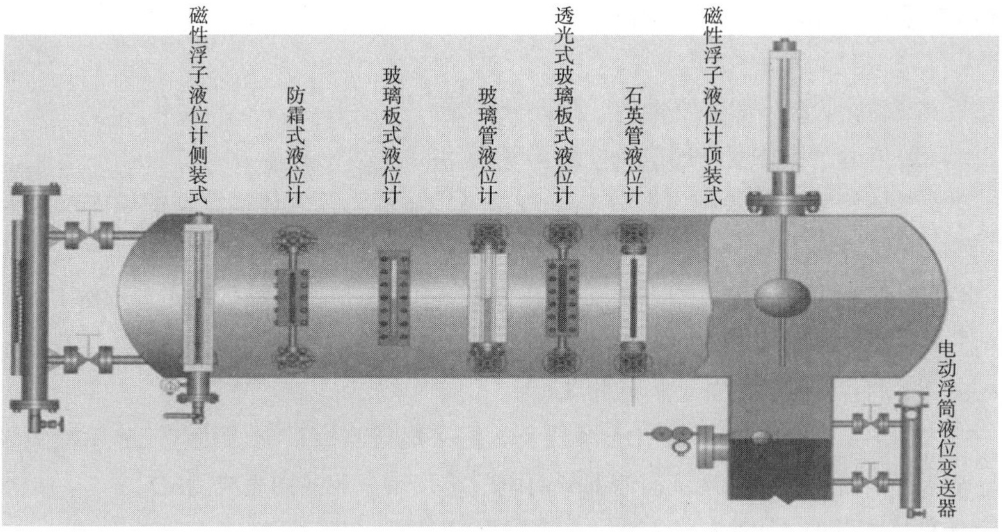

图8-65　浮筒液位计和玻璃板液位计

C.测量位移、振动、速度等机械量的仪表一般来说都是随设备成套供货，尤其是随电机整体到货的仪表，在必要情况下需要拆卸时，一定要通过厂家同意并在其指导下进行，探头的定位应按产品说明书和机械设备制造厂技术文件的要求确定和固定。

⑩执行器安装：

执行机构应固定牢固，操作手轮应处在便于操作的位置。气动及液动执行机构的连接管道和线路应有伸缩余度，不得妨碍执行机构的动作。

（3）综合控制系统的安装与调试

1）综合控制系统安装。综合控制系统安装包括机柜安装、操作台安装及操作站与工程师站安装、系统电缆敷设安装、通信网络系统架构、控制系统安装等。

2）DCS系统调试：

①系统上电，检查网络通信及控制器冗余功能。

②进行系统内部I/O测试，以确保系统内部电缆，通讯及组态的准确性。

③用现场通讯器及标准信号发生器为现场仪表发送模拟信号。并与系统确认量程是否一致。

④在系统中确认信号的显示值。

3）PLC和SIS系统调试：

①系统上电，检查网络通信及控制器冗余功能；

②进行系统内部I/O测试，以确保系统内部电缆、通信及组态的准确性；

③用现场通讯器读取变送器量程需与系统组态量程相同。

④在现场为压力变送器、差压式变送器加标准压力值，为温度变送器加相应的电阻或电压信号，为浮筒液位计灌水。

⑤在系统中确认信号的显示值。

4）FCS系统调试：

①FCS系统调试一般需要供货厂商配合完成。

②系统上电，检查网络通信及控制器冗余功能。

③为气体检测器加模拟电流信号，检查系统显示值。气体检测器的单体校验可与回路测试同时进行。

④烟感探头、热感探头需要使用专用工具在现场模拟，手报按钮在现场按下。

⑤确认声光报警器动作并在火警控制盘内确认报警。

⑥检查消音，复位功能，解除报警。

5）SCADA系统调试。SCADA系统及数据采集与监控系统，其电气单元控制部分由电气专业完成，与DCS系统通信部分由电气与仪表专业共同完成测试。

（4）仪表线路的安装

1）支架的制作与安装：

①支架制作前，型钢报验合格。并按设计文件要求及时除锈、涂防锈漆。制作好的支架应牢固、平正。

②在有防火要求的钢结构上焊接支架时，应在防火层施工之前进行，支架长度要充分考虑防火层厚度。

③支架间距及固定应满足规范要求。

2）电缆槽的制作与安装：

①电缆桥架安装前，材料报验合格。

②钢制电缆桥架的直线长度大于30m、铝合金或玻璃钢电缆桥架的直线长度大于15m时，要采取热膨胀补偿措施。

③电缆桥架安装完成后，应用桥架跨接线进行连接，保持桥架接地的连续性。每30m桥架必须连接一个可靠的等电位接地点。

3）保护管的安装：

①电缆保护管安装前，材料报验合格。

②电缆保护管的连接宜采用螺纹连接。

③保护管引出口的位置应在电缆槽高度2/3处，严禁在电缆桥架的顶盖或底部开孔引出或引入保护管（见图8–66）。

4）电缆敷设、光缆敷设、补偿导线敷设：

①施工流程见图8–67。

②电缆敷设前准备：

A.电缆敷设前，材料报验合格。并进行绝缘和导通检查。

B.敷设前检查汇线槽是否全部安装完毕，电缆桥架安装报验合格。

图 8–66　现场仪表保护管安装图

图 8–67　电缆安装流程图

C. 敷设前沿电缆敷设路线检查临时设施是否完成，是否牢固。护拦及上下通道是否符合安全要求；对不合格的架设要坚决返工。

③电缆敷设：

A. 根据现场电缆敷设整体规划，宜采用由远到近的敷设原则。电缆敷设时要在现场侧及机柜侧留有充足的余量。

B. 不同信号、不同电压等级的本安和非本安电缆和电源要分开敷设，在同一槽盒内加隔板隔开，穿管时也要分开。

C. 电缆敷设时电缆弯曲半径要不小于其外径的 6 倍。

D. 光纤通信电缆应严格按设计及制造厂的技术条件进行敷设，并应进行单独保护。

5）仪表盘、柜、箱内线路配线：

①仪表盘、柜、箱内线路配线在外部电缆电线的导通试验与绝缘检查合格后进行。

②布线时按接线图综合考虑排列顺序，防止交叉、分层合理。电缆束应用塑料扎带扎牢固（见图 8–68）。

③电缆芯线与接线端子、接线端子与端子排之间必须压接可

图 8–68　机柜电缆接线挂牌示意图

靠牢固；接线端子应与芯线截面相匹配，严禁小端子配大截面导线；电缆号码管应与电缆芯线相配套，号码管要清晰正确，长短统一。

6）防爆。安装在爆炸危险环境的仪表、仪表线路、电气设备及材料，其规格型号必须符合设计文件的规定并报验合格。防爆设备必须有铭牌和防爆标识。

（5）接地工程的安装

1）接地线的敷设。仪表接地线敷设前，按照设计文件及规范的要求执行。

2）控制室/机柜室内仪表系统的接地连接。控制室/机柜室内仪表系统的接地连接要根据设计接地图纸要求进行施工，各类接地连接导线两端应采用镀锡铜端子压接，铜（或不锈钢）螺栓固定。

3）屏蔽电缆接地：

①单层屏蔽电缆的屏蔽层应在机柜室仪表盘柜侧单端接地；铠装电缆的铠装金属层应两端接地，内屏蔽层在机柜室侧单端接地；分屏蔽层机柜室侧及现场接线箱两端接地；多对单层屏蔽电缆备用芯线和电缆屏蔽层应在机柜室同一侧接地。

②现场仪表设备端电缆的内屏蔽层或单屏蔽层应用PE热缩管作绝缘处理，同一回路的屏蔽层应具有可靠的电气连续性，不应浮空或重复接地，铠装层应与仪表设备一同作接地，宜采用标准电缆终端接头（见图8-69）。

4）仪表系统接地：

①用电仪表的外壳、仪表盘、柜、箱、盒和电缆槽、保护管、支架、底座等正常不带电的金属部分，均应做保护接地。

②仪表保护接地系统应接到低压电气设备的保护接地网，连接应牢固可靠，接地良好，不应串联接地。

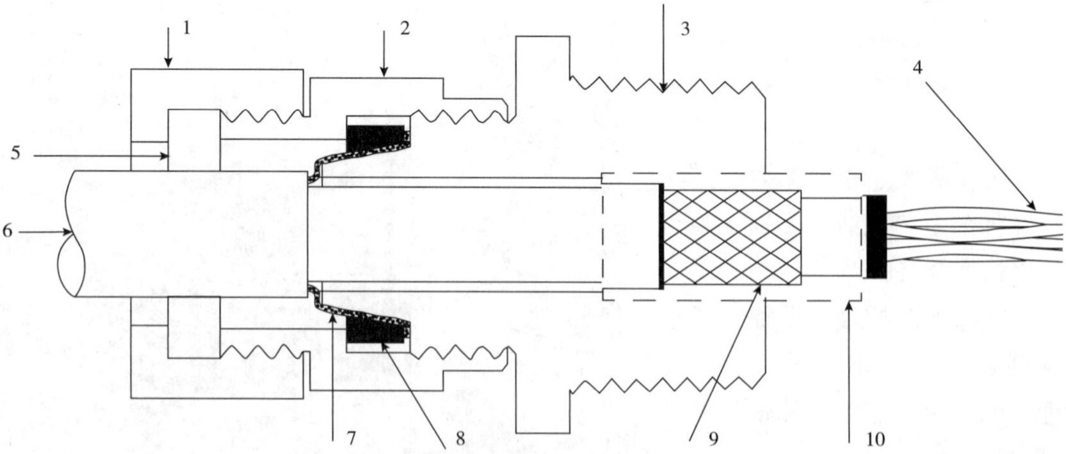

图8-69 现场仪表设备标准电缆终端接头

1—密封螺帽；2—压力螺帽；3—终端螺纹；4—芯线；5—橡胶密封圈；6—电缆；7—分层屏蔽或铠装层；8—压环；9—内屏蔽层；10—PE热缩管

（6）测量管道的安装

1）测量管道安装：

①仪表测量管道安装前，一次取源部件的安装检验合格（安装位置见图 8-70）；管子、管件、阀门按设计图纸要求核对无误，报验合格。

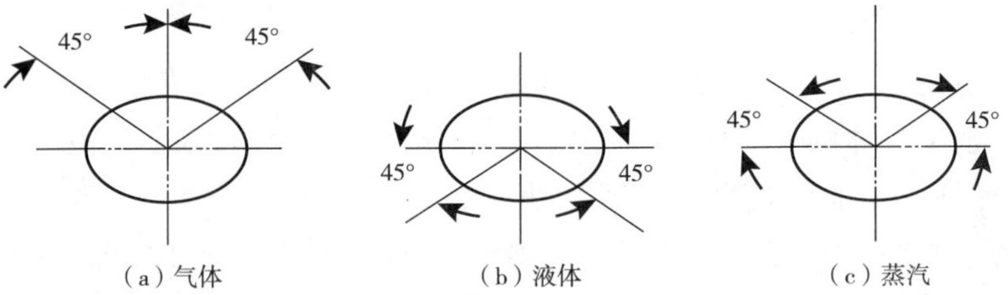

图 8-70（1）　压力测量取压口的方位

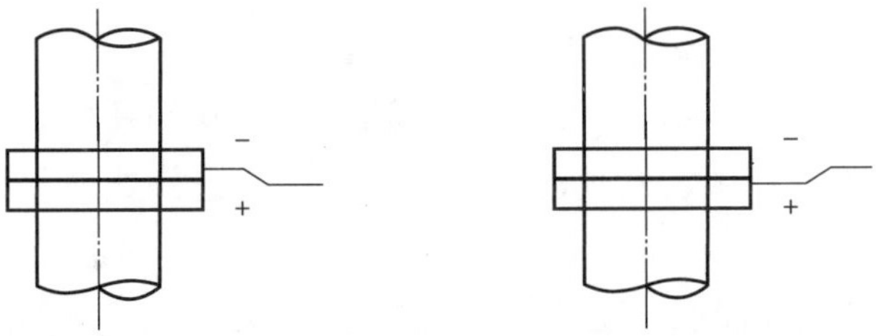

图 8-70（2）　垂直工艺管道上的取压管引出方式

②弯制测量管道时宜采用冷弯法，弯曲半径不得小于管子外径的 3 倍，高压管的弯制必须一次冷弯成型，弯曲半径不得小于管子外径的 5 倍。弯制完成后，管壁上应无裂纹、凹坑、皱褶、椭圆等现象（见图 8-71）。

弯管的尺寸掌握是施工的诀窍。可用经验公式计算。先计算出弯曲的圆弧长度 L，通常是弯 90° 弯，以完成圆弧后的长度计算。若为 H，以 H 为计算点，前面为 $2/3L$，后面为 $1/3L$，$2/3L$ 为起弯点。

导压管常要煨成套弯的形式。几根、甚至十几根导压管在一起敷设，直线段间距定下后，其套弯的间距也定下来了，再计算其弯曲的圆弧长度。按照需要，决定起弯处为 HN，然后按 2/3LN 在前、1/3LN 在后的经验，即可以煨成套弯（见图 8-71）。

③导压管根据不同的介质测量要求，水平段导压管分别按（1：10）~（1：100）的坡度敷设，其倾斜方向应保证能排除气体或冷凝液。不锈钢管路安装时，应用绝缘材料与支架隔离。

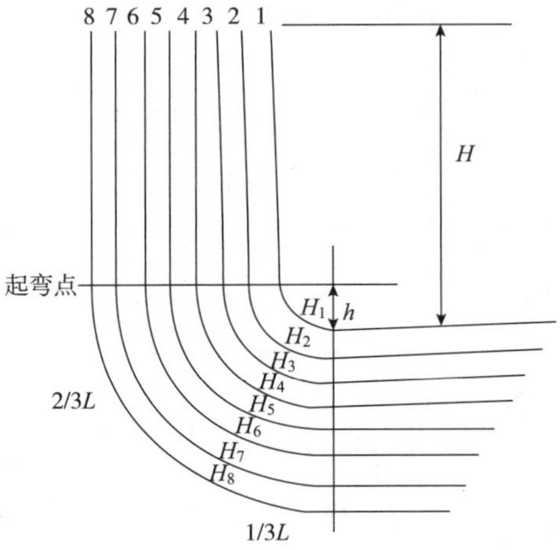

图 8-71　导压管套弯示意图

④导压管进行焊接前，焊工必须持有对应钢号的有效焊工合格证书。焊接时焊条及焊丝的规格型号、技术要求要严格按照焊接工艺评定要求执行。

⑤导压管采用卡套连接时，导压管的切割应使用专用切管器（管刀），卡套连接部分应牢固可靠、接头处密封压箍与管子压接应充分，不可有松动现象。

2）测量管道试验：

①测量管道试验前，应根据设计图纸要求做好试压记录表格，试验压力小于1.6MPa且介质为气体的管道可采用气压试验，其他管道宜采用液压试验，试验压力按照如下规定：液压试验时试验压力为设计压力的1. 5倍，气压试验时试验压力为设计压力的1.15倍，试验用的压力表应经检定合格，其精确度不得低于1.5级，刻度上限应为试验压力的1.5～2.0倍，并应有有效的检定合格证书。

②测量管道试验前，应确认所有管材、阀门、配件之规格型号及材质经确认无误，附件安装齐全；管路连接经检查连接正确，达到试压条件。

③液压试验应选用清洁水，试验时不得带变送器进行压力试验。

④在压力试验过程中若发现泄漏现象，泄压后进行处理，并再次进行压力试验，直至合格。

⑤试验合格后做好标识，及时填写试压记录，并关闭一次阀。

（7）仪表气源管道和信号管道的安装

1）气源管道的安装：

①气源管道采用机械方法进行切割，严禁使用气焊和电焊切割。

②气源管道采用镀锌钢管时，应用螺纹连接。

2）气动信号管道的安装：

①气动信号管道应采用割管刀切割，切割带保护套的被覆紫铜管或尼龙塑料管时，应将保护层和管端切割整齐，并使管端露出保护层。

②金属气动信号管道弯制时，应用弯管器冷弯，且弯曲半径不得小于管子外径的3倍。

3）气动管道的压力试验与吹扫：

①气动管道吹扫前，应将供气总管入口、分支供气总入口和接至各仪表供气入口处的过滤减压阀断开并敞口，先吹总管，然后依次吹各支管及接至各仪表的管道；吹扫气应使用符合仪表空气质量标准、压力为0.5～0.7MPa的仪表空气；排出的吹扫气应用白布或涂白漆的靶板检验，1min内靶板上无铁锈、尘土、水分及其他杂物时，即为吹扫合格。

②气动信号管道气密性试验时，应使用干燥的净化空气，试验压力应为仪表的最高信号压力。当达到试验压力后，停压5min，无压降即为试验合格。

③气源系统吹扫完毕后，气源总管的入口阀和干燥器及空气储罐的入口、出口阀，

均应有“未经许可不得关闭”的标志，并作好记录。

（8）仪表伴热系统的安装

1）蒸汽、热水伴热管道的安装：

①蒸汽、热水伴热管道安装前，熟悉设计施工图纸，安装按照设计文件要求及规范要求执行。

②伴热回水管路应在管线吹扫之后安装疏水器，并应安装于伴热系统的最低处，疏水器应处于水平位置，方向正确，排污丝堵朝下；

③伴热管道完成后应进行水压试验，试验压力为设计压力1.5倍。试验应在管道保温前进行。

2）电伴热的检查与测试：

①电伴热安装前应进行外观和绝缘检查。用500V兆欧表测试其绝缘电阻值不应小于1MΩ。

②伴热敷设时应按照设计文件要求执行。

（9）仪表系统试验

1）仪表系统试验指在回路测试完成之后，进入联动试车阶段的测试过程。

2）检测与调节系统试验：

①检测与调节系统一般分为简单回路测试与复杂调节回路测试。

②简单回路测试在前文中已有阐述，按要求对每一个点单回路进行测试即可。

③复杂调节回路的测试是将调节控制器处于自动或串级状态，设置设计要求的工艺参数设定值，使调节器根据实际测量值与设定值之间的大小、微分积分比例关系来进行输出信号的调节，直至测量值与设定值相等为止。

④报警系统试验：

A.报警系统试验首先按照因果图检查系统组态情况。

B.在现场对报警条件仪表输入报警模拟信号。

C.确认系统报警、声光报警器报警以及相关连锁动作联锁动作。

D.确认报警盘内消音、复位功能。

3）连锁保护系统和程序控制系统试验：

①连锁保护系统试验：

A.根据连锁逻辑图检查系统组态。

B.将预测试条件仪表在现场模拟正常值。

C.将其他连锁条件强制或旁路，使整个连锁逻辑处于正常状态。

D.检查确认系统及现场相关连锁阀门的开关状态应处于正常工作位置。电机在实验位置处于启动状态，允许启动的需手动模拟启动电机。

E.将现场条件仪表模拟报警连锁值。

F.检查确认系统及现场相关连锁阀门的开关状态应处于连锁位置。电机连锁停车。

G.将现场仪表模拟到正常值，试验复位功能。

H.按照步骤A ~ G将逻辑中其他条件仪表都试验完毕，连锁逻辑试验完成。

②程序控制系统试验

A.根据图纸资料检查系统组态。

B.启动程序控制系统。

C.检查确认信号输出顺序，间隔时间符合设计要求，并现场确认程控阀门开关状态。

D.系统运行完毕之后，所有程控阀门动作正常，反馈正常，程序控制系统试验完毕。

8.5.7 防腐

石化防腐工程一般是指新建、改建和扩建的以钢、铸铁为基体的结构、设备和管道的防腐涂层施工。主要包括埋地管道、构筑物、储罐、设备、工艺管道、和长输管道等的防腐涂层施工。防腐工程是构筑物、储罐、设备和管道安装工程的配套工程，目的是为了保障构筑物、储罐、设备和管道预期服役年限、工程安全和经济性。

防腐工程应在环境温度和湿度符合施工条件的情况下施工。施工工序主要包括基材表面处理和防腐层施工。基层处理和防腐涂层底漆应在预制场完成，预制场基层处理宜采用抛丸处理设备或环保型喷砂设备，底漆涂层施工宜采用高压无气喷涂一次。现场补口、补伤除锈可采用电动工具除锈，手工涂刷中、面漆涂层。

（1）钢结构、设备、管道防腐施工工艺

1）作业条件。环境温度应高于金属露点温度3℃以上；空气相对湿度应低于85%，凡遇雨、雾、雪、强风天气不得进行露天施工；不宜在强烈日光照射下涂漆施工。

2）钢材表面处理。钢材表面在涂装防护层前的表面除锈清理包括以下四种常用除锈方法：

①手动工具及动力工具除锈。用手动或动力工具除锈，除去钢材表面上松动的氧化皮、疏松的锈和旧涂层等杂物，直至达到St2.5或St3级。电动工具不便清除的地方，必须用手动工具做好补充清理。

②喷射清理除锈：

A.喷射清理除锈使用的空气压缩机，应设有油、水分离装置，压缩空气中不应含有水分和油污。

B.磨料的选择。应根据钢材的钢号、种类、原始锈蚀等级、涂料的类型、除锈方法以及涂装所要求的表面粗糙度选择磨料的种类和粒径。

C.喷射要沿金属表面均匀喷射，不应跳喷或点喷，严禁喷嘴对准一点长时间喷射。

D. 金属表面要达到一定的粗糙度，若有必要，应用锚纹深度测定仪测定粗糙度。

E. 喷射时，应采取措施，防止粉尘扩散。

③抛丸清理除锈：

A. 根据要处理的金属表面所要达到的粗糙度的要求，选用合适的磨料及粒径。宜选择铸钢丸、铸铁丸、钢丝段、棱角钢砂等金属磨料，硬度HRC宜为40 ~ 50。

B. 根据钢材外形、大小的不同，调整钢材行进的速度，以及适当的抛丸角度，使得钢材每个面都能达到处理要求。

C. 钢材喷（抛）射除锈后的表面粗糙度*Ra*宜为40 ~ 75μm。

④钢材表面处理等级、除锈方法和除锈等级评定见表8–5。

表 8–5　钢材表面处理等级、除锈方法和除锈等级评定表

等级	除锈方法	除锈等级评定
St2	手工和动力工具清理	在不放大的情况下观察时，钢材表面无可见的油、脂和污物，并且没有附着不牢的氧化皮、铁锈、涂层和外来杂质
St3	手工和动力工具清理	在不放大的情况下观察时，钢材表面无可见的油、脂和污物，并且没有附着不牢的氧化皮、铁锈、涂层和外来杂质，除锈应比St2更为彻底，表面应具有金属底材的光泽
Sa2	喷射/抛丸清理	在不放大的情况下观察时，钢材表面无可见的油、脂和污物，并且几乎没有氧化皮、铁锈、涂层和外来杂质，任何残留污染物应附着牢固
Sa2.5	喷射/抛丸清理	在不放大的情况下观察时，钢材表面无可见的油、脂和污物，并且没有氧化皮、铁锈、涂层和外来杂质。任何污染物的残留痕迹应仅是点状或条纹状的轻微色斑
Sa3	喷射/抛丸清理	在不放大的情况下观察时，钢材表面无可见的油、脂和污物，并且应无氧化皮、铁锈、涂层和外来杂质。该表面应具有均匀的金属色泽

3）防腐涂层施工。设备、管道、钢结构防腐涂层应在钢材表面处理检查合格后施工。涂层施工宜根据涂料的耐腐蚀性能、施工环境及条件、钢材表面处理等选择涂装施工方案。

①钢材表面预处理合格后应在4h内涂刷底漆。当发现返锈或污染时，应重新处理。

②涂料配制：应按涂料生产厂家的涂料使用说明书要求进行配制。多组分涂料配制宜采用气动搅拌机搅拌，搅拌均匀后用30 ~ 60目滤网过滤。

③施工方法：

常用的防腐涂料涂装方法有手工刷涂、空气喷涂、高压空气喷涂等。应根据涂料种类、涂装作业范围等选择涂装方法，见表8–6。

表 8–6　涂装方法适用范围

序号	施工方法	适用涂料范围	工效	适用范围
1	手工刷涂	不适合厚浆型涂料的大面积涂装	工具简单，施工不受场地和被涂物件形状、大小限制。缺点是劳动强度大，生产效率低	现场钢结构、设备、管道防腐层的修补和焊口的防腐等以及不具备使用电动喷漆的涂料施工现场

续表

序号	施工方法	适用涂料范围	工效	适用范围
2	空气喷涂	不适合厚浆型涂料的大面积涂装	喷涂薄膜涂料快速有效，涂膜平整美观。缺点是溶剂和漆料损失大，大量喷涂污染环境，需要增加VOC处理设备	适用于在预制场防腐涂层厚度要求较薄的涂料的喷涂。不适用于厚浆型重防腐涂料的喷涂
3	高压无气喷涂	适合各种涂料的涂装	效率高、一次就能达到较厚的涂膜。缺点是溶剂和漆料损失较大，大量喷涂污染环境，需要增加VOC处理设备	适用于在预制场各种涂料的喷涂作业，尤其是厚浆型重防腐涂料的喷涂。防腐施工需配套VOC处理设备

④各涂层之间的涂覆间隔时间应按涂料施工指南确定。

⑤各涂层全部涂装结束后，常温养护不应少于7天。

（2）埋地管道防腐施工

石油化工装置埋地管道的防腐层一般采用聚乙烯胶黏带防腐。

1）底漆涂刷前，应将钢管外表的尘土、杂质、油污、水分清除干净，并彻底除锈达到Sa2.5或St3级。

2）底漆与聚乙烯胶黏带由供应商配套提供，按产品说明书中技术要求施工。

3）在涂好底漆的管子上按搭接要求缠绕胶黏带，胶黏带始端与末端搭接长度应不少于1/4管子周长，且不少于100mm。内带和外带的搭接缝处应相互错开，并尽可能地错开焊缝。缠绕时胶黏带边缝应平行，不得扭曲皱折，带端应压贴，使其不翘起；防腐管缠绕时管端应有100～150mm的焊接预留段。

4）补口和补伤。管道涂层的补口和补伤防腐结构及所用材料均应与原管道防腐层相同，补口、补伤处的泥土、油污、铁锈等均应清除干净，管道呈钢灰色，除锈达到St3级。

①补伤。修补时应修整损伤部位，清理干净，涂上底漆；使用与管本体相同的胶黏带或补口带时，应采用缠绕法修补；可以使用专用胶黏带，采用贴补法修补。缠绕和贴补宽度应超出损伤边缘50mm以上。

②补口时，应除去管端防腐层的松散部分，除去焊缝区的焊瘤、毛刺和其他污物，补口处应保持干燥。表面预处理质量应符合设计要求；连接部位和焊缝处应使用专用补口带进行缠带补口，补口层与原防腐层搭接宽度应不小于100mm。

8.5.8 绝热

石化工程的绝热工程是指新建、改建和扩建的外表面温度为-196～850℃的设备及管道绝热工程。主要包括设备、管道保温、保冷，储罐保温和低温液化储罐保冷等绝热工程。

（1）基本要求

1）绝热材料及制品应有产品质量证明文件，其性能指标应符合设计文件的规定。

2）绝热工程施工应在设备及管道压力强度试验、严密性试验及防腐工程完工合格后进行。

3）绝热层施工前应按设计和规范的要求进行固定件和支撑件的安装。

4）绝热层和防潮层施工完毕应进行隐蔽工程检查，验收合格后方能进行保护层施工。

5）保护层应在预制场加工后在现场安装，保护层施工应防水、防潮并且美观。

（2）固定件和支承件的安装

1）立式设备及垂直管道在绝热前应设置绝热支架及固定件，并符合下列规定：

①绝热支架的宽度应小于绝热厚度10mm，但最小不得小于20mm。

②立式设备或公称直径大于100mm的垂直管道绝热支架的间距为：方形：1.5 ~ 2m；圆形：高温为2 ~ 3m，中、低温为3 ~ 5m。

③当不允许支架直接焊于设备及管道上时，应采用抱箍式支架（见图8–72）。

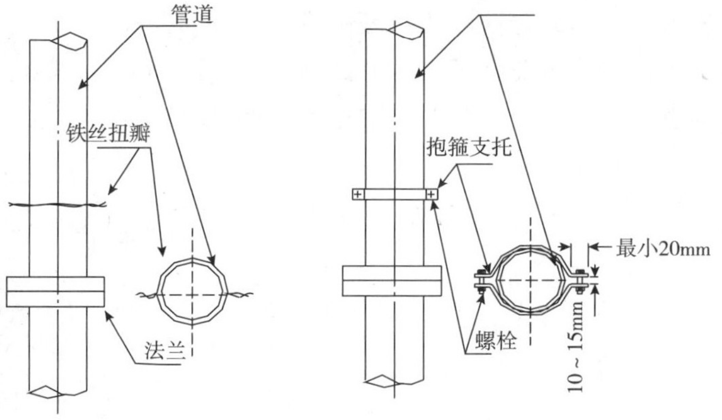

图8–72　垂直管道上的抱箍式支架

2）卧式设备绝热前应设置钩钉或销钉等固定件，并符合下列规定：

①用于绝热层的钩钉、销钉可采用Φ3 ~ 6mm的镀锌铁丝或碳钢制作，直接焊接在碳钢设备后管道上，其间距不应大于350mm。

②每平方米面积的钩钉或销钉数为：侧部不应少于6个，底部不应少于8个。

（3）绝热层施工

1）作业条件。雨雪天不宜进行室外绝热工程的施工。当在雨雪天、寒冷季节进行室外绝热工程施工时，应采取防雨雪和防冻措施。

2）绝热结构：

①保温结构：保温层、保护层。

②保冷结构：保冷层、防潮层、保护层。

3）绝热层施工的一般规定：

①当采用一种绝热制品，保温层厚度大于100mm，保冷层厚度大于80mm时，应分

为两层或多层逐层施工，各层的厚度宜接近；当采用两种或多种绝热材料复合结构的绝热层时，每种材料的厚度必须符合设计文件的规定。

②绝热制品的拼缝宽度，当作为保温层时，不应大于5mm；当作为保冷层时，不应大于2mm；在绝热层施工时，同层应错峰，上下层应压缝，其搭接的长度不宜小于50 mm。

③支撑件处的保冷层应加厚；保冷层的伸缩缝外面，应再进行保冷。

④管道端部或有盲板的部位，应敷设绝热层，并应密封。

⑤保温层在法兰、阀门连接处应留足螺栓拆卸距离；设备法兰两端均留出3倍螺母厚度的距离。

4）施工方法：

①捆扎法施工：

A.立式设备或垂直管道的绝热层采用硬质或半硬质绝热制品施工时，应从支撑件开始，自下而上拼砌，并用镀锌铁丝或包装钢带进行环向捆扎。

B.水平管道纵向接缝位置应在垂直中心线偏45°范围。卧式设备及多块拼接时可不受此限制，但应偏离垂直中心线位置（见图8-73和图8-74）。

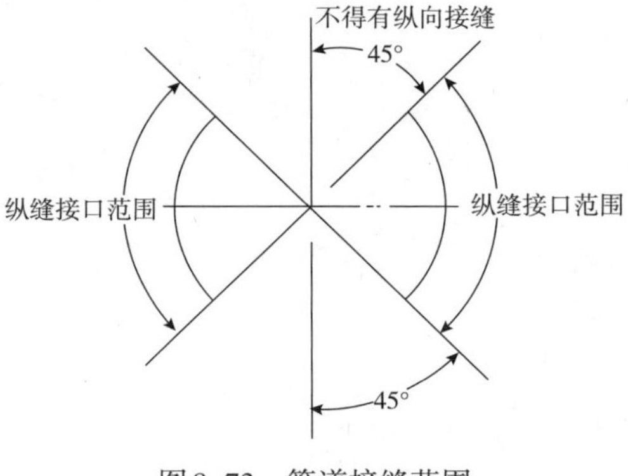

图8-73　管道接缝范围

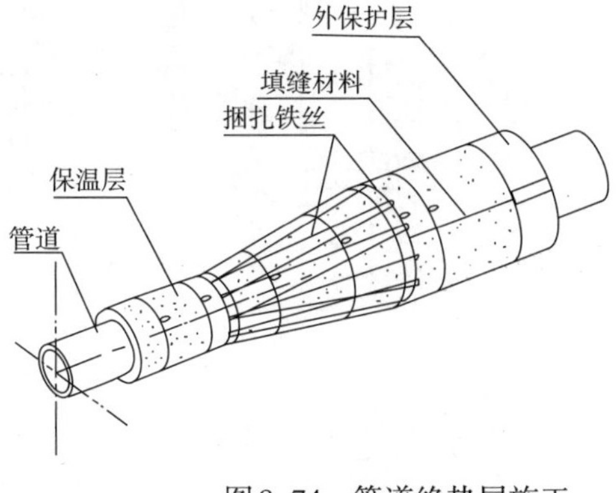

图8-74　管道绝热层施工

C.两层或多层保温应分层捆扎。捆扎接头应塞入保温层内，禁止螺旋形捆扎。

D.圆筒形设备的封头保温应将材料切割成扇形块，并错缝敷设。捆扎成辐射状扎紧条，必要时可在扎紧条间环向拉连（见图8-75）。

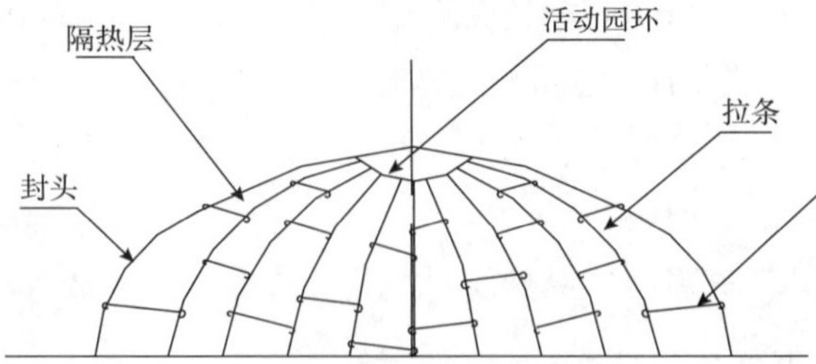

图8-75　圆形封头保温的捆扎

②粘贴法施工：

绝热材料采用泡沫玻璃、泡沫塑料时，应采用粘贴法进行施工，并应符合下列要求：

A. 当绝热材料为泡沫玻璃时，设备或管道外表应涂刷耐磨剂一道。当绝热材料为泡沫塑料时，设备或管道外表应涂刷沥青底漆一道。

B. 球形容器保冷应先在赤道带粘贴一圈。若容器直径较大，可以在南、北温带各粘一圈，以此作为定位带，再由赤道向两极逐步推进，直至完成（见图8–76）。

C. 单层保冷用不锈钢带或不锈钢丝捆扎，多层保冷第一层用不锈钢带或不锈钢丝捆扎。

D. 设备或管道采用硬质材料保温时，应留有伸缩缝，伸缩缝的宽度为25mm，并采用软质矿物纤维毡条填塞。

（4）防潮层施工

1）设备及管道的保冷层和敷设在地沟内管道的保温层，其外表面均应设置防潮层。

2）室外施工时，不应在雨、雪天或夏日曝晒中进行。施工时的环境温度应符合设计文件或产品说明书的规定。

3）防潮层沥青胶或防水冷胶料施工采用涂抹法，应涂抹至规定厚度，其表面应均匀平整。

4）防潮层采用高分子弹性防水卷材时，防潮层压边不应少于30mm，接头搭接不应少于100mm。

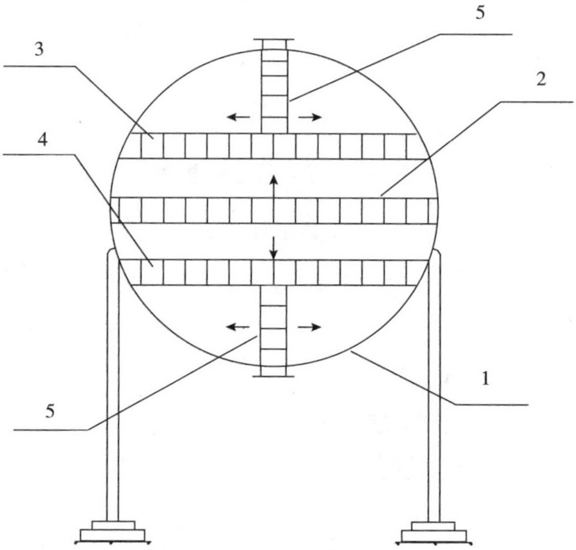

图8–76　球形设备绝热制品定位带的设置示意图

1—球体；2—赤道带定位带；3—上温带定位带；4—下温带定位带；5—经向定位带

5）支吊架、设备接管、支座等障碍开口部位应密封处理。

（5）保护层施工

1）绝热层施工完毕并经检查合格后，应及时进行保护层的施工。对于带防潮层的绝热层，应待防潮层干燥后方可进行保护层施工。

2）设备、管道的金属保护层环向接缝宜采用搭接或插接，纵向接缝宜采用搭接或咬接。

3）设备、管道绝热的金属保护层遇到障碍时，应开出合适的孔眼，其开口误差一般不得超过3mm。开口处的缝隙应予以密封。

4）圆形设备及小于或等于500m^{3}的立式储罐，其金属保护层的纵向接缝凸筋应相互交错，排列整齐。环向接缝凸筋应始终与纵向凸筋保持垂直（见图8–77）。

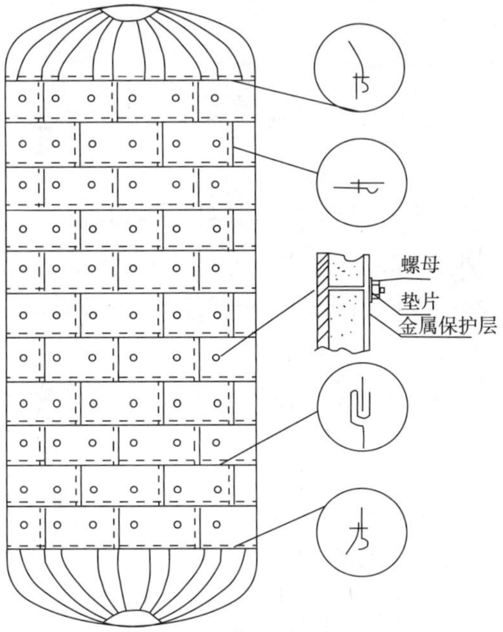

图8–77　圆形设备保护图

5）圆形立式储罐绝热的金属保护层采用压型板。

6）水平管道的金属保护层的环向接缝应沿管道坡向搭接，其纵向接缝不得布置在水平中心线上方的垂直中心线两侧45°范围内，缝口应朝下。纵缝可组成一条连续的直线，也可相互错开，但必须与管道轴线始终保持平行。

7）有下列情况之一时，金属保护层必须按照有关规定嵌填密封剂：

①露天或潮湿环境中的保温设备和管道、室内外的保冷设备和管道及其附件的金属保护层。

②保冷管道的直管段与其附件的金属保护层接缝部位和管道支、吊架穿出金属保护壳的部位。

8）人孔、阀门、法兰的施工：

设备、管道在人孔、阀门、法兰、管嘴、检查口等频繁检修处，应采用可拆卸式隔热结构，并按下列要求施工：

①人孔、法兰的金属隔热盒应为圆形，由两半组成，尺寸稍大。盒内应衬与设备或管道隔热厚度相等、导热系数近似的软质隔热材料，并用21号六角拔花铁丝网和铆在隔热盒内的钩钉进行固定（见图8–78）。

②阀门金属隔热盒宜为上方下半圆形式，上至阀杆密封处，下至阀体最低点再加一个该管的隔热厚度。隔热盒由两半组成，盒内应衬与管道隔热厚度相等、导热系数近似的软质材料，并用20号六角拔花铁丝网和铆在盒内的钩钉进行固定（见图8–79）。

③阀门金属隔热盒安装时，上、下接口应采用30～35mm的插条连接，阀门盒两端与管道隔热保护层搭接15～20mm。

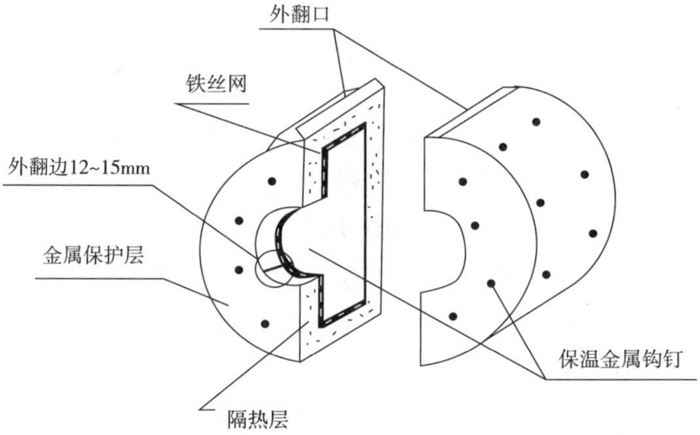

图8–78　法兰的可拆卸式金属隔热盒结构

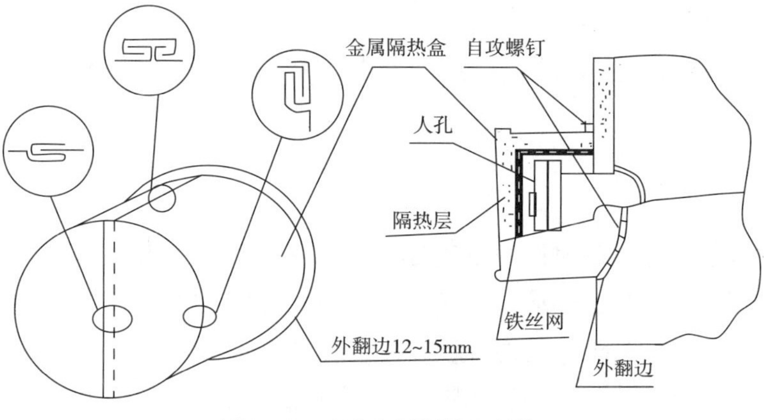

图8–79　人孔金属隔热盒结构

8.5.9 防火

在石油化工行业中，钢结构使用得越来越多。钢结构主要优点是施工速度快、改造加固方便，但是耐火性能差。为了提高其耐火极限，采取并实施防火保护。

（1）基本要求

1）钢结构构筑物的耐火极限不应低于1.5h。按设计要求钢结构框架的柱、承重柱间支撑、框架梁及设备梁、设备支座、空冷器支架等需要做防火层。

2）防火保护层应在构件制作和安装工程的质量检验合格后进行。

（2）防火施工的技术要求

1）防火材料要求。钢结构防火保护材料应根据使用条件、使用年限、材料性能和耐火极限等选用钢结构防火涂料、轻质耐火混凝土或水泥砂浆等。防火涂料质轻，耐火性能好，近年来使用广泛。

①钢结构防火保护材料应有产品质量证明文件和使用说明书，并应选择经国家检测机构检测合格的不腐蚀钢材的钢结构防火涂料或其他不燃烧性隔热材料。

②钢结构防火保护材料的耐火极限不应低于建（构）筑物钢结构构件的耐火极限。

2）防火保护层构造：

①防火涂料保护层构造有薄型和厚型两种。涂层构造应包括基层、防腐蚀底漆、防火涂层。厚型防火涂层内设置镀锌铁丝网时，应将铁丝网固定在钢结构上。当处于强腐蚀环境时，应选用耐腐蚀的钢结构防火涂料。

②轻质耐火混凝土防火保护层或水泥砂浆防火保护层构造包括：基层、防腐蚀底漆、拉结镀锌钢丝网、轻质耐火混凝土防火保护层或水泥砂浆防火保护层施工。

3）钢结构防火施工质量要求：

①钢结构表面应进行除锈，除锈等级应达到Sa2.5级或St3级。基础处理后，应及时刷上防腐蚀底漆。

②钢结构防火保护层不得误涂、漏涂，不应有脱层，外观应无明显凸凹，并应粘结牢固，无粉化。

③用0.5kg手锤轻轻敲击检查防火层保护层密实度，声音应铿实清脆，无松散、无空鼓声。

8.5.10 焊接

焊接技术是石化工程建设领域重要技术手段，焊接技术以多种不同类型的焊接结构被广泛应用于石油化工领域。油气储运设备中的各种储油罐、油气管道等都是以焊接为主要连接方式；石油化工的各种容器、塔器、加热炉以及工艺管道等的制作与安装也都需要大量的焊接作业，因此焊接技术是石油化工领域至关重要的技术。

焊接施工涉及的焊接工序也较多，主要分为焊前准备、焊前清理、焊前预热、焊接工艺控制、焊接检验、焊后热处理等。

焊接施工按专业可分为：大型储罐焊接、塔器焊接、球罐焊接、管道焊接等。其中管道焊接涉及材质较多，按常用材质可分为碳钢管道焊接、不锈钢钢管道焊接、铬钼钢管道焊接、镍及镍合金管道焊接等。

（1）焊接管理

为保证焊接质量，需对焊接全过程进行管理。焊接管理包括焊工管理、焊接工艺文件管理、焊接材料管理、焊接环境管理、焊接设备管理、焊接作业过程管理等。

1）焊工管理。从事特种设备及重要结构焊接的焊工，必须按照规定，考取特种设备作业人员证，取得相应焊接合格项目后方可从事焊接作业。

2）焊接工艺文件管理。焊接作业施工应有合格的焊接工艺评定支持。焊接工艺评定标准应符合设计文件要求。焊接施工前，应根据设计文件要求，选取焊接工艺评定，根据选取的焊接工艺评定报告、规范、设计文件的要求编制焊接施工技术方案及焊接工艺卡。焊接工艺卡中应明确焊接方法、焊接材料、电流、电压、焊速、线能量、层间温度、保护气体等焊接工艺要求，应明确预热、后热、热处理工艺等要求。焊接前应进行焊接工艺卡及焊接方案交底。

3）焊接材料：

①入库焊材应具有合格质量证明文件，且实物与证书上的批号相符。

②焊条、焊丝应按种类、牌号、批号、规格、入库时间分类存放保管，并有明确标志。

③焊材库应配置空气温湿度记录仪，库房内温度保持在5℃以上，湿度不超过60%。

④焊条、焊丝应存放在架子上，架子离地面和墙面的距离应不小于300mm。

⑤焊条使用前按照焊条说明书要求的参数进行烘干。

⑥焊条用焊条保温筒领取，筒内只能存放同一牌号的焊条，严禁存放两种焊条。焊条在保温筒中的存放时间不宜超过4h。

4）焊接环境。一般环境要求：

①空气相对湿度≤90%。

②氩弧焊时风速小于2m/s，手工电弧焊时风速小于8m/s。

③无雨雪天气或搭设防风挡雨棚。

④焊接时允许的最低环境温度如下：碳素钢为-20℃、普通合金钢为-10℃、中高合金钢为0℃。

5）焊接设备及工具准备：

①电焊机应性能可靠，电流表、电压表齐全，且均在检定期内。

②焊接的地线应直接连接到焊件上，不得接到钢结构或设备上。

③焊工所用焊条保温筒、刨锤、锉刀、钢丝刷、砂轮机等应齐全。

6）焊接作业过程管理：

①焊接作业过程管理主要做好自检、互检、专检，焊前检查、焊接过程检查、焊接后检验。

②焊接作业前检查：场地设施检查、坡口组对质量、焊工资格检查、检查焊接设备良好状态、检查所要使用的母材和焊材的质量及状态、焊接准备、坡口装配情况、焊接坡口清理情况、预热温度等。

③焊接过程检查焊工是否按照焊接工艺规程控制各项工艺参数、打底焊道质量、预热温度检查、焊接工艺参数、焊接线能量道间温度、后热温度等检查；

④焊后应进行外观及内部质量检查，且焊缝及焊工代号等标识应齐全。

（2）储罐焊接

1）常用材质。$5\times10^4m^3$以下的储罐常用的材质为：Q235B、Q345B、022Cr17Ni14Mo2（316L）、06Cr18Ni9（304）；$10\times10^4m^3$储罐常用的材质为：SPV490Q、12MnNiVR、08MnNiVR。

2）焊接方法。储罐焊接目前基本实现了自动焊。大型储罐罐底中幅板一般焊接全部采用CO_2气体保护焊打底，碎丝埋弧焊盖面；罐底边缘板的焊接除外端300mm外的对接缝焊接采用焊条电弧焊打底，埋弧自动焊填充盖面；壁板立缝采用气电立焊；环缝采用埋弧自动焊。

3）焊接顺序：

①罐底中幅板焊接时，先焊短焊缝，后焊长焊缝，焊工沿罐底中心对称分布施焊，打底焊道的焊接采用分段退步焊工艺；罐底边缘板首先施焊靠外缘300mm部位的焊缝，在罐底与罐壁连接的角焊缝焊完后且边缘板与中幅板之间的收缩缝施焊前，完成剩余的边缘板对接焊缝的焊接和中幅板的对接焊缝。

②罐壁板宜先焊纵向焊缝，后焊环向焊缝。当焊完相邻两圈壁板的纵向焊缝后，再焊其间的环向焊道：采用不对称坡口时，应先焊大坡口侧，后焊小坡口侧。纵向焊缝采用气电立焊时，宜自下向上焊接。环向焊缝采用埋弧自动焊时，焊机宜均匀分布，并沿同一方向施焊；采用焊条电弧焊时，焊工宜均匀分布并沿同一方向施焊。

③固定顶顶板的焊接宜先焊内侧焊缝，后焊外侧焊缝。径向的长焊缝宜采用隔缝对称施焊方法，并由中心向外分段退焊。顶板与包边角钢或抗拉环、抗压环焊接时，焊工宜对称均匀分布，并沿同一方向分段退焊。

④浮顶的焊接，如在支架上组装，先焊底部支撑角钢与浮顶板的焊缝，后焊浮顶板上面的焊缝；浮顶外边缘板，先焊立缝，后焊角焊缝；船舱与单盘板连接的焊缝，在船舱与单盘板分别焊接后施焊。焊工对称均匀分布，并沿同一方向分段退焊。

4）焊前清理。焊接前应检查组装质量，清除坡口表面及坡口两侧20mm范围内的铁锈、水分和污物，并应充分干燥。

5）焊前预热：

①焊前预热应按焊接工艺规程进行。罐壁钢板的最低标准屈服强度大于390MPa且板厚大于25mm时，采用碳弧气刨清根前应进行预热，预热温度宜为100~150℃。

②预热应均匀，预热范围不应小于焊缝中心线两侧各3倍板厚，且不应小于100mm；预热温度应采用测温仪在距焊缝中心线50mm处对称测量。焊前预热的焊缝，其焊接道间温度不应低于预热温度。

6）焊接工艺要点：

①钢板厚度大于或等于6mm组成的搭接角焊缝，应至少焊两遍。罐壁钢板的最低标准屈服强度大于390MPa时，清根后应做渗透检测。

②采用碳弧气刨清根后应修整刨槽，磨除渗碳层。

③焊接线能量应根据焊接部位、材质、厚度、焊接方法和预热温度等，由焊接工艺规程确定，不锈钢储罐应采用线能量较低的焊接工艺，道间温度不宜超过150℃。

④采用焊条电弧焊时，可通过测量、控制单根焊条在单位时间内的焊接长度来控制线能量。

⑤采用药芯焊丝自动焊和埋弧自动焊，可根据焊接工艺规程选用合适的焊接速度进行线能量控制。

⑥需后热消氢处理的焊缝应在焊接完毕后立即进行，消氢处理的温度宜为200~350℃，保温的时间不宜小于0.5h。

（3）球罐焊接

1）常用材质。球罐常用的材质有：Q23B、Q345B、Q370R；低温材质有：07MnNiMoVR、15MnNiNbDR、WEL-TEN610CF、JFE-HITEN610U2L。

2）常用焊接方法。球罐常用的焊接方法为焊条电弧焊。

3）定位焊及工装卡具焊接：

①定位焊应由取得相应资格的焊工进行焊接，并使用与正式焊接相同的焊接工艺，且焊接过程的管理也应与正式焊接相同。

②定位焊的焊接工艺及对焊工的要求应与球壳板焊接相同。

③在定位焊及工卡具焊接处，如有预热要求应至少在150mm范围内预热。

④工装卡具在焊接时，引弧点和收弧点应在工卡具焊缝上，严禁在非焊接位置任意引弧和收弧。

⑤工装卡具拆除时，不得损伤球壳板表面，宜用气割方法去除卡具且留有3mm左右焊肉厚度，切除后应用砂轮机打磨平滑。

4）预热及层间温度控制：

①预热、层间温度控制应设专人进行测量、记录、控制，整个加热过程中，加热人员根据测定的温度调节加热火焰，保证加热过程均匀、准确，满足工艺要求，质量、

技术人员应随时对加热过程进行监督检查；常用钢号推荐的预热温度可参照表8-7，并经焊接工艺评定验证确定。

表8-7　常用钢号推荐的预热温度

厚度/mm	钢种			
	Q245R	Q345R 16MnDR 15MnNiDR	Q370R 15MnNiNbDR	07MnMoVR 07MnNiMoDR 07MnNiVDR
	温度/℃			
20	—	—	—	—
25	—	—	75 ~ 125	50 ~ 75
32	—	75 ~ 125	100 ~ 150	50 ~ 75
38	75 ~ 125	100 ~ 150	125 ~ 175	75 ~ 100
50	100 ~ 150	125 ~ 175	100 ~ 125	100 ~ 125

注：表中“—”表示不需预热。

②预热必须均匀，预热宽度应为焊接接头中心线两侧各取3倍板厚，且不少于100mm。预热温度应距焊接接头中心线50mm处对称测量，每条焊接接头测点不少于三对。

③预热的焊缝，其道间温度不应低于预热温度的下限。后热温度不应低于预热温度的上限，后热温度一般为200 ~ 250℃，时间为0.5 ~ 1h。

5）后热。符合下列条件之一的焊缝，焊后须立即进行后热消氢处理，后热温度一般为200 ~ 250℃，时间为0.5 ~ 1h。

①焊接接头厚度大于32mm，且材料标准抗拉强度下限值≥ 540MPa的球壳对接焊缝。

②焊接接头厚度大于38 mm 的低合金钢球壳可接焊缝。

③嵌入式接管与球壳的对接焊缝。

④焊接工艺规程或焊接作业指导书确定需消氢处理的焊缝。

⑤对冷裂纹敏感性较大的低合金钢和拘束度较大的焊缝。

6）球罐主体焊缝的焊接。焊接顺序：球罐主体焊缝焊接按先外后内、先纵后环的顺序，采用分段分区退步对称焊的方法，具体顺序见图8-80。

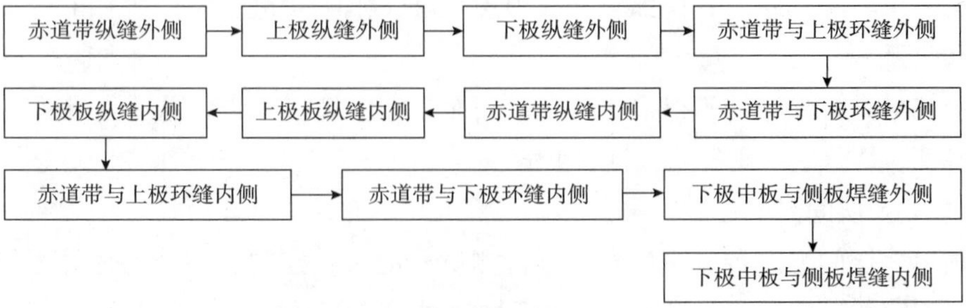

图8-80　球罐焊接顺序图

7）焊接工艺要点：

①焊接前应检查坡口角度、间隙、错边量，并办理交接手续，坡口两侧至少20mm范围内的铁锈、油污等须清除干净。

②焊接过程应采用多名焊工同时对称施焊，且每条纵缝要进行分段退步焊，每条环缝也应由多名焊工分段对称同步同方向施焊。

③对称或不对称X形对接接头的单侧焊接后应进行背面清根。用碳弧气刨清根时，应用砂轮修整刨槽，磨除渗碳层。材料标准抗拉强度大于540MPa的钢材清根后须进行渗透探伤。

④清根时，宜将定位焊的熔敷金属清除掉，或按焊接工艺评定和工艺文件确定。清除后的坡口形状，宽窄应基本一致。

⑤需要进行后热处理的低合金钢和高强度调质钢的焊道因故中断焊接时，应根据工艺要求采取后热处理措施，以防产生裂纹。再行施焊前，须经检查且确认无裂纹后，方可按原工艺要求继续焊接。

8）产品试板的焊接：

试板的钢号、厚度及热处理工艺均应与球壳板相同；试板应由施焊球形储罐的焊工，在与球形储罐相同的焊接条件下，采用相同的焊接工艺焊接；试板焊缝应经外观检查和100%射线检测或超声检测，取样时可避开焊接缺陷；球罐产品试板的数量应符合设计文件要求。

9）焊后热处理。球形储罐一般采用内燃法进行焊后热处理。焊后热处理的恒温温度、升降温速度等应执行设计文件及相关标准规范要求。

（4）塔器现场组焊

1）塔器组焊施工流程见图8-81。

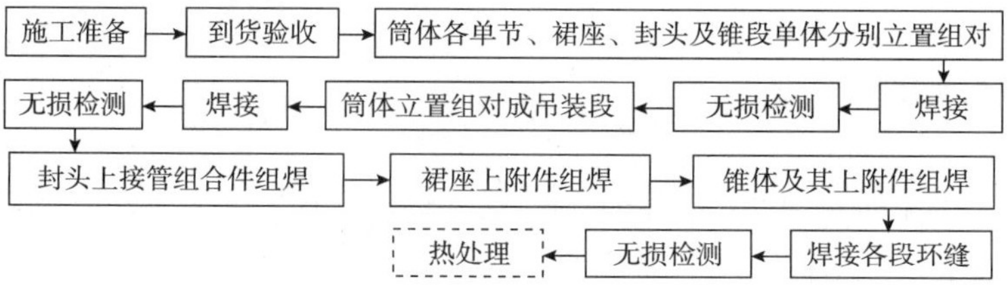

图8-81　塔器组焊流程图

2）焊前准备：

①焊缝坡口形式、尺寸、开孔、接管、接头型式按设计图纸要求或工艺文件确定，设计无规定时，也可以参照有关标准制造，以工艺文件形式确定。

②坡口加工宜采用机械方法，也可采用等离子弧、气割等热加工方法，若采用热加工方法，在进行切割后，应去除表面淬硬层。必要时进行着色（磁粉）检查。坡口表面应保持平整，不得有裂纹、分层、夹渣等缺陷。

③焊接前应将坡口表面和两侧各20mm范围内的油污、铁锈、熔渣、氧化皮等影响焊接质量的有害杂物清除干净，并露出金属光泽。奥氏体高合金钢坡口两侧各100mm范围内应涂上白垩粉，防止黏附焊接飞溅物。

3）焊前预热：

①当焊件预热时，焊接的预热温度应按工艺文件给定的数值。加热可用电加热或火焰加热，但加热的范围在坡口两侧各应大于板厚的3倍，且不得小于100mm，加热区以外100mm范围内应予以保温。

②需要预热的焊接接头在焊接过程中的道间温度不得低于预热温度。

4）定位焊。定位焊的焊接工艺应与正式焊接相同，当有预热要求时，预热温度宜取上限值。定位焊缝两端应磨削成缓坡状。

5）纵缝焊接：

①封头及锥体的纵缝焊接一般采用焊条电弧焊，按焊接工艺卡进行向上立焊，先焊大坡口，后焊小坡口侧。

②焊接时，宜由几名焊工同时、同方向、同速度施焊。

③筒体及接板纵向焊接接头必须带引弧板和收弧板，应在引弧板或坡口内引弧，严禁在非焊接部位引弧和收弧。

④引弧板、收弧板的材质、厚度、坡口形式原则上应与产品所用材料相同，在材质不能满足要求时，由焊接责任工程师确定。引弧板及收弧板和连接在纵向对接焊接接头上的产品焊接试板，不应强制拆除。

6）环缝焊接：

①当采用焊条电弧焊焊接时，宜由几名焊工分段按同一方向、同速度施焊。

②封头环缝进行横焊位置焊接，宜先焊大坡口侧，再焊小坡口侧。

③采用埋弧焊时，多台焊机沿圆周均匀分布并沿同一方向进行施焊，焊接时先将行走机构的齿轮角度调节好。

7）焊接要点：

①焊工应根据焊接工艺文件所规定的焊接参数及焊接程序进行焊接。焊接线能量要控制在工艺文件给定的范围内。

②焊接中如发现缺陷应及时清理后才可继续施焊。焊道层间应认真清渣或用砂轮机打磨。

③双面焊须在焊完一侧的焊接接头背面进行清根，必要时进行渗透检测，合格后进行焊接接头另一侧的焊接。

④对于椭圆度、弯曲度要求严格的产品，在焊接人孔和接管及其他附件时应严格执行焊接工艺文件，选择合适的施焊顺序，并选用偏小的焊接参数，且应配置合适的工卡具来控制焊接变形。

⑤焊工在完成焊接工作后应在规定部位做好焊缝及焊工标识；

⑥复合板焊接时宜先焊基层一侧，后焊过渡层和复层，且焊接基层时，不得将基层金属沉积在复层上。

8）产品试板焊接。现场组焊的压力容器（除球形储罐外）应按文件和标准规范要求制作产品焊接试板。

（5）碳钢管道焊接

1）常用材质。碳钢管道常用国内钢号为：20#、Q235A、Q235B、L245、Q245；常用国外钢号为：A105、A106B、A53B；特殊碳钢材料有：抗硫化氢腐蚀用钢 20#（ANTI-H2S）、A106B（ANTI-H2S）。

2）焊接方法。焊接方法包括手工钨极氩弧焊（GTAW）、焊条电弧焊（SMAW）、埋弧自动焊（SAW）、熔化极气体保护焊（GMAW）、药芯焊丝电弧焊（FCAW）。

3）焊前清理。焊接前应清理坡口内外表面，在坡口两侧20mm范围内不得有油漆、毛刺、锈斑、氧化皮及其他对焊接质量有害的物质。

焊接作业前焊工检查焊口组对质量，组对质量不满足要求的，焊工有权拒绝进行焊接。

4）预热要求：

①管子或管件壁厚在25mm以上时，焊口必须进行焊前预热，预热温度不得低于80℃。环境温度低于0℃时，所有钢材焊缝应在始焊处100mm范围内预热至15℃以上。

②预热范围为坡口中心两侧各不小于壁厚的5倍，且不小于100mm范围。预热应在坡口两侧均匀进行，内外热透并防止局部过热。加热区100mm范围应予以保温。

5）焊接要点：

①有预热要求的焊缝当中断焊接时，应立即对焊口采取保温、缓冷等措施，重新焊接前按工艺要求重新预热。

②承插焊应至少焊接两层。

③焊接过程中对任何可见性缺陷都应修磨，确认合格后方可继续焊接。

④焊接过程中应控制线能量，防止线能量过大。

⑤焊接完成后，及时清理焊缝表面，进行焊缝外观检查，达到质量标准后，在离焊缝20～50mm处做好焊口标识。

6）热处理。焊后热处理应符合设计文件的规定。当无规定时，管道的焊后热处理应执行现行标准SH/T3554—2013《石油化工钢制管道焊接热处理规范》。

（6）铬钼钢管道焊接

1）常用材质。铬钼钢管道常用国内钢号主要有：12Cr1Mo、15CrMo、12Cr2Mo、12Cr5Mo、12Cr9Mo、10Cr9Mo1VNbN；国外钢号为：A335 P11、A335 P12、A335 P22、A335 P5、A335 P9、A335 P91。

2）焊接方法。焊接方法包括手工钨极氩弧焊（GTAW）、焊条电弧焊（SMAW）、埋弧自动焊（SAW）、熔化极气体保护焊（GMAW）、药芯焊丝电弧焊（FCAW）。

3）坡口加工。预制管段材料下料和坡口制备，优先采用带锯机、锯床等机械方法进行。需要使用氧-乙炔焰或等离子弧切割时，应将渗碳层和淬硬层磨削去除，并修整整齐。使用热切割法下料时，应对坡口进行表面无损检测。

4）焊前清理。

①焊接前应清理坡口内外表面，在坡口两侧20mm范围内不得有油漆、毛刺、锈斑、氧化皮及其他对焊接质量有害的物质。

②焊接作业前焊工检查焊口组对质量，组对质量不满足要求的，焊工有权拒绝进行焊接。

5）焊前预热：

①预热在焊口组对并检验合格后进行，预热方法宜采用电加热，条件不具备时可采用火焰加热。

②预热范围为坡口中心两侧各不小于壁厚的5倍，且不小于100mm。预热应在坡口两侧均匀进行，内外热透并防止局部过热。加热区外100mm范围内应予以保温。规范SH3520中推荐的预热温度见表8-8。

表8-8　常用铬钼钢管道预热温度

母材类别（公称成分）	焊件接头母材厚度 T/mm	母材最小规定抗拉强度/MPa	最低预热温度/℃
合金钢（Cr-Mo）Cr≤0.5%	≥13	全部	≥80
	全部	>490	
合金钢（Cr-Mo）0.5%<Cr≤2%	全部	全部	≥150
合金钢（Cr-Mo）2.25%≤Cr≤10%	全部	全部	≥180

6）施焊：

①预热后应立即进行打底焊接，打底焊应一次连续完成。底层焊道要求焊透、成型好，焊肉厚度约3mm。

②打底焊道焊接完毕，应立即进行填充、盖面焊道的焊接，在整个焊接过程中焊接道间温度必须符合焊接工艺规程（WPS）的要求，每条焊缝宜一次连续焊接完。

③对于含铬量大于2.25%，或合金总含量大于5%的耐热钢，焊接时背面需充氩气保护。

④在焊接过程中严格控制焊件的层间温度，多层多道焊时道间温度应等于或稍高于预热温度，每层的焊道接头应错开。

⑤焊接过程中如被迫中断焊接，须采取后热、缓冷等措施。再次焊接前必须检查，确认无裂纹后，按工艺要求重新预热至规定温度方可继续焊接。

7）焊后热处理：

焊后热处理是对铬钼钢管道进行高温回火，以改善组织，提高热强性和消除残余应力。一般采用电加热法进行焊后热处理。

8）硬度检测：

①管道焊接接头焊后热处理后应进行硬度检验，检验比例为100%。每个接头的硬度检验应不少于1处，每处应包括焊缝、热影响区，对于异种钢接头，应包括双侧热影响区。

②硬度值不得超过表8-9的规定。异种钢焊接时，焊缝金属硬度值可符合合金成分较高的母材合格指标。

③设备焊接接头的硬度应符合设计规定。

表8-9　焊接接头硬度检验合格标准

母材类别	硬度合格指标*HB*
C-Mo	≤225
Cr≤0.5%	≤225
0.5%<Cr≤2%①	≤225
2.25%≤Cr≤3%	≤241
3%<Cr≤10%②	≤241

①对于公称成分1Cr-0.5Mo-V和1.5Cr-1Mo-V的材料，硬度合格指标为*HB*≤241。
②对于公称成分9Cr-1Mo-V的材料，硬度合格指标为：工艺管道*HB*≤248，公用物料 管道*HB*≤300。

（7）不锈钢及镍合金管道焊接

1）石油化工装置工业管道常用的不锈钢及镍合金材质为铬镍奥氏体不锈钢、奥氏体-铁素体（双相）不锈钢、镍合金、铁镍合金。具体见表8-10。

表8-10　常用的不锈钢及镍合金材质

类别	钢号	
	国内	国外
铬镍奥氏体不锈钢	06Cr18Ni9 022Cr19Ni10 12Cr18Ni9Ti、06Cr18Ni10Ti 06Cr18Ni11Nb 022Cr17Ni14Mo2 06Cr17Ni12Mo2	TP304 TP304L TP321H、TP321 TP347、TP347H TP316L TP316
奥氏体-铁素体（双相）不锈钢	022Cr22Ni5Mo3N 022Cr25Ni6Mo3CuN	UNS S31803、SAF2205 UNS S32550、SAF2507

续表

类别	钢号	
	国内	国外
镍合金	Inconel 600 Inconel 625	UNS N06600、NCF600TP UNS N06625、NCF625TP
铁镍合金	ZG14Ni32Cr20Nb Incoloy 825	Incoloy 800、UNS N08810 Incoloy 800H、NCF800TP UNS N08825、NCF825TP

2）焊接方法。焊接方法包括手工钨极氩弧焊（GTAW）、焊条电弧焊（SMAW）、埋弧自动焊（SAW）、熔化极气体保护焊（GMAW）、药芯焊丝电弧焊（FCAW）。

3）清理。焊接前应清理坡口内外表面，在坡口两侧20mm范围内不得有油漆、毛刺、锈斑、氧化皮及其他对焊接质量有害的物质。

焊接作业前焊工检查焊口组对质量，组对质量不满足要求的，焊工有权拒绝进行焊接。

4）焊接工艺要点：

①管道根层焊道采用钨极氩弧焊。

②焊条电弧焊时采用小线能量、短电弧、不摆动或小摆动操作，坡口两侧各100㎜范围内涂上白垩粉或者盖上石棉布，以防止飞溅损伤母材。

③焊接时采用多道焊，每层焊接接头错开。

④铬镍奥氏体不锈钢层间温度控制在150℃以下，奥氏体–铁素体（双相）不锈钢、镍合金、铁镍合金层间温度控制在100℃以下。

⑤采用实芯焊丝的钨极氩弧焊焊接时，管道焊缝背面须充氩气或氮气进行保护。

5）焊后热处理。不锈钢管道焊接接头热处理是指稳定化热处理，目的是使Cr23C6溶解，达到晶粒细化，改变焊缝内部组织结构。不锈钢管道焊接接头热处理应按照设计文件要求进行。

（8）管道焊后热处理

管道常见的热处理主要有消应力热处理和稳定化热处理。

1）热处理用材料及机具准备：

①热处理所用保温材料应能满足热处理保温性能要求，且应有质量证明书或合格证。

②热处理设备应采用智能温控柜，要求智能表完好，各回路指示灯、采样板、定时器、温控风扇和记录仪工作正常，其智能表和记录仪都应检定合格且在有效期内。

③加热器可采用履带式、绳状、指状及抱合式陶瓷电阻加热器。

④保温材料应选择厚度不小于30mm，耐温不低于1000℃的硅酸铝纤维毯或纤维布，并应有产品质量证明文件，不得含有对管道有害的元素与杂质。

⑤温度测量设备一般选用K型探触式热电偶，热电偶分两种类型，分别为镍铬－镍硅、镍铬－铜镍（康铜）。并配备与之相匹配的补偿导线，热电偶必须经过检定并在检定有效期内使用，使用前需经报验批准。

2）作业条件准备。热处理前应对焊缝进行确认，确认项目包括：

①焊接工作已完成。

②焊缝外观符合质量标准。

③除铬钼耐热钢以外焊缝的无损检验已检验合格，并已取得检验合格通知单。

④其他要求的检验项目已检验合格，并取得检验合格通知。

⑤防变形措施。

3）焊后热处理测温点布置：

①焊后热处理的测温点不得少于表8–11规定。

表 8–11　焊后热处理测温点数量

管道公称直径	测温点数量
$DN<300$	1
$300\leqslant DN<500$	2
$500\leqslant DN<750$	3
$DN\geqslant 750$	4

②测温点沿焊缝圆周均匀分布。水平放置的管道应在焊缝的底部优先布置1个测温点。垂直放置的管道宜在焊缝的下侧布置测温点，测温点布置示意见图8–82。

③当采用多个回路加热同一焊接接头时，每个回路加热器应至少布置1个测温点，多回路加热测温点布置示意见图8–83。

④小于DN50且与同一个弯头或三通相连管道焊缝采用一个回路绳状加热器热处理时，可布置一个测温点（见图8–84和图8–85）。

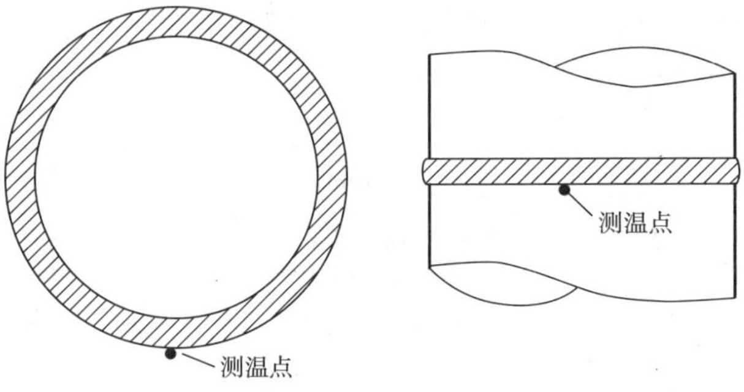

（a）水平位置管道　（b）垂直位置管道

图 8–82　测温点布置示意

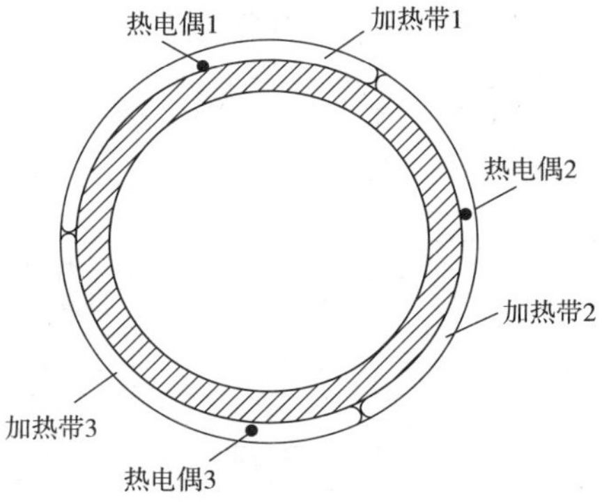

图 8–83　多回路加热测温点布置示意

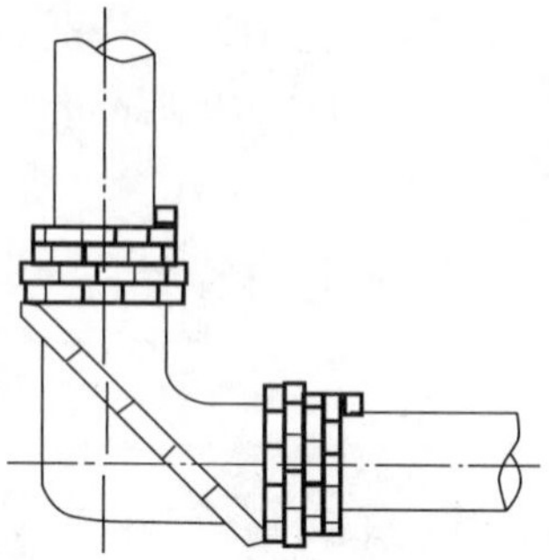

图 8–84　弯头相邻焊缝

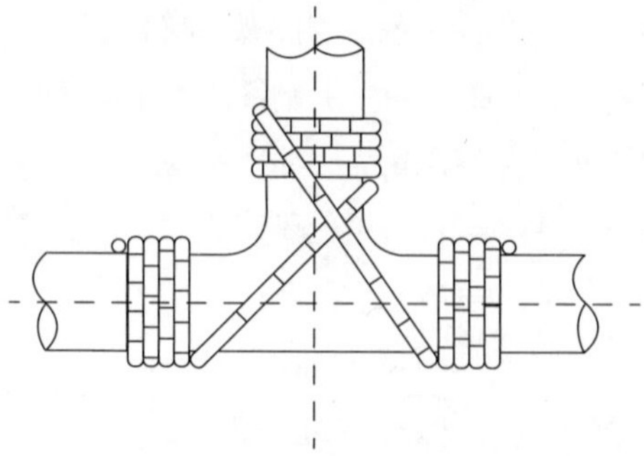

图 8–85　三通相邻焊缝

4）热电偶固定：

①热电偶固定宜采用电容储能放电焊，也可采用其他能保证热电偶端部与工件接触的固定方式。奥氏体不锈钢不得使用镀铜、镀锌铁丝固定热电偶。

②热电偶与加热器之间应采用绝热类材料隔离，加热器不得直接加热电偶热端。

5）加热器、保温材料安装：

①加热器的型式和规格应根据管道规格、焊缝位置和焊接热处理工艺等因素确定，小于或等于 *DN*50 管道焊接接头宜采用绳状加热器。

②安装加热器时，应将管道接头表面的焊瘤、焊渣、飞溅物清理干净，使加热器与焊件表面贴紧，并采用钢带、铁丝或专用夹具等固定。

③保温厚度应根据保温材料的特性确定，保温层外表面温度不宜高于 60℃。

④保温材料宜用整片包覆。拼接时，相邻两块保温材料搭接宽度宜大于 100mm；多层铺设时，每两层之间的接缝应错开。

⑤支管、支架、吊耳等与管道连接的焊接接头，焊后热处理时宜采用沿管道整圈环形加热的方式。

⑥焊后热处理加热宽度及保温宽度应符合规范要求。

6）热处理工艺参数设定：

①热处理工艺参数设定包括恒温温度、恒温时间、加热速度、冷却速度。

②常用管道材料焊后热处理温度和保温时间，应按表 8–12 中规定确定，不锈钢稳定化热处理温度及保温时间应根据设计文件执行。

表 8–12　常用管道材料焊后热处理温度和保温时间

母材类别	名义厚度/mm	母材最小规定抗拉强度/MPa	金属热处理温度/℃	保温时间/（min/mm）	最短保温时间/h	布氏硬度
碳钢、碳锰钢	＞19	全部	600～650	2.4	1	≤200
Cr≤0.5% 的铬钼合金钢	＞19	全部	600～720	2.4	1	≤225
	全部	＞490				

续表

母材类别	名义厚度/mm	母材最小规定抗拉强度/MPa	金属热处理温度/℃	保温时间/(min/mm)	最短保温时间/h	布氏硬度
0.5% < Cr ≤ 2% 的铬钼合金钢	> 13	全部	700 ~ 750	2.4	2	≤ 225
	全部	> 490				
2.25% ≤ Cr ≤ 3% 和 C ≤ 0.15% 的铬钼合金钢	> 13	全部	700 ~ 760	2.4	2	≤ 241
3%<Cr ≤ 10% 的铬钼合金钢	全部	全部	700 ~ 760	2.4	2	≤ 241
2.25% ≤ Cr ≤ 10% 且 C >0.15% 的铬钼合金钢	全部	全部	700 ~ 760	2.4	2	≤ 241

③常见碳钢、铬钼钢加热速度应符合自由升温至300℃后，加热速度应按5125/δ_{PWHT}（焊后热处理厚度）(℃/h）计算，且不大于220℃/h。

④常见碳钢、铬钼钢保温后的冷却速度应按6500/δ_{PWHT}（焊后热处理厚度）(℃/h）计算，且不大于260℃/h，300℃后可自然冷却。

⑤稳定化热处理，在恒温结束后应立即断电，拆开保温棉，使焊缝在空气中快速冷到室温。热电偶应记录测温到300℃，300℃以下可不记录。

⑥热处理参数设定后，开始送电进行热处理。热处理过程中设专人监控，如遇异常情况必须及时处理。

（9）压力容器热处理

1）压力容器热处理方式。钢制压力容器焊后热处理方式分为：整体焊后热处理、分段焊后热处理、局部焊后热处理。

①整体焊后热处理：

整体焊后热处理有两种形式，一是将焊件装入封闭炉炉内整体加热，二是在焊件内部或外部整体加热；条件许可时应采用炉内整体加热法。

②分段焊后热处理：

分段焊后热处理是将焊件整体分段加热时，加热各段重叠部分长度至少为1500mm。非加热部分的焊件（含其罐接头）采取隔热措施，防止产生有害的温度梯度。

③局部焊后热处理：

包括环焊缝焊后热处理、焊接返修后热处理、壳体或封头上施焊接管（或其他受压件）焊后热处理等。

A.局部焊后热处理均温、加热和隔热范围见图8-86，均温带的最小宽度为焊缝最大宽度两侧各加δ_{PWHT}或50mm，取两者最小值；在返修焊缝两端各加δ_{PWHT}或50mm，取两者最小值。

B.筒体（管件）局部焊后热处理时，均温带应环绕包括返修焊缝在内的筒体（管件）全圆周。

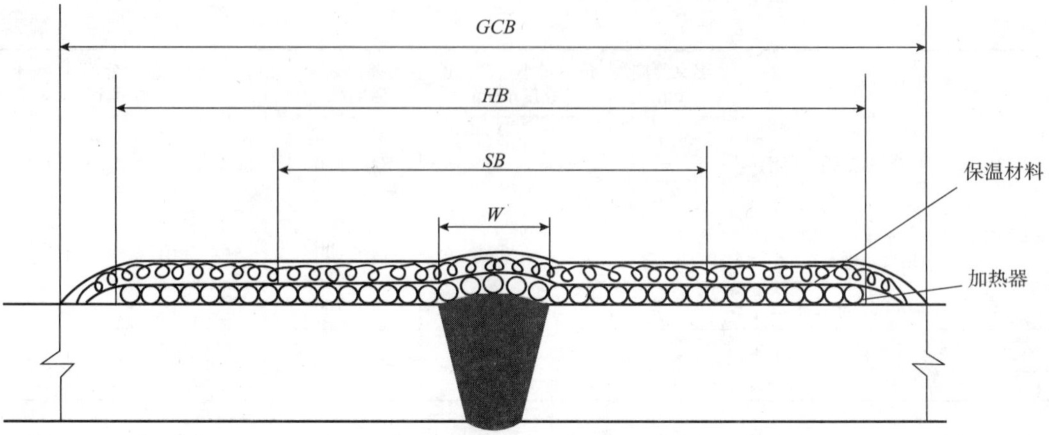

图8-86　局部焊后热处理各带示意图

W—焊缝宽度；SB—均温带宽度；HB—加热带宽度；GCB—保温宽度

C.均温带任意一点温度应不低于焊后热处理规定的温度，加热带宽度应保证覆盖范围内均温带的温度规范符合规定，保温带则应保证热能效率，防止产生有害的温度梯度。

2）塔器组焊局部热处理施工要点：

①加热方法：

采用单面电加热法时，在焊缝一侧布置电加热片，应在两侧铺设保温绝热材料，利用热传导，使工件达到保温温度。

②温度控制要求：

A.在加热器对应面布置测温热电偶，与温控仪相结合，以便于精确控制热处理温度。

B.当采用电履带加热或内部火焰加热时，测温热电偶应布置在设备外壁。

③工件的支撑和防变形措施：

A.立式塔器热处理超过圆周50%时，必需采取加固措施，防止设备受热时上部倾斜。

B.热处理时，刚性连接点应脱离，临时加固应去除，以防止热胀冷缩造成筒体变形。

C.升温应缓慢均匀，严格执行热处理工艺规定，确保在热处理时各部位温差控制在工艺技术要求以内，防止温差应力过大造成的变形。

④测温热电偶的选用、布置和固定：

A.热处理采用K形铠装热电偶测温，热电偶的补偿采用铜–康铜补偿导线。热电偶和补偿导线应匹配使用。

B.热电偶应妥善固定在加热的另一侧。

⑤绝热层的固定：

A.制作专用钢带，把专用钢带以背带式布置在工件上，以使绝热层和工件紧密贴合。

B.保温材料应符合相关标准，保温层厚度宜选80～100mm。保温材料宜分层布置，各层的搭接缝应相互错开。加热时外层温度应不高于60℃。

3）球罐整体热处理施工要点。球罐整体热处理宜采用内燃法，也可采用电加热法。采用内燃法热处理燃料油的用量可按SH/T 3512附录C进行热工计算确定。

①内燃法热处理：

A.球罐内燃法热处理的装置主要由雾化器、燃料、空气供给系统等组成。燃油法分负压和正压整体热处理。2000m^{3}以下的球罐宜采用负压内燃法和仪表自动控制系统；2000m^{3}及以上的球罐宜采用正压内燃法和仪表自动控制系统。

B.雾化器的能力及调节性能应满足工艺要求。空气压缩机（鼓风机）、油泵的规格应与雾化器相配套，设备数量应包括备用设备。

C.燃料供给系统应有流量调节和监测设备。

D.内燃法加热装置应在投用前进行试压、吹扫和试烧，试烧时间宜为10 min。

E.燃油法调节火焰时，应防止反喷，风、油增减应按比例逐步调节。

②电加热法热处理：

A.电加热法的加热装置由变压器、电源控制箱和远红外电热板及温度自动控制系统等组成。电热板的功率和数量应满足工艺要求，其最高使用温度应高于热处理温度200℃以上，电热板的导线和金属支架应采取绝缘措施。

B.电加热板的电源控制系统应便于操作，且应有自动和手动两种控制方式。

③温度测量：

A.热处理过程中的温度测量应采用温度自动控制系统，热电偶及记录仪表应具有产品质量证明文件，并经检定合格，在有效期内使用，且其精度应达到1%的要求。

B.测温点应沿球体外表面均匀布置，相邻测温点的间距宜不大于4.5 m，测点的布置见SH/T 3512附录E，球罐本体测温点总数参照表8-13的规定，且在距离上、下人孔焊缝200 mm范围内应各设测温点1个；产品焊接试板上均应设测温点1个；如设置烟筒，烟气出口宜设测温点1个。

表8-13　球罐本体测温点数

球罐容积/m^3	50	120	200	400	650	1000	1500
测温点数/个	8	10	10	14	22	25	36
球罐容积/m^3	2000	2500	3000	4000	5000	6000	8000
测温点数/个	47	48	51	64	75	82	100

C.热电偶宜用储能焊或螺栓固定在球壳板上，螺栓固定结构见图8-87。

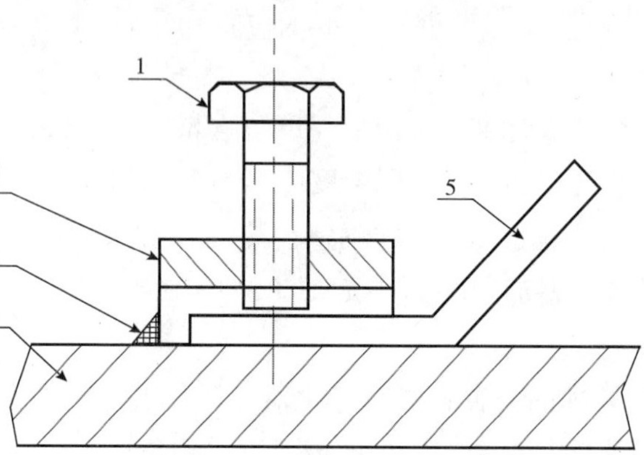

图8-87　热电偶固定螺母示意

1—压紧螺杆；2—开槽螺母；3—定位焊；4—球壳板；5—热电偶

D.热电偶接线座与补偿导线连接部位应用绝缘胶布包裹，补偿导线不得埋设在保温层内。补偿导线应在保温层外，并距保温层500mm以外处予以固定。热电偶、补偿导线和记录仪表应匹配。

球罐热处理恒温温度、恒温时间、升降温速度执行规范相关要求。

8.5.11　吊装

吊装施工主要涉及吊装方案编制和作业过程管理。编制合理的吊装方案是吊装安全的前提，根据吊装方案严格管理作业过程是成功吊装的保障。方案编制在技术层面需综合考虑吊装工艺、地基处理、吊车工况、吊点的设置或设计和索具选择等内容。

（1）吊装工艺

在大型设备、结构等安装施工中，吊装的工艺方法较多。从吊装工艺角度讲，可以分为直吊法、抬送法、滑移法和扳转法等。吊装工艺选择需考虑的因素较多，在确保安全的基础上做到技术可行、经济合理。吊装工艺选择应考虑预制深度、设备形状和参数、就位难度、平面布置、环境条件、地基承载力、吊装机械性能、资源落实、作业难度、吊装管理协调能力、经济分析和安全检查及保障措施等内容。

1）单机直吊法。单机直吊法是指通过单台起重机的起钩、旋转、平移等将设备从初始位置送到就位位置，然后将设备就位的方法，主要应用于卧式设备、立式运输至现场的设备/构件吊装。该吊装工艺较为简单，设备位于起重机的起吊半径范围内，提升设备到一定高度，然后通过起重机移动或回转，将设备就位（见图8-88）。

2）抬送法。用主辅两台起重机配合吊装，主吊机起钩、抬尾机械配合主吊机械向前方抬送设备，将设备从卧式状态吊至直立状态，主吊车回转、变幅将设备吊装就位，此种吊装方法一般称为单主机抬送法（见图8-89）。

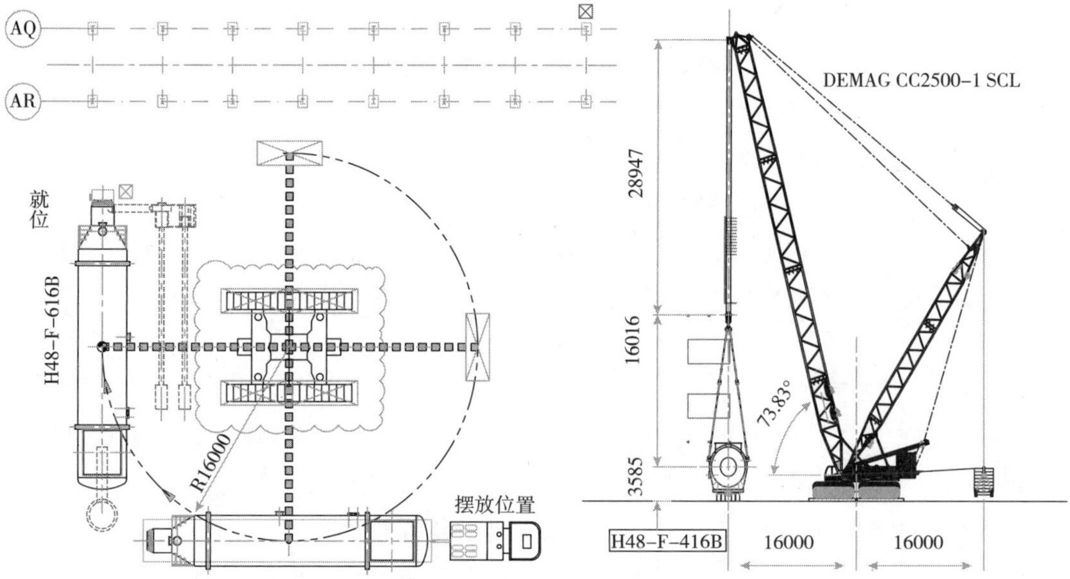

（a）平面图　　（b）立面图

图 8-88　单机选择法吊装示意图

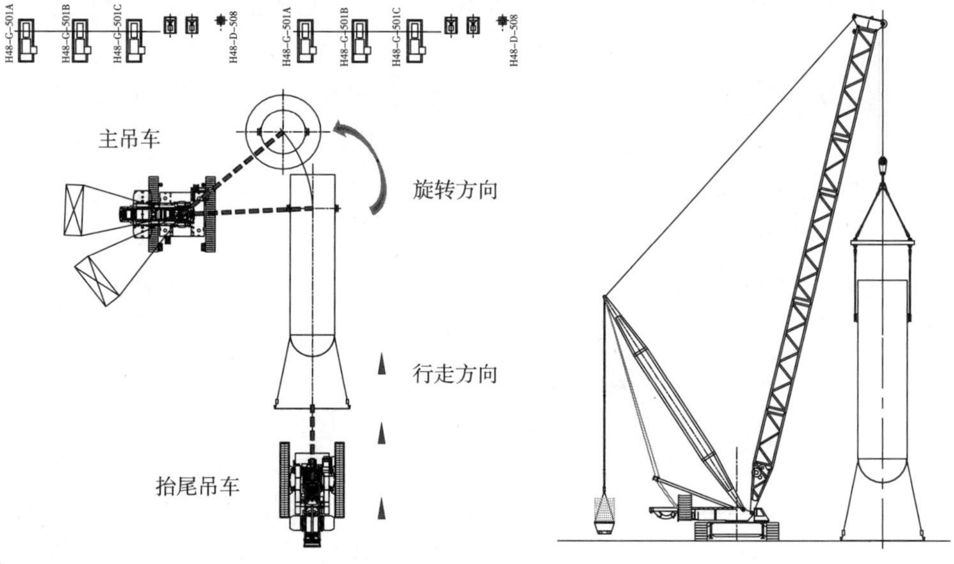

（a）平面图　　（b）立面图

图 8-89　单主机抬送法吊装示意图

3）滑移法。在设备尾部设置尾排、滚杠并铺设轨道，在设备预装配和运输时，设备吊点布置在基础中心附近，并使绑扎点和基础中心处于吊车的作业半径之内；单机提升设备头部，尾排前后控制递送，直至设备垂直吊离地面，单吊车回转、起升将设备就位。

4）扳转法。在设备的尾部设置固定的转轴（通常采用铰支座）和固定的防倾设施构成固定尾排溜尾系统；主吊起重机吊钩通过吊装索具（钢丝绳和平衡梁等）连接设备主吊点（吊耳或吊装提升盖等）构成主吊系统；以起重机起杆、回转、移动和升钩功能作为吊装所需的动力源，克服转轴摩擦力和设备重力使设备绕固定转轴系统转动逐渐直立；当设备直立到临界角位置时，尾排上的防倾设施发挥作用，支护设备尾部的载荷（载荷转移过程），继续转动直到设备完全直立，然后继续提升起重机吊钩，设备脱离固定尾排，旋转起重机臂杆到设备基础上方，调整设备方位后，设备就位（见图8–90）。

（2）地基处理

在吊装施工中，为达到起重机械或设备运行和站位要求，需对吊装作业所涉及的原始场地进行处理。吊装地基处理主要有桩基处理、换填垫层法和强夯法。

1）桩基处理。在地质条件较差，不能满足吊装机械对地基承载要求时，采用对吊装机械站位进行打桩方法进行加固处理。桩基处理一般运用于沿海、滩涂等地质条件较差的大型吊装工程。

2）换填垫层法：

①换填法是利用强度较高的地基土将吊装机械站位处强度较弱的地基土替换掉，从而增加该区域地基承载力的一种方法。

②处理方法为：将需要处理区域表层土挖走，用振捣压路机将基坑底部压实。然后用毛石、灰土、泥结石等材料进行回填，每回填一层用振捣压路机进行压实处理，每层碾压4遍以上，每遍轮痕重叠20%，最终轮痕深度小于10mm时开始回填上一层，按此方法回填至地表标高。

3）强夯法：强夯法是利用强夯机械的夯锤对地的冲击能量而加固地基的一种方法。

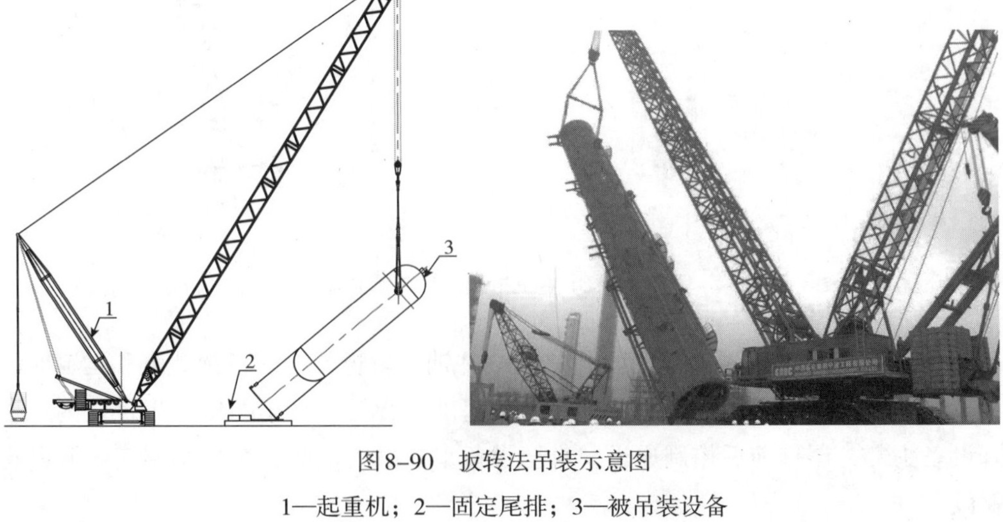

图8–90　扳转法吊装示意图

1—起重机；2—固定尾排；3—被吊装设备

强夯法适用于处理碎石土、砂土、低饱和度的粉土与黏性土、湿陷性黄土、杂填土和素填土等地基。对高饱和度的粉土与黏性土等地基，当采用在夯坑内回填块石、碎石或其他粗颗粒材料进行强夯置换时，应通过现场试验确定其适用性。

强夯施工可按下列步骤进行：

①清理并平整施工场地；

②标出第一遍夯点位置，并测量场地高程；

③起重机就位，使夯锤对准夯点位置；

④测量夯前锤顶高程；

⑤将夯锤起吊到预定高度，待夯锤脱钩自由下落后，放下吊钩，测量锤顶高程，若发现因坑底倾斜而造成夯锤歪斜时，应及时将坑底整平；

⑥按设计规定的夯击次数及控制标准，完成一个夯点的夯击；

⑦重复步骤③至⑥，完成第一遍全部夯点的夯击；

⑧用推土机将夯坑填平，并测量场地高程；

⑨在规定的时间间隔后，按上述步骤逐次完成全部夯击遍数，最后用低能量夯锤满夯，将场地表层松土夯实，并测量夯后场地高程。

强夯处理一般适用于场地的大面积处理，不适用于单个的吊装机械站位区域的处理。如工程先期准备优化到位，也可对吊装机械站位区域进行有针对性的强夯处理。对于已完成设备基础施工或改造等项目，局部的强夯处理会对周边设备基础产生不利影响，一般不应采用。

（3）吊车工况

吊车工况选择需满足吊装高度、吊装能力和与周围障碍物距离等要求。设备与起重机臂杆之间的安全距离应大于或等于500mm。吊钩与设备及起重机臂杆之间的安全距离应大于或等于500mm。吊装过程中，起重机、设备与周围设施的安全距离应大于500mm。

（4）吊点的设置或设计

吊点及吊耳：

为避免物体的倾斜、翻倒、变形损坏，应根据物体的形状特点、重心位置合理选择吊点。吊点的选择还应考虑吊装过程中的设备本体整体强度、设备吊点位置局部强度等内容。

根据设备的不同情况，可设置不同形式的吊耳。吊耳分为以下几类：

①顶部板式吊耳（TP型、TPP型）；

②卧式容器板式吊耳（HP型）；

③侧壁板式吊耳（SP型）；

④轴式吊耳（AXA型、AXB型、AXC型）；

⑤尾部吊耳（AP型）。

各种吊耳的代号、简图见表8-14。

表8-14 吊耳类型表

类型	类型代号	吊耳简图	型式代号	类型	类型代号	吊耳简图	型式代号
顶部板式吊耳	TP	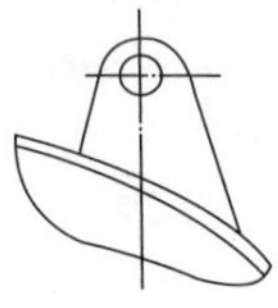	TP	轴式吊耳	AX	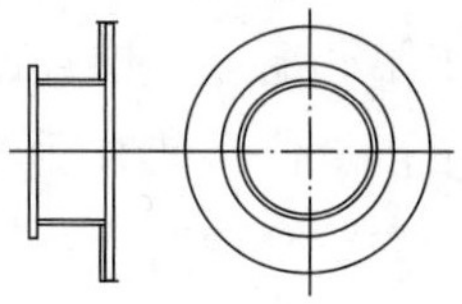	AXA
		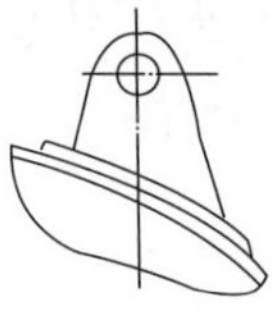	TPP			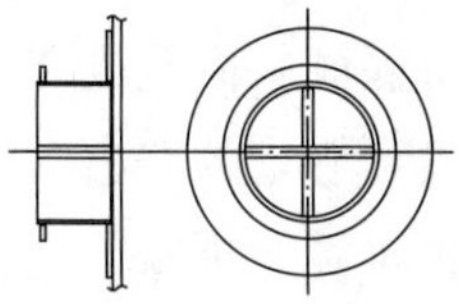	AXB
卧式容器吊耳	HP		HP			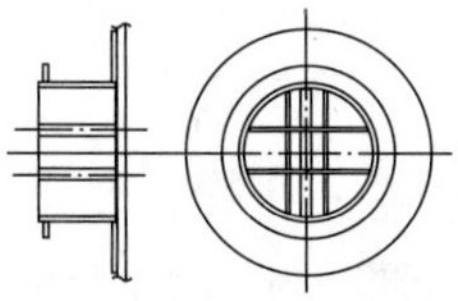	AXC
侧壁板式吊耳	SP	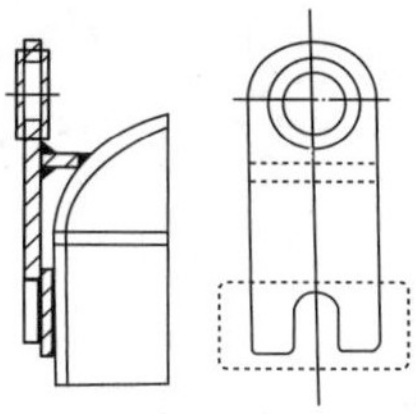	SP	尾部吊耳	AP	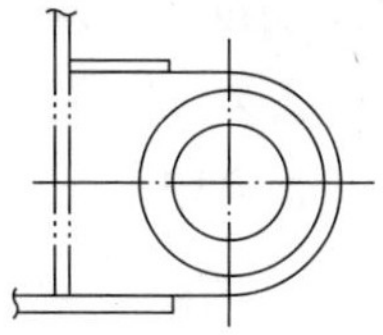	AP

设备吊耳位置和数量的确定应符合下列要求：

①应保证设备吊装平稳；

②应满足设备结构稳定性和强度要求；

③吊索、吊具等应有足够的空间；

④负荷分配应满足吊装要求；

⑤应利于设备就位及吊索、吊具的拆除。

带内筋板管式吊耳焊接顺序及要求：

①内筋板与设备壳体焊接；

②管轴与设备壳体焊接；

③补强板与管轴及设备壳体焊接；

④内筋板与管轴及外筋板焊接；

⑤外挡圈与管轴焊接；

⑥内筋板之间的焊接采用双面交错间断焊；

⑦管轴与内筋板焊缝应大于管长的1/3；

⑧补强板拼接时，拼接板数量不得多于3块；

⑨角焊缝高度不应低于两焊件较薄板的厚度。

（5）索具选择

吊装索具主要有：钢丝绳、吊装带、卸扣、平衡梁等。根据所吊物件的形状、重量和吊装方法合理选择搭配索具。

钢丝绳及钢丝绳绳扣在绕过不同尺寸的销轴或滑轮时，应根据不同的弯曲半径按照下述程序确定其强度能力。

1）钢丝绳的比例系数：

$$R=D/d$$

式中　R——钢丝绳的比例系数；

D——钢丝绳绕过的销轴或滑轮直径，mm；

d——钢丝绳的公称直径，mm。

2）钢丝绳的效率系数计算公式：

$$当R\leqslant 6时，E=(100-50/R^{0.5})\%;$$

$$当R>6时，E=(100-76/R^{0.734})\%;$$

式中　E——钢丝绳的效率系数。

3）钢丝绳的实际强度能力公式：

$$P_n=n\cdot P\cdot E$$

式中　P_n——钢丝绳经弯曲后的强度能力；

n——钢丝绳或绳扣的承载股数；

P——钢丝绳单根破断力。

4）钢丝绳的安全系数要求：

①作拖拉绳时，应大于或等于3.5；

②作卷扬机走绳时，应大于或等于5；

③作捆绑绳扣使用时，应大于或等于6；

④作系挂绳扣时，应大于或等于5；

⑤作载人吊篮时，应大于或等于14。

（6）吊装作业分级

1）起重作业按起吊工件重量和长度划分为三个等级，一级为重量100t及以上或长度60m及以上；二级为重量40t（含40t）及以上；三级为重量40t以下；

2）起重量大于40t的重物，或不足40t，但形状复杂、刚度小、长径比大、精密贵重、作业条件特殊的物件，必须编制起重作业方案。

8.5.12 模块化施工

随着我国设计水平提高、制造能力提升、交通基础设施不断完善、起重运输设备更新换代，模块化制造的外部条件已基本成熟。由于模块化具有明显的优越性，表现出强大的生命力，发展速度很快，从长远来看，它的推广无疑将带来安装工程的一场革命。模块化施工对工程质量、工程进度、工程安全等方面有了极大的提高，在节约成本、改善施工人员工作环境等方面较传统施工方式表现出较大的优势。模块化施工的前提条件是模块化设计。在设计阶段能否把整个项目按照一定的要求进行有效模块化设计是实施模块化技术的主导和关键。模块化施工主要有两类：一是不依托设计施工单位自主进行的模块化施工，二是依托模块化设计进行的施工。

（1）不依托设计的模块化施工

在设计阶段未考虑模块化的情况下，施工单位根据现场实际情况，综合考虑工程进度、安全、成本等因素对塔类设备、框架等可进行自主模块化施工。不依托设计进行的模块化施工有较大的局限性，适用范围小。主要有催化装置两器等大型塔器设备的分段模块制作、吊装组对（见图8-91），立式设备的“穿衣戴帽、塔起灯亮”（见图8-92），钢结构管廊及框架成片、成框，局部多专业组合模块（如：气化框架、反再框架、分馏框架、料仓框架等分片、分框组对、现场吊装）施工等。

图8-91 两器带旋风封头组对吊装图

图8-92 塔类设备穿衣戴帽

（2）依托设计的模块化施工

通过模块化设计，提高模块化集成程度，实现现场工作内容的工厂化制作，使模块在工厂加工、组装精度、工程质量等方面得到更好保证。模块的制造可同项目基础同时进行，建设周期短，减少人力、机具在现场的停留短，减少项目执行过程的安全隐患。

模块由钢构件、节点板、临时支撑、设备容器、连接管道、开关阀门等共同组成，模块本身自成体系。从结构角度讲，一个模块是能够以足够的抗力抵受所有计算外力的单体，其承载力、风载荷、惯性力等外载荷，均可以各个工况下稳定的独立模块作为计算单元安全承载。模块化施工构思一般在基础设计阶段就已经开始，在详细设计阶段成形，详细设计阶段的模块划分，包括模块之间的连接、模块内管线及电气仪表的分段，以某项目为例加以说明。

1）液化天然气生产处理模块。某项目主要为液化天然气生产处理模块，以各种天然气处理设备（如脱碳、脱汞系统）和冷剂处理、压缩机、液化设备为主。模块大致可分为设备装置模块、管廊模块、公用工程模块、所属设施模块等。装置钢结构模块是装置群的核心模块，模块中包含多个立、卧式容器、换热器、管线阀门、电路控制器件、操作平台等，而装置模块由多个更小的类似模块组合而成。制定预制、组对、组片程序文件，对各单元甲板片进行受力分析计算，确定重心、吊点，制定吊装方案，吊装方案的制定由其他专业工程师配合结构工程师完成。

①采用数控型钢切割机，型钢下料效率非常高，而且型钢接头一次成形，无需提前划线放样，直接输入程序就可以切割出多种复杂形式的接头，切割后无需二次加工，减少了人工的投入。

②在厂房内或厂房外适合场地组成小单元（甲板片），在一组拼装胎架上完成模块化安装单元的构件拼装，组装焊接完毕后，使用液压平板拖车运输至喷涂车间进行除锈防腐及部分防火施工，最后从喷涂车间运送至现场进行大单元的组装。

③喷涂完成的钢结构单元使用液压平板拖车运输至现场组装位置，现场组装布局由加工设计确定，按图纸位置设置组装用的支墩，将运送到现场组装位置的钢结构单元放置在支墩上，支墩为大型钢支墩，找平后底部使用高强度无收缩灌浆料进行灌浆。然后利用大型吊装机械组成更大的单元，钢结构组装完成后进行该层上的设备、管道等相关设施的安装施工。现场根据施工需要，合理地进行吊车资源的调配，一般情况下每个模块配备2台大型履带吊车配合施工，如有大型设备，则需要更大型的吊装机械进行施工。现场支墩使用全站仪进行抄平，钢结构组对的各项尺寸亦使用全站仪测量，以保证组对精度，为后续组对创造更好条件。焊接时采用多名焊工对称分布同时焊接，最大程度减少焊接变形量，组对时计算焊接收缩量，做好预留，确保焊接后的尺寸误差控制在最小，保证安装精度。采用吊装工具对拼装后的安装单元进行现场整体吊装，

拼装成完整的模块，最后滚装上船。该项目P1包共51个模块，模块总重量205989t，最大模块重量8566t（见图8–93）。

2）管廊模块。某项目在青岛海工建造8个模块，每个模块长90m，宽42m，高23.5m，完工重量为5168t。每个模块共分6层，分别是EL10700、EL15500、EL19000、EL24500、EL28500、EL31200；层高及层间距离一致，层间距为2~4.8m。每个模块有4个横轴，横轴的间距为12m、8m、12m；10个纵轴，纵轴的间距均为9m；每个模块有40个立柱。每列的四个模块，结构不连接，相邻模块的轴线距离为4.5m。模块在陆地建造完成后，使用5列300轴线SPMT运输车装上半潜驳船（见图8–94）。

图8–93　模块陆地组装图

图8–94　管廊模块运输图

3）LNG 罐顶模块。某液化天然气项目 $16 \times 10^4 m^3$ LNG 储罐共有 5 个模块和 6 根附罐立排管线。其中最重模块达 51.5t，其规格为 11.19m × 10.5m；最重管线为 17.76t，其规格为 ϕ1067mm × 40017mm；全部在地面组装完成。400T 履带吊进行吊装，单台储罐泵平台模块和立排管线吊装仅用 5.5 天时间，取得良好的效果（见图 8–95）。

4）常压炉模块。常压炉主体模块尺寸：长 25m、宽 17m、高 26m，设备重量 1015t。主体模块在异地制造，后船运到项目周边码头，然后陆运至现场直接就位。相比于传统建造加热炉工艺模块化建造施工具有控制精细、效率高、质量好、施工周期短等优势，同时还避免了现场施工的交叉作业，施工安全系数显著提高。目前国际上石化加热炉模块整体建造、运输及安装的操作模式已成为石化项目的主流发展趋势。常压炉整体运输图见图 8–96。

图 8–95　LNG 罐顶模块效果图

图 8–96　常压炉整体运输图

8.6 工程质量监督

8.6.1 质量监督概念

工程质量监督是建设行政主管部门或其委托的工程质量监督机构（统称监督机构）根据国家的法律、法规和工程建设强制性标准、对责任主体和有关机构履行质量责任的行为以及工程实体质量进行监督检查、维护公众利益的行政执法行为。

《中华人民共和国建筑法》规定，国务院建设行政主管部门对全国的建筑活动实施统一监督。《建设工程质量管理条例》规定，国家实行建设工程质量监督管理制度；国务院建设行政主管部门对全国的建设工程质量实施统一监督管理。国务院铁路、交通、水利等有关部门按照国务院规定的职责分工，负责对全国的有关专业建设工程质量的监督管理。石化工程质量监督受发改委委托，开展实施工程质量监督。

8.6.2 质量监督目的

质量监督的目的是贯彻质量法规和技术标准，建立国民经济发展秩序；维护人民群众切身利益、树立中国产品信誉和国家形象；推动科学技术进步，保证国民经济计划质量目标的实现；严把产品质量安全关，提高产品质量总体水平。

8.6.3 监督组织体系

石油化工质量监督组织体系包括：国务院有关部门、石化工程质量监督总站、石油化工质量监督分站、项目监督组。

8.6.4 质量监督形式

石化工程质量监督检查活动的形式包括：对工程质量责任主体的质量行为合法合规性或工程实体质量标准符合性的“核查”；对工程质量责任主体的质量行为过程或工程实体形成过程的“跟踪检查”与“随机抽查”；对工程文件、资料进行的认可性“审查”、追溯性“检查”与验证性“核查”或随机抽查；对工序交接或工程交验活动的见证性“监督确认”；独立进行的检验检测活动等。

8.6.5 质量监督程序

石化工程质量监督按既定的工作程序和管理要求进行启动、开展与结束，主要包括受理建设单位办理质量监督手续、组建工程质量监督组，完善监督设施、编制工程质量监督大纲及各专业质量监督计划书、工程实施阶段的质量监督、试车阶段的质量监督、工程竣工验收阶段的质量监督、形成工程质量监督报告、建立工程质量监督档案。

8.6.6 施工质量监督内容

包括工程开工和施工过程中，对工程实体质量、工程质量责任主体和质量检测单位等单位的工程质量行为进行抽查、抽测，以及工程中间交接的质量监督。

（1）对执行法律法规和工程建设强制性标准的监督

1）有关工程技术人员对强制性标准的熟悉、掌握情况；

2）工程项目的规划、勘察、设计、施工、验收等与强制性标准规定的符合性；

3）工程项目采用的材料、设备与强制性标准规定的符合性；

4）工程项目的安全、质量与强制性标准规定的符合性；

5）工程中采用的导则、指南、手册、计算机软件的内容与强制性标准规定的符合性。

（2）对工程质量行为的监督

1）工程开工前监督内容：

①审核各责任主体项目管理人员的资格是否符合法律法规的要求；

②审核施工图设计文件是否有效，是否经过设计交底和审查，是否进行了施工图会审；

③审核各责任主体质量管理体系、质量管理制度以及质量控制程序（包括检验、验收计划）是否建立和制定、各责任主体的质量控制点是否制定并取得统一；

④审核各有关责任主体及其分包或劳务分包队伍的资质是否符合有关规定、各专业开工前，开工条件（施工方案、到达现场的人员资格、现场条件以及工序作业的技术交底情况等）是否具备。

2）工程实体形成过程中监督内容：

①各参建单位各责任主体资质和有关人员的资格的变动和到位情况；

②工程质量控制程序是否符合法律、法规、质量管理体系，是否正常运行并持续改进；各责任主体的人、机、料、法、环等要素的配置和状态是否符合相应规定；

③是否按程序（或按质量检验、验收计划）组织工序交接和质量验收，记录资料和验收评定资料是否完整准确及时；

④质量信息管理是否客观反映整体工程质量状态等行为。

（3）对工程实体质量监督的主要内容

主要包括施工准备阶段、施工过程阶段和质量验收阶段。

1）监督检查方式。质量监督以巡查为主要方式，并辅以必要的检测。采取抽查施工作业面的施工质量与对关键部位重点监督的方式相结合，主要内容包括各种原材料、构配件和设备的采购、进场检（复）验、验收以及管理和使用是否符合国家有关法律法规和规范的要求，产品质量、产品质量证明文件是否符合要求及监督工作计划中规定的质量控制点等。

2）检查内容：

①检查设备的采购、进场检（复）验、验收、进货检验中的紧急放行、设备材料的储存及保管是否符合规范的要求，产品质量证明文件是否符合要求。

②抽查安装、检验、调试方法是否按照施工方案和规范执行；质量检验、调试、自检记录是否准确；质量控制点报验检验程序执行是否有效，实体质量是否得到监理的确认。

③停监点检查。停监点是指施工单位必须停工等待监督组核查的质量控制点。停监点是针对结构安全及使用功能有着重大影响，且下道工序施工后无法再进行检查或对后续工程质量有着较大影响的工序交接点或重要部位而设置的。当工程施工进入质量监督停监点时，由建设单位指定的责任单位向监督组报验，经监督组检查确认符合质量要求后方可进入下一道工序施工。

④监督巡监，监督工程师在工程建设过程中定时不定时对现场作业过程进行巡回检查，检查过程作业是否符合标准，预防质量隐患的发生。对于巡检发现的问题，应及时纠正，必要时下发质量问题通知单，责令相关责任方改正。

（4）对建设单位监督的主要内容

1）是否及时向其他责任主体提供了能满足工程要求的、真实、准确、齐全的原始资料；

2）是否存在不按程序规定而进行设计变更或要求施工单位无图纸、无施工方案而进行施工的行为；

3）是否存在明示或暗示其他单位使用不合格的材料、设备的行为；核查建设单位提供的原材料、设备质量控制情况；

4）是否存在明示或暗示其他单位违反工程建设强制性标准条文，降低建设工程质量要求的行为；

5）是否认真负责组织设计、施工、监理等有关单位进行工程中间交接和竣工验收等与工程建设有关的职责和义务；

6）按规定其他需要监督的内容。

（5）对勘察、设计单位监督的主要内容

1）核查设计变更是否满足施工和质量要求，是否存在通过设计变更降低质量要求的行为，是否存在违反程序、擅自修改设计的行为；

2）抽查对勘察、设计问题的处理是否及时、正确；

3）按规定其他需要监督的内容。

（6）对监理机构监督的主要内容

1）监理规划、监理实施细则和质量监理控制的措施的落实和执行情况；

2）对被监理单位的监管情况和实施平行检验、巡检、旁站等监理活动是否符合有关规定及事前策划的控制要求；

3）对用于工程的材料、设备进入施工现场时和投入使用或安装前进行检查验收的情况；

4）工程质量问题的发现与整改闭合的管理情况；

5）工程监理资料的形成与整理是否与工程进展同步；

6）对工程分包队伍实施管理控制的情况；

7）按规定其他需要监督的内容。

（7）对施工承包方监督的主要内容

1）是否存在擅自修改工程设计或无图纸、无施工方案进行施工的行为；

2）是否存在不按设计图纸和施工标准施工或偷工减料的行为；

3）核查施工方案编制审批是否满足指导施工的要求；

4）施工过程质量检验、工序管理、隐蔽工程质量检查制度和程序的落实与执行情况；

5）施工过程中原材料、设备在安装前进行质量检验或复验的情况；

6）施工过程资料的形成与整理是否与工程过程同步；

7）对分包队伍的管理控制情况；

8）按规定其他需要监督的内容。

（8）对检测单位监督的主要内容

1）是否存在违反法规及工程建设强制性标准条文的行为；

2）检测工艺方法、检测仪器设备、检测质量控制措施是否落实实施；

3）检测过程是否存在与监理单位、施工单位联合作弊行为及隐瞒有关责任主体违反法规、标准的现象；

4）按规定其他需要监督的内容。

（9）工程建设监理与质量监督的区别

工程建设监理与工程质量监督都属于工程建设领域的监督管理活动，但是两者在性质、执行者、任务、工作范围、工作依据、工作深度和广度、工作权限以及工作方法和工作手段等多方面都存在明显的差异。

1）性质的区别。工程建设监理是一种社会的、民间的行为，是发生在工程建设项目组织系统范围之内的平等经济主体之间的横向监督管理，是一种微观性质的、委托性的服务活动。而工程质量监督则是一种行政行为，是工程建设项目组织系统各经济主体之外的监督管理主体对工程建设项目系统之内的各工程建设的主体进行的一种纵向的监督管理行为，是一种宏观的、强制性的政府监督行为。

2）执行者的区别。工程建设监理的实施者是社会化、专业化的工程建设监理单位及其监理工程师，而工程质量监督的执行者则是政府工程建设行政主管部门中的专业执行机构，即工程质量监督机构。

3）工作性质的区别。工程建设监理是工程建设监理单位在接受项目业主的委托和授权之后，为项目业主提供的一种高智力工程技术服务工作，而工程质量监督则是政府的工程质量监督机构代表政府行使的对工程质量的监督职能。

4）工作范围的区别。工程建设监理的工作范围伸缩性较大，它因项目业主委托的范围大小而变化。如果是全过程、全方位的工程建设监理，其工作范围远远大于工程质量监督的范围。此时，工程建设监理包括整个工程建设项目的目标规划、动态控制、组织协调、合同管理、信息管理等一系列活动。而工程质量监督则只限于施工阶段的工程质量监督，且工作范围变化较小，相对稳定。

5）工作依据的区别。工程质量监督以国家、地方颁发的有关法律和工程质量条例、规定、规范等法规为基本依据，维护法规的严肃性。而工程建设监理不仅以法律、法规为依据，还要以工程建设合同为依据，不仅要维护法律、法规的严肃性，还要维护合同的严肃性。

6）工作深度和广度的区别。工程建设监理所进行的质量控制包括对工程建设项目质量目标详细规划，实施一系列主动控制措施，在控制过程中既要做到全面控制，又要做到事前、事中、事后控制，它需要连续性地持续在整个工程建设项目过程中。而政府工程质量监督则主要在工程建设项目的施工阶段，对工程质量进行阶段性的监督、检查、确认。

7）工作权限的区别。工程质量监督拥有最终确认工程质量等级的权力，而目前，工程建设监理则无权进行这项工作。

8）工作方法和手段的区别。工程建设监理主要采取组织管理的方法，从多方面采取措施进行工程建设项目质量控制。而工程质量监督则更侧重于行政管理的方法和手段。

8.7 工程安全监督

8.7.1 工程安全监督概念

工程安全监督是指主管部门依据《中华人民共和国安全生产法》《石油化工建设工程施工安全技术规范》等工程建设法律法规和标准，对工程实施、试运行与竣工验收过程的安全监督。

8.7.2 工程安全监督基本原则

工程安全监督应依据国家及地方现行有效的法律法规、集团公司HSSE管理体系和制度、国家及石油化工行业的标准要求，并能满足企业 HSSE 管理和工程建设的需要。

8.7.3　工程安全监督主要内容

工程安全监督的主要内容按阶段划分包括采购、施工、投料试车、竣工验收共四个阶段。从人、机、料、法、环五个方面进行安全监督，每个方面均有明确的内容及具体要求，保障工程建设的安全有序高效运行。

（1）采购安全监督

对工程采购的设备、材料及过程包装运输进行符合安全方面的监督。具体内容包括：参与设备、材料的厂家除具有相应的资质、生产能力、信誉外，还应具有 HSE 方面的管理业绩；设备使用应安全、可靠，能保持长周期运行。噪声符合合同指标要求，防腐涂料符合环保要求。

（2）施工安全监督

1）施工安全监督应包括：安全教育培训、作业许可管理、安全检查和隐患整改、安全例会、应急处置和事故/事件管理、健康管理、治安保卫管理、现场环境保护管理。

2）安全教育培训分为承包商、分包商或作业队两个层次的培训。对参与施工的人员进行系统培训，提高人员的安全意识及工作能力，对人员技能进行评估。包括：安全基本内容教育培训、作业内容安全操作培训、特种作业或特殊环境作业的专项安全培训和违章人员安全再培训。

3）作业许可管理针对风险性较大的特殊作业、非常规作业和关键作业进行分级管理，所有条件现场确认，按照程序办理和签发与报备。

4）安全检查和隐患整改由主要安全管理机构对重要施工作业的持证上岗、作业票证、大型机具使用证件、劳动保护和作业环境安全措施等进行重点检查，发现安全隐患及时通知限期整改，必要时停工处理。

5）安全例会根据施工安全管理需要，原则上每月召开；应急方面主要是针对可能发生的各类事故、事件及自然灾害，制定现场可行的处置措施并定期进行演练。

6）健康管理按照身体健康和心理健康两个方面进行管理，改善施工现场临时设施（包含住宿、洗浴、卫生间等），丰富业余文化娱乐生活，使劳动者做到劳逸结合。

7）治安保卫管理按照“谁主管、谁负责，谁施工、谁负责”的原则，与建设单位建立联防治安保卫应急机制，设置门禁管理。

（3）投料试车安全监督

工程项目按照消防、职业卫生、安全设施及环境保护、防雷设施与主体工程同时设计、同时施工、同时投入使用的原则组织实施，对操作人员、特种设备和危化品资质等进行监督。

（4）竣工验收安全监督

竣工安全监督内容应包括：消防、职业卫生、安全设施、环境保护、防雷检测验收的相关资料。

8.8 单机试运

单机试车是以水、空气等为介质的负荷试车，以检验其除受介质影响的机械性能制造、安装质量。单机试车的目的是对化工装置的所有机械设备（机泵、压缩机、风机等）的机械性能，通过在实际运转过程中尽量发现设计、制造、安装过程中存在的缺陷并予以消除，以保证后继联动试车的顺利进行。

单机试车施工过程主要包括单机试车前准备、机械设备开始单机试车。

8.8.1 单机试车前准备

机械设备单机试车前准备主要包括：编制审批完成单机试车施工方案，并完成安全、技术交底；与机械设备及附属设备、管道等安装工作应全部完毕；与机械设备单机试车有关的工艺管道及设备吹扫、清洗、气密完成；与机械设备单机试车有关的土建、水、气、汽等公用工程及电气、仪表控制系统施工结束；与机械设备单机试车有关的介质、检测仪器准备完毕；按设计文件要求加注单机试车用润滑油（脂）；参加机械设备单机试车的人员，应熟知试运转工艺，掌握操作规程；现场环境应符合机械设备单机试车运转要求。

（1）润滑油系统单机试车

1）机械设备的润滑是强制润滑（有润滑油站），润滑油系统需要进行单机试车。

2）润滑油系统单机试车前准备主要包括：油循环条件准备及确认、油循环管路酸洗、润滑油站清理、制作油循环临时塑料管路、组装油循环管路、油箱加油、油系统管路油循环、油循环清洁度检查、油系统管路回装、冲洗轴承箱、油质检验。

3）提高冲洗效果，缩短冲洗时间，除加大冲洗油量外，还应使油温冷、热交替变化，以8h为一个循环周期，其间低温约35℃，高温约75℃（见图8-97）。

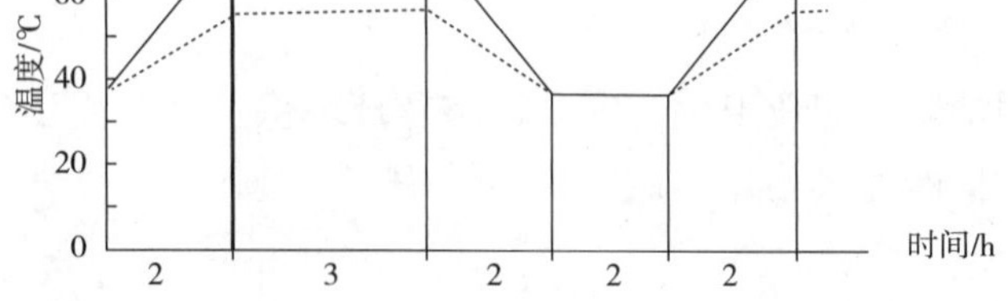

图8-97 油循环周期图

4）润滑油系统油循环合格要求：连续运转4h后，检查滤网不得有硬质颗粒，软质污物每平方厘米范围内不得多于三颗粒，确定油系统内部清洁即油冲洗合格。

（2）电气、仪表控制系统调整实验

电气、仪表控制系统调整实验包含：仪表元件的检验和试验、仪表联锁试验、仪表与电气的联锁试验、空开模拟试验、热元件保护试验、联锁试验。

（3）冷却系统单机试车

机械设备有辅助冷却的（冷却循环水泵），需要先进行冷却循环水泵单机试车。要符合：轴承温度应符合机器的技术文件或设计文件的规定；若无规定，滚动轴承的温升应不超过40℃，其最高温度应不超过80℃；滑动轴承的温升应不超过35℃，其最高温度应不超过70℃。

8.8.2　机械设备开始单机试车

机械设备开始单机试车主要包括：辅助设备（润滑系统、冷却系统、密封系统、仪表控制和保护系统）投用、驱动设备（电机、汽轮机等）单机试车、联轴器的轴对中复测和安装、确认试车流程、机械设备单机试车、单机试运转结束。

（1）辅助设备投用

机械设备开始单机试车前与之相关的水、气、汽、油等系统投用。排气或排污完毕；有压力油系统供油的机器，各注油点的油量、油温、油压应达到设计文件要求，用其他形式供油的机器，供油状况应符合其润滑要求。

（2）驱动设备单机试车

驱动设备单机试车以电机单机试车为例。查看联轴器上的弹性柱销是否已经拆除。检查电动机手动盘车是否灵活，无卡涩及异常声音。查看电机轴承是否已经注入润滑油。联系电气人员检查电机接线是否已经到位。查看所有仪表是否灵活好用。电机与底座间是否连接螺栓，地脚螺栓是否齐全且紧固，未紧固的立刻紧固。查看红外线测温仪、测振仪等工具是否已经准备，且在有效期内安排专人进行使用管理。

检查工作完毕合格后，要求试车负责部门填写《电气设备允许受电签证票》，电工确认后送电。按启动运行按钮，约3s后按停止按钮，查看电机运转方向是否与所带负载上标注一致，不一致则联系电气人员重新接线。接线完成后，再次进行点动。电机点动无异常后，起动电机，连续运转2h，检查电机运转情况，运转过程中每隔30min检查电机振动、声音、温度、电流等是否异常，并做记录。若出现异常，则需立刻停机，查找原因，原因不明确不允许开机。看电流表读数，电机启动电流不宜过高，运转电流必须低于额定电流。电机温升不得超过铭牌的规定，最高温度不超过75℃。

（3）联轴器的轴对中复测和安装

复测驱动设备与主机的轴对中，对中要求以叠片挠性联轴器为例。测量联轴器端面间隙或安装盘端面间距时，应将两轴置于运转位置，两安装盘之间的距离，应符合机器技术文件规定；若无规定，两安装盘间距偏差控制在0～0.5mm的范围内为宜，见表8-15。

表8-15　叠片挠性联轴器对中

机械设备转速/（r/min）	两轴倾斜/（mm/m）	径向位移/mm
＜3000	0.15	0.10
3000～6000	0.10	0.05
≥6000	0.05	0.05

叠片挠性联轴器装配叠片组件、中间段轴时，应按标记对准，联轴器螺栓、衬套、自锁螺母应成套装配，并按规定扭矩均匀拧紧。

（4）确认试车流程

试车流程以机泵试车流程为例，见图8-98。

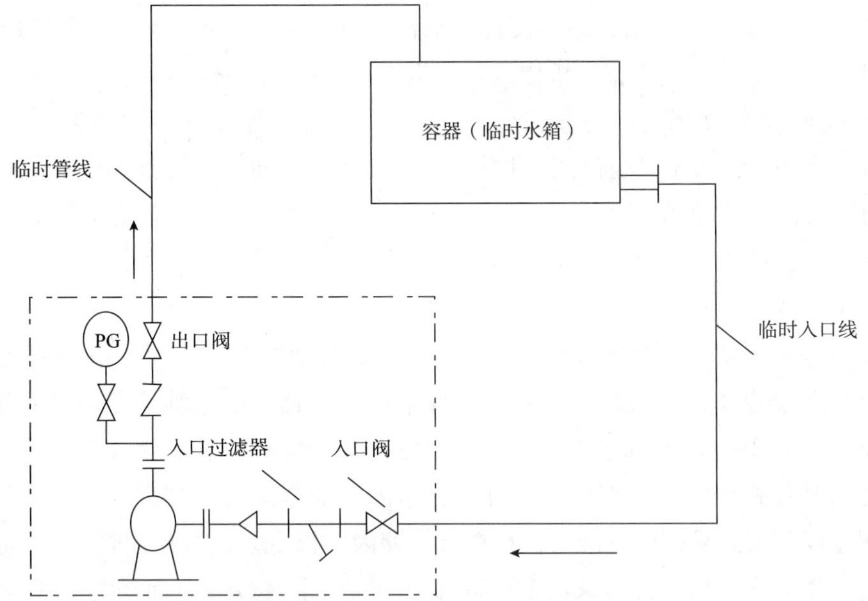

图8-98　试车流程示意图

（5）机械设备单机试车

机械设备单机试车的目的是检查机器设备和电气、仪表的性能与制造及安装质量。机械设备单机试车的时间应符合机器技术文件规定或设计文件的要求。机器设备的单机试运转时间宜为2 h。机械设备单机试车所采用的介质，应根据设计文件及实际条件决定。若无特殊规定，宜以水、空气或氮气为介质。选用试运转介质时，应符合下列要求：以水为介质进行试运转所需的功率不得超过额定数值；以空气或氮气为介质进行试运转时，所需的功率和压缩后的温升不得超过额定数值；若超过额定数值，应调整试运转参数或采用规定的介质进行试运转。

试运转过程中应符合下列要求并做出记录：检查各主要部位温度和各系统压力等参数，应在规定范围内；振动振幅值或振动烈度值应符合产品技术文件或设计文件的规定，若无规定，离心式机器设备轴承处的振动振幅值应符合SH/T3538中表9.4.6–1的规定；常用机器设备振动烈度值分级范围应符合SH/T3538中表9.4.6–2的规定。轴承温度应符合机器的技术文件或设计文件的规定；若无规定，滚动轴承的温升应不超过40℃，其最高温度应不超过80℃；滑动轴承的温升应不超过35℃，其最高温度应不超过70℃；润滑、密封、液压、气（汽）动、冷却等各辅助系统的工作应正常，无渗漏现象；检查驱动电机的电压、电流及温升等不应超过规定值；各种仪表应工作正常；机器各紧固部位无松动现象。

（6）单机试运转结束

单机试运转结束后，应及时完成下列工作：断开电源及其他动力来源；卸掉各系统中的压力及负荷，进行排气、排水或排污；检查各紧固部件；拆除临时管道及设备（或设施），将正式管道进行复位安装；低温机泵用水试运转结束后，必须进行干燥处理；检查机器设备单机试运转系统各阀门开关，应在规定状态；整理试运转的各项记录。

8.9 “三查四定”与工程中间交接

8.9.1 “三查四定”组织机构设置及职责

组织机构一般由建设单位、总承包单位、设计单位、监理单位及施工单位联合组成。建设单位或总承包单位负责“三查四定”检查机构的组织、问题的讨论与确定，设计单位负责对工程设计漏项进行检查，监理负责对工程质量进行检查，施工单位负责对未完工程进行检查并对建设、设计、监理单位检查出的问题进行整改回复。

8.9.2 “三查四定”内容

“三查四定”的内容是指由建设单位或总承包单位组织设计、生产、监理及施工单位开展的施工检查工作。其中，三查指的是：查设计漏项、查未完工程、查工程质量隐患；四定指的是：对“三查”查出的问题，定任务、定人员、定时间、定措施。

8.9.3 “三查四定”应遵循的原则

1）三查工作要细：对每一张设计图纸、每一项工艺技术方案、每一项措施方案、每一台设备、每一条管线、每一台阀门、每一台仪表等安装质量都要进行严格认真的检查，并分类列表统计。

2）四定工作要准：建设单位生产准备技术人员会同设计、监理、施工单位，对查出的问题逐项进行论证，凡是影响开工、正常生产、安全生产的项目必须修改；对“锦上添花”可有可无的项目，一律不上，以保证工程进度及控制工程费用；对于必须增加或修改的项目，尤其是重大问题，一定要进行反复论证，并征得技术保证和设计单位同意。

8.9.4 工程中间交接概念

工程中间交接是指承包单位按照合同的规定完成工程实施内容，并经检验合格，向建设单位移交工程保管、使用责任的活动。

工程中间交接一般按照单项或系统工程进行，与生产交叉的技术改造项目，也可办理单项以下工程的中间交接。中间交接只是装置保管、使用责任的移交，不解除施工单位对工程质量、竣工验收应负的责任。

8.9.5 工程中间交接应具备的条件

1）工程按照设计内容施工完；

2）工程质量初评合格；

3）工艺、动力管道的压力试验完成，系统管线清洗、吹扫、气密完成，保温基本完成；

4）静设备压力试验完成，清扫完成；

5）动设备单机试车合格（需要物料或特殊介质试车的除外）；

6）大型机组用空气、氮气或其他介质负荷试车完，机组保护性连锁和报警等自控系统调试联校合格；

7）装置电气、仪表、计算机、防毒防火防爆等系统调试联校合格；

8）装置区临时设施已拆除，工完、料尽、场地清，竖向地平工程完成；

9）对联动试车有影响的“三查四定”项目及设计变更处理完，其他未完尾项责任明确，完成时间明确；

10）现场满足HSE规定的联动试车要求。

8.9.6 工程中间交接的内容

1）按照设计内容对工程实物量的核实交接；

2）工程质量的初评资料及有关调试记录的审核验证与交接；

3）安装专用工具和剩余随机资料、材料的交接；

4）工程尾项清理及完成时间的确认；

5）所有随机技术资料的交接。

8.9.7　工程中间交接的职责

1）建设单位负责确认工程项目中间交接条件，组织工程中间交接；

2）承包单位提出中交申请，经监理核查批准后报建设单位；

3）设计单位负责在中交前一周，提供设计质量实施情况检查报告；

4）监理单位负责在中交前一周，提供工程质量评估报告。

工程中间交接的程序

1）工程达到中间交接条件，由承包单位起草工程中间交接申请验收；

2）监理单位负责组织对工程进行全面检查，确认达到工程中间交接规定的条件后，签署中间交接申请，报建设单位；

3）工程中间交接前，承包单位负责做好项目工作内容清理，提出未完项目清单，把审查的技术资料和管理文件汇总、整理，与建设单位办理有关技术资料和实物的交接手续，准备工程中间交接的书面报告和《中间交接证书》；

4）建设单位确认工艺、动力管道耐压试验和系统吹扫情况，确认静设备强度试验和清扫情况，动设备单机试运情况，大型机组试车和联锁保护的联校情况，电气、仪表和计算机的联校情况，以及检查装置区域施工临时设施清理情况等；

5）监理单位核查“三查四定”完成情况；

6）建设单位组织有关参建单位参加中间交接仪式，并分别在《工程中间交接证书》及附件上签字。

CHAPTER 第9章

石化工程监理

9.1 概述

9.1.1 石化工程监理特点简介

石油化工行业建设项目投资规模大、工期长、设备复杂、高温高压设备多、自动化控制要求高、涉及专业多，施工队伍多，现场管理难度大，工程管理水平要求高，大量新技术、新材料、新设备不断用于工程，工程技术发展迅速。因此，给监理工作带来很大的挑战。石化工程监理也是我国开展监理最早的行业之一，积累了一些实践经验，形成了一套行之有效的工作方法和流程。

9.1.2 石化工程监理的涵义

石化工程监理是指具有相应资质的工程监理单位受建设单位委托，依据法规、工程标准、设计文件、合同，在施工阶段代表建设单位对工程质量、进度、费用进行控制，对合同和信息进行管理，对业主、承包商、施工单位进行协调，并履行建设工程安全生产管理法定职责的服务活动。

工程监理不仅服务于工程施工阶段，法律法规把质量和安全管理方面的责任也赋予监理单位。

9.1.3 术语和定义

（1）总监理工程师

全面负责建设工程监理合同的履行、主持项目工作的国家注册监理工程师。

（2）总监理工程师代表

由总监理工程师书面授权，行使总监理工程师部分职责及权力，国家注册监理工程师。

（3）专业监理工程师

由总监理工程师授权，负责实施某一专业的监理工作，国家注册监理工程师。

（4）HSE监理工程师

由总监理工程师授权，负责实施HSE方面的监理工作，有相应监理文件签字权，注册安全工程师。

（5）相关服务

监理单位受建设单位委托，按照工程合同约定，在建设工程项目管理、设备监造及保修阶段提供的服务活动。

（6）监理大纲

工程监理单位在投标过程中，为承揽业务而编制的方案性文件。

（7）监理规划

总监理工程师组织编制、用来指导项目工作的指导性文件。

（8）监理实施细则

某一专业或某一方面监理工作的操作性文件。

（9）见证取样

项目监理机构对承包单位进行的涉及结构安全的试块、试件及工程材料现场取样、封样、送检工作的监督活动。

（10）旁站

项目监理机构在施工过程中对关键工序或关键部位进行的全过程监督活动。

（11）巡视

项目监理机构对施工现场进行的定期或不定期的监督检查活动。

（12）平行检验

项目监理机构在承包单位自检的同时，按有关规定、建设工程监理合同约定对同一检验项目进行的检测试验活动。

（13）设备监造

在设备制造过程中，监理依据监理合同和设备订货合同进行的监督活动。

（14）交工验收

建设工程项目开车完工后，建设单位组织监理、承包商及相关单位按合同规定对工程项目的验收。

（15）竣工验收

建设工程项目完成交工验收、专项验收、生产考核、档案验收、竣工决算审计的过程。

9.1.4 石化工程监理的性质

监理性质可概括为服务性、科学性、独立性、公正性。

（1）服务性

监理是为建设单位提供管理服务。只能在合同授权范围内代表建设单位对工程进行管理。

（2）科学性

监理工程师，它将应用所掌握的思想、组织、方法和手段从事工程监理活动。

（3）独立性

监理在组织上和经济上不依附于建设单位，按合同独立自主地履行义务。

（4）公正性

监理受建设单位的委托进行工程建设的监理活动，当业主方和承包商发生利益冲突时，监理在维护业主的合法权益时，不应损害承包商的合法权益。

9.1.5 石化工程监理的法律地位

自1988年监理制度实施以来，《建筑法》等有关法律、《建设工程质量管理条例》等行政法规、《建设工程监理规范》等部门规章制度逐步明确了工程监理的法律地位，明确了强制实施的工作范围；明确了建设单位委托监理单位的职责，规定了监理单位和监理人员的职责。

9.1.6 石化工程对工程监理机构的要求

（1）石化工程对工程监理机构的资质要求

监理机构是指从事工程建设监理业务或者从事石化相关的工程并取得与其职业工程类别相应的工程建设监理资质证书的经济组织。

按隶属关系分类，石化行业的专业性较强，石化行业的监理机构大多数属于原有石化设计单位或者石化施工单位或者石化生产企业分立出来的二级企业；按经济性质分，大多数石化工程建设监理机构是从原来的企事业单位中分离出来或重新组建的，大多属于集体或者股份企业，个别的属于全民所有制企业和私人企业。

石化工程涵盖了以石油为原料的石油炼制及石油化工两大工艺过程，还涵盖了以煤为原料的煤化工加工全过程。石油化工属于高危行业，由于涉及的范围非常广，且从石油炼制、石化产品加工、到煤化工工艺过程每一个方面都涵盖了繁琐复杂的化学及物理反应和众多的工艺包，生产工艺过程千差万别，每种工艺对于设备、材料的要求也不尽相同，因此，要求石化工程建设监理机构要有复杂的专业技能并有大量专业技术储备方可胜任，同时具有较强的安全管理和质量管理能力。

工程监理机构按照等级分为综合、专业和事务所资质，其中石化行业涉及的专业工程类别主要是：化工石油工程、机电安装工程、电力工程、港口与航道工程、房屋建筑工程；根据国家关于监理行业资质的划分，每个工程类别一般可分为甲级资质、乙级资质。其中房屋建筑、水利水电、公路和市政公用专业资质可设立丙级。

（2）石化工程对监理机构经营管理的要求

监理机构从事建设工程监理活动，应当遵循“守法、诚信、公正、科学”的准则。

监理机构承揽监理业务的表现形式有两种：一是通过投标竞争取得监理业务；二是由业主直接委托取得监理业务。通过投标取得监理业务，是市场经济体制下比较普遍的形式。

（3）石化工程对监理工程师的要求

监理工程师要有工程技术专业知识、专业技术和组织、协调能力，同时还要具有工程经济、法律、项目管理专业知识，并能够对工程建设进行监督管理，提出指导性意见。

（4）石化工程对监理机构的组织设置的要求

直线型项目监理机构是最简单的监理组织形式，它适用于能划分为若干个相对独立子项的大、中型建设项目（见图9–1和图9–2）。

矩阵型项目监理机构是由纵、横两向管理系统组成的矩阵形式组织机构，纵向的职能系统，横向的子项目系统，如图9–3所示。

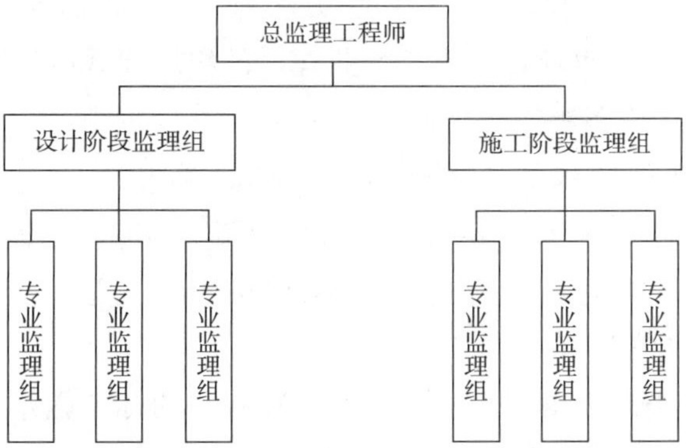

图9–1　按照建设阶段划分的直线型项目监理组织机构图

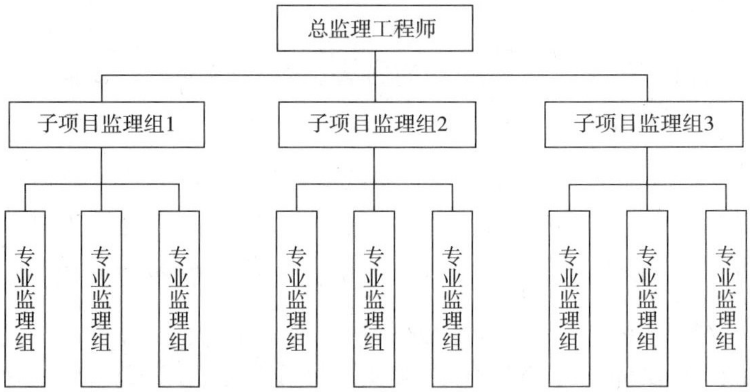

图9–2　直线型项目监理组织机构图（适用于大、中型项目）

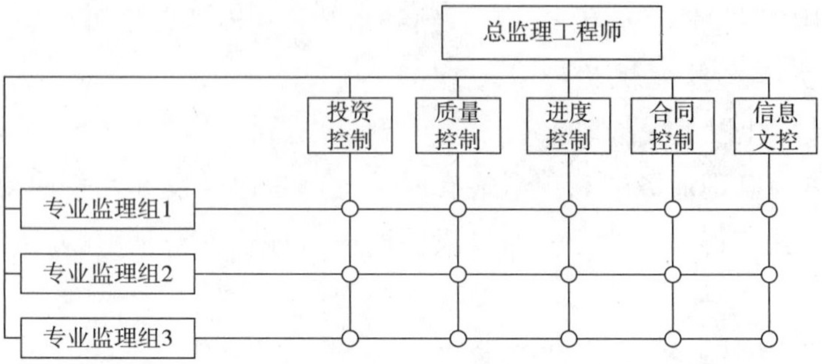

图9-3　矩阵型项目监理组织机构图

（5）石化工程对监理机构委托模式的要求

工程监理委托模式的选择与建设工程组织管理模式密切相关，监理委托模式对建设工程的规划、控制、协调起着重要作用。工程中常见的监理委托模式有平行承发包模式条件下的监理委托模式、设计或施工总分包模式条件下的监理委托模式、项目总承包模式条件下的监理委托模式、其他模式下的监理委托方式。

近年来，随着项目管理公司（PMC）、联合项目管理团队（IPMT）等模式在石油化工行业的大规模推广，尤其在大型、上下游一体化的联合项目中，在项目业主之外，普遍还存在项目管理团队，或者以业主第三方聘用人员身份出现，或者以PMC或IPMT的管理方式出现。总之，随着石油化工行业建设的组织模式的不断演变和改进，项目委托监理的方式也有了许多新的变化。

（6）石化工程对监理机构业务承接与委托的要求

1）石化工程监理招标投标。从《建筑法》颁布实施起，工程建设监理的强制性规定就已经纳入国家法律的范畴，《招标投标法》的颁布实施进一步对工程监理招标提出要求，这是监理招标的法律依据。

招标单位应具备法人资格或受法人委托；具有与招标工程相适应的经济技术管理人员；具有组织编制招标文件的能力；具有审查投标单位资格的能力；具有组织开标、评标、定标的能力。不具备上述各项条件的，应委托具有相应资质的招标代理机构代理招标。

招标应具备项目建议书、可行性研究报告，并已经国家或集团公司批准。施工招标应在初步设计批准后进行；建设项目已正式列入国家年度固定资产投资计划；建设工程项目规定的资本金数额已有明确的来源；建设用地的征、租用工作已经完成。

建设工程招标方式采用公开招标。招标单位通过新闻媒介发布招标公告，邀请不特定的符合资质要求的单位参加投标。招标单位向特定的单位发出投标邀请书，邀请三家或三家以上具有相应资质的单位参加投标。

凡参加石油化工投标的监理单位，必须办理投标资格审查登记，取得石化建设工程项目投标资格证后，方可参加投标竞争。

投标单位应按招标文件的要求编写投标文件，并在招标文件规定的投标截止时间内密封送达招标单位。

投标文件应当对招标文件提出的实质性要求和条件作出响应，包括投标单位的资质，实施项目的技术条件、力量和技术方案，参加项目实施的主要人员，投标报价等内容。

招标单位邀请投标单位和有关部门参加开标会议，当众宣布评标标准、方法及定标原则，启封投标文件及补充函件，公布投标文件的主要内容。招标单位应将开标的整个过程记录在案并存档备查。

评标委员会应由招标单位评委库中技术、经济及法律等方面的专家组成，按照评标标准、方法，对投标文件进行评审和比较，推荐符合招标文件要求的中标候选单位。

石化建设工程评标定标采用科学的方法，按平等竞争、公正合理的原则择优确定中标单位。

2）石化工程监理委托合同。建设工程监理合同是指工程建设单位聘请监理单位代其对工程项目进行管理，明确双方权利、义务的协议。建设单位称委托人、监理单位称受托人。

监理合同的当事人双方应当是具有民事权利能力和民事行为能力、取得法人资格的企事业单位、其他社会组织，个人在法律允许范围内也可以成为合同当事人。作为委托人必须是有国家批准的建设项目，落实投资计划的企事业单位、其他社会组织及个人，作为监理人必须是依法成立具有法人资格的监理单位，并且所承担的工程监理业务应与单位资质相符合，监理合同的订立必须符合工程项目建设程序。

工程建设实施阶段所签订的其他合同，如勘察设计合同、施工承包合同、物资采购合同、加工承揽合同的标的物是产生新的物质或信息成果，而监理合同的标的是服务，即监理工程师凭据自己的知识、经验、技能受业主委托为其所签订的其他合同的履行实施监督和管理。

监理合同是委托任务履行过程中当事人双方的行为准则，因此内容应全面、用词要严谨。监理合同由“建设工程委托监理合同”“标准条件”和“专用条件”组成。

9.1.7　石化工程监理文件

（1）相关法律

建设工程法律是指由全国人民代表大会及其常务委员会通过的规范工程建设活动的法律规范，以国家主席令形式予以公布。与建设工程监理密切有关的法律有：《建筑法》《招标投标法》《合同法》和《安全生产法》。

1）《建筑法》。主要包括建筑许可、建筑工程发包与承包、建筑工程监理、建筑安全生产管理和建筑工程质量管理等方面内容。

2)《招标投标法》。主要包括招标、投标、开标、评标和中标等方面内容。

3)《合同法》。主要包括合同订立、合同效力、合同履行、合同变更和转让、合同终止、违约责任、合同争议解决等方面内容。

4)《安全生产法》。主要包括生产经营单位的安全生产保障、从业人员的安全生产权利义务、安全生产的监督管理、生产安全事故的应急救援与调查处理等方面的内容。

(2) 行政法规

建设工程行政法规是指由国务院通过的规范工程建设活动的法律规范，以国务院令形式予以公布。与建设工程监理密切有关的行政法规有:《建设工程质量管理条例》《建设工程安全生产管理条例》《生产安全事故报告和调查处理条例》和《招标投标法实施条例》等。

1)《建设工程质量管理条例》。明确了建设单位、勘察单位、设计单位、施工单位、工程监理单位的质量责任和义务，以及工程质量保证期限。

2)《建设工程安全生产管理条例》。明确了建设单位、勘察单位、设计单位、施工单位、工程监理单位及其他与建设工程安全生产有关单位的安全生产责任，以及生产安全质量事故应急救援和调查处理的相关事宜。

3)《生产安全事故报告和调查处理条例》。明确规定了生产安全事故的等级划分标准、事故报告的程序和内容及调查处理相关事宜。

4)《招标投标法实施条例》。明确了招标投标开标评标和中标以及投诉与处理等方面内容，并鼓励利用信息网络进行电子招标投标。

(3) 监理规范

1)《建设工程监理规范》(GB/T 50319—2013)。主要内容包括：总则、术语、项目监理机构及其设施，监理规划及监理实施细则，工程质量、造价、进度控制及安全生产管理的监理工作，工程变更、索赔及施工合同争议处理，监理文件管理，设备采购与设备制造，相关服务等。

2)《石油化工建设工程项目监理规范》(SH/T 3903—2017)。主要内容包括：范围、规范性引用文件、术语和定义、总则、项目监理机构及其设施，监理大纲、监理规划及监理实施细则，施工阶段的监理工作、监理文件资料管理，相关服务等。

9.2 监理大纲

9.2.1 监理大纲定义

工程监理单位在投标过程中，为承揽业务而编制的方案性文件。

9.2.2　监理大纲编制的主要内容

（1）工程项目概况

（2）监理机构组织与管理

1）监理机构组织及监理人员职责；

2）监理工作内容和监理目标；

3）监理工作原则、依据和计划。

（3）施工阶段质量控制

1）质量控制工作内容；

2）质量控制措施；

3）质量控制要点。

（4）施工阶段原材料控制措施

1）以预控为主，参与工程材料采购招标，了解大宗材料供方及生产厂的信誉；

2）严格执行工程材料检验见证制度；

3）对需要做试（化）验的材料进行二次检验；

4）加强对设备、电气产品及其他物资的质量检验；

5）建立材料质量责任追溯制度。

（5）施工阶段进度控制

1）进度控制内容；

2）进度控制措施。

（6）施工阶段造价控制

1）投资控制内容；

2）投资控制措施。

（7）施工阶段合同管理及组织协调

1）承包合同管理。明确监督合同履约、协调争议、处理违约等职责，描述加强合同执行情况分析、建立合同管理台账、实行时效管理和违约索赔管理等方面的工作内容及要求。

2）组织协调。描述在委托的工程范围内组织协调的工作内容及工作制度。

（8）HSE管理

1）根据法律法规、工程建设强制性标准及招标文件约定，履行建设工程HSE的监理职责，并将HSE的监理工作内容、方法和措施纳入监理大纲；

2）审查承包单位的现场HSE管理体系与施工HSE技术措施；

3）现场巡视检查，发现违反HSE规定的进行纠正，必要时发出监理通知单，要求承包单位整改，并复查整改结果；

4）现场发现工程存在安全隐患时，要求承包单位整改；情况严重时，应签发工程暂停令，并及时报告建设单位。

（9）信息管理

1）建立监理文件资料管理制度，准确、及时、编制、整理、传递监理文件资料；

2）对承包单位报审的文件资料及其与建设单位、设计单位和承包单位来往文件留档备查。

（10）对工程施工的难点、要点、关键部分的阐明及监理实施意见和合理化建议；

（11）各施工阶段本项目监理人员的安排计划（专业、人数）；

（12）拟投入本工程办公设备汇总表。

9.3 监理规划

9.3.1 监理规划介绍

监理规划是在项目开始前期，总监理工程师的主持编制，用来指导项目开展监理工作的指导性文件。

9.3.2 监理规划内容

（1）工程项目概况

介绍项目建设内容、建设规模、投资总额、参建单位、建设周期、市场前景、经济效益、社会效益、地理位置、交通条件、气候环境、人文环境、优惠政策等内容。

（2）监理工作范围

在工程项目实施阶段，为业主提供设计协调、采购管理、施工管理、试运行、交工验收等服务，代表业主对工程项目进行质量、安全、进度、材料、费用、合同、技术、信息、文件资料等管理、控制，对项目土建、安装提供施工监理服务。

（3）监理工作内容

1）费用控制。每月向甲方提供工程费用统计报表，进行投资控制分析，审核工程变更，参与工程结算。

2）质量管理。建立质量保证/控制体系，参加程序和规定的审查工作，审查承包商的项目管理、采购及施工文件；审核承包商的质量计划、项目执行过程文件；对第三方的资质，特种作业许可证、检测设备、操作人员的资质进行审查和确认。

3）合同、信息及文件资料管理。编制合同文本、进行项目合同管理和风险管理；选定工程执行的技术标准及竣工验收技术标准；建立工程管理文件并建档；对工程进度、质量、费用、安全等方面的重大事项进行记录；编制施工监理综合月报，定期向甲方报告；按规定要求组织审查竣工资料，合格后移交项目经理部、协助甲方编制竣工验收报告。

4）进度管理及计划控制。制定项目计划与进度控制程序、制定进度审核和报告程序、进行工作结构分解；制定项目里程碑计划及项目总体控制网络计划。

5）施工管理。负责审核承包商的开工申请及各项施工准备工作、审查承包商的施工管理规划及施工管理程序文件、审查施工组织设计和施工方案、参与施工过程检验工作，进行现场协调、参加重大质量事故的调查处理；协助完成试车工作：协助业主组织项目的中间交接。

6）HSE 管理。对承包商编制的 HSE 管理程序和标准、HSE 计划的进行审核；检查承包人在施工过程中 HSE 的管理情况。

（4）监理工作目标

1）环境、职业健康安全目标：按监理合同要求执行。

2）质量控制目标：按监理合同执行。

3）进度控制目标：工程的开、竣工时间和业主制定的工程里程碑进度计划的时间保持一致。

4）费用控制目标：合同范围内为业主做好费用控制工作。

5）材料控制目标：材料使用量控制在设计范围内，材料材质规格符合。

6）文件管理目标：交工技术文件符合档案验收要求，达到优良标准。

（5）监理工作依据

1）建设的法律、法规；

2）中央、地方和部门政策、法规文件；

3）国家工程建设监理规范；

4）国家/行业建设工程施工及验收规范；

5）工程勘察设计文件；

6）其他相关资料。

（6）组织机构

监理项目由总监、总监代表、监理工程师、监理员组成。

（7）人员配备

1）人员结构。一是要有合理的专业结构。也就是各专业人员要配套；二是要有合理的技术职务、职称结构。

2）人员数量。应根据监理工程师的监理工作内容和工程复杂程度及工程建设强度、工期进行人员确定。

（8）项目监理机构人员的岗位职责

每个监理项目总监、总监代表、监理工程师、监理员都有各自的岗位职责。

（9）工作程序

工作程序主要包括质量保证、质量控制程序、施工工序检查验收、隐蔽工程检验、质量事故处理、进度控制、投资控制、进度款拨付程序；方案、计划、措施审查程序；图纸会审、设计变更程序；工程停、复工程序；工程中间交接程序、分部、分项、单位工程验收程序等。

（10）监理工作方法

监理工作方法主要有文件审查、质量巡检、见证取样试验、旁站、平行检验、质量共检、质量联合大检查、监理联络单、监理工程师通知单、工程停复工令、现场随机抽检、专题例会、监理协调例会、监理月报、监理日志等。

形成的主要文件有文件审查记录表、巡视检查记录表、见证记录、旁站记录、检验记录等。

（11）施工现场HSE管理

1）施工安全培训和发证；

2）对施工承包商体系管理；

3）对现场HSE管理；

4）HSE会议；

5）HSE管理文件。

（12）监理设施

监理设施的配备按照项目的高峰人力采取新购、租赁、调配等多种方式将投标承诺的监理设施（办公和生活设施、通讯设备、交通工具及检验检测仪器设备表等）组织进场，满足工作需要。

（13）其他事项

1）监理规划应在召开第一次监理例会前报建设单位。

2）当监理规划与监理大纲不一致时，应在监理规划中进行说明。

3）监理规划应由总监理工程师组织监理工程师编制，经总监理工程师审核签字后由工程监理单位技术负责人批准。

4）在实施过程中，当需要调整监理规划时，应由总监理工程师组织专业工程师修改，按原报审程序经审批后报建设单位。

9.4 监理实施细则

监理实施细则是项目监理机构在监理规划指导下，由专业监理工程师制定的更具有实施性和可操作性的业务文件。

对大中型建设工程项目和专业性较强、危险性较大的分部分项工程和采用新工艺、新技术、新设备、新材料项目，应编制工程建设监理实施细则。

在实施过程中，监理工程师可根据实际情况对监理实施细则进行补充、修改，并经总监理工程师审批后实施。

9.4.1　监理实施细则的作用

（1）对建设单位的作用

监理实施细则是监理工作指导性资料，它反映了监理单位对项目控制的专业水平。

（2）对监理机构的作用

指导监理工作，使专业监理人员通过各种控制方法更好地进行“三控两协调”。

综合运用标准规范，贯彻相关规定，使工作规范化、标准化。

（3）对承包单位的作用

承包人在收到监理实施细则后，会十分清楚各分项工程的监理控制程序与监理方法。承包单位熟悉各分项工程的监理控制程序与监理方法。在以后的工作中能加强与监理的沟通、联系，明确各质量控制点的检验程序与检查方法，在做好自检的基础上，为监理的抽查做好各项准备工作。

监理实施细则中对工程质量的通病、工程施工的重点、难点都有预防与应急处理措施。这对承包单位起着良好的警示作用，它能时刻提醒承包单位在施工中注意哪些问题，如何预防质量通病的产生，避免工程质量留下隐患及延误工期。

促进承包单位加强自检工作，完善质量保证体系，进行全面的质量管理，提高整体管理水平。

9.4.2　编制要求

1）监理实施细则应在相应工程施工开始前由专业监理工程师编制，并报总监理工程师审批；应符合监理规划的要求，有针对性、可行性，体现监理程序与监理方法。

2）监理实施细则在施工准备阶段，阐述审查承包单位的施工技术方案；对承包单位的准备工作做具体检查；在施工阶段，明确各质量控制点的位置及对质量控制点检查的方法；对低标准、老毛病、坏习惯等质量通病提出预控措施。

3）监理实施细则明确施工质量监理的方法，即工地巡视、检查核实、旁站、抽样试验、检测与测量、签发指令文件的适用范围。

9.4.3　编制依据

1）国家、地方政府的有关工程建设及监理的政策、法规与施工验收规范；

2）《建设工程监理规范》（GB 50319—2013）；

3）《石油化工建设工程项目监理规范》（SH/T 3903—2017）；

4）监理委托合同；
5）已批准的监理规划；
6）设计文件、图纸和相关技术资料；
7）已经批准的施工组织设计/施工技术方案。

9.4.4　监理实施细则包含内容

1）专业工程概况；
2）专业工程监理工作依据；
3）专业监理工作范围；
4）监理工作目标与内容；
5）监理工作流程；
6）专业工程特点与ABC三级质量检查、试验计划；
7）专业质量控制要点与重点控制部位；
8）监理人员配备及职责；
9）专业工程监理检测设备和工具的配备与使用计划；
10）专业监理工作方法与措施；
11）在监理工作方法及措施中，可单独编制旁站监理方案和平行检验计划；
12）监理过程文件资料管理。

9.4.5　主要监理实施细则

1）施工质量控制监理实施细则；
2）计划管理监理实施细则；
3）土建专业监理实施细则；
4）地下管道专业监理实施细则；
5）工艺管道专业监理实施细则；
6）静设备专业监理实施细则；
7）动设备专业监理实施细则；
8）电气专业监理实施细则；
9）仪表专业监理实施细则；
10）焊接专业监理实施细则；
11）防腐保温专业监理实施细则。

9.4.6　监理工作制度

1）设计文件、图纸审查制度；

2）施工图纸会审及设计交底制度；
3）施工组织设计（专项施工方案）审查制度；
4）工程开工申请审批制度；
5）工程材料、半成品质量检验制度；
6）计变更制度；
7）监理报告制度；
8）监理日记和会议制度；
9）监理组织工作会议制度；
10）全监理工作日志制度。

9.5　石化工程建设监理的工程建设程序和工作内容

9.5.1　石化工程建设监理的工程建设程序

工程建设程序是指建设工程从策划、决策、设计、施工、竣工验收、开车的整个建设过程中，必须遵循投资决策和建设实施发展时期的先后次序进行。

投资决策工作内容主要包括项目建议书和可行性研究报告的编制和批准。

建设实施阶段的主要工作内容包括勘察设计、建设准备、施工安装、竣工验收、生产准备。

9.5.2　石化工程监理的工作内容

（1）监理目标控制

在工程实施过程中，通过对目标、过程和活动的跟踪，全面、及时、准确地掌握有关信息，将工程实际状况与目标和计划进行比较。纠正偏离的目标和计划，使工程能在新的计划状态下进行。

（2）监理前期工作内容

施工准备阶段的监理工作，工作策划和预控是关键。石油石化工程施工准备阶段的监理工作包括项目监理机构的建立、监理文件的编制、施工承包单位和施工组织设计的审查、现场开工条件的检查和控制，对施工承包商单位资质的审核；施工组织设计的审查；进行开工前的业务培训和贯宣；现场施工准备工作的检查控制。

（3）监理施工阶段工作内容

1）质量控制。施工前期的质量控制：项目监理机构核查承包单位现场的质量管理体系、控制措施的落实；按规范的要求对承包单位报送的测量放线控制成果复核及保护措施进行检查；按规范的要求检查承包单位为工程提供服务的试验室；对承包单位报送的工程材料、构配件和设备及其质量证明文件进行审查，并进行见证取样或平行检验；组织审查承包单位编制报送的项目工程质量计划。

施工过程中的质量控制：项目监理机构按规定进行旁站监理；对工程施工质量进行巡视；对检验项目进行平行检验；审查特种作业单位和人员的资质；检查落实试运转各项准备工作，并参与单机试车；对承包单位报验的隐蔽工程、检验批、分项工程和分部工程进行验收；对施工过程中的质量问题要签发监理通知单，要求承包单位整改并进行回复；要及时处理施工中出现的质量事故，认真审查承包单位报送质量事故调查报告和经设计等相关单位认可的处理方案，并对质量事故的处理过程和处理结果进行跟踪检查和验收；对施工存在重大质量隐患的，要及时下达工程施工暂停令，承包单位整改后要及时下达工程施工复工令。

施工后期质量控制：项目监理机构对三查四定中查出的工程质量隐患，要组织承包单位制定整改措施，并对整改过程进行跟踪检查；审查承包单位提交的单位工程预验收报审表及相关资料，组织单位工程预验收；各单位工程预验收合格后，要出具工程项目质量评估报告：及时审查承包单位的交工技术文件，及时向建设单位交付监理交工技术文件等。

2）进度控制。工程进度控制是指采用科学的方法确定进度目标，结合资源情况编制进度计划，在计划执行过程中开展进度控制，在与质量、费用目标协调的基础上，实现项目工期目标。

通常项目计划可分为四级进度计划，第一级计划是供决策层、管理层使用，其主要目的在于建立项目的总体时间框架。一级计划包括项目总进度计划、项目主要控制点进度计划、项目统筹网络计划。

项目第二级计划是供管理层和运行层使用的计划，它是对项目第一级计划的扩展和补充，对项目第三级计划的编制具有指导作用。项目第二级计划是以装置、分区或分单元为对象的综合计划。

项目第三级计划对施工来说主要是施工详细进度计划，必须包括足够详细的施工作业，并提供所有关键作业的综合逻辑关系，还包括三月滚动施工计划、各专业施工人力分布计划、各类物资需求计划、季度工程量计划和施工进度/费用综合计划。

项目第四级计划是作业层使用的计划，主要表现形式为月计划或周计划，对施工来说要求施工分承包商体现出各主要工序的作业时间安排和完成工程量，四级计划还包括各专业月施工作业计划、施工三周滚动计划、月物资需求计划。

在制定计划过程中，由于目标和范围可以确定，项目实施工作和管理工作也可以确定。WBS就是通过树型结构分解工作，对项目所有工作进行分解。WBS是项目信息沟通的共同基础，是系统综合与控制的对象，是项目进度管理的最重要的工具。

计划制定完成后，需要进行进度检测，进度检测是以计划为基准，应用赢得值原理，构建一套科学合理的进度数据采集和测量系统，在实施过程中对执行情况不断跟踪检查。进度检测的目的是为了及时准确地了解工程进度和施工计划执行情况，比较分析进度与计划的差异，分析存在偏差的原因，并及时提出纠偏措施，以实现进度的动态的、主动的、量化的控制和管理，确保总体进度的按期完成。

监理对工程进度的控制，在组织上要配合好建设单位/承包单位；在技术上要按期召开工程计划分析会议，讨论研究施工活动中存在的问题，对关键线路上的偏差，以及对后续施工工序产生重要影响，要求承包单位及时地进行计划的调整，严格控制关键工序，确保主控点工期目标的实现。

3）投资控制。投资控制是指在满足工程质量、工期等要求的前提下，通过预算、检测、分析、调整、预测等环节，对项目实施过程中所发生的费用进行控制，以实现预定的投资（成本）目标，并尽可能地降低成本的管理活动。

4）信息管理。信息管理是对文件及信息的收集、加工、整理、存储、传递与应用等一系列工作的总称。信息管理的目的就是通过有组织的信息流通，使决策者能及时、准确地获得相应的信息。

建设项目文件及信息管理的过程主要包括信息的收集、加工整理、存储、检索和传递。

建设项目产生的信息数量巨大，种类繁多。为便于信息的搜集、处理、储存、传递和利用，建设项目信息管理应遵从标准化、有效性、定量化、时效性、高效处理、可预见等原则。

建设项目借助于一定的载体（如纸张、光盘、云盘等）在建设项目信息管理工作的各部门、各单位之间传递。通过传递，利用报表、图表、文字、记录、电讯、各种收发文、会议、审批及计算机等传递载体，不断地将建设项目信息输送到项目建设各方手中。

5）合同管理。合同管理是指监理工程师为了合同标的顺利实现，而在合同的编制、谈判、签订、执行过程中所采取的一系列活动。

合同管理贯穿于工程形成全过程，合同管理为质量、进度和投资控制提供了依据和目标，合同管理是运用法律手段促使签约双方按合同条款履约的有效方法。在合同的执行过程中，合同管理中最常接触到的工作是工程暂停及复工的管理、工程延期及工程延误的处理、费用索赔的处理、合同争议、合同的解除等。

6）风险管理。建设监理制度是我国建筑市场管理体制改革的一个重要方面，在项目实施阶段已经普遍推行。工程建设监理单位在实施监理行为时往往面临着很多风险，如工程实施过程中，出现了质量缺陷和工期拖延，业主除了对承包商进行惩罚外，一般还要追究监理人员的责任，监理工程师因失职导致重大质量事故，甚至会被吊销资格证书。而且由于我国监理行业起步晚、业务范围限制多、收费水平低、技术水平有限等原因，监理实施中不确定因素的数量和程度都比较高。所以，监理单位有必要对其风险进行分析，并实施有效的风险管理。如何直面风险，将先进的管理方法切实运用到实际工作中，真正做到“见之于未萌，防患于未然”，控制、回避和缓解风险，是当前监理单位应着手研究的重要课题。

风险对策是整个项目风险管理最重要的步骤，只有客观地面对风险，采取必要措施，才能降低、回避、分散或防范风险。随着项目的进展，要对风险对策的执行情况不断地进行检查，原来的风险有的会消失，还会有新风险出现，还要重新识别，找出新的对策，开始新一轮风险管理过程。通过开展一系列风险管理活动，使所监理的建设项目，在工程质量、进度、工期及安全方面始终处于受控状态。

7）HSE管理为企业实现持续发展提供了一个结构化的运行机制，建立和实施HSE管理体系可减少各类事故的发生，提高企业的健康、安全与环境管理水平。

监理企业自身的HSE管理体系的构建和运行，包括体系建立准备、初始风险评价、体系策划与设计、体系文件的编制、体系试运行与审核评审。

监理对承包商HSE管理的监控，主要是对工程项目各阶段承包商HSE活动的审查、监控；对中型以上的项目及危险性较大的项目，监理机构应设置专职的HSE监理人员负责HSE管理工作，对小型项目应配备相应资格或能力的兼职安全监理人员。

监理审查承包单位报送的施工组织设计（方案）中的施工安全措施，其内容应符合法律法规、强制性标准、施工招标文件、投标文件和承包合同中有关HSE的要求；总监理工程师应组织监理人员审查承包单位提交的HSE文件和各种应急预案。

对高风险的施工作业，如基础、管沟及水池等土方开挖的支撑与防护，高空作业，起重吊装，脚手架拆装，管道、储罐、换热器和塔类等设备试压、拆除、爆破、动火及有限空间（如管道、储罐、塔及其他容器内）作业，用电作业等，施工单位应编制由单位技术负责人审查批准的专项安全施工方案。

监理应对专项安全施工方案进行审查；对承包单位报送的拟进场的安全防护材料、起重机、施工机械、电气设备等的安全性进行审核；对承包单位HSE管理体系运行及现场的HSE状况进行监督、检查。

当施工存在重大HSE隐患时，总监理工程师应立即签发工程暂停令，要求承包单位制定措施消除隐患，承包单位拒不纠正或不停止施工的，监理单位应及时向业主报告；当发生施工安全事故时，项目监理机构应及时向业主报告，并应协助业主或者行政主管部门进行安全事故的调查、处理工作。

8）监理协调。在工程建设中，监理协调是保证项目建设顺利实施的重要环节，同时也体现了监理的综合能力。监理在进行协调时，应以合同为依据，以法律为准绳，公正合理地进行协调。

监理协调的对象为建设单位与各承包商之间，承包商与承包商之间，设计、施工、供应等单位之间的关系。同时还要对质量、进度、投资、安全四大目标之间的关系进行协调。

监理协调的基本任务：一是理顺工作关系，衔接各个环节的工作，平衡和解决设计、施工和供应等各个方面的相互矛盾，使工程建设有序的进行；二是将对工程建设有利的因素进行优化组合，发挥各方面的才智和积极因素，形成同心协力的工作局面。

监理协调方式包括：①总体协调：总监理工程师根据工程的综合情况进行总体协调，对监理工程师下达指令，对于需业主决策的问题提交业主协调；②决策协调：业主方根据监理提出的有关问题进行研讨并决策，协调工程建设的关键性矛盾并下达决策指令；③专业协调：监理工程师对分管项目的进度、质量、投资进行协调，并对有关承包商下达协调指令，对跨系统以及跨项目的问题提交总监理工程师协调；④监理协调会议：建立良好的会议制度，及时召开有关的协调会议，也是工程协调的一种手段。

（4）监理竣工验收阶段的工作内容

竣工验收是项目建设的最后一道程序，是全面考核项目建设成果的重要环节，是项目由建设转入正式生产，办理固定资产转资手续的标志。竣工验收阶段监理工作的主要内容：

进行竣工验收前，承包单位应向业主、监理单位提交完整的竣工资料及工程竣工报告，业主、监理单位应组织有关单位及有关人员在施工合同规定的时限内完成工程预验收。

竣工验收由业主主持，项目监理机构参加，并提供竣工验收时需要的监理资料。参加竣工验收的单位除承包、监理、设计单位外，由业主根据需要及有关文件的规定确定。竣工验收中提出的需要整改的问题，项目监理机构应指令承包单位进行整改直至达到要求。

参加竣工验收的各方对竣工资料进行审查，可采取随机抽样的检查形式；对现场工程质量进行检查，可采取对重点的分项、分部工程或工程的重点部位进行检查与检测。竣工资料及现场工程质量进行的审查与检查中发现的问题，总监理工程师及时指令承包单位整改；竣工验收中提出的需要整改的问题经整改达到要求后，由总监理工程师会同参加验收的各方签署竣工验收报告。

监理部应协助业主进行消防、安全、卫生、环保、水土保持等专项验收工作。

（5）保修阶段的监理工作

在本工程竣工后，监理应协助业主做好下列使用前的准备工作，使工程尽快投入正常使用，在使用过程中，还应配合业主在保修期内，做好对保修期内出现的问题进行的返修工作事宜。

监理人员要审定承包单位向建设单位出具的质量保修书。质量保修书中应明确建设工程的保修范围、保修期限和保修责任等。

监理部在工程竣工后，指定1~2名监理人员兼管缺陷责任期的监理工作。在保修期，监理人员定期向用户进行回访听取用户的意见，查询和调查现场，对缺陷的原因进行分析和确认，商讨进行返修。

施工单位在进行质量修理时，监理人员要实施旁站监理。修理工作完成后，监理人员要组织业主、施工单位进行验收。

施工单位按国家有关规定和合同约定的保修金额的支付办法所支付的保修金，业主应告知监理人员，以便在保修期满后，业主与施工单位结算和退还保修金时，监理人员实施监督检查。

9.6 石化工程监理行业转型发展方向

监理制度的建立和实施，推动了工程建设组织实施方式的社会化、专业化，为工程质量安全提供了重要保障，是我国工程建设领域重要改革举措和改革成果。为完善监理制度，更好发挥监理制度，促进工程监理行业转型升级、创新发展，应重点关注以下方面：

9.6.1 主要目标

工程监理服务多元化水平显著提高，服务模式得到有效创新，逐步形成以市场化为基础、国际化为方向、信息化为支撑的工程监理服务市场体系。行业组织结构更趋优化，形成以主要从事施工现场监理服务的企业为主体，以提供全过程工程咨询服务的综合性企业为骨干，工程监理企业分工合理、竞争有序，协调发展的行业布局。

9.6.2 主要任务

1）工程监理企业应当根据建设单位的委托，客观、公正地执行监理任务，依照法律、行政法规及有关技术标准、设计文件和建筑工程承包合同，对承包单位实施监督。

2）监理企业服务主体多元化，监理企业为建设单位做好委托服务的同时，进一步拓展服务的主体范围，积极为市场各方主体提供专业化服务。适应政府加强工程质量安全管理的工作要求，按照政府购买社会服务的方式，接受政府质量安全监督机构的委托，对工程项目的关键环节、关键部位进行工程质量安全检查。适应推行工程质量保险制度要求，接受保险机构的委托，开展施工过程中风险分析评估、质量安全检查等工作。

3）创新工程监理服务模式。监理企业在立足施工阶段监理的基础上，向“上下游”拓展服务领域，提供项目咨询、招标代理、造价咨询、项目管理、现场监督等多元化“菜单式”咨询服务。

4）加大科技投入，采用先进检测工具和信息化手段，创新工程监理技术、管理、组织和流程，提升工程监理服务能力和水平。

5）简化企业资质类别和等级设置，强化以个人执业资格为核心的行政审批制度改革，推动企业资质标准与注册执业人员数量要求适度分离，健全完善注册监理工程师签章制度、强化注册监理工程师执业责任落实，推动建立监理工程师个人执业责任保险制度。

6）强化对工程监理的监管，建立健全监理报告制度。

参考文献

[1]《建设工程监理规范》GB/T 50319—2013.

[2]《石油化工建设工程项目监理规范》SH/T 3903—2017.

[3] 黄林青. 建设工程监理概论[M]. 重庆：重庆大学出版社，2009.

[4]《住房城乡建设部关于促进工程监理行业转型升级创新发展的意见》建市【2017】145号.

CHAPTER 第10章

生产准备与试运行

石化工程的目标是工程建设项目建成投入运行，尽早发挥固定资产投资效益。工程项目实体建设完成，进入生产准备和试运行现场实施工作阶段，它是工程项目管理的重要组成部分。生产准备工作是建设单位为保证工程实体建设完成后，能够顺利实现投产运行而进行的各项准备工作，由建设单位组织实施，按照生产准备前移原则，提早启动各项生产准备工作，以总体试车网络逻辑指导工程建设，使工程建设进度满足试车需求，实现生产准备与工程建设的良好衔接；试车和试运行工作是检验工程项目建设质量的合规性、可靠性和稳定性，也是验证其经济效益、社会效益的必要手段，要遵从“单机试车要早，吹扫气密要严，联动试车要全，投料试车要稳，试车方案要优，试车费用要低，依法合规手续要齐”的原则，组织试车工作，实现建设项目安全、环保试运行，依法合规长周期生产运行的目标。

10.1 生产准备

10.1.1 生产准备的基本概念与原则

项目建设初期建设单位应组织成立生产准备组织机构，负责开展生产准备工作，并贯穿于工程建设项目始终。生产准备工作是项目总体统筹控制计划管理的重要组成部分，要及早明确总体试车逻辑和策略，根据项目试车需要，制定试车网络计划，分析项目重点、难点问题并制定解决方案，在具体实施过程中要抓好生产准备与工程建设的衔接工作，使两者有机结合，整体促进项目进展。

10.1.2 生产准备的主要内容

生产准备的任务主要有组织准备、人员准备、技术准备、物资准备、资金准备、营销准备和外部条件准备等七个方面。其中，组织准备是生产准备工作的制度和管理保障，人员准备是基础条件，建设单位生产准备工作要在组织机构科学合理，人员配置数量齐全、素质过硬的同时，积极认真开展技术准备、物资准备、资金准备、营销准备和外部条件准备等各方面工作，外部条件准备中要重视行政许可和专项批复办理工作，使其与工程建设进度同步，为后续依法合规试运行和生产经营打下坚实基础。

10.1.2.1　组织准备

建设项目在可行性研究报告批复后，建设单位要组建生产准备机构，组织主要生产技术管理人员尽快到位，编制《生产准备工作纲要》。《生产准备工作纲要》是工程项目生产准备工作的纲领性文件，指导全过程生产准备工作，是《总体统筹控制计划》的一部分，为工程施工进度统筹提供指导建议。

建设单位应根据《总体试车方案》的要求，及时成立以建设单位为主，总承包（设计、采购、施工）、监理等单位参加的试车组织机构，统一组织和指挥有关单位做好单机试车、联动试车、投料试车及生产考核等工作。

根据设计要求和工程建设进展情况，建设单位要适时组建各级生产管理机构。

10.1.2.2　人员准备

建设单位应在基础设计批复确定的项目定员基础上，编制具体定员方案、人员配置总体计划和分年度计划，适时配备人员。项目所需人员可通过建设单位内部调配、社会统一招聘熟练工种和适量录用普通高等院校、高职学校毕业生等方式解决。主要管理人员和专业技术人员应与其他项目管理人员同步到位，操作、分析、维修等技能操作人员以及其他人员应在投料试车 1 年前到位。

建设单位应根据石油化工行业特点和投料试车的要求，紧密结合项目实际，制定好全员培训计划，以能力建设为重点，坚持理论培训与生产实践相结合、课堂培训与现场练兵和仿真培训相结合，分层分类开展培训。同时，加强 HSSE 管理体系相关知识和事故预案演练培训，强化安全、环保、职业病防护意识，提高防范与处理事故的能力。各级管理人员、专业技术人员、技能操作人员要经过严格培训和考核，满足装置顺利开车和长周期安全运行的需要。

对各级管理人员，要重点围绕企业经营管理有关规定及内控管理制度、项目可行性研究报告、总体设计等内容，主要采取集中授课、交流研讨、自学辅导等方式开展培训，使经营管理人员精通管理、懂技术，具备较强的组织管理、团队建设和沟通协调能力，适应试车指挥和生产管理的需要。

对各类专业技术人员，要针对新建项目集中控制程度高、工艺流程复杂、管理模式新等特点，重点学习掌握装置新工艺、新设备、新控制技术，主要采取集中授课、交流研讨、对口实习、仿真培训等方式，着重提高专业技术人员解决实际问题的能力以及技术管理和创新能力。

对技能操作人员，以国家职业标准为依据，根据新装置工艺技术特点，开展系统操作和一专多能培训，通过培训，使其熟悉工艺流程，掌握操作要领。一般分5个阶段进行全过程培训：基础知识和专业知识教育、同类装置实习、岗位练兵、计算机仿真培训、参加投料前的试车。对班组长等技能操作骨干，还要采取多种方式加强现场管理、生产操作调整及故障判断和应对等能力的培养。各阶段培训结束时，均要进行严格考试，并将考试成绩记入个人技术培训档案，作为上岗取证的依据。

建设单位派人到同类装置实习要成建制进行，定任务、定时间、定岗位、定人员、定实习带队人、定期考核，并与代培单位签订协议，明确各自责任与义务。引进装置应根据合同规定和试车实际需要，认真选派部分生产骨干人员出国进行技术培训并签定协议，约定服务期。

10.1.2.3 技术准备

技术准备主要包括编制各种试车方案、生产技术资料、管理制度，使生产人员掌握各装置的生产和维护技术，熟悉相关生产管理制度和工作要求。

建设单位应建立生产技术管理系统，通过参加技术谈判、设计方案讨论、设计审查、设备及控制系统出厂验收和现场调试等各项技术准备工作，使各级管理人员和技术人员熟练掌握工艺、设备、仪表（含计算机）、电气、安全、环保、职业病防护等方面的技术，具备独立处理各种技术问题的能力。

建设单位应根据设计文件、《总体统筹控制计划》和现场工程进展情况，在投料试车半年前编制出《总体试车方案》，其中公用工程要比生产装置提前3～6个月建成。

建设单位应根据设计文件及供货商资料，参照国内外同类装置的有关资料，适时完成培训教材、生产技术资料、管理制度、各种试车方案和考核方案的编制工作。同时要做好设计文件、设备随机资料等资料的档案管理工作。

1）培训资料主要包括：工艺、设备、仪表控制等方面基础知识教材，专业知识教材，实习教材，主要设备结构图，工艺流程简图，生产准备工作纲要，安全、环保、职业卫生及消防、气防知识教材，国内外同类装置事故案例及处理方法汇编，计算机仿真培训及软件等。

2）生产技术资料主要包括：工艺流程图、岗位操作法、工艺卡片、工艺技术规程、安全技术及职业卫生规程、环保检测规程、事故处理预案（包括关键生产装置和重点生产部位）、分析规程、检修规程、主要设备运行规程、电气运行规程、仪表及计算机运行规程、控制逻辑程序、联锁逻辑程序及报警、联锁值等，同时应建立岗位记录和技术台账制度。

3）综合性技术资料主要包括：企业和装置介绍、三剂手册、物料平衡手册、产品质量手册、润滑油（脂）手册、“三废”排放手册、设备手册、阀门及垫片一览表、轴承一览表及备品配件手册等，并及时收集整理随机资料。

4）各种试车方案主要包括：供电系统的受送电方案，给排水、工业风、仪表风、锅炉蒸汽、氮气等公用工程系统的试车方案，燃料、原料、产品等储运系统的试车方案，消防、电信系统调试方案，装置的系统清洗、吹扫、试压、气密、干燥、置换等方案，装置的三剂装填、干燥、硫化、升温还原及再生方案，装置的大机泵、大机组试车方案，联动试车方案，装置投料试车方案以及事故处理预案等。

5）引进装置要翻译复制工艺详细说明、电气图、联锁逻辑图、自动控制回路图、设备简图、专利设备结构图、操作手册等技术资料，并编制阀门、法兰、垫片、润滑油（脂）、钢材、焊条、轴承等国内外规格对照表。

6）生产管理制度主要包括：培训管理、绩效考核、定期作业、交接班、设备管理、生产运行管理等方面的制度。

10.1.2.4　物资准备

建设单位要按照试车方案要求，组织编制试车所需原料、燃料、三剂、化学药品、标准样气、备品配件、润滑油（脂）等计划并落实品种、数量（包括一次装填量、试车投用量、储备量），与供货单位签订供货协议或合同。应在投料试车 1 年前提出品种、规格、数量清单，按照有关规定开展采购工作。

各种化工原材料、润滑油（脂）应妥善贮存、保管，防止损坏、丢失和变质。各类备品配件应做好分类、建账、建卡、上架工作，做到账物相符，严格执行保管和发放制度。各种随机资料、专用工具和测量仪器的所有权归建设单位，设备安装时施工单位可以借用。在设备开箱检验时，应认真清点、登记、造册。产品的包装材料、容器、运输设备等，应在联动试车前到位。

安全、消防、职业病防护、气防、救护、通信等器材，要按设计和试车需要配备到岗位，劳动保护用品要按设计和有关规定配发。

10.1.2.5　资金准备

建设单位应根据项目的基础设计概算、年度投资计划和工程实施进度，编制生产准备费用的资金使用计划。

建设单位在编制总体试车方案时，测算单机试车、联动试车和投料试车的费用，编制试车费用计划。

10.1.2.6　营销准备

建设单位要根据企业的统一安排，建立产品销售网络和售后服务机构，开展市场调查，收集分析市场信息，制定营销策略。投料试车 1 年前做好产品预销售，落实产品流向，与用户签订销售意向协议或合同。

编印产品说明书，使用户了解产品质量指标、性能用途、使用和储存方法。产品属于危险化学品的要按照国家有关标准编制安全技术说明书和安全标签，并办理危险化学品安全生产、运输和销售等许可证。

10.1.2.7 外部条件准备

建设单位应根据与外部签订的供水、供汽、供电、供氮、供氧、供氢、通讯等协议，按照总体试车方案要求，落实开通时间、使用数量、技术参数等。

建设单位应根据厂外公路、铁路、码头、中转站、防排洪、工业污水、废渣等工程项目进度及时与有关管理部门衔接开通。

建设单位如需依托社会的维修维护和公共服务设施，应及时与依托单位签订协议或合同。

建设单位应落实劳动安全、消防、环保、职业病防护等各项措施，主动向相关政府部门汇报，办理必要的审批手续，做到合规合法试车。

10.1.3 管道系统吹扫和清洗的主要内容

管道系统压力试验合格后，应进行吹扫或清洗，吹扫可采用水冲洗、空气吹扫等方法。管道系统吹扫前，应编写吹扫方案，经审查批准后，向参与吹扫的人员进行技术交底。鉴于石油化工装置工艺流程的复杂性，系统吹扫和清洗方案由建设单位生产人员编制或在生产人员的指导下由施工单位编制完成，具体的实施过程以生产人员为指导，施工单位配合完成。系统清洗、吹扫要严把质量关，使用的介质、流量、流速、压力等参数及检验方法，必须符合设计和规范的要求，引进装置应达到外商提供的标准。

10.1.3.1 管道系统吹扫和清洗前应具备的条件

1）管道系统不应安装孔板、法兰连接的调节阀、节流阀、安全阀、仪表件等，必要时采用临时短接代替，对已焊在管道上的阀门和仪表应采取相应的保护措施，如焊接的阀门要拆掉阀芯或全开。

2）不参与系统吹扫的设备及管道系统，应与吹扫系统隔离。系统进行吹扫时，严禁不合格的介质进入机泵、换热器、冷箱、塔、反应器等设备。

3）管道支架吊架应符合要求，必要时应予以加固。

4）氧气管道、锅炉、动力蒸汽管道及其他有特殊要求的管道、设备吹扫、清洗应按照有关规范进行特殊处理。吹扫、清洗结束后，由建设单位进行充氮或其他介质保护，并按照有关规定做好隔离和监护。

10.1.3.2 管道系统吹扫和清洗注意事项

1）冲洗不锈钢管道系统时，水中氯离子含量不超过50mg/L。

2）吹扫压力不得超过容器和管道系统的设计压力。

3）管道系统水冲洗时，宜以最大流量连续进行冲洗，流速不得小于1.5m/s。

4）水冲洗后的管道系统，以目测排出口的水色和透明度与入口的水色和透明度一致为合格。

5）管道系统空气吹扫时空气流速不得小于20m/s。

6）管道系统在空气吹扫过程中，应在排出口用白布或涂白色油漆的靶板检查，在5min内，靶板上无铁锈及其他杂物为合格。

7）有化学清洗、油清洗或脱脂要求的管道系统，应按照国家现行标准规范执行。

8）吹扫、清洗的顺序应按主管、支管、排放管依次进行。吹扫出的脏物不得进入已清理合格的设备或管道系统，也不得随地排放污染环境。

9）经吹扫合格的管道系统，应及时恢复原状，并填写管道系统吹扫记录。

10.1.4　泄漏性试验与气密试验

对于输送、存储极度和高度危害的流体以及可燃介质的管道、容器在试车阶段可按系统介质或压力等级的不同分别进行泄漏性试验或气密试验，也可按试车顺序分段进行。采用涂刷发泡剂等方式对系统中所有的阀门填料函、法兰或螺纹连接处、放空阀、排气阀、排凝阀等所有密封点进行检查，也可以按照设计文件指定的方法进行检查，无泄漏为合格，经气压试验合格，且在试验后未经拆卸的管道，可不进行泄漏性试验。泄漏性试验可在试车阶段结合装置的气密试验一并进行。

气密试验应符合如下要求：

1）试验介质应采用空气、氮气，当受装置气源压力限制时，在氮气介质试验合格后，采取有效防范措施后可使用氢气等其他低毒性且易于检测的气体介质继续升压进行气密试验。

2）应逐级缓慢升压，达到每一阶段试验压力稳压10min后，进行密封点泄漏检查。

3）气密试验过程中，当需要对试验系统进行缺陷处理时，应先泄压，再进行处理，严禁在系统压力高于环境压力的情况下带压作业。

4）系统气密试验合格后，应及时缓慢泄压，并填写试验记录。

5）真空系统在气密试验合格后，还应进行真空度试验。

10.2　联动试车

10.2.1　联动试车的基本概念与原则

联动试车的目的是检验装置设备、管道、阀门、电气、仪表、计算机等性能和质量是否符合设计与规范的要求。联动试车包括大机组等关键设备负荷试车、烘炉（器）、煮炉，系统的气密、干燥、置换、三剂装填、水运、气运、油运等。一般先从单系统开始，后扩大到几个系统或全装置的联运。

10.2.2 联动试车的主要内容

10.2.2.1 联动试车应具备的条件

1）单项工程或装置中间交接完毕，影响联动试车的工程尾项整改完毕。

2）装置设备位号、管道介质名称及流向已标识完毕。

3）公用工程已平稳运行。

4）试车组织机构已建立，岗位责任制已明确。

5）技术人员、班组长、岗位操作人员已经确定，经考试合格并取得上岗证。

6）试车方案、操作规程、工艺技术规程、专项操作方案、应急预案等已履行审批手续，印发到个人，并组织宣贯和培训学习。

7）试车工艺指标已经批准并公布。

8）联锁值、报警值已经批准并公布，已组织岗位操作人员对联锁逻辑、联锁值及操作方法进行培训学习。

9）生产记录报表已印制齐全并发到岗位。

10）化验室已交付使用，满足联动试车分析项目需要。

11）扩音对讲系统、固定值班电话等通信系统已畅通。

12）安全卫生、消防设施、气防器材和温感、烟感、有毒有害可燃气体报警、防雷防静电、电视监视、防护设施已处于完好（备用）状态。

13）岗位尘毒、噪声监测点已确定；按照规范、标准应设置的标识牌和警示标志已到位。

14）总承包、设计、监理、制造商、保运队伍已到位。

15）建设单位的机、电、仪等维修人员已到位。

10.2.2.2 联动试车方案

1）联动试车由建设单位负责编制方案并组织实施，总承包、设计、施工、监理和制造厂商参加。

2）联动试车方案应包括以下内容：试车目的；试车的组织指挥机构；试车应具备的条件；试车程序、进度网络图；主要工艺指标、分析指标、联锁值、报警值；开停车及正常操作要点，事故的处理措施；HSE 评估，制定相应的安全措施和事故预案；试车物料数量与质量要求；试车保运体系。

3）联动试车前，必须有针对性地组织参加试车的人员认真学习方案，各岗位人员掌握相关联动试车知识。

10.2.2.3 联动试车实施

1）系统气密、干燥、置换、三剂装填、烘炉、煮炉由建设单位按设计要求编制方案，并组织实施。

2）系统干燥、置换应按试车方案进行，检测数据符合标准；经试车负责人审核验收后，做好保护工作。

3）系统干燥介质一般为干燥的空气、氮气、脱水溶剂。气体露点、溶剂含水值等具体指标应符合工艺规定。

4）系统置换应根据物料性质，采用相应置换介质。

5）三剂装填应按照装填方案进行，由专人负责；装填完毕应组织检查，经试车负责人签字后方可封闭。该项工作由建设单位负责组织实施。

10.3　试生产方案安全报备

10.3.1　试生产方案安全报备的基本概念与原则

建设项目安全设施施工完成后，建设单位应当按照有关安全生产法律、法规、规章和国家标准、行业标准的规定，对建设项目安全设施进行检验、检测，保证建设项目安全设施满足危险化学品生产、储存的安全要求，并处于正常使用状态。

建设单位应当组织建设项目的设计、施工、监理等有关单位和专家，研究提出建设项目试生产可能出现的安全问题及对策，并按照有关安全生产法律、法规、规章和国家标准、行业标准的规定，制定周密的试生产方案。建设单位应根据地方安监部门的具体要求，履行相关报备程序。

10.3.2　试生产方案安全报备的主要内容

10.3.2.1　试生产方案应当包括的内容

1）建设项目设备及管道试压、吹扫、气密、单机试车、仪表调校、联动试车等生产准备的完成情况。

2）投料试车方案。

3）试生产过程中可能出现的安全问题、对策及应急预案。

4）建设项目周边环境与建设项目安全试生产相互影响的确认情况。

5）危险化学品重大危险源监控措施的落实情况。

6）人力资源配置情况。

7）试生产（使用）起止日期。建设项目试生产期限应当不少于30日，不超过1年。

10.3.2.2　试生产相关前提及要求

1）建设单位在采取有效安全生产措施后，方可将建设项目安全设施与生产、储存、使用的主体装置、设施同时进行试生产。

2）试生产前，建设单位应当组织专家对试生产方案进行审查。

3）试生产时，建设单位应当组织专家对试生产条件进行确认，对试生产过程进行技术指导。

10.4 特种设备注册登记

10.4.1 特种设备注册登记的基本概念与原则

特种设备是指对人身和财产安全有较大危险性的锅炉、压力容器（含气瓶）、压力管道、电梯、起重机械、客运索道、大型游乐设施、场（厂）内专用机动车辆，以及法律法规、行政法规规定适用《特种设备安全法》的其他特种设备。

特种设备在投入使用前或者投入使用后30日内，使用单位应向特种设备所在地的管辖市或者当地的特种设备安全管理监管部门申请办理使用登记，办理使用登记的管辖市或者当地的特种设备安全监管部门，可以委托其下一级特种设备安全监管部门办理使用登记。对于整机出厂的特种设备，一般应当在投入使用前办理使用登记；流动作业的特种设备，向产权单位所在地的登记机关申请办理使用登记；车用气瓶应当在投入使用前，向产权单位所在地的登记机关申请办理使用登记；国家明令淘汰或者已经报废的特种设备，不符合安全性能或者能效指标要求的特种设备，不予办理使用登记。

10.4.2 特种设备注册登记的主要内容

10.4.2.1 特种设备合法使用流程

使用单位购置的特种设备，如果需要安装，应向安全监管部门办理安装告知，不需要安装时向安全监管部门提请备案，并申报监督检验。监督检验合格后，安装单位移交技术资料，最后使用单位到安全监管部门办理使用登记。

10.4.2.2 登记方式

1）按台（套）办理使用登记的特种设备。锅炉、压力容器（气瓶除外）、电梯、起重机械、客运索道、大型游乐设施和场（厂）内专用机动车辆应当按台（套）向登记机关办理使用登记，车用气瓶以车为单位进行登记。

2）按单位办理使用登记的特种设备。气瓶（车用气瓶除外）、工业管道应当按使用单位向登记机关办理使用登记。

10.4.2.3 使用登记程序

使用登记程序包括申请、受理、审查和颁发使用登记证。

1）申请：使用单位采用按台（套）申请办理特种设备使用登记时，应当逐台（套）填写使用登记表，向登记机关提交使用登记表、含有使用单位统一社会信用代码的证明或者个人身份证明、特种设备产品合格证、特种设备监督检验证明、机动车行驶证、机动车登记证书、锅炉能效证明文件等相应资料，并且对其真实性负责；使用单位采用按单位申请办理特种设备使用登记时，应当向登记机关提交使用登记表、含有使用单位统一社会信用代码的证明、监督检验证明、压力管道基本信息汇总表等相应资料，并且对其真实性负责。

2）受理：登记机关收到使用单位提交的申请资料后，能够当场办理的，应当场作出受理或者不予受理的书面决定；不能当场办理的，应在5个工作日内作出受理或者不予受理的书面决定。申请资料不齐或者不符合规定时，应一次性告知需要补正的全部内容。

3）审查及发证：自受理之日起15个工作日内，登记机关应完成审查、发证或者出具不予登记的决定，对于一次申请登记数量超过50台（套）或者按单位办理使用登记的可延长至20个工作日。不予登记的，出具不予登记的决定，并且书面告知不予登记的理由。登记机关对申请资料有疑问的，可以对特种设备进行现场核查。进行现场核查的，办理使用登记日期可以延长至20个工作日。准予登记的特种设备，登记机关应按照《特种设备使用登记证编号编制方法》编制使用登记证编号，签发使用登记证，并且在使用登记表最后一栏签署意见、盖章。

4）资料及信息：登记工作完成后，登记机关应将特种设备基本信息录入特种设备管理信息系统，实施动态管理。采用纸质申报方式进行使用登记的，登记机关应将特种设备产品合格证及其产品数据表复印一份，与使用登记表一同存档，并且将使用单位申请登记时提交的资料交还使用单位。

10.5　环境保护验收

10.5.1　环保验收的基本概念与原则

建设项目需要配套建设的环境保护设施，必须与主体工程同时设计、同时施工、同时投产使用（简称“三同时”），建设项目竣工环境保护验收是指建设项目竣工后，环境保护行政主管部门按照国家环境保护法规及管理办法，依据环境保护验收监测或调查结果，并通过现场检查等手段，考核该建设项目是否达到环境保护要求的活动。

10.5.2　环境保护验收的主要内容

10.5.2.1　环境保护验收的范围

1）与建设项目有关的各项环境保护设施，包括为防治污染和保护环境所建成或配备的工程、设备、装置和监测手段，各项生态保护设施。

2）环境影响报告书（表）或者环境影响登记表和有关项目设计文件规定应采取的其他各项环境保护措施。

10.5.2.2　环境保护验收程序和内容

1）建设项目竣工后，建设单位应当如实查验、监测、记载建设项目环境保护设施的建设和调试情况，编制验收监测（调查）报告。建设单位不具备编制验收监测（调查）报告能力的，可以委托有能力的技术机构编制。

2）需要对建设项目配套建设的环境保护设施进行调试的，建设单位应当确保调试期间污染物排放符合国家和地方有关污染物排放标准和排污许可等相关管理规定。

3）验收监测（调查）报告编制完成后，建设单位应当根据验收监测（调查）报告结论，逐一检查是否存在验收不合格的情形，提出验收意见。存在问题的，建设单位应当进行整改，整改完成后方可提出验收意见。

验收意见包括工程建设基本情况、工程变动情况、环境保护设施落实情况、环境保护设施调试效果、工程建设对环境的影响、验收结论和后续要求等内容，验收结论应当明确该建设项目环境保护设施是否验收合格。

4）建设项目配套建设的环境保护设施经验收合格后，其主体工程方可投入生产或者使用；未经验收或者验收不合格的，不得投入生产或者使用。

5）为提高验收的有效性，在提出验收意见的过程中，建设单位可以组织成立验收工作组，采取现场检查、资料查阅、召开验收会议等方式，协助开展验收工作。验收工作组可以由设计单位、施工单位、环境影响报告书（表）编制机构、验收监测（调查）报告编制机构等单位代表以及专业技术专家等组成，代表范围和人数自定。

6）建设单位在“其他需要说明的事项”中应当如实记载环境保护设施设计、施工和验收过程简况、环境影响报告书（表）及其审批部门审批决定中提出的除环境保护设施外的其他环境保护对策措施的实施情况以及整改工作情况等。

7）除按照国家需要保密的情形外，建设单位应当通过其网站或其他便于公众知晓的方式，向社会公开下列信息：

建设项目配套建设的环境保护设施竣工后，公开竣工日期；对建设项目配套建设的环境保护设施进行调试前，公开调试的起止日期；验收报告编制完成后5个工作日内，公开验收报告，公示的期限不得少于20个工作日。建设单位公开上述信息的同时，应向所在地县级以上环境保护主管部门报送相关信息，并接受监督检查。

8）除需要取得排污许可证的水和大气污染防治设施外，其他环境保护设施的验收期限一般不超过3个月；需要对该类环境保护设施进行调试或者整改的，验收期限可以适当延期，但最长不超过12个月。验收期限是指自建设项目环境保护设施竣工之日起至建设单位向社会公开验收报告之日止的时间。

9）验收报告公示期满后5个工作日内，建设单位应登录全国建设项目竣工环境保护验收信息平台，填报建设项目基本信息、环境保护设施验收情况等相关信息，环境保护主管部门对上述信息予以公开。建设单位应将验收报告以及其他档案资料存档备查。

10.6　安全、职业病防护、消防设施验收

10.6.1　安全、职业病防护、消防设施验收的基本概念与原则

10.6.1.1　安全设施的基本概念与原则

安全设施是指企业（单位）在生产经营活动中将危险有害因素控制在安全范围内以及预防、减少、消除危害所配备的装置（设备）和采取的措施。建设项目安全设施必须与主体工程同时设计、同时施工、同时投入生产和使用（简称“三同时”），其竣工验收由建设单位负责依法组织实施，建设项目未经安全审查和安全实施竣工验收的，不得开工建设或者投入生产（使用）。

10.6.1.2　职业病防护设施验收的基本概念与原则

职业病防护设施是指消除或者降低工作场所的职业病危害因素的浓度或者强度，预防和减少职业病危害因素对劳动者健康的损害或者影响，保护劳动者健康的设备、设施、装置、构（建）筑物等的总称。职业病防护设施必须与主体工程同时设计、同时施工、同时投入生产和使用。

建设项目职业病防护设施“三同时”工作可以与安全设施“三同时”工作一并进行，对职业病防护设施与安全设施一并组织验收。

10.6.1.3　消防设施验收的基本概念与原则

消防验收是指消防部门对建设单位竣工运营时进行消防检测的合格调查。建设单位是消防验收的责任主体。建设工程消防验收工作由住房与城乡建设主管部门负责。

10.6.2　安全、职业病防护、消防设施验收的主要内容

10.6.2.1　安全设施竣工验收的主要内容

1）建设项目安全设施施工完成后，施工单位应当编制建设项目安全设施施工情况报告。

2）建设项目试生产期间，建设单位应委托有相应资质的安全评价机构对建设项目及其安全设施试生产（使用）情况进行安全验收评价，且不得委托在可行性研究阶段进行安全评价的同一安全评价机构。

3）建设项目投入生产和使用前，建设单位应组织人员进行安全设施竣工验收，作出建设项目安全设施竣工验收是否通过的结论。参加验收人员的专业能力应涵盖建设项目涉及的所有专业内容。

4）建设项目安全设施竣工验收未通过的，建设单位经过整改后可以再次组织建设项目安全设施竣工验收。

5）建设单位组织安全设施竣工验收合格后，应将验收过程中涉及的文件、资料存

档，并按照有关法律法规及其配套规章的规定申请有关危险化学品的其他安全许可。

10.6.2.2 职业病防护设施验收的主要内容

1）建设单位在职业病防护设施验收前，应编制验收方案。验收方案包括下列内容：建设项目概况和风险类别以及职业病危害预评价、职业病防护设施设计执行情况；参与验收的人员及其工作内容、责任；验收工作时间安排、程序等。

建设单位应在职业病防护设施验收前20日将验收方案向管辖该建设项目的安全生产监督管理部门进行书面报告。

2）属于职业病危害一般或者较重的建设项目，其建设单位主要负责人或其指定的负责人应组织职业病防护专业技术人员对职业病危害控制效果评价报告进行评审以及对职业病防护设施进行验收，并形成是否符合职业病防治有关法律、法规、规章和标准要求的评审意见和验收意见；属于职业病危害严重的建设项目，其建设单位主要负责人或其指定的负责人应组织外单位职业病防护专业技术人员参加评审和验收工作，并形成评审和验收意见。

建设单位应按照评审与验收意见对职业病危害控制效果评价报告和职业病防护设施进行整改完善，并对最终的职业病危害控制效果评价报告和职业病防护设施验收结果的真实性、合规性和有效性负责。

建设单位应将职业病危害控制效果评价和职业病防护设施验收工作过程形成书面报告备查，其中职业病危害严重的建设项目应在验收完成之日起20日内向管辖该建设项目的安全生产监督管理部门提交书面报告。书面报告的具体格式由国家安全生产监督管理总局另行制定。

3）分期建设、分期投入生产或者使用的建设项目，其配套的职业病防护设施应分期与建设项目同步进行验收。

4）建设项目职业病防护设施未按照规定验收合格的，不得投入生产或者使用。

10.6.2.3 消防验收的主要内容

1）建设单位申请消防验收应提供下列材料：建设工程消防验收申报表；工程竣工验收报告和有关消防设施的工程竣工图纸；消防产品质量合格证明文件；具有防火性能要求的建筑构件、建筑材料、装修材料符合国家标准或者行业标准的证明文件、出厂合格证；消防设施检测合格证明文件；施工、工程监理、检测单位的合法身份证明和资质等级证明文件；建设单位的工商营业执照等合法身份证明文件；法律、行政法规规定的其他材料。

2）公安机关消防机构对申报消防验收的建设工程，应依照建设工程消防验收评定标准对已经消防设计审核合格的内容组织消防验收。对综合评定结论为合格的建设工程，公安机关消防机构应出具消防验收合格意见；对综合评定结论为不合格的，应出具消防验收不合格意见，并说明理由。

10.7　投料试车

10.7.1　投料试车的基本概念与原则

投料试车是指已建成的装置、设施按照设计文件规定的介质打通生产流程，并以生产出设计文件规定的产品为目的的生产过程。装置、设施产出合格产品或投用后纳入正常生产运营管理。

投料试车前必须进行投料试车条件检查，确保试车安全，应坚持高标准、严要求，精心组织，做到条件不具备不开车、程序不清楚不开车、指挥不在场不开车、出现问题不解决不开车。寒冷地区投料试车应避开严冬季节，确需在冬季投料试车要制定冬季试车特殊方案，落实防冻、防凝措施。

对于炼化一体化项目，公用工程的顺利试车和稳定运行对主体装置的试车起到关键作用，主体装置投料试车前要确保公用工程系统稳定运行，以满足主装置试车需要。试车过程要做好物料平衡、燃料动力平衡。优化试车组织与上下游衔接，降低水、电、汽、风、氮气消耗，控制好燃料、化工原材料等各项消耗指标，控制好试车成本，实现高效益开车。

10.7.2　投料试车的主要内容

10.7.2.1　投料试车应达到的标准

1）投料试车主要控制点正点到达，连续运行产出合格产品，一次投料试车成功。

2）不发生重大设备、操作、火灾、爆炸、人身伤亡、环保等事故。

3）安全、环保、消防和职业病防护做到“三同时”，监测指标符合标准。

4）投料试车后，能够连续运行 1 个生产周期。

5）做好物料平衡，动态优化试车网络，控制好试车成本。

10.7.2.2　投料试车方案

投料试车应由建设单位负责编制方案并组织实施，设计、施工单位参加。装置投料试车方案基本内容如下：

1）装置概况及试车目标。

2）试车组织与指挥系统。

3）试车应具备的条件。

4）试车程序与试车进度及控制点。

5）试车负荷与原燃料平衡。

6）试车的水、电、汽、风、氮气平衡。

7）工艺技术指标、联锁值、报警值。

8）开停车与正常操作要点及事故处理措施。

9）环保措施。

10）防火、防爆、防中毒、防窒息等安全措施及注意事项。

11）试车保运体系。

12）试车难点及对策。

13）试车存在的问题及解决办法。

14）试车成本预算。

10.8 生产考核

10.8.1 生产考核的基本概念与原则

生产考核是指投料试车产出合格产品后，对装置进行生产能力、工艺指标、环保指标、产品质量、设备性能、自控水平、消耗定额等是否达到设计要求的全面考核与评价。生产考核由建设单位组织，总承包、设计单位参加，必要时，科研单位也参加。生产考核的时间一般规定为72h，如中间因故停车，则考核起始时间须重新计算。生产考核结束后，由建设单位编写考核评价报告，参加生产考核的各单位签字确认。引进装置的生产考核按合同执行。

对于缺乏考核经验的生产装置，应聘请有经验的专家负责指导。非生产装置应参照设计指标进行性能测试。建设工程项目未经生产考核或标定不得进行竣工验收。建设单位应将生产考核结果编入建设工程项目竣工验收报告。

10.8.2 生产考核的主要内容

10.8.2.1 生产考核准备工作

1）组成以建设单位为主，设计、科研等单位参加的生产考核工作组，编制考核方案并经有关部门审核批准，全面安排考核工作。

2）测试人员的组织和任务已经落实，已经研究和熟悉考核资料、确定计算公式和基础数据。

3）查找可能影响考核的隐患和问题。

4）生产考核所需的计量仪表和分析仪器已经校正。测试项目、测试点、分析项目、取样分析频率、分析方法已经确定。

5）准备好考核记录表格。

6）如果生产考核的条件与设计不一致（原料改变、操作条件改变等），应由业主、设计、科研等单位共同研究重新计算保证值、形成纪要，作为考核验收的依据。

10.8.2.2　生产考核应具备的条件

生产考核应在装置满负荷或高负荷持续稳定运行一段时间后进行并应具备下列条件：

1）影响生产考核的问题已经解决。

2）设备运行正常，备用设备处于良好待用状态。

3）自动控制仪表、在线分析仪表、联锁已投入使用。

4）分析化验的采样点、分析频次及方法已经确认。

5）原料、燃料、化学药品、润滑油（脂）、备品配件等质量符合设计要求，储备量能满足考核的需要。

6）公用工程运行稳定并能满足生产考核的参数要求。

7）上、下游装置的物料衔接已落实，产品、副产品等出厂渠道已畅通。

8）引进装置的生产考核指标执行合同中性能保证条款规定的同时，还应具备共同确认计算公式、分析方法、计量仪表、考核时间、记录数据等。

10.8.2.3　生产考核内容

1）装置生产能力。

2）原料、燃料及动力消耗。

3）主要工艺指标。

4）产品质量。

5）自控仪表、在线分析仪表和联锁投用情况。

6）机电设备的运行状况。

7）“三废”排放达标情况。

8）环境噪声强度和有毒有害气体、粉尘浓度。

9）设计和合同上规定要考核的其他项目。

10.8.2.4　生产考核评价

1）生产考核结果达到设计文件或合同规定的要求，由建设单位提出考核评价报告，参加生产考核工作组的成员单位签署确认。

2）生产考核结果达不到设计文件或合同规定的要求时，应由建设单位与设计等有关单位共同分析原因，必要时请科研单位参加，达成共识，提出处理方案，不再重新组织考核。

生产考核结果达不到设计文件或合同规定的要求，且对原因分析和处理方案达不成共识时，应报建设单位主管部门裁决或确定，重新考核，但重新考核仅限一次。

3）引进技术项目生产考核达不到合同保证值时，应按合同有关条款规定执行，明确解决办法和期限，并载入考核协议附件。

4）生产考核结束后，建设（生产）单位应对生产考核的原始记录进行整理、归纳、分析，完成生产考核总结。

CHAPTER 第11章

工程验收与后评价

11.1 工程竣工验收

工程竣工验收是指工程建设项目完成交工验收、专项验收、生产考核、竣工决算审计和档案验收，项目批准部门或其授权单位组织有关单位（部门）进行工程验收，验收合格并签署“竣工验收证书”的过程。

11.1.1 交工验收

11.1.1.1 交工验收的基本概念

交工验收是指工程项目经投料试车产出合格产品，或具备投用条件后，建设单位组织监理、工程承包单位及相关单位按工程合同规定对交付工程的验收。交工验收是对工程施工合同标的物的验收，应以工程施工合同为单位进行验收，即每份合同项下的工程，在施工完成并具备交工验收条件后，工程承包方应向建设单位提交工程交工验收申请，实施EPC、PC或施工总承包的工程项目，施工承包商应报送总承包单位审核，并由总承包单位向建设单位提交工程交工验收申请。

11.1.1.2 交工验收的条件

1）全部工程内容已按工程项目合同完成，验收合格；

2）按《石油化工建设工程项目交工技术文件规定》（SH/T3503）及工程项目合同约定向建设单位移交了工程项目交工技术文件；

3）工程质量保修书已出具；

4）工程交工验收申请已向建设单位提交；

5）工程项目经投料试车产出合格产品或具备使用条件。

11.1.1.3 交工验收的要求

1）工程建设项目实行总承包的，应由总承包单位按SH/T3503 规定向建设单位移交交工技术文件，并提交验收申请。

2）在一个工程建设项目中包含多个单项工程的，每个单项工程应单独办理交工验收。

3）以单位工程或专业工程内容为对象，独立签订工程项目施工合同的，可单独办理交工验收。

4）建设单位在受理施工单位或总承包单位提交的交工验收申请后，应在规定时间内组织生产使用单位、总承包、设计、施工、监理及有关单位对工程项目进行检查、验收。

5）交工验收后应办理工程交工验收手续，签署“工程交工证书”。

6）自签署“工程交工证书”之日，承包商开始履行保修责任。

11.1.2　专项验收

工程建设项目的消防、防雷、职业病防护、安全和环境保护等设施应与主体工程同时设计、同时施工、同时投入生产和使用。建设单位应向当地行政主管部门申请并按要求完成工程建设项目的专项验收。

11.1.2.1　消防设施验收

消防设施验收应在工程建设项目投入试生产前完成，工程项目消防验收应符合《建设工程消防监督管理规定》的要求。

工程项目消防设施完工并经检查调试合格后，建设单位应委托具有相应资质的检测单位进行检测，取得消防设施、电气防火技术检测合格证明文件。

具备消防验收条件后，建设单位应向当地公安机关消防机构报送相应的验收资料，并提出验收申请。

建设单位召集相关单位参加公安机关消防机构组织的审查验收，配合完成现场查验，并在规定时限内完成审查意见的落实和整改，取得公安机关消防机构出具的消防验收合格证明文件。

11.1.2.2　防雷设施验收

防雷设施验收是指气象主管机构对工程建设项目防雷装置是否满足气象主管机构规定的使用要求，是否符合国家有关技术规范标准，是否按照审核批准施工图施工，检测是否合格等，而进行的全面检查验收。

防雷设施验收应在工程项目投入试生产前完成，工程项目防雷设施验收应符合《防雷装置设计审核和竣工验收规定》的要求。

工程项目防雷设施完工并经检查测试合格后，建设单位应委托具有相应资质的检测单位进行检测，取得“防雷装置检测报告”。

防雷设施检测合格，建设单位应向气象主管机构提出验收申请，同时报送相关验收资料，经气象主管机构审核合格后，取得防雷装置验收合格证明文件。

11.1.2.3 安全设施验收

工程建设项目安全设施验收应符合《建设项目安全设施竣工验收规定》管理要求。

（1）工程项目安全设施竣工申请验收应具备的条件

1）石油化工建设项目投入生产（使用）前，其安全预评价报告已内审，安全设施设计审查已获得建设项目地方政府安全生产监督管理部门的批复。

2）生产、储存危险化学品的工程项目试生产（使用）前，其安全条件审查、安全设施设计审查已经获得地方政府安全生产监督管理部门的批复。

3）工程项目的消防验收已经获得地方政府消防主管部门的批复。

4）工程项目的安全验收评价报告已经编制完成，且安全评价机构不得与承担可行性研究阶段安全评价的机构相同。

（2）申请工程项目安全设施竣工验收需提交的文件资料

工程项目竣工投入生产（使用）前，生产经营单位应向负责安全设施竣工验收的安全监管部门申请安全设施竣工验收，并提交下列文件资料：

1）安全设施竣工验收申请；

2）安全设施设计审查意见书；

3）施工单位的资质证明文件；

4）工程项目安全验收评价报告；

5）工程项目安全设施施工情况报告；

6）工程项目安全设施监理情况报告；

7）试生产（使用）期间发现的问题、采取的防范措施以及整改情况报告；

8）危险化学品事故应急预案备案登记表；

9）构成危险化学品重大危险源的，应当提交危险化学品重大危险源备案证明文件；

10）涉及“两重点一重大”的工程项目，应提交风险清单管控措施落实情况报告；

11）安全生产管理机构设置或安全生产管理人员配备情况；

12）从业人员安全培训教育及资格情况；

13）法律、法规、规章规定的相关文件资料。

（3）工程项目安全设施竣工验收过程要求

验收工作实行组长负责制，审查专家应为国家、省、地市级专家库等安全生产专家组成员，专家组成员不应有建设项目所属单位员工。

验收组应由专家库中工艺、设备、安全、仪表、电气等相关专业的专家组成，一般应有5～9名专家。

验收工作应邀请工程项目所在地政府安全生产监督管理部门人员参加。

专家组应听取建设单位、施工单位、监理单位、评价单位专题汇报，现场检查安全设施运行情况，填写《建设项目安全设施竣工验收报告》，提出“同意验收”或“不同意验收”意见，报送组织验收单位。

建设单位组织落实评价报告修改完善及现场问题整改，整改完成后，验收专家组组长进行复核并签字确认，出具《建设项目安全设施竣工验收审查会后整改意见确认表》。

组织验收单位在确认建设单位已完成验收工作中提出问题的整改落实后，出具《建设项目安全设施竣工验收审查意见书》。

（4）竣工验收不合格的情形

工程项目的安全设施有下列情形之一，竣工验收不合格，并不得投入生产或者使用：

1）未选择具有相应资质的施工单位施工的；

2）未按照工程项目安全设施设计文件施工或者施工质量未达到工程项目安全设施设计文件要求的；

3）工程建设项目安全设施的施工不符合国家有关施工技术标准的；

4）未选择具有相应资质的安全评价机构进行安全验收评价或者安全验收评价不合格的；

5）安全设施和安全生产条件不符合有关安全生产法律、法规、规章和国家标准或者行业标准、技术规范规定的；

6）发现工程项目试运行期间存在事故隐患未整改的；

7）未依法设置安全生产管理机构或者配备安全生产管理人员的；

8）从业人员未经过安全教育培训或不具备相应资格的；

9）隐瞒有关情况或者提供虚假文件和资料的；

10）不符合法律、行政法规规定条件的。

（5）验收资料管理

建设单位在验收结束后，应将工程项目安全生产“三同时”相关文件资料收集齐全，统一归档，建立完整的工程项目安全管理资料档案，接受工程项目所在地安全监管部门的监督核查。工程项目安全管理档案至少包括：

1）投资管理部门出具的工程项目审批（核准、备案）文件；

2）工程项目的安全预评价报告以及地方政府安监部门出具的《工程建设项目安全条件审查意见书》；

3）工程项目安全设施设计以及地方政府安监部门出具的《工程建设项目安全设施设计审查意见书》；

4）危险化学品工程项目试生产（使用）备案资料；

5）工程项目安全设施施工、监理情况报告；

6）工程项目安全设施竣工验收评价报告；

7）专家组出具的《工程建设项目安全设施竣工验收报告》；

8）建设单位出具的《工程建设项目安全设施竣工验收审查会后整改意见确认表》；

9）验收组织或委托单位出具的《工程建设项目安全设施竣工验收审查意见书》；

10）其他归档的资料。

11.1.2.4 职业病防护设施验收

工程建设项目职业病防护设施验收应符合《工程建设项目职业病防护设施“三同时”监督管理办法》规定。分期建设、分期投入生产或者使用的建设项目，其配套的职业病防护设施应当分期与建设项目同步进行验收。建设项目职业病防护设施未按照规定验收合格的，不得投入生产或者使用。

1）工程项目投入生产或者使用前，建设单位应当依照职业病防治有关法律、法规、规章和标准要求，采取下列职业病危害防治管理措施：

①设置或者指定职业卫生管理机构，配备专职或者兼职的职业卫生管理人员。

②制定职业病防治计划和实施方案。

③建立完善职业卫生管理制度和操作规程。

④建立完善职业卫生档案和劳动者健康监护档案。

⑤实施由专人负责职业病危害因素日常监测，并确保监测系统处于正常运行状态。

⑥对工作场所进行职业病危害因素检测、评价。

⑦建设单位的主要负责人和职业卫生管理人员应当接受职业卫生培训，并组织劳动者进行上岗前的职业卫生培训。

⑧按照规定组织从事职业病危害作业劳动者进行上岗前职业健康检查。

⑨在醒目位置设置公告栏，公布有关职业病危害防治的规章制度、操作规程、职业病危害事故应急救援措施和工作场所职业病危害因素检测结果。对产生严重职业病危害的作业岗位，应在其醒目位置，设置警示标识和说明。

⑩为劳动者提供符合要求的职业病防护用品。

⑪建立完善职业病危害事故应急救援预案。

⑫职业病防治有关法律、法规、规章和标准要求的管理措施。

2）工程项目完工需要进行试运行，其配套建设的职业病防护设施必须与主体工程同时投入试运行。试运行时间一般不少于30天，最长不超过180天。

3）工程项目在竣工验收前或试运行期间，建设单位应进行职业病危害控制效果评价，编制评价报告。工程项目职业病危害控制效果评价报告应符合职业病防治有关法律、法规、规章和标准的要求，包括下列主要内容：

①建设项目概况；

②职业病防护设施设计执行情况分析、评价；

③职业病防护设施检测和运行情况分析、评价；

④工作场所职业病危害因素检测分析、评价；

⑤工作场所职业病危害因素日常监测情况分析、评价；

⑥职业病危害因素对劳动者健康危害程度分析、评价；

⑦职业病危害防治管理措施分析、评价；

⑧职业健康监护状况分析、评价；

⑨职业病危害事故应急救援和控制措施分析、评价；

⑩正常生产后工程项目职业病防治效果预期分析、评价；

⑪职业病危害防护补充措施及建议；

⑫评价结论明确工程项目职业病危害风险类别，以及采取评价报告所提对策建议后，职业病防护设施及措施是否符合职业病防治有关法律、法规、规章和标准的要求。

4）建设单位在职业病防护设施验收前，应当编制验收方案。验收方案应当包括下列内容：

①工程项目概况和风险类别，以及职业病危害预评价、职业病防护设施设计执行情况；

②参与验收的人员及其工作内容、责任；

③验收工作时间安排、程序等；

④建设单位应当在职业病防护设施验收前20天将验收方案向管辖该工程项目的安全生产监督管理部门进行书面报告。

5）属于职业病危害一般或者较重的工程项目，其建设单位主要负责人或其指定负责人应组织职业卫生专业人员对职业病危害控制效果评价报告进行评审以及对职业病防护设施进行验收，并形成是否符合职业病防治有关法律、法规、规章和标准要求的评审意见和验收意见。属于职业病危害严重的工程项目，其建设单位主要负责人或其指定负责人应当组织外单位职业卫生专业技术人员参加评审和验收工作，并形成评审和验收意见。

建设单位应当按照评审与验收意见对职业病危害控制效果评价报告和职业病防护设施进行整改完善，并对最终的职业病危害控制效果评价报告和职业病防护设施验收结果的真实性、合规性和有效性负责。

建设单位应当将职业病危害控制效果评价和职业病防护设施验收工作过程形成书面报告备查，其中职业病危害严重的工程项目应当在验收完成之日起20天内向管辖该工程项目的安全生产监督管理部门提交书面报告。

6）有下列情形之一的，工程项目职业病危害控制效果评价报告不得通过评审，职业病防护设施不得通过验收：

①评价报告内容不符合要求的；

②评价报告未按照评审意见整改的；

③未按照工程项目职业病防护设施设计组织施工的；

④职业病危害防治管理措施不符合要求的；

⑤职业病防护设施未按照验收意见整改的；

⑥不符合职业病防治有关法律、法规、规章和标准规定的。

11.1.2.5 环境保护验收

（1）验收期限

除需要取得废水、废气排污许可证的工程项目外，验收期限一般不超过3个月；环境保护设施需要调试或者整改的，验收期限可适当延期，但最长不得超过12个月。

（2）验收程序

1）建设单位自行或委托编制验收监测（调查）报告。

2）验收监测（调查）报告编制完成，建设单位应向验收审查部门申请验收，并提交相关材料，建设单位要对提交材料的真实性负责。验收审查部门对验收材料进行预审，具备条件的，在收到验收申请之日起15个工作日内组织验收。

3）成立验收工作组。验收工作组要参照《关于印发建设项目竣工环境保护验收现场检查及审查要点的通知》（环办〔2015〕113号）要求进行现场检查和技术审查。

4）验收工作组应严格按照国家法律法规、工程项目竣工环境保护验收技术规范、工程项目环境影响报告书（表）和批复文件等要求对工程项目配套建设的环境保护设施和环境保护措施进行验收，形成验收专家意见。验收专家意见应包括工程建设基本情况、工程变更情况、环境保护措施落实和环境保护设施建设情况、环境保护设施调试效果、工程建设对环境的影响、验收存在的主要问题、验收结论和后续要求等。

5）对存在问题的项目，建设单位要组织对验收工作组提出的问题进行整改，整改完成后要经过验收工作组确认验收是否合格。

6）对验收合格的项目，验收审查单位要以正式文件出具验收意见并对验收意见负责。

工程项目配套建设的环境保护设施经验收合格后，其主体工程才可以正式投入生产或者使用。

（3）其他需要说明的事项

建设单位在“其他需要说明的事项”中应当如实记载环境保护设施设计、施工和验收过程简况，环境影响报告书（表）及其批复中提出的除环境保护设施外的其他环境保护对策措施的实施情况，以及整改工作情况等。

地方政府承诺负责实施与项目建设配套的防护距离内居民搬迁、功能置换、栖息地保护等环境保护对策措施的，建设单位应当积极配合地方政府或部门在所承诺的时限内完成，并在“其他需要说明的事项”中如实记载前述环境保护对策措施的实施情况。

（4）信息公开

除按照国家规定需要保密的情形外，建设单位应当通过网站或者其他便于公众知悉的方式，向社会公开下列信息：

1）工程项目配套建设的环境保护设施竣工后，公开竣工日期；

2）工程项目配套建设的环境保护设施进行调试前，公开调试的起止日期；

3）在出具验收意见后5个工作日内，公开验收报告，公开的期限不得少于20天；

4）建设单位公开上述信息，同时应向所在地环境保护主管部门报送相关资料，并接受监督检查；

5）验收报告公开结束5个工作日内，建设单位需登录全国建设项目竣工环境保护验收信息平台，填报相关信息，并对信息的真实性、准确性和完整性负责。

（5）验收资料归档

建设单位要在工程项目通过竣工环境保护验收后15个工作日内，建立验收档案，归档资料包括但不限于以下内容：

1）工程项目竣工环境保护验收监测（调查）报告，以及其他需要说明的事项；

2）工程项目环境保护措施"三同时"落实情况表（如地方政府要求报备）；

3）涉及危险废物需委托有资质单位处置的，提供双方签署的协议、接收单位的资质复印件以及相关处置证明材料；

4）环评文件批复意见要求开展环境监理的，提供环境监理报告；

5）突发环境事件应急预案及备案证明；

6）技术专家复核意见和验收意见；

7）其他相关材料。

（6）不得通过验收的情形

工程项目存在下列一种及多种情形，验收组织单位不得出具工程项目竣工环境保护验收意见：

1）环境影响报告书（表）经批准后，该工程项目发生重大环保变动，建设单位未重新报批环境影响报告书（表）或环境影响报告书（表）未经批准的；

2）未按环境影响报告书（表）及环评批复文件要求建设或落实环境保护设施，或者环境保护设施未能与主体工程同时投入试生产的；

3）污染物排放不符合国家或地方相关标准、环境影响报告书（表）及其批复或者重点污染物排放总量控制指标要求的；

4）建设过程中造成重大环境污染未治理完成，或者造成重大生态破坏未恢复的；

5）纳入排污许可管理的工程项目，无证排污或者不按证排污的；

6）分期建设、分期投入生产（使用）可依法开展分期验收的工程项目，其分期建设、分期投入生产（使用）的环境保护设施防治环境污染和生态破坏的能力不能满足其相应主体工程需要的；

7）建设单位因该工程项目违反国家或地方环境保护法律法规而受到处罚，被责令整改，尚未完成的；

8）验收监测（调查）报告的基础资料数据明显不实，内容存在重大缺项、遗漏，或者验收结论不明确、不合理的；

9）存在不符合环境保护法律、法规等情形的。

11.1.3 竣工决算审计

建设单位应按《企业会计准则》的规定对所承担的工程建设项目进行会计核算。工程交工验收完成并竣工结算后，编制工程项目竣工决算报表。

建设单位应向审计机构提供工程项目竣工决算报表及相关资料。

建设单位应配合审计机构完成竣工决算审计，取得审计报告，对提出的意见在规定时限内落实和整改，并将整改结果报审计机构。

项目竣工决算审计的主要内容包括工程建设程序履行情况，建设资金筹措和使用情况，投资概算执行情况，进度、质量、HSSE、合同、招标投标、物资供应、工程结算和会计核算与财务管理情况等。

11.1.4 档案验收

工程项目档案是指从项目的提出、立项、审批、勘察设计、采购施工、生产准备、竣工验收、开车投产（使用）的全过程中形成的归档文件资料。归档的文件必须完整、准确、系统，保障生产（使用）、管理、维护、改扩建的需要。

（1）档案验收准备

设计、采购、施工等承包商应按《建设工程文件归档规范》（GB/T 50328）、《石油化工建设工程项目交工技术文件规定》（SH/T 3503）和工程项目合同要求向建设单位移交经整理组卷的交工技术文件。

监理单位应按GB/T 50328、《石油化工建设工程项目监理规范》（SH/T 3903）和监理合同的约定收集、整理工程监理文件，按SH/T 3903的规定分类、组卷，并移交建设单位。

建设单位应按GB/T 50328的规定，向档案管理机构移交项目各阶段形成的管理文件。

工程建设项目形成的各类电子资料应按《电子文件归档与电子档案管理规范》（GB/T 18894）、《建设电子文件与电子档案管理规范》（CJJ/T 117）和工程项目合同要求收集、整理、归档。

档案验收组织的成员分别由各级（当地城市建设档案部门）档案行政管理部门、主管档案机构部门和建设单位、生产（使用）单位、设计、施工等单位档案人员参加。重点建设项目的竣工验收由国家档案局和省档案局以及相关档案机构参加档案验收。

建设单位应组织有关人员进行档案自检，编写档案验收自检报告，并按《建设项目（工程）档案验收办法》要求向档案验收主管部门提交档案验收申请。通过项目档案专业验收，取得项目档案验收文件。

国家重大建设项目，还应按《建设项目档案管理规范》（DA/T 28）的规定收集、整理项目归档文件，并按《重大建设项目档案验收办法》的要求验收。

（2）档案验收的主要内容

1）项目档案工作管理组织情况；

2）项目文件和资料的形成、积累、整理与归档工作完整性；

3）在项目立项审批、土地征迁、招标投标、勘察、设计、采购、施工、检测、监理、试生产及竣工验收等全过程中，形成的文字、图表、声像等不同载体形式的文件，包括工程实现过程、安全质量、使用功能符合要求的证据及竣工图等技术文件；

4）项目档案资料的接收、整理、管理工作情况。

（3）档案验收质量要求

1）项目文件符合国家有关工程勘察、设计、施工、监理、检测等技术规范、标准；

2）项目文件应及时收集，确保文件准确、有效和完整，并能全面反映工程建设活动和工程实际状况；

3）归档文件应为原件；

4）项目文件载体应满足长期保存的要求，不得使用热敏纸、可擦除光盘等不利于长期保存的资料或载体；

5）项目文件应字迹清楚、图表清晰、签字盖章完备；

6）数码照片像素应在800万以上，单幅照片不小于3M。

11.1.5　竣工验收

（1）竣工验收应具备的条件

1）完成交工验收、专项验收、生产考核、竣工决算与审计、档案验收工作；

2）完成竣工验收报告的编写工作；

3）取得工程建设项目质量监督报告；

4）竣工验收申请已由项目批准部门批复。

（2）竣工验收的组织

1）竣工验收由项目批准部门或其授权单位组织；

2）根据建设工程项目验收的需要，由项目批准部门或其授权单位会同工程项目主管部门和专项主管部门组成竣工验收委员会；

3）竣工验收委员会组织竣工验收，建设单位、工程监理、工程承包单位、质量监督机构和相关单位参加竣工验收；

4）竣工验收委员会听取建设单位工程项目建设情况汇报，实地查验工程实体，审阅相关资料，审议竣工验收报告，提出竣工验收意见，签署“竣工验收证书”。

（3）竣工验收文件

1）竣工验收报告。竣工验收报告应对工程项目进行各方面、全过程的概括总结；工程项目相关的批复文件，作为竣工验收报告的附件；竣工验收报告采用A4幅面，横排竖装。

2）竣工验收证书。竣工验收证书应对工程建设项目作出评价；竣工验收证书采用A4幅面，横排竖装。

11.2 后评价

11.2.1 后评价目的

加强企业固定资产投资工程项目管理，提高企业决策水平和投资效益，为在建和后续建设工程项目的优化及时发现问题、总结经验，提供基础支持和参考依据，不断提升企业工程项目投资管理水平和经济效益。

11.2.2 后评价原则

以实际数据、客观事实为基础，公正、独立、科学、真实、客观的评价原则。

11.2.3 后评价形式

项目后评价包括由工程项目建设单位自主完成的后评价（简称“项目自评价”）和委托独立咨询机构开展的后评价（简称“项目后评价”）。按时点划分，包括项目事后评价和项目中间评价，项目事后评价是指对已完工项目进行全面系统的评价；项目中间评价是指从项目开工到竣工验收前的阶段性评价。对于工程项目复杂、不可控因素多、实施风险大，多采用项目中间评价。项目后评价一般在项目生产运营及竣工验收后两年左右进行。

11.2.4 后评价概念

项目后评价是指对投资项目的目标实现、决策规划、实施过程、产生效果和影响等进行完整、客观的评价。通过后评价分析项目设立目标是否达到、规划决策是否合理、主要指标是否实现，研究分析产生偏差的原因，总结经验教训，提出建议措施，提高企业投资项目在勘察、设计、建设、监理、验收、开车和生产运营管理的整体水平，不断优化完善投资项目全生命周期的质量、安全和效益管理。后评价是工程项目管理的一个重要内容、是项目投资监管的重要手段、是企业完善管理提高效益的重要依据。

11.2.5　后评价主要内容

后评价主要内容包括项目概况、项目决策及项目建设管理后评价、项目实施结果后评价、项目经济后评价、项目影响后评价、项目竞争力及可持续性后评价。

11.2.5.1　项目概况

项目概况包括项目报告编制依据、范围、项目基本情况及项目实施前后企业状况、结论与建议。

1）投资项目后评价报告的编制依据是后评价合同（或委托书）及项目各阶段的正式文件，主要包括：项目建议书及批复文件、可行性研究报告及批复文件、总体设计（或基础设计）及批复文件、批复的基础设计概算、签订合同、监理报告、检测报告、竣工验收报告等。

2）后评价报告中应说明数据、参数、时点和评价基准等选取的原则。评价中各专业的评价基础必须统一，一般以通过审查批准的可行性研究报告为基础，特殊情况须重点说明。后评价工作需在厂址选择、市场变化、技术先进、工艺对比、投资效益和项目竞争力等方面进行重点分析研究。

3）后评价范围应符合后评价合同（或委托书）的要求，通常是项目竣工决算总投资范围内的所有单项工程，界定评价范围时应注意投入与产出的一致性。

4）项目基本情况应说明项目名称、建设地点、管理单位；说明项目的立项背景、立项目的、项目目标以及建设内容；说明项目各主要阶段建设方案及投资的变化，分析变化的原因；说明各单项工程试车及交付生产的时间；对比项目可研报告与实际每年产品产量和销售量；说明投产前后项目主要生产技术状况；说明项目实施后企业主要生产装置情况；对比项目实施前后企业整体技术经济状况，分析项目对企业生存与发展的意义。

5）从技术、投资和效益的角度，在项目前期准备、定义、实施和生产准备及竣工验收等过程分析说明投产前后项目主要技术指标和主要财务指标状况，总结经验与教训。

6）对于未达到设计要求的生产装置，应从装置交付生产时间、工艺技术和设备材料选择、原辅材料和公用工程供应以及市场销售等方面分析原因。

7）给出后评价的主要结论，列示后评价关键指标，总结项目各阶段经验与教训，提出建议和措施。从项目是否成功、是否达到预期目的、经济效益、产品竞争力、对环境的影响和可持续发展等方面，对项目做出全面评价结论。

11.2.5.2 项目决策及项目建设管理后评价

项目决策后评价主要包括项目决策依据、过程和程序的评价。其中包括项目建议书、可研报告、环境影响评价报告、安全设施评价报告、职业病防护设施评价报告、总体设计或基础设计及批复、项目开工及建设、中交、生产准备及试车、安全环保验收和竣工验收等决策依据，落实过程及其执行程序符合国家各有关规定。

项目建设管理后评价包括项目建设管理、工程质量、建设进度、工程投资、合同管理（合同签约、履行情况）等评价。

1）项目建设管理包括项目实施过程中采用的管理模式（EPC模式或E+P+C等模式等）、组织机构设置、项目招投标、合同签订、合同管理及其履行情况、项目实施过程中选用的设计、采购、施工、监理等单位的资质和评价其素质及服务水平情况、项目设计和施工中的重大变更、变更原因及其对项目的影响、项目建设管理中的经验、教训及项目总结等。

2）工程质量评价要求评价项目管理全过程质量控制情况，评价采用标准、验收程序和工程质量鉴定报告主要结论，评价工程质量控制措施和制度执行情况是否规范、控制目标是否实现，发现质量问题，分析原因及其影响情况。质量控制包括勘察、设计、招标投标、设备采购（包括设备选材）、土建施工及安装、工程监理、检测及验收报告等各方面存在的质量问题并进行原因分析、提出解决方法。

3）项目进度评价要求考察项目所有的工程建设是否如期完成，评价项目设计进度、采购进度、施工进度所采用的工期控制方法是否可行、有效，评价项目工期的缩短或延长对项目工程造价和效益产生的影响。

4）工程投资控制评价包括项目实施项目建议书、可研报告批复、总体设计（基础设计）、施工图预算、总投资核定、竣工决算各阶段工程投资的变化，将竣工决算投资与可研批复投资进行对比，分析变化的原因，总结项目实施过程中各级管理部门、各阶段、各环节工程造价控制的经验和教训；同时，与国内外同类项目进行对比，从工程投资角度评价项目的相对优势和不足，特别是项目引进技术与主要设备情况，对比可研，说明变化以及原因。

5）合同管理包括前期、勘察、设计、采购、施工建设以及监理、检测、竣工验收和生产准备、开车等发生的合同签订、履约、资金支付的依法合规性评价。

11.2.5.3 项目实施结果后评价

主要包括项目建成后市场、建设方案、工艺技术、总图运输、公用工程及辅助工程方案、节能、安全、环保等评价。

（1）市场及建设方案后评价

1）供需。通过与可研报告的对比，评价可研报告中市场供需预测的结论与实际差距，分析原因。根据市场供需对比结果，评价可研报告推荐的产品方案，分析实施方案的优劣。

2）价格。将可研报告中确定的原料价格、产品市场价格、销售价格、销售流向与实际情况进行对比，找出差异，分析原因。

3）建设方案。将实施结果与可研对比，说明实施方案中各装置规模的变化及原因，评价各装置规模的合理性。通过实施结果与可研推荐总流程的对比，说明变化，分析原因。

（2）工艺技术后评价

1）工艺流程。评价各生产装置规模、工艺流程的合理性。

2）技术水平。评价各生产装置的适用性和先进性，列出各生产装置能力、产量、物耗、能耗的可行性研究预期值、设计值、考核值和生产实际值进行对比，以及与国内外先进水平进行对比，评价工艺技术的可行性，包括对原料的适应性以及调整产品的可行性。

3）原料及产品。说明实际生产中主要原材料、辅助材料、催化剂及化学品的供应条件、方式和质量，并进行评价。对项目实际的能源供应状况与设计值进行对比与分析，并加以评价。说明并评价各生产装置产品质量，若产品质量未达到设计要求，应分析原因，提出提高产品质量的建议。

4）开工率及负荷。说明投产以来各装置开工率，与同行业先进水平对比，找出差距，分析原因。给出各装置投产以来的开工负荷，说明主要生产装置停工情况，与同行业其他装置进行对比，找出差距、分析原因，并提出改进措施。

5）重要设备。评价主要设备选型、能力负荷和主要参数是否合理，并说明主要设备存在的问题，分析原因，评价其对装置的影响。

（3）总图、储运、公用工程、辅助设施后评价

1）总图布置。说明项目总平面布置实施方案是否与可研报告方案一致，结合项目实际运行效果评价项目总平面布置的合理性及存在的问题。如果总平面布置发生重大变化，应说明变化的原因，并分析其对项目投资、效益等方面的影响并评价其变化的合理性。

2）交通运输。说明厂区内、外交通运输及管道运输设施能否满足项目原料和产品的运输要求，厂外运输能否充分依托社会，采用的运输方式是否合理以及对生产运营的影响。评价采用运输方式的合理性，项目交通运输设施能否满足项目生产运营对交通运输在时间和规模上的需要，项目实际交通运输成本的经济合理性以及对生产经营的影响等方面进行分析。如果项目实际实施的运输方式与可行性研究方案相比变化较

大时，应说明变化的原因。

3）储运设施。描述储运工程的建设内容，原料、燃料等进厂和产品出厂的物流是否顺畅、便捷，装卸是否及时、经济、合理，与可研报告对比说明方案变动内容。评价储运实际运行效果以及储运方案的合理性和存在问题，提出改进意见。

4）公用工程和辅助设施。描述公用工程和辅助设施的建设内容及水、电、气、风等实际运行情况，与可研报告比较，说明实际建设方案对项目投资和效益的影响程度及项目投产后公用工程消耗平衡对比情况。从运行管理、经济合理等角度评价公用工程和辅助设施方案的合理性及存在问题，并提出解决方案。

（4）节能、环保及安全、职业病防护后评价

1）节能。对比可研报告，说明项目实施过程中节能措施的落实情况和实施效果，说明项目实施后综合能耗指标的完成情况，对照同行业先进指标值，分析项目的能耗情况。

2）环保。说明项目实施过程中对《环境影响评价报告》提出各项措施的落实情况，说明各装置“三废”排放状况及对比情况，通过项目“三废”实际排放情况与设计值对比，说明各装置“三废”排放是否达到设计要求，指出与同行业先进水平的差距，分析存在问题，提出改进建议。说明项目各环保装置运行状况和项目建成后企业污染总量控制情况，说明项目各环保设施实际运行情况，评价其处理能力和效果与环保要求的符合度。

3）安全、职业病防护。说明项目实施中对安全、职业病防护报告中各项措施的落实情况，说明项目开工后有关安全、职业病防护事故及其损失和处理结果，评价项目安全、职业病防护设施是否合理、有效，分析原因，提出改进建议。

11.2.5.4 项目经济后评价

主要包括项目资金筹措、项目财务、财务风险控制以及经济效益评价等内容。

（1）项目资金筹措及财务风险控制后评价

评价项目实施资金筹措情况，将项目实际融资情况与可研报告融资方案进行对比，说明并分析融资渠道、融资成本的变化和原因，以及变化对项目的影响。评价项目实施财务风险控制情况，总结项目实施过程中资金筹措和财务风险控制的经验与教训。

（2）项目财务后评价

将项目实际竣工决算与可研报告估算、基础设计概算进行对比，说明项目投资费用变化情况，分析变化原因，总结降低费用、节约投资和超出概算的经验和教训。分析项目对企业效益的影响，给出企业“有－无”项目效益对比，对于改扩建项目，给出各装置“有－无”项目成本对比。

（3）经济效益后评价

说明项目投产经营情况，包括主要原料和公用工程消耗、产品价格、产量及产品

销售等情况，对比可研报告经济效益指标，分析变化原因，评价项目经济效益是否达标，提出建议对策。

11.2.5.5　项目影响后评价

主要评价项目经济影响、环境影响和社会影响等内容。

（1）经济影响后评价

评价项目经济效益在各利益主体之间分配的合理性，评价项目对技术进步的推动作用，评价项目建成后对国家和地方产业结构合理化的作用和影响。

（2）环境影响后评价

评价项目“三废”排放对当地环境的影响程度，评价项目对自然资源保护与利用的影响，重点评价节约能源、节约水资源、土地利用和资源综合利用等方面，评价项目对环境的水土保持、移民、安全、泄漏等影响。

（3）社会影响后评价

从劳动力就业、居民生活条件和生活质量、地方发展等方面分析项目对国家、地方和社会发展的贡献和影响。

11.2.5.6　项目竞争力及可持续性评价

主要分析影响项目竞争力、项目工艺技术、市场营销和项目可持续性等内容。

（1）项目竞争力

1）产品成本竞争力。采用统一原材料价格，对项目主要产品进行成本分析，从工艺先进性、产品品种、设备、物耗和能耗水平、折旧率高低等方面进行差异分析，并与行业同类产品成本数据进行对比，评价项目产品成本的竞争力水平。

2）产品市场及营销竞争力。从产品市场容量、消费者状况、替代品影响及竞争者状况等方面进行市场竞争力分析。从营销机制、销售服务网络建设、产品满意度及主要产品售价等方面进行营销竞争力分析。

3）项目规模与技术竞争力。从装置工艺、产品方案、规模以及物耗、能耗、工艺设计、操作规程、设备选型等方面论述该项目采用技术的先进性、创新性、适用性以及投资成本的优越性。

（2）项目可持续性

1）根据项目的财务评价结果，说明项目是否能够持续经营。

2）从总平面布置、储运、公用工程、系统配套以及环境保护、地理位置、交通运输、财务信贷、市场占有比例、销售服务网络、产品定价等方面，分析项目对企业可持续发展的优势和不足。

11.2.6　后评价实施要求

1）项目后评价工作实施包括项目自评价、后评价工作计划、后评价委托、后评价报告编制、后评价报告交付、后评价报告验收及后评价成果反馈和落实整改等内容。

2）后评价项目重点是对企业核心业务发展、整体布局改善、产业结构调整、市场竞争力提升有较大影响的项目，对今后发展有示范、影响和指导意义的项目，采用新技术、新工艺、新材料和新设备等具有价值的投资项目。

3）承担后评价单位或机构应有相应资质要求，对后评价报告质量和相关结论负责，并承担后评价项目商业保密的责任，在接受委托后组建工作组，收集相关信息，按照后评价规定和合同要求，独立、公正、科学、客观地对项目进行全面系统的评价。

4）项目建设单位对后评价报告提出的问题、结论和建议应及时反馈并落实责任部门进行整改，总结经验教训、举一反三，保证后评价成果得到推广、实施、借鉴，提高企业管理水平和投资效益。

5）后评价工作所需费用由项目建设单位支付，取费标准按照《建设项目前期工作咨询收费暂行规定》（计价格〔1999〕1283号）关于编制可行性研究报告的有关规定执行。项目建设单位编制自我总结评价报告的费用在投资项目不可预见费中列支。

CHAPTER 第12章

石化工程节能与环保

石化工程节能贯穿项目整个全生命周期，从项目前期的能源规划，到项目执行过程中的能量集成及过程节能，再到后期节能诊断等；从节约能源消耗量出发，统筹利用各种能量，提出企业用能方案，规范能源利用方式，从而实现既定节能目标。为了达成石化工程环境保护目标，本章简要介绍了环境友好的工艺技术、石化行业常用污水处理及污水再生处理技术、典型废气防控技术、固体废物的处理和处置技术、地下水及土壤污染防控技术以及噪声防控技术。

12.1 石化工程节能

12.1.1 概述

石油化工行业能源耗量在工业总能耗中占比巨大，节能减排与绿色低碳发展成为流程工业企业可持续发展、与自然环境和谐相处的必然趋势。石化工程节能是从节约能源消耗量出发，统筹利用各种能量，对能量利用进行分析和诊断，提出企业用能方案，规范能源利用方式，从而实现既定节能目标。

石化工程节能涉及的范围可以是全厂级、装置级或单元级的，提出系统层面、工艺层面、设备层面、仪控层面或以上任意组合的节能措施等。

12.1.2 石油化工能耗影响因素分析

开展石化工程节能设计，首先需要明确企业能源消耗与那些因素相关。通常石油化工能源消耗与原料性质、总加工流程、产品方案及产品质量、加工负荷、装置规模、运行周期等因素有关。

（1）原料性质

所加工原料的性质对装置能耗影响巨大。以炼油厂为例，原油的API度、含硫含氮量、胶质含量等性质直接决定了二次加工装置的难易程度，对全厂能耗有很大影响。

（2）总加工流程

总加工流程不同，企业的工艺装置类型、数量会存在很大差异。例如，采用加氢型总工艺流程的石化企业长于采用焦化型总工艺流程的石化企业，装置数目也多于后者，能耗亦高于后者。

（3）产品方案与产品质量

以常减压装置为例，生产润滑油料与生产催化原料相比，前者对产品分割要求较严格，分馏精度较高，相应地要求较高的过汽化率，同时还需要增加保证产品质量的汽提蒸汽等，因此与燃料油型原油蒸馏装置相比，润滑油型装置能耗相对要高。

（4）加工负荷

装置低负荷运行通常会使装置能耗上升。装置能耗分为可变能耗和固定能耗。可变能耗随加工负荷变化而变化；固定能耗则不随加工负荷变化而变化。

（5）装置规模

装置规模达到一定规模效应后，设备效率提高，单位操作能耗亦降低。

（6）运行周期

装置操作后期，传热通常都变差，操作恶化。因此，能耗在运行末期一般都要比初期高。

12.1.3 能量转换、利用系统

外界供入工艺装置的能源，包括有燃料、电、蒸汽等。进入工艺过程的能量在推动各种单元过程中质量降低。除了转化为产品能量部分外，这些“利用过”的能量有些可以通过各种换热器、膨胀机、蒸汽发生器等设备回收重新利用，然后通过各种形式排入环境。

上述能量在过程系统中转换、利用、回收和排出的演化具有普遍性。按照在能量演化中的功能分为三个环节即子系统，识别各单元操作过程属于哪个环节，阐明各环节之间的关系，便可清楚地反映出过程系统的能量结构。图12-1所示为过程系统中能量演化图。图中从左边的原料到右边的产品是物料变化的过程。

12.1.4 工程节能的内容

工程节能的内容包括节能工程咨询和节能工程设计与优化。图12-2给出了典型的石化工程节能知识图。

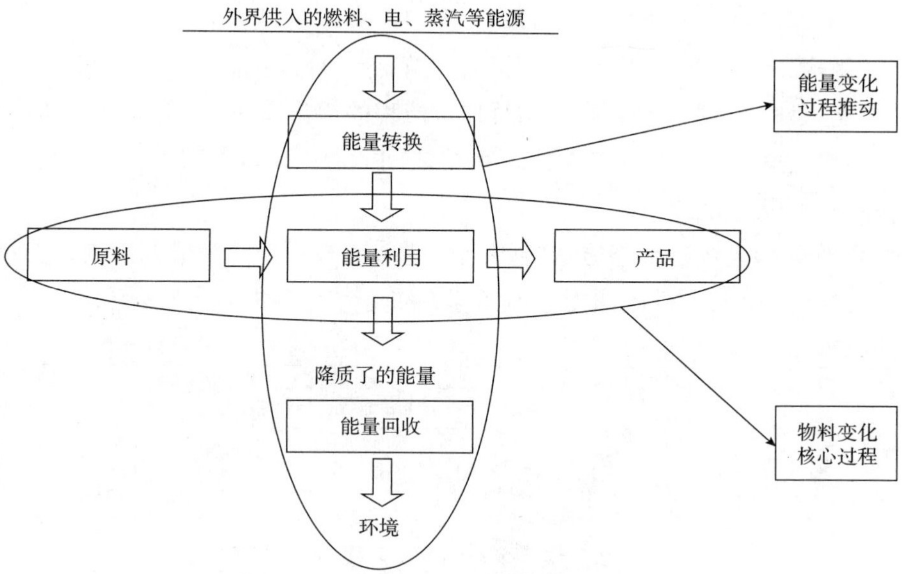

图 12-1　过程系统能量演化

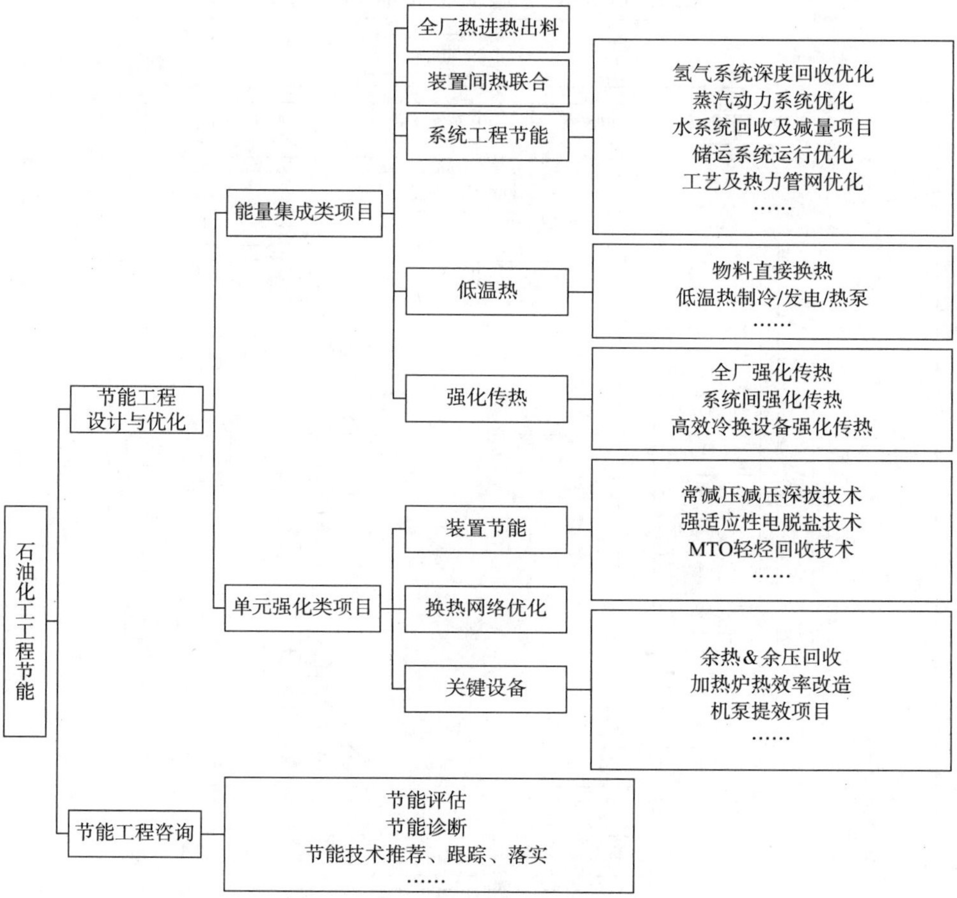

图 12-2　典型的石化工程节能知识图

（1）节能咨询

节能工程咨询包括节能规划、节能评估、节能诊断、节能技术推广等。

1）节能规划。节能规划是指参与总加工流程的优化设计及公用工程资源的优化配置，提出装置之间、装置与系统之间、系统之间能源互供方案建议，实现全厂能耗最小化目标的一种规划方法。

炼化企业创新系统化节能方法将炼化企业节能规划划分为能源规划、能量集成、单元强化三个层次。图12–3给出了炼化企业创新系统化节能方法的示意图。

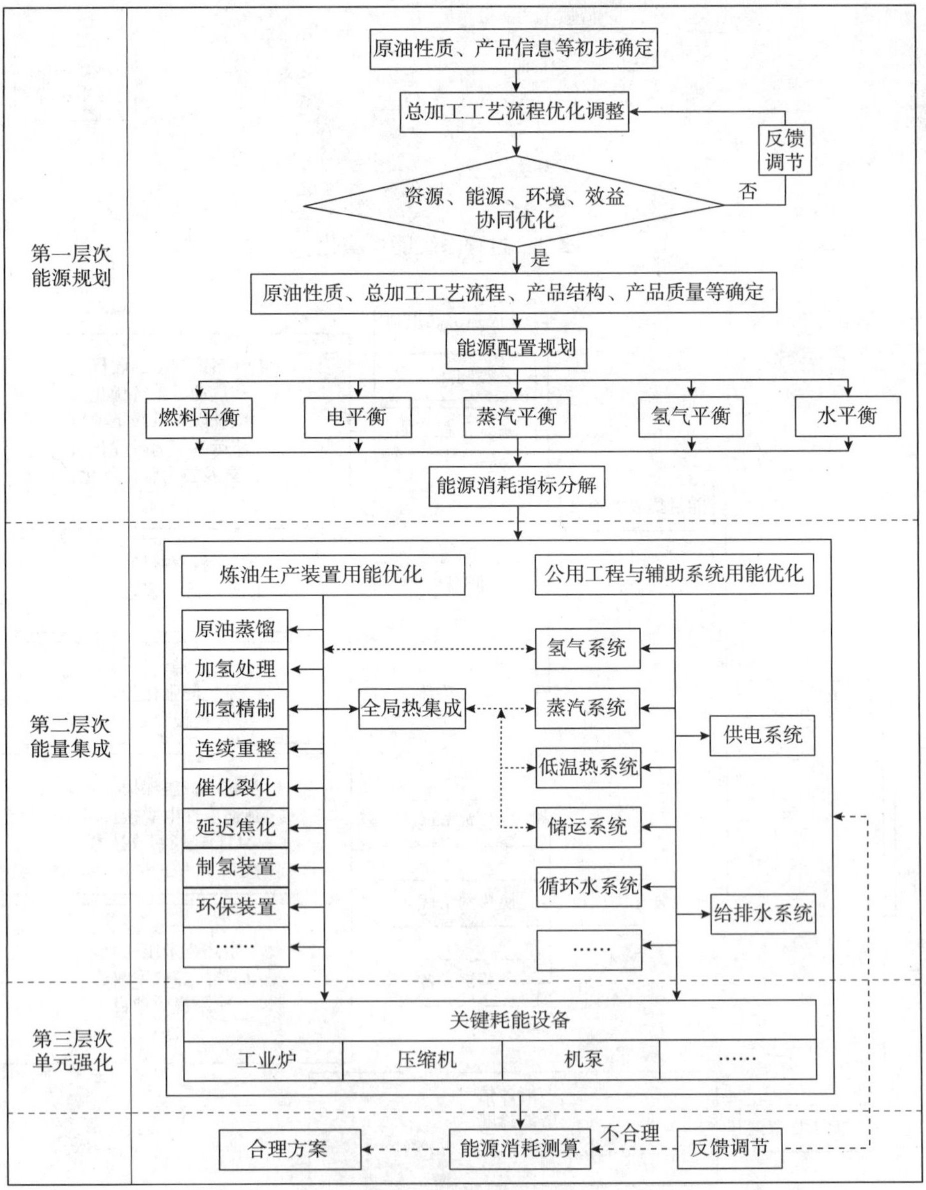

图12–3　炼油企业创新系统化节能方法示意图

①能源规划：无论是新建、改扩建炼化企业，还是已经投产运行的炼化企业，开展节能工作的首要任务是优化调整炼化企业总加工工艺流程。具体步骤为：

A. 以石化企业原油性质与目标产品信息为基础，以资源、能源、环境、效益等要素协同优化为目标，通过综合权衡和多目标优化，确定石化企业总加工工艺流程。

B. 以总加工工艺流程为基础，分析石化企业能源消耗结构，测算石化企业能源消耗工程极限值。

C. 对比分析能源消耗工程极限值与运行（设计）能源消耗值，制定节能目标，提供能源配置规划建议。能源规划建议主要涉及：燃料来源及使用方案、动力锅炉设置、电力供应及保障、蒸汽平衡、循环水场设置、制氢规模设置、氢气管网设置、热集成等方面。

D. 结合节能目标和能源规划建议，将能源消耗指标分解至各石化生产装置、公用工程与辅助系统，作为指导和约束能量集成与单元强化开展工作的指标。

②能量集成：主要完成石化生产装置、公用工程、辅助系统的用能优化，是落实石化企业能源规划的关键组成部分。图 12–4 给出了石化企业能量全局优化策略示意图，该策略提供了实施石化企业能量全局优化的逻辑关系。首先进行工艺装置的用能优化，包括反应、分离等核心过程工艺改进和参数优化；在此基础上，一方面开展氢气系统的优化，另一方面建立装置间热联合和优化换热网络等；随后开展罐区和辅助系统的用能优化，按照温位匹配、梯级利用的原则，降低不必要的蒸汽或其他高品位能量的消耗，然后对全厂的低温热综合回收利用，按照“长期、稳定、就近”利用的原则，结合全厂平面布置，设计合理的低温热系统，同时开展循环水系统的用能优化；优化

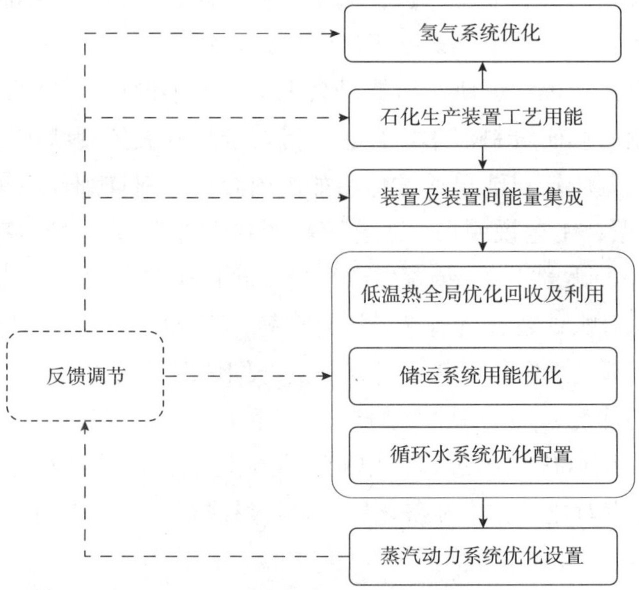

图 12–4　炼油企业能量全局优化策略示意图

蒸汽动力系统，包括蒸汽管网和凝结水系统等，结合全厂蒸汽需求和炼厂气平衡状况，对蒸汽动力系统提出优化的改造和运行策略。

③单元强化是实现石化企业能量全局优化的重要基础条件，主要涉及关键耗能设备的强化、优化利用。通常石化企业关键耗能设备包括：工艺装置反应设备；工艺装置余热、余压回收系统、设备；功率不低于10 MW的加热炉；轴功率不低于1000 kW的容积式压缩机；轴功率不低于2000 kW的透平式压缩机；轴功率不低于200 kW的机泵等。单元强化的主要实现方式是对单个过程、单元或设备开展节能专项技术改造或应用。

2）节能评估。石油化工节能评估包括固定资产投资项目节能审查评估、节能专篇、专项节能评估等。节能评估是一项重要的石油化工工程节能咨询业务，从政府层面、行业层面、企业角度对评估对象是否符合政策、法规及标准，用能水平是否达到要求，是否先进等进行评判。节能评估依据《固定资产投资项目节能审查办法》（国家发改委令第44号），从以前的前置审批，调整为强化节能评估审查和事中事后节能监察，覆盖的阶段及范围变大。

3）节能诊断。为石油化工企业量身定做的“处方式”节能诊断是现有企业消除瓶颈、提高能源利用效率、节能降耗、增产增效的重要内容。

节能诊断是在既定总工艺流程基础上，通过对全厂及单装置的能耗与先进值对比，查找问题，提出工艺、系统、设备层面上的节能优化建议，推荐先进的节能工艺技术、节能设备；完善企业节能器具管理；帮助企业建立节能管理体系及监督机制等。

节能诊断工作流程包括接收任务单及确定项目经理，设计输入条件确认，召开项目开工会，组织现场调研和业主对接，编制专业节能咨询报告，编制汇总节能咨询报告等。如图12–5给出了典型节能诊断工作流程。

节能诊断内容包括现状调研、节能机会识别、方案设计、技术经济比较等。现场调研可以按照定制的调研资料清单、数据表等对全厂及装置现状进行精准把握。以原油蒸馏装置为例，调研资料清单通常包括如下内容：原料详细性质（含原油及其他进料）；产品分析数据；工艺说明书；工艺流程图或设计PFD（含物流信息）；DCS截屏（包括加热炉和余热回收部分）；装置生产月报（近12个月）；有代表性的标定报告；操作规程；装置设备台账；装置负荷率，物料平衡，产品指标（工艺卡片）；能源消耗数据表；装置热联合情况（含外供热和外来热的详细情况及要求）；换热网络和换热终温情况；低温热利用情况；加热炉相关资料；公用工程相关资料；变频使用情况等。在现状资料基础上辨别可优化的过程，单元强化节能点，设计针对性改进及优化措施，必要时还需进行方案对比及技术经济比较。最终形成企业节能咨询（诊断）报告。

（2）节能工程设计与优化

节能工程设计与优化是指与节能相关的节能单体工程、技术改造项目、能源利用

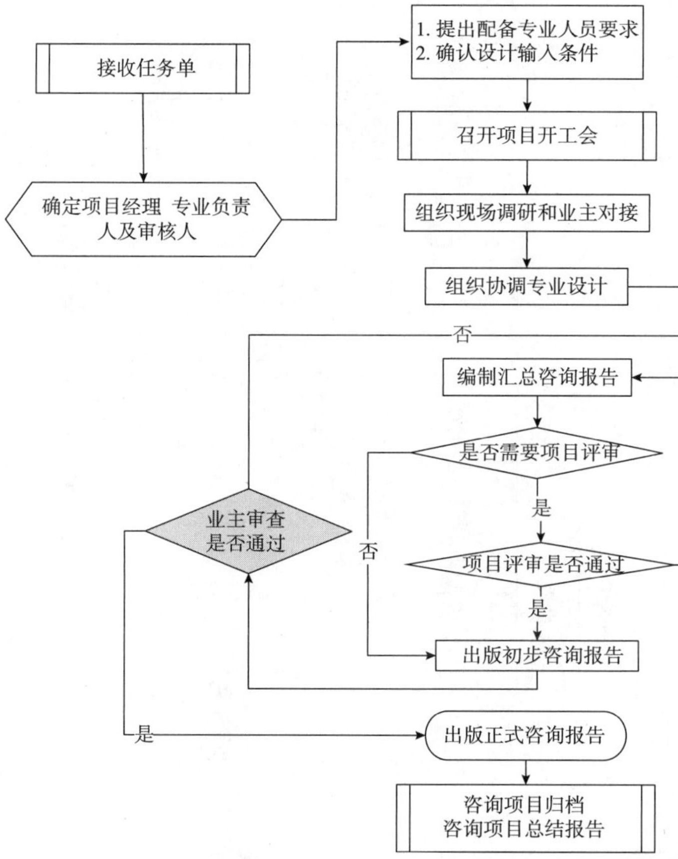

图 12-5　节能诊断工作流程图

升级项目等。石油化工常见的节能项目包括能量集成类项目，如全厂热进热出料改造、装置间热联合、氢气系统深度回收、全厂蒸汽动力系统优化、水系统回收及减量项目、工艺及热力管网优化、低温热回收利用等；另一类为单元强化类项目，如工艺装置节能设计、装置级别以夹点分析为基础的换热网络优化、余热&余压回收、加热炉热效率改造、机泵提效项目等。节能工程项目的实施与一般炼化项目运行方式类似。对于小型节能技改，新技术应用项目等还可以采用合同能源管理方式运作。

1）能量集成类项目：

①全厂热进热出料能量集成：首先选定目标炼油企业，筛选并确定存在热集成机会的工艺装置；基于热集成分析策略，对各个装置进行分析，收集热输出、热输入物流需求信息，汇总至多装置热集成物流信息数据库；基于工程知识，如考虑总平面布置等约束，给出可能的跨装置热集成方案；对各个跨装置热集成匹配组合进行经济可行性分析，如经济性不合理，不支持该热集成方案；如经济性合理，输出该热集成方案；最后，汇总各热集成方案，优化装置及装置间换热网络。如图 12-6 给出了炼油企业及装置热集成分析策略框图。

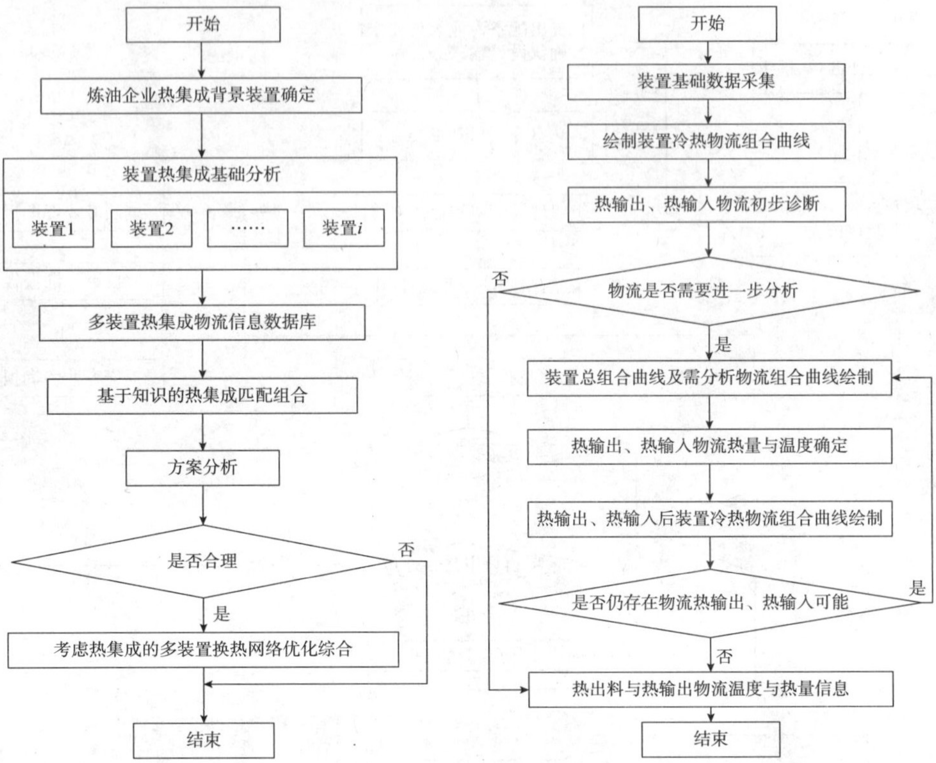

图 12–6　装置及炼油企业热集成分析策略框图

②全厂蒸汽动力系统用能优化。蒸汽处于能量转换环节的前端，一次能源必须首先转换为蒸汽和动力，才能为工艺装置所利用。蒸汽动力系统节能设计与用能优化一般包括下述三个方面：

A. 复杂工况下的蒸汽平衡与动力源驱动方式优化；以满足工艺装置用汽为基础，确保工艺物流合理发生蒸汽，合理优化匹配动设备动力源驱动方式，合理设计蒸汽管网压力等级；进而考虑关键工艺装置蒸汽产耗规律及工艺参数波动，实现热电联供，实现炼厂在复杂工况下的蒸汽平衡和优化，避免不必要的减温减压和蒸汽放空。

B. 蒸汽系统设备调优：优化热工锅炉、汽轮机组、抽凝抽背机组的运行参数及效率，优化装置内锅炉及热回收发生器设备产能，结合工艺运行、燃料成本、电力成本合理优化蒸汽系统运行成本。

C. 蒸汽管网模拟及优化：优化调节不同工况时蒸汽管网的适应性，确保蒸汽管网优化运行，合理调整流量，做好保温排凝等，降低蒸汽输送损耗。

蒸汽动力系统优化设计流程方框图如图 12–7 所示。

③低温热系统用能优化。工艺装置及装置间的热量优化后，温度在 120℃以下的剩余热量称为低温余热，是工艺装置、系统部分通过内部优化后仍无法利用的热量。炼化企业低温余热实质上来源于炼化厂所耗用的能源，是热能的转化形式。而回收利用

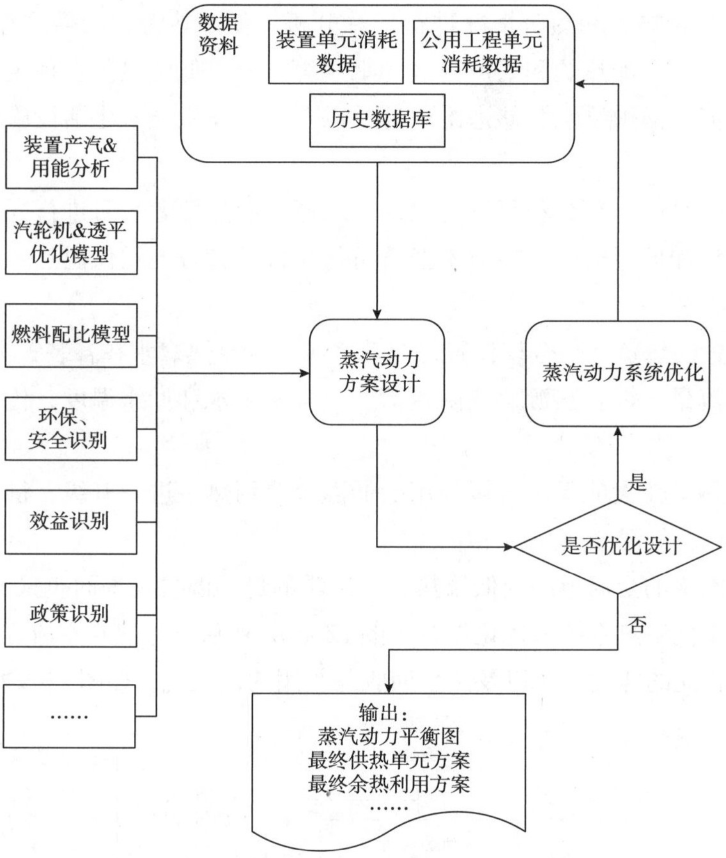

图 12–7　蒸汽动力系统优化设计流程方框图

的低温热量又会用于炼化企业内部，其节省的能量就是节省消耗的能源，因此，低温余热利用措施利用的是低品位热能，而节省的是高品位能源，同时可减少冷却负荷。

低温热是工艺装置内部失去回收利用意义的热量，因此需要纳入全厂大系统加以利用，充分综合和平衡各种因素，以期实现整体回收和利用，特别是随着节能工作的不断深入，低温热的回收利用是炼化能量优化过程必不可少的一个方面。

A. 低温热资源的分布。炼化企业中低品位的能量主要包括低温热能、低压动能、排弃热能等。

通常，在炼化企业的催化裂化装置、加氢裂化装置、延迟焦化装置及辅助系统等均会产生大量的低温热量，介质主要有各种油品，各类生产用水、加热炉烟气、再生烟气、硫黄（硫酸）、胺液等，所含的低温热占据了全厂低温热总量的 40% ~ 60%。平均单个炼化企业的低温热总量均在 80MW 以上。

B. 大系统回收低温热。低温余热回收利用系统的建立，要充分调查分析热源和热阱，通常包括以下步骤：

对企业的低温热源和热阱进行调研，确定各热源和热阱处低温余热的品质类型、能级、总量等，对热源和热阱情况进行汇总分析。低温热源包括需冷却的工艺物流、凝结水、排放乏汽、加热炉和锅炉排放的烟气等方面；低温热阱包括企业内需加热的低温位工艺物流、锅炉给水、储运维温等，以及向企业生产、生活设施供冷和供热等方面。

根据“温度对口、逐级利用”的原则，对调研的热源和热阱进行合理搭配，选择适宜的低温热源和低温热阱，在技术经济可行条件下充分利用低温热，确定低温余热在各装置间的流向。

根据各装置的热负荷，合理设置低温热系统，计算热媒水在各装置进出口的温度，确定热媒水的流量。综合热源、热阱负荷，热媒水供水和回水温度，优化取热与利用换热流程。

对低温余热量较大、无法直接利用的低温余热用热泵进行升级，待提高余热品位后再利用，以提高低温余热的利用率。

在充分考虑炼油全局范围内低温热源、热阱的量、温位及平面布置等具体条件下，首先进行热媒水低温热系统的优化设置（图12–8），然后通过热媒水流程的串、并联设计，实现冷热物流的匹配优化以及热量回收与利用的最大化，如图12–9所示。

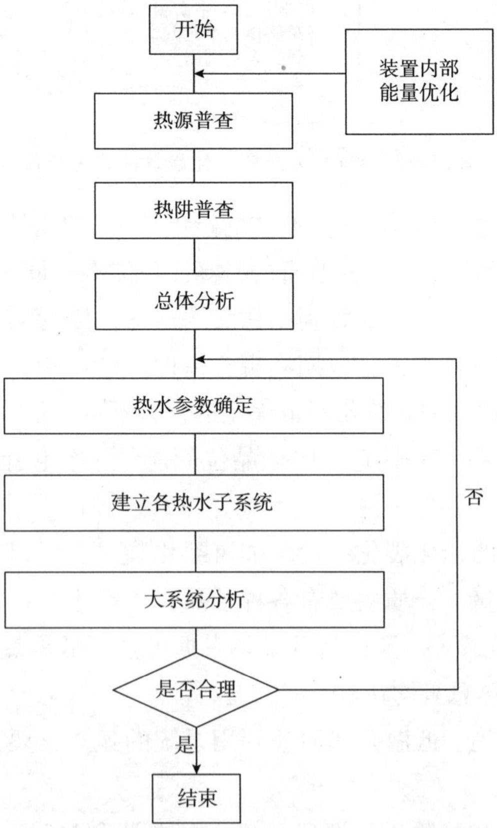

图12–8　低温热媒水系统设置步骤

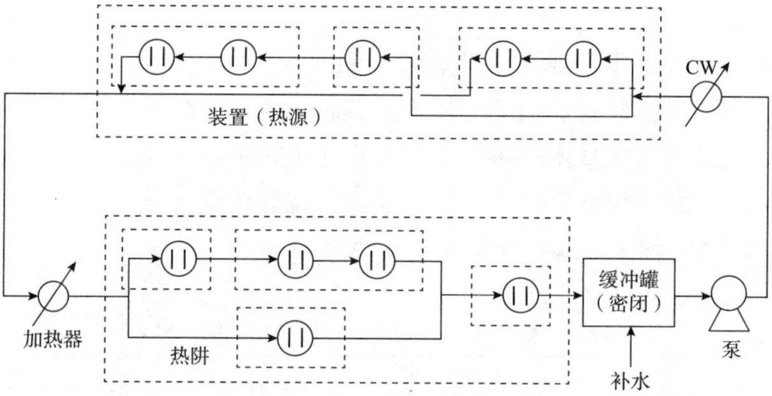

图 12-9　热媒水循环低温热回收利用流程图

C. 低温热利用原则。低温热作为炼化企业能量系统产生的余热资源，其优化利用的原则包括：

首先是采用装置能量综合优化和热集成方式减少低温热的产生；其次是充分挖掘和利用各种低温热阱，主要是储运单元、管线伴热、厂内外生活和采暖用热等，合理匹配；低温热利用必须在系统全局范围内统筹考虑和规划，不能分散、孤立地考虑。要在全系统（全厂）或距离较近的、相对集中的装置群内对已明确的低温热源和热阱实施优化匹配；所有的低温热利用措施都有子系统优化设计问题，像换热网络优化一样。以上措施回收利用后若仍有余，则需在匹配的同时，一并考虑升级利用措施。

D. 低温热利用方式。低温余热资源的主要利用途径有两类，一是按级匹配利用，即向温位更低的物流换热，主要包括：为低温再沸器提供热源、预热空气储罐与管线维温伴热、原油预热、北方冬季采暖提供生活热水等；二是升级利用，具体表现为热升级、制冷做功等形式，包括：第一类吸收式热泵、第二类吸收式热泵、溴化锂制冷、低温发电（图 12-10）、海水淡化等。

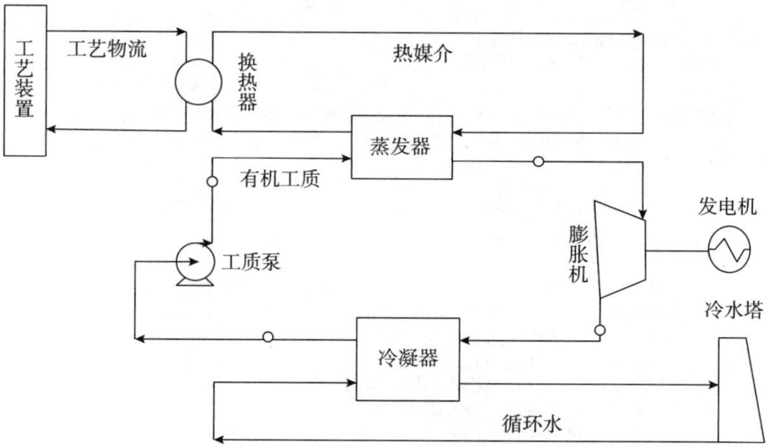

图 12-10　发电技术示意图

2）单元强化类项目：

①工艺装置节能技术。典型工艺装置节能设计与用能优化一般应遵循下述顺序：首先，选取合适的工艺装置通用节能技术；其次，基于工艺装置具体用能特点，选取合适的典型工艺装置节能技术；再次，参考企业正在运行的现有工艺节能技术改造工作进一步优化工艺装置用能。工艺装置节能是实现炼化企业全厂节能的关键基础，炼化工艺装置主要节能技术汇编一览表参见表12–1。

表12–1　炼化工艺装置主要节能技术汇编一览表

技术领域	技术汇编
工艺装置通用技术	1）优选节能工艺技术，优选高效催化剂，合理降低反应苛刻度； 2）优化反应–分离、分离–反应顺序； 3）优化多组分物料分离序列； 4）优化回流比、进料位置、进料状态，合理设置中间再沸器与冷凝器，降低分馏过程能耗； 5）优化复杂分馏塔取热； 6）强化工艺装置间热直供料； 7）优化装置换热网络，合理副产蒸汽； 8）合理消除重复冷却、升温冷却、分离混合、升压降压工艺流程； 9）合理消耗氢气，避免过度加氢，适度回收、提纯含氢气体； 10）优化回收烟气、中高压液相物料携带的压力能； 11）按照“温度对口，梯级利用”原则合理利用蒸汽、循环水； 12）设置加热炉余热回收系统，合理提高加热炉热效率； 13）优化机泵运行性能，大型机泵适度设置变频器； 14）合理强化冷换热设备传热； 15）大系统、合理回收利用低温余热等
原油蒸馏装置	1）考虑原油性质、加工方案，产品质量及产品分布的装置工艺路线选择优化； 2）常压塔过汽化率优化； 3）常压塔、减压塔吹汽量优化； 4）抽真空方式优化等
催化裂化装置	1）考虑原料性质、生焦率及产品分布的装置工艺路线选择优化； 2）风机–烟机–汽轮机–发电机动力平衡优化； 3）反应油气–分馏塔操作压力–富气压缩机功率协同优化； 4）余热锅炉补燃量优化； 5）内外取热器发生蒸汽等级与数量优化； 6）催化油浆热量合理利用优化； 7）汽提、雾化、分馏塔吹气量优化； 8）主分馏塔与吸收稳定热集成优化； 9）吸收稳定系统节能优化； 10）与气分装置热联合优化等
加氢类装置	1）原料性质、产品质量、反应深度、氢气浓度与压力需求协同优化； 2）反应温度、氢分压、空速、氢油比等反应条件优化； 3）冷、热高分分离方式优化； 4）氢、油混合方式优化； 5）反应流出物热量优化利用； 6）循环氢、新氢压缩机驱动源优化等
连续重整装置	1）原料性质、产品质量、反应深度、氢气浓度与压力需求协同优化； 2）反应温度、氢分压、空速、氢油比等反应条件优化； 3）四合一炉发生蒸汽压力等级与数量优化； 4）再接触冷能合理优化与利用； 5）汽提塔、分馏塔、稳定塔再沸器热源方式优化； 6）预加氢反应产物多级冷凝分离优化； 7）反应流出物热量优化利用等

②工艺装置节能工作方法。工艺装置节能工作开展应包含装置资料整理、节能机会识别、节能方案设计三个部分。装置资料整理是节能工作的基础，准确把握装置的设计参数、原料产品结构、工艺特点、工艺参数等内容后，即可有的放矢地开展装置节能工作。节能机会识别分为两个层次，第一个层次是经验识别，依据节能工程师的经验和知识，在准确把握装置概况的基础上，通过类比、排查等方法识别装置节能机会，提出具体的节能方案，这种节能机会识别一般指出的是大方向、定性的节能机会，但一般具有很强的可实施性；第二个层次是运用流程模拟软件、夹点计算软件等，通过仿真模拟，重现装置虚拟模型，核算确定装置用能不合理的、可优化的内容，实现节能机会的精准识别，这类节能机会的精确度较高，但是需要结合现场和工艺实际进行进一步的筛查、识别。实际节能工作中，这两个层次的节能机会识别通常是同时进行的，二者相辅相成。

③ 典型节能技术项目。根据表12–1中识别的节能技术，展开具体工程设计，落实节能措施。下面以加热炉节能为例，分析节能技术项目的实施步骤。

加热炉是炼油厂重要的能量转换设备，加热炉的燃料消耗在炼油装置能耗中占有相当大的比例。因此，提高加热炉的热效率，减少燃料消耗，对降低装置能耗具有十分重要的意义。

提高装置加热炉效率主要通过结合装置特点综合节能、降低排烟温度、降低加热炉过剩空气系数、强化燃烧、合理设置加热炉结构、减少加热炉散热损失，加强在线控制与炉膛温度场调控等途径实现。

A.结合装置特点综合节能。首先把加热炉同装置结合在一起，全面优化考虑，以便采取综合节能措施。在加热炉热效率一定的前提下，优化换热，降低加热炉热负荷是减少燃料消耗，降低装置能耗最直接、最有效的措施。20世纪炼油装置第一轮节能改造首先就是从优化换热流程，减少加热炉热负荷开始的。

将装置各加热炉烟气集中起来，联合进行余热回收，既可以提高余热回收系统的经济性，又能够在一定程度上平衡加热炉之间的热能利用，为各加热炉提供均一稳定的操作条件。现在新建的原油蒸馏装置加热炉一般都采用联合余热回收的形式，加热炉整体热效率可达到92%以上。

B.降低排烟温度。减少排烟热量损失可以有效提高加热炉热效率。降低排烟损失对提高加热炉效率作用明显。相关措施包括：

a.减小末端温度，即减小排烟温度与被加热介质入对流室温度之差。末端温差大，一次投资少，但加热炉热效率低，运行费用高；末端温差小，一次投资大，热效率高，运行费用低。通常烧燃料气的加热炉末端温差一般在30～100℃，烧燃料油的加热炉末端温差更高一些。

b.在对流室末端引入新的低温介质，进一步降低排烟温度。现在新建的原油蒸馏装置常压炉入口介质温度一般在300℃以上，导致烟气出对流室的温度很高，如果在对流室末端引入蒸汽、冷油料等需要被加热的低温介质，或者设置热媒水系统回收烟气热量，就可以有效降低烟气出对流室的温度。

c.采用空气预热器预热空气。在加热炉其他参数不变的情况下，空气预热温度与热效率提高幅度的关系见图12-11。由图可见，空气温度每提高20℃，加热炉热效率约提高1%。

d.除灰除垢，保证加热炉长期高效运转。不完全燃烧产生的炭粒和灰分等烟尘均会污染对流室炉管的外表面，增加热阻，降低传热效果。为保证管式炉长期高效率运转，须定期清除积灰。

e.回收烟气潜热。近几年，燃料的使用多采用低硫气体燃料，可以有效地避免“露点”腐蚀问题，从而使加热炉的烟气排放温度尽量降低，回收更多烟气显热。

C.降低加热炉过剩空气系数。图12-12表示在不同排烟温度下，过剩空气系数c每增加0.1，加热炉热效率相应下降值的变化情况。充分表明降低过剩空气系数可以有效减少排烟损失，提高加热炉热效率。影响过剩空气系数的主要因素主要包括：

a.燃料性质：气体燃料与空气混合均匀，过剩空气系数较小，在1.05～1.15；液体燃料不易与空气混合，其过剩空气系数介于1.15～1.25。液体燃料多通过采用增加燃料雾化效果，使得燃料与空气充分混合，以降低空气过剩系数。

b.燃烧器特性：目前强制鼓风式的燃烧器过剩空气系数一般要比同种燃料类型的自然引风式燃烧器过剩空气系数小0.05。新型平行气流燃烧器的空气过剩系数可降低至1.025左右。

D.强化燃烧。强化燃烧能达到提高燃料燃烧效率及降低过剩空气系数的目标，高效燃烧器能强化燃烧过程，保证燃料完全燃烧。

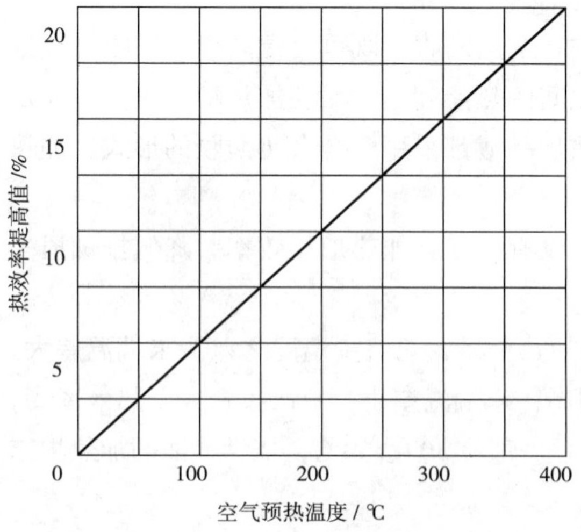

图12-11　空气预热温度与热效率提高幅度的关系

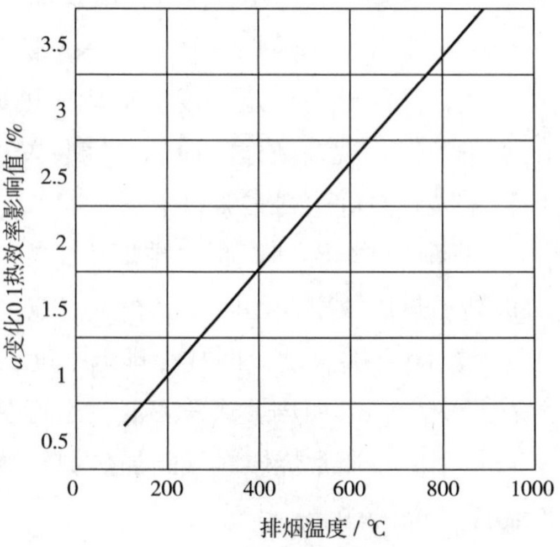

图12-12　过剩空气系数对热效率的影响

E.合理设置加热炉结构。合理的炉管分布结构可以使得加热炉炉管内物料获取更多的热量，也是提高加热炉效率的重要手段。

F.减少加热炉散热损失。减少加热炉热损失的主要措施包括：采用耐热与保温新材料；控制炉膛温度，避免出现超温、烧坏炉墙等事故等。

G.加强在线控制与炉膛温度场调控。在炉膛内，传热量的大小与炉膛温度和管壁温度有关。设置加热炉燃烧管理系统，实施炉膛温度场调控和燃烧优化，加强炉膛监测及燃烧诊断可以将燃烧器放热与炉管吸热进行优化匹配，充分合理地利用热能，从而提高加热炉效率。

12.2　石油化工工程环保

石油化工工程应在项目的生命全周期的每一个环节均做到本质环保，才能防止环境污染和生态破坏，实现企业与环境的和谐共存，这就要在工程建设中以清洁生产为原则，采用绿色工艺技术，过程精细管控污染，生产环境友好产品，构建资源能源消耗低、循环经济水平高的石化工程。

在工程建设过程中，需要对建设期和建成后可能对环境产生的影响进行预测、分析和评价，科学评估建设地区相关资源、各环境要素的承载力和环境容量等可能的制约因素，根据评价结果采取相应适合的工程环保策略和污染防控措施，满足项目所在地环境质量和项目环境目标的要求。

在工程设计阶段，要落实防治环境污染和生态破坏的各项措施；工程建设期间进行专项环境监理；竣工后对石化工程的环保设施依法合规验收；营运过程中监管排污口、厂界环境，执行排污许可制度，规范运营环保设施。

为了构建清洁环保的石油化工工程，在工程建设过程中需要统筹考虑各项环保策略和措施，通常包括以下六个方面。

12.2.1　环境友好的工艺技术

优先选用“三废”产生量、排放量少的工艺，使用绿色原辅材料和清洁燃料，优化能源和产品结构，实现能量梯级利用，实现原料、过程、产品全流程的清洁环保。

（1）三废量少的工艺技术

在石化项目常见的数十套工艺装置中，同一套工艺装置，如果采用不同工艺技术，其所产生的三废量也有很大的差别。

从环境保护的角度来看，毫无疑问应优先选择“三废”量产生少的工艺技术；工作中也存在着这样的情况，即“三废”产生量少的工艺技术装置本身投资低，但是实际上应将产生的“三废”的治理费用一同考虑，有时装置投资省出的费用弥补不了

“三废”处理增加的费用，因此综合测算技术经济指标会有不同的结果。

（2）原料、燃料、产品的清洁化

在石化工艺过程中，原料、燃料、产品都是流程工业的一部分，在过程中不可避免地会产生一些泄漏，这些物料、介质的清洁化、低毒化、无毒化一方面减少了对企业员工的健康风险，另一方面也减少了对环境的污染。

燃料的清洁化，会减少由于燃料燃烧排放烟气而排入环境空气的污染物。比如用脱硫清洁燃料气替代燃料油或者煤，会较大幅度地减少烟气中烟尘、二氧化硫的排放量，燃气可以更为有效地采用低氮燃料技术，较常规燃气、燃油、燃煤排放的NO_x会有较大程度的降低。

（3）高效利用能量

节能体现在环保上即是降低污染物排放，在石化企业提高能量效率的方法较多。包括：改进工艺装置内部单位热能利用，如可将渐次蒸馏概念应用于分馏部分，改善烟气废热回收，利用窄点技术优化换热流程；实现工艺装置之间的热联合，避免连续的工艺装置之间工艺物流的冷却和加热，将上游的热产品直接作为进料送入下游装置；改进工艺技术节能，如改进催化剂，使加氢装置在较低的氢分压下运转；采用热电联产技术，用燃气透平发电，同时用烟道气加热工艺物流等。

12.2.2 污水处理及污水再生处理技术

石油化工污水处理应遵循清污分流、污污分治的原则，按照污染物种类和浓度的不同以及处理目标的不同，采用合理的污水处理工艺和污水再生处理工艺，实现达标排放和再生利用。

（1）污水处理工艺流程

污水处理工艺流程是指污水处理所采用的一系列处理单元的组合形式，一般应结合污水处理场场址的选择，根据污水水质、出水指标、处理程度等因素进行确定。石油化工污水主要来源于工艺装置排污水、循环水场排污水、地面冲洗水、生活污水、污染雨水等，污水水质主要取决于原油性质和组成、工艺装置的组成、工艺技术的先进性、工艺过程和产品的种类，反映污水水质的主要指标包括pH值、石油类、悬浮物、COD_{Cr}、BOD_5、氨氮、总氮、总磷、硫化物、氯离子、总溶解固体等。目前，石油化工污水处理工艺多采用“预处理–生物处理–深度处理”的组合工艺流程。

1）预处理工艺。石油化工污水预处理的作用主要包括：均质与调节、pH值调节、石油类去除、悬浮物去除。

①均质与调节。均质与调节的目的在于尽量减少污水处理进水的水量与水质的波动，其中，水质的均化称为均质，水量的均化称为调节。由于石油化工企业生产装置多、工艺流程复杂，装置排污具有非连续排放、非周期性变化、水质波动大等特

点，为了避免对污水处理设施（尤其是生化处理设施）的冲击负荷，提高污水处理操作的稳定性，预处理单元应设置均质与调节设施。调节设施的容积应根据水质、水量变化计算确定。如某石化污水处理场含油污水处理系列在隔油设施前设置污水调节罐（V=15000m^3），对应调节时间为24h，罐壁安装搅拌器强化均质作用，罐顶和罐底设有收油排泥措施。

②pH值调节。pH值调节的目的包括通过酸碱中和满足生物处理工艺对pH值的要求。对于含碱污水（含酸污水）应先进行中和处理，使污水pH值达到6～9，保证后续生物处理工艺的正常运行。

③石油类去除。石油类作为石油化工污水中的主要污染物之一，通常以浮油、分散油、乳化油、溶解油的形态存在。根据水中油存在的形态差异，可采取不同的方式去除。对于浮油和部分粗分散油，一般采用重力分离的隔油设施去除，如平流式隔油池、斜板隔油池；对于粗分散和乳化油，一般采用气浮法作为二级除油设施去除，常见的工艺包括涡凹气浮（CAF，Cavitation Air Floatation）、溶气气浮（DAF，Dissolved Air Flotation）。对于含油污水，一般在生化单元前设置浮选单元，使含油量＜20mg/L，必要时采用二级浮选。如某石化污水处理场隔油设施采取油水分离器－涡凹气浮－溶气气浮的组合工艺以满足后续生化单元对油含量的要求。

④ 悬浮物去除。污水中的悬浮物包括无机质悬浮物、有机质颗粒和微生物。悬浮物可以通过过滤、气浮、沉淀等物化方法去除，也可以通过生物吸附去除和生化方法转化；预处理单元是指无机质悬浮物的去除，石油化工污水处理一般采用调节、隔油、气浮工艺同时去除石油类和悬浮物。

2）生物处理。生物处理是污水处理的核心，主要目的是去除污水中的可降解有机物（COD）、氨氮和总氮。污水中COD可以划分为可生物降解和不可生物降解二类。对于可生物降解的COD优先选用生物处理工艺，不可生物降解的COD通常通过物化方法或化学方法处理，具体处理工艺一般应通过试验确定；氨氮可以通过生物、物理、化学等方法去除，常用方法包括生物硝化法、吹脱法和氯化法；总氮一般通过生物脱氮法去除。

根据处理过程中微生物对氧的需求，生物处理可分为好氧生物处理和厌氧生物处理。好氧生物处理是指在有氧存在的条件下，利用好氧异氧菌和好氧自养菌的作用进行的生物处理过程，包括COD去除、硝化和反硝化等；厌氧生物处理是指在无氧的条件下，利用厌氧菌的代谢作用进行的生物处理过程。生物处理工艺的选择应根据进水水质、排放水质的要求等因素确定。生物处理过程中重要的化学反应原理如下：

COD去除：

$$COD + O_2 + \text{营养物} \longrightarrow CO_2 + NH_3 + C_5H_7NO_2\text{（新细胞）} + \text{其他最终产物} \quad (1)$$

$$C_5H_7NO_2\text{（新细胞）} + 5O_2 \longrightarrow 5CO_2 + 2H_2O + NH_3 + \text{能量} \quad (2)$$

硝化：

$$NH_3 + 1.86O_2 + 0.98HCO_3^- \longrightarrow 0.98NO_3^- + 0.02C_5H_7NO_2 + 1.04H_2O + 0.88H_2CO_3 \quad (3)$$

反硝化：

$$2NO_3^- + 10[H](\text{电子供体}) \longrightarrow N_2 + 4H_2O + 2OH^- \quad (4)$$

厌氧生物处理：

$$C_xH_yO_z + H_2O \longrightarrow CH_4 + CO_2 + H_2 + \text{能量} \quad (5)$$

①好氧生物处理。好氧生物处理工艺按照微生物生长方式分为悬浮生长（活性污泥法）和附着生长工艺（生物膜法）。

A.活性污泥法。活性污泥法是应用最广的污水好氧生物处理技术，利用活性污泥微生物的吸附和氧化作用分解废水中的有机物，主要由曝气池、二沉池、曝气系统和污泥回流系统等组成。石油化工污水处理常见的活性污泥法工艺包括：传统的活性污泥法、延时曝气工艺（氧化沟）、A/O曝气、序批式活性污泥法（SBR）；新型工艺还包括短程硝化反硝化工艺、集成化A/O/S（即缺氧－好氧－沉淀一体化）工艺。

a.传统活性污泥法。污水和回流活性污泥从曝气池首端进入，呈推流式至曝气池末端流出，剩余污泥定期从二沉池排出系统。活性污泥对有机物的吸附、碳氧化和同化过程是在一个曝气池内连续进行的，主要用于去除COD及硝化。常规推流式活性污泥法如图12-13所示。

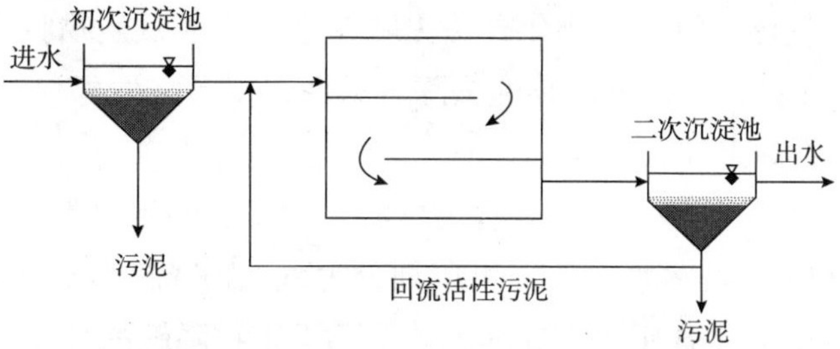

图12-13　常规推流式活性污泥法示意图

b.氧化沟工艺。氧化沟工艺于20世纪50年代由荷兰人发明，历经Pasveer氧化沟、Orbel氧化沟、Carrousel氧化沟、Kruger氧化沟等类型。污水和活性污泥的混合液在平面呈椭圆环形或环状曝气渠道中循环流动进行生物处理。氧化沟在原理上运行在延时曝气阶段，水力停留时间和污泥龄长，占地较大。除了去除COD外，还可以反硝化。

c.A/O工艺。A/O工艺于20世纪80年代初开发，该工艺将缺氧池（反硝化池）置于系统前端，因此又称为前置反硝化生物脱氮工艺（如图12-14所示）。该工艺一般由两个反应池串联而成，前面的为缺氧生化池（简称A池），后面的为好氧生化池（简称O池），O池中的混合液回流到A池。O池的功能是实现有机物碳化和氨氮的硝化，A池的功能是实现氨氮的反硝化。该工艺可以节约硝化过程中50%的碱度消耗并回收62%的耗氧量。

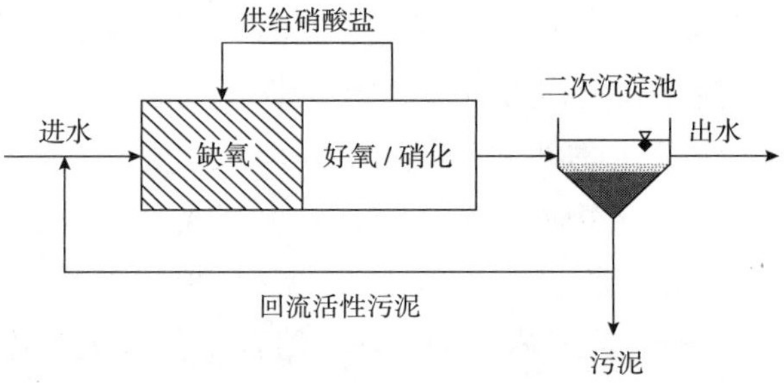

图12-14　前置反硝化生物脱氮工艺示意图

d.序批式活性污泥法（SBR）。SBR工艺是通过自动控制程序，在时间序列上形成A/O系统，具有经济高效、控制灵活的特点，脱氮能力高于A/O工艺，适用于中小水量的污水处理厂。在典型SBR基础上，发展了很多SBR工艺的改进变型，比较成熟的工艺有ICEAS工艺、CASS工艺等。ICEAS（Intermittent Cyclic Extented Aeration System）工艺是间歇循环延时曝气系统，最大的特点是在反应器的进水端加了一个专利型的缺氧选择区来完成脱氮过程，运行方式为连续进水、间歇排水。ICEAS工艺也可看作是连续进水、间歇排水的SBR工艺；CASS（Cyclic Activated Sludge System）工艺是周期性活性污泥法的简称，是在SBR池内进水端增加了一个专利型的生物选择区，与ICEAS相比，CASS将主反应器的污泥回流到生物选择器中。

e.短程硝化反硝化工艺。短程硝化反硝化工艺是基于SHARON工艺开发而成的。SHARON法（Single Reactor High Activity Ammonia Removal Over Nitrite）由荷兰Delft工业技术大学开发，最初用于由厌氧消化固体脱水所得上清液的生物脱氮。研究发现，亚硝酸细菌比硝酸细菌对温度更敏感，温度高时亚硝酸细菌比硝酸细菌繁殖更快。由于回流液相对高温和高pH值，反应利用高温对硝化动力学的影响，它有利于氨氮氧化为亚硝酸盐的亚硝酸细菌的快速成长，而抑制将亚硝酸盐氧化为硝酸盐的硝酸细菌的生长。这样在较高反应温度和较短污泥龄时可以抑制硝酸细菌生长，进而只保留亚硝酸细菌，使氨氮仅氧化到亚硝酸盐，再通过反硝化细菌将亚硝酸盐还原为氮气，实现短程硝化反硝化过程。理论上短程硝化反硝化比全程硝化反硝化减少供氧量25%，采用乙酸钠溶液做反硝化基质时，可减少乙酸钠溶液消耗量40%。

反应式如下：

$$NH_3 + 3/2O_2 \longrightarrow NO_2^- + H_2O + H^+ + 273.5kJ \tag{1}$$

$$NO_2^- + 6[H]（电子供体）\longrightarrow N_2 + 2H_2O + 2OH^- \tag{2}$$

B.生物膜法。在附着生长工艺中，微生物附着在一种惰性填料上，并在其上形成膜状生物污泥——生物膜。当污水流过附着生长物（生物膜）时，污水中的有机污染物被去除。惰性填料或载体包括碎石、塑料及其他合成材料。生物膜法可在好氧或厌氧条件下操作。常见的生物膜法工艺包括：生物滤池、生物转盘、生物接触氧化和生物流化床等。其中，生物滤池又包括普通生物滤池、高负荷生物滤池、曝气生物滤池等；生物接触氧化为“淹没式生物滤池”，介于活性污泥法和生物滤池之间。

②厌氧生物处理。厌氧生物处理一般用于处理高浓度有机废水，作为进入好氧处理工艺之前的预处理。厌氧生物处理工艺包括：上流式厌氧污泥床（UASB）、厌氧过滤器（AF）、厌氧内循环反应器（IC）等（反应器工作原理见图12-15）。如某石化PTA污水处理采用UASB+好氧组合工艺、AF+好氧组合工艺；某石化MTO污水处理采用AF+好氧组合工艺。

与好氧生物处理相比，厌氧生物处理的优点是：厌氧工艺多半是能量的净生产者，而好氧工艺则是能量的使用者[1]；营养物的需要量少，厌氧工艺需要量一般为BOD ：N ：P = 200：2：0.3；容积负荷较高，因此所需的反应器容积较小、占地面积较小；生物污泥产量较低（约低5/6～7/8）[1]，污泥的处理和处置费用大为减少。

厌氧生物处理具有的缺点是厌氧工艺由于微生物增殖缓慢，厌氧处理设施启动时间长；厌氧工艺出水水质较差，一般需要进一步处理才能达到排放标准。

A.上流式厌氧污泥床（UASB）。UASB技术开发于20世纪70年代，我国从80年代开始使用UASB厌氧技术。反应器可分为上下两个区域：下部的泥水反应区和上部的气、液、固三相分离区。污水由反应器底部进入后向上流动，与反应器下部的颗粒污泥混合发生厌氧生物反应并产生沼气，沼气同时也起到泥水的混合搅拌作用。反应后的混合液进入上部分离区，混合液中夹带的沼气先进入集气室被分离后由管道送出，而混合液则进入沉降室。由于沼气已先分离，对沉降室的扰动较小，因此悬浮颗粒经重力沉降后返回反应器下部继续与生物反应，澄清后的水由沉降室顶部的出水堰收集后外排。

B.厌氧过滤器（AF）。在20世纪60年代末，Young和McCarty开发了厌氧过滤器。这种厌氧反应器内设有悬浮填料，污水进入反应器底部并均匀配水，在向上流动的过程中，污水中的有机物被附着在填料上的微生物厌氧分解。产生的沼气和处理后的污

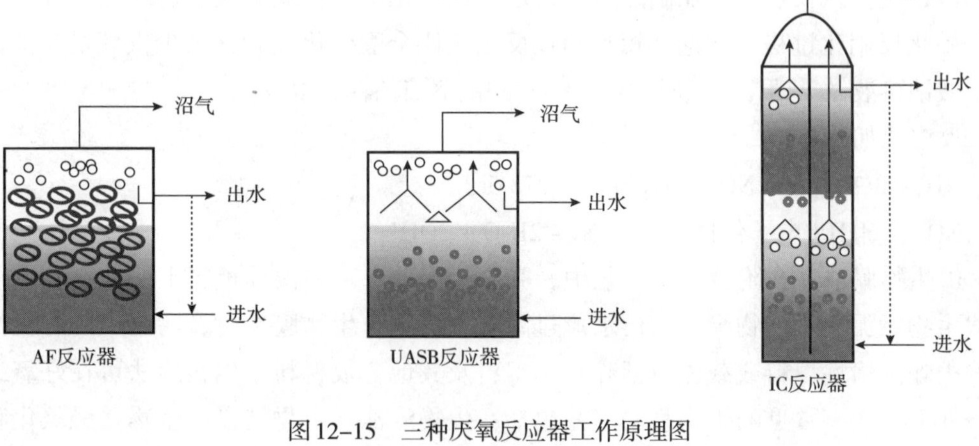

图12-15　三种厌氧反应器工作原理图

水分别从池顶排出。不同于UASB工艺，AF为推流流态，有机物种类和浓度在AF内从下而上呈梯度变化，能够保证各类厌氧微生物的生长和活性，有机物去除效率高；AF填料表面积大，反应器内能生长更多的微生物，微生物量越多，可以承受的有机容积负荷也越高，对有机负荷变化的适应性也越强；由于AF不需要培养颗粒污泥，填料上的生物膜易于生长，所以AF的首次启动和再次启动的时间通常较短；AF采用大比例的出水循环，不仅能稀释进水浓度，降低反应器底部的污泥浓度，而且提高了反应器内的上升流速，强化泥水接触。

C.内循环厌氧反应器（IC）。IC反应器是在UASB基础上开发出的新型厌氧技术，由上下两级UASB构成。底部UASB负荷高，产生的沼气经一级三相分离器收集后带动泥水混合物由一级“上升”管达到位于反应器顶部的气体/液体分离器，沼气从水和污泥中分离外排，水和污泥则经过下降管直接滑落到反应器底部形成内部循环。第一级UASB的出水在第二级UASB内被进一步厌氧处理。由于在一级分离时收集了大量沼气，使第二级三相分离中的气、水、泥分离效果得到保证。IC反应器的出水大部分回流与进水混合，以维持一定的上升流速。IC反应器是一种新型的厌氧技术。

3）深度处理。污水深度处理包括混凝沉淀、过滤、活性炭吸附、化学氧化、蒸发结晶处理等工艺；必要时也可采用曝气生物滤池、膜生物反应器等生化处理工艺。

①混凝沉淀。作用是去除二级生化处理出水中呈胶体和微小悬浮状态的有机和无机污染物，从表观而言，就是去除污水的色度和混浊度；采用石灰作为助凝剂的混凝沉淀还可以降低污水中的碱度和暂时硬度，去除污水中的某些溶解性重金属离子，如砷、汞等，同时也能有效地去除水中磷。目前常用的处理设施包括机械加速澄清池、高密度沉淀池。

②过滤。介质过滤用于水中较低浓度悬浮物的分离，主要去除水中细小悬浮物及脱稳胶体。多介质过滤通常为圆柱形密闭式压力过滤形式，滤料一般采用无烟煤和石英砂，简称多介质过滤器；单介质过滤宜采用连续流砂过滤器。

③活性炭吸附。活性炭吸附一般用于生物处理之后去除水中剩余部分的可溶性有机物或色度，特别是当要求COD较低时，多采用活性炭吸附工艺。按活性炭材质，可以分为木质炭、煤质炭、石油焦炭等。其中木质炭又可分为果壳炭、椰壳炭等；煤质炭可分为无烟煤炭、沥青煤炭、褐煤炭等。不同材质的活性炭形态不同、强度不同、性质也不同。按活性炭形态可以分为颗粒炭、粉末炭。在水处理领域中，以上各种类型的活性炭都有应用。

④化学氧化。目前常用的化学氧化方法主要包括臭氧氧化法和Fenton法，即利用强氧化剂将污水中大分子、难生物降解的化合物断链转变为小分子、易生物降解化合物，来改善污水的可生化性。

A.臭氧氧化法。臭氧可以氧化、分解水中的污染物，提高污水可生化性，对去除臭味，脱色，杀菌，去除酚、氰、铁、锰等都具有显著的效果。臭氧催化氧化技术是近年来发展起来的一种新型高级氧化技术，在常温常压条件下通过非均相催化剂的催化作用，利用臭氧氧化分解难降解有害物质并提高了臭氧利用效率。常见的催化剂包括Mn^{2+}、H_2O_2、UV等。臭氧氧化法一般是与其他工艺组合使用，如某石化污水改造工程中采用臭氧氧化+曝气生物滤池工艺。

B.Fenton法。从广义上说，Fenton法是利用催化剂或光辐射或电化学作用，通过H_2O_2产生羟基自由基（·OH）处理有机物的技术。1894年，英国人H.J.H.Fenton发现采用Fe^{2+}/H_2O_2体系能氧化多种有机物，并将亚铁盐和过氧化氢的组合称为Fenton试剂，它能有效氧化去除传统废水处理技术无法去除的难降解有机物，其实质是H_2O_2在Fe^{2+}的催化作用下生成具有高反应活性的羟基自由基（·OH），·OH可与大多数有机物作用使其降解。随着研究的深入，又把紫外光（UV）、草酸盐（$C_2O_4^{2-}$）等引入Fenton试剂中，使其氧化能力大大增强。

Fenton试剂法因H_2O_2价格昂贵，单独使用往往成本太高，同时产生大量化学污泥，因而在实际应用中尚无法大规模应用。

⑤蒸发、结晶处理。蒸发、结晶处理主要是指采用蒸发器、结晶器处理浓盐水的污水零排放技术。污水零排放系统是在厂区内不向外排放任何形式的污水，所有最终排放的浓盐废水均以蒸馏水的形式回收利用，最终排放物以固体形式处置。污水零排放系统由蒸发器、结晶器及脱水干燥设备组成。蒸发溶剂使蒸发器排出的接近饱和的溶液持续过饱和，过剩的溶质就会呈晶体析出，为结晶过程；将晶体从饱和溶液中不断分离并脱水，为脱水干燥过程。常见的蒸发装置包括机械蒸汽压缩装置、多效蒸发装置。

（2）污水再生处理工艺流程

应根据污水水质和回用水质的要求，通过技术经济比较后，选择技术可靠、经济适用的污水再生处理工艺。石油化工行业中污水再生利用的主要目的是工业回用，且以用作循环冷却系统补充水为主，回用水质应满足污水用作冷却用水的水质控制指标。一般情况下，污水经生物处理合格后，再经深度处理满足回用水质指标后即可进行再生利用。污水再生处理工艺一般包括常规深度处理工艺、膜分离除盐以及电法除盐工艺（如电渗析等）。若常规深度处理工艺能符合回用指标的要求，应优先选用常规深度处理工艺，主要考虑去除悬浮物、COD、氨氮、磷等污染物，一般包括混凝沉淀、过滤、活性炭吸附、化学氧化等工艺；必要时也可采用曝气生物滤池、膜生物反应器等生化处理工艺；当需要去除溶解固体时，应综合考虑设备投资、运行费用、操作条件、进水水质要求等确定处理工艺，一般可采用膜分离除盐工艺及电法除盐工艺。膜分离除盐工艺包括超滤（UF）/反渗透（RO）传统双膜工艺、高效反渗透（HERO）工艺；电法除盐工艺包括电吸附除盐（EST）工艺；电/膜结合除盐包括电渗析（ED）工艺、频繁倒极电渗析（EDR）工艺。

污水再生利用最常见的脱盐处理工艺即传统双膜工艺（UF+RO），如某石化污水回用流程采用曝气生物滤池＋多介质过滤器＋活性炭吸附＋超滤＋反渗透的组合工艺。超滤用于去除水中的悬浮物、胶体及细菌，可采用浸没式超滤和压力式超滤，多采用中空纤维形式，超滤系统包括反冲洗、化学清洗、加药和自动控制系统；反渗透是指在膜的浓水侧施加足够操作压力，使水分子逆向透过膜进入稀溶液侧的过程，反渗透进水宜采用超滤作预处理。反渗透多采用卷式螺旋形式，亦有管式和平板形式，一般包括保安过滤器、膜组件（膜元件及压力容器）、高压泵、膜架、控制系统及清洗系统。反渗透膜元件的型号和数量应根据进水水质、水温、产水量、回收率等计算确定，一般石油化工双膜系统污水再生利用回收率≤75%（或更低），以保证系统安全运行。

12.2.3　废气防控技术

（1）石化工业的废气分类、来源和特点

石化工程的废气按排放形式可分为有组织排放和无组织排放。有组织排放包括燃烧烟气和工艺尾气，无组织排放包括设备和管线组件泄漏排放、储运系统呼吸和装卸排放、污水集输、储存和处理等环节排放的挥发性有机物（VOCs）和恶臭气体等（包括H_2S、NH_3、苯乙烯、甲硫醇、甲硫醚等）。

炼油厂有组织废气中的烟气主要来自各装置加热炉、催化裂化、硫黄回收、动力锅炉、焚烧炉、火炬等；工艺废气来源包括氧化脱硫醇尾气、重整催化剂再生、催化脱硫的闭锁料斗、储运油气回收等。燃烧烟气是炼油厂最主要的废气来源，排放的主要污染物包括SO_2、NO_x、颗粒物和VOCs等。其他废气中可能含有的污染物还包括镍、硫酸雾、苯并芘和HCl等。

石化厂的烟气主要来自乙烯裂解炉、热工锅炉、加热炉、蒸汽过热炉、导热油炉、各种焚烧炉、火炬等；工艺废气包括各装置排放的各种含烃工艺尾气、事故时安全阀或爆破片的泄放气、储运油气回收等。石化厂的工艺尾气来源众多，其中含有各种烃类和芳烃，仅《石油化学工业污染物排放标准》（GB 31571—2015）标准控制的特征有机物，就有64种之多。故各种含烃工艺尾气的治理，是石化厂的治理重点之一。

（2）石油化工废气处理技术

石化废气治理应优先将有回收利用价值的废气回收利用，其次再进行净化或无害化处理。根据现行环保标准要求，石化工业废气治理应在确保正常工况污染物达标排放的同时，对安全阀启跳、开停工、检维修等非正常工况下的废气排放也做到达标排放。

在石化企业中，由于废气来源多种多样，污染物组成各不相同，各废气治理方案和技术也各不相同。示例如下（见图12-16）。

1）SO_2排放控制技术。石化企业排放废气中的SO_2来自于原油和燃料等所携带的硫。目前炼厂加热炉用燃料都是脱硫燃料气；而乙烯裂解炉使用的甲烷氢也是来自于

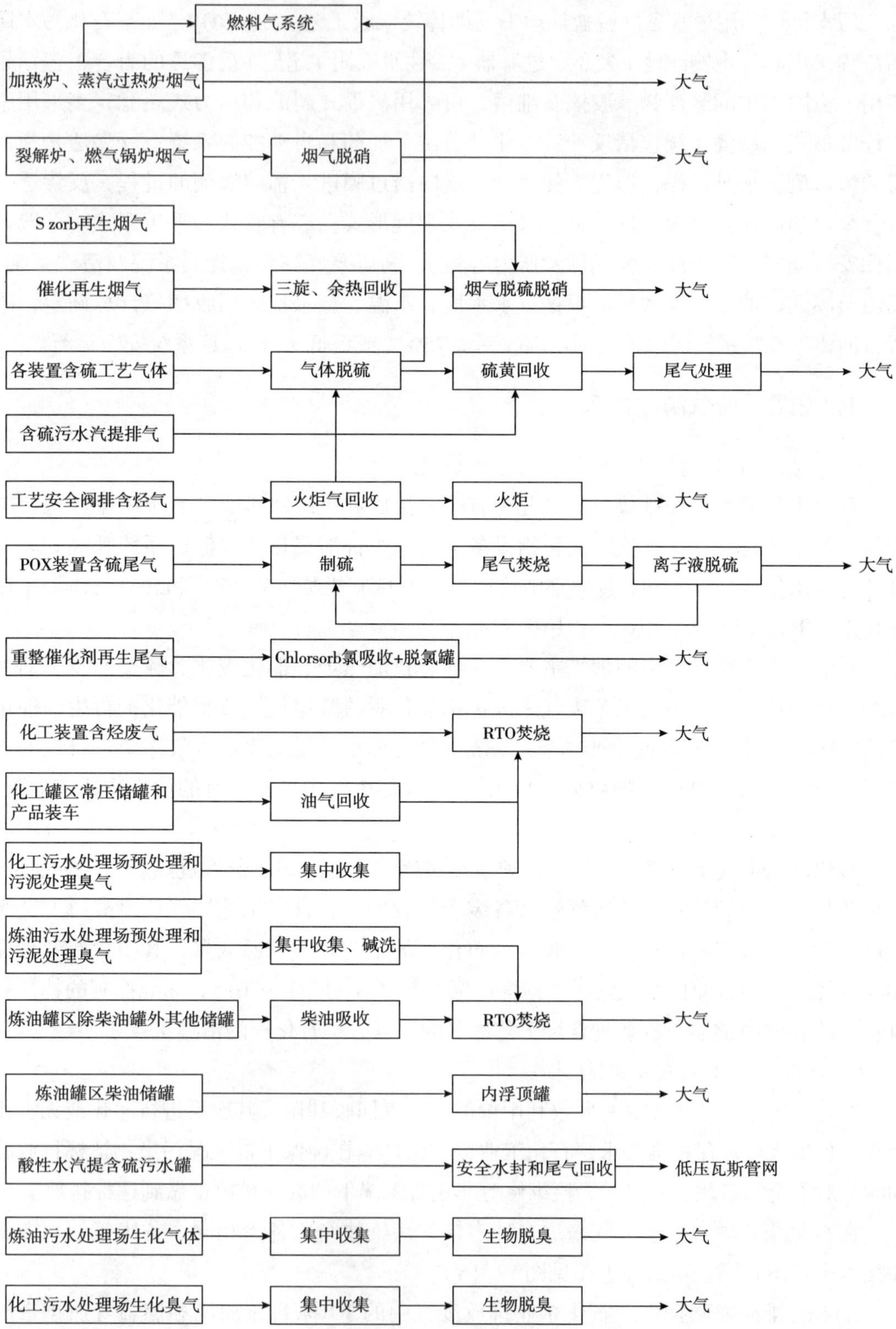

图12-16　国内某石化项目的全厂性废气治理措施示意图

碱洗脱硫后的裂解气。因此，石化企业目前的SO_2排放主要来自于硫黄回收尾气、催化再生烟气和动力锅炉烟气。

①硫黄回收装置[2]。炼油生产过程中，会产生大量含H_2S的酸性气体。为回收硫资源，减少SO_2排放，炼厂设置硫黄回收装置。装置由制硫、成型和尾气处理三部分组成。为确保酸性气处理的可靠性，硫黄回收装置设计时通常要求多系列且有余量。

该装置采用克劳斯（Claus）工艺制硫，包括H_2S在缺氧条件下燃烧炉内高温反应制硫和在转化器内低温催化反应制硫两部分。一般二级Claus转化的总硫转化率达到95%以上，三级转化能达到98%以上。尾气处理部分按其化学原理可分为三大类：尾气还原吸收工艺、低温Claus工艺、H_2S直接选择氧化工艺。目前，相关规范优先推荐尾气加氢还原–有机胺吸收–焚烧（或催化焚烧）工艺来处理Claus尾气，最终SO_2的排放浓度能够满足《石油炼制工业污染物排放标准》（GB 31570—2015）的特别排放限值要求（$<100\ mg/m^3$）。

②催化烟气脱硫。催化裂化（FCC）是原油二次加工的核心工艺装置，催化再生烟气是由再生器燃烧待生催化剂上的积炭所产生。催化再生烟气通过三级旋风分离回收催化剂细粉后进入烟气轮机膨胀做功发电，然后进入余热锅炉回收热能产汽后，经烟囱高空排放，是炼油厂主要废气污染源之一。据测定，在进行脱硫脱硝治理前，其SO_2和NO_x排放分别占到炼厂总排放量的25%和50%以上。

催化再生烟气脱硫工艺包括干法、半干法和湿法工艺。从已建成的催化再生烟气脱硫除尘项目来看，干法、半干法的脱硫产物为干粉状，处理容易，工艺较简单，投资低于湿法，但采用石灰（石灰石）作脱硫剂的干法、半干法的Ca/S比高，脱硫效率和脱硫剂的利用率低，除尘方面很难满足环保要求。而采用湿法洗涤脱硫技术，既可脱除SO_2，又可同时脱除颗粒物，并且脱除所增加的费用很低，是一种比较先进的催化烟气净化技术。国外催化烟气脱硫技术主要有Belco公司的EDV技术、Exxon公司WGS工艺、UOP公司的THIOPAQ生物法、Lurgi公司的EP–Absorber法、GEA公司的逆流洗涤+湿式静电除尘技术等。

③动力锅炉脱硫。由于石化企业的燃气锅炉通常采用脱硫燃料气，燃油动力锅炉也大多进行了煤代油改造，故动力锅炉脱硫主要是针对燃煤或石油焦的锅炉。

由于我国炼油企业普遍加工高硫油，为解决炼油生产中副产的高硫石油焦出路问题，石化企业多采用煤和石油焦掺混作为燃料，燃用这类燃料最好的锅炉炉型为循环流化床（CFB）锅炉。为满足严格的环保排放标准要求，在CFB锅炉炉内投加石灰石进行干法脱硫的基础上，还需要在炉外进行湿法二次脱硫。在石化行业应用较多的烟气脱硫技术包括石灰石干法、钠碱法、石灰石–石膏湿法脱硫等。一般来说，干法和湿法脱硫效率分别能达到75%和95%以上。

2）NO_x排放控制技术。当前国内大型石化项目正在集中建设，而国家对NO_x的排放限制却日益严格，如何降低NO_x的排放，是石化企业面临的首要任务之一。

石化生产中排放的NO_x，以燃烧产生的热力型NO_x为主，一个大型炼化一体化项目的NO_x排放总量通常在2000～3000t/a。石化企业主要的NO_x排放源，除传统的乙烯裂解炉、动力锅炉、各装置加热炉、导热油炉外，还有因VOCs排放和危险废物处置控制而增加的废气焚烧炉、危废焚烧炉等新源。

①低NO_x燃烧技术。在石化企业中，低NO_x燃烧技术是较经济、应用也最广泛的技术。目前，石化企业普遍采用低氮燃烧器控制加热炉和裂解炉的NO_x排放以满足标准要求。通过分段送风、分级控制手段，低氮燃烧器的NO_x排放浓度一般可以控制在80～100 mg/m^3。

②烟气脱硝技术。低NO_x燃烧技术脱硝效率一般只能到50%，要得到更高的脱氮效率就要考虑烟气脱硝技术。石化企业的烟气脱硝技术主要包括选择性催化还原（SCR）技术、选择性非催化还原脱硝（SNCR）技术和臭氧低温氧化（$LoTO_x^{TM}$）法等。在原理上，SNCR和SCR都是利用脱硝剂（液氨、氨水或尿素）的还原性来还原烟气中的NO_x，主要不同之处在于是否使用催化剂。另外，SNCR还需考虑氨逃逸带来的后续设备腐蚀问题。

脱硝催化剂是SCR技术的核心，催化剂的投资能占到整个SCR投资的80%～90%。市场上常见的是SCR高温催化剂，反应温度区间在300～450℃。它以TiO_2为载体，主要活性成分为V_2O_5–WO_3（MoO_3）等金属氧化物。由于催化剂的高选择性，SCR脱硝效率能达到90%。

低氮燃烧技术与这两种烟气脱硝技术的脱硝效率和成本对比见表12–2。

表12–2 NO_x排放控制技术对比表

$DeNO_x$技术	脱硝效率/%	脱硝成本（估算）/（元/kg NO_x）
低NO_x燃烧器	30～50	0.5～1
SNCR	40～70	1～2
SCR	80～90	～5

$LoTO_x^{TM}$法的原理，是将空气中的氧在臭氧化发生器中转变为臭氧（O_3），臭氧与NO_x反应生成易溶于水的N_2O_3和N_2O_5，再用水或碱液吸收，成为亚硝酸和亚硝酸盐、或硝酸和硝酸盐。该技术在国内石化企业催化再生烟气脱硝上有较多业绩。

A.乙烯裂解炉SCR脱硝。乙烯裂解炉由于烟气量大，是石化企业NO_x的排放大户。在NO_x总量紧张的地区，除了采用低氮燃烧器外，乙烯裂解炉还需要考虑SCR烟气脱硝。考虑到反应温度要求，在裂解炉中，SCR反应器安装在裂解炉对流段，氨则喷射于对流段与SCR反应器之间烟道内的适当位置，使其与烟气混合后在反应器内与NO_x反应。考虑价格和综合利用因素，国内裂解炉脱硝常采用液氨作为还原剂。

B. 催化再生烟气脱硝。$LoTO_x^{TM}$ 反应在 60 ~ 120℃的低温下进行，反应过程不需要使用氨，未参加反应的氧气可直接排放，这种方法即使在高含硫量的酸性气和高含尘量条件下，NO_x 的去除效率也能达到 90% 以上。因此，在当前国内废水排放指标对氨氮和总氮的严格要求下，催化再生烟气脱硝多采用该工艺。

目前催化再生烟气脱硝可选择的其他技术还包括 Topsoe 的 SCR 技术，该技术的关键是解决烟气中 SO_2 与氨反应生成的铵盐在催化剂表面沉积的问题。同样由于反应温度的要求，SCR 床层需置于余热锅炉内部的省煤段之前。

C.CFB 锅炉脱硝。由于烟气循环流动、炉温低，CFB 锅炉产生的 NO_x 一般在 200 ~ 300mg/m³，要满足 100mg/m³ 的环保排放标准要求，可采用 SNCR 或 SCR 工艺。因 SNCR 工艺的反应温度区间在 850 ~ 1050℃，对现有锅炉改造影响小，因此 CFB 锅炉炉外脱硝多采用 SNCR 工艺。

3）颗粒物排放控制技术。石化企业的颗粒物排放一方面来自于燃烧烟气中的烟尘，一方面来自于聚烯烃、焦、煤等生产、转输、包装过程中产生的工艺尾气。石化行业常用的除尘技术包括旋风机械除尘、袋式过滤除尘、静电除尘和湿法脱硫协同除尘等。采用何种除尘技术，需要根据废气的温度、颗粒物的性质、粒径分布和环保要求的排放标准来综合决定。当一种除尘方式无法满足要求时，往往还需要采取组合工艺。

4）VOCs 排放控制技术。我国当前的雾霾（PM2.5）污染十分严重，因此，对与之相关的挥发性有机物（VOCs）排放的控制也非常严格。VOCs 是石化工业的特征污染物，我国标准定义为所有参与大气光化学反应的有机物，或根据规定方法测量或核算确定的有机物，它来自于石化企业生产的各个环节。

从源头减少 VOCs 的无组织排放。石化企业的 VOCs 排放主要来自工艺设备、管线和储运系统的无组织排放。减少 VOCs 排放的措施也从这几方面着手：

A. 工艺设备和管线方面。减少密封点数量，包括螺纹连接管道采用密封焊，检漏井设置井盖封闭、采用密闭采样器等；减少放空和开工管线数量，包括安全阀泄压和停工检修排放均排向火炬，工艺管线和设备的排净口都用管帽、法兰盖或丝堵堵上等；提高法兰和垫片的密封等级，多采取焊接；提高泵和压缩机的密封等级，必要时使用磁力泵、屏蔽泵等；实行 LDAR（泄漏检测与修复）计划。对潜在的可能泄漏点进行周期性检测，及时发现泄漏并维修，从而减少 VOCs 的排放。

B. 储运系统方面。根据储存条件下，介质的真实蒸汽压选取储罐类型。甲 A 类介质（如液化气、乙烯、丙烯等）选用球罐储存；甲 B、乙 A 类液体和部分乙 B（如原油、石脑油、汽油、煤油、产品柴油）选用浮顶罐并配置高效密封储存；芳烃类介质在采用内浮顶罐的基础上增设废气处理设施。对中间罐区的常温罐采取设置顶连通措施。储罐和装车设置油气回收设施。

C.VOCs 的治理工艺。目前，国内 VOCs 的处理工艺众多，总的来说可以分为回收法（非焚烧法）和破坏法（焚烧法）两类。常见的回收工艺包括吸附、吸收、冷凝、膜分离等；而破坏法即焚烧法，通常包括直接热氧化（TO）、催化氧化（CO）、蓄热式热氧化（RTO）、蓄热式催化氧化（RCO）、加热炉/裂解炉协同处理等。

吸附工艺通常采用活性炭颗粒或碳纤维吸附，该工艺需注意避免用于易聚合的介质或采用可燃性活性炭。冷凝和吸收工艺通常用于处理储罐呼吸和装卸排气，在采用低温柴油吸收或压缩冷凝回收工艺时，油气回收效率与温度直接相关。在处理含芳烃储罐和装车排气时，如果仅靠油气回收让特征污染物处理达标，需要冷凝+膜回收+吸附三级处理，投资和运行费用都较高。此时，可以考虑采取回收与破坏的耦合技术，第一级采取回收技术，第二级采用焚烧法。有时，为了满足特定污染物（芳烃、丁二烯、环氧乙烷）的严格排放限值要求，还需要考虑两级焚烧串联技术（如RTO+CO）。

具体采用何种处理技术处理含VOCs废气，需要从废气的来源、组成、热值、氧含量等多方面因素综合考虑。为避免"遍地开花"的现象，必要的集中处理是必需的。但由于有的废气氧含量高，有的烃含量高，还有的气体组成波动性很大，因此如何确保系统的安全性是废气合并处理方案的首要考虑因素。其次，大管径的废气管线长距离输送的投资、因气量大导致阀门过大带来的气密性不严等均是设计废气合并处理方案需要考虑的因素。

5）恶臭气体排放控制技术。恶臭污染物是指一切刺激嗅觉器官引起人们不愉快及损害生活环境的气体物质。在石油炼制过程中，由于原油中含有微量且多种结构形式的硫、氧、氮等的烃类化合物，这些物质在加热、蒸馏、加氢、催化等工艺过程下，进一步转化、分解产生出大量的硫化氢、有机硫、有机胺等恶臭物质，溶于废水、废渣、气体中，以排放、挥发、泄漏等方式逸散到大气中，造成周围环境的恶臭污染。

①含硫污水系统密闭输送与储存。石化企业炼油装置产生的含硫污水均进行密闭管道输送，避免恶臭物质挥发污染周围环境。各装置的含硫污水先进入酸性水汽提装置酸性水脱气罐进行脱气脱油，脱出的油气汇合后在精制罐经MDEA洗涤脱除H_2S后排至酸性气火炬系统。

②酸性水罐产生恶臭气体处理。酸性水罐罐顶气由于未经过精制硫含量较高，且同时烃含量也很高，若直接排放大气会造成有机硫化物和VOC排放。因此，需要在罐顶设安全水封罐和尾气回收系统，正常情况下酸性水储罐中持续脱出的含H_2S、NH_3组分的气体经尾气回收系统中装有的尾气脱臭剂（MDEA）脱除杂质后，再经压缩机升压送至低压瓦斯管网。

A.污水处理场恶臭气体处理。污水处理场是石油化工企业主要的恶臭污染散发源之一，恶臭污染物包括挥发性烃类有机物、硫化物、氨等，散发恶臭气体的设备/构筑物有隔油单元、气浮单元、生化单元及污泥处理单元等。其中隔油、气浮、污泥处理单元废气中烃类、硫化氢、氨等恶臭气体的含量较高，废气量相对较小。生化单元废气主要为污水在生化处理过程中产生的废气，主要是硫化物，废气量较大，恶臭污染物浓度相对较低。

目前石化企业污水处理场恶臭气体处理技术包括吸附（如活性炭吸附）、吸收（如化学吸收、酸洗+碱洗）、生物脱臭（如生物滤塔）、催化氧化技术等[3]，这些技术可单独或组合应用，其优缺点如表12–3所示。

表 12–3　污水处理场恶臭气体处理技术比较表

恶臭处理技术	优点	缺点
吸附：1.活性炭–煤基 2.活性炭–椰壳基 3.活性炭–化学浸渍 4.活性氧化铝 5.硅胶 6.催化活性炭	1.简便、易行； 2.可有效脱除有机物及低浓度硫化氢； 3.操作安全，不使用有害材料； 4.可作为第二级处理技术； 5.催化活性炭可将硫化氢氧化为硫酸或亚硫酸，用水再生	1.未浸渍活性炭硫化氢吸附容量较低； 2.运行成本较高； 3.吸附剂更换耗时、劳动强度大； 4.用过的吸附剂需填埋或焚烧二次处理
吸收：化学吸收	1.脱臭效率高； 2.可处理高负荷硫化氢	1.化学试剂用量大； 2.常用的化学试剂如氢氧化钠、次氯酸钠等价格较高； 3.多种恶臭化合物处理一般需多级和多种化学试剂； 4.吸收液需进一步处理； 5.高pH操作易引起系统结垢或堵塞； 6.系统维护费用较高
生物法脱臭	1.环境友好的“绿色”技术； 2.投资、运行费用较低； 3.无二次污染； 4.填料无需再生	1.负荷低，设备庞大； 2.脱臭效率一般，仅少量工业装置可达到99%以上的脱臭率，大部分脱臭率在80%～95%之间； 3.微生物自身要求一定的湿度、温度、氧气、pH值等，使得控制和监测系统较为复杂
催化氧化	1.可处理的恶臭气体种类较多； 2.波动适应性强； 3.污染物去除率高	1.催化剂成本较高； 2.排放的含盐污水需进一步处理

B.装置开停工产生恶臭气体处理。在事故状态下和开停工吹扫时排出的气体排入火炬系统，避免直接放空带来的恶臭污染。为减少生产装置停工吹扫时向环境排放恶臭气体，在吹扫前先注加水稀释的除臭剂在系统内循环，将系统内硫化氢和氨洗净后，再进行蒸汽吹扫，洗涤水排至含硫污水罐储存，待开工时与含硫污水一并处理。

12.2.4　固体废物的处理和处置技术

石油化工固体废物是指在石油化工生产过程中产生的固体、半固体或浆液状废物以及废水处理过程中产生的污泥等。固体废物的处理和处置应遵循减量化、稳定化、无害化、资源化的原则，并应符合清洁生产的要求。生产装置应采用先进的生产工艺和设备，减少固体废物的产生量，降低固体废物的危害性；产生的固体废物优先考虑综合利用，无法综合利用的固体废物应按照相关规定处理和处置。

（1）碱渣

炼油碱渣主要来源于石油产品的油品精制过程，根据原油性质、炼制工艺和对精制油品质量要求的不同，碱渣中污染物的组成和含量也不同，处理方法一般采用湿式氧化法；乙烯碱渣主要来源于乙烯装置裂解轻质原料过程中乙烯单元碱洗塔排出的废碱液，乙烯碱渣一般含有高浓度硫化物、COD等污染物质，需要经过湿式氧化预处理后再排到污水处理场进行处理。由于氧化时采用的温度不同，又分为湿式氧化法和缓和湿式氧化法。湿式氧化法主要去除碱渣中的硫化物及有机硫化物（硫醇、硫酚），并消除其他恶臭成分。

（2）高浓度有机废液

石油化工生产过程中产生的有机物和其他污染物（盐类等）含量较高的废液，由于可生化性差，无法使用传统的污水处理工艺进行处理，宜采用焚烧处理。如某石化MTO装置、PO装置产生的废碱液采用焚烧工艺进行处理。

废液焚烧炉能彻底氧化高浓度有机废液中的有机物，焚烧烟气经过处理达标排放，同时使废碱液中的盐类以固态形式回收，产生的热量经锅炉回收后产生蒸汽（如设置能量回收单元）。即在高温条件下，废碱液中的有机物被空气中的氧气完全氧化为CO_2和H_2O，碱性物质和有机盐类则转化为无机盐，并以固体碱渣或碱灰的形式进行回收。

（3）污泥处理

石油化工污水处理过程中会产生大量的污泥，最主要有三个来源：含油污泥、气浮浮渣、二沉池排出的剩余活性污泥，在石油化工行业通常称之为“三泥”，这些污泥通常含有大量的有机物，含水率高，体积庞大，需要进行相应处理以减轻后续处理工艺的负荷、投资及运输费用等。根据污泥性质和处置、利用途径的不同，选择不同的处理工艺。污泥处理工艺主要包括：稳定处理、去水处理（污泥浓缩、污泥脱水）、最终处置与利用（安全填埋、干化、焚烧及综合利用等）。污泥处理与处置的主要工艺概况见表12-4。

表12-4　污泥处理与处置的主要工艺概况表

序号	方法	形式	目的
1	浓缩	重力浓缩	缩减污泥的体积，使污泥含水率降至96%左右
		气浮浓缩	
		离心浓缩	
2	稳定	好氧消化	分解污泥中的有机物质，减少污泥量，同时也为了环保上的要求，消除污泥中的细菌、病原体，在一定程度上也起到了调理作用
		厌氧消化	
		热处理	
		氯氧化	
		石灰稳定	

续表

序号	方法	形式	目的
3	调理	热处理	改变污泥性质，克服污泥颗粒间的水合作用和电性排斥作用，增大污泥颗粒的尺寸，使污泥易于后续处理，如脱水
		淘洗	
		冷冻	
		辐射	
		化学调理	
4	脱水	干化床	进一步去除污泥颗粒间的游离水和部分毛细水，将污泥含水率降至80%左右，使其形成半固体状态
		真空过滤	
		压滤机	
		离心脱水	
		带式压滤机	
5	焚烧	固定床焚烧炉	焚烧可使污泥体积大幅度减少，而且达到灭菌和消除污染的目的。污泥灰大约是含水率75%的污泥的1/10，焚烧时的尾气要进行处理
		多段焚烧炉	
		流化床焚烧炉	
		回转窑焚烧炉	
6	最终处置	投海	最终处置的目的是为了避免二次污染。其中填埋是目前国内最常用的最终处置方法
		填埋	
		综合利用	

1）污泥浓缩。污泥浓缩是降低污泥含水率、减小污泥体积、降低污泥后续处理费用的有效方法。污泥浓缩的方法主要有：重力浓缩、气浮浓缩和离心浓缩。在选择浓缩方法时，除了各种方法本身的特点外，还应考虑污泥本身的性质、来源以及整个处理流程，并需顾及最终处置方法等因素。目前国内石油化工污泥浓缩一般采用重力方式进行污泥浓缩。

重力浓缩按运行方式可分为连续流污泥浓缩和间歇流污泥浓缩。其中，连续流污泥浓缩一般又分辐流和竖流两种形式。石油化工行业应用最为广泛的是内设刮泥机的辐流式污泥浓缩法。

2）污泥脱水。污泥浓缩使污泥含水率由98%～99%降至96%左右；污泥消化过程又使污泥中35%～40%的有机物转变成气体。经过污泥浓缩和消化处理后的污泥尽管没有臭味，但仍然体积庞大、含水率高。污泥脱水过程的主要目的是去除污泥中大量水分，从而缩小其体积、减轻其重量。经过脱水处理，污泥含水率能从96%左右降到60%～80%，其体积为脱水前的1/10～1/5，有利于运输和后续处理。污泥脱水的方法主要有自然干化法、机械脱水法（真空过滤法、压滤法和离心法）。其中，压滤法一般包括板框压滤机、带式压滤机；真空过滤法包括真空转鼓过滤机、圆盘式真空过滤机等。脱水机械原理基本相同，都是利用过滤介质两面的压差作为推动力，使水分强制通过过滤介质，固体颗粒则被留在介质上，从而达到脱水目的。石油化工行业污水处理产生的“三泥”中，油泥、浮渣一般都含石油类及黏性物质等，使污泥脱水较为困难，应用较多的机械脱水工艺包括离心脱水和压滤法。在实际运行中，还应根据污泥组分的变化、含水率等投加相应的混凝剂和助凝剂以提高污泥脱水效果。

①离心脱水的技术特点。污泥离心脱水技术是利用高速旋转所产生的离心力使污泥中的固液分离。离心机械的离心力场可达到用于沉淀的重力场的1000倍以上，这样就可以在最短的时间内，使污泥中细小的颗粒与水分离。离心机适用于含油污泥的脱水处理。与其他技术相比，还具有处理能力大、占地少、工作环境卫生、操作简单、自动化程度高的特点。

②带式压滤机的技术特点。带式压滤机由两条连续的滤带组成，一条滤带置于另一条滤带之上，调理后的污泥在凝聚剂与重力的作用下形成滤饼，然后通过一系列压辊对夹在两条滤带之间的滤饼进行直接的机械挤压脱水。一般带滤机有三个作业区，首先污泥经过重力排水区，在此区内污泥借助重力作用脱水；然后污泥进入加压区，在此区内用辊轴和滤带的接触对污泥施压脱水；最后，污泥进入剪力区，依靠剪力促使污泥脱水，脱水后污泥用刮板刮除。由于带滤机具有连续生产、处理能力大、脱水效率高、低转速、低噪声、低能耗、操作管理方便等特点，从而使投资、劳动强度、能耗和维护费用也相对较低。

3）污泥稳定。污泥稳定化处理就是降解污泥中的有机物质，进一步减少污泥含水量，杀灭污泥中的细菌、病原体等，打破细胞壁，消除臭味，抑制、减轻或消除腐化。污泥稳定技术主要包括氯氧化、石灰稳定、热氧化、厌氧消化、好氧消化。常用的有厌氧消化和好氧消化。

①厌氧消化。污泥厌氧消化是指污泥在无氧条件下，由兼性菌和厌氧细菌将污泥中的可生物降解的有机物分解CH_4、CO_2、H_2O和H_2S的消化技术。

有机物在消化池中降解的过程分为两步进行：第一步，含碳有机物被水解，生成有机酸等，其微生物为非甲烷菌，属兼性和专性厌氧菌，此时pH值下降；第二步，将有机酸转化为甲烷和二氧化碳，其微生物为甲烷菌。由于厌氧消化反应过程较为复杂，建设投资较高，因而在石化行业的应用并不多见。

②好氧消化。污泥好氧消化是在不投加其他有机物的条件下，对污泥进行较长时间的曝气，使污泥中微生物处于内源呼吸阶段进行自身氧化。污泥好氧消化是在不投加其他有机物的条件下，对污泥进行较长时间的曝气，使污泥中微生物处于内源呼吸阶段进行自身氧化。在此过程中，细胞物质中可生物降解的组分被逐渐氧化成CO_2、H_2O和NH_3，NH_3再进一步被氧化成硝酸根离子。

4）污泥调理。影响污泥浓缩和脱水性能的因素主要是污泥颗粒的大小、表面电荷水合的程度以及颗粒间的相互作用。污泥调理就是要克服水合作用和电性排斥作用，增大污泥颗粒的尺寸，使污泥易于脱水。污泥调理的方法主要包括热处理、淘洗、冷冻、辐射和化学调理等方法。

热处理是通过加温加压使固体凝结，破坏凝胶体结构，降低污泥固体和水的亲和力；淘洗是将污泥进行洗涤，使污泥中某些可溶性有机和无机组分转移到液体中；目前在我国石化行业普遍采用化学调理，即通过投加各种无机和有机混凝剂到污泥中，在污泥胶体颗粒表面引起化学反应，中和污泥颗粒的电荷，使水从污泥颗粒中分离出来，同时使小的污泥颗粒凝聚成大的颗粒絮体，降低污泥的比阻抗。目前常用的污泥调理剂分无机和有机两大类，无机调理剂一般较适合于真空过滤和板框过滤；而有机调理剂则较适合于离心脱水和带式过滤机脱水。

5）污泥干化。污泥干化是向污泥干化设备中输入热量，使脱水污泥进一步去除水分，实现污泥干燥的工艺过程。干燥一般要包括两个主要过程，蒸发过程是物料表面的水分汽化，由于物料表面的水蒸气压高于干燥介质（气体）中的水蒸气分压，水分从物料表面移入干燥介质；扩散过程是与汽化密切相关的传质过程。当物料表面水分被蒸发掉，形成物料表面的湿度低于物料内部湿度，此时，需要热能的推动力将水分从内部转移到表面。

干化工艺根据干化产品含水率的不同划分为完全干化和部分干化。参考德国污泥干化标准（ATV–DVWK–M 379），完全干化指将污泥干化至含固率85%以上的处理工艺。污泥的干化程度应根据污泥最终处置要求确定。根据污泥与干燥介质有无接触，干化工艺还可划分为直接干化和间接干化。直接干化是指热介质与污泥既有传热又有传质；间接干化是指热介质与污泥只有传热，没有传质。

干化工艺的核心是干燥器。根据工作原理或主要构筑形式划分为：转鼓干燥器、流化床干燥器、圆盘干燥器（板式干燥器）、转碟干燥器（中空转碟干燥器）、中空桨式干燥器、带式干燥器、薄层干燥器、离心干燥器等。目前石化行业应用较多的是薄层干燥器，如某石化采用薄层干燥器处理离心脱水后的剩余活性污泥。

薄层干燥机（Thin–film Dryer）由带有夹套的双层圆筒（定子）和内部的桨叶（转子）组成。热介质（饱和蒸汽或导热油）进入并通过夹套层对金属壁进行加热。当使用导热油来干燥污泥时，会增加导向螺旋来平衡双层圆筒内的热能传递。薄层干燥机内部的桨叶上镀有耐磨材料，并携带具有分配和推送污泥功能的组件，可保证干污泥沿着换热面螺旋输送至排放口。

6）污泥焚烧。石油化工污水场产生的污泥干物质均有较高的热值，经适当脱水后污泥具有良好的燃烧性能，可以采用焚烧处理。焚烧是废弃物中有机物在高温条件下的氧化过程，焚烧过程中废弃物中的C、H、S成分以及NH_3等都参与进行燃烧化学反应，放出热量。在完全燃烧情况下，释放出CO_2、H_2O、N_2、NO_x和SO_2等气体，以及少量CO。焚烧过程比较复杂，通常由干燥、热分解、蒸发和化学反应等传热、传质过程组成。

常见的焚烧炉形式包括：炉排炉、流化床焚烧炉、回转窑焚烧炉等多种炉型。流化床焚烧炉是以石英砂为热载体，以热烟气为流化介质，使床层形成高温的流化湍动层。喷入的废渣在流化床层中燃烧，燃烧后的烟气经处理后达标外排。流化床焚烧炉具有热容量大、炉内传热效率高、温度场均匀的特点，但由于其对废物预处理要求较高，流化床焚烧炉在工业废物处理中主要应用于单一的污泥类废物的焚烧。

回转窑焚烧炉是技术较为成熟的一种焚烧炉型，也是活动炉床中应用最多的一种，其技术来源于水泥窑。对于混烧废物，尤其是危险废物，目前国内外普遍采用回转窑式焚烧炉进行焚烧，具有以下特点：适应性较强，能处理多种固体、半固体、液体危险废物，可单独亦可混合投料；可连续亦可阶段操作，进料和脱灰可连续进行；技术成熟，自控水平较高、窑内无移动的机械组件，易于操作维护，故障率低；焚烧系统靠引风机形成微负压，可防止污染物泄漏。回转窑的旋转促进湍流状态的形成。缺点是：热效率相对较低。

12.2.5 地下水及土壤污染防控技术

（1）地下水及土壤污染

目前，中国大部分地下水受到不同程度污染，且部分为严重污染；土壤污染形势严峻，土壤质量恶化加剧，土壤污染已对土地资源可持续利用和生态安全构成威胁。土壤与地下水相互依存，存在物质和能量传输转移通道，土壤污染可以通过挥发、渗透转移到大气、水体等，引发次生污染。

地下水及土壤污染具有隐蔽性、长期性、滞后性、缓释性、累积性、难治理等特性；地下水污染途径分为四类：径流型、越流型间歇入渗型、连续入渗型。土壤污染途径主要有水质和大气污染、固废堆存、工农业污染及复合污染等。地下水及土壤监管体系不健全，环境修复费用昂贵。

国家近期开始高度重视土壤和地下水污染问题。国务院于2015年和2016年分别颁布了《水污染防治行动计划》（简称“水十条”）和《土壤污染防治行动计划》（简称“土十条”），要求加强污染调查、污染源监管、风险评估和防控、修复治理等，完善地下水和土壤污染协同防治工作。

（2）石化现状

石油化工行业高度关注地下水污染，于2013年出台了《石油化工工程防渗技术规范》（GB/T 50934—2013），研究建设项目场地的地下水环境敏感程度、含水层易污染特征和包气带防污性能，污染源分类、污染分区防治等，对地下水及土壤防护进行了统一要求和规定，做到有法可依。规范了污染防治工程设计、建设、运行与管理，要求技术经济合理，可实施、可操作。

据调查污染源主要来自埋地管道、污水池、污水井等，针对可能引发地下水污染的石化工程污染源，归纳如下：

第一类地下水潜在污染源指裸露地面的生产功能单元，污染地下水环境的物料泄漏容易及时发现和处理的区域，称一般污染区。

主要包括生产装置（单元）区的塔、反应器、换热器、压缩机、泵区、火炬设施、化验室、化学品库、汽车、铁路液体产品装卸区、储罐区防火堤内地面等。主要污染物为石油类和COD。

第二类地下水潜在污染源是重点污染防治区：指位于地下或半地下的生产功能单元，污染地下水环境的物料长期储存或泄漏不易及时发现和处理的区域。主要包括埋地的污水管道、地下油品管道、化学品管道，污水收集沟和池、厂区内污水井、污水检查井、油品储存池、污油罐（半）地下池、化学品（酸或碱、溶剂等）罐（半）地下池，物料储罐的罐底等。主要污染物为石油类和COD。

污染源来自各装置、辅助单元的地下，其分类见表12–5。

表 12–5　石化工程地下水及土壤污染源分类

分类	污染源	污染分区
第一类	地坪及以上设施	一般污染区
第二类	地下管道	重点污染区
	地下罐	重点污染区
	各类生产污水井及各种污水池	重点污染区
	生产污水沟	重点污染区
	储罐基础	重点污染区

（3）地下水及土壤防控技术

系统性全过程防控：防治措施以“源头控制、末端防治、污染监控、应急响应”相结合的原则，从污染物的产生、漏渗、扩散、应急响应进行全阶段、系统性控制，防治污染和降低污染后环境修复成本。

1）源头控制措施（主动防渗措施）。以预防为主，采用先进工艺，对管道、设备、污水储存及构筑物采取相应措施，防止和降低污染物跑、冒、滴、漏，将污染物泄漏的环境风险事故降到最低程度；管线敷设尽量采用“可视化”原则，即管道尽可能地上敷设，做到污染物“早发现、早处理”，提高管道材质等级，避免和减少由于埋地管道泄漏而造成的地下水污染。

2）末端控制措施。主要指厂内污染区地面的防渗措施，泄漏、渗漏污染物收集措施，即在污染区地面进行防渗处理，防止洒落地面的污染物渗入地下，并及时收集、处理滞留在地面的污染物；末端控制采取分区防渗，针对重点污染、一般污染区和非污染区采取有区别的防渗措施。

3）污染监控体系。实施覆盖生产区的地下水及土壤污染监控系统，包括建立完善的监测制度，科学、合理设置地下水污染监控井，及时发现污染并尽快处理和控制。

①应急响应措施。一旦发现地下水及土壤污染事故，马上启动应急预案，采取应急措施控制地下水污染，并使污染得到治理。

②分区防治措施：

A.地坪。对于一般污染区——装置、公用工程等地坪来说，防渗常用做法是在目前常规地坪围堰设计的基础上，为防止混凝土地面开裂，素混凝土中可增加防渗添加剂、钢纤维或钢筋，防渗地坪设置合理的缩缝和涨缝，衔接缝的密封材料应符合防渗要求，从而避免污染物污染地下水。

B.污水池/井。对于地下或半地下的污水井、污水池等，水池（井）内表面应涂刷水泥基渗透结晶型、喷涂聚脲等防水涂料，或混凝土内掺加水泥基渗透结晶型防水剂、抗渗钢纤维，以提高混凝土强度等级以及混凝土抗渗等级。

C.地下管道。管道尽量可视化，地下管道应提高管道材质等级和防腐等级，根据物料性质选用金属与非钢制金属管道。钢制管道应采用焊接，外防腐等级应采用特加强级，设计壁厚的腐蚀裕量应不小于2mm；非金属管道连接通常是采用承插、法兰或螺纹连接，连接部位是产生泄漏的薄弱环节，首先尽量采取钢制管线并焊接，可避免诸如承插连接的铸铁管污水泄漏；还可以采用高密度聚乙烯防渗层包裹管道，也可采用抗渗钢筋混凝土管沟或套管，为确保管线内的物料不泄漏进行双保险。详见图12-17和图12-18。

D.罐区。不易监测泄漏情况的罐底为重点污染区，环墙式罐基础的防渗应采用1.50mm厚的高密度聚乙烯（HDPE）膜，承台式罐基础环墙内表面宜涂刷厚度不应小

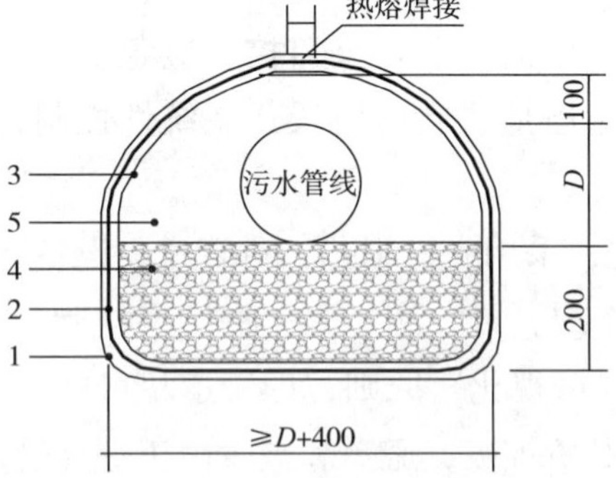

图12-17　地下管道高密度聚乙烯（HDPE）膜防渗层示意（单位：mm）

1—膜下保护层；2—高密度聚乙烯（HDPE）膜；3—膜上保护层；4—砂石层；5—中粗砂

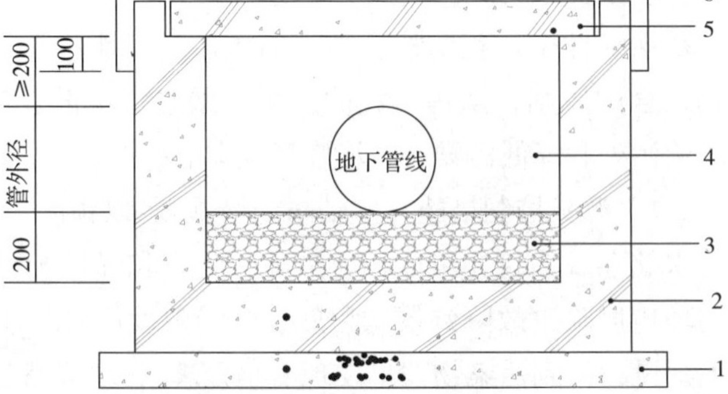

图12-18　地下管道管沟防渗层示意（单位：mm）

1—混凝土垫层；2—管沟；3—砂石垫层；4—中粗砂；5—管沟顶板；6—防水砂浆

于1.0mm的聚合物水泥等柔性防水涂料，以达到防渗性能要求。如图12-19、图12-20所示。

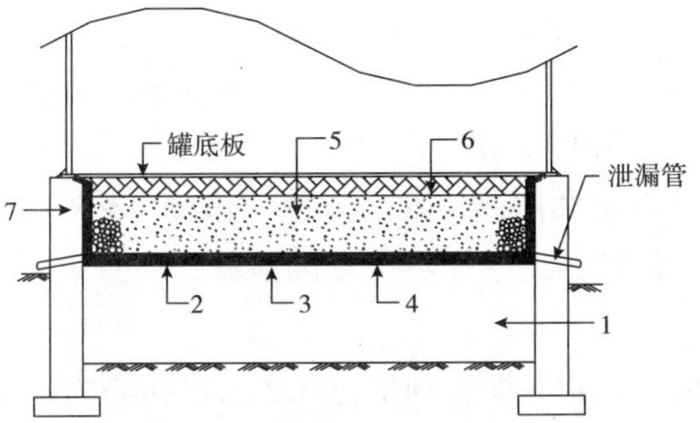

图12-19　环墙式罐基础高密度聚乙烯（HDPE）膜防渗层示意

1—罐基础填料层或原土夯实；2—膜下保护层；3—高密度聚乙烯（HDPE）膜；4—膜上保护层；5—砂垫层；6—沥青砂绝缘层；7—环墙基础

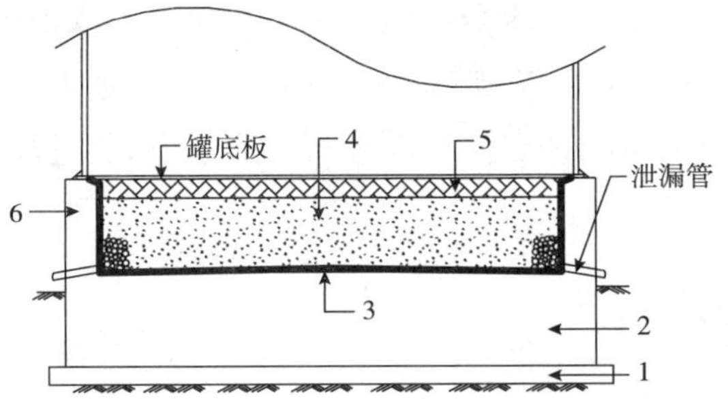

图12-20　承台式罐基础防渗层示意图

1—混凝土垫层；2—钢筋混凝土承台；3—防水涂料层；4—砂垫层；5—沥青砂绝缘层；6—环墙

（4）修复技术

实施先进的地下水和土壤修复风险管控，从水文地质分析、地下水径流、污染迁移机理、土壤及地下水功能、修复效果及技术经济比较，综合考虑土壤及地下水联合修复技术。

土壤及地下水修复技术包括物理法、化学法、生物法和复合修复技术。物理法主要有：屏蔽法，吸附过滤、电动力学处理、蒸汽浸提、热力学及热解析法；化学法主要有：化学氧化还原、化学固定、化学淋洗法；生物法有：微生物修复、生物吸附、植物修复等。修复技术应综合考虑场地污染特性、治理可持续性、治理时间和费用以及绿色无二次污染多种因素。目前应用较多的地下水修复技术有原位曝气、抽出技术和渗透性反应屏障；土壤修复技术有生态围隔阻控、热力学修复技术。

原位曝气法是将压缩空气注入含水层，通过吹脱、挥发和生物降解等作用将污染物进行生物降解，以去除污染物。

生态围隔阻控（反应渗透墙）技术应用于浅层土壤与地下水，在局部污染区建立具有渗透性和反应性能的屏障，屏障中含有还原剂（可降解挥发性有机物），络合剂（可固定金属、微生物需要的营养物和氧气用以人工增强生物处理性能），以利于长期降解、吸附及固定污染物，降低生态影响。

抽出处理修复技术是将污染地下水从蓄水层抽出来，利用地面污水治理设施进行处理净化，回注地下水或做其他用途。

土壤热力学修复技术是利用热传导，热毯、热井、热墙、热辐射、无线电波等，以加热方式将受有机物污染的土壤加热至有机物沸点以上，吸附在土壤中的有机物挥发成气态后再分离处理。

生物修复是利用生物特别是微生物催化降解有机污染物，通过改变营养、氧化还原电位、代谢基质等条件来进行环境修复。

（5）工程实例

以某石化项目为例，装置区和罐区分别采用防渗混凝土和HDPE膜进行防渗处理，循环水、生产水及生活污水等管线全部地上化可视化，污水池等地下和半地下设施的混凝土中均添加防渗剂或涂刷防渗结晶涂料，防渗总投资近7亿元。由于地下水和土壤污染的迟滞性，需要增加监测井点位并辅以污染应急方案，以较长时间去验证防渗措施的有效性。

12.2.6 噪声防控技术

（1）工业噪声声源与计量

1）噪声源。工业噪声是指机械设备运转或施工时产生的声音。按其噪声源特性可分为：机械噪声、空气动力噪声和电磁噪声；按发生频率可分为偶发噪声和频发噪声；以噪声性质区分为稳态噪声和脉冲噪声。工业企业厂界环境噪声指在工业生产活动中产生的、在厂界处进行测量和控制的干扰周围生活环境的声音。

声波是指声音的传播形式。声源震动发出声音，声音通过媒介（如固体、液体、气体）传播，有声波的区域形成声场，声场可以分为自由声场、混响声场等。声波用频率来表征其本质特征，频率是单位时间内媒介质点振动的次数，用f表示，单位是赫兹（Hz）。人耳可听到的声波频率是20～20000Hz。

2）噪声表征与计量。噪声源强即噪声污染源的强度，是反映噪声源声辐射强度和特征的指标，通常用辐射噪声的声功率级或确定环境条件下、确定距离的声压级（均含频谱）以及指向性等特征来表示。

当有声波作用时，空气中压强会在大气压强P_0附近做起伏变化，这个压强变化量称为声压。噪声用以分贝（dB）为单位的声压级L_p表示时见式（12-1）：

$$L_p = 20\lg(P/P_0) \qquad (12\text{-}1)$$

式中　P——在某特定点测得的声压；

P_0——基准声压（=20μPa）。

对不同频率的声压级按不同的权重进行修正，称为频率计权，按A网络得出的分贝数为A计权声级，简称A声级。A声级的测量结果与人耳对声音的响度感受近似，人耳的听阈和痛阈对应的声压级分别是0dB和120dB。

等效声级，是以A声级的稳态噪声代替变动噪声，在相同的时间内施加等量的声能，此声级就是该变动噪声的等效声级，即在规定测量时间T内A声级的能量平均值，用L_{Aeq}，$_T$表示，（简写为L_{eq}），称为等效连续A声级，简称等效声级，单位dB（A）。通常工业噪声均使用等效声级表征。根据定义，等效声级表示见式（12–2）：

$$L_{eq}=10\lg\left(\frac{1}{T}\int_0^T 10^{0.1L_A}\,dt\right) \tag{12–2}$$

式中　L_{eq}——等效连续A声级；

L_A——T时段内变动噪声的A声级；

T——噪声暴露时间。

（2）石化工程噪声

由于生产工艺特性决定，石油化工工程噪声源复杂且众多，有空气动力噪声、机械噪声、电磁噪声、管道阀门噪声等，且涵盖了点声源、面声源、线声源、体声源等；其特点为高强度、宽频谱、连续稳态、昼夜噪声强度一致。空气动力噪声主要来自压缩空气、高压蒸汽放空、气力输送、阀门管道、喷射、燃烧噪声等，机械噪声主要来自各种泵类、搅拌器、干燥机等，电磁噪声来源于电机和变配电。

（3）噪声防控技术

石化工程噪声综合治理难度大，通常通过噪声研究报告分析，结合敏感点位置及设备运行特点，采用隔声、消声、吸声、阻尼减振等组合噪声治理措施。隔声是采用屏蔽物改变声源的传播途径，是石化常用的降噪方法；消声降噪是治理气流噪声的有效措施，可降噪20～30 dB；封闭空间采用吸声降噪较为有效，如控制室等。

1）噪声控制要求。厂界及敏感点噪声分别要达到《工业企业厂界环境噪声排放标准》（GB 12348—2008）和《声环境质量标准》（GB 3096—2008），且不得影响设备散热、维修等日常操作。

2）优化平面布局。平面布置在满足工艺流程与生产运输要求的前提下，按噪声强度分区布置，远离敏感目标及厂界，高噪声设备相对集中并尽量布置在厂内/室内，利用建筑物、绿化带的屏蔽作用和距离衰减达到降噪要求。

3）源头降噪。选用低噪声、高效率电机；采用隔声、消声措施，在机泵、风机等设备上加装隔声罩、减震器、消声器；大型压缩机、风机等设备设置物理隔声间，室内进行吸声处理。各装置加热炉、裂解炉、热氧化炉、火炬采用低噪声火嘴。在气（汽）体放空口安装消声器等。

4）其他措施。工艺管线选择合适的流速，管道截面无突变，管道连接采用顺流走向，管道与强烈振动的设备采用柔性连接。

（4）工程实例

某化工企业厂界夜间噪声超标，经调研分析，该装置高噪声设备紧邻化工园区的厂界。

噪声源分析：噪声源设备为大功率压缩机、前后调节阀和输气主管，产生以中低频为主的空气动力噪声，此噪声声能高、在空气中衰减慢、传播远，对厂界及厂外环境影响大。

噪声治理措施：砌筑砖墙，进行隔声；管道进行铅皮隔声缠绕。

噪声治理效果：厂界噪声达标。

参考文献

[1] Metcalf&Eddy.废水工程处理及回用.化学工业出版社.Molenaar K Washington，S Diekmann，J. Structural equation model of construction contract dispute potential. Journal of Construction Engineering and Management，ASCE，2000，126（4）：268-277.

[2] 中国石油化工集团公司安全环保局.石油化工环境保护技术[M].北京：中国石化出版社，2005.

[3] 王基铭，袁晴棠.石油化工技术进展[M].北京：中国石化出版社，2002.

CHAPTER 第13章

石化工程经济

本章详细论述了技术经济评估的知识体系，以及石化项目各设计阶段工程估算、工程结算和工程竣工决算的概念、作用、内容、依据和方法。

13.1 技术经济评估

13.1.1 主要概念[1, 2]

工程项目技术经济评估是在国家现行财税制度和价格体系前提下，从工程项目的角度出发，测算工程项目范围内的财务效益和费用，计算经济评价指标，分析项目的财务盈利能力、债务清偿能力和财务生存能力，考察项目在经济上是否可行。

工程项目技术经济评估中涉及的主要经济概念如下：

（1）资金的时间价值

在商品货币经济中，资金是劳动资料、劳动对象和劳动报酬的货币表现。资金时间价值是指货币随着时间的推移而发生的增值，是资金周转使用后的增值额。例如，在银行存入1万元1年期存款，则在1年后除了1万元本金外，还可得到存款1年的利息，故此资金发生了增值，增值额即为得到的利息。

对于资金的时间价值，可以从两个方面理解：

首先，从投资者角度来看，资金随着时间的推移，其价值会增加，会给投资者带来利润，资金的这种增值特性使资金具有时间价值。

其次，从消费者的角度来看，资金一旦用于投资，就不能用于现期消费，资金的时间价值体现为消费者放弃现期消费的损失所应得到的必要补偿。

由于资金存在时间价值，同样数额的资金在不同的时间点上具有不同的价值，因此对项目进行技术经济评估，首先应对其收益与费用进行时间价值的等值变换，将不同时点上的资金价值按折现率折算到建设起点，使之具有时间上的可比性。

（2）现金流量

现金流量是对项目在某一时点上投入产出的抽象表达，包括现金流入量（或称正现金流量）、现金流出量（或称负现金流量）和净现金流量。凡是在某一时点上，流入项目的货币即为现金流入量，记为CI_t，一般包括营业收入、补贴收入、回收资产余值和回收流动资金等。凡是在某一时点上，流出项目的货币即为现金流出量，记为CO_t，一般包括建设投资、流动资金、经营成本等。同一时点上的现金流入量与现金流出量之差为净现金流量。

项目计算期内发生的收益与费用按照各自发生的时点顺序排列，构成了项目计算期内的现金流量。项目技术经济评估的动态分析即是对项目在计算期内的现金流量进行分析，计算得到项目投资财务内部收益率和财务净现值等反映项目盈利能力的动态技术经济指标。

（3）投资项目的分类

投资项目可从不同的分析角度进行分类。

按项目与企业原有资产的关系，分为新建项目和改扩建项目。与新建项目相比，改扩建项目是在原有企业基础上建设，利用了原有企业资源，以增量带动存量，以较小新增投入取得较大新增效益，建设期内项目建设与原有企业的生产同步进行。

按项目的融资主体，分为新设法人项目和既有法人项目。新设法人项目的资金由新组建的项目法人负责筹措，并由新设项目法人承担融资责任和风险，从项目投产后的财务效益情况考察项目的偿债能力；既有法人项目的资金依托现有法人筹措，不组建新的项目法人，由既有法人承担融资责任和风险，项目偿债依托了既有法人资产和信用，故从既有法人的财务总体状况考察项目的偿债能力。

除以上两种常见分类方法外，还可从不同分析角度对项目进行分类。不同类型的投资项目采用的技术经济评估方法也会不同，例如新建项目一般采用新建项目评价方法，改扩建项目一般采用“增量”法或“有无对比”评价方法。

（4）项目计算期

项目计算期包括建设期和生产期。

项目建设期是指投资项目从资金正式投入始到项目建成投产止所需要的时间，一般大于或等于项目建设工期（建设工期一般是指从拟建项目永久性工程开工之日，到项目全面建成投产或交付使用所需的全部时间）。

项目生产期是指从技术经济评估的要求出发，对投资项目从建成投产到主要固定资产综合寿命完结为止所经历的时间所给出的一个假定期限。项目生产期并不是指项目将来实际存在的时间，也不是项目的技术寿命期，而是项目的经济寿命期。经济寿命期由投产期和达产期两个阶段构成。项目投产后，由于产品的试生产，生产能力往往达不到设计能力，此时间段称为投产期。产品达到设计能力开始，直到其主要设备在经济上不宜再继续使用所经历的时间段为达产期。

（5）项目总投资和项目报批总投资

项目总投资和项目报批总投资是企业进行项目审批和建设资金控制的重要指标，其中项目总投资包括项目建设和投入运营所需的全部投资，由建设投资、建设期利息和全额流动资金组成；项目报批总投资则由建设投资、建设期利息和铺底流动资金（一般为全额流动资金 ×30%）组成。项目报批总投资主要用于国内建设的内资企业项目，项目总投资主要用于国内建设的外资企业项目、合资合作企业项目和国外建设项目。

建设投资是项目建设所需的全部投资，由固定资产、无形资产、其他资产及预备费用四部分组成；一般由估算专业完成。

建设期利息是项目在建设期内借款所产生的利息，依据债务资金的资金成本（利率等）、建设期限及资金分年投入的比例计算。计算方式根据借贷双方事先商定的偿还条件，如借款期、宽限期、还款期、利率、偿还方式等综合确定。如果偿还条件不明确，可根据项目债务资金来源的具体情况选择复利或单利计算；借款均假定在年中发生，第一年按半年计息，其后年份按全年计息。

流动资金是运营期内长期占用并周转使用的营运资金，即在生产和经营过程中用于购买原料、材料、燃料、储备成品（包括在产品、半成品及产品）、支付工资等费用开支的周转资金。流动资金一般可参照现有类似生产企业的指标，根据项目特点和资料掌握情况，按分项详细指标估算法或扩大指标估算法进行估算。

（6）总成本费用

总成本费用是指在生产期内为生产产品或提供服务所发生的全部费用，包括生产成本和期间费用。

总成本费用 = 生产成本 + 期间费用

生产成本 = 外购原辅材料费 + 外购燃料动力费 + 人员费用 + 制造费用（主要有折旧费、修理费和其他制造费）

期间费用 = 管理费用 + 营业费用 + 财务费用

总成本费用扣除折旧、摊销和财务费用等非付现成本后，为经营成本。经营成本体现的是投资项目生产经营中的现金成本。

生产成本包括各项直接支出和制造费用，估算内容包括原料及主要材料费、辅助材料费、燃料动力费、工资及附加费和制造费用（折旧费、修理费及其他制造费用）。

管理费用是企业为管理和组织经营活动而发生的各项费用，包括公司管理部门工资及福利费（或人员费用）、公司经费、工会经费、职工教育经费、劳动保险费、财产保险、待业保险费、董事会费、咨询费、审计费、税金（房产税、车船使用税、土地使用税、印花税等）、无形资产及其他资产摊销、业务招待费、安保基金和安全生产费用等。

财务费用是企业为筹集资金而发生的各种费用，包括企业生产经营期间发生的利息净支出（长期借款利息支出、流动资金借款利息、短期借款利息）、汇兑净损失、金融机构手续费以及筹资发生的其他财务费用等。

营业费用是项目在销售产品及提供劳务过程中发生的各种费用及专设销售机构的各项经费。该项费用的估算应根据产品的价格范畴（出厂价、批发价、市场价等）及项目的具体情况予以确定，也可参照同类企业营业费用占营业收入的比例确定。

（7）营业收入

技术经济评估中的营业收入包括销售产品或提供服务所获得的收入，估算基础为产品或服务的数量乘以产品或服务的单价。

项目营业收入的估算依据，主要包括全厂及装置的物料平衡流程图、产品数量及规格（含性状质量及用途等）、产品销售价格等。

产品销售价格应根据项目性质、产品供求关系以及项目实际可能发生的情况，实事求是地通过分析、论证加以确定，并注明价格的范畴（出厂价、批发价、零售价、内部价等）；进行营业收入计算时需保持投入（原料等）与产出（产品）的价格口径一致。

（8）税金及税率

1）增值税。增值税是对产品增值额征收的一种税，也就是以产品销售额扣除生产该产品的外购原辅材料、燃料动力等价值后的余额为计税基础的税种。其估算依据《中华人民共和国增值税暂行条例》及《中华人民共和国增值税暂行条例实施细则》的有关规定执行。

增值税=（当期）销项税-（当期）进项税

进项税以原辅材料、燃料动力的不含税费用为计税基础，参照相应税率计算。

销项税以按出厂价格估算的不含税营业收入为计税基础，参照相应税率计算。

对于一般石化企业，除新鲜水、蒸汽、天然气和液化气等增值税税率为9%外，其他原料、产品及燃料动力增值税税率均为13%。

根据《营业税改征增值税试点实施办法》（财税〔2016〕36号），销售服务、无形资产或者不动产（以下称应税行为）的单位和个人，为增值税纳税人，应当缴纳增值税，不缴纳营业税。

根据《关于全国实施增值税转型改革若干问题的通知》（财税〔2008〕170号），自2009年1月1日起，我国增值税税收政策正式由生产型转变为消费型，即允许企业将投资中所含设备材料进项税额从企业销项税额中抵扣。有些企业（如中国石化、中国石油等）发布了与此对应的处理办法，可参照执行。

根据《财政部 税务总局 海关总署 关于深化增税改革有关政策的公告》（财政部 税

务总局 海关总署公告〔2019〕39号），自2019年4月1日起，增值税一般纳税人发生增值税应税销售行为或者进口货物，原适用16%税率的，税率调整为13%；原适用10%税率的，税率调整为9%，原适用6%和0%税率的，税率不调整。

2）税金及附加。税金及附加包括消费税、城市建设税、教育费附加和地方教育附加。

消费税计算的原始依据为《中华人民共和国消费税暂行条例》及《中华人民共和国消费税暂行条例实施细则》。按照《财政部、国家税务总局关于提高成品油消费税的通知》（财税〔2015〕11号），对于一般石化企业，目前应税产品及税额见表13–1。

表 13–1　目前应税产品及税率（2015 年 1 月 12 日发布）

序号	应税产品名称	标准税额/（元/L）	计量换算标准/（L/t）	实际税额/（元/t）
1	汽油	1.52	1388	2109.8
2	柴油	1.20	1176	1411.2
3	喷气燃料	1.20	1246	1495.2（暂缓征收）
4	石脑油	1.52	1385	2105.2
5	溶剂油	1.52	1282	1948.6
6	润滑油	1.52	1126	1711.5
7	燃料油	1.20	1015	1218.0

自2011年10月1日起，生产企业自产石脑油、燃料油用于生产乙烯、芳烃类化工产品的，按实际耗用数量暂免征消费税；对使用石脑油、燃料油用于生产乙烯、芳烃类化工产品的企业购进并用于生产乙烯、芳烃类化工产品的石脑油、燃料油，按实际耗用数量暂退还所含消费税。

自2009年1月1日起，对利用废弃的动植物油生产纯生物柴油，生产原料中废弃的动物油和植物油用量所占比重不低于70%，生产的纯生物柴油符合国家标准《柴油机燃料调合生物柴油（BD100）》的，按财税部门规定执行免征消费税政策。

城市建设税、教育费附加和地方教育附加均以增值税和消费税之和为计算基础。城市维护建设税根据项目所在地的不同，税率有所不同，为7%（城市市区）、5%（县城、建制镇）、1%（其他）；教育费附加征收标准为3%；地方教育附加征收标准为2%。

3）企业所得税。所得税是对企业从事生产经营所得利润而征收的税，根据2008年修订的《中华人民共和国企业所得税法》和2018年修订的《中华人民共和国企业所得税法实施条例》，一般企业所得税率为25%，对国家需要重点扶持的高科技企业采用优惠税率，所得税率为15%。

所得税额=应纳税所得额 × 所得税税率

（9）基准收益率

基准收益率，也称基准折现率，是企业或行业、投资者以动态的观点所确定的、可接受的投资项目最低标准的收益水平，即选择特定的投资机会或投资项目必须达到的预期收益率。

基准收益率一般参考行业财务基准收益率，并结合项目风险和投资的机会成本、资金的加权平均成本、投资者的发展战略和经营策略以及通货膨胀率等因素综合确定。

（10）不确定性分析

不确定性分析是对生产、经营过程中各种事前无法控制的外部因素变化与影响所进行的估计和研究。项目建设和经营的过程中不确定因素普遍存在，如建设投资是否超出预期、工期是否拖延、原材料价格是否上涨、生产能力是否能达到设计要求等。为了正确决策，需进行技术经济综合评价，计算各不确定因素发生的概率及对决策方案的影响，从中选择最佳方案。常见的分析方法有盈亏平衡分析和敏感性分析。

1）盈亏平衡分析。盈亏平衡分析是通过计算项目达产年的盈亏平衡点（BEP），分析测算产品产量（或生产能力利用率）对项目盈亏的影响。当项目的收益与成本相等时，该点产品产量或生产能力利用率即为盈亏平衡点。计算公式为：

BEP（生产能力利用率）=年固定总成本/（年产品营业收入−年可变总成本−年税金及附加）

BEP（产量）=年固定总成本/（单位产品价格−单位产品可变成本−单位产品税金及附加）

BEP（产量）=设计生产能力 ×BEP（生产能力利用率）

当采用含税价格时，式中分母还应扣除增值税。

2）敏感性分析。敏感性分析是计算投资、价格、成本、生产负荷、建设期等敏感因素发生变化时对项目经济效益指标（一般为项目财务内部收益率）的影响程度，用于考察和分析项目的抗风险能力。

敏感性分析结果用敏感性分析表和敏感性分析图来表示，必要时，还需计算敏感度系数和临界点。

13.1.2 基本原则和主要方法

（1）投资项目技术经济评估的基本原则

1）“有无对比”原则。“无项目”是指不进行项目投资时，在项目计算期内，项目测算范围内相关资产、费用与收益等的发展情况；“有项目”是指项目投资后，在项目计算期内，项目测算范围内相关资产、费用与收益等的发展情况。“有项目”−“无项目”得到项目的“增量”。分别考察“无项目”“有项目”和“增量”的各项技术经济指标，判断项目的经济可行性。需要注意的是，为了保证项目的可比性，“无项目”和“有项目”的效益和费用计算范围、计算期要保持一致。

2）效益与费用配比原则。投资项目技术经济评估时，需要注意保持项目效益和费用相配比，即要保证项目的费用均是为得到项目效益而付出的成本费用（计算范围一致），也要保证该费用与效益是同一时间区间发生的（计算期一致），这样才能保证计算的净效益体现了项目投入的真实回报。

3）收益与风险权衡原则。对项目可能面临的风险因素考虑不全，对风险因素带来的潜在损失估计不足，往往可能会造成项目投资失败，所以对投资项目的技术经济评估，不仅需要考察项目的效益指标，即项目的收益，也需要考察项目面临的风险，收益与风险权衡利弊后再决策。

4）定量分析与定性分析相结合，以定量分析为主的原则。一般来说，项目技术经济评估要求尽量采用定量指标，但对于一些不能进行量化计算的经济因素，则要求进行定性分析，并与定量分析相结合，综合起来进行评价。

5）动态分析与静态分析相结合，以动态分析为主的原则。动态分析是指利用资金时间价值原理对项目现金流量进行折现分析，而静态分析则不对项目现金流量进行折现。项目技术经济评估的核心是折现，所以是以动态经济指标为主。静态经济指标与一般的财务指标内涵基本相同，比较直观，但不能体现资金的时间价值，只能作为辅助指标。

（2）投资项目技术经济评估的主要方法

新建项目的技术经济评估按照新建项目评估方法，计算新建项目的建设投资、总成本费用等现金流出和产品销售收入等现金流入，得到项目的净现金流量，计算相应的技术经济指标，考察项目的盈利能力。

改扩建项目的技术经济评估分为“有无对比”分析法和“增量”分析法。

“有无对比”分析法，是指计算改扩建项目实施前后的现金流量及“增量”现金流量，考察改扩建项目实施前后的盈利能力。其中“有项目”流量为项目计算期内，改扩建项目实施后，在拟建项目范围内发生的效益与费用流量；“无项目”流量为项目计算期内，改扩建项目实施前，企业利用拟建项目范围内的资产，可能发生的效益与费用流量；“增量”流量=“有项目”流量-“无项目”流量。

“增量”分析法，是改扩建项目技术经济评估的简化处理，是指计算改扩建项目实施前后的“增量”物料数据，按照新建项目进行评价。以下几种情况可考虑采用“增量”分析法：

1）项目与既有企业的生产经营活动相对独立，项目的效益和费用较易识别，现金流入与流出比较好测度，故可简化处理。

2）以增加产出为目的的项目，增量产出占既有企业产出比例小，项目的增量产出不会对既有企业现金流量产生较大影响，项目相对独立，可以简化处理。

3）利用既有企业的固定资产量与项目新增量比较小，“有项目”情况下现金流入与流出基本不受既有企业的影响，新增投资是项目建设期内主要的现金流出，故可以简化处理。

4）效益和费用的增量流量较容易确定，可以简化处理。

“有无对比”是项目技术经济评估的根本原则，对比的目的是求出增量现金流量，进行项目的盈利能力分析。新建项目实际上是改扩建项目的特例，是“无项目”净现金流量为零，增量现金流等于“有项目”现金流的特殊情况。

13.1.3 主要经济技术指标

（1）项目财务盈利能力指标

1）静态指标。投资项目技术经济评估的主要静态指标包括总投资收益率、资本金净利润率和投资回收期；静态指标计算简便，在一定程度上反映了投资效果的优劣，但由于其没有考虑资金的时间价值，故一般多用于初步比选分析或作为辅助指标使用。

①总投资收益率（ROI）。总投资收益率表示总投资的盈利水平，系指项目运营期内年平均息税前利润（EBIT）与项目总投资（TI）的比率。总投资收益率高于同行业的收益率参考值，表明用总投资收益率表示的盈利能力满足要求。

②资本金净利润率（ROE）。资本金净利润率表示项目资本金的盈利水平，系指项目运营期内年平均净利润（NP）与项目资本金（EC）的比率。项目资本金净利润率高于同行业的净利润率参考值，表明用资本金净利润率表示的盈利能力满足要求。

③投资回收期（P_t）。投资回收期是以项目的净收益抵偿全部投资所需要的时间。它是考察项目在财务上的投资回收能力的主要静态评价指标。投资回收期一般从建设开始年算起，如果从投产年算起，应予以注明。其数学意义为当“Σ（现金流入－现金流出）＝0”时的年份。

投资回收期可以根据财务现金流量表中累计净现金流量计算求得，其计算为P_t=（累计净现金流量开始出现正值年数－1）＋（上年累计净现金流量的绝对值/当年净现金流量）。

在财务评价中，求出的投资回收期（P_t）与行业的基准投资回收期（P_c）比较，当P_t小于或等于P_c时，表明项目投资能在规定的时间内回收。

2）动态指标。投资项目技术经济评估的主要动态指标包括项目投资财务内部收益率、财务净现值；动态指标考虑了资金的时间价值，全面考虑了整个计算期内项目的经济状况，是考察项目财务盈利能力的主要指标。

①财务内部收益率（IRR）。财务内部收益率是在整个计算期内各年净现金流量现值之和等于零时的折现率，它反映项目所占资金的盈利率，是考察项目盈利能力的主要动态评价指标，用下式表达。

$$\sum_{t=1}^{n}(\text{现金流入量}-\text{现金流出量})_t(1+IRR)^{-t}=0$$

式中　t——第t年。

财务内部收益率可根据财务现金流量表中的净现金流量求得。在技术经济评估中，应将求出的项目投资财务内部收益率与行业基准收益率或所选定的贴现率（I_c）比较，当IRR大于或等于I_c时，即认为其盈利能力已满足最低要求，在财务上是可以接受的。

②财务净现值（NPV）。

财务净现值是按基准收益率将项目计算期内各年净现金流量折现到建设期初的现值之和，是考察项目盈利能力的主要动态评价指标，计算公式为：

$$NPV=\sum_{t=1}^{n}(\text{现金流入}-\text{现金流出})(1+i_c)^{-t}$$

式中　t——第t年；

i_c——基准收益率。

当财务净现值（NPV）大于或等于零时，项目可以考虑接受。

（2）项目偿债能力指标

1）利息备付率（ICR）。利息备付率是在借款偿还期内的息税前利润与应付利息的比值，它从付息资金来源的充裕性角度反映项目偿付债务资金利息的保障程度，计算公式为：

利息备付率=息税前利润（EBIT）/利息费用

=（净利润+所得税+利息费用）/利息费用

利息备付率应分年计算，利息备付率高，表明利息备付的保障程度高。利息备付率应大于1。

2）偿债备付率（DSCR）。偿债备付率是在借款偿还期内，可用于还本付息的资金与应还本付息金额的比值，它表示可用于还本付息的资金偿还借款本息的保障程度，计算公式为：

偿债备付率=可用于还本付息的资金/当期应还本付息金额

=（息税折旧摊销前利润－所得税）/当期应还本付息金额

偿债备付率应分年计算，偿债备付率高，表明可用于还本付息的资金保障程度高。偿债备付率应大于1。

3）借款偿还期。借款偿还期是在国家财政规定及项目具体财政条件下，以项目投产后可用于还款的资金来源偿还建设期内借贷资金所需要的时间，一般从借款开始年算起，以年表示。

如果还款期是约定的，其偿还本利的方式应依具体情况确定。常见的方式有等额还本利息照付方式、等额还本付息方式和最大还款能力还款方式三种。

①等额还本利息照付方式。偿还期内每年偿还的本金额是相等的，利息将随本金逐年偿还而减少，计算公式为：

第t年支付利息$=I_c\times i\times[1-(t-1)/n]$

每年偿还本金=I_c/n

式中 I_c——借款起始年年初的借款余额（含未支付的建设期利息）；

i——年利率；

n——贷款方要求的借款偿还年数（由还款年开始计）。

②等额还本付息方式。偿还期内每年偿还的本金与利息之和相等，但还本付息额中的本金和利息逐年不等，偿还的本金部分将逐年增加，支付的利息部分将逐年减少，计算公式为：

每年还本付息额（等额年金）=$I_c \times i \times (1+i)^n/[(1+i)^n-1]$

当年支付利息=年初借款余额×年利率

当年偿还本金=每年还本付息额（等额年金）–当年支付利息

式中 I_c——借款起始年年初的借款余额（含未支付的建设期利息）；

i——年利率；

n——贷款方要求的借款偿还年数（由还款年开始计）。

③最大还款能力还款方式。没有约定还款期，按项目每年最大可用于还款的资金进行还款，一般可用还本付息计划表推算借款偿还期，计算公式为：

借款偿还期=（借款偿还后开始出现盈余的年份–1）+当年借款偿还额/当年可用于还款的资金

可用于偿还借款的资金应根据有关政策法规确定，主要有可用于还款的折旧费、摊销费、未分配利润及其他收益。当项目满足约定还款条件，且借款偿还期满足贷款机构要求的期限时，即可认为项目是有清偿能力的。

4）资产负债率（LOAR）。资产负债率（LOAR）是反映项目面临的财务风险程度及偿债能力的指标，用以考察资产、负债及所有者权益的结构是否合理，计算公式为：

资产负债率=负债合计/资产合计

资产负债率越高，说明形成项目资产的负债资金越高，项目得到投资者的资金保障（所有者权益）越少，财务风险越高。

（3）企业财务评价指标

1）已占用资本收益率（ROCE）。平均占用资本收益率是体现企业运用资本能力的指标，计算公式为：

已占用资本收益率=（利）息（所得）税前利润×（1–所得税税率）/已占用资本

已占用资本=总资本–额外现金

总资本=股东资本+长、短期贷款+股东贷款+少数股东权益

额外现金=现金及现金等价物+定期存款

当已占用资本收益率大于要求的基准收益率（无风险收益率加风险收益率）时，企业所有者将会获得剩余收益，有价值增值；

当已占用资本收益率等于要求的基准收益率时，企业所有者将会无剩余收益，无价值增值；

当已占用资本收益率小于要求的基准收益率时，企业所有者将会有价值损失。

2）加权平均资金成本。加权平均资金成本是指项目融资方案的总体资金成本，是将融资方案中不同融资来源的资金成本按该融资额占总融资额的比例加权平均，得到该融资方案的加权平均资金成本。项目资金的主要融资来源有权益资金（资本金）和负债资金（借款资金），其中权益资金是企业所有者投入项目的资金，不需要偿还；负债资金是企业向银行及其他各类金融机构以借贷的方式筹措的资金，需要偿还本金并支付利息。加权平均资金成本计算公式为：

加权平均资金成本 = 负债资金比例 × 税前负债成本 ×（1—所得税税率）+ 权益资金比例 × 权益资金成本

加权平均资金成本低于或等于要求的基准值，则说明项目的融资成本符合要求。

3）经济增加值（EVA）。经济增加值是从税后利润中扣除全部投入资本成本（包括所有者权益和负债）后的所得，是评价企业经营者有效使用资本和为股东创造价值能力的指标，计算公式为：

经济增加值 = 税后净营业利润 – 资本成本

税后净营业利润 = 净利润 + 少数股东损益 + 财务费用 ×（1– 所得税税率）

资本成本 = 调整后占用资本 × 平均资本成本率

调整后占用资本 = 平均所有者权益 + 平均少数股东权益 + 平均负债合计 – 平均无息流动负债 – 平均在建工程

平均无息流动负债 = 平均流动负债合计 – 平均短期借款 – 平均一年内到期的长期负债

经济增加值是对真正“经济”利润的评价，是表示净利润与投资者用同样资本投资其他风险相近的有价证券的最低回报相比，超出或低于后者的量值。

（4）项目财务竞争力分析指标[3]

项目财务竞争力分析指标用于分析比较项目与竞争对手在核心财务竞争能力方面的竞争水平，是项目前期评判、决策排序的核心财务指标，包括利润、成本和投资三个方面，其中成本竞争力是最核心关键。石化及相关行业的分行业项目财务竞争力指标如下：

1）原油加工及使用制品制造：

①利润类：

吨油利润 = 生产期年均净利润 / 生产期年均原油加工量

吨原油毛利 = 生产期年均毛利 / 生产期年均原油加工量

毛利 = 营业收入 – 原料费用

②成本类：

吨原料油完全成本（吨原料油完全费用）= 生产期年均完全成本（完全费用）/ 生

产期年均原料油加工量

③投资类：

吨原油建设投资=项目建设投资/生产期年均原油加工量

2）长输管道：

①利润类：由于管道项目为确定收益率后反算运费的计算方式，因此其利润指标取决于收益率水平。

②成本类：

吨公里管输完全成本=生产期年平均完全成本/管道距离/生产期年均输送量

③投资类：

吨公里建设投资=项目建设投资/管道距离/生产期年均输送量

3）初级形态的塑料及合成树脂制造、合成纤维单（聚合）体制造、乙烯联合装置、有机化学原料及中间体制造、合成橡胶，化工新型材料、专用化学品制造（含精细化工）、现代煤化工：

①利润类：

吨产品净利润=生产期年均净利润/生产期年均产品产量

吨产品毛利=生产期年均毛利/生产期年均产品产量

②成本类：

吨产品完全成本=生产期年均完全成本/生产期年均产品加工量

③投资类：

吨产品建设投资=项目建设投资/生产期年均产品产量

项目财务竞争能力评价指标的高低判断应结合企业的发展战略目标来确定。若企业战略是面对国际竞争对手，则其竞争能力指标就要达到国际先进水平；若企业战略是面对一定区域内的竞争对手，则其竞争能力指标只要超过竞争对手的水平即可。

项目财务竞争能力评价指标的计算应以项目前期财务效益评价为基础，进行相关指标计算，价格数据采用现价（近1年或上年平均价格），为实现可比，现价选取应与对比方的时间区间相一致。

与竞争对手的对比，指的是在市场上一个区域内与主要竞争对手的对比，而不是各企业间的绩效指标对比。

13.2 工程估算

13.2.1 可研投资估算

（1）可研投资估算概念

可研投资估算以可行性研究设计文件为基础，按照规定的程序、方法和依据，对项目建设和生产运营所需投入的全部资金进行估算，包括建设投资、增值税、建设期资金筹措费和（铺底）流动资金。

（2）可研投资估算的作用

可研投资估算是项目投资决策的重要依据，是项目财务评价、经济性分析和国民经济评价的基础。经批准的可研投资估算对工程设计概算起控制作用，原则上设计概算不得突破批准的可研投资估算。可研投资估算还是项目资金筹措的依据，并用于编制固定资产投资计划，核定固定资产投资。

（3）可研投资估算编制的内容

1）可研投资估算文件的组成。可行性研究投资估算文件包括编制说明和投资估算表。编制说明包括工程项目概况，投资估算的工程范围及投资组成，编制的原则、依据和方法。

2）可研投资估算的内容。从满足国内项目投资计划和投资规模的角度，可行性研究投资估算包括建设投资、增值税、建设期资金筹措费和铺底流动资金的估算（见图 13-1）。但从满足外资、合资项目及国外建设项目经济评价的角度，可行性研究阶段总投资估算包括建设投资、增值税、建设期资金筹措费和流动资金的估算。

建设投资包括固定资产投资、无形资产投资、其他资产投资和预备费。

固定资产投资包括工程费和固定资产其他费。工程费包括工艺生产装置、配套系统工程、厂外工程、特定条件下的费用、工器具及生产用具购置费。固定资产其他费包括土地使用费、工程建设管理费、工程建设监理费、环境监理费、临时设施费、前期准备费、专项评价及验收费等。

无形资产投资包括土地使用权出让金及契税和特许权使用费等。

其他资产投资包括生产人员准备费、出国人员费、外国工程技术人员来华费和图纸资料翻译复制费。

预备费包括基本预备费和价差预备费。

增值税包括工程费增值税、固定资产其他费增值税、无形资产投资增值税、其他资产投资增值税和预备费增值税。

建设期资金筹措费是建设期内为筹集项目资金所发生的费用，包括各类借款利息、债券利息、贷款评估费、国外借款手续费及承诺费、汇兑损益、债券发行费用及其他债务利息支出或融资费用等。

流动资金是企业在运营期内长期占用并周转使用的营运资金。铺底流动资金等于流动资金的 30%。根据现行国家规定，必须将项目建成投产后所需的铺底流动资金列入投资计划。

（4）可研投资估算的编制依据

可研投资估算的编制依据主要包括：

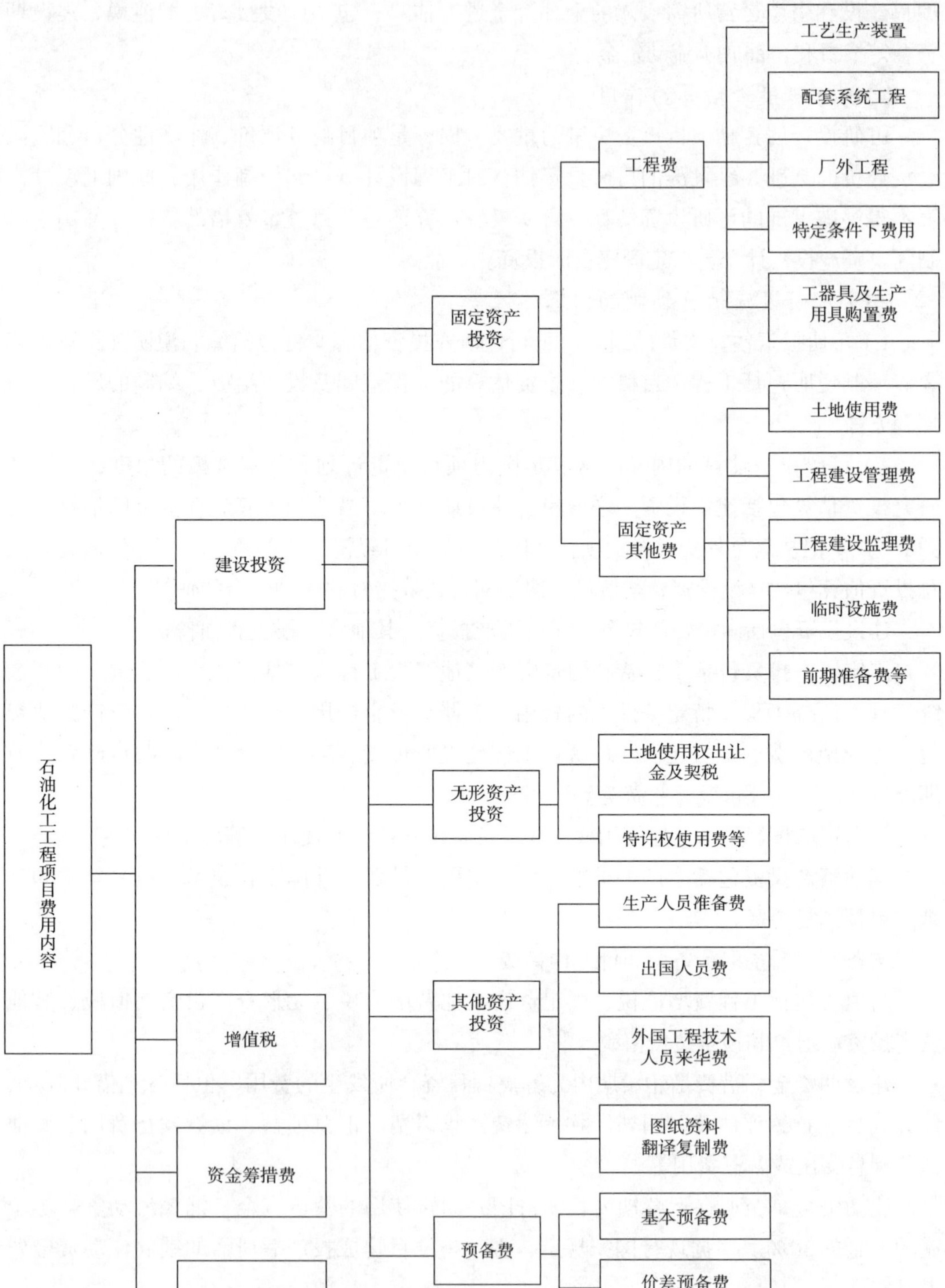

图13–1　石化工程费用图谱

1）方案设计、项目建议书、预可行性研究报告、项目申请报告等；

2）类似工程、类似装置、类似公用工程等造价；

3）投资估算指标，概算指标，土建、安装综合大指标等；

4）单项工程或单位工程造价指标；

5）类似项目设备、材料价格；

6）行业安装定额、行业土建定额、地方土建定额及其定额单价；

7）当地材料及施工市场价格；

8）建设地建筑工程取费标准及调价系数、材料差价等；

9）现场情况，如地理地质、交通运输、水电气风条件等；

10）其他参考数据，如设备、材料运杂费率，设备安装费率等。

（5）可研投资估算的编制方法

可行性研究投资估算应按照行业可行性研究投资估算编制规定或办法编制。建设投资估算原则上采用工程量法，一般混合采用生产能力指数法、设备系数法和粗略工程量法。流动资金估算一般采用分项详细估算法，个别情况可采用扩大指标法。

1）生产能力指数法。生产能力指数法又称指数估算法，是指根据已建成类似项目的生产能力和投资额、拟建项目的生产能力来估算拟建项目的投资额的方法。当拟建项目生产能力和已建项目生产能力相差一倍以上时，不适合使用生产能力指数法。

计算公式：

拟建项目的投资额 = 已建类似项目的投资额 ×（拟建项目的生产能力 / 已建类似项目的生产能力）$^n \times f$

式中　f——综合调整系数，新老项目建设间隔期内定额、单价、费用变更等的综合调整系数；

n——生产能力指数，在正常情况下，$0 \leq n \leq 1$。

使用生产能力指数法估算投资只要掌握已建类似项目的投资和生产能力，不需要详细的工程量，因此适用项目前期的投资估算。生产能力指数法估算的精度取决于估算时使用的生产能力指数与实际值的偏差，生产能力指数越接近实际值，估算的精度越高。同时，生产率水平不同的国家和不同性质的项目中，生产能力指数也不尽相同[3]。

常用的炼油装置投资生产能力指数[4]见表 13–2，石油化工装置投资生产能力指数[4]见表 13–3。

表 13–2　炼油装置投资生产能力指数

序号	装置名称	生产能力指数	序号	装置名称	生产能力指数
1	常压蒸馏	0.70	3	常减压蒸馏	0.60
2	减压蒸馏	0.70	4	延迟焦化	0.70 ~ 0.81

续表

序号	装置名称	生产能力指数	序号	装置名称	生产能力指数
5	硫黄回收	0.60 ~ 0.64	13	气体脱硫	0.60
6	催化裂化	0.70 ~ 0.83	14	循环氢脱硫	0.70
7	连续重整	0.62	15	脱硫醇	0.65
8	加氢裂化	0.71 ~ 0.82	16	丙烷脱沥青	0.73
9	干气制氢	0.65 ~ 0.70	17	芳烃抽提	0.60
10	烷基化	0.60 ~ 0.65	18	原油脱盐	0.60
11	加氢精制	0.65 ~ 0.85	19	气体分馏	0.70
12	渣油加氢脱硫	0.80			

注：本表所列生产能力指数仅适用于通过改变设备尺寸而改变生产能力的装置的投资估算。

表 13–3　石油化工装置投资生产能力指数

序号	装置名称	生产能力指数	序号	装置名称	生产能力指数
1	乙烯裂解	0.80 ~ 0.83	18	丙烯酸丁酯	0.30 ~ 0.39
2	乳液聚合法丁苯橡胶	0.57 ~ 0.67	19	甲基丙烯酸甲酯	0.60 ~ 0.77
3	溶液聚合法丁苯橡胶	0.74 ~ 0.77	20	乙二醇	0.70 ~ 0.80
4	溶液聚合法顺丁橡胶	0.60 ~ 0.85	21	1，4– 丁二醇	0.49 ~ 0.67
5	热塑性丁苯橡胶	0.54 ~ 0.56	22	甲醇	0.62 ~ 0.65
6	合成氨	0.80 ~ 0.95	23	异丙醇	0.71 ~ 0.84
7	甲基叔丁基醚	0.46 ~ 0.51	24	聚乙烯醇	0.64 ~ 0.71
8	丁二烯	0.35 ~ 0.48	25	苯酚	0.50 ~ 0.62
9	苯乙烯	0.70 ~ 0.83	26	环己酮	0.65 ~ 0.77
10	醋酸	0.64 ~ 0.79	27	己内酰胺	0.61 ~ 0.66
11	环氧乙烷	0.73 ~ 0.77	28	对苯二甲酸	0.65 ~ 0.70
12	环氧丙烷	0.52 ~ 0.78	29	对苯二甲酸二甲酯	0.60 ~ 0.72
13	丙烯腈	0.66 ~ 0.74	30	低密度聚乙烯	0.70 ~ 0.78
14	二甲苯分离	0.57 ~ 0.77	31	高密度聚乙烯	0.53 ~ 0.64
15	异丙苯	0.47 ~ 0.62	32	线型低密度聚乙烯	0.68 ~ 0.79 0.49 ~ 0.65
16	乙苯	0.53 ~ 0.62	33	聚丙烯	0.55 ~ 0.74
17	丙烯酸	0.63 ~ 0.84	34	丙烯腈 – 丁二烯 – 苯乙烯共聚物	0.47 ~ 0.51

续表

序号	装置名称	生产能力指数	序号	装置名称	生产能力指数
35	丙烯腈-苯乙烯共聚物	0.51 ~ 0.58	39	聚酰胺66	0.51 ~ 0.63
36	聚碳酸酯	0.41 ~ 0.56	40	聚对苯二甲酸丁二醇酯	0.48 ~ 0.56
37	聚对苯二甲酸乙二醇酯	0.58 ~ 0.74	41	聚异氰酸酯	0.44 ~ 0.56
38	聚己内酰胺	0.48 ~ 0.76			

注：1.本表所列生产能力指数仅适用于通过改变设备尺寸而改变生产能力的装置的投资估算。
2.线型低密度聚乙烯有两个规模指数，0.68 ~ 0.79是线型低密度聚乙烯，0.49 ~ 0.65是双峰线型低密度聚乙烯。

2）设备系数法。设备系数法是根据已建成类似项目的建筑安装工程费和其他工程费等与设备费的百分比为系数，以拟建项目的工艺设备（不包括电气、仪表设备）购置费为基数，估算拟建项目建筑安装工程费和其他工程费，从而获得项目的静态投资。其计算公式如下：

$$C = E(1 + f_1P_1 + f_2P_2 + f_3P_3 + \cdots\cdots) + I$$

式中　C——拟建项目的静态投资；

E——拟建项目根据当时当地价格计算的设备购置费；

P_1、P_2、P_3…——已建项目中建筑安装工程费及其他工程费等与设备购置费的比例；

f_1、f_2、f_3…——由于时间因素引起的定额、价格、费用标准等变化的综合调整系数；

I——拟建项目的其他费用。

设备系数估算法的理论依据是设备购置费与完成设备安装所需的基础、管道、电气、仪表等专业费用有一定的比例关系。由于石化工程的主材费、直接费与设备购置费具有相关性，因此工艺装置和公用工程的费用估算通常使用设备系数估算法。设备系数估算法方法简单，但估算精度较低，通常用于前期阶段。

3）指标估算法。指标估算法是以单项工程生产能力投资估算指标或单位工程投资估算指标进行投资估算，如循环水场每小时循环水量投资指标、罐区每立方米造价、铁路或公路每公里投资估算指标等。指标估算法估算精度较低，通常适用于石油化工公用工程和配套系统的前期投资估算。

4）工程量法。工程量法是以设计的设备、材料数量和相应的单价为计算依据，计算全部设备、材料的数量与相应的单价乘积之和得出项目的投资额。工程量法基于详细的设备、材料数量以及相应的单价，因此估算精度较生产能力指数法、设备系数法、指标估算法更高，但工程量法需要较长的估算周期和较多的人力投入。

13.2.2　总体设计概算

（1）总体设计概算的概念

总体设计概算是在工程项目总体设计阶段，依据总体设计文件，按照规定的程序、方法和依据，对项目建设和生产运营投入的全部资金进行估算。

（2）总体设计概算的作用

总体设计概算是根据总体设计文件编制的概算，是对可研估算的修正，是基础设计概算的基础，同时也是基础设计概算投资控制的依据，也是项目再决策的依据。

（3）总体设计概算文件组成和内容

总体设计概算文件组成和内容参见基础设计概算。

（4）总体设计概算编制办法

总体设计概算应符合石油化工建设项目总体设计内容规定的要求。石油化工总体设计概算编制执行相关行业总体设计概算编制办法或规定，一般参考基础设计概算编制办法或规定。

13.2.3 基础设计概算

（1）基础设计概算的概念

基础设计概算是在工程项目基础设计阶段，依据基础设计文件，按照规定的程序、方法和依据，对项目建设和生产运营投入的全部资金进行估算。

（2）基础设计概算的作用

基础设计概算是基础设计文件的重要组成部分。经批准的基础设计概算是编制建设项目投资计划、筹措资金、控制投资、实行限额设计和考核建设项目经济合理性的依据。

基础设计概算应与可行性研究报告的投资估算或总体设计概算进行对比分析，并予以说明[5]。

（3）基础设计概算编制的内容

1）基础设计概算文件组成。基础设计概算文件包括封面、签署页及目次，编制说明，总概算表、工程建设其他费计算表、单项工程综合概算表、进口设备材料及从属费用概算表、建筑工程概算表以及设备及安装工程概算表。

2）基础设计概算的内容。基础设计概算，根据项目的设计分工及工程设计单元划分，分别编制各个设计单元的单位工程概算、单项工程综合概算，在各单项工程综合概算的基础上，编制总概算。

①单位工程概算。单位工程概算是编制单项工程综合概算的依据。

单位工程概算一般包括总图运输、建筑物、构筑物、静置设备、机械设备、工业炉、金属储罐、工艺管道、电气、电信、自控仪表、信息工程、给排水、采暖通风、热工、分析化验、催化剂及化学药剂、劳动安全卫生等[5]。

单位工程概算由设备购置费、主要材料费、安装费和建筑工程费组成（见表13–4）。

表 13–4　单位工程概算构成及编制依据（以中国石化项目为例）

内容	构成		编制依据
设备购置费	国内设备购置费	设备价格	1. 通用设备价格根据设备型号、规格、材质和数量，以及制造厂的销售现价计算； 2. 非标准设备价格依据设备类别、材质、结构的复杂程度、技术条件和设备重量，以制造厂的销售现价进行计算
		运杂费	按《石油化工工程建设费用定额》规定计算
		采购保管费	
	进口设备购置费	设备价格	1. 进口设备价格以合同价、报价或询价为依据，按不同交货条件的价格计算； 2. 外汇折算应以国家外汇管理局公布的外汇中间价（注明日期）为准
		国内运费	按《石油化工工程建设费用定额》规定计算
		国内保管费	
		从属费用	按《石油化工工程建设设计概算编制办法》和《石油化工工程建设费用定额》规定计算
主要材料费	国内主要材料费	主要材料价格	依据设计文件材料表所列工程量和现行销售价格计算
		运费	按《石油化工工程建设费用定额》规定计算
		采购保管费	
	进口主要材料费	主要材料价格	依据设计文件材料表所列工程量和现行销售价格计算
		国内运费	按《石油化工工程建设费用定额》规定计算
		国内保管费	
		从属费用	按《石油化工工程建设设计概算编制办法》和《石油化工工程建设费用定额》规定计算
安装费	直接费（不包括主要材料费）、间接费、利润组成		根据设计工程量按《石油化工安装工程概算指标》和《石油化工安装工程费用定额》规定计算
建筑工程费	直接费、间接费、利润组成		根据设计工程量按《石油化工建筑工程概算定额》《石油化工建筑工程费用定额》或参考工程所在省、自治区、直辖市现行建筑工程概（预）算定额（单位估价表或造价指标）及相应的费用定额计算

②单项工程综合概算。单项工程综合概算以同一设计单元的单位工程概算为基础编制。如果只有一个独立的工程设计单元，不再编制综合概算，直接编制总概算。

单项工程综合概算包括总图运输、建筑物、构筑物、静置设备、机械设备、工业炉、金属储罐、工艺管道、电气、电信、自控仪表、信息工程、给排水、采暖通风、热工、分析化验、催化剂及化学药剂、劳动安全卫生、特定条件下的费用、安全生产费以及工器具及生产用具购置费[5]。

单项工程综合概算编制应符合以下原则[5]：

设备购置费应包括需要安装和不需要安装的全部设备、一次填充物料、触媒及化学药品等的购置费；根据设计和试车要求必须采购并随设备一起订货的易损件购置费；构成固定资产的工器具及生产用具购置费。

主要材料包括需要安装并构成工程实体的主要材料购置费。

安装费包括设备、材料在安装过程中所发生的全部费用。

建筑工程费包括总图竖向布置、建筑物、构筑物、给排水土方、给排水井等的全部费用。

特定条件下的费用包括已完工程及设备保护费、建预制加工厂费、在有害环境中施工保健费、特殊地区施工增加费（高海拔地区、沙漠、戈壁滩和严寒地区等）、特殊工种技术培训费、特殊技术措施费、大型机械设备进出场及安拆费（含地基处理费）、大型机械使用费（含大型设备卸车费）等。

安全生产费指施工企业按照规定标准提取在成本中列支专门用于完善和改进施工企业或者项目安全生产条件的资金，施工企业提取的安全生产费用相应列入安装费和建筑工程费。

工器具及生产用具购置费是建设项目为保证初期正常生产必须购置的仪器、工卡模具、器具等费用。

③工程建设其他费用。工程建设其他费用，包括固定资产其他费、无形资产投资、其他资产投资、预备费、建设期资金筹措费、铺底流动资金，以单位工程概算、单项工程综合概算为基础编制。

④总概算。总概算以单位工程概算、单项工程综合概算、工程建设其他费用为基础编制。

3）基础设计概算编制办法。基础设计概算应符合石油化工行业基础工程设计内容规定的要求，同时按照石油化工行业的概算编制办法、行业费用定额、安装工程概算指标、安装工程费用定额、建筑工程概算定额、建筑工程费用定额以及项目建设地有关的建筑定额和指标的规定编制。

基础设计概算主要依据基础设计工程量文件，计算设备购置费、主要材料费、安装费、建筑工程费和工程建设其他费用。工程设计人员提交的概算工程量文件内容及深度应满足石油化工行业基础工程设计内容规定的要求，其他工程设计单元的概算工程量文件内容及深度应满足相关行业的工程设计内容规定。

4）基础设计概算主要表格。基础设计概算主要表格的使用：

①总概算和单项工程综合概算使用表13–5“总概算表”编制；

②建筑工程单位工程概算使用表13–6“建筑工程概算表”编制；

③设备及安装工程单位工程概算使用表13–7“设备及安装工程概算表”编制；

④进口设备、材料及从属费用使用表13–8“进口设备材料及从属费用概算表”编制。

表 13–5　总概算表

			概算表									
序号	单元号或主项号	工程项目或费用名称	规模或主要工程量	概算价值/万元						占投资/%	含外币金额/万美元	备注
				设备购置费	主要材料费	安装费	建筑工程费	其他费	合计			

表 13-6　建筑工程概算表

			建筑工程概算表									
序号	定额编号	工程项目或费用名称	单位	数量	单价/元				合价/元			
					定额直接费	其中			建筑工程费	其中		
						人工费	材料费	机械费		人工费	材料费	机械费

表 13–7　设备及安装工程概算表

			设备及安装工程概算表														
序号	指标编号	设备、材料或费用名称	单位	数量	材质	重量/吨		单价/元					合价/元				
						单重	总重	设备购置费	主要材料费	安装费	其中		设备购置费	主要材料费	安装费	其中	
											人工费	辅材费				人工费	材料费

表 13-8　进口设备材料及从属费用概算表

序号	项目或费用名称	单位	数量	进口设备材料及从属费用概算表										合计/万元			增值税/万元	
				外汇金额/万美元				折合人民币/万元		从属费/万元		国内运杂费/万元						
				单价（C.I.F.）		合价（C.I.F.）												
				设备	材料	设备	材料	设备	材料	关税	两费	运费	保管费	设备	材料	小计	设备	材料

13.2.4　详细工程设计（施工图）概算

（1）详细工程设计概算的概念

详细工程设计概算是以详细工程设计施工图设计文件为基础，按照规定的程序、方法和依据，对建设项目的工程费进行计算或预测。

（2）详细工程设计概算的作用

随着详细工程设计的深入，详细工程设计概算是对基础设计概算工程费的修正，是积累项目工程量数据库、提高报价质量的依据，并为施工图预算、总承包项目结算提供参考。

（3）详细工程设计概算文件组成与内容

1）详细工程设计概算文件组成。详细工程设计概算文件包括封面、签署页及目次，编制说明，总概算表、单项工程综合概算表、进口设备材料及从属费用概算表、建筑工程概算表以及设备及安装工程概算表。

2）详细工程设计概算的内容。详细工程设计概算，根据项目的设计分工及工程设计单元划分，分别编制各个设计单元的单位工程概算、单项工程综合概算。在各单项工程综合概算的基础上，编制总概算。

（4）详细工程设计概算编制办法

1）详细工程设计概算依据的工程量。详细工程设计概算编制的依据是工程设计人员提交的满足石油化工行业详细工程设计规定的内容和深度要求的详细工程设计工程量。

详细工程设计概算的编制，参见基础设计概算编制办法。

2）详细工程设计概算价格体系。对于详细工程设计阶段编制施工图概算，一般按照以下原则：

①非标设备和安装主要材料，使用当期（或最近期）的信息价、指导价或补充价格。

②无信息价、指导价或补充价格的非标设备、安装主要材料以及非标设备之外的其他设备，比照基础设计概算价格。

③建筑安装费用，使用当期（或最近期）的概算指标，有合同价的，按照合同约定。

如果详细工程设计概算主要用于和基础设计概算工程量做对比分析，也可以沿用项目基础设计概算价格。

13.2.5　施工图预算

（1）施工图预算的概念

施工图预算是以详细工程设计（施工图设计）文件为基础，按照规定的程序、方法和依据，对建设项目的费用进行计算或预测的技术经济文件。施工图预算的成果文件称作施工图预算书，简称施工图预算。它是详细工程设计阶段对工程建设所需资金做出较为精确计算的文件。

施工图预算价格可以依据国家、行业、省市工程造价管理机构发布的信息价、预算定额、取费标准、计价程序计算，得到预期的施工图预算费用，作为下一阶段投资控制目标；也可以依据施工企业定额、资源市场单价、采购价格及施工合同价格计算，得到反映市场或项目实际费用的施工图预算，并以此作为合同结算依据。

（2）施工图预算的作用

施工图预算作为工程建设过程中一个重要的技术经济文件，具有十分重要的作用：

1）施工图预算是详细工程设计阶段控制工程造价的重要环节，是控制施工图设计不突破设计概算的重要措施；

2）施工图预算是控制造价及合理使用资金的依据；

3）施工图预算是确定工程招标控制价的依据；

4）施工图预算可作为确定合同价款、拨付工程进度款及办理工程结算的基础；

5）施工图预算可以跟踪定额使用情况，是分析计价标准的合理性、动态调整计价依据、测算造价指数、完善计价体系的重要依据；

6）施工图预算是有关管理、仲裁、司法机构按照相关程序协调、仲裁和裁定、解决合同经济纠纷的依据。

（3）施工图预算的编制原则

1）严格执行国家的建设方针和经济政策的原则。严格执行规定的设计和建设标准。

2）完整、准确地反映设计内容的原则。根据设计文件、图纸准确计算工程量，避免重复和漏算。

3）结合工程建设的实际，反映工程所在地当时价格水平的原则。正确使用定额、费率和价格等编制依据，根据有关部门发布的价格信息及价格调整指数，考虑建设期的价格变化因素，使施工图预算尽可能地反映施工条件和实际价格。

（4）施工图预算的编制依据

1）国家、行业和企业有关工程建设和造价管理的法律、法规和规定；

2）施工图设计文件以及相关标准图集规范；

3）施工组织设计和施工方案；

4）项目相关文件、合同、协议、变更；

5）工程造价管理机构发布的预算定额及相关计价依据；

6）工程所在地的人工、材料、设备、施工机具预算价格；

7）设备、材料市场价格；

8）项目管理模式、发包模式及施工条件；

9）经批准的项目概算文件；

10）其他相关技术经济资料。

（5）施工图预算编制的内容

施工图预算由建设项目总预算、单项工程综合预算和单位工程预算组成。建设项目总预算由单项工程综合预算汇总而成，单项工程综合预算由组成单项工程的各单位工程预算汇总而成，单位工程预算包括建筑工程预算和设备及安装工程预算。

施工图预算根据建设项目实际情况可采用三级预算编制或二级预算编制形式。

建设项目总预算是反映施工图设计阶段建设项目投资总额的造价文件，由组成该建设项目的各个单项工程综合预算和相关费用组成。具体包括：设备及工器具购置费、建筑安装工程费、工程建设其他费用、预备费、建设期资金筹措费及铺底流动资金。

单项工程综合预算是反映施工图设计阶段一个单项工程造价的文件，是总预算的组成部分，由构成该单项工程的各个单位工程施工图预算组成，其编制的费用项目是各单项工程的工程费，包括设备及工器具购置费和建筑安装工程费。

单位工程预算是依据单位工程施工图设计文件、设备和材料价格、预算定额等计价依据，按照规定的计价方法编制的工程造价文件，包括建筑工程预算和安装工程预算。

（6）建设项目总预算的编制

三级预算编制中，建设项目总预算由综合预算和工程建设其他费、预备费和建设期资金筹措费及铺底流动资金汇总而成；二级预算编制中，总预算由单位工程施工图预算和工程建设其他费、预备费、建设期资金筹措费及铺底流动资金汇总而成。

（7）施工图预算样表

与概算表格相似，略。

13.2.6　工程量清单计价

（1）工程量清单计价的概念

工程量清单计价是在建设工程招投标中，招标人自行或委托具有资质的中介机构编制反映工程实体消耗和措施性消耗的工程量清单，并作为招标文件的一部分提供给投标人，由投标人依据工程量清单自主报价的计价方式。在工程招标中采用工程量清单计价是国际上较为通行的做法。

（2）工程量清单计价的编制

工程量清单要求投标人将完成的工程项目及其相应工程实体数量全部列出，为投标人提供拟建工程的基本内容、实体数量和质量要求等信息。

在招投标阶段，投标人提供包含建设工程分部分项工程、措施项目、其他项目、规费和税金等的名称和相应数量等明细工程量；投标人依据招标人提供的工程量清单编制完成所需的全部费用，包括分部分项工程费、措施项目费、其他项目费、规费和税金等招标方列出的全部清单项。

（3）工程量清单计价的作用

工程量清单计价使所有投标人所掌握的信息相同，受到客观、公平和公正的待遇，为投标人的投标竞争提供了一个平等和共同的基础。

1）工程量清单是建设工程计价的依据。在招投标过程中，招标人根据工程量清单编制招标工程的招标控制价；投标人按照工程量清单所表述的内容，依据企业定额等计价标准计算投标价格，自主填报工程量清单所列项目的单价与合价。

2）工程量清单也是工程付款和结算的依据。发包人根据承包人是否完成工程量清单规定的内容，以投标时在工程量清单中所报的单价作为支付工程进度款和进行结算的依据。

3）工程量清单还是调整工程量、进行工程索赔的依据。在发生工程变更、索赔、增加新的工程项目等情况时，可以选用或者参照工程量清单的分部分项工程或合同单价来确定变更项目或索赔项目的单价和相关费用。

13.3 工程项目结算

13.3.1 工程结算概念

工程结算是费用管理的重要组成部分，同时也是成本控制的重要环节。由于石油化工工程投资大、建设周期长，工程结算工作基本贯穿工程建设始终。

工程结算是指发包人按照承发包合同和已完工作内容，和承包人办理工程价款清算的经济活动。从合同对象分，可分为总承包合同结算与分包合同结算；从结算形式分，可分为总价合同结算与单价合同结算。

工程结算是工程项目中一项十分重要的工作，主要表现为以下几方面：

（1）工程结算是反映工程进度的主要指标

在施工过程中，工程结算的依据之一就是按照已完的工程进行结算，根据累计已结算的工程价款占合同总价款的比例，能够近似反映出工程的进度情况。

（2）工程结算是加速资金周转的重要环节

承包人尽快尽早地结算工程款，有利于偿还债务，有利于资金回笼，降低内部运营成本；通过加速资金周转，提高资金的使用效率。

（3）工程结算是考核经济效益的重要指标

对于承包人来说，只有工程款如数地结清，才意味着避免了经营风险，也才能够获得相应的利润，进而达到良好的经济效益。

工程结算方式主要有以下几种：

（1）按进度结算

即按照合同约定的内容，按照月或季度，进行工程量清点，并按照合同约定的计价方式，在约定周期内完成结算。适用于海外施工分包合同或周期长、工程量大、清单项简单的项目，如土石方工程。

（2）工程完工后一次性结算

适用于工程规模小、周期短、设计详细、技术简单的项目。这种项目在完工后一次性结算，中间费用控制过程相对简单。

（3）目标结算方式

即在工程合同中，将承包工程的内容分解成不同的控制界面，以发包人验收控制界面作为支付工程款的前提条件。也就是说，将合同中的工程内容分解成不同的验收单元，当承包人完成单元工程内容并经业主验收后，发包人支付构成单元工程内容的工程价款。

在目标结算方式下，承包人要想获得工程价款，必须按照合同约定的质量标准完成界面内的工程内容，充分发挥自己的组织实施能力，在保证质量的前提下，加快工程施工进度。

13.3.2　工程结算编制依据

1）国家有关法律、法规、规章制度和相关的司法解释；

2）国务院建设行政主管部门以及各省、自治区、直辖市和有关部门发布的工程造价计价标准、计价办法、有关规定及相关解释；

3）承包合同、专业分包合同及补充合同，有关材料、设备采购合同；

4）招投标文件，包括招标答疑文件、投标承诺、中标报价书及其组成内容；

5）工程竣工图或施工图、施工图会审记录、经批准的施工组织设计，以及设计变更、工程洽商和相关会议纪要；

6）经批准的开、竣工报告或停、复工报告；

7）建设工程工程量清单计价规范或工程预算定额、费用定额及价格信息、调价规定等；

8）工程预算书；

9）影响工程造价的相关资料。

13.3.3　工程结算管理的重点

（1）工程量的审核

工程量的审核是工程结算的难点和重点。可以说，工程结算审核的关键在于工程量审核。工程结算的准确性与工程量的审核有着密不可分的关系，因此应重视工程量的审核。

（2）设计变更和现场签证的审核

在工程项目中，设计变更和现场签证是经常会发生的事情，有可能是发包人的原因。设计变更会导致项目支出与预算产生很大的差异，从而严重影响工程成本。因此，设计变更这一因素在工程审核中应该重点关注。在实际工作中，设计变更和现场签证审核需要注意以下两个方面：

1）需要认真审核设计变更和现场签证的真实性。设计变更需要设计单位出具设计变更单，并由设计人员盖章签字，才能作为设计变更的依据。现场签证，需要由发包人代表、监理人和承包单位负责人三方在场共同签字确认才能作为结算的依据，缺少任何一方的签字都不能作数。

2）审核签证的工作是否包括在预算内。如工作内容包含在预算内或者招投标内，这些工作内容就不能以现场签证的方式再度出现，避免重复计算费用。

（3）工程实物的审核

在对工程实物审核时应该注意以下几点：

1）应该审核合同的履行情况；

2）对设计变更现场进行勘查；

3）核对工程用料是否一致。

13.4 竣工决算

竣工决算是对建设项目从筹建到竣工交付使用为止，所有工程建设支出财务情况和最终建设成果的综合反映，是竣工验收报告的重要组成部分，是正确核定新增固定资产、无形资产、流动资产和其他资产价值，办理其交付使用的依据。通过竣工决算，一方面能够正确反映建设工程的实际造价和投资结果；另一方面可以通过竣工决算与估算、预算的对比分析，考核投资控制的工作成效，总结经验教训，积累技术经济方面的基础资料，提高未来建设工程的投资效益。

13.4.1 竣工决算依据

竣工决算的依据主要包括：国家有关法律法规，经批准的可行性研究报告、基础设计、概算调整及其批准文件，招投标文件（书），历年投资计划，经审核批准的预算，施工、勘察设计、监理及设备采购等合同、工程结算等有关资料，有关的财务核算制度、办法，竣工图纸，其他有关资料。

13.4.2　竣工决算工作内容

竣工决算的内容包括竣工财务决算说明书、竣工财务决算报表、工程竣工图和工程造价对比分析四个部分。其中竣工财务决算报表、竣工财务决算说明书、竣工财务决算审核情况及相关资料合称为竣工财务决算，它是竣工决算的核心内容。

（1）竣工决算前准备

建设项目完工可投入使用或者试运行合格后，应当在规定期限内编报竣工财务决算，编制项目竣工财务决算前，需完成以下工作：

1）各项清理工作。项目建设单位应当完成各项账务处理及财产物资的盘点核实，做到账账、账证、账实、账表相符。项目建设单位应当逐项盘点核实、填列各种材料、设备、工具、器具等清单并妥善保管；应变价处理的库存设备、材料以及应处理的自用固定资产要公开变价处理，不得侵占、挪用。

2）在建工程转资。所建造的固定资产已达到预定可使用状态，均应自达到预定可使用状态之日起转入固定资产。尚未办理竣工决算的，应当按照工程预算、造价或者工程账面实际成本等估计价值确认为固定资产，待办理了竣工决算手续后，再按实际成本调整原来的暂估价值。

在建工程转资包含实物管理和价值管理两方面工作，实物管理就是固定资产确立、核对、交付的过程，价值管理就是固定资产价值分配、价值转移的过程。工程转资分为实物资产编制、确认、组合、价值分摊四个步骤：

①工程管理部门负责组织编制《固定资产交付实物清单》；

②资产使用部门负责对转资实物核对确认；

③资产管理部门牵头完成将实物按《固定资产分类与代码及单项固定资产确认规则》标准组合确认单项固定资产；

④财务部门作价值分摊，确认总价、确定资产分类、固定资产折旧率、折旧年限等。

3）收齐、整理、装订工程建设过程中的有关资料是编制工程竣工决算的依据和基础。据现行有关规定，收集整理相关资料按工程项目进行的阶段主要有以下三个方面：

①工程准备阶段的资料：项目建议书及立项批文，可行性研究报告及批复，初步设计文件、设计概算及批复，征地红线图、规划部门批文、建设工程规划许可证、工程建设许可证，建设资金的落实情况。这部分资料可以说是工程建设的纲领性文件，它直接决定工程项目的合法与否、投资规模以及建设规模，在整个资料收集过程中应是重点。

②工程建设阶段的资料：工程项目招标文件及相关评标资料（评标方法、招标过

程等），标底（预算）及审核资料（如工程量计算书、工料分析表等），中标通知书、投标文件、投标预算及相关资料，建设工程施工合同及相关文件，施工单位收费许可证、取费证及资质等级证书，设计合同、勘察合同、监理合同，开工报告、开工前审计报告，施工图纸、设计变更、签证单及工程量核定单等资料，预付款和工程款支付情况，形象进度统计表，年度投资计划，工程监理报告，工程审计报告（实行跟踪审计的），材料、设备购货合同及招投标相关资料，甲供材料名称、数量、价格，工程有关索赔情况。

③工程竣工验收阶段的资料：竣工结算资料（各单位工程竣工结算、工程量计算底稿及编制依据），隐蔽工程验收报告，工程竣工图纸（经建设单位及监理单位签字认可）、竣工验收报告、竣工决算表，财务账册凭证、报表及其他相关资料。

（2）竣工决算的内容

竣工决算主要包括竣工决算报表、决算说明书以及相关资料。建设工程项目竣工决算报表（表式略）主要包括：建设工程项目竣工概况表，建设工程项目竣工决算财务总表，竣工工程建设成本，建设工程项目交付使用资产，建设工程项目待摊投资明细表，建设工程项目投资借款明细表，建设工程项目转出资产、投资明细表，建设工程项目外汇情况表等。

竣工决算说明书主要包括：编制依据和原则，建设工程项目概算和计划执行情况，资金来源和使用情况，投资完成情况和投资效果分析，尾工工程情况，预备费动用情况，资产交付情况和试生产期间经济效益分析，财经纪律执行情况及财务管理经验，审计意见和整改情况，需说明的其他事项等内容。

（3）相关资料

相关资料主要包括：项目立项、可行性研究报告、初步设计报告及概算、概算调整批复文件的复印件，项目历年投资计划及财政资金预算下达文件的复印件，审计、检查意见或文件的复印件，其他与项目决算相关资料。

13.4.3 竣工决算的作用

竣工决算是建设各方考核工程经济活动的主要依据，有以下几方面的作用：

1）竣工决算是检查建设项目投资计划、设计概算执行情况和考核投资效果的依据，同时为项目后评估提供基础支撑；

2）竣工决算是核定新增固定资产和流动资金价值、办理交付使用财产的依据；

3）竣工决算是全面反映建设项目的财务情况、总结提高财务管理水平的重要资料；

4）竣工决算作为建设技术经济文件，为工程定额修订提供资料和依据；

5）竣工决算是工程造价积累的基础资料之一。

参考文献

[1] 全国咨询工程师（投资）职业资格考试参考教材编写委员会. 现代咨询方法与实务[M]. 北京：中国统计出版社，2019.

[2] 国家发展改革委、建设部. 建设项目经济评价方法与参数[M] 3版. 北京：中国技术出版社，2006 .

[3] 陈六方，顾祥柏. EPC项目费用估算方法与应用实例[M]. 北京：中国建筑工业出版社，2013.

[4] 中国石油化工集团公司经济技术研究院. 中国石油化工项目可行性研究技术经济参数与数据[M]. 北京：中国石化出版社，2018.

[5] 石油化工工程建设设计概算编制办法[M]. 北京：中国石化出版社，2018.

CHAPTER 第14章

石化工程数字化

14.1 概述

14.1.1 石化工程数字化定义

目前，业界对石化工程数字化还没有一个统一、完整的定义。石化工程数字化是信息技术与工程建设过程、技术和知识、工程建设管理及工厂运营管理理念相结合的一种产物；它是以工厂全生命周期的信息为基础，依托数字建模、信息集成和数据库等技术将不同类型、不同来源、不同时期产生的信息组成完整、一致、相互关联的信息网，形成计算机环境下的虚拟工程，构建工程建设、生产管控、工厂运维等工厂整个生命周期的信息管理、模型建立、模拟仿真与评估优化等的新型生产组织方式。打通工厂生命周期的信息流，使之变成宝贵的虚拟资产，为工厂的运行、维护、改扩建、安全管理提供合理的数据支撑，为智能化工厂建设奠定基础。

14.1.2 石化工程数字化的内涵与外延

随着信息技术的进步，工程管理的实践与管理范围的不断深入与扩大，石化工程数字化概念的内涵也在不断扩充、丰富。石化工程数字化不仅包含工程设计、工程建设、生产运行、管理与服务的数字化，还包含了上述各环节专业人员的知识、智慧和经验，将它们进行全面整合、集成，形成整个企业的数字化和现代化工厂模式[1]。

工程数字化的主要特征在于信息集成。石化工程数字化必须和实物工厂的建设同步规划、同步推进，在工程建设阶段，要以工程项目的“数字化交付”为目的，重点采集设备、仪表和电气等工厂实体的设计、制造、监造、安装、调试等关键数据，以及装置试车、工艺设计模型等参数[1]，使其“无缝”转化为支撑工厂运维阶段的设备全生命周期管理与预防性维修维护、生产管控与优化等所需的各类有效数据。工程的数字化必须以数字化平台为载体，承载工程建设阶段的信息（包括数据、文档和模型）。与工程建设阶段相关的平台主要包括工程设计、工程采购（包括设备监造、催交催运等）、工程施工、项目管理（包括进度管理、费用控制、质量管理、风险管理和文档管理等）、项目开车（包括中交、调试、开车等）等数字化集成平台。

广义的石化工程数字化可以将石化工厂相关的设计单位、设备供应商、施工单位、生产企业等所有相关方全部包含在内，形成统一协同的工程数字化产业链，其本质是通过数据流、信息流与工作流的数字化，有效实现运营与管控[1]。对新建炼厂或改扩建项目，为实现工厂全生命周期的信息管理最优化，在石化工程建设过程引入“数字化交付”，即工程建设应同时交付两个工厂，分别是物理意义上的“实物工厂”和计算机环境下的“虚拟工厂”。“虚拟工厂”将基础设计、详细设计、工程项目的采购、施工等过程的信息，以二维和三维等方式进行有机关联，以信息模型的形式在集成化平台进行展示，同时为生产管控、生产运行等提供服务。

14.2　工程设计数字化

20世纪80～90年代，石化工程设计采用“大图板、丁字尺、计算尺、铅笔、橡皮、计算纸、钢笔”的手工工作方式，效率较为低下。随着计算机和信息技术的快速发展，相关知识和技术迅速渗透石化工程领域，掀起一场以计算机辅助设计代替“图板”的浪潮，标志着石化工程迈入数字工程阶段。到90年代中期，石化工程领域基本实现“甩图板”，显著提升了设计工作的效率和自动化程度，使工程师从此摆脱手工制图的桎梏，有更多的时间来从容思考工程创新问题。

随着全球经济和信息技术的高速发展，工业化和信息化深度融合，石化工程数字化设计已成为时代发展的客观要求和必然趋势，它不仅是数字化工厂和智能工厂建设的前提和基础，同时对推进智能优化制造和绿色安全生产，促进石化工业的转型升级和可持续发展具有重要意义。

14.2.1　工程设计数字化的内涵

（1）工程设计数字化的基本概念

石化工程设计数字化是应用现代信息技术将设计阶段相关的设计知识、设计过程及过程信息等转化为结构化数据和非结构化数据，建立信息模型，并运用计算机进行表达、传输和处理的过程[2]。

随着信息技术的高速发展，石化工程设计数字化可以从知识、过程和集成三个方面理解：

1）设计知识数字化。设计知识包括专业基础知识（如数学、物理化学、化工原理、热力学等）和实践知识，其数字化一般以数学模型的方式体现。专业基础知识一般可转化为数学表达式或数学模型，并由计算机处理；实践知识是工程师在长期的设计活动中，基于专业知识，总结、积累并持续修正而形成的设计、开停车和故障诊断等相关经验，可在一定程度上转化为数学模型，并由计算机表达、传输和处理。

2）设计过程数字化。设计过程的数字化是指将工程设计中相互关联或相互影响的一项或多项设计活动按照以工程实体为核心的方式进行组织和管理，并将知识和规则等内置其中，使之具备信息的自动提取和智能关联的特点，达到辅助工程设计的目的。智能P&ID、智能仪表、工厂三维设计等工具在工程设计中的应用是P&ID设计、仪表设计和工厂设计等设计过程数字化的具体体现。

3）工程设计集成化。工程设计集成化是指将设计软件、设计过程和设计知识通过数字化技术进行有效集成，将设计各项活动集中在一个或多个设计平台上完成，打破信息孤岛，实现设计信息共享，达到设计内容在整个设计周期的一致性。

（2）工程设计数字化的要素

基于工程设计数字化的基本概念，其要素主要包括：

1）设计知识以及知识的显性化是工程设计数字化的基础。

2）先进的模拟、仿真、优化和控制等技术是设计优化、技术创新及科技成果转化的技术支撑。

3）设计软件是辅助工程设计的工具，是工程设计过程和知识数字化的具体体现形式。

4）设计集成化平台是承载资源、知识和过程的载体，可通过统一的信息接口或数据模型整合和集成上述要素。一般来说，设计集成化平台是对设计过程产生的信息（含数据、文档和模型）进行有效组织和管理的数据库系统。

5）具有丰富设计和生产经验，能熟练应用相关软件或平台的复合型技术人才。

工程设计数字化阶段不同，其要素也不尽相同，如设计软件应用阶段，其要素可仅含1）和3）。

（3）工程设计数字化的特点

随着相关技术的高速发展，工程设计数字化程度大幅提高，呈现出以下特点：

1）设计软件的开发和应用趋于成熟。在开发本质安全、绿色的工艺技术，提高设计效率，降低工程项目投资等方面发挥重大作用。

2）设计信息全线贯通。通过集成创新，应用现代数字化技术，融合、贯通相对孤立的软件或平台，确保设计全生命周期信息同源。

3）工程服务逐渐向生产运营阶段延伸。随着数字化工厂和智能工厂建设的兴起，工程公司开始部署工程设计向生产运营延伸的服务战略，协助企业高质量发展。

4）人是工程设计的决策者。流程工业的复杂性以及石化工业易燃、易爆的特性，决定了必须由人来评判关键信息的正确性，并决策重要方案的可实施性。

14.2.2　工程设计数字化的内容

经过多年的发展，工程设计数字化在工程项目中全面实施，本部分主要介绍工艺、设备、环保、仪表和工厂三维设计等设计过程较为典型的数字化内容。

（1）工艺设计数字化[3]

工艺设计数字化涵盖流程模拟、智能P&ID设计、单体设备工艺计算等内容，其中流程模拟是石化工程工艺设计的核心，其水平可直接反映石化工程企业的技术实力和市场竞争力，是设计知识数字化的典型代表。

流程模拟技术的发展，从静态模拟到动态模拟，从设计开发应用到现场实时优化控制，再到事故预警预判，解决了过去诸多无法解决的难点，对新工艺技术开发和智能工厂建设具有重要意义。

1）动态流程模拟。中国石化从20世纪80年代引进Aspen Plus和PROII等工艺流程模拟软件后，工程设计从低效率的手算进入信息化时代，实现计算质量和效率的第一次飞跃。经过30多年的发展创新，应用流程模拟技术，中国石化开发了原油蒸馏、加氢、制氢、芳烃、乙烯等工艺计算模型，并在新工艺开发（如甲醇制烯烃、煤化工等的工程研发及应用）和工艺节能优化等方面积累了丰富的经验。

随着石化工程设计及管理水平的提高，常规的不考虑时间变量的稳态模拟计算已无法满足工程设计中的优化和动态分析要求。由于工艺流程的复杂性，事故发生（如停电、爆管、串压等）时，对相互耦合的复杂流程的影响已无法采用稳态模拟方法计算。

近年来，动态模拟研究及其成果开始应用于工程设计实践，不仅实现工程设计优化，而且从源头上消除了安全隐患，确保装置安全、稳定、高效地运行。

①爆管动态模拟分析。为减少蒸汽压力高导致爆管事故的发生，开发了催化装置外取热器蒸汽（压力可高达11.0MPa）爆管的动态模型，为关键设备的安全生产提供合理的分析数据，并为新工艺的开发应用提供科学依据。

②全泄放动态模拟优化设计。传统的静态模拟方法，多泄放源泄放量的计算只能是简单地叠加或人为给定叠加系数，而动态模拟考虑了时间因素引起的错峰泄放，计算结果更贴近实际情况。实践表明，部分装置采用动态方法计算的叠加泄放量比静态方法减少80%，显著降低火炬系统的建设投资。

③动态水锤力的模拟分析。在密闭管道系统，泵的开停或者阀门快速开关等操作会引起流体流量急剧变化，使系统的瞬间压力远超正常压力，造成管道、阀件或设备等的损坏，甚至引发重大事故，这种现象俗称“水锤”或“水击”。传统静态方法不能计算和分析水锤力，采用动态流程模拟技术优化流程，水锤力可降低90%以上，从设

计源头上消除生产安全隐患。

由此可见，流程模拟技术不仅在工程设计、工程研发创新、节能创效、设计优化、现场实时优化等方面起到关键作用，同时也驱动整个工程项目各个阶段（包括设计、施工、开车等）等协同发展，是石化工程创新发展的奠基石。

2）操作员培训系统。操作员培训系统（Operator Training System，简称OTS）是一项成熟的技术。其中：采用动态模拟技术模拟装置现场的实时数据；应用DCS模拟软件通过组态模拟现场DCS，或者利用现场真实DCS；两者通过协议实现数据实时双向传输。

OTS系统可以替代枯燥且难以快速理解的传统授课培训，在人机界面的环境下进行开停车、调试等工艺技术培训，给工程师或生产技术人员提供更直观、更高效的学习方法，提升技术人员业务水平。此外，通过数字仿真模拟和建立“桌面仿真工艺装置”，可以在不增加投资和没有危险的基础上，获取科学的研究数据。

（2）设备设计数字化

计算流体力学（Computational Fluid Dynamics，简称CFD）从流体力学数值计算入手，伴随计算机硬件技术的发展以及流动、传热、燃烧等理论知识的深入研究，在流体力学、燃烧学、传热学及化学反应动力学等多学科交叉领域纵深拓展，实现流动、传热、燃烧、反应等全方位的数值模拟研究[4]，在新设备开发、结构优化、工程放大及故障诊断等方面发挥不可替代的作用，是相关理论知识和计算机技术相结合的数字化成果在设备设计中的典型代表。

在流动研究方面，可通过CFD技术考察反应器中流体流动特性，分析影响流体的混合、分离、分配等因素，优化装备结构，提高装备性能。在催化汽油吸附脱硫技术中，针对反应器顶部气固分离效率差、连续运行时间短的难题，以CFD技术为支撑开发的反应器降尘技术，获得巨大成功，满足了设备长周期运行的要求[5]；在芳烃成套技术开发中，基于CFD技术开发的大型化吸附塔内构件，实现了流体混合分配的要求，获得较高纯度与收率的产品[6]。

在燃烧和传热研究方面[4，7]，可通过CFD技术对燃烧、热量传递及燃烧生成的烟气组成等复杂过程及内容进行研究，探究燃烧及热量传递规律，指导燃烧器、工业炉等装备开发。乙烯裂解炉是乙烯装置的核心设备之一，是技术含量极高的管式工艺炉，采用CFD技术对火焰的构造、温度的分布以及烟气的含量分布等进行数值模拟，研究其特性规律，提高裂解炉设计水平和技术国产化水平；热交换器是石化工程项目重要的设备之一，利用CFD技术考察热交换器中流体的流动过程及热量传递过程，探究影响传热效率的因素，提出强化传热效率的方法，为热交换器的设计与选型提供指导。

综上，通过对石化工业中流动、传热、燃烧、反应等化工过程的研究，CFD技术能够直观认识相应的化工过程现象，深入研究过程机理，掌握过程相关规律，提高企业在石化装备运行过程中问题发现与解决的效率，深化石化装备的设计水平和技术国产化能力，经济效益和社会效益显著。

（3）环保设计数字化[3]

绿色、可持续发展是现代石化企业的特点，是石化工业实现转型升级的必然要求。随着环保法规的日益严格，对石化工程环保设计提出了更高的要求，助推了环保设计数字化进程。

泄漏检测与修复（Leak Detection and Repair，简称LDAR）设计是通过对石化装置涉及挥发性有机物（Volatile Organic Compounds，简称VOCs）的动静密封点（可能泄漏点）进行定期监测与修复，从源头上减少设备泄漏环节的无组织排放，对改善环境空气质量意义重大，是环保专业工程设计的关键内容。石化装置传统的LDAR工作方法是对照纸版P&ID图纸和实体装置，对涉及VOCs的各个可能泄漏点（如阀门、法兰、连接件、转动设备密封等）进行人工标识和现场挂牌，并手工建立泄漏点清单，指导和实施后续的现场检测工作。

近年来，随着智能P&ID系统在P&ID设计过程的广泛应用，基于智能P&ID的LDAR设计逐渐在工程设计中推广，它是对可能排放VOCs的组件或系统在智能P&ID上标识、标注并自动建立数据库的过程。LDAR的数字化设计可建立完整、详尽的VOCs泄漏点信息库，确保日常监测和修复计划能够细化到特定的泄漏点，同时将VOCs泄漏信息纳入全厂信息体系，随着生产物质流数据和VOCs监测数据的积累，形成智能、动态的生产与环保关联机制，提高经济效益和环境友好性。另外，VOCs信息可与工厂三维模型关联，有助于泄漏点的可视化、精细化管理，为企业制定环保政策和修复计划提供更可靠的方案。

（4）仪表设计数字化[3]

智能仪表设计在石化工程设计过程中得到广泛应用，有效提升仪表设计水平和效率，切实保障设计质量。智能仪表设计软件自2000年开始应用于石化工程设计过程，经过20多年的不断进步，已完全替代传统设计方法，成为仪表自控专业二维设计的重要工作平台。

智能仪表设计软件是一个面向对象、基于数据库的应用系统，不仅可进行仪表索引表、仪表计算、仪表安装图、仪表电缆连接、仪表回路图等设计工作，而且可以便捷地和其他应用软件进行信息交换。此外，对多设计方参与的工程项目，智能仪表设计软件可以按照一定规则将以分包方式独立进行的工程设计包整合到一个工程数据库，而且允许对其并行访问，保障项目数据共享与设计工作协同，使仪表工程设计任务的调度和人力资源的安排更为高效合理。

（5）工厂三维设计数字化

自20世纪80年代，计算机辅助三维工厂设计软件的出现取代了传统的手工和二维的工作方式，开启石化工程设计由二维平面向三维空间环境的转变，解决了设计中的错、漏、碰撞等诸多难题，设计准确度更高，设计质量和效率显著提升。近年来，石化企业对工厂三维设计提出更高要求（如数字化工厂建设和工厂可视化等），促进三维工厂设计系统向集成、协同的方向发展。

三维协同设计是以三维模型为核心，利用三维模型的可视化、精准性，实现管道、设备、结构、仪表、电气等专业在同一平台、同一模型、同一数据下协同工作，是设计模式的一种变革。三维协同设计利用统一的数据库管理建模过程，可以进行数据的完整性和一致性检查；利用三维可视化功能可以进行实时碰撞检查，解决以往现场施工才能发现的碰撞等质量问题；可进行工程方案优化及多方案比较，对降低工程造价、缩短设计周期具有重要作用。

三维协同设计的成品（即完整的三维模型）可以向施工阶段扩展，与施工智能软件和材料管理软件集成，实现施工计划合理安排、可视化4D施工及焊点管理等。

14.3 工程采购数字化

随着移动互联网、大数据、人工智能、云计算、物联网等技术的日趋成熟，随着5G应用与推广，工业互联网正在由信息互联、商品上网向万物互联、产业上网方向快速发展，也使得工程采购数字化不断延伸和扩展。工程采购数字化首先是采购管理过程数字化，实现工程采购相关方的协同工作，同时也延伸到供应链管理的数字化以及设备全生命周期数字化管理等维度和领域。

14.3.1 工程采购管理数字化要素

（1）工作流程规范化

工程采购涉及岗位多、业务流程长且复杂，因此需要明确的、规范的不同专业职责划分、作业文件、工作界面等。

（2）材料编码标准化

全装置各专业材料编码具有唯一的标识是实现材料与采购管理数字化的核心要素，标准的材料编码为后期的采购管理、现场材料管理工作创造有利条件。

（3）材料表版次化[8]

在EPC项目中由于设计、采购、施工三方面的深度交叉，对材料控制工作有着很高的要求，只有加强设计管理，强化版次概念，实现材料表的版次管理，才能避免请购混乱。通过使用材料表版次管理的功能，以及请购单批次管理的功能，能简化设计人员与材料控制人员的请购工作，更直接地帮助采买员按不同批次进行采买。

（4）系统集成化

通过对每个请购单设置控制点，及时准确制定请购计划，有效地控制材料/设备的请购、采购、到货等主要里程碑点。定期由材料控制工程师提供材料状态报告，及时地反映出材料状态，并根据实际的运行偏差进行有效的调整。尤其对长周期设备、关键设备等，从请购、询价、投标、评标、签合同、催交、运输、到货，全面而清楚地进行掌握，从而实现材料的动态管理，提高项目抗风险能力。

（5）信息资源透明化

从设计料表管理、请购模块、采购模块到现场管理模块，对材料实现全程跟踪管理，可以随时查阅材料的状态情况。能够满足项目管理需求，使得设计、采购、现场管理人员、施工单位及业主能够对材料状态一目了然，实现材料及设备信息的透明化。

（6）材料数量精准化

准确地掌握各种材料的设计量、请购量、采买量、到货量、发放量和库存量可以杜绝重复请购、多头采购、重复采购、重复裕量、错误采购、漏采购、材料误发、材料多发、材料冒领等现象，有效地避免材料的浪费和无节制盲目的采买。

（7）库存管理最优化

通过对仓库的全部技术作业活动施以计划和监督，保持库存帐目清晰准确；同时通过材料预测加强库存分析，在材料需求计划的基础上，按照材料配置的结果控制材料发放，从而监督施工分承包方合理使用材料，避免材料的误用和浪费[8]。

14.3.2 供应链管理数字化要素

供应链管理数字化有如下特征要素：

1）供应链从“链”到“网”的转变。随着云计算、物联网、大数据等数字化技术的运用，传统的“链式”运行模式被颠覆，企业供应链的运营将从“链式”变成“网状”，从而加大了商业伙伴间的快速互联互通，提升整体供应链的执行效率。

2）供应链第四个重要的要素还是“人”。虽然供应链要求信息流、物流和资金流三流合一，这其中供应链的参与者，即人是关键。从销售、客服、仓储、运输、财务等企业内部人员，到供应商、经销商及物流提供商，还有快递和司机，这些都是供应链要连接的对象。在数字化供应链中，人是供应链的重要的第四要素。

3）随时在线也是供应链的重要特征。数字化供应链需要随时提供在线服务，并通过集成各种来源的数据，进行实时数据获取与在线分析，为企业提供辅助决策。

14.3.3 设备全生命周期管理数字化要素

在智能制造环境下，设备全生命周期管理的理念是设备管理系统的核心管理思想。相较于传统侧重设备维修管理的狭义设备管理，设备全生命周期管理是指以生产经营为目标，通过一系列的技术、经济、组织措施，对设备的规划、设计、制造、选型、购置、安装、使用、维护、维修、改造、更新直至报废的全过程进行有效管理，以获得设备生命周期费用最经济、设备综合产能最高的理想目标。设备全生命周期数字化管理要素包括：

1）统一标准的设备资产信息卡片。以唯一的编码构建起设备的资产信息卡片，实现设备从设计、采购到安装运行，直至报废的整个过程有效管理。

2）可控的设备资产体系化维修策略。提供体系化的维修策略，针对不同类型的设备采用不同的检修方法。

3）设备在线监控和精准运维。通过对设备进行建模，进行全方位监控，建立设备故障库、诊断库；对设备劣化进行监视与预测，提前发现设备缺陷，做到防患于未然。

4）设备定期点巡检机制。建立整个设备的点巡检机制，涵盖掌控和管理从点检项的策划、执行、控制到分析的完整过程。

5）以工单为主线的设备资产管理体系。以故障工单、预防性维修工单、项目工单、委外维修工单等为主线，建立设备故障管理体系，实现维修成本监控和工作流程驱动。

14.3.4 工程采购数字化建设内容

（1）工程采购管理系统建设内容[8]

1）工程材料编码和管道等级数据库：

①建立工程材料编码体系。首先确定材料编码规则，对于大宗材料通常编制两级编码，分别为类别码（Commodity Code，简称CC）和标识码（Ident Code，简称ID）；对于设备类和非标件只编制类别码。这是建立材料编码规则体系的基础与核心。

②建立材料编码库。选取合适的软件平台，软件应具有建立和管理材料编码、材料等级的功能，软件与设计系统有接口设置，可方便与设计系统集成应用。

③建立管道等级库。可建立公司级标准等级库，作为各个项目的等级模板库；也可在指定项目中，建立项目级的等级库。

2）与设计系统的集成。通过定义标准编码库与设计系统的接口，将编码库中的编码数据和管道等级等数据直接发布到设计系统中，实现与相关设计数据的关联，并应用于设计全过程管理，为下游材料管理活动提供了基础数据源及标准材料编码。

3）材料与采购管理系统功能：

①材料生命周期数据库。可管理企业级或项目级的材料编码数据库及材料等级数据库，尤其是对大宗材料，这些标准化工作可以遵从国际的（如 ANSI，ISO，DIN）或企业内部的标准，材料等级数据导入三维工厂设计系统作为设计的标准化源头；可实现材料的变更管理；该库还包含项目费用估算功能，它可被用来快速地生成新项目的投标文件；系统中积累的历史数据，尤其是材料数量、价格及人工时数据，可用于相似项目的估算。

②工程设计及采购集成模块。用于呈现当前项目中所需材料的最新状态，消除过剩材料，也可避免由于材料短缺而引起的项目延迟；所有由设计产生的材料信息被保存在高度灵活的数据库中（包括历史信息及变更情况）；基于用户的经验及知识，使用规则驱动的请购单模板自动生成材料请购单；将设计过程中得到的材料表信息转换成材料请购需求信息，供采购部门开展采买工作。

③材料供应链管理模块。将材料制造商、供货商、建造商、货运商及转运商之间的工作无缝地结合到一起；将诸如厂商管理，采购、进度控制、跟踪监控、历史信息及事件管理等这些分散的工作同步进行；从系统内部提取的信息可以被输入到财务管理系统或ERP系统，来控制材料采购中付款和发票环节；由于所有的采购及相关的供应链信息都被存入在同一个数据库中，系统可以将下列过程以无纸化的方式进行集成，包括供货商的历史信息及近期表现、询价过程、投标文件、采购合同、订单计划制定、进度/里程碑控制、过程跟踪等。

④现场材料管理模块。帮助现场人员进行材料的开箱检验、接收和发放以及仓库日常管理；通过材料的预测、预留功能，方便快捷地为现场施工备料，保证现场的施工工作顺利进行。

（2）供应链管理数字化建设内容

供应链数字化首先是规划和执行，接下来是物流可视性。供应链数字化有四个重点方面：一是采购4.0，二是智能仓储，三是高效备件管理，四是自主和B2C物流。底层则有规范性供应链分析和智能供应链赋能技术。

1）物联网技术的应用。采用物联网供应链的互联生产车间和最后一公里配送方案，可以提高工厂级别可操作性、可管理性以及安全性，用WIFI传感器实现库存管理系统的集成化与智能化。

2）智能仓储。人机都用WIFI的传感器互联，为智能库存管理提供条件，利用摄像头实现实时的监控，并且提供实时的可视性。物联网通过智能集装箱的管理系统以及卡车的传感器实现运输的可视性和安全性，并且联网的车辆可以优化设备的利用率。通过设备的传输进行最后一公里配送的智能解决，消费者第一时间可以通过联网的设备来获得物流信息。

3）3D打印技术应用。3D打印的几个优势：一是简化供应链；二是降低人工单位和运输成本，无需遵循廉价劳动力的工厂定位；三是快速本地交付；四是降低库存成本，实现低成本交货。

4）大数据分析技术应用。大数据分析是供应链的赋能技术，大数据分析有四个层级：第一个层级是预测性描述分析，告诉我们发生了什么；第二个层级是预测性分析，告诉我们会发生什么；第三个层级是规范性分析，告诉我们应该如何做好预案；第四层级是认知性分析，总结某一个事件背后的规律，从而实现这个事件的掌控与预防。

把大数据还有机器学习以及物联网结合，保证线上线下客户体验的无缝连接。

（3）设备全生命周期数字化建设内容

设备全生命周期管理信息系统以资产设备和备件（材料）为基本管理对象，覆盖资产生命周期（新增、调试、运行、计划、维护、修复、分析和报废）的各个环节，提供故障维修、预防维修以及状态维修等各种维护模式，以维护任务的计划、提交、审批、执行和分析为业务主线，提供多种数据报告以对资产使用情况、流转情况、需求统计等作出多角度的分析以支持企业的资产管理，并可以通过开放的接口与企业中现有的其他信息系统进行集成，实现资产管理数字化。

1）设备资产管理系统。设备档案要采取“一台一档”的管理模式，按照项目中设备管理的分类标准，分专业（动、静、电、仪、管、计量）对设备的生命周期（从设计、采购、安装、使用、维护、改造、更新、报废）进行综合管理，包括对设备静态数据（设计、施工资料等）和动态数据（设备运行中需要进行存档的数据等）的管理。

2）智能巡检系统。运用“互联网+”理念，采用“物联网+移动应用”技术构筑线上线下合一、前段后端贯通、横向纵向联动的全方位、全天候、全过程的管理模式。通过大数据处理手段对所需巡检区域进行科学化、数字化、可视化巡检管理，实现对企业的人、物、制度等要素的全面管控。为企业巡回检查制度的落实及资源管理提供了技术保障，实现对巡检作业人员的实时监管，实现设备巡检、保养、盘点、检查等多项业务应用，助推各项制度的全面落实，助力责任明确透明，从而降低设备故障率，提高设备可靠性。

3）预测性维护系统。利用人工智能、模式识别及复杂的数据挖掘技术来判定某一设备何时状态不佳或可能发生故障。通过对设备的独立运行历史数据进行学习，并对该设备建立一系列的正常操作片段，然后用实时数据与已知的操作片段曲线进行比较，从而通过检测系统运行的细微变化对即将发生的设备故障进行早期预警。先进的报警管理器与邮件通知服务向相关设备管理人员提供近期的工厂、机组或系统的运行状况。通过发现设备早期问题可以减少维修费用，并且增加设备的可用性、可靠性，提高产品的质量和产能。

14.4 工程施工数字化

随着信息技术的发展，石化工程施工管理数字化虽然起步较晚，但是发展迅猛。传统的施工管理，由于缺乏科学管理的手段和工具，对施工进度、质量、人员考核等无法做到精细化管理，采集的施工数据也没有统一的平台进行管理和应用，数据不能共享还易丢失，进而造成后期运营基础数据缺失，影响工厂的安全运行。信息技术为施工管理带来全新的手段，使施工数据、人员资料、管理文档等全部实现数字化管理，有效地消除了“信息孤岛”，实现了信息共享和工作协同。在石化工程项目建设中，四维可视化施工管理、大型设备吊装模拟仿真、管道施工的可视化管理得到广泛应用。

14.4.1　四维可视化施工管理

（1）四维可视化施工管理要素

1）虚拟施工技术应用。四维可视化施工是利用虚拟施工的技术来实现的，虚拟施工技术是一门跨学科的综合性技术，它包括产品数字化定义、仿真技术、虚拟现实技术、可视化技术、数据集成、优化技术等。虚拟施工技术是在施工过程模型中融入虚拟仿真技术，并以此评估并优化施工过程，以便快速、低费用地评价不同的施工方案、工期安排、材料需求规划等。

2）工作面计划管理。明确的工作内容、工作计划，以及清晰地梳理施工资源是工作包管理的核心，也是工作面计划管理（Workface planning）的核心，是可视化施工管理建设的重点。

3）施工方案合理性评价。虚拟施工不消耗现实资源和能量，所进行的过程是虚拟的，因此可为工程施工提供有益的经验。通过虚拟施工技术，业主、承包商和施工方可以在策划、投资、设计和施工之前看到并了解施工的过程及结果，解决组织施工是否合理的问题。

4）施工过程可视化。可通过浏览三维模型对现场安装活动进行计划、组织、跟踪和报告。现场安装工作极为复杂，光设备安装就可细分为数百条流程，准确、有效的材料管理和施工将为之后的装配工作铺平道路，因此需要通过4D可视化手段结合预制材料的运输和到货信息，对安装阶段施工进行合理规划，提升工作面计划效率；结合P6将计划任务项与实体工程量挂钩，提高计划和进度反馈的有效性。

5）施工过程动画模拟。运用4D和5D动画，实现施工方案检查和模拟辅助，积累项目执行管理经验。

6）多源信息聚合。聚合并实现设计信息、计划信息、材料信息等快速流转、共享透明，实现信息高效重用。以三维模型为基础，使用工单方式实现数据有机关联和数据使用。

（2）四维可视化施工管理系统建设内容

1）与三维设计数据集成。至少包括三方面的技术研究：一是可视化设计数据集成技术研究，需要完整的集成三维模型、设计属性数据、图纸、BOM等；二是面向可视化施工管理的交付研究，包括交付的信息和交付的模式，研究如何实现可视化数据在项目运行过程中的交付，使之既能及时准确提交可视化设计数据，又能避免可编辑状态的设计数据交付给施工阶段；三是新型施工模式研究，对于模块化施工的需求进行深入研究，形成相关的设计规范，用于支持模块化、可视化施工管理。

2）与材料管理系统集成。材料是施工最为核心且最复杂的资源，研究在紧密结合施工管理的情况下，材料管理系统的使用规范，确保能够配合施工管理系统完成施工管理工作和材料相关的可视化功能；同时研究模块化施工项目的材料管理要求，并最终规范相关材料管理过程。

3）工作面计划管理模式研究。工作包是施工管理的一个逻辑单元，遵从项目计划，是项目计划的进一步分解。工作包应包含详细的施工计划（计划开始和计划结束）、工作内容、工作量、图纸、材料和必要的其他施工资源。在工作包下发施工之前，与工作包相关的各种资源必须完全具备条件，这样的工作包才能下发。

4）现场移动应用研究。现场实际执行情况收集是一项繁重且非常重要的工作，研究基于二维码/条码、移动终端进行现场实际执行数据收集的研究，包括编码规范、编码张贴技术、扫码设备及系统建设。

5）项目管理系统集成研究。施工现场数据是项目计划管理、成本管理、安全管理和质量管理的基础数据。收集整理相关系统对于施工数据的需求，规范施工数据的收集并最终服务工程项目管理。

6）模块化、可视化施工管理研究。研究面向模块化的可视化施工管理需求，并最终落实为可视化施工管理项目建设要求并最终实现对于模块化施工的支持。

7）多维可视化功能研究。研究四维（进度加三维/成本加进度加三维）、多维（材料、人力资源、……加三维）的相关业务需求及功能实现。与对应的设计三维模型进行集成，形成施工进度的可视化动画模拟以供施工参考。

14.4.2 4D管道施工管理[9]

管道工程一般占总工程量的40%左右。传统管道施工存在很多问题，包括：信息以纸质资料形式分散在各个部门，没有有效的数据组织，容易造成信息丢失；施工过程信息不透明，主要依靠施工单位上交的报告或记录进行质量和进度评估，对工作进度和质量不能进行直观的展示，监管难度大；设计基础信息和业务过程信息录入工作量大且工作重复，人工失误难以避免；组批点口依据规范人为把控，受个人水平影响，合规性难以保证；对材料的管理控制及应用追踪缺少手段，对运维阶段没有在信息的源头形成有力的支撑；过程质量控制资料收集不及时、审批流程用时长、提供的交工资料与现场实际不一致；对各类交工技术文件、必要的过程控制文件、检测报告、报表、单线图等资料生成费时费力。

（1）4D管道施工管理要素

管道施工管理要素包括预制设计、材料管理、施工准备、焊接过程管理、检测管理、试压管理、进度统计与质量分析、过程资料管理和压力管道安全质量监督检验等。

（2）4D 管道施工的业务流程

管道施工管理涵盖从开工准备到试压验收各阶段的业务，典型的业务流程示意图如图 14–1 所示：

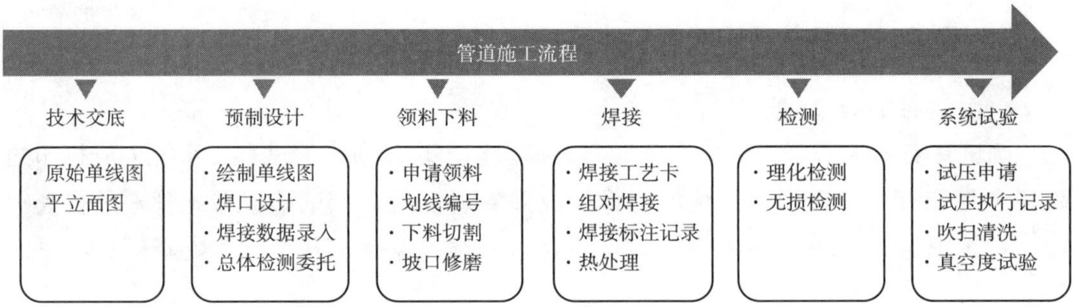

图 14–1　管道施工业务流程示意图

14.5　工程完工数字化

工程完工管理的数字化是实现工程项目由建设安装向调试、调试向工厂运行进行数字化移交的重要工具和手段。因此，建设一套完工数字化管理系统，记录和证明所有设备均已经过检查和测试，从而保证任何功能、子系统、系统、设备均以一种安全且令人满意的方式运行，降低在运行、质保期及以后出现严重的设备或系统问题的可能性。

14.5.1　工程完工管理数字化要素

（1）项目进度透明化

通过使用调试移交系统，项目管理者、现场工程师和质量检测人员都可以查询或更新项目的进程以及项目的尾项清单。项目的管理者可以通过调试移交系统来追踪供货商的工作进程。调试移交系统可以根据需要生成各种报表，管理者可以随时查询项目的进程，了解项目的动态。

（2）项目文件电子化

调试移交系统内嵌一个条形码扫描识别模块。所有调试移交系统生成打印的验评表都带有一个条形码，现场工作完成并签署之后，调试移交系统管理员将其扫描，系统根据条形码自动识别，多页整合、分类、保存，并且自动更新任务和系统状态。

（3）项目文件系统化

在项目进行施工和调试之前，系统管理员将各个专业的工程数据录入调试移交系统，包括：机械设备数据、三维配管清单、电气仪表设备及回路、火气探测系统设备及回路、通信系统设备和回路等；然后在系统内根据工艺流程图和调试系统/子系统的定义建立连接，分配施工和验评表。在施工和调试过程中，调试移交系统实时更新各项工作的状态以及详细记录在施工和调试过程中产生的技术澄清和尾项清单，包括原因、状态、解决方案等。

14.5.2 工程完工管理系统建设内容

（1）文件自动识别

调试移交系统需要内嵌一个条形码扫描识别模块。所有调试移交系统生成打印的验评表都带有一个条形码，现场工作完成并签署之后，调试移交系统管理员将其扫描，系统根据条形码自动识别，多页整合、分类、保存，并且自动更新任务和系统状态。

（2）建立完工数据库

在项目进行施工和调试之前，系统管理员将各个专业的工程数据录入调试移交系统，包括：机械设备数据、三维配管清单、电气仪表设备及回路、火气探测系统设备及回路、通信系统设备和回路等；然后在系统内根据工艺流程图和调试系统/子系统的定义建立连接，分配施工和验评表。在施工和调试过程中，调试移交系统实时更新各项工作的状态以及详细记录在施工和调试过程中产生的技术澄清和尾项清单，包括原因、状态、解决方案等。

（3）建立系统逻辑结构

根据设计逻辑的理念和调试大纲的需要，建立“系统-子系统”的层级结构，通常根据工作分解结构，主要分为project、unit、system、subsystem四级结构，再根据元器件之间的功能关系，逐步构建子系统以下的功能关系，最终将整个项目的全部工程对象以一个整体的形式呈现。

（4）形成标准的业务流程

完工管理标准的业务流程包括从系统定义、工作包定义、设备标识、供应商检查和试验等到移交业主的全过程管理，业务流程图如图14-2所示。

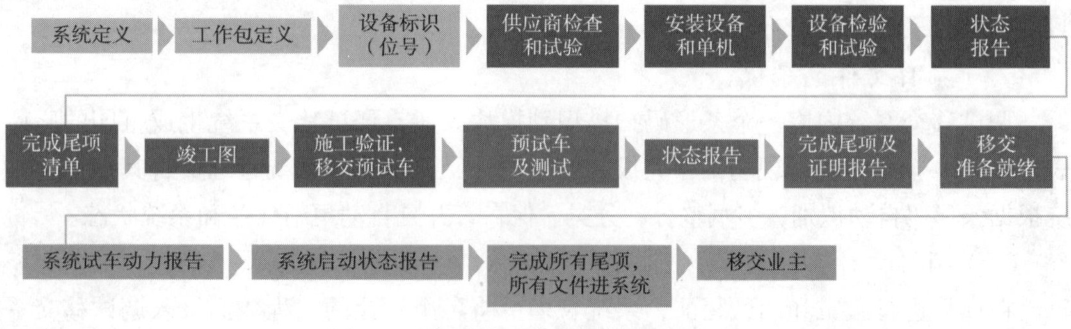

图14-2 标准完工管理系统业务流程图

14.5.3　工程完工管理系统功能

（1）信息管理

信息管理要实现对试车过程中产生的所有类型的工程数据集中统一存储，能够有序地管理各种来源的数据和文档，形成单一数据源。系统数据与数据间能够关联，数据和相关的文档也能科学有机地关联结合在一起，从而形成一个有序、关联和高效的信息管理系统。此外，通过分类管理、权限管理、状态管理等，实现对所有完工证明文件具有100%的可追溯性，提高知识共享与重用性，实现对数据文档的安全有效控制管理。

（2）业务管理

完工管理系统本身是工程设计数据及文档、各阶段检测和试验记录、试车工作程序、工作票许可、尾项、证书等的管理和集散中心，为在系统中实现业务管理提供了一个重要的“物质”基础。业务管理应该具备数字化工作流程管理、进度跟踪与管理、数字化校审、资料传递等功能，实现试车过程中的完工管理、计划管理、培训管理、过程管理、物资管理、HSE管理和质量管理等相关业务管理，实现接口资料的有效传递和管理，以及结合P6计划管理软件，实现真正意义的进度跟踪与管理。

（3）与其他系统集成功能

数字化完工管理系统的数据多源性决定了系统应具备强而有力的集成能力，能够实现专用软件之间的应用集成以及专业设计软件、项目管理系统等多个系统间的信息共享和工作协同，同时具备同业主的各个系统进行数据交换的能力，并在条件允许的情况下实现数字化移交。

（4）数字化移交功能

试车阶段作为工程项目系统完工移交的重要环节，要求数字化完工管理系统不仅要能满足试车阶段的业务管控需求，而且要能涵盖业主的交付需求，实现无缝、快捷、低成本地进行数字化移交，并在数字化移交时要能有效保护工程公司的知识产权。

14.6　石化工程集成化

广义的石化工程集成化包括项目设计、采购、施工、开车及工厂运维阶段的信息集成系统。本章只对涉及工程建设期的集成化系统进行描述，工厂运维的数字化将在后续的章节进行描述。工程建设阶段的工程集成化包括智能设计集成系统（包括工艺设计集成系统、工程设计集成系统和三维协同设计系统）、材料与采购管理系统、施工管理系统、完工管理系统、电子文档管理系统及项目管理系统等（见图14–3）。各个要素之间既相互独立又相互关联，环环相扣。例如，项目管理系统贯穿整个项目设计、采购、施工及完工的全过程，文档管理系统涉及各个业务系统及项目的全生命周期。

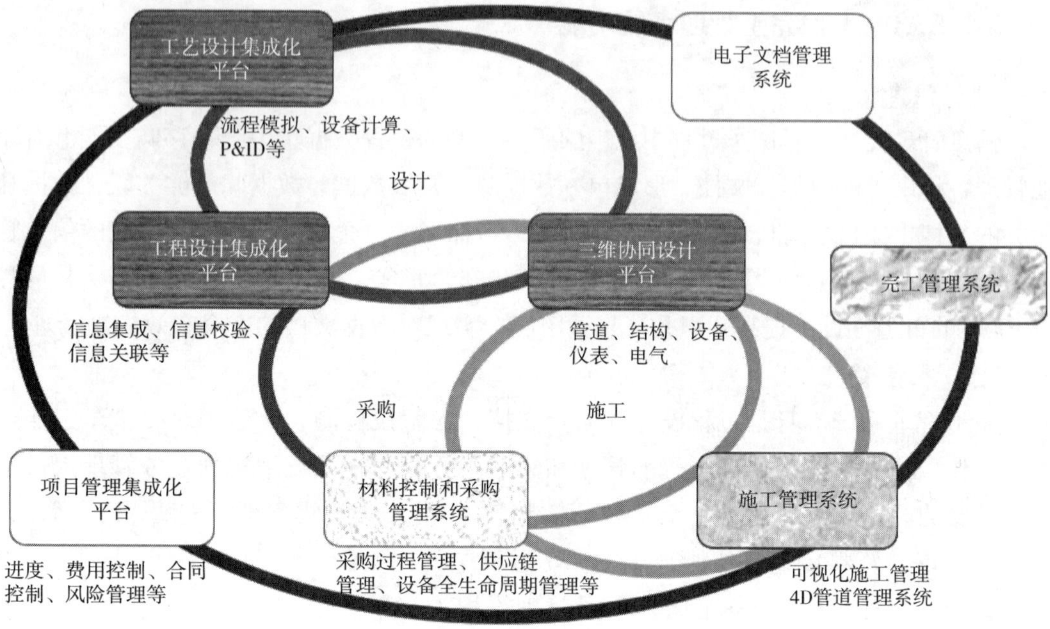

图 14–3　石化工程集成化系统要素

14.6.1　工艺设计和工程设计集成化

随着信息技术的迅速发展，工业化和信息化不断发展与融合，工业发展正在由传统工业向现代化工业和高质量发展阶段迈进。新世纪以来，新技术和新方法，特别是基于计算机辅助设计工具的创新开发与工程应用，使国内外工程公司的工程转化和创新能力得到迅猛提升。随着信息化时代的到来，智能企业建设将成为现代化企业发展的必然趋势，从公司发展的内生动力和数字化转型的需求看，集成化设计也将成为工程公司的工作新模式。

为了顺应未来的信息化、智能化的发展大潮，工程公司必须变革设计模式，从传统基于链条模式的设计向基于底层数据库实现信息共享和自动传递的集成化模式转变。各专业设计工具整合到统一的平台下，信息同源，工作流程更简捷、高效，设计更标准化、规范化，设计信息传递方式更加自动化，专业间协同能力大幅提高。以设计集成化平台为基础的多专业集成化、协同化、智能化设计可显著提高工作效率，减少设计变更，提高工程质量。

设计集成化是将传统工程设计过程相对孤立的阶段、活动及信息有机结合，构建一个或多个多功能、系统化、集成化和协同化的设计平台，实现信息的同源共享，过程的集成协同，知识的积累、传承和智能应用，是建设数字化工厂的基础。

信息集成需要有数字化平台作为支撑和载体，典型的设计集成平台如图 14–4 所示，主要包括[3]：

1）工艺设计集成化平台；

2）工程设计集成化平台；

3）三维协同设计平台。

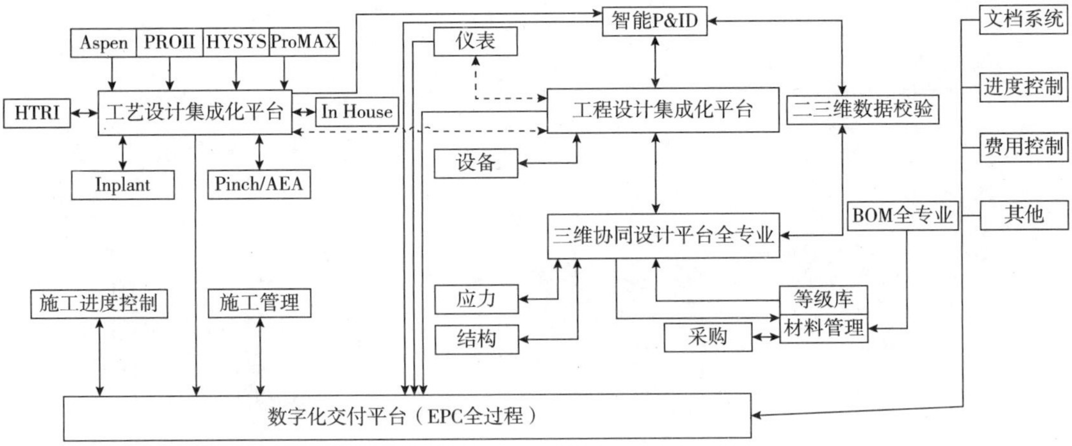

图14–4　设计集成平台结构图

（1）工艺设计集成化平台

在工艺设计集成化平台中，工艺工程师完成流程模拟计算后将计算结果导入平台，绘制工艺流程图（PFD）和工艺管道及仪表流程图（P&ID），并与这些计算数据关联；然后进行设备计算，完成容器数据表、塔器数据表、反应器数据表、换热器数据表、泵数据表、加热炉数据表等工艺设备数据表，同时自动生成设备表、管道表和界区条件表；最后通过平台为其他专业提供设计条件。

其他专业返回的设计信息通过工程设计集成化平台自动传递至工艺集成化平台，部分数据可从工艺集成化平台自动传递至模拟计算软件进行复核计算。

典型的工艺集成化设计平台结构见图14–5，通常由工艺设计系统和智能P&ID系统构成。

（2）工程设计集成化平台

工程设计集成化平台为工艺专业、配管专业、仪表专业、电气专业等提供了一个多专业、多种数据交换的途径，具有数据集成、信息管理和工作流管理三大功能，其典型结构见图14–6。

1）数据集成。利用接口技术，集成各专业应用软件，实现软件间数据共享，取代传统的数据手工输入与传递的方式，减少数据冗余，提高数据的共享性、一致性、准确性和安全性。

2）信息管理。工程集成化平台将工程信息集中管理，构成工程数据库，实现版本的有效控制，确保各种设计数据和文件的可追溯性；可对进入其中的数据进行有效性检验，减少数据错误；与之集成的软件会自动比较接收的数据和原有的数据，并支持

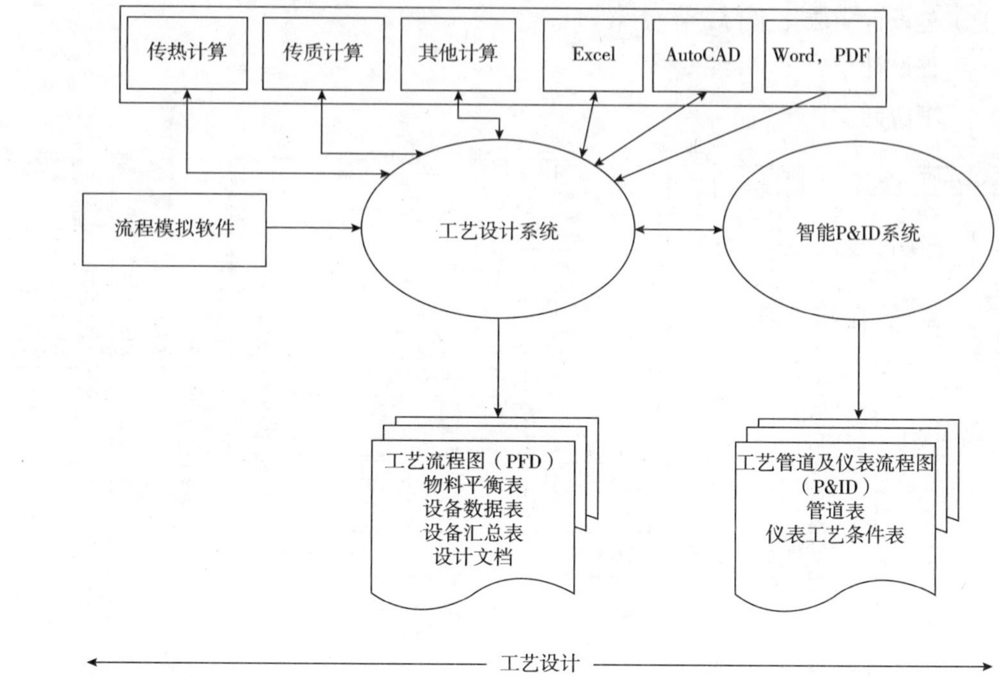

图 14-5　工艺设计集成化平台结构图

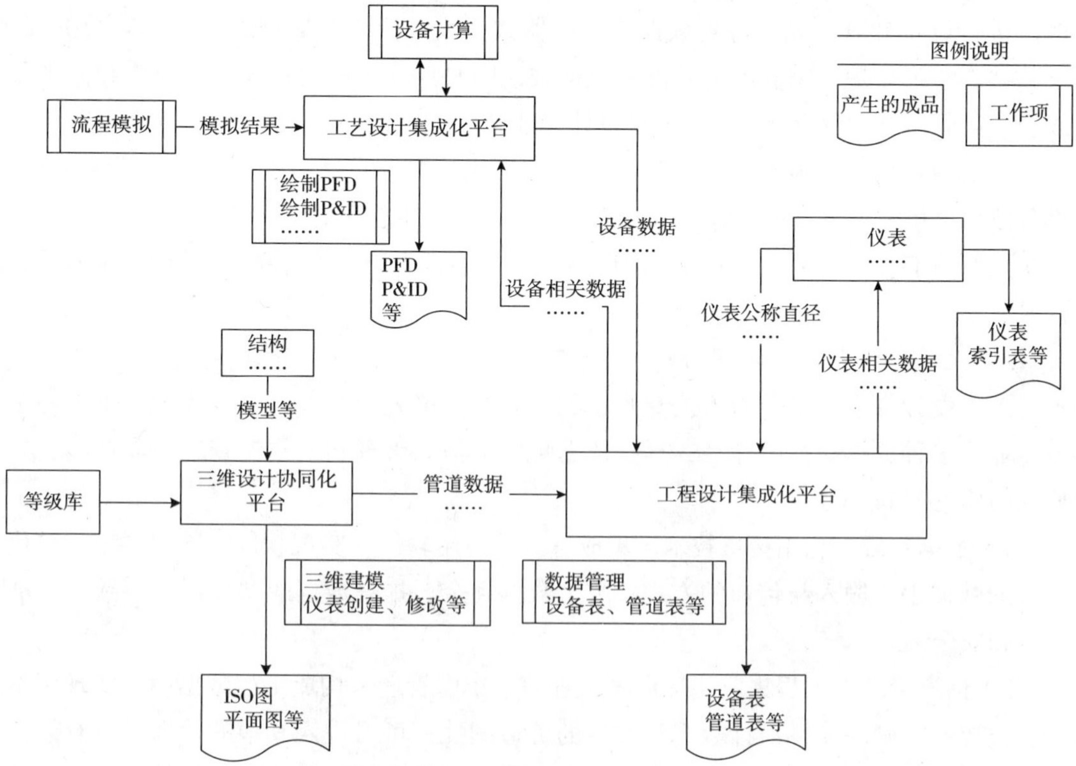

图 14-6　工程设计集成化平台结构图

查看数据详情和历史记录；利用平台中的信息，可为项目的材料管理和采购管理提供依据。

3）工作流管理。使用“工作流”（Workflow）技术，基于工程集成化平台定制标准化的工作程序与流程，通过在平台上发布与交换信息，对设计信息的过程跟踪与管理，实现设计专业之间信息的共享与传递、互提资料和协同工作。

工程集成化平台通过有序管理、相互关联的设计文档、设计数据和三维模型等来描述工厂设计，并逐步建立工厂的数字化模型；再通过有效的数字化交付，将数字化工厂模型延伸至工厂的运维阶段，为工厂运维管理提供资产信息管理平台，实现工厂全生命周期的信息管理。

（3）三维协同设计平台

三维协同设计平台以配管专业装置布置和管道布置为核心，为配管、结构、仪表、电气和给排水等专业提供一个工厂三维模型协同设计环境，典型的三维协同设计平台结构见图 14–7。

各专业基于工程材料数据库在平台上建立完整的、可视化的三维工厂模型，实现同平台的信息集成与共享。利用三维模型的设计检查工具，校验设计数据的一致性，检查模型的碰撞与干涉，减少设计过程中由于错、漏、碰、缺等设计原因而产生的变更，降低项目组内部和外部沟通的障碍与风险，提高设计质量，降低生产成本。三维协同设计平台还具有与其他专业软件（如应力计算、钢结构建模、材料管理等）进行信息交换的接口，实现信息共享与高效传递，以及各专业协同设计。同时三维协同平台支持设计图纸的输出和材料的汇总与统计，大幅度节约了人力成本，提高了设计成品的准确率。

利用三维模型可视化、直观性的特点，在设计阶段，由项目组织各方分阶段进行

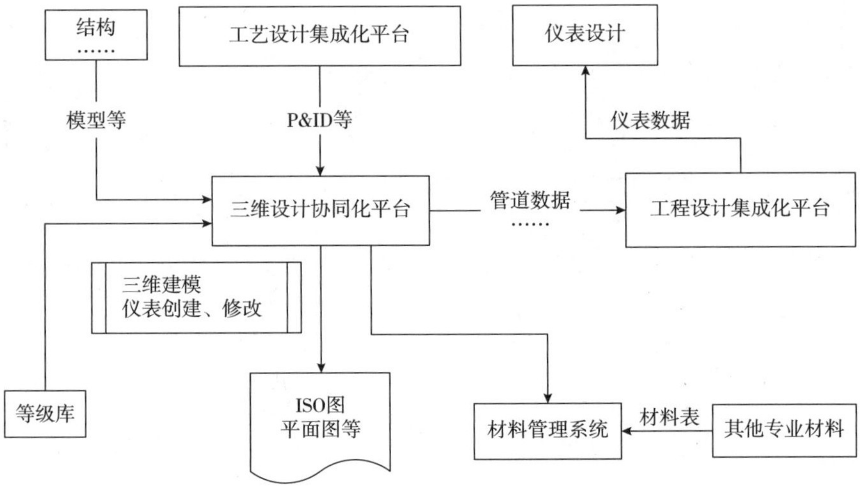

图 14–7　三维协同设计平台结构图

模型审查，模拟现场施工、安装和运行操作、检修的情况，优化设计方案；在设计完成后，向业主移交三维模型，可方便企业进行生产管理与维护，为智能工厂建设奠定基础。

14.6.2 工程采购集成化

工程项目管理的理想境界是按照工程总进度计划安排，做到人员、机具和材料科学合理匹配，从而达到缩短工期、保证质量和降低成本的目的。工程采购管理集成系统以材料流向为主线，实现材料控制、计划与进度控制、合同管理、采购管理、现场材料管理的集成，实现项目采购材料的动态跟踪及材料数据共享，实现项目管理报告与采购报告的数字化。通过采购管理集成化使材料管理从过去重点对材料量的管理，扩展到对材料状态、计划与进度的有效控制，不仅使采购管理的内容和范围大大加深，涵盖了询价、报价、评标、订单、催交、运输、仓库管理的全过程，同时成为设计、材料控制、采购、仓库管理人员的协同工作平台。

（1）工程采购管理数字化平台技术架构

典型的材料与采购管理平台架构如图14-8所示，分为三层，基础层、业务层和管理层。其中基础层是标准的材料编码和管道等级库的建立，业务层主要是材料控制与采买过程管理业务系统的建立，管理层是采购综合管理系统的建立，实现采购业务流程及审批、采买任务分配及检测、内部绩效考核的多项目综合管理。

（2）业务集成

EPC项目物资管理贯穿于项目实施的全过程，涵盖设计、采购、施工各阶段，涉及工程设计、采购、施工及进度、费用、材料控制等方面，涉及项目大部分岗位，如项目经理、控制经理、设计经理、采购经理、施工经理、项目控制工程师（材料控制

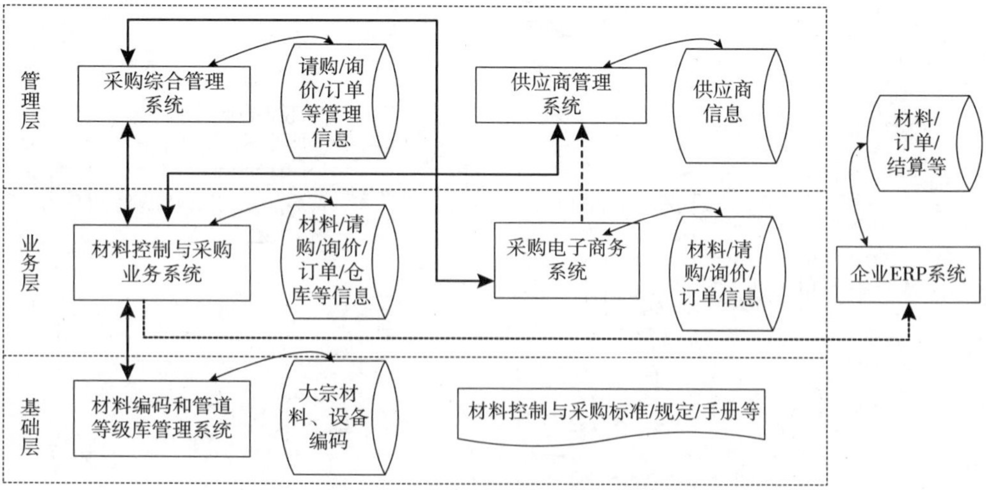

图14-8 典型的材料与采购管理平台架构

工程师、合同控制工程师、计划工程师、费用控制工程师）以及业主、施工分承包方都有责任参与物资管理与控制工作。以提高工作效率为目的，建立顺畅的项目物资管理工作流程，能够简化工作界面、清晰工作程序、强化信息处理能力。采购业务集成化框图如图14–9所示。

（3）功能模块

工程采购管理集成系统以材料流向为主线，实现材料控制、计划与进度控制、合同管理、采购管理、现场材料管理的集成，实现项目采购材料的动态跟踪及材料数据共享，实现项目管理报告与采购报告的数字化。通过采购管理集成化使材料管理从过去重点对材料量的管理，扩展到了对材料状态、计划与进度的有效控制，不仅使采购管理的内容和范围大大加深，涵盖了询价、报价、评标、订单、催交、运输、仓库管理的全过程，同时成为设计、材料控制、采购、仓库管理人员的协同工作平台。主要包含以下四个模块，如图14–10所示。

1）材料数据库：

①一个企业级和项目级的材料数据库。可管理多个不同的修订版及变更。它还包含项目费用估算功能，可被用来快速生成新项目的投标文件。工程采购管理集成平台中的历史数据，尤其是项目结构、材料数量、价格及人工的数据，可用于相似项目的估算。

②可被用来进行企业级（与项目无关的）材料标准化工作，尤其是大宗材料，这些标准化工作可以遵从国际的（如ANSI，ISO，DIN）或企业的标准。

③材料编码及材料等级库与应用软件的接口还可以用于将材料等级库数据导入三维设计系统，免除了重复性的工作。

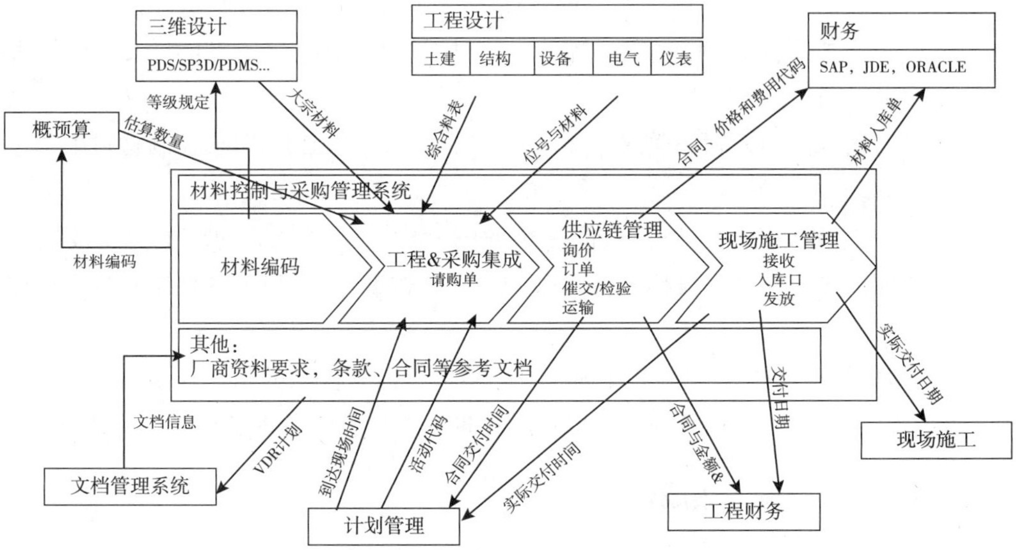

图14–9　采购业务集成化框图

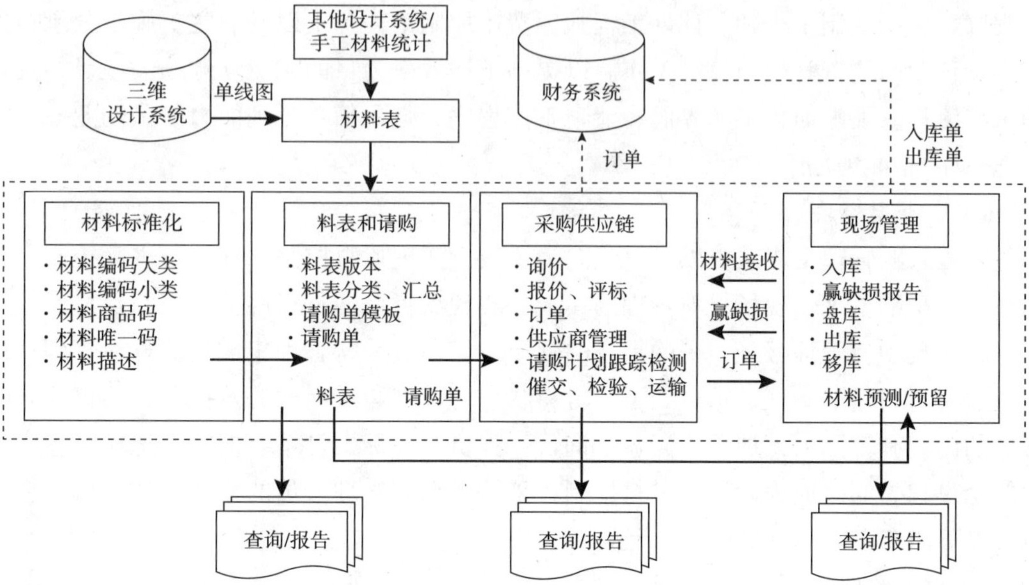

图14-10　主要功能模块

2）工程设计及采购集成模块：

①记录当前项目中所需用材料的最新状态，消除过剩材料，也消除可能由于材料短缺而引起的项目的延迟。所有由设计产生的材料信息全被保存、组合，并且所有的材料变更全部被保存在高度灵活的数据库中。

②基于用户的经验及知识，它的规则驱动处理过程可以根据用户需求，自动生成材料需求清单（请购单），将设计过程中生成的材料清单以采购要求的形式表现出来。

3）材料供应链管理模块：

①可将材料的制造商、供货商、建造商、货运商及转运商之间的操作无缝地结合到一起。可将诸如厂商管理、采购过程控制、材料跟踪监控，历史信息及事件管理等分散的事物进行同步。

②系统信息可被输入财务管理系统（如SAP或ORACLE），用来控制材料采购过程中资金的流动。

③所有采购相关信息都被存入同一个数据库中，包括厂商的历史信息及近期表现、厂商管理、寻价周期、投标文件、采购合同、进度计划/里程碑控制及过程跟踪等信息。

4）现场材料管理模块。用于现场材料的平衡，以最快的方式为现场备料；自动进行材料的验收、预测、预留及分配，以达到在现场进行有效管理及控制材料的目的。

14.6.3　工程施工集成化

近些年信息技术的发展为施工管理带来全新的技术手段，使施工数据、人员资料、管理文档等全部实现数字化管理，工程参与方能够在一个集成环境下实现设计、采购、施工等的协同工作，有效地消除“信息孤岛”，实现多方信息的共享和协同工作，同时实现施工的可视化管理。目前相对成熟的施工管理集成化平台主要是以体现施工进度为核心的可视化施工管理集成平台和以管道焊接数据采集为核心的4D管道管理系统。

（1）可视化施工管理集成平台

可视化施工管理集成平台聚合设计、材料、计划等信息，最终实现项目管理与生产施工的“一体化管理”。集成化平台分两个层面，即系统层和数据层。系统层要与现有系统做好接口，并不替代现有系统，现有系统要根据工程项目管理系统要求进行深化应用；数据层要聚合并实现设计信息、计划信息、材料信息等快速流转、共享透明，实现信息高效重用，以三维模型为基础，使用工单方式实现数据有机关联和数据使用。如图14–11为可视化施工管理工作流程图，将材料控制系统与施工管理系统进行衔接，施工计划与的项目进度计划衔接，现场安装工作包与材料管理系统衔接，确定所需要材料的状态，在材料可用的情况下，自动预留材料，并预备自动发给施工方，同时与对应的设计三维模型进行集成，形成施工进度的可视化动画模拟以供施工参考。

1）施工与进度集成。系统能够读取P6的计划信息，并成为下一级计划的基础，在每一个工作包的计划标签页内，是从P6项目计划传递过来的计划关键日期信息。工作包信息也准确关联到WBS节点并保留建立的关联关系。

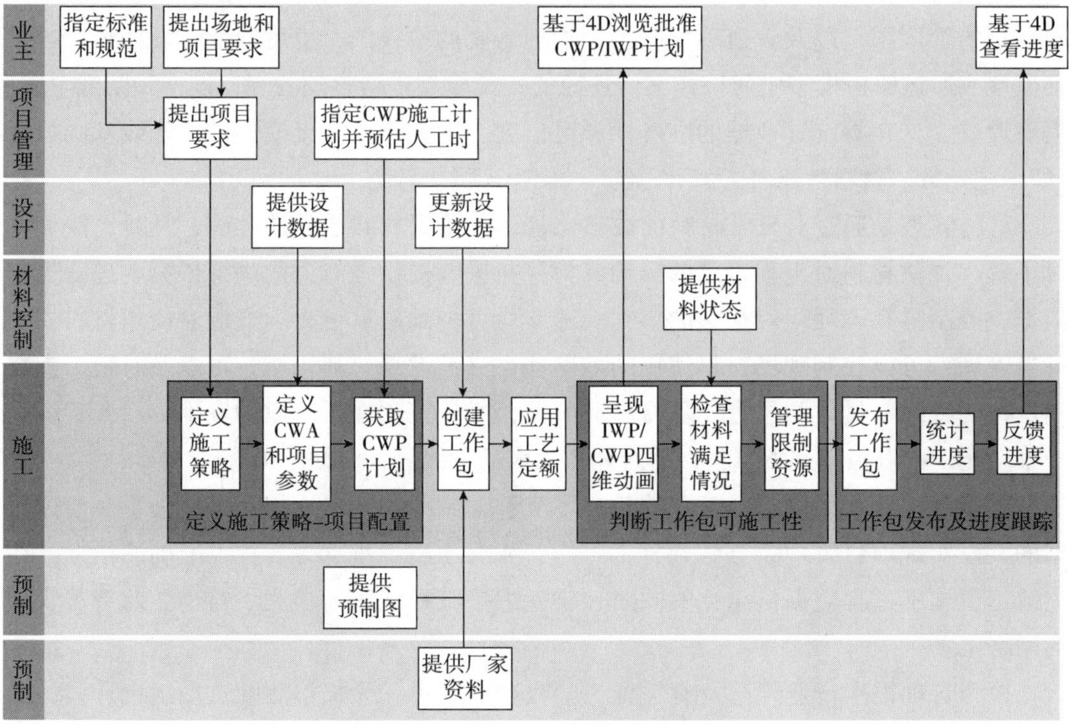

图14–11　可视化施工系统工作流程图

2）施工与材料管理集成。实现材料的预测、预留和申领，工作包所需材料可以从模型或BOM料表中获取，方便进行材料的预测。系统会提示是否有材料短缺，如果短缺，提示尽快采购；系统默认多种限制条件，来警示材料的信息。开工之前锁定所需要的材料。工作包实际开工时，根据所需材料，列出领料清单；能够手动添加备件或者辅材等材料，系统还会显示进展规则中设定的消耗材料的工艺步骤，以便仓管和领料人核对用途，提高材料发放的准确性。

3）施工与设计集成。实现每个工作包与聚合的设计信息（相互关联的杆件、图纸、三维模型）相关联。

4）施工进度的可视化动画模拟。与对应的设计三维模型进行集成，形成施工进度的可视化动画模拟以供施工参考。

（2）4D管道管理平台

管道施工管理系统采用分层的模式，将数据存储、数据处理、服务、应用等过程进行层次划分，典型的管道管理系统技术架构如图14-12所示。

管道施工管理整体解决方案包括预制设计、材料管理、施工准备、焊接过程管理、检测管理、试压管理、进度统计与质量分析、过程资料管理和压力管道安全质量监督检验九个部分。

预制设计是指在工程项目开工前，根据设计单位提供的原始单线图或平立面布置图，利用管道预制设计系统对图纸重新绘制，增加焊口等信息，生成符合管道工厂预制要求的管段图，以及管道现场安装、管理需要的单线图；也可以依托设计移交的三维模型或通过解析模型中间格式文件还原的三维模型进行自动的焊口设计和图纸生成，提高焊口、材料等统计数据的准确性和可信度。同时建立三维模型中的管线基础数据（如工艺参数、材料信息），为后续施工过程管理提供数据。

材料管理是通过对日常材料的数字化管理，确保材料统计的准确、及时，能够实时了解、评估材料对工程进度的影响，为材料采购提供强有力的决策依据、进度控制依据；控制材料消耗，对材料的节约、透支均可做到有据可查。通过对使用材料的炉批号管理，可以控制现场材料使用的准确性，一旦发现材料用错，可以及时精确查找到具体的管线、具体的位置，从材料环节上，避免工程质量事故的发生。设置管线号配菜功能，可以根据到货材料自动匹配相对应的管线号，方便施工。

焊接过程管理将过程中管理的各个环节整合到一起并形成相互链接关系，通过数据的共享实现项目管理各方做到分工协作，从而为质量进度分析提供准确的依据。在完成管道施工过程数据信息化的同时，实现焊接工程施工、检测、监理、监督等管理的网络化。

检测管理根据行业规范及有关施工验收标准要求，无损检测的自动组批点口，满足无损检验对检验比例、覆盖焊工、固定口比例的要求，保证检验委托的合规性和客

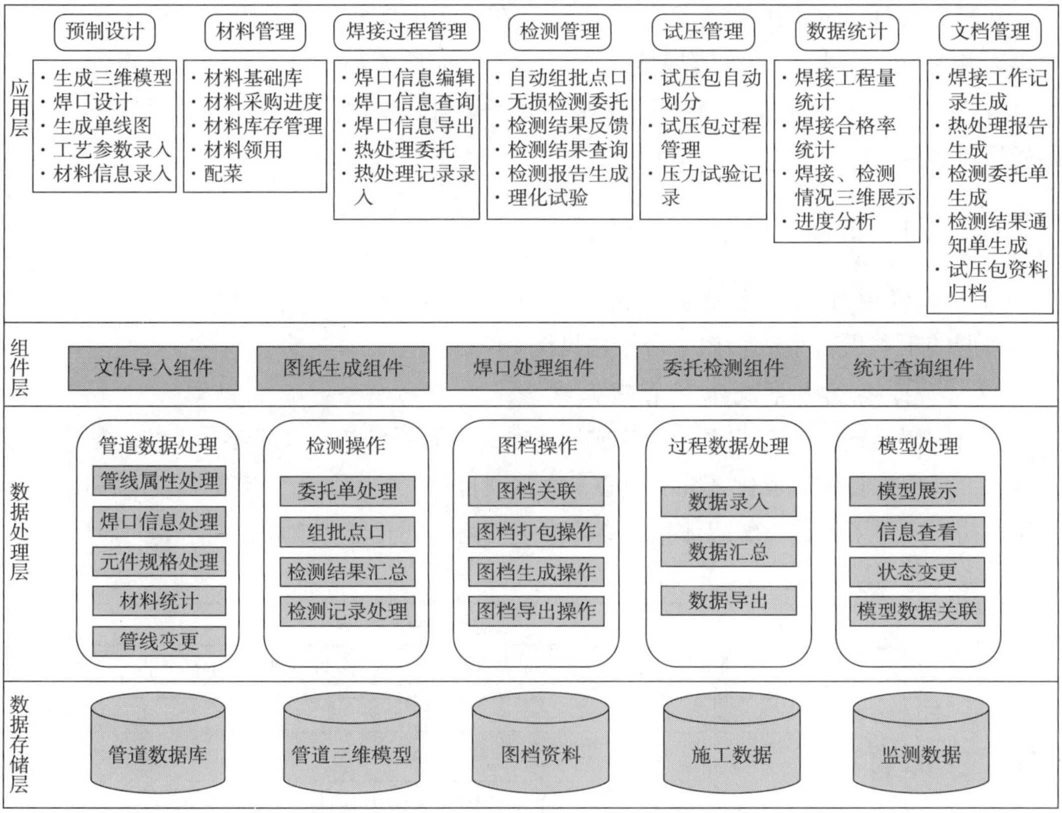

图 14–12　典型的管道数字化施工架构图

观性。焊缝组批以管道级别、材料类别、介质、压力等级相同为原则，通过在软件中设置抽检比例及规则，可以简单高效地完成焊缝组批工作。且可以在操作界面轻松完成随机抽样点口，避免人为干扰因素，无损检测的结果也可录入，通过统计分析，反映整个工程质量状态的分析统计数据，以便及时发现问题、解决问题。

试压管理就是管道试压包管理。管道工程收尾与试压是管道工程管理复杂、程序繁多、难以控制的一个重要过程，收尾时间长、安装质量无法保证是工程建设过程中的通病。因此，为缩短收尾时间，提高管道安装质量，最有效的办法就是采用管道试压包管理，达到责任到人、分工明确、收尾目的性强的最佳管理状态，使管理难度大大降低。

数据统计从不同维度对业务数据进行统计分析，以满足不同角色或不同应用场景的需求，可按照不同材质、管径、壁厚和压力等级分别对焊接工作量进行统计，管理层可以通过这些准确的数据指导现场施工。如按焊接工作量统计、焊接合格率统计、检测工作量统计，并在三维模型中直观展示，自动进行进度与质量分析比较。分层次直观统计真实、全面的过程数据，并可在统计的基础上进行任意时间内的查询分析，实时掌控焊接工程进度和质量的情况。

文档管理通过过程控制保证数据质量，在过程中实时生成符合有关施工验收标准的主要相关交工资料，如管道焊接工作记录、无损检验委托书、射线检测报告、试压记录等，并以试压包资料形式归档管理，也可交付轻量级的数据结构化系统，提高交付成果可利用性和交付过程工作效率。

14.6.4　工程项目管理集成化

（1）工程项目集成化平台架构

典型的工程项目集成管控平台架构见图14-13。

（2）项目编码体系及编码管理系统

项目编码是建立各专业系统间集成的桥梁，是各系统统一技术架构、统一数据管理的基础，是项目管理集成化系统的核心，大量项目信息的有效组织需要通过代码和编码。某公司初步建立了代码与编码体系，该体系主要由下列几部分组成，如图14-14所示。

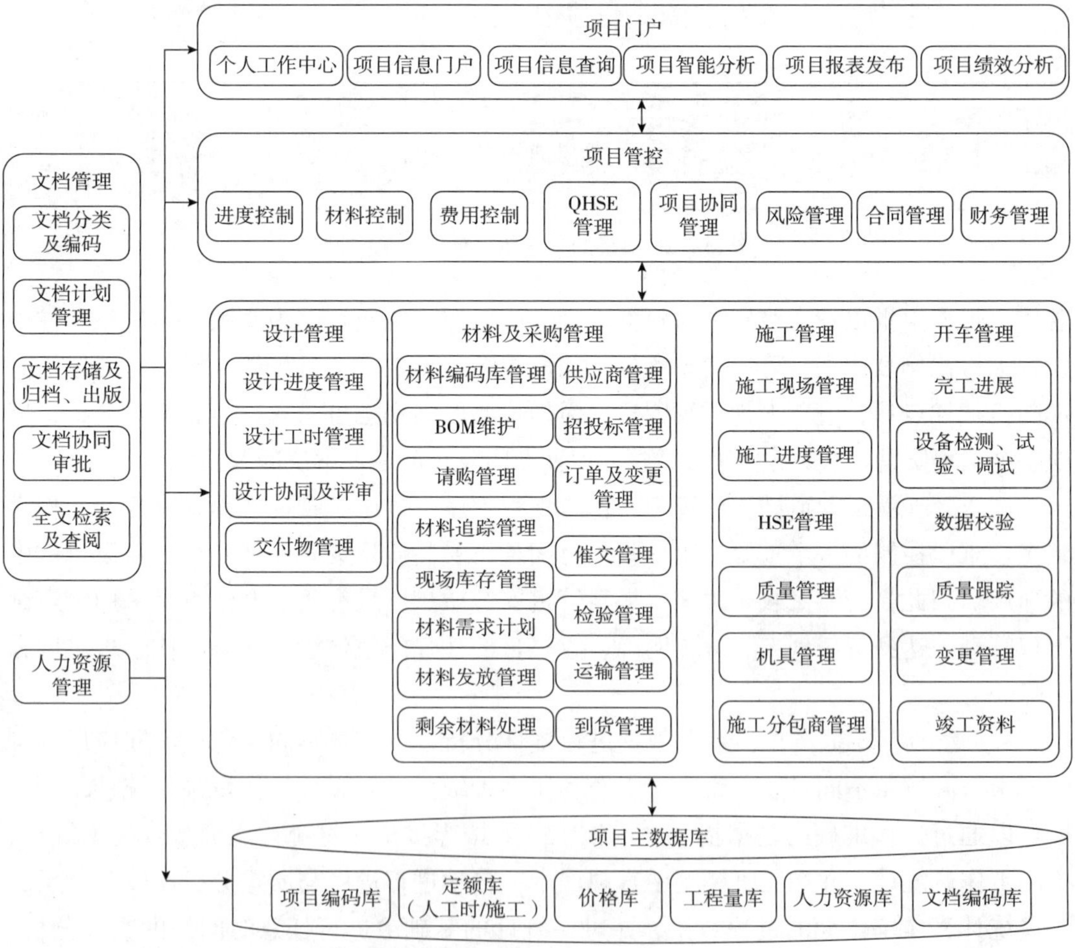

图14-13　典型的工程管控集成化平台架构

图14-14　典型的项目管理编码体系

建立项目编码数据库是项目管理控制集成化系统的基本资源和运行核心。在数据库储存了以上各类编码信息，可按工作、组织和成本三条主线定义和组织数据，同时提供信息规划、收集、统计和分析手段，可对项目管理信息进行整合，为集成化信息平台服务。各类编码通过WBS底层工作包编码可建立起有机联系，从而实现各类编码的对应和集成。

（3）项目基础数据库

项目基础数据库是工程项目管控集成化的基础和前提。没有统一的项目主数据库，就难以实现各个项目管理子系统之间的数据共享和数据在各个系统之间的自动传递。集成化管理平台的基础数据库主要包括：

人工时定额库。包含各专业典型设计活动所消耗的人工时，及典型生产装置各专业人工时等信息，随着公司生产效率的提高，数据库定期调整。

价格库。包含项目执行过程中采购价格信息、施工合同数据等所有成本数据，为成本管理系统提供基础数据支持。

工程量库。包括各典型装置的详细土建、设备材料工程量，可为未来的投资估算、报价和成本预算提供数据支持。

上述基础数据库的丰富与完善，以及相关集成的映射关系，来自于编码库的建立，是实现项目管理集成化的关键要素。

（4）计划进度检测系统

1）标准化的进度管控体系。标准化是集成化的基础，标准化的进度管控体系主要包括以下内容：

① 工作分解结构（WBS）标准化。统一项目的WBS编码结构，支撑公司不同层级的项目信息汇总。

② P6环境代码、编码应用标准化。P6代码、编码标准化是项目进度计划管控实现集成化的基础。形成一套科学的P6环境计划编码，满足工程建设全过程计划管理活动的需要，同时也满足P6平台计划管理和各种接口信息系统以及其集成、整合、数据共享的对计划编码的实际需要。

③ 计划内容深度/格式标准化。统一进度计划的编制内容深度和格式。侧重统一WBS（核心是工作包）、统一工作描述及其代码、统一格式、深度及组织视图的目标，以科学、技术和实践经验的综合成果为基础，形成统一的标准化规定。

④ 计划活动项逻辑关系定义标准化。系统整理各类工作的输入及输出，形成活动逻辑关系标准化模板文件。

2）进度管控集成化系统。开发项目进度计划编制、管理、趋势分析、报告的集成化管控平台。建立以人工时管理为核心的企业级计划管控体系。建立公司级计划、部门级计划、项目级计划的联系，体现进度管控集成化管理特点。对纳入集成化进度管控项目的综合分析，可为公司生产管理部门及领导层以“仪表盘”的形式直观呈现各种绩效指标、进展曲线、直方图等进度管控数据，以便管理层清晰掌握公司项目运行状况。

（5）项目成本管控系统

1）成本管控系统。以工程项目成本控制工作为主线，根据费用分解结构（Cost Breakdown Structure，CBS）对工程项目全过程中发生的全部成本数据进行分解，并通过CBS编码将项目不同阶段的数据进行串联。同时，成本控制系统需与各业务部门的信息化管理平台建立接口关系，整合和传递不同系统、业务层面的费用信息，实现费用数据的自动流转，减少数据冗余，避免人为错误，节约人力。

2）成本管控系统与其他系统的集成：

① 成本管控系统与进度控制系统的集成。

从进度控制系统中取得进度的计划和实际检测信息，通过WBS-CBS对应，与各装置各专业各工作包的主合同价格与成本预算匹配，可以自动计算得到项目的预计现金流曲线（支出/收入）和成本的赢得值（EV）。再从ERP中取得实际成本信息（AC），从而自动计算项目的成本绩效值（CPI）和成本偏差（CV）。

② 成本管控系统与ERP的集成。通过成本管控系统与ERP的集成，实现项目执行过程中所有成本数据收集。由于ERP系统中的费用结构可以做到与成本管控系统一致，做好请购单与CBS对应词典后，就可以通过ERP的BW系统，将采购和施工实际成本抓取到成本控制系统中，并自动实现在CBS最底层的一一对应。获得项目实际执行成本，与成本管控系统中的成本预算相比较，同步形成工程项目的历史价格库。

③ 成本管控系统与材料控制及采购管理系统的集成。通过成本控制与材料控制及采购管理系统的集成，实现工程量数据的收集。供应商和施工单位的全部请购单信息，

通过请购单–CBS对应词典，成本控制系统即可抓取到材料控制与采购管理系统中的所有设备材料工程量信息。

④ 成本管控系统与概算软件的集成。通过成本控制系统与概算软件的集成，打通上游报价系统，实现上下游之间的无缝连接；通过与计划流程、合同管理流程的流程重组，实现与计划及合同管理系统的集成；实现项目成本的实时更新，随时跟踪项目成本、收入的变化情况与趋势，提高工作效率及公司管理水平。图14–15为典型的成本控制、计划进度、合同控制的集成流程图。

（6）风险管控系统

1）风险管理系统。石化工程比较流行的是基于Primavera Risk Analysis开发的项目风险管理系统。Primavera Risk Analysis是一款以蒙特卡罗法（Monte Carlo method）为理论基础的项目风险分析软件。风险管控管理系统为定量风险分析工具，依据项目风险管理手册，在投标报价阶段和项目执行阶段实施全项目周期风险跟踪，保证整个项目团队和整个项目过程，在一个统一的风险管理系统，进行风险识别、分析、分类、跟踪、控制与项目相关的正面和负面风险，帮助项目团队减少和预防损失，增加项目成功的机会。

2）风险管控系统与进度检测系统集成。风险管控系统可独立运行也可与进度检测系统集成，实现风险管理和进度控制的协同工作。实现对项目进度目标和费用目标的量化风险分析和敏感性分析，输出应对前后的风险敏感性排序、活动敏感性排序和累

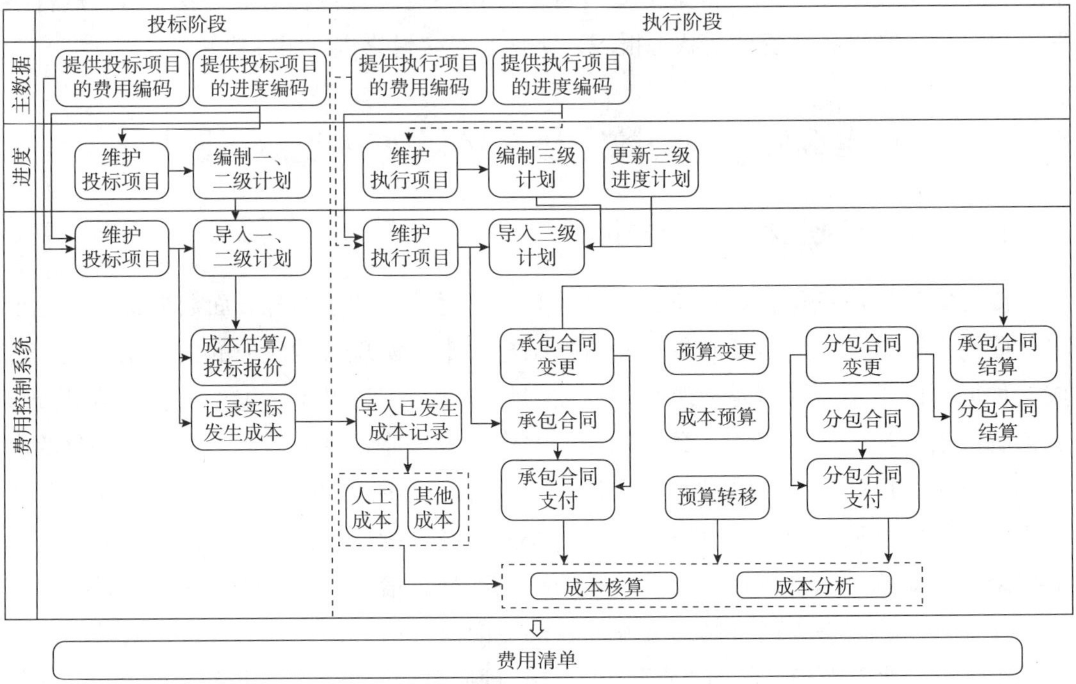

图14–15　成本、计划、合同流程集成

积概率分布曲线。

(7)电子文档数字化管理系统

工程项目电子文档管理贯穿设计管理、采购管理、施工管理和开车管理等工程全生命周期，涉及工程项目策划、设计、采购、施工及开车等各个阶段，在项目执行、项目各参与方的沟通中起着重要的作用。电子文档管理系统要实现以下功能：

1)实现项目电子文档的异地存储、实时共享和及时查询，建立一个基于文件的共享协同工作平台。

2)实现电子文件的生命周期管理和有效的版本控制，使各类文档从产生、批准、发布、升版、作废的整个生命周期有一个规范化的过程，实现文档的过程管理。

3)通过制定文档的计划，并通过文档的生命周期和流程管理相结合实现对电子文档状态的监控，从而实现电子文档的计划、跟踪和检测，达到对文档的控制目的。

4)实现工厂生命周期的信息管理，规范共享和交付流程，使建设和运营工厂的组织之间、个人之间以及组织与个人之间充分共享和利用信息，使信息在更大范围产生效益。

5)通过系统中定义的各专业的分发矩阵，实现文档的自动分发，并自动生成互提条件通知单，便于互提条件的记录与查询。

6)实现以文档为交付物的进度检测跟踪，为满足石化工程对交付物进度跟踪检测的要求，根据项目WBS，将电子文档管理系统中需要交付文档的各项属性与发布历史、MileStone、进度关联起来。将交付文档列表与WBS进行挂接，对文档发布状态进行跟踪，自动生成文档各类统计及状态报表，实现了对交付物进度跟踪检测。

14.7 新建石化工厂的数字化交付与数字化工厂建设

14.7.1 石化工程数字化交付[3]

传统的工厂信息化管理对象通常是针对工厂运营中产生的各方面数据，而忽视了将这些动态数据与工厂最基础的工程数据结合起来，实现有的放矢的精细化管理。造成这种局面的根本原因就是缺乏有效的数字化移交，工程设计、施工阶段的信息流与运营阶段信息流中断。因此，数字化工厂的作用应该体现在如何充分发挥数字化的内容优势，为工厂的运行、维护、改扩建、安全管理提供合理的数据支撑，打通工厂全生命周期的信息流，使之变成工厂宝贵的虚拟资产。例如，使用数字化平台上的三维模型浏览功能就可以方便查询设备关联的动态和静态信息，这些信息是支持设备检维修的理论依据，能够提高维修的准确性，避免因缺失信息而导致的盲目、低效、重复的工作，为企业带来多方面的本质提升，从管理质量和效率等方面取得突破性的进展。

数字化交付以设计为源头，通过工程设计数字化、施工可视化、运营智能化等分阶段实现。它以信息标准化为核心，为不同系统、不同时期产生的数据提供一致的信息定义准则，保证数字化信息的质量，能够改善工业系统间的信息交换、集成的质量与效率。新建工厂的数字化交付要重点做好以下几个方面的工作：

1）数字化交付策略。根据业主数字化工厂乃至未来智能工厂建设的需求，在信息交付策略中明确信息交付的目标及参与方的组织机构、工作范围和职责。

2）交付信息的组织方式、存储方式和交付形式。各承包商以信息模型形式进行交付。在执行过程中，各承包商使用业主的文档管理系统交付平台，按数字化交付规定要求的信息组织方式提交原始电子文件，这些电子文件包括三维模型、图纸、设计文件、工程数据表、采购文件、施工文件、P&ID 数据库等。

3）信息交付验收标准。验收信息时应确保下列方面达到要求：

①工厂对象无缺失，且类型正确；

②工厂对象数量符合规定要求；

③工厂对象属性完整，必要信息无缺失；

④属性的度量单位正确，属性值的数据类型正确；

⑤无文档缺失；

⑥文档命名和编码符合规定要求；

⑦工厂对象与工厂分解结构、工厂对象与文档间的关联关系正确；

⑧数据、文档和三维模型符合交付要求。

4）信息交付流程。信息交付流程宜按图 14-16 的工作程序进行。

5）标准化类库。通过对工厂对象分类及属性的整理，以《石油化工工程数字化交付标准》为依据，形成一套适用于项目的包含工厂对象分类及其关联属性和文档的标准化类库。基于标准化的类库实现对数据的校验，保证数据的一致性、准确性和完整性。标准化类库不仅可以指导设计的数字化，同时也可作为数字化移交的标准。

类库建立需遵循一定的原则，包括：

①结构合理、层次清晰、内容完整并支持扩展；

②工厂对象类应有继承关系；

③工厂对象类、属性、计量类、专业文档类型的名称应唯一、易识别且无歧义；

④类库设计应支持信息校验；

⑤工厂对象类宜根据工厂对象功能或结构等分类，可分级建立；

⑥属性应包括工厂对象类具有的典型特征，宜分组管理并设置交付级别；

⑦计量类应包括所有属性涉及的计量单位分类；

⑧专业文档类型应由专业和文档类别共同确定；

⑨确定工厂对象编号原则，且工厂对象编号应满足唯一、快速定位和检索的要求。

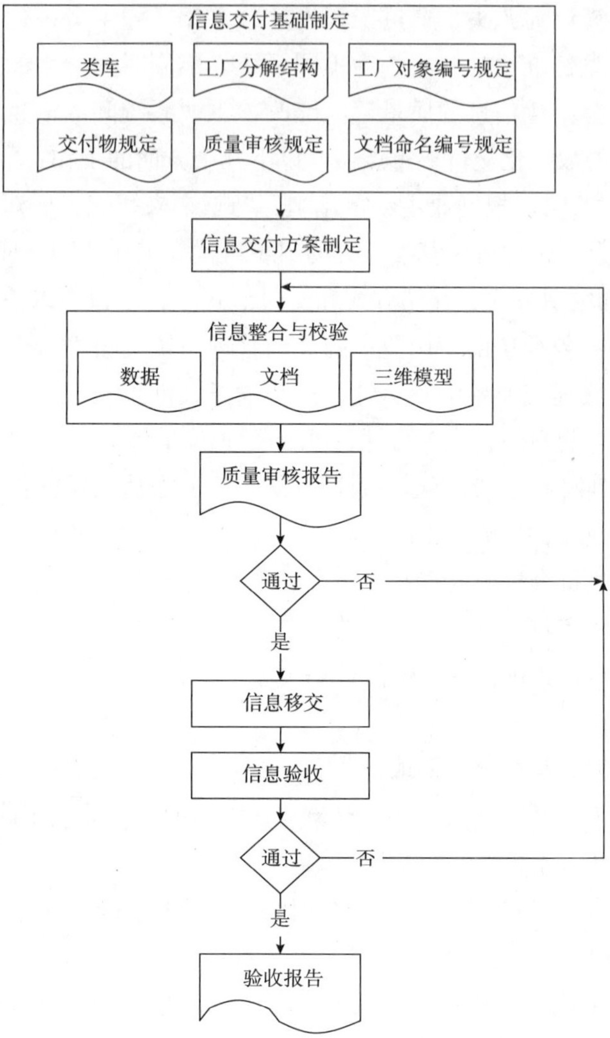

图14-16　信息交付流程

⑩确定文档编号原则，且文档编号应包含专业类别、文档类别、版本等信息，且满足编号唯一、快速定位和检索的要求。

6）工厂分解结构。工厂分解结构是数字化交付及数字化工厂建立的前提，工厂对象、文档和数据等应与工厂分解结构建立管理关系。典型的工厂分解结构如图14-17所示。

7）数字化交付方案。数字化交付方案中要进一步细化落实交付策略内容，形成具体的可执行的方案。本书将方案的关键要素归纳如下：

①明确各相关方组织机构及界面关系。

②编制数字化交付程序。用以规范承包商交付的工作流程和交付物形式。

③制定数字化技术方案。通常包括三维建模软件、智能P&ID软件、智能仪表软

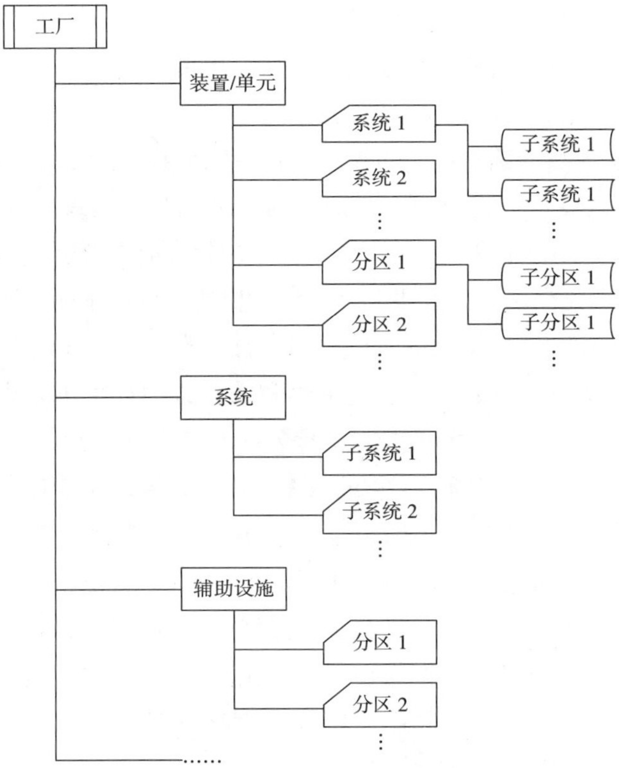

图 14-17　典型的工厂分解结构

件、智能电气软件、通用绘图工具软件、信息集成平台、文档管理系统等软件。

④数字化交付要求：

A. 三维模型交付要求。通常包括三维模型交付的要求，例如针对不同三维建模设计软件，承包商需要交付的三维模型相关文件格式可不同。

B. 智能 P&ID 的要求。承包商通常需要交付工程项目的 P&ID 数据库作为智能 P&ID 图纸的交付物。

C. 项目文档的要求。通常项目文档（包含设计、采购、施工阶段各类文档）应提供原始格式（如 doc/docx 等）或 PDF 格式（非扫描版）电子文件。

D. 工程数据的要求。为满足数字化交付对提取结构化工程数据的要求，需编制与工厂对象类型相匹配的工程数据收集模板，各承包商使用这些工程数据收集模板，从数据表、规格书或其他工程设计系统中，整理、收集需要交付的工程数据。

14.7.2　石化数字化工厂建设

优秀的设计可以创造工厂的优秀基因，这些基因在生产运营中得到最好发挥，需要以工程设计为起点建立数字化工厂，从而支撑企业智能工厂建设，数字化工厂正是智能工厂建设的关键路径。以集成化设计为源头的数字化工厂建设技术路线的特点可以概括为以下几个方面：

1）建立以工厂对象为核心的信息组织模式。由传统的以文档为核心的信息组织模式变为以工厂对象为核心的信息组织模式。

2）建立以信息模型为前提的交付模式。信息组织模式带来了交付模式的变革，由传统的文档交付模式变为以信息模型为前提的数字化交付模式，将交付物由原来的颗粒度很粗的文档形式变为由文档、三维模型和数据共同构成的信息模型形式，使颗粒度大大细化了。数字化交付可为业主实现无缝、快捷、低成本的智能移交。

3）建立以集成化设计为基础的信息组织和校验模型。数字化交付以工厂对象为核心，以数据为管理核心，因为在信息的采集和校验方面如果不以集成化设计为前提，将产生巨大的工作量，难以以手工方式进行数据的整合和校验，因此数字化交付必须以集成化设计为前提。不但提高了交付的效率和质量，同时也能提高设计的质量。

4）同步建设数字化工厂与物理工厂。以集成化设计平台为基础，延伸构建能够满足不同客户需求的、集成化设计和数字化工厂一体化的智能交付与服务平台，实现工程设计、工程建设、工厂运维的有机衔接，可保证物理工厂和数字化工厂信息同源一致。通过智能移交，企业可以获得与物理工厂相对应的数字化工厂，不需要逆向建模等重复性数字化工作，降低了智能工厂建设的成本和周期。

14.7.3 数字化工厂建设

（1）数字化交付与数字化工厂的关系

通常情况下，由建设单位（业主）提出具体的数字化工厂建设需求，并将相关的交付标准和种子文件发布给数字化总包商；数字化总包商将上述标准和种子文件发布给各承包商；各承包商按照交付标准和种子文件开展设计工作，并将设计成果（包含数据、文档和模型）通过数字化交付的方式交付给数字化总承包商；数字化总承包商对信息审核后，再将最终成果交付给业主，业主基于这些成果进行数字化工厂应用，包括工厂可视化应用、设备管理、工艺仿真、安全预警、环保监测等。

由此可见，数字化交付是数字化工厂建设不可或缺的一部分，是全生命周期数字化工厂建设的基础，两者共同为智能工厂建设提供强有力的支撑。

数字化工厂与数字化交付的关系见图14–18。

（2）数字化工厂功能架构

数字化工厂完整包括了实体资产的全部设计、采购、施工、运营维护的信息与数据，不同类型、不同来源、不同时期产生的数据构成了完整、一致、相互关联的信息网，为业主提高运营和维护效率提供有效帮助，“数字化工厂”的功能框架结构如图14–19所示。

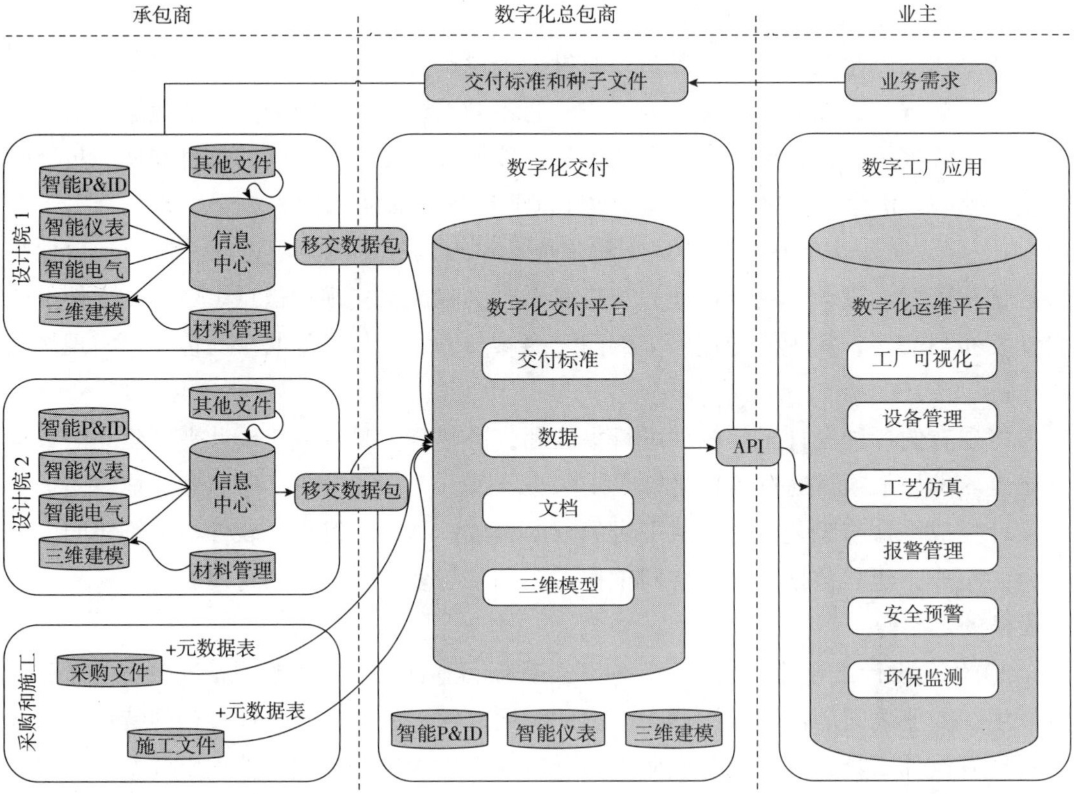

图 14-18　数字化工厂与数字化交付的关系示意图

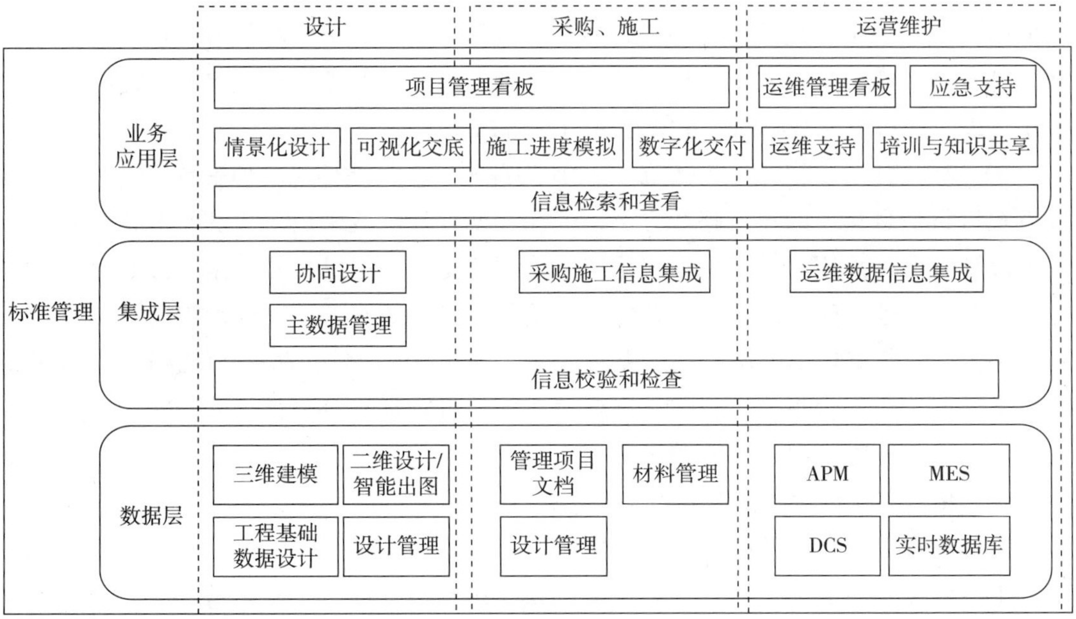

图 14-19　数字化工厂功能框架图

（3）数字化工厂平台构建[3]

数字化工厂建设以设计为源头，通过工程设计数字化、施工可视化、运营智能化等分阶段实现。它以信息标准化为核心，为不同系统、不同时期产生的数据提供一致的信息定义准则，保证数字化信息的质量，能够改善工业系统间的信息交换、集成的质量与效率。构建数字化工厂要重点做好以下几个方面的工作：

1）建立工程集成化平台。以工程集成化平台为核心对工程设计工作流和数据流进行优化配置。设计工具软件通过与集成平台的集成，实现了信息（数据和文件）的自动发布与交换，实现多专业、多部门、多参与方之间信息的共享与传递，实现协同工作。

将现有的各种设计工具软件进行集成和资源整合，是集成化设计平台建立的重点和难点。例如某项目通过信息化集成技术实现20余项工具软件的整合和集成，实现工程设计集成平台与工艺设计集成平台的双向集成；结构三维设计软件与三维协同设计平台的集成；建立数据传递和协同工作平台；基于多专业协同的管线表、设备表等成品表格的定制等。

2）优化设计工作流和数据流。对于工程项目整体而言，影响质量和效率的瓶颈主要发生在专业之间的沟通和协调上。因此，通过深入研究工程设计过程的特点，系统分析现有设计工具，同时对各专业之间资料互提过程进行梳理，整理出各专业之间交换的资料内容和分工，并对工作流进行优化，形成标准的集成化设计数据流。

3）建立以工厂对象为核心的信息模型。传统的信息管理是以文档为中心的，大量的有用数据包含在文档里，不易于检索；其次这些文档是离散的，存在于一个个“信息孤岛”中，很难查找到与之相关联的所有信息。通过以工厂对象为核心的智能关联和信息管理，实现从以文档为核心的信息管理向以工厂对象为核心的信息管理模式的改变。以工厂对象为核心的信息管理示例见图14–20。

4）建立信息管理平台。以集成化设计为源头同步构建信息管理平台。采用信息总线方式进行信息集成的技术路线方案，即在前期设计阶段采用工艺设计集成系统，在详细设计阶段，采用工程设计集成系统，采用多专业的三维协同工作平台进行多专业协同，并应用信息管理平台与工艺集成系统集成，将所有的工艺设计数据发布到信息管理平台中；与工程集成化系统集成，将所有的工程设计数据发布到信息管理平台中；与三维协同工作平台集成，将三维模型发布到信息管理平台中；与采购软件管理系统的集成，将采购的订单、请购单等数据集成到信息管理平台中；与施工管理平台的数据集成，将施工管理过程信息发布到信息管理平台中。

通过信息管理平台的建立，自动集成设计、采购、施工等全过程项目信息，实现了以工厂对象为核心的信息管理和智能关联，达到在工程建设期无缝、快捷、低成本的数字化工厂建设。通过智能移交，企业业主可以获得和物理工厂一致的数字化工厂，

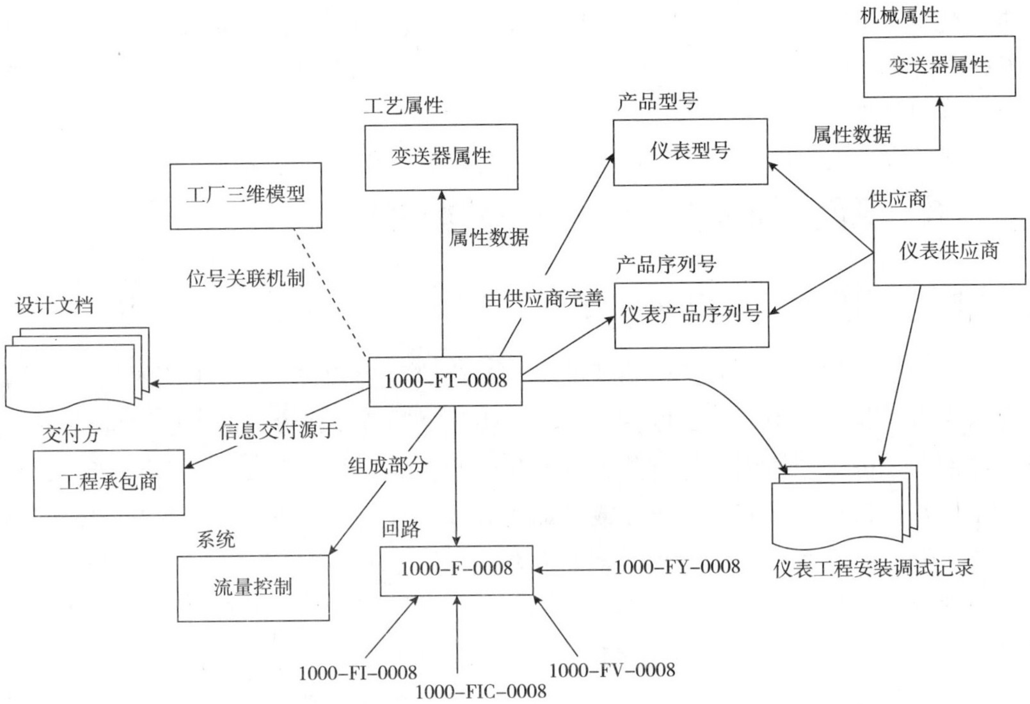

图 14-20　以工厂对象为核心的信息管理

降低了数字化工厂建设的成本和周期，也保证了数据的质量。

5）数据的整合与校验。数据的整合与校验是数字化工厂建设的关键环节。对于数字化工厂来说，数据的整合不仅是数据的堆积，而是对数据进行提炼后，再进行分析、集成，统一到一个平台上，形成有效信息。

在传统的以文档为核心的设计模式和交付模式下，业主需要从大量的文档中整理和采集数据，但其中存在大量的冗余和不一致，业主很难确定以哪个数据源为主来消除冗余和不一致。集成设计模式下，由于不同专业之间的数据传递是通过集成化设计平台实现自动传递，保证了数据同源，消除了数据的不一致。数字化工厂平台的数据采集直接来源于各个设计系统和管理系统。因此从源头上解决了数据冗余和不一致的问题。

6）构建数字化工厂平台。以各个承包商集成化设计平台为基础，延伸构建能够满足不同用户需求的、集成化设计和数字化工厂一体化平台，以数字化工厂指导和优化物理工厂的建设，以物理工厂的建设促进和完善数字化工厂的建设，最后达到高度统一，实现工程设计、工程建设、工厂运维的有机衔接。以设计软件及集成化设计平台、项目管理系统的数据为源头，采集实时数据并实现信息的高效、自动、智能关联，保证物理工厂和数字化工厂信息同源一致，实现智能交付。

以物理工厂实体对象容器为例，通过数字化工厂平台实现与其相关的全生命周期的数字化信息与之关联，这些数字化信息包括工程数据、工程文档（规格书、P&ID以及ISO图、采购文档、施工资料等）、三维模型以及项目管理数据，涵盖了设计、采购、施工和项目管理等。

14.8 现役石化工厂的数字化重建与转型

14.8.1 现役石化工厂的数字化重建

随着国内外建设数字化工厂和智能工厂的热情不断高涨，现役工厂的数字化和信息化改造升级越来越引起广泛的关注。现有炼化老装置是建设智能工厂不可或缺的完整组成部分，因历史原因，原有装置、设备、管线等没有形成数字化成果，同时由于现役工厂在经过多年运营后，或多或少都会对竣工时期交付的工厂做过流程优化和技术改造，但往往这些修改和变更没有及时体现在竣工交付的三维工厂模型和P&ID图等成果文件中。有些现役工厂甚至没有收到竣工交付的三维工厂数字化模型和智能P&ID等基础工程信息文件。因此，现役工厂的数字化改造升级面临的严峻课题是依据物理工厂的实际情况和不完整或未更新的图纸，构建一套与物理工厂一致的数字化信息模型。数字化信息模型应该至少包括如下6个要素：

1）与物理工厂保持一致的三维工厂数字化模型；

2）与物理工厂工艺和控制现状保持一致的智能P&ID图纸；

3）智能P&ID与三维工厂数字化模型集成；

4）设备、管线和仪表位号均有属性定义；

5）所有文档均有属性定义；

6）设备、管线和仪表位号与所属文档关联。

（1）现役石化工厂的逆向三维建模方法

1）三维建模技术手段的综合运用。现有炼化老装置是建设智能工厂不可或缺的完整组成部分，因历史原因，原有装置、设备、管线等没有形成数字化成果。逆向数字化建模就是根据平台对模型精度、深度等需求，对装置设备实体进行数字化处理还原。常用的三维建模技术手段有以下三种：

①三维设计软件逆向建模法：通过专用软件直接构建真实空间数字化模型。

②三维激光扫描法：又称实景复制法，通过高速激光扫描测量快速获取被测对象表面的三维坐标数据。多用于稀疏目标点的高精度测量及图纸不完整的情况。

③全景影像建模法：利用全景图像，通过计算机技术得到其球形全景的矩形投影图，或者立方体图。该方法方便快捷，但模型精细程度不高。

上述建模的手段中最常用的是三维设计软件建模法和三维激光扫描法的综合利用。

三维设计软件建模在设计中比较常见。本文重点介绍三维设计软件逆向建模法和三维激光扫描的相关知识和实现方法。

2）三维设计软件逆向建模方法[10]。逆向数字化建模主要包括基础数据资料采集、管道元件库创建、模型重构创建、模型校核、模型优化、模型场景集成等几大步骤。

①基础数据资料采集。由于各类原因，已投用装置存在图纸、资料不全、数据不准确等问题。此外，装置改造升级后，与原始设计存在较大差别。基础数据采集方式主要包括原始档案资料利用、现场测量、三维激光扫描等。

②管道元件库创建。管道建模涉及的法兰、垫片、阀门、管件和管接头等常用管道元件应以相应行业的国家标准管道元件模型库（如GB/T 14383—2008《锻制承插焊和螺纹管件》）为基础，并根据不同压力等级划分，采用等级库工具（如AutoCAD Plant 3D Spec Editor、PDMS的PARAGON等），创建企业专有管道元件库和等级库。

③模型重构创建。在基础设计资料采集完整并明确统一管道等级库后，即可开展逆向建模工作。一般步骤和内容包括：

A.结构建模：包括框架、平台、楼梯、扶手栏杆等。

B.各类设备建模：静设备（容器、反应器、换热器等）、动设备（泵、压缩机、风机）以及工业炉、锅炉和消防、电气、仪表等的模型及编码。

C.管道建模：按照统一编码规则、实际管道压力等级、介质、材质等，利用管道元件库进行建模。

④模型校核。包括两方面：一是工艺数据校核。由企业工艺、设备技术人员进行检验，确保与装置现场实际准确一致，以及编码等属性数据的正确性。二是模型数据的校核，主要包括对满足三维数字化平台集成需要的模型分类层级的划分、建模规范的执行情况等内容的检验。

⑤模型优化。模型最终集成进入数字化平台的优化，包括对缺失模型完善、模型错误修正、冗余点线面数剔除、位号标识错误的修改等，以及对非有效辅助信息的清理。

⑥模型场景集成。装置模型通过校核、优化，最后需集成进虚拟工厂场景文件中，是模型处理的最后步骤，同时也是业务需求深化应用的基础工作。

针对不同的三维数字化平台产品，场景集成步骤存在差异，总体而言包括：模型导入前审核→模型导入场景→多细节层次（Levels of Detail，LOD）场景布置。

虚拟现实可视化交互要求图形的实时呈现，一般计算机往往不能满足复杂全装置三维场景的实时渲染要求，而LOD技术能根据用户与模型对象的距离分层逐次简化景物的表面细节，提高渲染效率。

⑦逆向数字化建模规范。逆向建模的规范主要针对建模工具配置以及模型对象等，有以下方面内容：

A.项目设置统一规定。包括项目等级库配置、项目名称、单位制式和模型精度等要求，其中模型命名规则参照《中国石化信息分类编码标准》(Q/SH005-01-2006)。

B.各装置建模的基点确定原则。选定装置内某点坐标为基点（0，0，0）建模，同时确定该基点在企业总图坐标的位置。

C.辅助及构筑物模型图层与颜色定义。

D.管线模型图层与颜色定义。

E.设备模型图层与颜色定义。

F.标准设备元件与管道等级库创建。为确保全装置模型标准一致，需在协同建模前创建标准管道等级库和标准设备元件库。

G.文件服务器。对基础配置文件、文档等进行统一存储分发，确保数据同源。

3）三维激光扫描方法：

①技术方法。通过激光扫描、点云后处理、矢量化和数字化等手段构建与现役物理工厂一致的数字化三维工厂模型。其方法和原理就是通过激光扫描及拍照的方式采集现场点云数据，并据此进行精细建模，对装置内其他构筑物进行普通建模。

②逆向建模流程。通过激光扫描逆向建模的流程（如图14-21所示），包括现场扫描、点云处理、逆向建模等过程。

A.现场扫描：根据建模精度的不同，现场扫描分为精细扫描和普通扫描。二者的工作方式和程序基本相同，只是在扫描站点密度和点云精度上有所区别。

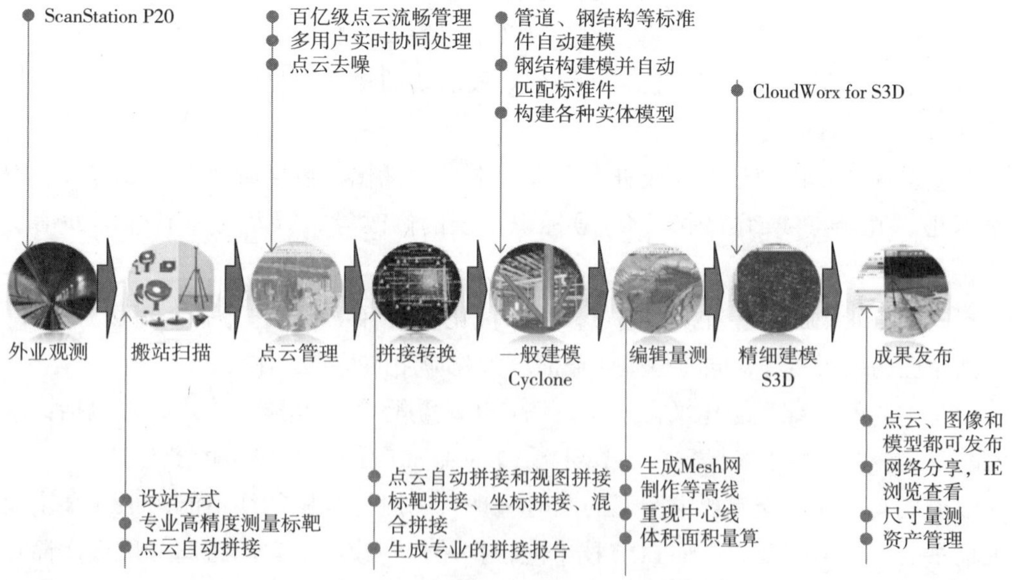

图14-21　激光扫描逆向建模流程

B.点云处理：通过在Cyclone软件中人工进行处理操作。

C.逆向建模–精细建模，模型创建。

D.逆向建模–普通建模，模型创建。

（2）重构智能P&ID

智能P&ID是数字化工厂信息模型的核心内容，也是后续参与运维应用服务过程中能够体现信息价值的重要成果。智能P&ID的典型特征是以数据为中心以及以规则驱动的带有位号和属性及关联关系等几个方面。P&ID智能化的工作就是将纸制的或PDF/DWG格式的P&ID图转化成带数据库的智能P&ID。

（3）以位号为核心建立关联

通过自动抓取工程位号并建立它们与工程文档间的关联关系，为信息检索和导航创造条件。例如当我们需要浏览一台设备并检索所有与这台设备相关联的文档时，可帮助现役工厂的业主快速建立一个以位号为中心的数字化信息管理系统。建立以位号为核心的信息关联包括以下几方面的内容：

1）快速捕捉和索引文档。能够识别散布于多个目录/文件夹结构中的文档、图纸、图像、3D模型和激光扫描模型，以文档为中心的这些文件格式包括：Office、AutoCAD、Microstation、PDF，图像等；能够快速获取非结构化源信息。通过用户定义的编码规则，由系统自动提取文档内部信息的交叉参考和关联关系，提取的信息可作为位号对象在系统中自动创建出来。

2）数据质量管理。能够识别文档/图纸的主版本（母本），以便后续工作的进行。可用于发现来自多个目录的多个重复文件，如出自一次没有统一组织协调的工厂技改项目，终端用户的多重复制，或者供应商所提交的同一物品的多份资料。系统支持标注所选主版本（母本）作为“现有”或者最新数据状态，保留最新的主版本文档，并消除重复的和无用的文档。

（4）数字化工厂信息模型

采用激光扫描技术获取了物理工厂的点云模型，点云模型经去噪和拼接等后处理，导入三维模型软件进行矢量化和数字化处理，形成三维工厂数字化模型，并将其发布到数字化信息模型管理平台中。同时将智能P&ID发布到数字化信息模型中，并将分类梳理的文档加载到数字化信息管理平台中。在数字化信息管理平台中实现智能P&ID与三维工厂数字化模型（包括工厂扫描时采集的工厂原貌高清图片）集成关联，所有的位号与相关文档在一起，形成数字化工厂信息模型。如图14–22所示数字化工厂信息模型。

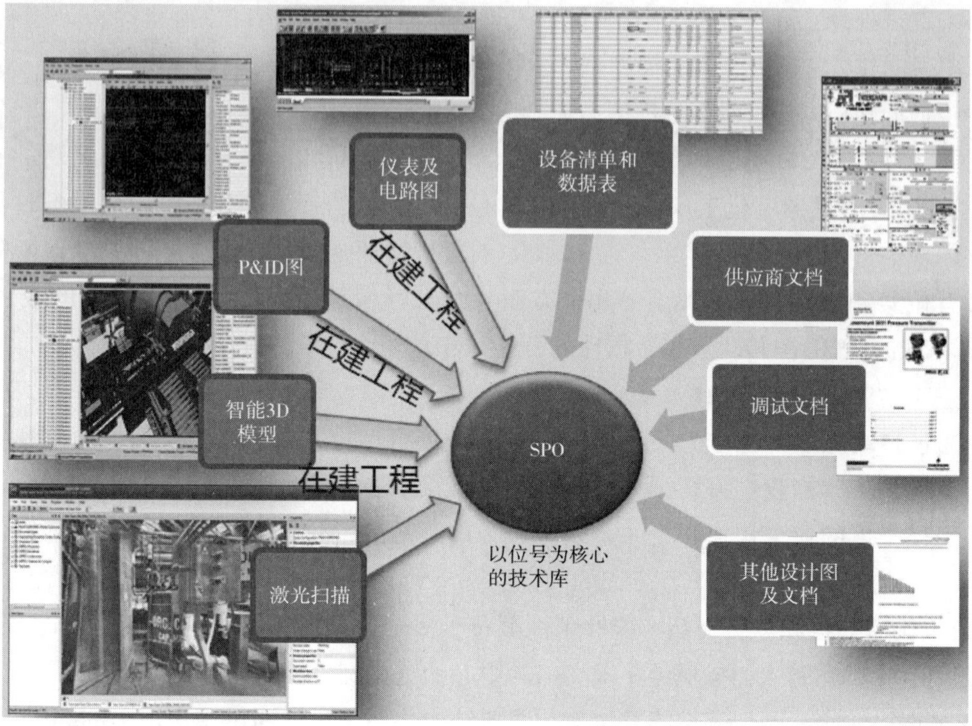

图14-22　数字化工厂信息模型

14.8.2　现役石化工厂的数字化转型

“数字化转型”是利用新一代信息技术（云计算、大数据、物联网和移动互联网），对业务、管理模式的深度变革和重构。现役石化工厂的数字化转型首先就是“数字重构”，形成虚拟实体等数字化信息模型，它是构建数字化工厂的数据基础。通过对现役工厂逆向信息模型的建立，形成现役工厂的数字化孪生，进而实现现役工厂的数字化转型和智能化运维。数字化工厂通常至少应该包括工程资产信息、安全生产管理、工艺优化模拟、产能调控分析、远程数字巡检、设备运维管理、压力管道管理、隐蔽工程管理、腐蚀监测管理、动态数据集成、操作培训模拟、应急演练模拟等功能模块。

技术是表象，业务转型是目标，通过对现役工厂的数字化重构，实现工厂运维模式的变革。数字化工厂信息模型的核心作用就是支持和服务数字化工厂的建设，进而支撑数字化工厂运维。例如：支持可分类检索工厂原始工程数据；带属性可视化的三维工厂支持与操作培训仿真系统OTS相结合应用；数据信息支持与工厂智能设备管理系统相结合应用；为ODS提供基础工程数据服务；支持外操巡检移动应用等，如图14-23所示为数字化工程信息模型应用服务框架。

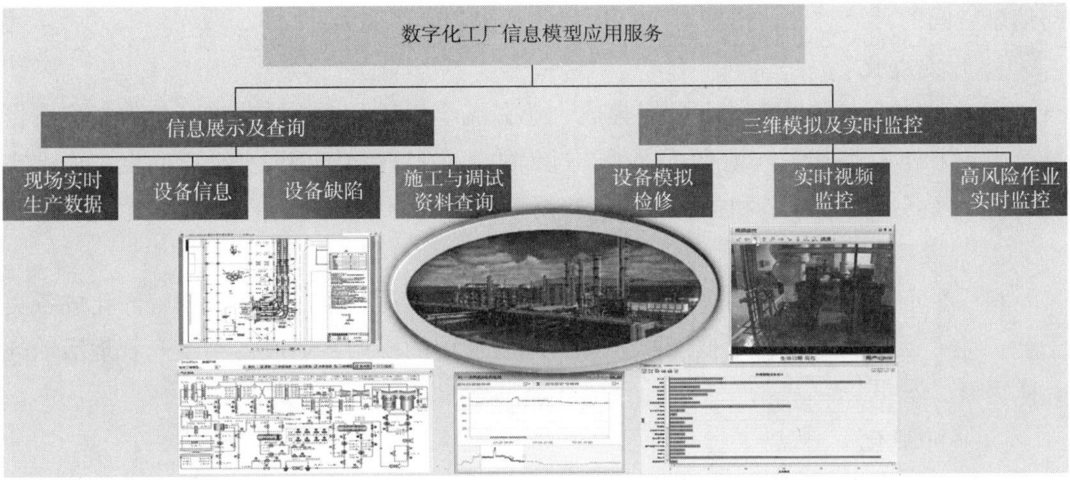

图14-23 数字化工厂信息模型应用服务

14.9 石化工厂智能化[3]

近年来，随着“两化”的深度融合，世界工业领域涌现出了大量新的信息技术，如：移动互联网、物联网、云计算、大数据、能源互联网等，特别是“工业4.0”概念的提出，标志着世界即将进入第四次工业革命时代。这些技术的广泛应用，大大提升了石化工业生产的自动化、智能化和精细化水平。以集成化设计为源头的数字化工厂建设的探索与实践开拓了从工程设计阶段便开始数字化工厂建设的新模式，并且探索出了物理工厂和数字化工厂同步建设的新思路。通过构建新的信息组织模式，实现了无缝、快捷、低成本的以工厂对象为核心的信息交流方式，实现了信息化与生产过程、工厂经营管理、产供体系、维修维护的融合，提升了信息的利用价值。数字化工厂是智能化工厂的基础，智能化工厂是数字化工厂的利用和功能延伸。数字化交付为智能工厂建设探索出了最佳实践路径，并为业主提供和形成工厂大数据，加速了智能工厂的建设，助力了数字化向智能化的迈进。

14.9.1 石化智能工厂特征

智能工厂是信息化与业务高度融合，渗透到石化企业生产经营的各个环节，支撑创新的业务新模式。智能工厂具有以下5个重点特征：

（1）数字化

数字化体现在数字化工厂的建设中，实现工程建设数字化、过程控制数字化、工业通信无线化、设备运维数字化、生产管理数字化、供销分析数字化和决策支持数字化。借助于覆盖工业现场的感知网络快速感知与工厂相关的各类信息，实现物理空间与信息空间的无缝对接，拓展对工厂现状的了解和监测能力。

（2）集成化

集成化体现在信息集成、数据集成、业务流程集成、供应链集成、价值链集成将继续发展和不断完善。与现有石化生产过程的工艺过程和管理业务流程高度集成，实现石化生产各个管理环节和各工序间紧密衔接与集成，从全局角度实现整体优化。

（3）模型化

利用生产运行数据和专家知识，将石化工厂的行为和特征的知识理解固化成各类工艺、业务模型和规则，根据实际需求，调度适用的模型来适应各种生产管理活动的具体需要。

（4）可视化

将生产状态、工业视频等各类信息高度集中和融合，为操作和决策人员提供一个直观的工厂真实场景，确保迅速准确地掌握所有信息和快速地决策。

（5）智能化

智能化体现在工厂核心业务的智能化，包括智能产品、智能设计、智能控制、智能调度、智能管理、智能决策。从手工操作发展到自动控制，从低级的单回路控制发展到高级复杂系统控制，从单元先进控制到区域集成优化。

14.9.2 智能工厂能力

智能工厂是信息化与业务高度融合，渗透到石化企业生产经营的各个环节，支撑创新的业务新模式。智能工厂着重支撑“全面感知”“优化协同”“预测预警”和“科学决策”等4个核心能力。

“全面感知”是通过现场各类仪表、传感器等技术手段，达到对生产设备、生产业务各环节、人员、环境等各类信息的泛在感知能力，实现准确、动态、实时的洞察。

“优化协同”是以数学模型、经验模型及工艺分析技术应用为基础，挖掘隐藏的工厂运行规律和关联关系，具备即时发现改善生产和优化决策的关键要素的能力。

“预测预警”是在数字化的基础上，通过数据深度分析挖掘技术，建立分析预测模型，对潜在的问题和风险能够预判，将内外部各类数据转换为生产经营决策信息的能力。

“科学决策”是构建在线和统一的工厂知识共享中心，集成和自动化调用各类优化模型和专家经验指导工厂运行，将知识作为工厂重要、核心资产。

14.9.3 智能工厂建设内容

智能工厂建设内容涉及生产管控、供应链管理、HSE管理、资产全生命周期管理、能源管理和辅助决策六大业务领域。本书简单概括了各个领域智能化建设内容。

（1）生产管控业务领域

基于物联网、地理信息系统（Geographic Information System，简称GIS）、三维模型、工艺模型、大数据应用等技术，在项目智能装备、在线分析仪器、分布式控制系统（Distributed Control System，简称DCS）/可编程逻辑控制器（Programmable Logic Controller，简称PLC）等生产控制层的状态感知和过程控制系统的基础上，建设覆盖生产全业务活动和资产全生命周期的自动化、数字化、可视化、模型化、智能化的生产运营管控系统。实现生产管理的精细化，推动企业降低成本、创造效益，提升企业核心竞争力。具体包括以下主要建设内容：

1）实现管控一体化的闭环生产管理。基于工厂模型、线性规划、大数据分析等技术，实现生产业务的管控和优化。实现进出厂、储运、装置加工、计量、质量等生产过程数据的自动采集、统计、分析、预警、展示和集成共享。实现从计划优化、调度优化、调度指令、工艺操作到生产统计的生产执行层业务闭环协同管理。实现生产调度计划与原料进厂计划、销售计划的统一集成和优化管理。实现基于现场巡检、作业、内操、工艺管理的生产问题提交、分发、形成工单/问题处理记录、督办、关闭的全过程闭环管理。

2）实现统一集成的生产应急辅助管理。基于多媒体承载网络、GIS等技术，实现具备视频、音频、数据的采集、传输和处理能力，在工厂应急状态下实现集中管控、智能处置、应急综合指挥调度功能。实现与调度电话、行政电话、无线对讲通信、智能广播、移动通信、工业视频监控、火灾报警、可燃气体报警、实时数据库、GIS等通信、生产监控系统的统一集成。实现应急预案、安全防范等应急处置过程的支持和管理。

3）建设面向单/多装置、能源介质管网的生产控制优化。基于装置DCS控制系统及先进的建模、多变量预估控制、软仪表等技术，实现装置、装置区域控制的在线动态优化。逐步实现生产控制优化系统的优化目标和生产调度指挥指令、工艺指令的优化集成和闭环管理。实现能源管网的实时监测，以及能源管网运行评价和优化测算。逐步实现依据企业节能降耗目标进行主动控制和优化控制的能源管网运行优化系统。

建设覆盖主要装置的先进过程控制（Advanced Process Control，简称APC）、实时优化（Real Time Optimization，简称RTO）、能源管网监测和优化等功能系统。逐步实现与生产执行系统的统一集成。逐步建设流程模拟系统，为工艺优化提供测算工具，为提高优化决策、技改技措决策的科学性提供支持。

4）实现生产装置操作人员的仿真培训。应用生产装置的仿真技术，辅助完成生产准备阶段的员工操作培训和开工演练工作，辅助生产运营期员工持续培训和职业技能鉴定工作。

（2）供应链管理业务领域

强化供应链管理，使企业供应链运作达到最优化，以最少的成本，使供应链从采购开始，经过仓储、货运、物流等环节，到满足最终客户的所有过程，包括实物流、资金流和信息流等均能高效率地操作，把合适的产品以合理的价格，及时准确地送达消费者手上。共涵盖以下几项业务内容：

1）实现信息系统主数据统一管理。根据企业各应用系统需要使用到的供应商、客户、物料、产品等，实现创建并维护整个企业内的上述主数据，保证数据的准确性、一致性以及完整性，从而规范数据，形成统一标准主数据，供各应用系统引用该主数据，规范流程并提高业务的响应速度。

2）规范采购流程，打造阳光采购。项目物资采购业务横向覆盖石化行业常用大类物资采购管理需求，实现项目管理与采购交易一体化，规范采购的执行过程，强化采购数据统计，加强采购管理，降低运营成本，完善阳光采购。

充分利用信息化的最佳实践经验，贯彻项目采购流程化操作和专业化分工理念，推行“计划、采购、执行”分置管理，实现项目采购管理制度化、标准化、信息化，实现采购过程中无纸化、网络化，流程科学化、规范化。

相对采购业务，采购计划的申报、审核、修改和查询等业务需求，要实现满足内部采购计划申报的管理要求，使各级业务主责人员及时掌握公司的采购动向，实现各类采购事项和采购方式变更的申请、审核及审批便利化、透明化。对采购需求信息进行汇总、审核后，制定采购计划，形成有效的采购全景信息，包括供应商、采购物资、数量、价格、货期等有关信息，将采购信息、采购订单管理、承包商/供应商管理、合同管理业务紧密集成，提高供应链上的采购和执行效率。

3）开展电子商务工作，提高运营效率。通过公司电子商务应用，统一采购流程，实现大类物资的统一采购，规范供应商入网管理，有效地整合全社会采购资源，提高采购工作效率，降低采购成本，保证采购过程公开透明。

4）原料采购与生产计划协同。提高原料采购与生产计划协同优化，并提高其与生产物流协同优化的能力。根据原料采购进度、工厂生产状况动态进行计划优化，满足定制条件，即实时进行计划调整，并跟踪计划执行结果，在生产全过程中，对每个环节进行计划效益与实际效益实时跟踪、差异分析和效益评价，并根据评价结果协同进行原料采购、生产物流的调整，整体提升企业效益。

5）建设智能立体仓库。充分利用物联网信息技术，建设工厂固体产品和设备材料管理的智能立体仓库。基于无线射频或条码技术，建设高效利用存储空间的自动化立体仓库，实现仓储入库、出库和盘点过程的自动化管理。

6）提高物流运行效率，降本增效。通过完善产销衔接，提高发货效率；对企业自销产品进行物流管理，实现物流计划、调度、执行、装卸计量、服务商等信息的集成；

对物流工作进行事前、事中、事后的全面管理，形成完整的业务闭环，实现物流数据的集中管理；通过对物流数据的分析、挖掘，为公司物流、销售业务的经营决策提供支持。

以降本增效为核心，对运力、运价、船期、损耗等进行综合优化平衡，加强物流配送管理及物流服务商管理，形成高效、优化的物流业务体系，实现公司效益的最大化；对物流业务与公司其他信息系统进行数据集成，实现计划、销售、生产、储运、物流出厂环节的协同管理，以及供应链的优化。

7）实现全过程的客户关系管理。建立完整的企业客户资料，实现客户资料的统一、集中管理，让客户成为公司真正的资源。构建以客户为中心的业务运行模式，加强市场营销管理，完成售前、售中及售后的管理，构建客户分析模型，形成客户的综合评价体系并分析潜在效益，为企业经营管理提供决策支持，实现企业的价值最大化。

（3）HSE 管理业务领域

结合物联网、GIS、移动终端、现场作业风险知识库等技术，初步建立现场作业、人员、环境三位一体的闭环监控模式，实现对现场巡检和现场作业的动态监控和辅助专家指导，为现场安全和管控提供支撑和保障。包括以下几方面内容：

1）建设覆盖环保监测点、职业危害点的风险监控系统，实现风险的识别、报警、分析和处置闭环。

2）建设施工作业监管系统，实现作业票移动签发、施工人员定位和作业现场视频监管，强化施工作业监管能力。

3）建设基于三维的应急指挥系统，对泄漏、火灾、爆炸3类事故危害进行量化模拟，实现事故三维虚拟演练。

（4）资产全生命周期管理业务领域

实现设备的维修管理、润滑管理、密封泄漏管理、设备运行管理、设备检验管理、仪表专业管理、电气专业管理、防腐管理、设备报废管理、更新零购计划管理、设备大检查、设备报表统计及查询、操作工维护等功能，并且对设备管理的相关文档、设备档案、专业台帐和主数据进行维护。

建设与ERP PM、工业视频监控、可燃气体报警、泄漏监测、大机组监测、机泵监测、腐蚀监测、智能巡检、实时数据库等设备运行管理和状态检测系统进行统一集成的应用平台。

（5）能源管理业务领域

1）建设水、电、气、风等能源介质的产、存、转、输、耗全过程跟踪管理系统，实现能源产耗的班平衡、日跟踪。

2）建设能源评价系统，对能源产耗、指标、损失、成本水平进行分析，为企业节能管理指明方向。

3）建设蒸汽动力、氢气及瓦斯3类优化系统，对产能设备负荷、燃料、原料、产品方案、管网进行优化，提升3类能源介质的合理利用水平。

（6）辅助决策支持业务领域

充分利用大数据技术，进行辅助决策支持和科学分析。通过“厚平台、薄应用”的建设方法，统一各类业务数据来源和统计口径，形成企业生产运营大数据；通过建设智能分析系统、生产监控分析和生产指挥系统，形成整合集成的辅助决策平台，对生产运营大数据进行科学深度分析，挖掘大数据效益。

1）全面集成生产管控一体化、供应链一体化、资产全生命周期管理、经营管理集成化、辅助决策科学化等重点领域的各类数据，集成企业内部各信息源数据和外部数据。

2）构建供应链全过程管理、生产、销售、能耗、库存、财务等分析主题模型，统一各类数据指标，为中高级管理者、专业分析人员提供统一的综合分析平台，辅助各级管理者进行生产经营决策。

3）建成灵活分析报表体系，企业可根据业务需要形成各类财务报表、生产报表、设备报表、采购报表、销售报表。

4）搭建统一的数据监控和决策分析体系，对企业生产运行、安全情况、经营活动、资金流、供应链全面监控，为管理层提供及时、准确、完整、统一的决策数据。

5）构建公司移动应用平台，提供移动应用管理、移动开发规范、企业移动应用商店等服务；企业移动应用平台作为公司各信息系统移动端的统一入口，负责移动应用发布、用户、数据安全、移动设备和应用管理等功能；移动开发平台统一各信息系统移动端的开发规范，各系统建设时要考虑移动化，各系统的移动客户端负责具体的业务实现。

14.9.4 智能工厂展望

智能工厂是在数字化工厂的基础上，将单体设备的物理属性、加工制造过程的信息、生产操作参数、生产管理信息、HSE等全部信息按实体化工厂的结构集成为一个“有生命力的、可视的、可操作的、能互动的、可优化改进”的信息集合，并通过与实体的工厂实时连接，进行信息实时交换，实时展示实体工厂和其设备的全貌和技术细节，实施“在线”操作、管理和优化。着力提升工厂的“全面感知、预测预警、优化协同、科学决策”四种能力，大幅度提升石化企业的安全环保、管理效率、经济效益和竞争能力。在未来智能工厂中，通过VR技术将实现实际生产过程中的工艺、设备、安全、环保、质量等数据在虚拟操作环境和场景下的泛在感知，并能交互操作。

以数字化为基础的智能石油炼化工厂将会把人类工业技术推向一个新高度，为人工智能技术的工业化应用创造更加广阔的前景。

参考文献

[1] 吴青. 智能炼化建设 [M]. 北京：中国石化出版社，2018.

[2] GB/T 52196—2018 石油化工工程数字化交付标准.

[3] 孙丽丽. 石化工程整体化管理与实践 [M]. 北京：化学工业出版社，2019.

[4] 李进锋，吴德飞，何细藕. 乙烯裂解炉辐射段流动、传热和燃烧数值模拟研究进展[J]. 石油化工设备技术，2010，31；179（01）：36–40，71–72.

[5] 吴德飞，庄剑，袁忠勋，等. S Zorb技术国产化改进与应用[J]. 石油炼制与化工，2012，43（07）：76–79.

[6] 孙丽丽. 创新芳烃工程设计开发与工业应用[J]. 石油学报（石油加工），2015，31（02）：244–249.

[7] 吴德飞，何细藕，孙丽丽，等. 乙烯裂解炉辐射段三维流场和燃烧的数值模拟计算[J]. 石油化工，2005，（08）：749–753.

[8] 刘玥. 项目物资管理信息系统在EPC建设项目中的应用[J]. 当代石油石化，2004，（09）：43–44.

[9] 庞修海. 践行工程建设数字化 探索管道施工可视化管理[J]. 石油化工建设，2018，（04）：21–24.

[10] 覃伟中，谢道雄，赵劲松. 石油化工智能制造[M]. 北京：化学工业出版社，2018.

CHAPTER 第15章

石化工程知识的思考与展望

石化工业是国民经济的重要基础产业，为经济社会发展提供能源和原材料保障。作为石化工业发展关键支撑，石化工程是将资源、资本、土地、劳动力等要素通过科学技术和组织管理等手段转化为现实生产力的重要桥梁和纽带，涉及科学、技术、管理、经济、人文、生态等各方面的知识，既要运用这些知识对石油炼制和石油化工过程进行解析，还要对系列单项先进技术进行综合集成应用。石化工程是从局部优化到全过程系统集成优化的过程。这一过程把“虚”的知识转化为“实”的能力，将来自各领域的“碎片化”知识在石化工程领域实现“结构化”应用，既满足了石化行业的规范性要求，又实现了知识对行业创新的引领作用。

15.1 石化工程知识创新引领石化产业进化与发展

石化工程知识具有鲜明的时代特征，对石化产业的演化、发展、创新起到先导性和引领性的作用。可以说，石化产业发展史就是一部波澜壮阔的石化工程知识创新史。

早先，石化界前辈运用蒸馏知识对石油进行不断深入的馏分切割与解析，掌握其性质，发现其用途，形成石油初级利用知识，指导实践应用。我国石化工业的发展可追溯到1907年，延长油矿钻井出油，用小铜釜炼制石油，日产灯油12.5公斤。第二次工业革命后，随着化学工程理论的发展，逐步建立了解析石油不同馏分的组分性质和加工利用的知识体系。新中国成立后，石化工程领域的专家们加快了对石化过程“三传一反”规律的认识和把握，先后创新了催化裂化工艺、催化重整工艺、延迟焦化工艺、尿素脱蜡工艺以及相应的催化剂和添加剂等“五朵金花”技术，不断丰富石化工程知识的内涵和外延，加快了石化工业现代化进程。

改革开放后，随着国民经济快速增长，石化产品需求激增，推动了科学技术和信息技术的快速发展，从微观解析、局部改进优化到宏观建构、全流程整体创新的脉络更为清晰，加快了石化工程单项技术研发攻关步伐，创新形成了许多石油炼制和石油化工技术。在工业实践中发现任何一项先进技术都不能同步解决原油劣质化、过程清洁化和产品高端化的系统性问题，这就推动了对众多单项技术的系统集成创新应用，建立了解析不同石油馏分的组分性质和加工方案的集成知识体系。依托这一体系，并不断创新变革，建成了一批石化产业基地，目前我国已成为全球第二大炼油国和第二大乙烯生产国，无论是技术水平、产业规模，还是生产方式、产品种类都发生了翻天覆地的变化，推动了石化产业发展由量的积累到质的飞跃。2006 年建成投产的海南炼厂是我国首座一次性整体新建的单系列千万吨级现代化炼油厂，工程建设者运用系统工程、最优化理论、节能环保等知识对项目进行统筹规划，建立了工程建设与生态环境和社会利益融合共生的目标体系；运用现代工程管理知识，建立一体化项目管理团队领导下的项目执行团队和技术支持团队，对项目实施矩阵式管理；运用石化工程设计、建造和信息化知识，大力开展技术创新，组织多专业开展集成化设计，实现工程建设安全、优质、高效推进，并为企业的现代化管理奠定了基础。该工程荣获国家科技进步二等奖、全国优秀工程总承包金钥匙奖和全国工程勘察设计金奖等奖项，为我国大型现代化炼厂规划建设提供良好范例[1]。在此基础上，又设计建成了二十余座大型现代化炼化一体化基地，为国民经济快速发展提供了重要支撑。

15.2　石化工程知识创新带动相关产业进步

大型石化工程一般由几十套工艺装置和上百套公用工程及辅助设施组成的系统工程，涉及工艺、配管、设备、仪表、电气、结构等二十多个专业，与众多产业相互关联，其技术水平和产品质量直接影响着石化产业的发展水平。石化工程知识的创新不仅推动石化产业自身发展，还带动相关产业协同进步。一方面在石化工程建设阶段对相关行业会释放大量的工程与装备需求，带动相关产业发展；另一方面，石化装置生产的新型、高性能石化产品能够更好地满足其他产业对原材料的需求，促进相关产业进步。一些局部性的技术创新往往会通过辐射联动效应，有力支撑和带动整个工业生态链的全局性变革与效能提升。比如，裂解气压缩机、丙烯制冷压缩机、乙烯制冷压缩机和冷箱技术曾经是乙烯工程的“卡脖子”难题之一，国内石化工程建设者组织研究、设计、制造和生产等单位联合攻关，将各领域碎片化知识进行了结构化的集成，实现了相关技术装备的国产化，大幅提升了我国乙烯工业自主创新能力，也提高了我国装备制造业的国际竞争力。又比如，近年来创新开发的新技术应用于高端汽车专用塑料生产，逐步替代传统用料，具有安全环保、美观舒适、质优价廉等优点，在降低企业自身生产成本、增加效益的同时，也为汽车工业的发展创造了有利条件。

此外，石化工程知识与信息技术的融合创新促进了石化工程建设从碎片化、粗放型向模块化、集约型转变，构建了工程建设新业态，实现了全生命周期的价值最大化。比如，在中国石化工程建设有限公司设计建设的某境外大型炼油工程中，以信息技术为支撑，综合应用模块化、集成化及相关的技术知识，实现了大型加热炉集成化设计、模块化制造和整体化运输，标志着我国石化行业大型工业炉模块化设计建造技术达到国际先进水平。这种模式不仅有利于提高建造质量、缩短建设工期、降低建设成本，还带动了远洋货运、保险服务等相关产业的发展，为我国装备制造业“走出去”提供了良好的示范。

15.3　石化工程知识创新促进经济社会和谐发展

工程作为人类的“造物”活动，是创造物质财富、推动社会发展的基本途径。石化工程知识与经济社会发展密不可分，解决经济社会问题是工程知识的出发点和归宿。石化工程不仅为人民群众提供丰富的石化产品，满足衣食住行等各方面需求，提高生活品质，还为相关产业发展提供能源和原材料的充足供应，有效拉动经济发展，创造更多就业机会，促进经济社会健康、稳定、和谐发展。

为实现石化产业的高质量发展，更好地满足经济社会发展需要，石化工程建设者们坚持把严格规范与锐意创新有机统一起来，在规范中推进创新，在创新中提升规范水平。规范性与创新性是石化工程知识集成优化的一体两面，两者相辅相成，相互促进。一方面要严格遵守法律法规、管理规范和技术标准，规范开展工程设计建造活动，推进石化工程与生态环境的融合共生，为石化工厂奠定“安稳长满优”等优质基因；另一方面，石化工程针对原料差异和产品不同需求，要建立富有创造性的建设方案，有的放矢地进行优化和系统创新。

普光天然气净化厂的设计建造就是规范性与创新性有机统一的典型案例。20世纪，我国科学家在川东北发现了大型天然气气田，但由于硫化氢含量世界罕见，高达15%以上，让国内外的工程专家望而却步。针对普光天然气高酸、高压、强腐蚀等特点，石化工程建设者率先开展了净化厂设计、制造、施工、检验等方面的标准研究，建立了包括522项国家和行业标准的大型高酸天然气净化标准体系，为规范开展项目建设提供技术基础。同时，针对高效脱硫和资源化利用的难题，攻克了高酸天然气净化工艺技术，开发出安全高效的硫黄回收和安全储运等关键技术，解决了超大规模高含硫气田天然气安全高效净化处理的世界性难题，实现了天然气净化工程的知识创新，实施后总硫回收率$>99.9\%$，排放尾气中SO_2浓度仅为当时国标的30%。2010年至今累计供气超$800\times10^8m^3$，为长江经济带70多个城市和上千家企业提供清洁能源；使H_2S变害为利，年产硫黄2.1Mt，占全国总产量的30%。该项目投产运行后，又将成功经验进行总结凝练，对相关标准规范进行提升完善，形成了更高水平的建设标准。正是这种规范－创新－再规范－再创新的循环往复，丰富了石化工程知识体系，促进石化工程建设水平的不断提高，在更高水平上推动石化产业和经济社会的发展。

15.4　石化工程知识创新推动社会文明进步

石化工程知识是关于“虚构实在”及其“现实化”的知识。在石化工程规划设计过程中，通过运用方方面面的科学知识和工程知识，形成了工程理念和设计“蓝图”，这些“虚构实在”的知识是建造运行的先导，用于指导和规范后续的工程活动。通过工程建造运行，将“虚构实在”知识转化为“现实实在”，成为人类社会文明进步的物质基础。例如，热裂化、催化裂化技术的诞生满足了汽车、航空工业规模化发展对汽油、柴油、喷气燃料等交通燃料的需求，使石油产品替代了煤炭，成为主要交通运输燃料，改变了人类的出行方式；合成氨技术的突破为人类粮食安全作出了巨大贡献，根据联合国粮农组织（FAO）统计，化肥对粮食生产的贡献率占50%；合成树脂、合成纤维、合成橡胶的发明使树脂、纤维和橡胶的原料来源于石油，弥补了天然纤维和天然橡胶的不足，节约了大量土地，为人类提供了穿衣、居住、出行等方面的丰富物质基础；烃类裂解技术和催化重整技术利用石油生产低碳烯烃和芳烃，丰富了石油化工工业体系，为相关产业提供丰富的原材料，促进了世界经济的发展。随着石化技术的不断进步，将会给人类提供更多的高性能石化产品，用于丰富人们的物质生活。总之，石化技术创新改变了人类的生活方式，提升了人类的生活质量，不断推动社会文明进步。

15.5　石化工程知识展望

随着人类对石油资源开发利用实践水平和认识能力的不断提高，以及生产力的发展和科技的进步，石化工程知识也在不断地发展演变，不论在内涵上，还是形态上，都取得了长足进步。当前，新一轮科技革命和产业变革浪潮风起云涌，产业政策频繁调整，能源消费持续升级，石化工程建设模式正经历着深刻变革，石化工程知识正朝着智能化和绿色化方向发展。

15.5.1　智能化

近年来，石化工程领域积极倡导数字化理念，搭建智能设计平台，创新工程组织形态，对传统的石化工程知识进行数字化改造，催生了以数字化为特征的石化工程新知识，为石化工程的智能化奠定了坚实的基础。

随着工业化与信息化的深度融合，互联网、大数据、云计算、人工智能等新一代信息技术得到广泛应用，带来了经营模式、生产组织方式和产业形态的深刻变革，智能化成为石化产业发展的新趋势，正在深刻改变石化工业的业态。目前，人工智能在石化领域的应用尚处于初级阶段，随着对人工智能知识的深入探索，人工智能将基于对现有工程实践所积累的大量有效数据的识别和学习，提升工程的整体优化能力[2]。鉴于石化工程建设的复杂性，要重点围绕流程模拟知识、智能设计知识、可视化管理知识、安全环保知识等开展人工智能研究和应用。随着第四次工业革命的兴起以及新一代信息技术的广泛应用，将在石化工程领域引发一场智能革命，从而推动石化工程知识向智能化方向发展。

15.5.2 绿色化

随着全球工业化进程的加快和经济规模的不断增长，环境保护问题越来越受到人们的重视，绿色低碳已经成为世界经济发展的潮流。党的十九大提出建设美丽中国，节约资源和保护环境已经成为我国的基本国策，必将对石化工业的产业结构和产业布局产生深远影响。同时随着社会大众环保意识的日益增强，绿色消费成为必然，实现集约发展、绿色发展已经成为全社会的共同愿望。因此，“生态优先、绿色发展”将成为提升我国制造业核心竞争力的关键要素。石化工程知识是石化工业的先导，是石化企业优质基因的塑造者。为适应新形势新要求，石化工程要践行“绿水青山就是金山银山”的生态思想，积极转变规划建设理念，应用节能环保的工艺技术知识和工程建造知识，提升能源资源综合利用率，降低各类污染物排放，从源头上植入绿色基因。先进的绿色低碳石化工艺技术与节能环保知识将纳入到石化工程知识中，并与数字化、智能化深度融合，形成绿色化的石化工程新知识。

参考文献

[1] 孙丽丽等. 石化工程整体化管理与实践[M]. 北京：化学工业出版社，2019.
[2] 覃伟中，谢道雄，赵劲松，等. 石油化工智能制造[M]. 北京：化学工业出版社，2019.